Seilschwebebahnen

Von

Dr. techn. **Eugen Czitary**

o. Professor an der Technischen Hochschule Wien

Zweite, erweiterte Auflage

Mit 288 Textabbildungen

Wien

Springer-Verlag

1962

ISBN-13:978-3-7091-8082-2 e-ISBN-13:978-3-7091-8081-5
DOI: 10.1007/978-3-7091-8081-5

Softcover reprint of the hardcover 2nd edition 1962

Vorwort zur zweiten Auflage

Die bei der ersten Auflage gewählte Einteilung und Darstellungsweise des Stoffes hat sich bewährt und wurde daher bei der zweiten Auflage beibehalten. Es folgen demnach auf die theoretischen Grundlagen wieder die für die Praxis wichtigen Angaben über die Anlageverhältnisse und die Konstruktionseinzelheiten der mit Trag- und Zugseil ausgestatteten Schwebebahnen. Es wurde aber der Text einer sorgfältigen Durchsicht unterzogen und zahlreiche Verbesserungen und Ergänzungen sind vorgenommen worden, um das Buch dem gegenwärtigen Stand des behandelten Fachgebietes anzupassen. Insbesondere war es notwendig, die Personenseilschwebebahnen, die seit Erscheinen der ersten Auflage sehr an Bedeutung gewonnen haben, wesentlich ausführlicher als bisher zu behandeln. Ferner schien es geboten, auch einen Abschnitt über *Sessellifte* anzufügen.

Leider ist durch die Berufspflichten des Verfassers auch die Fertigstellung der zweiten Auflage des Buches verzögert worden, das schon einige Jahre vergriffen war.

Bei der Anfertigung der Abbildungen, der Ergänzung des Sach- und Literaturverzeichnisses und beim Lesen der Korrekturbogen wurde der Verfasser von seinen Assistenten Dr. techn. Edwin Engel und Dipl.-Ing. Peter Jawecki bestens unterstützt, wofür diesen Herren hier wärmstens gedankt sei. Schließlich sei auch dem Verlag für seine abermalige Mühewaltung der aufrichtige Dank des Verfassers ausgesprochen.

Wien, im Oktober 1961

E. Czitary

Vorwort zur ersten Auflage

Das vorliegende Buch hat die mit Trag- und Zugseil ausgerüsteten Schwebebahnen zum Gegenstand, deren Bedeutung in den letzten Jahrzehnten in ständiger Zunahme begriffen ist. Namentlich in Gebirgsländern bilden die Seilbahnen heute bereits ein unentbehrliches Förder- und Verkehrsmittel. Einseilförderanlagen, sogenannte Einseilbahnen, dann Kabelkrane, Seilfähren u. dgl. wurden wegen ihrer geringen Allgemeinbedeutung, und weil sie den Umfang des Buches zu sehr erweitert hätten, nicht aufgenommen. Aus ähnlichen Gründen sind auch die Standseilbahnen weggeblieben, über welche es überdies schon lange eine ausführliche Literatur gibt.

Bei der Verfassung des Buches war der Grundsatz leitend, Studierenden und Ingenieuren der Praxis eine dem *gegenwärtigen* Stand entsprechende Übersicht über die theoretischen und konstruktiven Grundzüge des Seilbahnbaues zu geben. Noch der Klärung bedürftige theoretische Fragen, hin und wieder angewandte Sonderbauweisen und Dinge, die noch der Bewährung harren, sind nicht behandelt worden, doch enthält das Buch diesbezügliche Hinweise auf die Zeitschriftenliteratur.

Die Anregung zu diesem Buch verdankt der Verfasser dem inzwischen verstorbenen, um den Seilbahnbau überaus verdienten Professor ROBERT FINDEIS der Technischen Hochschule Wien. Der Verfasser erachtet es als seine Pflicht, hier seines verehrten Lehrers und väterlichen Freundes zu gedenken. Berufspflichten und zeitbedingte Umstände haben die Fertigstellung des Buches sehr verzögert; anderseits wurden aber gerade dadurch einige Verbesserungen und Ergänzungen sowie eine gewisse Abrundung des Stoffes möglich. Der Verfasser übergibt daher sein Buch in der Erwartung der Öffentlichkeit, daß es ihm damit gelungen sei, den Wünschen der Studierenden und der Fachwelt gerecht zu werden.

Wien, im August 1951

E. Czitary

Inhaltsverzeichnis

A. Einleitung

B. Die Seilschwebebahnen

Berichtigungen

Seite 200. In der Gleichung soll es im ersten Glied nach dem zweiten Gleichheitszeichen statt $\sum_{1}^{j-1} n_j Q \sin \gamma$ richtig heißen $\sum_{1}^{j-1} n_i Q \sin \gamma_i$.

Seite 260. Erklärender Text zu Abb. 161, 5. Zeile: statt „wodurch die Magnetbremse einfällt" richtig „wodurch die Magnetbremse gelüftet wird".

Seite 342. Letzter Absatz, 2. Zeile: statt $\alpha = \delta'$ richtig $\alpha = \delta$.

Czitary, Seilschwebebahnen, 2. Aufl.

A. Einleitung

I. Begriff der Seilbahnen

Unter einer *Eisenbahn* wird jedes Verkehrsmittel verstanden, dessen Fahrzeuge in *festen Führungen* laufen[1]. Mithin sind Seilbahnen, da diese Bedingung zutrifft, zu den Eisenbahnen zu zählen und gehören zur Gruppe der Eisenbahnen *besonderer Bauart.*

Unter dem Begriff *Seilbahnen* werden alle jene Verkehrsmittel zusammengefaßt, die sich eines Seiles als *Zugorgan* für die Fahrzeuge oder als *Fahrbahn* für dieselben bedienen. Man unterscheidet:

Standseilbahnen, bei denen die Fahrzeuge auf Schienen laufen und von einem Zugseil fortbewegt werden, und

Seilschwebebahnen, bei welchen die Fortbewegung der Wagen in gleicher Weise wie bei den Standseilbahnen geschieht, die Fahrbahn aber vom Boden weg auf ein zwischen Stützen ausgespanntes, nachgiebiges Tragseil verlegt ist.

Daneben gibt es noch Sonderbauarten, und zwar:

Einseilbahnen, bei denen Trag- und Zugseil ein einziges Organ bilden, an dem Fördergefäße oder Tragsessel hängen; sie fallen außerhalb des durch die Definition der Eisenbahn gezogenen Rahmens, werden aber rechtlich doch oft zu den Eisenbahnen gezählt.

Seilkletterbahnen, welche sich wohl eines Tragseiles als Fahrbahn bedienen, doch werden die Fahrzeuge zur Fortbewegung mit einem Kletterantrieb versehen; es sind also *Trieb*fahrzeuge vorhanden, und schließlich

Seilhängebahnen, bei welchen die Wagen auf einer von Gerüsten getragenen Hängebahnschiene laufen und von einem Zugseil fortbewegt werden.

Endlich gibt es noch für örtlich *engbegrenzte Transportzwecke:*

Seilfähren zur Überquerung fließender Gewässer, wobei ein Fährschiff mit einem Gierseil an einer Laufkatze befestigt ist, die sich auf einem über den Flußlauf gespannten Tragseil bewegen kann. Die bewegende Kraft liefert die Strömungsenergie des Wassers bei entsprechend schräger Stellung des Fährschiffes gegenüber der Fließrichtung.

Kabelkrane, die neben einem Fortbewegen auch ein Heben von Lasten ermöglichen. Zu diesem Zweck ist außer einem Tragseil als Fahrbahn für die Laufkatze und einem Zugseil zu deren Fortbewegung noch ein Hubseil vorgesehen, mit dem die Lasten vom Boden weg zur Katze angehoben werden können oder umgekehrt. Den Kabelkranen ähnlich sind die

[1] BÄSELER, W.: Die einfache Eisenbahn. Ztg. d. V. D. E. V. **1927**, H. 27—29. Eine ganz ähnliche Definition der Eisenbahn gibt auch schon M. M. v. WEBER in seiner Schule des Eisenbahnwesens. Leipzig: Verlag Weber. 1873.

Kabelbagger, bei denen die Katze mit einem Schürfkübel ausgerüstet ist.

Skiddereinrichtungen zum Zusammenholen des geschlagenen Holzes in Wäldern.

Schrapper, bei welchen ein Schürfkübel am Boden von einem Zugseil geschleppt wird.

Spille und *Rangierseilbahnen* zum Verschieben von Eisenbahnwagen mit Hilfe eines Zugseiles.

Schleppseilanlagen für Schiläufer und *Schlittenaufzüge*.

In der Folge werden eingehend bloß die Seilschwebebahnen und von den Sonderbauarten die der Personenbeförderung dienenden Einseilbahnen, die Sessellifte, behandelt.

II. Bauarten der Seilbahnen

§ 1. Seilschwebebahnen. Die gewöhnlich benutzten Seilschwebebahnen sind sogenannte *Zweiseilbahnen*, bei welchen Fahrbahn und Zugorgan für die Wagen von besonderen Seilen gebildet werden. Je nach der Betriebsart läßt sich hiebei *Pendelbetrieb* und *Umlaufbetrieb* unterscheiden.

Beim *Pendelbetrieb* (Abb. 1) werden in der Regel zwei Tragseilstränge benutzt, die an einem Bahnende, gewöhnlich am oberen, fest verankert

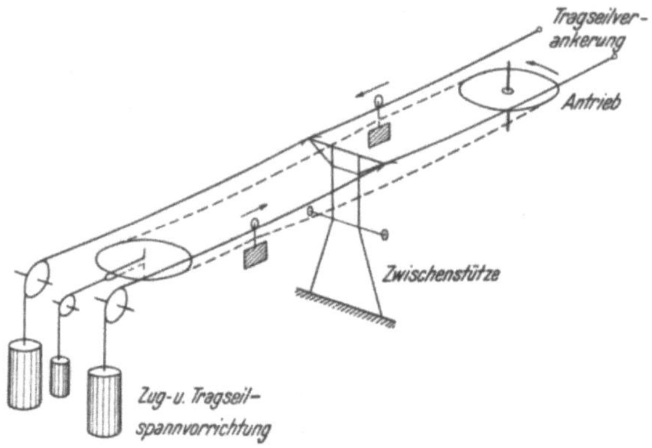

Abb. 1. Schema einer Seilschwebebahn mit Pendelbetrieb

und am anderen durch Spanngewichte unter konstanter Spannung gehalten werden. Die zwei vorhandenen Wagen sind an einem Zugseil befestigt, das einen geschlossenen Ring bildet, welcher meistens in der oberen Station angetrieben und in der unteren durch eine Spannvorrichtung gespannt wird. Die Verbindung zwischen Wagen und Zugseil ist betriebsmäßig nicht lösbar und es verbleibt jeder Wagen immer am gleichen Tragseilstrang. Die Bewegung der Fahrzeuge ist mithin zwangsläufig und gegensinnig, und es muß nach Beendigung eines Fahrtspieles zur Einleitung eines neuen der Bewegungssinn des Zugseiles umgekehrt werden. Zur Hochhaltung der Seile auf der Strecke dienen Stützen, auf denen die Tragseile in Schuhen, die Zugseile aber auf Rollen lagern.

Beim *Umlaufbetrieb* (Abb. 2) sind ebenfalls zwei Tragseilstränge vorhanden, die in gleicher Weise wie vor gespannt werden, ebenso ein geschlossener Zugseilring, der auch hier in der einen Station angetrieben und in der anderen gespannt wird. Im Gegensatz zu früher kann jedoch die Anzahl der Fahrzeuge eine größere, beliebige sein, und es sind deren Verbindungen mit dem Zugseil betriebsmäßig lösbar. Das Zugseil läuft

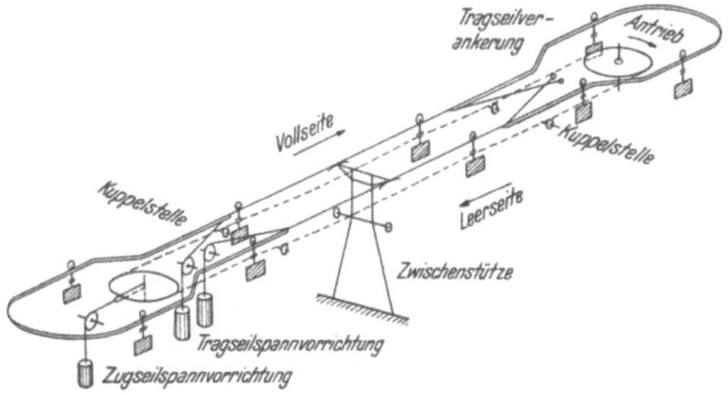

Abb. 2. Schema einer Seilschwebebahn mit Umlaufbetrieb

dauernd im gleichen Sinn um, und es werden die Wagen bei der Ausfahrt aus der einen Station gewöhnlich selbsttätig an das sich bewegende Zugseil angeschlossen und bei Ankunft in der anderen Station in der gleichen Art wieder von diesem gelöst. Jeder der beiden Tragseilstränge dient nur für eine Fahrtrichtung; sie müssen daher in den Stationen durch Hängebahnschleifen miteinander verbunden werden. Der Bewegungssinn wird in der gleichen Art wie beim Straßen- und Eisenbahnverkehr bezeichnet. Ein Umlauf des Zugseiles entgegengesetzt dem Sinne des Uhrzeigers entspricht einer *Rechtsbahn*, im Sinne des Uhrzeigers aber einer *Linksbahn*. Da bei Güterförderung diese meistens nur in einer Richtung geschieht, kann man dann im Gegensatz zu Seilschwebebahnen mit Pendelbetrieb von einer Voll- und Leerseite sprechen.

§ 2. Sessellifte.

Das einzige vorhandene Seil bildet ebenso wie das Zugseil der Seilschwebebahnen einen geschlossenen Ring, der gewöhnlich in der oberen Station angetrieben und in der unteren durch eine Spannvorrichtung gespannt wird. Dieses Förderseil ist auf der Strecke in den Rollen der zur Hochhaltung dienenden Stützen gelagert. Es wird nur Umlaufbetrieb angewandt, bei dem eine große Anzahl von Sesseln vorhanden ist, die in gleichen Abständen voneinander an das

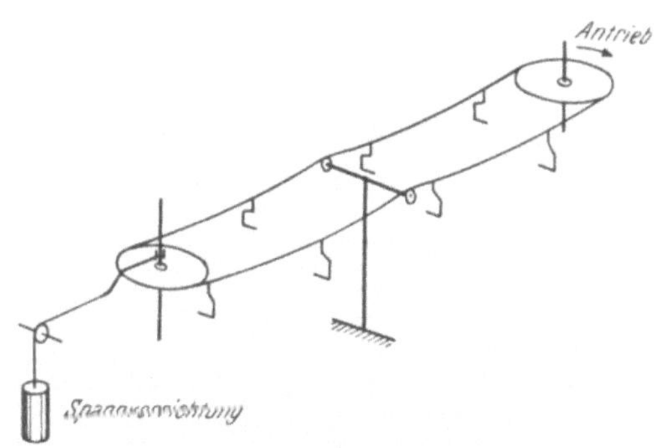

Abb. 3. Schema eines Sesselliftes

stets in einer Richtung umlaufende Förderseil betriebsmäßig nicht lösbar angeklemmt sind (Abb. 3). Das Besteigen und Verlassen der Sessel geschieht hier im Gegensatz zu allen anderen Bahnarten während der Bewegung.

§ 3. Standseilbahnen. Ebenso wie bei Seilschwebebahnen wird auch bei Standseilbahnen Pendel- und Umlaufbetrieb angewandt.

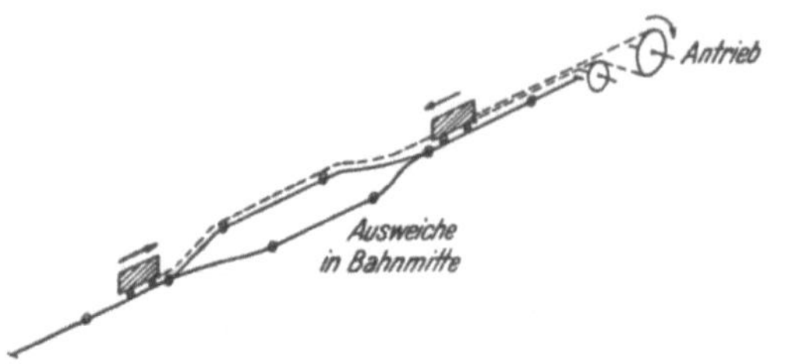

Abb. 4. Schema einer Standseilbahn mit Pendelbetrieb

Die bei *Pendelbetrieb* gewöhnlich auch hier mit zwei Wagen ausgerüstete Bahn wird, je nachdem, ob die Nutzlasten gehoben oder gesenkt werden, als *Schrägaufzug* oder als *Bremsberg* bezeichnet (Abb. 4). Die Fahrzeuge der Standseilbahnen für Pendelbetrieb können bei geringen Bahnneigungen die gleichen sein, wie sie auch auf Reibungsstrecken Verwendung finden. Bei großen Neigungen müssen dagegen der mittleren Steigung angepaßte Schrägwagen benutzt werden.

Das zwischen den Schienen auf Rollen lagernde Zugseil muß hier nur bei geringer Bahnneigung einen geschlossenen Ring bilden, der ebenso wie bei den Seilschwebebahnen am oberen Bahnende angetrieben und am

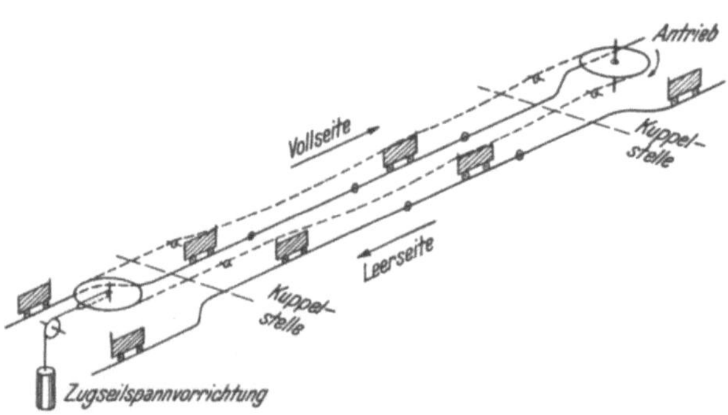

Abb. 5. Schema einer Standseilbahn mit Umlaufbetrieb

unteren selbsttätig gespannt wird. Bei größeren Bahnneigungen kann die Spannvorrichtung in der unteren Station entfallen und das Zugseil als offenes Seil ausgebildet werden, welches die beiden Wagen bloß über dem Antrieb in der Bergstation miteinander verbindet. Je nachdem, ob Reibungsfahrzeuge auf die Seilbahngleise übergehen oder nicht, ist die Verbindung der Wagen mit dem Zugseil betriebsmäßig lösbar oder fest. Da die Verbindung zwischen Wagen und Zugseil stets am Wagenuntergestell geschieht, wird das Zugseil als *Unterseil* bezeichnet.

Bei Standseilbahnen mit *Umlaufbetrieb*, sogenannten *Seilförderungen* (Abb. 5), findet ebenso wie bei Seilschwebebahnen mit Umlaufbetrieb in den Stationen eine betriebsmäßige Lösung der Wagen von dem stets einen geschlossenen Ring bildenden Zugseil statt. Diese Verbindung wird aber hier entweder am Wagenkasten oder am Wagenuntergestell hergestellt, weshalb man Seilförderungen mit *Ober-* oder *Unterseil* unterscheidet. Auch bei den Seilförderungen gibt es im Falle von Güterbeförderung nur in einer Richtung eine Voll- und Leerseite der Bahn.

§ 4. Geschichtlicher Überblick über die Seilschwebebahnen. Schon im Altertum gab es sowohl in Indien als auch in Japan primitive seilbahnartige Einrichtungen mit aus Pflanzenfasern hergestellten Seilen. Diese Anlagen dienten zur Überquerung von Schluchten, Flußläufen usw. Auch in Beschreibungen von mittelalterlichen Festungsanlagen findet man ähnliche Einrichtungen. Zu einer weiteren Verbreitung ist es aber damals noch nicht gekommen. Die Erfindung der *neuzeitlichen* mit Trag- und Zugseil ausgerüsteten Seilschwebebahnen fällt in die zweite Hälfte des vergangenen Jahrhunderts und ist mit den Namen OBACH, v. DÜCKER, BLEICHERT und POHLIG auf das engste verknüpft, deren Bemühungen es zu danken ist, daß etwa um 1870 die ersten modernen Seilschwebebahnen entstanden und sich seither zufolge ihrer ausgezeichneten Eigenschaften weit verbreitet haben. Wenngleich die ersten Seilschwebebahnen nur für den Güterverkehr dienten, so war dennoch schon damals auch ihre Benutzung für den Personenverkehr ins Auge gefaßt. Die ersten Seilschwebebahnen für den *öffentlichen Personenverkehr* sind allerdings erst nach Ablauf des ersten Jahrzehnts unseres Jahrhunderts verwirklicht worden. Seit 1925 ist ein lebhafter Aufschwung im Bau von Personenseilbahnen zu verzeichnen. Zunächst wurden für Personenbeförderung Pendelseilbahnen mit immer größeren Fahrgeschwindigkeiten gebaut, während in jüngster Zeit hiefür auch Bahnen mit Umlaufbetrieb an Bedeutung gewonnen haben.

Die neuzeitlichen Einseilbahnen wurden 1867 von HODGSON erfunden. In den angelsächsischen Ländern sind sie zur Förderung von Gütern sehr beliebt. In der Form der dem Personenverkehr dienenden Sessellifte haben sie seit 1945 allgemeine Verbreitung gefunden.

In der Folge werden die Seilschwebebahnen kurz als *Seilbahnen* bezeichnet.

III. Die Drahtseile

§ 5. Allgemeine Kennzeichnung und Geschichtliches. Ein Drahtseil ist gekennzeichnet durch eine größere Anzahl von Drähten, welche in ein- oder mehrfachen Schraubenlinien um die Seilachse gewunden oder *geschlagen* sind. Konstruktionen, die aus einem Bündel parallel zur Längsachse liegender Drähte bestehen, wie beispielsweise die an Ort und Stelle hergestellten amerikanischen Brückenkabel, sind nicht als Seile zu bezeichnen. Die Schraubenlinien können *rechts-* oder *linksgängig* sein, jedoch wird im allgemeinen Rechtsgängigkeit (Erzeugung der Schraubenlinien im Uhrzeigersinn) bevorzugt.

Das moderne Drahtseil ist eine Erfindung des Oberbergrates ALBERT in Clausthal, dem es im Jahre 1834 erstmalig gelang, ein sogenanntes Litzenseil aus gezogenen Stahldrähten im Handschlag, also noch ohne Flechtmaschine, herzustellen[1]. Die gute Bewährung derartiger Seile

[1] Siehe Jubiläumsschrift d. VDI: WILHELM AUGUST JULIUS ALBERT und die Erfindung der Drahtseile. Berlin: VDI-Verlag. 1934.

gegenüber den bis dahin im Bergbau benutzten Hanfseilen und Eisenketten hat schon wenige Jahre später zu einer raschen Entwicklung der Seilindustrie geführt. Seither ist eine ganze Reihe von Seilbauarten entstanden und unsere heutige Technik ohne Drahtseil kaum denkbar.

Seilartige Gebilde aus Bronzedrähten mit einem allerdings bloß kleinen Schlagwinkel wurden schon von den Römern hin und wieder benutzt. Ferner erwähnt um 1500 Leonardo da VINCI bei Beschreibung eines Paternosterwerkes Seile aus geglühten Eisen- oder Kupferdrähten.

§ 6. Bauart der Drahtseile. Das Grundelement der Drahtseile ist die *Litze* (Abb. 6). Sie entsteht dadurch, daß um einen Kerndraht eine Anzahl von Drähten, meistens 6, schraubenlinienförmig gewickelt wird. Schlägt

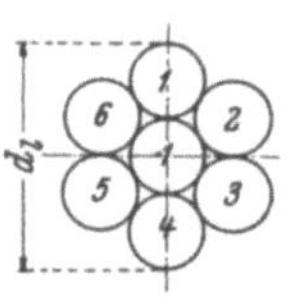

Abb. 6. Litze

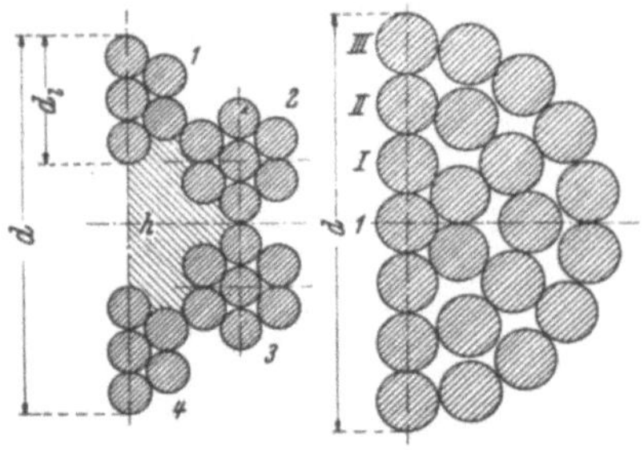

Abb. 7a und b. Litzen- und Spiralseil

man 6 feindrähtige Litzen um eine geteerte oder gefettete *Hanfseele*, so entsteht das biegsame *Litzenseil* (Abb. 7a), welches bei Seilbahnen als Zugorgan oder als Förderseil bei Sesselliften benutzt wird. Werden dagegen um eine grobdrähtige Litze weitere Drahtlagen mit starken Drähten geschlagen, so entsteht das steife *Spiralseil* (Abb. 7b), das als Tragseil bei Seilbahnen dient. Außer diesen beiden Hauptbauarten der Seile gibt es noch verschiedene andere im Seilbahnbau angewandte Bauweisen, auf welche später ebenfalls eingegangen wird.

§ 7. Herstellung der Drahtseile. Draht aus gewöhnlichem Walzstahl wird nur für Seile zu untergeordneten Zwecken verwendet. Für Seile von Seilbahnen gelangt ein Siemens-Martinstahldraht oder Elektrostahldraht von meistens 130 bis 200 kg/mm^2, neuerdings auch bis 220 kg/mm^2 Zugfestigkeit (K_z) zur Anwendung. Diese hohen Festigkeiten erlangen die Seildrähte erst durch ein Vergütungs- und Kaltziehverfahren, dem die aus den Ingots zunächst erzeugten Walzdrähte unterworfen werden.

Der benutzte Siemens-Martinstahl oder Elektrostahl ist ein unlegierter Kohlenstoffstahl von hohem Reinheitsgrad und einem mittleren Kohlenstoffgehalt von 0,5 bis 1,0%. Die daraus erzeugten Walzdrähte werden beim nachfolgenden *Vergütungsprozeß* zunächst auf 900° C erhitzt und dann in einem Bleibad von etwa 450° C abgeschreckt. Hiedurch wird das Kristallgefüge in ein sorbitisches umgewandelt und so das Material in einen günstigen Zustand für den anschließenden *Kaltziehprozeß* versetzt. Durch die Kaltverformung beim Ziehen werden die Drähte auf den für die Seilkonstruktion gewünschten Durchmesser gebracht, wobei eine starke Verfestigung eintritt.

Diese Verfestigung wird durch Verzerrung des Atomgitters verursacht. Bei der reinen Gleitverformung im Falle der Kaltreckung von Einkristalldrähten, welche für physikalische Untersuchungen von Bedeutung sind, beschränken sich die Gitterverzerrungen auf Gleitflächen parallel zu einer Basisfläche — *atomare Verfestigung*. Bei der Kaltreckung eines vielkristallinen Stahldrahtes entstehen jedoch außerdem infolge der gegenseitigen Gleitbehinderung der verschieden orientierten Kristalle Verkrümmungen der Gleitflächen — *Spannungsverfestigung*[1].

Beim Kaltziehen von Stahldrähten werden während des Durchganges durch die Düse des Zieheisens überdies die kristallographischen Achsen der Kristallite ausgerichtet und damit ebenfalls die Festigkeitseigenschaften beeinflußt. Die Ausrichtung der Kristallite geschieht an der Oberfläche eines Drahtes und in seinem Kern nicht im gleichen Ausmaß. Offenbar werden die äußeren Zonen des Drahtes infolge der Reibung an der Düsenwand beim Durchgang gegenüber der Mitte zurückgehalten. Die Verfestigung an der Drahtoberfläche ist daher erheblich größer als im Kern. Man erhält ferner bei einer bestimmten Querschnittabnahme durch verhältnismäßig viele, aber schwache Züge Drähte niedrigerer Festigkeit, jedoch höherer Dehnbarkeit. Im Gegensatz dazu liefern wenige, aber stramme Züge höhere Festigkeit und kleineres Dehnungsvermögen. Die in den fertigen Drähten vom Ziehvorgang her vorhandenen Eigenspannungen bestehen aus Zugspannungen an der Drahtoberfläche und aus Druckspannungen im Kern.

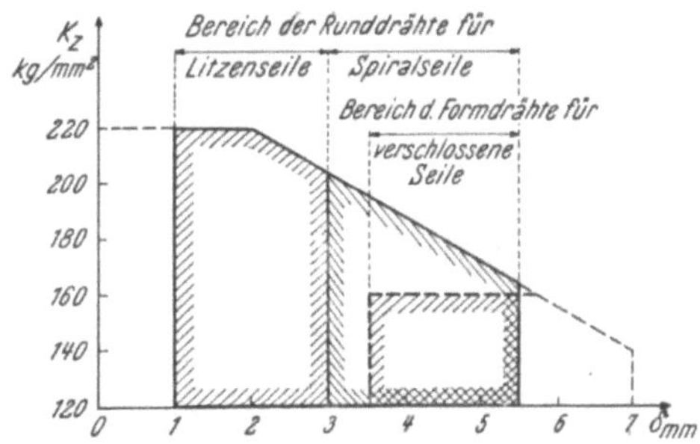

Abb. 8. Zusammenhang zwischen Durchmesser und Festigkeit der Seildrähte nach MEEBOLD[2]

Die Durchmesser δ der fertigen Drähte bewegen sich bei Litzenseilen zwischen 1 und 3 mm mit Festigkeiten von 130 bis 200 (220) kg/mm² und bei Spiralseilen zwischen 3 und 5 mm mit Festigkeiten von 130 bis 180 (200) kg/mm² (Abb. 8). Der Elastizitätsmodul E der Drähte liegt vor dem Ziehen bei 2100000 kg/cm² und wird durch den Kaltziehvorgang auf etwa 2000000 kg/cm² herabgesetzt.

Das zur Verseilung gelangende Drahtmaterial gilt als geeignet, wenn die mit ihm vorgenommenen Proben folgende Bedingungen erfüllen:

1. Die *Bruchlast* der einzelnen Drähte darf von der durchschnittlichen um nicht mehr als 10% abweichen.

2. Die *Bruchdehnung* darf höchstens um 20% kleiner sein als vorgeschrieben. Die vorgeschriebenen Mindestwerte sind:

Zerreißfestigkeit kg/mm²	Bruchdehnung %	Anmerkung
<160	2,0	Für Zwischenwerte ist geradlinig einzuschalten.
160—180	1,5	
>180	1,0	

Meßlänge 200 mm.

[1] POMP, A.: Der Stahldraht. Düsseldorf: Verlag Stahleisen. 1941.

[2] MEEBOLD, R.: Die Drahtseile in der Praxis. 3. Aufl., Berlin: Springer-Verlag. 1959.

3. Die *Torsionsproben* mit einem einfachen Verwindungsapparat müssen bei einer Einspannlänge von 200 mm mindestens folgende Ergebnisse liefern:

Drahtstärke mm	Zahl der Verwindungen bis zum Bruch bei einer Zerreißfestigkeit in kg/mm² v.				Anmerkung
	140	160	180	200	
1	70	66	62	54	Für Zwischenwerte ist entsprechend einzuschalten.
3	20	20	19	15	
5	11	10	—	—	

4. Die *Biegungen* um einen Dorn müssen wenigstens folgende Werte ergeben:

Jede Biegung hat um 180° zu geschehen und der Biegungsradius hat gleich dem 2,5fachen Drahtdurchmesser zu sein.

Zerreißfestigkeit kg/mm²	Zahl der Biegungen bis zum Bruch
<110	11
111—140	10
141—160	9
161—180	8
181—200	7

In letzter Zeit sind in einzelnen Ländern noch viel eingehendere Bedingungen für die Drahterprobung aufgestellt worden.

Die Herstellung der Seile aus den Drähten geschieht meistens in einer *Korbflechtmaschine* (Abb. 9), welche im einfachsten Fall, bei Herstellung einer Litze, aus am Umfang gelagerten Radkränzen *a* besteht; zwischen diesen sind die Drahttrommeln *b* befestigt, von denen die Drähte zum Flecht-

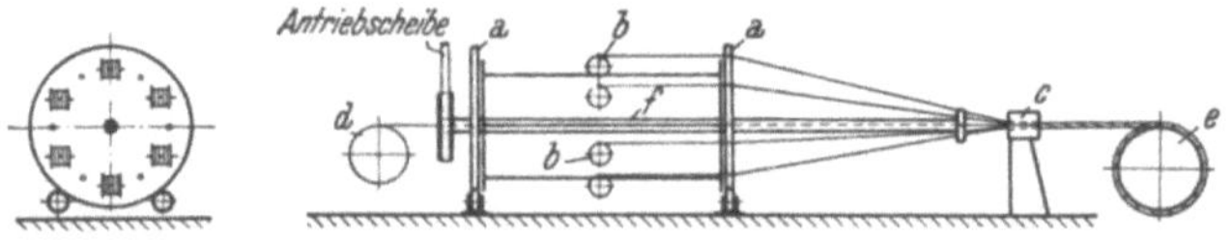

Abb. 9. Schema einer Korbflechtmaschine (Litzenflechtmaschine)

kopf *c* laufen. Ferner ist eine Trommel *d* für den Kerndraht notwendig, welcher durch die hohle Maschinenwelle *f* ebenfalls nach dem Flechtkopf läuft. Werden die Radkränze *a* durch *f* in Drehung versetzt, wobei die Trommeln *b* mitrotieren, ihre Achsen aber zufolge einer Steuerung *waagrecht* bleiben, und wird gleichzeitig an den aus dem anderen Ende des Flechtkopfes *c* hervorragenden Drähten gezogen, so kommt dadurch eine *Litze* zustande. Diese wird auf der Trommel *e* aufgewickelt. Soll ein *Spiralseil* hergestellt werden, dann ist diese Litze auf einer zweiten Flechtmaschine noch mit einer zweiten Drahtlage bzw. auf einer dritten Maschine mit einer dritten Drahtlage zu versehen. Die einzelnen Maschinen werden dabei hintereinander angeordnet. Ist dagegen ein *Litzenseil* anzufertigen, so spult man auf die Trommeln *b* der Flechtmaschine bereits hergestellte Litzen, auf die Trommel *d* eine Hanfseele und verfährt mit diesen Elementen nun genau so wie vorher bei der Litzenherstellung[1].

[1] Die ersten Flechtmaschinen wurden von WURM in Wien hergestellt, siehe LUEGERS Lexikon der gesamten Technik. 1. Aufl., III. Bd., Stuttgart: Deutsche Verlagsanst. 1904.

Die Korbverseilmaschinen arbeiten gewöhnlich mit einer minutlichen Drehzahl von 50 bis 80. In jüngster Zeit gelangen zur Herstellung von Litzen auch *Schnellverseilmaschinen* zur Anwendung, die hauptsächlich als Rohrmaschinen (Abb. 10) ausgebildet sind. Dabei werden die Drahttrommeln *b* in einem rotierenden Rohr *a* mit Hilfe von Bügeln *c* so hintereinander gelagert, daß sie die Rotation des Rohres *a* nicht mitmachen. Von den Trommeln *b* und jener für den Kerndraht *d* erfolgt der Drahtablauf längs der Innenwand des Rohres zum Flechtkopf *e*. Die minutliche Drehzahl dieser Maschinen ist ungefähr zehnmal so groß wie die der Korbverseilmaschinen.

Lagerung der Drahttrommeln und Führung der Drähte beim Ablauf von diesen Trommeln

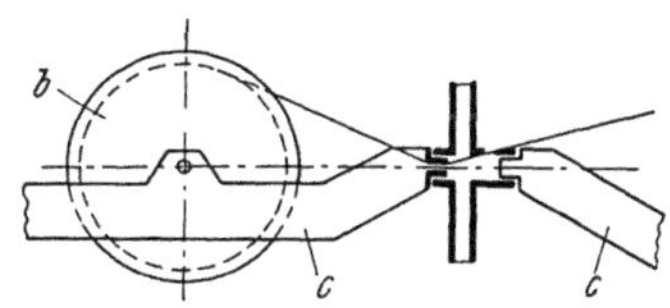

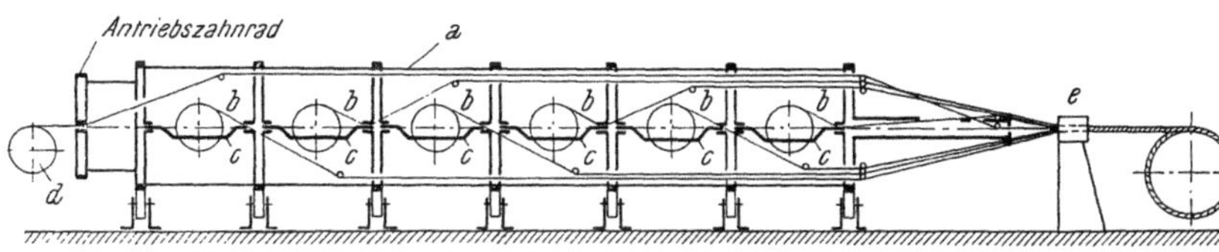

Abb. 10. Schema einer Schnellverseilmaschine (Litzenflechtmaschine)
(Im Vergleich zu Abb. 9 stark vergrößert)

Es sei bemerkt, daß in den Drähten der Decklage gewöhnlicher *Spiralseile Lötstellen unzulässig* sind, weil beim Aufspringen einer solchen Stelle mit verringerter Festigkeit sich die Drahtenden aus dem Seilverband lösen würden. Mit Rücksicht auf diesen Umstand und im Hinblick auf die durchschnittlich zulässige Belastung der für die Flechtmaschinen benutzten Drahttrommeln mit 60 bis 70 kg Draht können Spiralseile nur mit einer beschränkten Länge hergestellt werden. Diese Herstellungslängen betragen

bei einem Drahtdurchmesser von 3 mm etwa 1000 m
„ „ „ „ 4 „ „ 600 „
„ „ „ „ 5 „ „ 400 „

Bei *Litzenseilen* und anderen Seilkonstruktionen, wo äußere *Lötstellen zulässig* sind, weil die Gefahr des Herausspringens der Drahtenden aus dem Seilverband nicht besteht, richtet sich die Herstellungslänge lediglich nach dem möglichen oder gewünschten Transportgewicht.

Die fertigen Seile werden oft ebenfalls Erprobungen unterworfen, wobei in der Regel von einem etwa 3 m langen Stück die Bruchlast durch einen Zerreißversuch bestimmt wird. Die tatsächliche Bruchlast der Seile darf höchstens um 15% (bei solchen für Güterseilbahnen mitunter um höchstens 20%) kleiner sein als die Summe der Bruchlasten der einzelnen Drähte. Mitunter werden auch von einem Probestück, nach Lösung des Seilverbandes, die verseilt gewesenen Drähte einzeln wie früher erprobt, insbesondere dann, wenn das Seil zufolge seiner Stärke als Ganzes nicht prüfbar ist.

Die angegebenen Prüfungen der Drähte und des Seiles — *Kurzproben* — gewährleisten, daß ungeeignetes Material bei der Seilerzeugung ausgeschlossen wird, doch lassen sie einen sicheren Schluß auf die Bewährung eines Seiles nicht zu. Der Begriff der *Bewährung* eines Konstruktionselementes wird dort benützt, wo dessen mögliche Verwendungsdauer begrenzt ist.

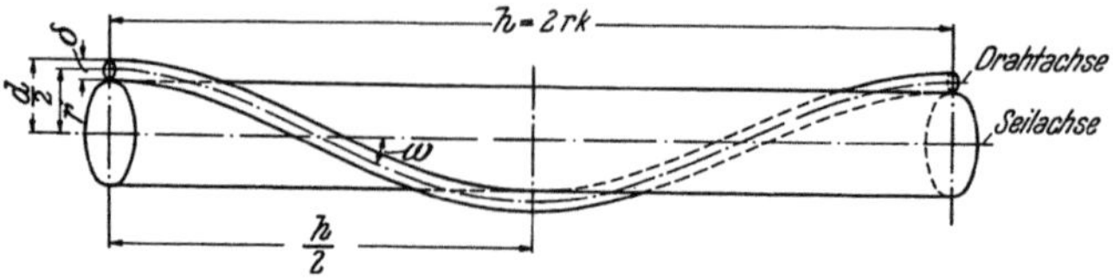

Abb. 11. Schlaglänge der Drähte eines Spiralseiles

Die begrenzte Verwendungsdauer ergibt sich hier aus:

1. der Beanspruchung der Seildrähte im Betrieb, die zusammen mit jener bei der Seilherstellung über der Dauerfestigkeit des Werkstoffes liegt, und

2. aus der Abnutzung der Drähte zufolge des Betriebes.

Dauerversuche, welche mit Seilen ausgeführt werden und deren betriebsmäßige Beanspruchung zeitraffend nachahmen, versprechen meistens guten Einblick in die zu erwartende Bewährung bei einem bestimmten Verwendungszweck (§ 27). Solche Versuche sind aber sehr kostspielig.

Nichtsdestoweniger sind die Drahtseile sehr sichere Konstruktionselemente, weil schon der Kaltziehprozeß, der sich auf alle Einzelteile — die Drähte — erstreckt, einen Prüfvorgang darstellt, wie er in ähnlichem Maße kaum bei einem anderen Bauelement vorkommt.

§ 8. Spiralseile. Wie schon aus § 6 bekannt, liegen die einzelnen Drähte schraubenlinienförmig in Lagen um die Seilachse. Die auf die Seilachse bezogene Länge eines ganzen Schraubenganges heißt die *Schlaglänge* h des betreffenden Drahtes oder der betrachteten Drahtlage (Abb. 11).

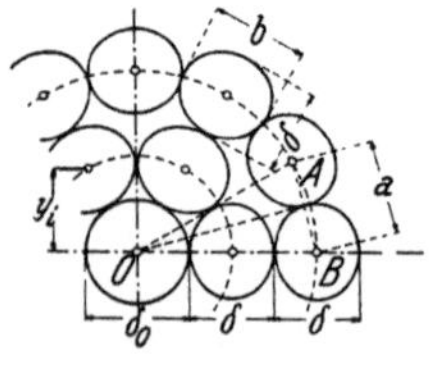

Abb. 12. Zur Bestimmung des Flechtwinkels eines Spiralseiles

Die Schlaglänge wird gewöhnlich als Vielfaches k des Mitteldurchmessers $2r$ der betreffenden Drahtlage angegeben. Der Winkel ω zwischen Seil- und Drahtachse wird *Flechtwinkel* genannt.

$$\operatorname{tg}\omega = \frac{2r\pi}{h} = \frac{2r\pi}{2rk} = \frac{\pi}{k}. \tag{1}$$

Zunächst werden um einen Kerndraht mit dem Durchmesser δ_0 6 Drähte mit etwas kleinerem Durchmesser δ geschlagen. Jede weitere Lage besteht aus Drähten mit dem gleichen Durchmesser δ, erhält aber um 6 Drähte mehr als die vorherige.

Bezeichnet:

d den Außendurchmesser der $p$ten Drahtlage des Seiles,

dann gilt allgemein

$$d = (2\,p+1)\,\delta, \qquad 2\,r = d - \delta = 2\,p\,\delta,$$

und wenn n die Anzahl der Drähte in der $p$ten Lage ist,

$$n = 6\,p.$$

Durch die schraubenlinienförmige Anordnung der Drähte unter dem Flechtwinkel ω werden diese bei einem Schnitt senkrecht zur Seilachse nicht nach Kreisen, sondern nach Ellipsen geschnitten (Abb. 12) und auf diese Weise die sonst zwischen ihnen bei den angegebenen Drahtanzahlen entstehenden Lücken geschlossen.

Für die große Ellipsenachse gilt dabei

$$b = \frac{\delta}{\cos\omega}$$

und aus dem Dreieck $O\,A\,B$ für den Abstand der Mittelpunkte zweier benachbarter Drahtquerschnitte der $p$ten Drahtlage

$$a = 2\,p\,\delta \sin\frac{360}{6\,p\cdot 2} = 2\,p\,\delta \sin\frac{30}{p}\,.$$

Das vollkommen dichte Schließen tritt ein, wenn $a \doteq b$, woraus für den Flechtwinkel entsteht

$$\frac{1}{\cos\omega} = 2\,p \sin\frac{30}{p}\,. \tag{1a}$$

Diese Beziehung liefert für die einzelnen Drahtlagen folgende Werte des theoretischen Flechtwinkels bzw. der Schlaglänge:

p	d	n	ω	k
2	5 δ	12	15° 00′	11,7
3	7 δ	18	16° 18′	10,8
4	9 δ	24	16° 44′	10,5
∞	—	—	17° 10′	10,2

Bei der in den einzelnen Lagen geltenden Anzahl der Drähte ändert sich also der Flechtwinkel nur wenig. Die *wirklichen* Flechtwinkel sind etwas kleiner als die errechneten, weil die Drähte beim Flechten etwas verdrückt werden und sich die Seile nach dem Flechten trotz Abbindens der Enden wieder etwas aufdrehen. Den wirklichen Flechtwinkeln entsprechen Schlaglängen vom 10- bis 12fachen Außendurchmesser der betreffenden Drahtlagen oder des Seiles.

Um eine gute Auflagerung der Drähte jeder Lage auf der darunter befindlichen zu erreichen und das Drehbestreben des Seiles, den sogenannten *Drall*, geringer zu halten (§ 22), werden die einzelnen Lagen häufig abwechselnd rechts- und linksgängig geschlagen, wodurch sich die Drähte zweier aufeinanderfolgender Lagen unter dem Winkel $\omega_p + \omega_{p+1} \doteq 2\,\omega$ kreuzen.

Die Anzahl i der Drähte eines Spiralseiles ergibt sich bei p Drahtlagen zu

$$i = 1 + 1 \cdot 6 + 2 \cdot 6 + \ldots + p \cdot 6 = 1 + 3\,p\,(p+1).$$

Als *metallischer Querschnitt* eines Spiralseiles gilt die Summe der Drahtquerschnitte, also

$$F_s = i\,\frac{\delta^2\,\pi}{4}.$$

Die Querschnittsfläche des Zylinders, welcher das Seil umhüllt, ist

$$F = \frac{d^2\,\pi}{4}.$$

Setzt man in diesen Beziehungen die gewonnenen Ausdrücke für i und d ein, so entsteht für das Verhältnis

$$F_s : F = 0{,}75 + \frac{1}{4\,(4p^2 + 4p + 1)},$$

und dies ergibt bei

$$p = 2 \ldots F_s : F = 0{,}76$$
$$\infty \ldots \quad 0{,}75,$$

woraus folgt, daß für alle praktischen Zwecke

$$c_1 = F_s : F \doteq 0{,}75 \tag{2}$$

gesetzt werden kann.

Für das *Trägheitsmoment* des Seilquerschnittes gilt mit Bezug auf Abb. 12 bei Vernachlässigung des Einflusses der Flechtung

$$J_s \doteq i\,\frac{\delta^4\,\pi}{64} + \sum_1^i \frac{\delta^2\,\pi}{4}\,y_i^2$$

und für das Trägheitsmoment des Querschnittes eines Zylinders, welcher das Seil umhüllt

$$J = \frac{d^4\,\pi}{64}.$$

Bestimmt man ähnlich wie vorhin das Verhältnis $J_s : J$, so erscheint dieses ebenfalls bloß wenig mit der Zahl p der Lagen veränderlich; man erhält bei

$p =$	$J_s : J =$
2	0,722
3	0,735
4	0,741

und es ist im Mittel

$$c_2 = J_s : J \doteq 0{,}73. \tag{3}$$

Als *Tragseile* benutzte dünnere Seile erhalten gewöhnlich 2 Lagen mit zusammen 19 Drähten und stärkere 3 Lagen mit zusammen 37 Drähten.

Über die üblichen Abmessungen der Spiralseile gibt die nachstehende Tab. 1 Auskunft, wobei die rechnerische Bruchlast $B = F_s\,K_z$.

Tabelle 1. *Spiralseile*[1]

Anzahl der Drähte i	Flechtformel	Seil-Nenn-durchmesser d	Draht-Nenn-durchmesser δ	Metallischer Querschnitt des Seiles F_s [2]	Seilgewicht[3] q	Rechnerische Bruchlast des Seiles bei einer Nennfestigkeit von 145 kg/mm² B	Normale Erzeugungslänge
		mm	mm	mm²	kg/m	kg	m
7	1 + 6	7,5	2,5	34,4	0,29	4990	1600
		8,5	2,8	43,1	0.37	6250	1250
		9,5	3,1	52,8	0,45	7650	1000
		10,5	3,4	63,6	0,54	9200	850
19	1 + 6 + 12	11,0	2,2	72,2	0,61	10500	2000
		12,5	2,5	93,3	0,79	13500	1600
		14,0	2,8	117,0	0,99	17000	1250
		15,5	3,1	143,4	1,22	20800	1000
		17,0	3,4	172,5	1,47	25000	850
		18,0	3,6	193,4	1,64	28000	750
		19,0	3,8	215,5	1,83	31200	675
		20,0	4,0	238,8	2,03	34600	600
		21,0	4,2	263,2	2,24	38200	550
		22,0	4,4	288,9	2,46	41900	500
		23,0	4,6	315,8	2,68	45800	450
		24,0	4,8	343,8	2,92	49900	425
		25,0	5,0	373,1	3,17	54100	380
37	1 + 6 + 12 + 18	15,5	2,2	140,7	1,20	20400	2000
		17,5	2,5	181,6	1,54	26300	1600
		20,0	2,8	227,8	1,94	33000	1250
		22,0	3,1	279,3	2,37	40500	1000
		24,0	3,4	335,9	2,86	48700	850
		25,0	3,6	376,6	3,20	54600	750
		27,0	3,8	419,6	3,57	60800	675
		28,0	4,0	465,0	3,95	67400	600
		29,0	4,2	512,6	4,36	74300	550
		31,0	4,4	562,6	4,78	81600	500
		32,0	4,6	614,9	5,23	89200	450
		34,0	4,8	669,5	5,69	97100	425
		35,0	5,0	726,5	6,18	105300	380

[1] Nach den österreichischen Normen.

[2] $F_s = i \frac{\delta^2 \pi}{4}$.

[3] Die Gewichte gelten für gefettete Seile; für die Fettung wurden zu dem errechneten Gewicht des blanken Seiles 4% zugeschlagen.

§ 9. Sonderbauarten von Spiralseilen. Von diesen haben als *Tragseile* bloß verschlossene Seile und Litzenspiralseile Bedeutung.

Die *verschlossenen* Tragseile bestehen aus einem Runddrahtkern, also einem gewöhnlichen Spiralseil (Abb. 13), um welchen ein Mantel aus Z-förmigen Profildrähten geschlagen ist. Mitunter befindet sich zwischen diesem Profildrahtmantel und dem Runddrahtkern noch eine Lage von keilförmigen Drähten zur besseren Verteilung der von der Querbelastung des Seiles ausgeübten Drücke. Diese Seilkonstruktion hat den Vorteil, daß sie eine glatte Oberfläche besitzt, wodurch die Abnützungen von Seil und Wagenlaufrädern gering bleiben. Profildrähte können nur mit einer Festigkeit bis höchstens 170 kg/mm² hergestellt werden, doch geht man gewöhnlich nicht über eine solche von 135 kg/mm² hinaus. Man gibt daher den Drähten des Runddrahtkernes gerne eine höhere Festigkeit als jenen des Profildrahtmantels, doch soll der Festigkeitsunterschied nicht größer als 30% sein. Nachteilig ist, daß bei diesen Seilen Drahtbrüche schlecht sichtbar sind, da die Enden der gebrochenen Drähte nicht aus dem Seil heraustreten. Schließlich muß *besondere* Sorgfalt bei der Herstellung der Profildrähte und beim Schlagen des Seiles walten, wenn der Profildrahtmantel haltbar und das Zusammenwirken zwischen Seilkern und Mantel entsprechend sein soll. Werden verschlossene Seile nur in einer Richtung befahren, so soll dies im Sinne eines Schließens der Fugen zwischen den Deckdrähten geschehen. Dies ist bei dem in Abb. 13 dargestellten Seil mit rechtsgängigem Profildrahtmantel die vom Beschauer gegen die Zeichenebene gewendete Richtung. Da Lötstellen in den Drähten statthaft sind, weil aufgesprungene Drahtenden im Seilverband verbleiben, können verschlossene Seile mit beliebiger Länge hergestellt werden. Verschlossene Seile werden hauptsächlich bei Güterseilbahnen mit Umlaufbetrieb und dichter Wagenfolge und bei Personenseilbahnen als Tragseile benutzt.

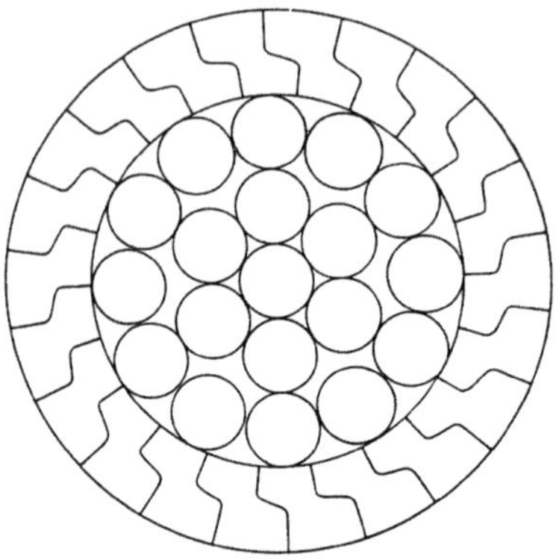

Abb. 13. Querschnitt eines verschlossenen Spiralseiles

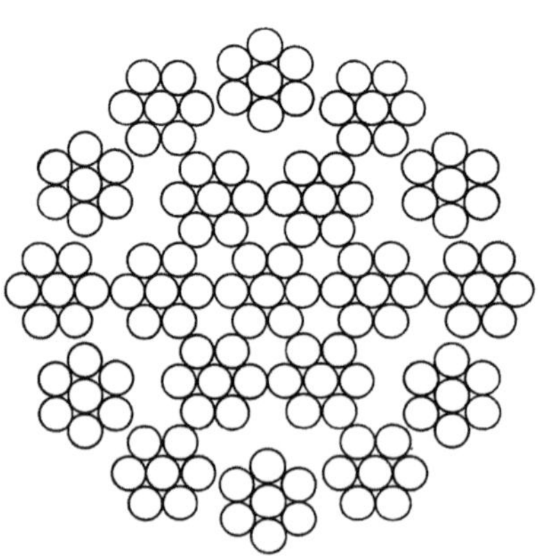

Abb. 14. Querschnitt eines Litzenspiralseiles

Über die in der Regel angewandten Abmessungen verschlossener Seile gibt Tab. 2 Aufschluß.

Die *Litzenspiralseile* entstehen dadurch, daß 7drähtige Litzen in gleicher Weise wie die Runddrähte bei einem gewöhnlichen Spiralseil verseilt werden.

Dadurch ergibt sich der in Abb. 14 dargestellte Seilquerschnitt. Die stets im Kreuzschlag (vgl. § 10) ausgeführten Litzenspiralseile haben ge-

Tabelle 2a. *Verschlossene Seile mit einer Z-Profildrahtlage*[1]

Flechtformel	Seil-Nenn-durchmesser d	Seil-gewicht[2] q	Rechnerische Bruchlast des Seiles bei einer Nennfestigkeit von 120 kg/mm² für die Profil- und Runddrähte B
	mm	kg/m	kg
$1+6+xZ$ bis $1+6+12+18+24+xZ$	18	1,75	25000
	20	2,24	31300
	22	2,73	38200
	24	3,15	44000
	26	3,85	55200
	28	4,38	62000
	30	4,85	68500
	32	5,86	82800
	34	6,43	91000
	36	7,15	101000
	38	7,72	110000
	40	8,93	128000
	42	9,53	136000
	44	10,90	153000
	46	11,70	166000
	48	12,75	181000
	50	13,50	192000

[1] Nach den österreichischen Normen.
[2] Gefettet.

Tab. 2b. *Verschlossene Seile mit einer inneren Keil- und einer äußeren Z-Profildrahtlage*[1]

Flechtformel	Seil-Nenn-durchmesser d	Seil-gewicht[2] q	Rechnerische Bruchlast des Seiles bei einer Nennfestigkeit von 120 kg/mm² für die Profil- und Runddrähte B
	mm	kg/m	kg
$1+6+yK+xZ$ bis $1+6+12+18+yK+xZ$	20,5	2,39	33700
	23,0	2,91	41000
	25,0	3,47	49000
	26,5	3,90	55100
	29,0	4,70	66400
	31,0	5,25	74200
	32,5	5,99	84600
	34,0	6,79	95900
	36,0	7,48	105600
	38,0	8,34	117700
	40,0	9,10	128400
	42,0	10,01	141400
	45,0	11,31	159700
	47,0	12,21	172400
	49,0	13,46	190000
	50,5	14,27	201500
	52,0	15,33	216500
	55,0	16,99	239900
	57,0	18,28	258000
	59,0	19,26	271900
	60,5	20,34	287200
	62,0	21,42	302400
	64,0	22,55	318500

[1] In Anlehnung an die österreichischen Normen.
[2] Gefettet.

genüber gewöhnlichen Spiralseilen den Vorteil, daß sie etwas biegsamer sind, was bei sehr starken Seilen im Hinblick auf eine leichtere Montage wünschenswert ist, und daß sich gebrochene Drähte nicht aus dem Seilverband lösen können, die Drahtbruchstellen dabei aber doch gut sichtbar sind. Das Seil kann in beliebiger Länge hergestellt werden, weil Lötstellen in den Drähten auch hier zulässig erscheinen. Litzenspiralseile gelangen vornehmlich als Tragseile bei Personenseilbahnen zur Anwendung, und es gibt über die gebräuchlichsten Abmessungen die nachstehende Tab. 3 Aufschluß.

§ 10. Litzenseile normaler Machart. Zunächst gilt, daß innerhalb einer Litze alle Drahtlagen den gleichen Windungssinn besitzen. Der Windungssinn der Litzen im Seil kann dagegen derselbe oder der entgegengesetzte desjenigen der Drähte in den Litzen sein. Im ersten Fall liegt ein *Gleichschlagseil* (Abb. 15), im zweiten ein *Kreuzschlagseil* (Abb. 16) vor.

Bezeichnet:

ω_1 den Flechtwinkel der Drähte in den Litzen,

ω_2 den Flechtwinkel der Litzen im Seil,

Tabelle 3. *Litzenspiralseile*[1]

Anzahl der Drähte i	Flechtformel	Seil-Nenndurchmesser d	Draht-Nenndurchmesser δ	Metallischer Querschnitt des Seiles F_s[2]	Seilgewicht[3] q	Rechnerische Bruchlast B des Seiles in kg bei einer Nennfestigkeit in kg/mm² von		
		mm	mm	mm²	kg/m	160	180	200
133	(1+6)+6(1+6)+12(1+6)	39	2,5	652,9	5,79	104500	117500	130600
		40	2,6	706,1	6,26	113000	127100	141200
		42	2,7	761,5	6,75	121800	137100	152300
		43	2,8	819,0	7,26	131000	147400	163800
		45	2,9	878,5	7,79	140600	158100	175700
		46	3,0	940,1	8,34	150400	169200	188000
		48	3,1	1004	8,91	160600	180700	200800
		49	3,2	1070	9,49	171200	192600	214000
		51	3,3	1138	10,09	182100	204800	227600
		53	3,4	1208	10,71	193300	217400	241600
		54	3,5	1280	11,35	204800	230400	
		56	3,6	1354	12,01	216600	243700	
259	(1+6)+6(1+6)+12(1+6)+18(1+6)	58	2,7	1483	13,15	237300	266900	296600
		60	2,8	1595	14,15	255200	287100	319000
		63	2,9	1711	15,18	273800	308000	342200
		65	3,0	1831	16,24	293000	329600	366200
		67	3,1	1955	17,34	312800	351900	391000
		69	3,2	2083	18,48	333300	374900	446600

[1] Nach den österreichischen Normen. Dabei werden die aus 2 Litzenlagen bestehenden 133drähtigen Litzenspiralseile bevorzugt, weil bei ihnen im Gegensatz zu anderen Bauarten starker Seile etwa zwei Drittel aller Drähte zeitweise an die Seiloberfläche treten. Dies gestattet eine verläßlichere Kontrolle des jeweiligen Seilzustandes im Betrieb.

[2] $F_s = i\frac{\delta^2\pi}{4}$.

[3] Die Gewichte gelten für gefettete Seile; für die Fettung wurden zu dem errechneten Gewicht des blanken Seiles 5% zugeschlagen.

Abb. 15. Gleichschlagseil

Abb. 16. Kreuzschlagseil

so sind beim Gleichschlagseil die an der Seiloberfläche liegenden Drähte unter $\omega_1 + \omega_2$ gegen die Seilachse geneigt, während beim Kreuzschlagseil der Neigungswinkel der außenliegenden Drähte $\omega_2 - \omega_1$ beträgt. Im allgemeinen ist ω_2 größer als ω_1, weil die Litzen den ihnen zur Verfügung stehenden ringförmigen Raum bei gleichem Flechtwinkel nicht so genau ausfüllen wie volle Kreisquerschnitte. Die Erfahrung zeigt, daß bei dichtem Gefüge die Schlaglänge der Litzen sein muß:

7facher Seildurchmesser bei Kreuzschlag,
8 „ „ „ Gleichschlag.

Bezeichnet (Abb. 7a):
d_l den Litzendurchmesser,
d den Seildurchmesser,
h_l die Schlaglänge der Drähte in den Litzen und
h_s die Schlaglänge der Litzen im Seil,
so gilt bei den zumeist angewandten 6litzigen Gleichschlagseilen ungefähr

$$h_l = 12\, d_l,\quad h_s = 8\, d \text{ und } d = 3\, d_l,$$

sonach

$$h_s = 2\, h_l. \tag{4}$$

Die äußeren Drähte der Litzen machen also ungefähr *doppelt* so viele Windungen um die Litzenachsen wie die Litzen um die Seilachse. Verfolgt man in einem Litzenseil den Verlauf eines äußeren Litzendrahtes bis an jene Stelle, wo er im Seilquerschnitt wieder am gleichen Ort erscheint, so ergibt sich (Abb. 17), daß bei einem Gleichschlagseil dieser Draht

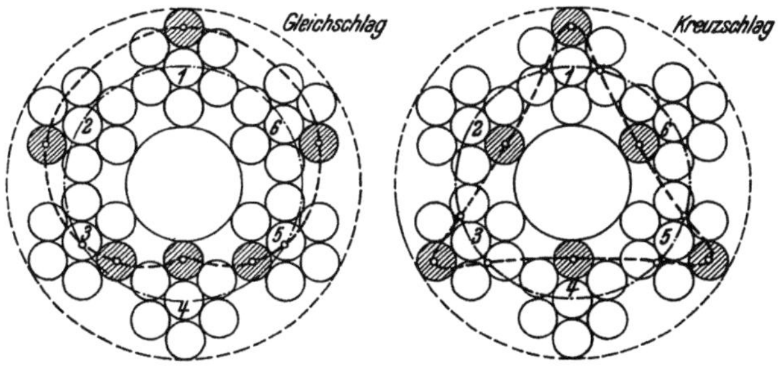

Abb. 17. Projektion der doppelten Schraubenwindungen eines Drahtes auf den Seilquerschnitt bei Gleichschlag und bei Kreuzschlag[1]

im Verlauf des geschilderten Weges nur einmal an die Oberfläche des Seiles tritt, dafür aber längere Zeit an derselben verbleibt, während er beim Kreuzschlagseil dreimal kurzzeitig am Mantel des Seiles sichtbar wird. Daraus folgt, daß der Verband beim Gleichschlagseil weniger innig als beim Kreuzschlagseil ist, dafür aber das erstere biegsamer als das letztere ist. Für Zugseile von Seilbahnen und Förderseile von Sesselliften

[1] FINDEIS, R.: Rechnerische Grundlagen des Baues von Drahtseilbahnen. Wien: Verlag Deuticke. 1923.

Tabelle 4. *Litzenseile in normaler Machart*[1]

Anzahl der Drähte i	Flechtformel	Seil-Nenn-durchmesser d	Draht-Nenn-durchmesser δ	Metallischer Querschnitt des Seiles F_s [2]	Seilgewicht [3, 4] q	Rechnerische Bruchlast B des Seiles in kg bei einer Nennfestigkeit in kg/mm² von			
		mm	mm	mm²	kg/m	130	160	180	200
42	$h + 6(1 + 6)$	9,5	1,00	33,0	0,30	4290	5300	5950	6600
		10,5	1,10	39,9	0,36	5200	6400	7200	8000
		11,5	1,20	47,5	0,43	6200	7600	8550	9500
		12,5	1,30	55,7	0,50	7250	8900	10000	11100
		13,5	1,40	64,7	0,58	8400	10400	11600	12900
		14,5	1,50	74,2	0,67	9650	11900	13400	14800
		15,0	1,60	84,4	0,76	11000	13500	15200	16900
		16,0	1,70	95,3	0,86	12400	15200	17200	19100
		17,0	1,80	106,9	0,96	13900	17100	19200	21400
		18,0	1,90	119,1	1,07	15500	19100	21400	23800
		19,0	2,00	131,9	1,19	17100	21100	23700	26400
		20,0	2,10	145,5	1,31	18900	23300	26200	29100
		21,0	2,20	159,7	1,44	20800	25600	28700	31900
		22,0	2,30	174,5	1,57	22700	27900	31400	34900
		23,0	2,40	190,0	1,71	24700	30400	34200	38000
		24,0	2,50	206,2	1,86	26800	33000	37100	41200
		25,0	2,60	223,0	2,01	29000	35700	40100	44600
114	$h + 6(1 + 6 + 12)$	16,0	1,00	89,5	0,81	11600	14300	16100	
		17,5	1,10	108,3	0,97	14100	17300	19500	
		19,0	1,20	128,9	1,16	16800	20600	23200	
		21,0	1,30	151,3	1,36	19700	24200	27200	
		22,0	1,40	175,5	1,58	22800	28100	31600	
		24,0	1,50	201,5	1,81	26200	32200	36300	
		25,0	1,60	229,2	2,06	29800	36700	41300	
		27,0	1,70	258,8	2,33	33600	41400	46600	
		28,0	1,80	290,0	2,61	37700	46400	52200	
		30,0	1,90	323,2	2,91	42000	51700	58200	
		32,0	2,00	358,1	3,22	46600	57300	64500	
		33,0	2,10	394,9	3,55	51300	63200	71100	
		35,0	2,20	433,4	3,90	56300	69300	78000	
		39,0	2,50	559,6	5,04	72700	89500	100100	
		44,0	2,80	702,0	6,32	91300	112300	126400	
		48,0	3,10	860,4	7,74	111900	137700	154900	
		53,0	3,40	1035	9,32	134600	165600	186300	

[1] Nach den österreichischen Normen.

[2] $F_s = i\,\frac{\delta^2 \pi}{4}$.

[3] Bei gefetteten Seilen erhöht sich das angegebene Gewicht um etwa 5 %, bei geölten und leicht gefetteten Seilen um etwa 2 bis 3 %.

[4] Bei Seilen mit Drahtseele erhöht sich das Metergewicht um etwa 10 %.

werden aus diesem Grunde und wegen der glatteren Oberfläche gegenüber den Kreuzschlagseilen fast ausschließlich *Gleichschlagseile* benutzt und diese gewöhnlich rechtsgängig ausgeführt.

(Fortsetzung der Tab. 4)

Anzahl der Drähte i	Flechtformel	Seil-Nenndurchmesser d	Draht-Nenndurchmesser δ	Metallischer Querschnitt des Seiles F_s	Seilgewicht q	Rechnerische Bruchlast B des Seiles in kg bei einer Nennfestigkeit in kg/mm²			
		mm	mm	mm²	kg/m	130	160	180	200
222	$h + 6(1 + 6 + 12 + 18)$	22,0	1,00	174,4	1,57	22 700	27 900	31 400	
		24,0	1,10	211,0	1,90	27 400	33 800	38 000	
		26,0	1,20	251,1	2,26	32 600	40 200	45 200	
		29,0	1,30	294,7	2,65	38 300	47 200	53 000	
		31,0	1,40	341,7	3,08	44 400	54 700	61 500	
		33,0	1,50	392,3	3,53	51 000	62 800	70 600	
		35,0	1,60	446,4	4,02	58 000	71 400	80 400	
		37,0	1,70	503,9	4,54	65 500	80 600	90 700	
		40,0	1,80	564,9	5,08	73 400	90 400	101 700	
		42,0	1,90	629,4	5,66	81 800	100 700	113 300	
		44,0	2,00	697,4	6,28	90 700	111 600	125 500	
		49,0	2,20	843,9	7,60	109 700	135 000	151 900	
		51,0	2,30	922,4	8,30	119 900	147 600	166 000	
		53,0	2,40	1004	9,04	130 500	160 600	180 700	
		55,0	2,50	1090	9,81	141 700	174 400	196 200	
		57,0	2,60	1179	10,61	153 300	188 600	212 200	
		60,0	2,70	1271	11,44	165 200	203 400	228 800	
		62,0	2,80	1367	12,30	177 700	218 700	246 000	
		64,0	2,90	1466	13,19	190 600	234 600	263 900	
		66,0	3,00	1569	14,12	204 000	251 000	282 400	

Dünnere Seile erhalten in der Regel 6 Litzen mit je 7 Drähten, also zusammen 42 Drähte, stärkere Seile 6 Litzen mit je 19 Drähten, zusammen demnach 114 Drähte und sehr starke Seile 6 Litzen mit je 37 Drähten, zusammen mithin 222 Drähte. Die zuletzt genannten 222drähtigen Litzenseile werden nicht als Zug- oder Förderseile verwendet, sondern haben als Spannseile die steifen Tragseile auf den Rollen der Spannvorrichtungen zu ersetzen.

Für die Litzenseile gilt als Verhältnis des metallischen Querschnittes F_s zum Querschnitt F des umhüllenden Zylinders näherungsweise $F_s : F \doteq 0{,}46$. Über die gebräuchlichen Abmessungen der Litzenseile gibt Tab. 4 Aufschluß, wobei die rechnerische Bruchlast $B = F_s K_z$.

§ 11. Litzenseile in Parallelschlag-Machart.

Die *Parallelschlagseile* unterscheiden sich von gewöhnlichen Litzenseilen dadurch, daß für alle Drahtlagen der einzelnen Litzen, die hier immer in einem Arbeitsgang hergestellt werden, nicht der Flechtwinkel, sondern die Schlaglänge gleich ist. Die Drähte jeder Lage liegen dabei in den Rillen, welche von den Drähten der vorhergehenden Lage gebildet werden. Dies geschieht bei den als Zug- oder Förderseile in Betracht kommenden *Seale*- und *Warrington*-Bauarten unter Zuhilfenahme verschieden starker Drähte. Bei der *Seale*-Machart (Abb. 18) folgt in jeder Litze auf den Kerndraht gewöhnlich eine Lage von 9 dünnen Drähten, in deren Rillen die äußere Lage mit 9 dickeren Drähten ruht. Bei der *Warrington*-Machart (Abb. 19) folgt hingegen in jeder Litze auf den Kerndraht eine Lage von 6 Drähten, während sich die äußere Lage aus 6 dickeren Drähten und 6 dünneren Drähten zusammensetzt, wobei die dickeren in den Rillen der inneren Lage ruhen.

Selbstverständlich müssen auch hier durch die Flechtung die Lücken zwischen den Drähten geschlossen werden, wobei im Falle des *Seale*-Seiles folgende Überlegungen gelten (Abb. 20).

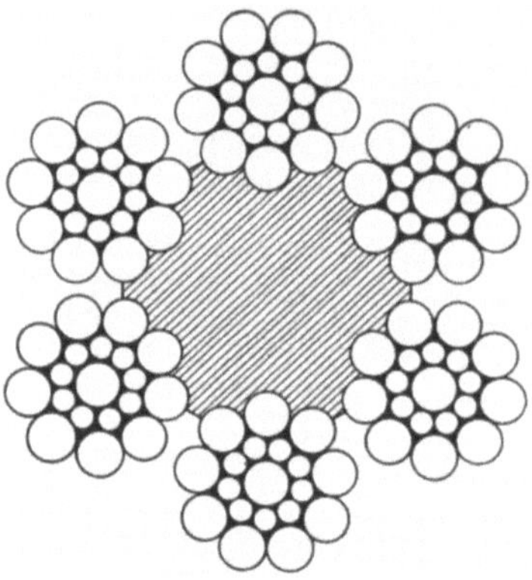

Abb. 18. Querschnitt eines Parallelschlagseiles in *Seale*-Machart

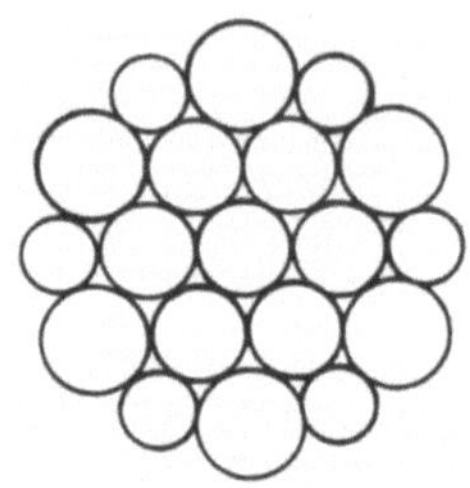

Abb. 19. Litze eines Parallelschlagseiles in *Warrington*-Machart

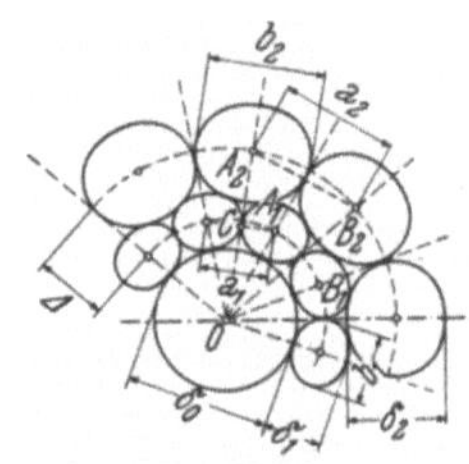

Abb. 20. Zur Bestimmung des Flechtwinkels der Litzen eines *Seale*-Seiles

In den beiden Drahtlagen mit je n Drähten und den Flechtwinkeln ω_1 und ω_2 ergeben sich für die großen Ellipsenachsen der Drahtquerschnitte die Beziehungen

$$b_1 = \frac{\delta_1}{\cos\omega_1} \text{ und } b_2 = \frac{\delta_2}{\cos\omega_2}.$$

Für die Abstände der Mittelpunkte benachbarter Drahtquerschnitte folgt bei der inneren Drahtlage aus dem Dreieck $O\,A_1\,B_1$

$$a_1 = 2\,\frac{\delta_0 + \delta_1}{2}\sin\frac{360}{2n}$$

und bei der äußeren Drahtlage aus dem Dreieck $O\,A_2\,B_2$

$$a_2 = 2\left(\frac{\delta_0 + \delta_1}{2} + \Delta\right)\sin\frac{360}{2n}.$$

Für Δ ergibt sich dabei aus dem Dreieck $A_1\,A_2\,C$

$$\Delta \doteq \sqrt{\left(\frac{\delta_1 + \delta_2}{2}\right)^2 - \left(\frac{a_1}{2}\right)^2} = \frac{1}{2}\sqrt{(\delta_1 + \delta_2)^2 - (\delta_0 + \delta_1)^2 \sin^2\frac{180}{n}}.$$

Tabelle 5. *Litzenseile in Seale-Machart*[1]

Anzahl der Drähte i	Flechtformel	Seil-Nenndurchmesser d	Draht-Nenndurchmesser Kerndraht δ_0	Innenlage δ_1	Außenlage δ_2	Metallischer Querschnitt des Seiles F_s [2]	Seilgewicht [3, 4] q	Rechnerische Bruchlast B des Seiles in kg bei einer Nennfestigkeit in kg/mm² von 130	160	180	200
		mm	mm	mm	mm	mm²	kg/m				
114	$h + 6\,(1 + 9 + 9)$	13,0	1,30	0,60	1,00	65,6	0,59	8550	10500	11800	
		14,0	1,40	0,65	1,10	78,5	0,71	10200	12600	14100	
		15,0	1,50	0,70	1,20	92,5	0,83	12000	14800	16700	
		16,0	1,60	0,70	1,30	104,5	0,94	13600	16700	18800	
		18,0	1,70	0,80	1,40	123,9	1,12	16100	19800	22300	
		19,0	1,80	0,85	1,50	141,3	1,27	18400	22600	25400	
		20,0	1,90	0,90	1,60	159,9	1,44	20800	25600	28800	32000
		22,0	2,20	1,00	1,70	187,8	1,69	24400	30000	33800	37600
		24,0	2,40	1,10	1,90	231,6	2,08	30100	37100	41700	46300
		26,0	2,60	1,20	2,00	262,6	2,36	34100	42000	47300	52500
		29,0	2,80	1,30	2,20	313,9	2,83	40800	50200	56500	62800
		31,0	3,00	1,40	2,40	369,8	3,33	48100	59200	66600	74000
		34,0	3,20	1,50	2,60	430,4	3,87	56000	68900	77500	86100

[1] In Anlehnung an die österreichischen Normen.

[2] $F_s = \sum \frac{\delta^2 \pi}{4}$.

[3] Bei gefetteten Seilen erhöht sich das angegebene Gewicht um etwa 5 %, bei geölten und leicht gefetteten Seilen um etwa 2 bis 3 %.

[4] Bei Seilen mit Drahtseele erhöht sich das Metergewicht um etwa 10 %.

Tabelle 6. *Litzenseile in Warrington-Machart*[1]

Anzahl der Drähte i	Flechtformel	Seil-Nenndurchmesser d	Draht-Nenndurchmesser Innenlage δ_1	Außenlage δ_2'	δ_2''	Metallischer Querschnitt des Seiles F_s [2]	Seilgewicht [3, 4] q	Rechnerische Bruchlast B des Seiles in kg bei einer Nennfestigkeit in kg/mm² von 130	160	180	200
		mm	mm	mm		mm²	kg/m				
114	$h + 6\,(1 + 6 + [6 + 6])$	18	1,30	0,95	1,30	129,0	1,16	16800	20600	23200	
		19	1,35	1,00	1,35	139,9	1,26	18200	22400	25200	
		20	1,40	1,10	1,40	154,3	1,39	20100	24700	27800	30900
		22	1,60	1,20	1,60	197,5	1,78	25700	31600	35600	39500
		24	1,70	1,30	1,70	224,8	2,02	29200	36000	40500	45000
		25	1,80	1,30	1,80	246,3	2,22	32000	39400	44300	49200
		26	1,90	1,40	1,90	276,6	2,49	36000	44300	49800	55300
		28	2,00	1,50	2,00	308,7	2,78	40100	49400	55600	61700
		29	2,05	1,50	2,05	321,1	2,89	41700	51400	57800	64200
		30	2,20	1,60	2,20	368,9	3,32	48000	59000	66400	73800
		32	2,30	1,70	2,30	405,8	3,65	52800	64900	73000	81200
		34	2,40	1,80	2,40	444,5	4,00	57800	71100	80000	88900
		36	2,50	1,90	2,50	485,0	4,36	63100	77600	87300	97000

[1] In Anlehnung an die österreichischen Normen.

[2] $F_s = \sum \frac{\delta^2 \pi}{4}$.

[3] Bei gefetteten Seilen erhöht sich das angegebene Gewicht um etwa 5 %, bei geölten und leicht gefetteten Seilen um etwa 2 bis 3 %.

[4] Bei Seilen mit Drahtseele erhöht sich das Metergewicht um etwa 10 %.

Vollkommen dichtes Schließen erfordert $a_1 \doteq b_1$ und $a_2 \doteq b_2$, woraus nach Einsetzung des Ausdruckes für Δ die Beziehungen entstehen

$$\left.\begin{aligned} \frac{\delta_1}{\cos\omega_1} &= (\delta_0 + \delta_1)\sin\frac{180}{n} \\ \frac{\delta_2}{\cos\omega_2} &= \left(\delta_0 + \delta_1 + \sqrt{(\delta_1+\delta_2)^2 - (\delta_0+\delta_1)^2 \sin^2\frac{180}{n}}\right)\sin\frac{180}{n} \end{aligned}\right\}. \tag{5}$$

Außerdem gelten noch zufolge der Gleichheit der Schlaglängen in beiden Drahtlagen folgende Gleichungen für die Flechtwinkel:

$$\left.\begin{aligned} \operatorname{tg}\omega_1 &= \frac{\delta_0+\delta_1}{h}\pi \\ \operatorname{tg}\omega_2 &= \frac{\delta_0+\delta_1+2\Delta}{h}\pi = \frac{\delta_0+\delta_1+\sqrt{(\delta_1+\delta_2)^2-(\delta_0+\delta_1)^2\sin^2\frac{180}{n}}}{h}\pi \end{aligned}\right\}. \tag{6}$$

Der Vorteil der Parallelschlagseile ist, daß die Kreuzungen der Drähte aufeinander folgender Lagen wegfallen, welche die Verwendungsdauer beeinträchtigen, nachteilig dagegen wirkt die ungleiche Spannkraftverteilung zufolge größerer Verschiedenheit des Flechtwinkels zwischen den einzelnen Lagen, was namentlich dann unangenehm in Erscheinung tritt, wenn sich das Seil aus irgendeinem Grund etwas aufgedreht hat.

Über die gebräuchlichsten Abmessungen der *Seale-* und *Warrington-*Seile geben die Tab. 5 und 6 Aufschluß.

Aus (5) und (6) läßt sich, wenn beispielsweise δ_0, n und h festgelegt sind, δ_1, δ_2, ω_1 und ω_2 berechnen, wobei man zweckmäßig statt der wirklichen Drahtdurchmesser und Schlaglängen mit Verhältniszahlen arbeitet. Bei $n = 9$ gilt meistens $\delta_0 : \delta_1 : \delta_2 \doteq 1{,}25 : 0{,}60 : 1{,}00$.

§ 12. Drallarme Seile. Die Verformung der Drähte bei Herstellung der Seile ist zum Teil elastisch und zum Teil plastisch. Die Seile zeigen daher schon unbelastet das Bestreben, sich aufzudrehen, welcher *Drall* durch eine Seilspannkraft noch vergrößert und namentlich bei Litzenseilen im Betrieb unangenehm empfunden wird. Aus dem gleichen Grunde müssen auch die Enden nicht eingebauter gewöhnlicher Seile abgebunden werden. Zur Erzielung drallarmer *Litzenseile*, welche diese Nachteile teilweise vermeiden, werden bei der Herstellung die Litzen oder das ganze Seil zusätzlich plastisch verformt. Das erstere Verfahren besteht im Vorformen der Litzen vor dem Verseilen durch kleine, vor dem Flechtkopf angeordnete Rollen (*Trulay*-Verfahren). Beim zweiten Verfahren geschieht ein Nachformen des ganzen Seiles durch kleine, unmittelbar hinter dem Flechtkopf angeordnete Rollen (*Pawo*-Verfahren [Patent Wolf])[1]. Letzteres hat auch eine mitunter sehr erwünschte Reckung des Seiles zur Folge. Manchmal werden sogar beide Verfahren gleichzeitig angewandt. Auch *Spiralseile*, *verschlossene Seile* und *Litzenspiralseile* werden

[1] Shitkow, D. G. und Pospechow, J. T.: Drahtseile. Berlin: VEB Verlag Technik. 1957.

auf die geschilderten Arten drallarm hergestellt. Durch diese plastischen Verformungen gelingt es wenigstens, den Herstellungsdrall zu beseitigen; solche Seile brauchen daher an ihren Enden auch nicht abgebunden zu werden.

§ 13. Flechtformel, Verseilungsfaktor. Es bezeichnet:

1 . . . . den Kerndraht,

1 + 6 . . . . . eine Litze aus einem Kerndraht und 6 weiteren Drähten,

1 + 6 + 12. eine 19drähtige Litze oder ein Spiralseil aus einem Kerndraht und 2 weiteren Drahtlagen.

Zu diesen Zahlen setzt man als Index die Drahtdurchmesser in Zehntelmillimetern. Für ein 37drähtiges *Spiralseil* mit 3,6 mm starken Drähten lautet mithin die Flechtformel

$$(1+6+12+18)_{36}.$$

Handelt es sich um ein *Litzenseil*, und wird die Hanfseele mit h bezeichnet, so ist die Flechtformel beim Aufbau des Seiles aus 6 Litzen zu je einem Kerndraht und 6 darum gewickelten Drähten von 1,4 mm Durchmesser

$$h+6\,(1+6)_{14}$$

zu schreiben. In den Seiltabellen 1 bis 6 sind die jeweiligen Flechtformeln angegeben.

Die Flechtformel gestattet in einfacher Weise, alle Seilbauarten zu kennzeichnen, also auch dort, wo die Namengebung wegen Kompliziertheit der Konstruktion versagt.

So ist beispielsweise $(0+6+12)_{32}+8\,(1+6)_{31}$ ein Seil aus einem 18fädigen Spiralseilkern mit 3,2 mm starken Drähten und einem Weicheisenkerndraht, ferner 8 um den Spiralseilkern geschlagenen 7fädigen Litzen mit 3,1 mm starken Drähten.

Ein weiterer mitunter verwendeter Begriff ist der *Verseilungsfaktor*, welcher angibt, wievielmal schwerer die Längeneinheit eines Seiles gegenüber dem Gewicht der Summe der Längeneinheiten seiner einzelnen Drähte ist. Der Verseilungsfaktor ist demnach

$$\xi \doteq \frac{1}{\cos\omega} = 1{,}10 \tag{7}$$

für eine Litze oder ein Spiralseil und

$$\xi \doteq \frac{1}{\cos\omega_1\,\cos\omega_2} = 1{,}25 \tag{7a}$$

für ein Litzseneil.

§ 14. Die Seilverbindungen. Man unterscheidet solche, welche nicht biegsam zu sein brauchen, weil sie nicht über Seilscheiben laufen, und solche, die wegen der Führung des Seiles um Scheiben nahezu ebenso biegsam sein müssen wie das Seil selbst.

Im ersteren Falle gelangen stählerne *Muffen* zur Verwendung, in welche die Seilenden gewöhnlich mit Hilfe einer leicht schmelzbaren

Metallegierung eingegossen werden, während im zweiten Falle die Seilenden miteinander verflochten, *verspleißt* werden. Die letztere Verbindung ist aber nur bei Litzenseilen anwendbar.

Schließlich gibt es noch *Klemmenverbindungen* für besondere Zwecke.

a) Muffenverbindungen

Die Muffenverbindungen (Abb. 21) haben für jedes Seilende eine konische Hülse m aus Siemens-Martinstahl hoher Zerreißfestigkeit, gewöhnlich 7000 bis 8000 kg/cm². Die Verbindung der Hülsen erfolgt mittels eines einschraubbaren, mit Rechts- und Linksgewinde versehenen Zwischenstückes z, wobei zur Sicherung die Stifte t dienen. Im konischen Innenteil jeder Hülse werden die Seildrähte nach Beseitigung der Endabbindungen auseinandergespreizt, hakenförmig umgebogen und schließlich der zwischen ihnen und der Muffenwandung verbleibende

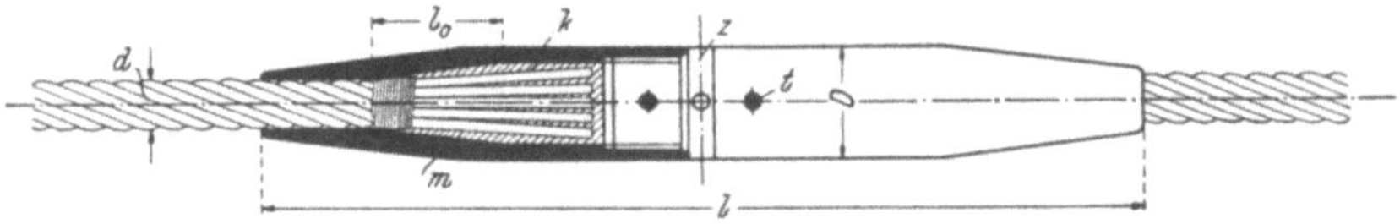

Abb. 21. Muffenverbindung

Raum durch eine häufig im wesentlichen aus Zinn oder Zink mit einem kleinen Antimonzusatz bestehende Weißmetallegierung k ausgegossen[1]. Vor dem Vergießen muß sowohl das Drahtbüschel gut gereinigt und geschmirgelt werden[2] als auch ein Anwärmen der Muffen auf etwa 200° C stattfinden, damit das Vergußmetall alle Drähte fest umschließt und den ihm zur Verfügung stehenden Raum voll ausfüllt. Bei Benutzung von Zinnlegierungen findet auch ein Verzinnen der Drähte vor dem Vergießen statt. Nach dem Vergießen hat man sich durch Zurückschlagen der Muffe zu überzeugen, daß sich ein einwandfreier Vergußkegel gebildet hat. Mitunter werden statt des Vergusses auch Ringkeile zwischen die auseinandergespreizten Drahtenden eingetrieben.

Der Vorteil der Vergußkupplungen besteht darin, daß alle Drähte gut gefaßt werden, während die Ringkeilkupplungen den Vorteil haben, daß das Anwärmen der Hülsen entfällt, welches leicht zu weit getrieben werden kann und dann die Festigkeit der Seile beeinträchtigt.

Die Formgebung der *Muffenverbindungen für Tragseile von Güterseilbahnen* verlangt große Sorgfalt, darf doch einerseits ihre Bruchlast nicht kleiner als die des zugehörigen Seiles sein, andererseits müssen sie hinreichend schlank gemacht werden, um keine zu große Unstetigkeit der Fahrbahn zu bilden. Die Erfahrung zeigt, daß ein Innenkonus am zweckmäßigsten ist, dessen Erzeugende gegen die Achse unter 1:10 geneigt sind

[1] So hat sich beispielsweise eine Legierung aus 95% Zn und 5% Sb gut bewährt. Sie hat bei genügender Härte noch keinen zu hohen Schmelzpunkt.

[2] Säurehaltige Reinigungsmittel dürfen dabei nicht benutzt werden.

und dessen Länge l_0 etwa dem 3fachen Seildurchmesser gleichkommt. Damit ergeben sich nachfolgende Hauptabmessungen der von den Seilbahnfirmen gewöhnlich genormten Muffenverbindungen:

Seildurchmesser *d* mm	*l* mm	*D* mm	Gewicht kg	Anmerkung
15	535	48	4,00	Die Bedeutung der Bezeichnungen im Tabellenkopf ist der Abb. 21 zu entnehmen.
25	715	64	8,50	
35	938	85	17,50	
45	988	95	25,00	

Bei *Muffenverbindungen sehr starker Tragseile* wird aber der Muffendurchmesser so erheblich und die Muffenlänge so groß, daß es nicht mehr rätlich ist, die Wagen unmittelbar darüberrollen zu lassen, weil nicht nur außerordentlich breite Laufrollen erforderlich wären, sondern auch bedeutende Biegungsbeanspruchungen in den Muffen auftreten würden. In solchen Fällen werden die Muffen mit besonderen *Zungenschienen* versehen, welche einerseits auf dem Seil aufliegen, andererseits gelenkig an der Muffe befestigt sind und den Wagen im Muffenbereich als Fahrbahn dienen.

In ähnlicher Weise wie die Muffen zur Verbindung einzelner Tragseilstücke werden auch die *Endmuffen* ausgebildet, mit denen man die Tragseile verankert[1]. Die Endmuffe ist eine außen zylindrische und bloß innen konische Hülse; sie stützt sich bei den *Zugverankerungen* der *Güterseilbahnen* auf eine Ankerplatte, die durch Ankerstangen von einem Ankerblock (Fundament) festgehalten wird (Abb. 22). Zwischen der am Vorderende ballig abgedrehten Endmuffe und der Ankerplatte wird ein zweiteiliger Ring eingelegt, der es ermöglicht, das Seil mit der Muffe durch die Ankerplatte hindurchzustecken. Bei *nachspannbaren* Tragseilverankerungen (Abb. 23), wie sie an beiden Enden verankerte Seile erfordern (§ 86), sind die vorderen Teile der Ankerstangen durch Flachgewindespindeln ersetzt, und es werden überdies zwischen der Ankerplatte und den Stellmuttern besondere Stützplatten und Bronzeringe mit kugeligen Berührungsflächen zur leichteren Drehbarkeit der Stellmuttern vorgesehen.

Die Hauptabmessungen der meistens genormten Tragseilverankerungen sind ungefähr folgende:

Seildurchm. *d* mm	*l* mm	*D* mm	*a* mm	*b* mm	d_1 mm	Anmerkung
15	130	55	150	180	22	Die Bedeutung der Bezeichnungen im Tabellenkopf ist aus Abb. 22 und 23 zu entnehmen.
25	170	70	200	240	38	
35	210	90	300	350	51	
45	225	115				

[1] SCHLEICHER, F.: Die Verankerung von Drahtseilen, insbesondere in vergossenen Seilköpfen. Der Bauingenieur **1949**, H. 5 und 6.

ZIGNOLI, V.: Sul calcolo dei manicotti per teste fuse. Bericht über den ersten internat. Seilbahnkongreß in Rom 1957, 2. Teil.

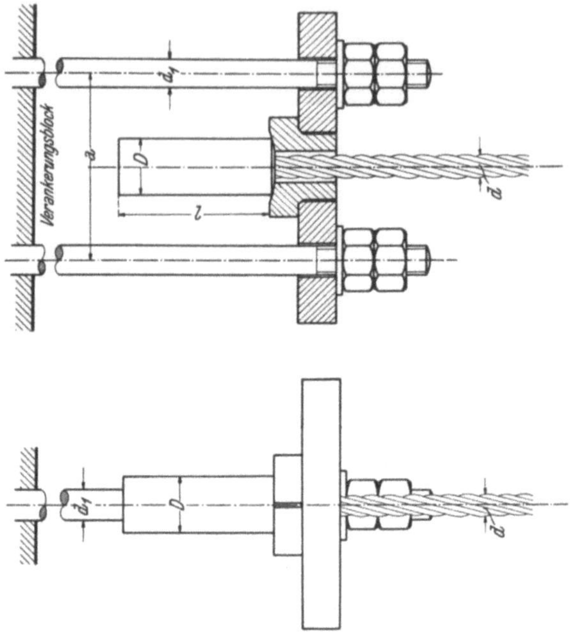

Abb. 22. Verankerung eines Tragseiles für Güterseilbahnen

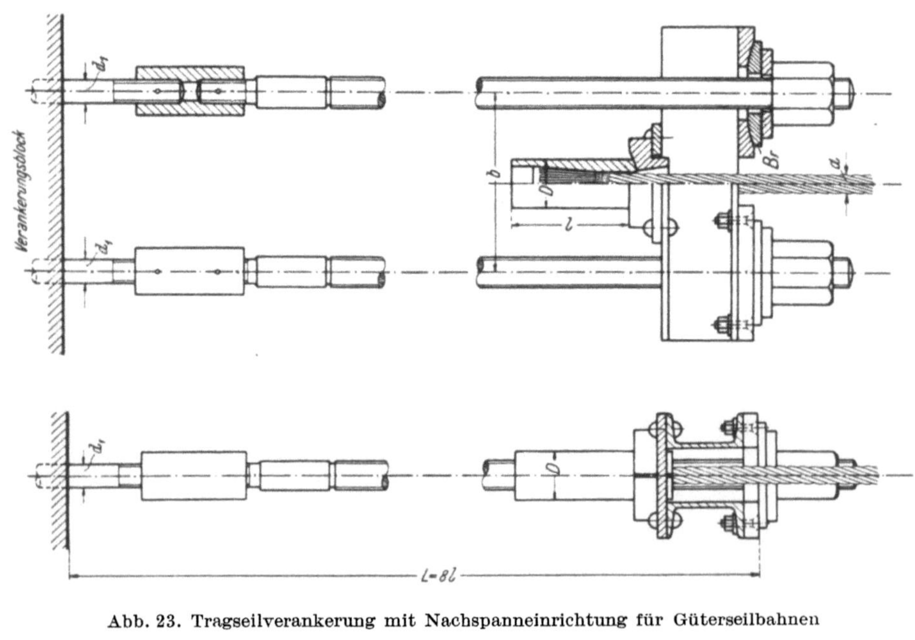

Abb. 23. Tragseilverankerung mit Nachspanneinrichtung für Güterseilbahnen

Bei den *Tragseilspannvorrichtungen* (§ 46) benötigt man einerseits Übergangskupplungen zur Verbindung der Tragseile mit den über die Spannscheiben laufenden biegsamen Spannseilen und andererseits Endmuffen zur Befestigung der Spannseile an den Spanngewichten.

Bei *Personenseilbahnen* werden die Tragseile aus Sicherheitsgründen in *einem* Stück hergestellt und daher entfallen die Zwischenkupplungen auf der Strecke. Die Seilverankerungen werden als *Trommelverankerungen* mit Sicherheitsklemmen ausgebildet, um das Tragseil von Zeit zu Zeit nachlassen zu können (§ 74). Seilmuffen sind bei diesen Bahnen nur an den Tragseilspannvorrichtungen notwendig und werden dort noch durch kräftige Seilklemmen gesichert, wobei jene beiderseits der Übergangskupplungen durch Spannschlösser verbunden sind.

Haben Tragseile von Personenseilbahnen an beiden Enden Trommelverankerungen, so ist in Verbindung mit einem kräftigen Flaschenzug und einer Seilwinde ebenfalls ein Nachspannen des Seiles bei einer der beiden Verankerungen möglich (§ 84 und 86).

Die Trommelverankerungen haben in jüngster Zeit auch bei Güterseilbahnen Eingang gefunden.

b) Berechnung der Muffenverbindungen

Bedeutet:

S die größtmögliche Seilspannkraft,
V die bei einem Schnitt durch die Muffenachse senkrecht zur Schnittebene wirkende Kraft einer Muffenhälfte,
F den Querschnitt einer Muffenhälfte in der Längsrichtung,
$\operatorname{tg} \alpha$ die Neigung der Innenkonuserzeugenden gegen die Achse und
$\operatorname{tg} \varrho = 0{,}10$ den Reibwert zwischen dem Vergußkonus und der Muffe,
dann gilt die folgende *Näherungsberechnung* für dünnwandige Körper.

Man denke sich S in die Kräfte p zerlegt (Abb. 24a), welche sich über die ganze Rundung des Innenkonus gleichmäßig verteilen, also ebenfalls einen Kegel bilden, der den Muffeninnenkonus entlang eines Kreises mit dem Durchmesser D schneidet. Zerlegt man p wieder in p^*, senkrecht auf die Muffenachse, und in die Kraft $\frac{S}{D\pi}$, parallel zur Muffenachse, so ergibt sich aus Abb. 24b

$$p^* = \frac{S}{D\pi \operatorname{tg}(\alpha + \varrho)}.$$

Bildet man für eine Muffenhälfte (Abb. 24c) die Resultierende V aller p^*, so folgt gemäß Abb. 24d

$$\frac{p^* D\pi}{2} = \frac{V\pi}{2}, \ldots \; V = p^* D$$

und nach Einsetzung des Ausdruckes für p^*

$$V = \frac{S}{\pi \operatorname{tg}(\alpha + \varrho)}.$$

Damit wird schließlich die mittlere Ringzugspannung

$$\sigma_r = \frac{V}{F} = \frac{S}{F\,\pi\,\mathrm{tg}\,(\alpha + \varrho)}\,. \tag{8}$$

Die Ringzugspannung beansprucht die Muffe auf Aufsprengen; außerdem sind die Muffenverbindungen noch auf axialen Zug und zufolge der darüberrollenden Seilbahnwagen auch auf Biegung zu untersuchen,

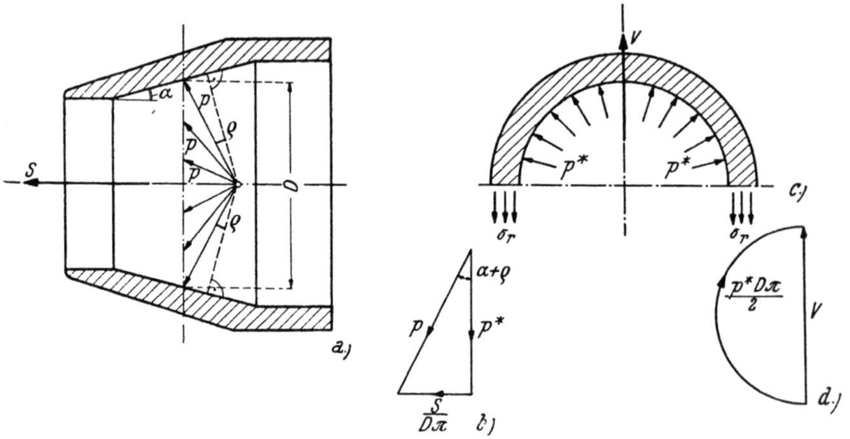

Abb. 24. Kräftewirkungen an einer Seilkupplung

wobei beachtet werden muß, daß an den Muffenenden das Seil eingespannt ist und dort ein Biegungsmoment übertragen wird. Die Gesamtspannung[1] soll bei der angegebenen Materialfestigkeit 2000 kg/cm² nicht überschreiten.

c) Spleißverbindungen

Bei der Langspleißung von Litzenseilen wird von jedem Seilende die Hälfte der Litzen, wobei in deren Reihenfolge immer eine übersprungen wird, ins andere Seilende hinübergeführt und dort schließlich an Stelle der Hanfseele im Inneren des Seiles versteckt. Bei sechslitzigen Gleichschlagseilen, wie sie gewöhnlich als Zugseile bei Seilbahnen benutzt werden, sind an jedem Seilende für den Spleiß etwa 60 Litzenschlaglängen notwendig. Beispielsweise können gemäß Abb. 25 vom Seil *b* die Litzen 1, 3 und 5 durch die entsprechenden Litzen des Seiles *a* ersetzt werden und im Seil *a* die Litzen 2, 4 und 6 durch die betreffenden des Seiles *b*. Bei dieser gegenseitigen Ersetzung soll darauf geachtet werden, daß jede Litze des einen Seiles auf möglichst gleiche Länge — genannt Reibungslänge — zwischen den Litzen des anderen Seiles zu liegen kommt[2].

[1] Vergleichsspannung.

[2] Hanker, R.: Über die Spleißung von Seilen. Wasserwirtschaft **1931**, H. 15/16.

Durch folgende Anordnung, welche auch die Abb. 25 zeigt, kann dies annähernd erreicht werden:

Litze 1 und 4	Ersetzung auf	50	Litzenschlaglängen
„ 3 „ 6	„ „	30	„
„ 5 „ 2	„ „	10	„

10 weitere Litzenschlaglängen werden an jedem Litzenende mit Hanf umwickelt und an Stelle der Hanfseele ins Seilinnere eingelegt.

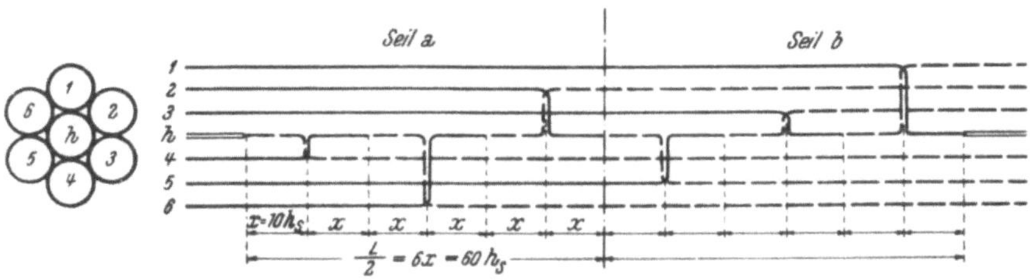

Abb. 25. Spleißung eines Litzenseiles

Die *praktische* Ausführung des Spleißes vollzieht sich so, daß zunächst die Seilenden mit den bereits abgewundenen Litzen entsprechend abge-

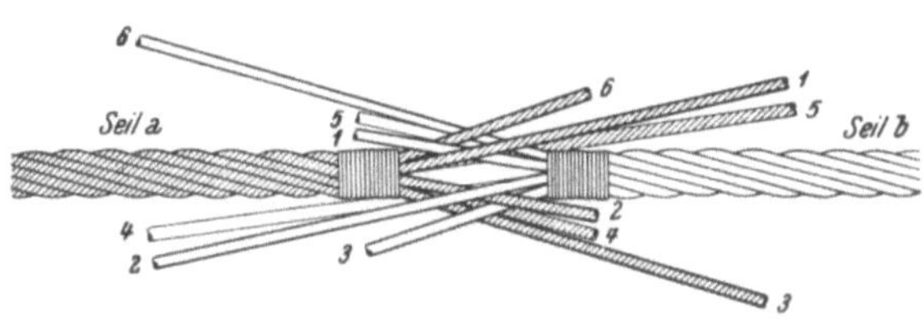

Abb. 26. Ineinanderstecken der Seilenden

schnitten und dann fest ineinandergesteckt werden, wie Abb. 26 zeigt. Hernach wird immer je eine Litze des einen Seiles durch die entsprechende

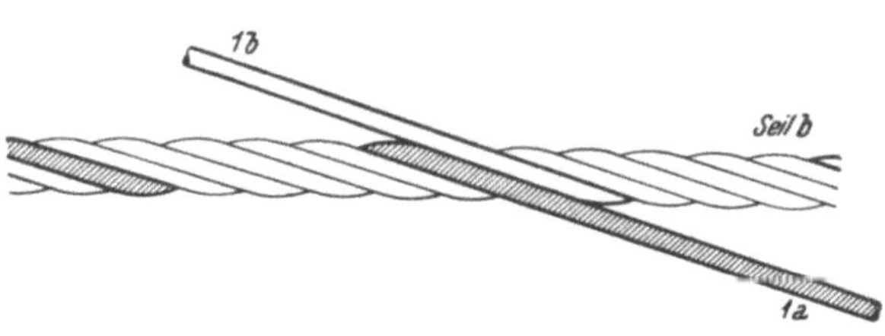

Abb. 27. Gegenseitige Ersetzung der Litzen

des anderen ersetzt (Abb. 27), und schließlich werden die mit Hanf umwickelten Litzenenden mit einer *Spleißahle* an Stelle der zu entfernenden

Hanfseele eingelegt (Abb. 28). Besondere Aufmerksamkeit ist dabei den *Einstichstellen* zu widmen, das sind jene Punkte, wo die Litzenenden

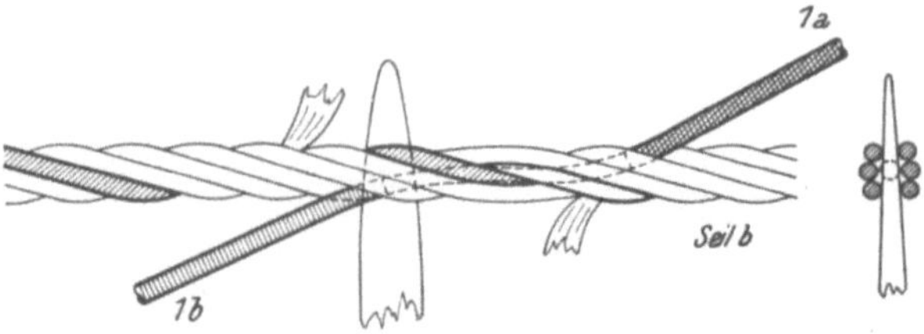

Abb. 28. Einlegen der Litzenenden an Stelle der Hanfseele

ins Seilinnere verschwinden (Abb. 29). Damit an diesen Stellen, wo sich die Litzen überkreuzen, keine Verdickung des Seiles eintritt, wird dort das Seil mit einem Kupfer- oder Gummihammer noch gut rund geklopft. Zu verspleißende Seile müssen außer Litzenbauart mit Hanfseele auch noch gleiche Konstruktion, gleiche Stärke und gleiche Schlagrichtung besitzen.

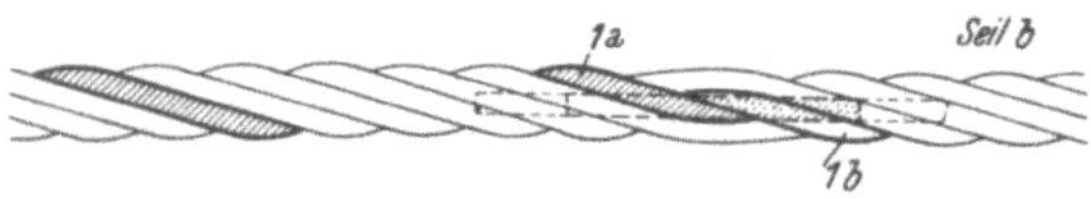

Abb. 29. Einstichstellen nach Einlegen der Litzenenden

Neben den Langspleißungen zur Verbindung zweier Litzenseilenden werden zur Befestigung eines Litzenseiles an einem Haken od. dgl. auch kurze *Endspleiße* ausgeführt. Hierbei wird das Seil am Ende um 180° zurückgebogen, wodurch eine Öse entsteht, das zurückgebogene Seilende in die einzelnen Litzen aufgelöst, und diese werden in den gerade gebliebenen Teil des Seiles unter wenigstens dreimaligem Durchstecken durch dasselbe hineingeflochten.

d) Festigkeit der Spleißverbindungen

Hierbei kommt es im wesentlichen auf den *Reibungsschluß* zwischen den einzelnen Litzen an[1]. Man nimmt an, daß sich die Seilspannkraft S auf alle Litzen gleichmäßig verteilt und die Übertragung der auf eine Litze entfallenden Kraft T bloß auf der Länge x des Einsteckendes, nicht aber auf der vorhin genannten Reibungslänge erfolgt. Es genügt dann, der Untersuchung ein einziges Einsteckende, beispielsweise E_1B der Litze $1a$ (Abb. 30), zugrunde zu legen. Am Ende der Einsteckstrecke (Querschnitt B) ist, wenn $\cos\omega_2 \doteq 1$ gesetzt wird,

$$T = \frac{S}{6}. \tag{9}$$

Von dort bis zur Einstichstelle E_1 erzeugen die Litzen $1b$ bis $6b$ wegen ihrer gleichen schraubenlinienförmigen Gestalt auch den gleichen Anpreßdruck auf das in diesem Bereich liegende Einsteckende der Litze $1a$.

[1] OVERLACH, H.: Über Langspleißungen. Wasserwirtschaft **1931**, H. 28/29 und 31/32.

Jede Litze gibt dabei an das Einsteckende die Kraft Δt ab und es beträgt demnach die Spannkraft der Litzen $1b$ bis $6b$ bei E_1 $t = T - \Delta t$.

Gleichzeitig aber wächst dadurch, wie Abb. 30 zeigt, die Spannkraft des Einsteckendes von 0 auf

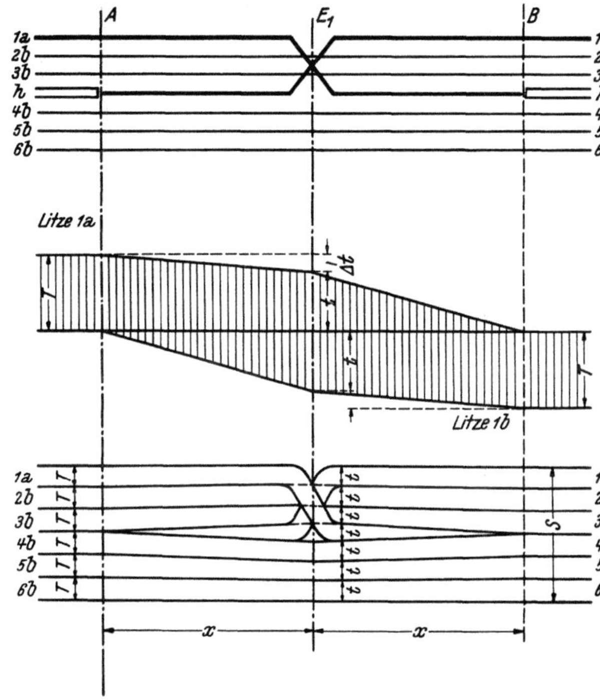

Abb. 30. Kräfteverlauf an einer Einsteckstelle eines Spleißes

$$P = t = 6\,\Delta t \text{ (Ausziehkraft)},$$

und es gilt mithin

$$t = \frac{S}{7}. \tag{10}$$

Auf die Litzen $1b$ bis $6b$ entfällt an der Einstichstelle E_1 die Kraft

$$s = 6\,t. \tag{11}$$

Zur *Bestimmung der Einstecklänge* x gehen wir von folgender Überlegung aus. Ein schraubenförmig um ein gerades Litzenende a gewundenes Litzenstück b von der Länge dl, welches mit t gespannt ist (Abb. 31), erfordert zur Überwindung seiner Reibung eine Kraft dt. Bezeichnet:

ϱ den Krümmungsradius der Schraubenlinie,
$d\varphi$ den das Litzenelement dl einschließenden Winkel und
dN seinen Anpreßdruck an das gerade Litzenende a,

so gilt
$$dN = t\,d\varphi = t\,\frac{dl}{\varrho}\,.$$

Der Krümmungsradius der Schraubenlinie ist
$$\varrho = \frac{r}{\sin^2\omega_2}\,,$$
worin r den Abstand der Litzenachse von der Seilachse darstellt. Damit wird
$$dN = \frac{t\,dl}{r}\sin^2\omega_2,$$
und wenn μ den Reibwert bezeichnet,
$$dt = \mu\,dN = \frac{\mu\,t\,dl}{r}\sin^2\omega_2.$$

Schreibt man noch für $dl = \frac{dx}{\cos\omega_2}$, so ergibt sich schließlich
$$dt = \frac{\mu\,t\,dx}{r}\cdot\frac{\sin^2\omega_2}{\cos\omega_2}\,.$$

Die Integration über die Einstecklänge liefert
$$\int_t^T \frac{dt}{t} = \int_0^x \frac{\mu\sin^2\omega_2}{r\cos\omega_2}\,dx\ \ldots\ \ln\frac{T}{t} = \frac{\mu\sin^2\omega_2}{r\cos\omega_2}\,x$$
und mit
$$m = \frac{\mu\sin^2\omega_2}{r\cos\omega_2}$$
$$\frac{T}{t} = e^{mx}. \tag{12}$$

Daraus erhält man mit Benutzung der Beziehungen (9) und (11) auch
$$\frac{S}{s} = e^{mx}. \tag{13}$$

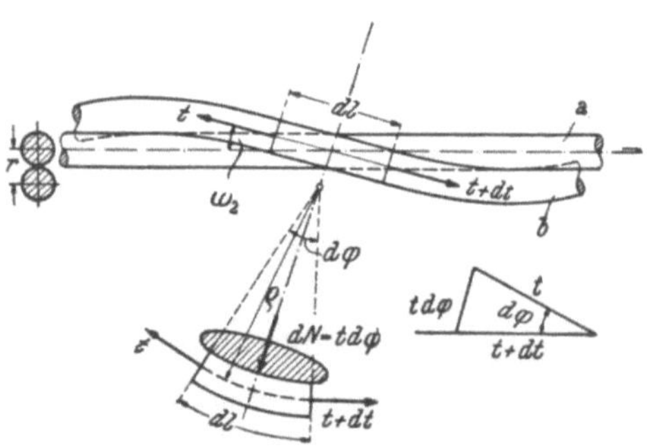

Abb. 31. Kräftewirkungen zwischen einer Litze und einem geraden Litzenende

Durchgeführte Versuche haben ergeben, daß der Reibwert $\mu \doteq 0{,}10$ im Mittel ist, der Anpreßdruck N aber im allgemeinen infolge der teilweisen Gewölbewirkung zwischen den Außenlitzen nicht voll zur Wirkung kommt. Man berücksichtigt dies beim Reibwert μ durch einen Abminderungsfaktor, der auf Grund der Versuche mit $k = 0{,}50$ angenommen werden kann. Ein Hinundherbiegen des Seiles hat Verschiebungen der Außenlitzen zur Folge, und es zeigt dabei die Einstecklitze das Bestreben, herauszukriechen. Diesbezüglich unternommene Versuche lassen beim Reibwert μ einen weiteren Abminderungsfaktor $\varkappa = 0,185$ erforderlich erscheinen, so daß wir zu einem gedachten Reibwert

$$\mu' = \mu\, k\varkappa = 0,00925$$

gelangen. Damit und im Hinblick darauf, daß

$$\operatorname{tg} \omega_2 = \frac{2\pi r}{h_s},$$

worin h_s die Schlaglänge bedeutet, läßt sich für Gl. (13) nunmehr schreiben

$$\ln \frac{S}{s} = \frac{2\pi \sin \omega_2}{h_s} \mu\, k\, \varkappa\, x.$$

Berücksichtigt man noch, daß zufolge Gl. (10) und (11)

$$\frac{S}{s} = \frac{7}{6} = 1,167 \text{ und } \ln 1,167 = 0,1545,$$

so folgt weiters

$$\frac{x}{h_s} = \frac{0,0246}{\mu\, k\, \varkappa \sin \omega_2}.$$

Die Spleißlänge ergibt sich mithin *unabhängig* von der Seilspannkraft und bei einem 6litzigen Seil mit 12 Einsteckenden zu

$$L = 12\, x = \frac{h_s}{3,4\, \mu\, k\, \varkappa \sin \omega_2} \tag{14}$$

oder nach Einführung der obigen Zahlenwerte und der üblichen Flechtwinkel zu

$$L \doteq 120\, h_s \doteq 1000\, d,$$

was sich mit den eingangs gemachten Angaben deckt. Bei einem solcherart ausgeführten Spleiß besteht keine Verminderung der Festigkeit der Spleißstelle gegenüber dem Seil.

Die Gewölbewirkung zwischen den Außenlitzen hat zur Folge, daß eine Austauschlitze schon auf der sogenannten Reibungslänge an der Spannungsübertragung beteiligt ist. Berücksichtigt man dies, so gelangt man zu einer kleineren Spleißlänge. Die mit Berücksichtigung des Gewölbedruckes ermittelte Spleißlänge darf aber im Gegensatz zur vorhin angegebenen nicht als *Grenzwert* betrachtet werden. Durch einen Spannkraftabfall im Seil, wie er auf Treibscheiben im Bereich einer Einstecklänge auftreten kann, wird eine Verminderung der vom Einsteckende aufgenommenen Kraft hervorgerufen, die bei Heranziehung des Gewölbedruckes wieder eine Verlängerung des Spleißes notwenig macht.

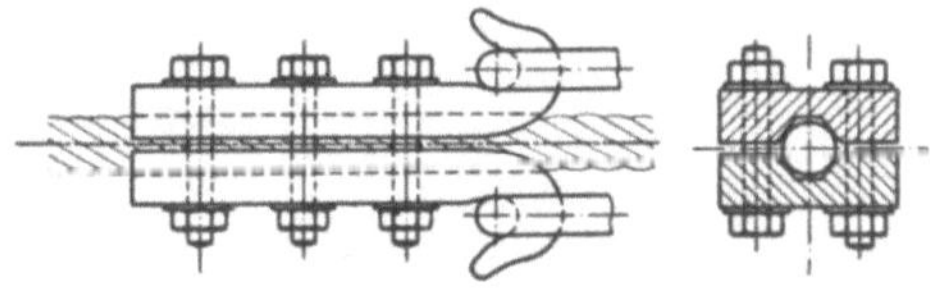

Abb. 32. Seilklemme

e) Seilklemmen

Zu den Seilverbindungen zählen auch die Seilklemmen, welche, entweder mit Haken, Zapfen oder Augen versehen, die Verbindung zweier Seilstücke ermöglichen. Aber auch zur Verankerung von Seilenden lassen sich Klemmen benutzen, wenn sie sich gegen eine Tragkonstruktion stützen können. Die Klemmen bestehen aus zwei mit Seilrillen versehenen Stahlplatten, welche durch Schrauben miteinander verbunden sind (Abb. 32).

Eine einwandfreie Klemmung wird nur erreicht, wenn das Seil in den Rillen zwischen *Keilflächen* liegt, die unter 45° geneigt sind, wobei eine Berührung des Rillengrundes nicht stattfinden soll (Abb. 33). Werden in jeder der beiden Schraubenreihen n Schrauben angeordnet und ist die zulässige Zugkraft in einer Schraube Z, so ergibt sich für die gesamten Preßkräfte

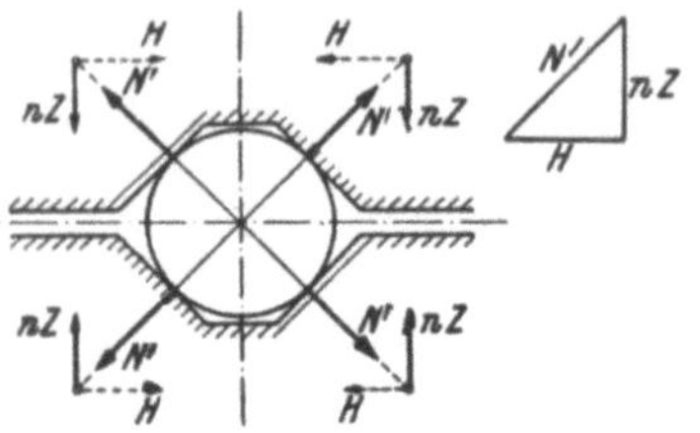

Abb. 33. Kräftewirkungen an einer Seilklemme

$$N^* = 4\,N' = 4\,n\,Z\,\sqrt{2}$$

und für die Klemmkraft

$$K = \mu\,N^* = 4\,\mu\,n\,Z\,\sqrt{2}, \tag{15}$$

wobei für den Reibwert $\mu = 0{,}10$ angenommen werden kann. Bedeutet B die Bruchlast des Seiles, so muß die Schraubenanzahl so bemessen sein, daß $B \leq K$. Diese Klemmen eignen sich nur für Seilverbindungen, welche nicht befahren werden und nicht über Scheiben laufen.

f) Seilverbindungen für untergeordnete Zwecke

Bei Verbindungen von Seilen für untergeordnete Zwecke werden häufig *Backenzahnklammern* zur Anwendung gebracht. Wie Abb. 34 zeigt, läßt sich unter Verwendung eines U-förmig gebogenen und im Querschnitt rinnenförmigen Blech- oder Gußstückes — einer *Kausche* — und einigen Backenzahnklammern eine einfache Vorrichtung herstellen, welche häufig zur Befestigung eines leichten Fahrzeuges an einem Zugseil oder zur Verankerung eines Abspannseiles benutzt wird. Die Festigkeit von Seilverbindungen mit Backenzahnklammern wird empirisch festgestellt, und es beträgt die Kraft K in t, bei welcher die Verbindung zu rutschen beginnt,

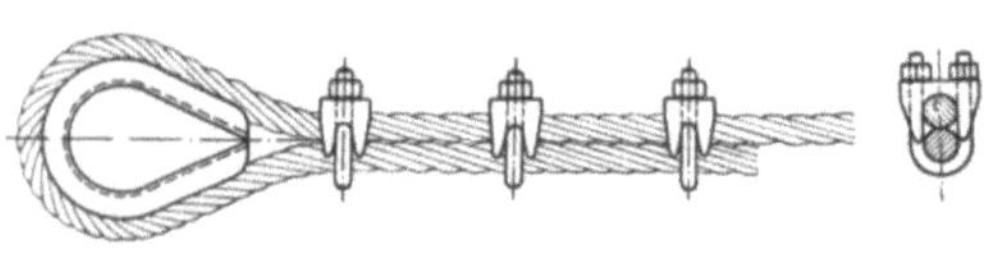

Abb. 34. Seilbefestigung mit Kausche und Backenzahnklammern

$$K = \frac{i^2}{c}, \tag{16}$$

worin i die Anzahl der Backenzahnklammern und c ein Beiwert ist, der nachstehender Tabelle entnommen werden kann.

Seildurchmesser mm	5	15	25	35	45
c nach BLEICHERT	1,35	1,00	0,82	0,74	0,71

B. Die Seilschwebebahnen

I. Statik der Seile

Die Linienführung und Austeilung der Stützen, die Bemessung der Seile auf Grund der geforderten Leistungsfähigkeit und unter Berücksichtigung der sonstigen Anlageverhältnisse sowie das Verständnis für die konstruktiven Einzelheiten erfordern Kenntnisse hinsichtlich des Verhaltens gespannter Seile, die unter der Wirkung von Querbelastungen stehen, weshalb zunächst die Mechanik der Seile behandelt wird.

Die Seilstatik hat die Formen zum Gegenstand, welche Drahtseile annehmen, wenn sie über Stützpunkte gespannt sind und unter der Wirkung von gleichmäßig verteilten und von Einzellasten stehen. Die Drahtseile können dabei als *völlig biegsam* betrachtet werden.

§ 15. Seilkurve zufolge Eigengewicht des Seiles. Das Eigengewicht des Seiles ist eine auf die *Seillänge* gleichmäßig verteilte Last. Betrachtet man gemäß Abb. 35 die Gleichgewichtsverhältnisse an einem Element eines zwischen zwei Punkten ausgespannten Seiles, so ergibt sich aus dem Krafteck zunächst

$$V = H \operatorname{tg} \alpha$$

oder nach Übergang auf Differentiale

$$dV = H \, d \operatorname{tg} \alpha,$$

da die Horizontalkomponente H der Seilspannkraft S für die ganze Seilkurve *konstant* bleibt. Berücksichtigt man, daß andererseits bei einem Seilgewicht q je Längeneinheit

$$dV = q \, ds, \text{ ferner } \operatorname{tg} \alpha = \frac{dy}{dx} \text{ und } ds = \frac{dx}{\cos \alpha},$$

so folgt durch Einführung dieser Ausdrücke in die zweite Gleichung

$$H \frac{d^2 y}{dx^2} = \frac{q}{\cos \alpha} \tag{17}$$

als Differentialgleichung der Seilkurve. Schreibt man für

$$\cos \alpha = \frac{1}{\sqrt{1 + \operatorname{tg}^2 \alpha}}$$

und setzt

$$c = \frac{H}{q}, \tag{18}$$

welche Größe den *Kurvenparameter* darstellt, so nimmt (17) die Form

$$c\frac{d^2y}{dx^2} = \sqrt{1 + \left(\frac{dy}{dx}\right)^2}$$

an. Für die Integration dieser Beziehung ist es zweckmäßig, y' als Hilfsvariable einzuführen, wodurch die Differentialgleichung in

$$c\frac{dy'}{\sqrt{1 + y'^2}} = dx$$

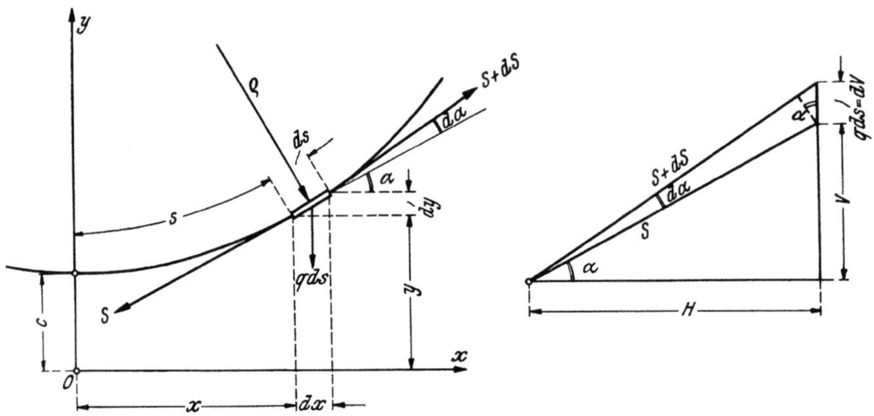

Abb. 35. Seilkurve zufolge Eigengewicht

übergeht. Das Koordinatensystem wird vorteilhaft so angenommen, daß der Kurvenscheitel im Abstand c auf der Ordinatenachse liegt, also für $x = 0$, $y' = 0$ und $y = c$ ist. Die erste Integration liefert dann

$$y' = \mathfrak{Sin}\,\frac{x}{c},$$

wobei die Integrationskonstante $C_1 = 0$. Durch nochmalige Integration entsteht

$$y = c\,\mathfrak{Cof}\,\frac{x}{c}, \tag{19}$$

und dabei ist auch die Integrationskonstante $C_2 = 0$. Dies ist die Gleichung einer *gemeinen Kettenlinie.*

Da die Gestalt der Kettenlinie *nur* vom Parameter c abhängt, sind alle Kettenlinien einander ähnlich. Im Seilbahnwesen ist auch die *Größe* der *Seilspannkraft* in einem beliebigen Punkt der Seilkurve von Wichtigkeit. Aus dem Krafteck in Abb. 35 folgt

$$dS = dV \sin\alpha = q\,ds \sin\alpha = q\,dy,$$

woraus beim gewählten Koordinatensystem

$$S = q\, y \tag{20}$$

folgt. Die Spannkraft in einem beliebigen Punkt des Seiles ist mithin den Ordinaten verhältnisgleich.

Mit Bezug auf Abb. 36 gilt daher, wenn ein Seilstück auf den Stützen nur lose aufliegt und dort keine Reibungskräfte wirksam sind, für den Zusammenhang zwischen den Seilspannkräften S_i und S_h

$$S_i = S_h + q\, h. \tag{21}$$

Besitzt man spezielle *Kettenlinientafeln*, wie z. B. die von D'ARMINI[1], so bereitet die Verwendung der Kettenlinie in einfachen Fällen keine Schwierigkeit. Hat man jedoch mit der Kettenliniengleichung (19)

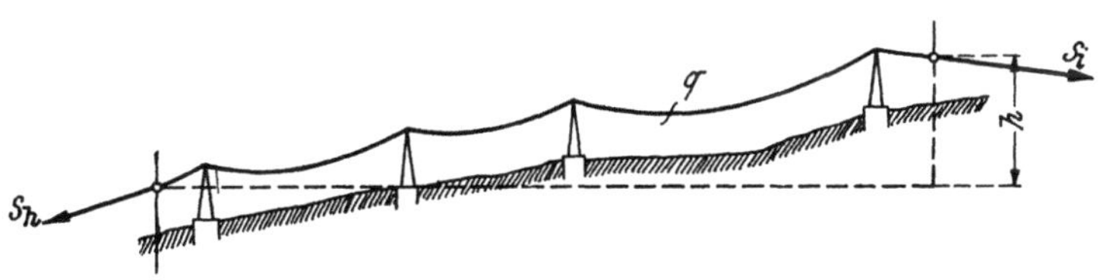

Abb. 36. Zusammenhang zwischen den Seilspannkräften in zwei verschiedenen Punkten eines Seilbahnlängenschnittes

weitere allgemeine Untersuchungen auszuführen, so sind geschlossene Resultate meistens nicht möglich. Der Wert der strengeren Rechnung mit der Kettenlinie ist nicht sehr bedeutend, weil durch die Unbestimmtheit der Seilreibung auf den Stützen bei den meisten Rechnungen eine gewisse Unsicherheit hinsichtlich der Größe der Seilspannkräfte besteht. Aus diesem Grunde wird die Kurve zufolge des Seileigengewichtes *fast stets* näherungsweise durch die einfachere *quadratische Parabel* ersetzt.

Die praktisch in Betracht kommenden Seilkurven sind zufolge straffer Spannung nur wenig gekrümmt. Von einem Ende eines Seilfeldes zum anderen ändert sich daher der Tangentenwinkel α der Seilkurve nur wenig. Man darf mithin in der Differentialgleichung (17) $\frac{q}{\cos\alpha}$ für ein *bestimmtes* Seilfeld als konstant betrachten und mit γ als Sehnenneigungswinkel des betrachteten Seilfeldes (Abb. 37)

$$\frac{q}{\cos\alpha} \doteq \frac{q}{\cos\gamma} = q'$$

schreiben, was einer gleichmäßigen Verteilung des Eigengewichtes über die *Stützensehne* entspricht. In der Folge wird q' als das *auf die Stützensehne*

[1] Vgl. die Ausführungen am Schluß dieses Paragraphen und ferner D'ARMINI, P.: Grafici per il calcolo della configurazione delle fune. Trasporti pubblici **1955**, Nr. 3.

bezogene Eigengewicht des Seiles bezeichnet. Dadurch nimmt die Differentialgleichung der Seilkurve die Form an

$$H \frac{d^2 y}{dx^2} = q'.$$

Setzt man auch hier

$$c = \frac{H}{q'} \tag{22}$$

als *Parameter* an, so liefert die erste Integration

$$c\, y' = x,$$

wobei die Integrationskonstante $C_1 = 0$, wenn die Lage des Koordinatensystems ebenso wie bei der Kettenlinie gewählt wird. Die zweite Integration ergibt

$$y = \frac{x^2}{2\,c} + c\,, \tag{23}$$

und hierbei ist die Integrationskonstante $C_2 = c$. Auch die Gestalt der Parabel hängt bloß vom Parameter ab.

Für die meisten praktischen Rechnungen ist es aber vorteilhafter, die Parabel auf ein Koordinatensystem zu beziehen, dessen Ursprung mit dem linken Stützpunkt des Seilfeldes (l, h) zusammenfällt. Die Koordinatentransformationen zwischen dem ursprünglichen Koordinatensystem (x, y) und dem neuen (ξ, η) lauten (Abb. 37)

$$y = y_0 + \eta \quad \text{und} \quad x = x_0 + \xi,$$

worin

$$y_0 = \frac{c\,h^2}{2\,l^2} - \frac{h}{2} + \frac{l^2}{8\,c} + c \quad \text{und} \quad x_0 = \frac{c\,h}{l} - \frac{l}{2}\,.$$

Damit geht (23) über in

$$\eta = \frac{\xi\,(\xi - l)}{2\,c} + \frac{h}{l}\,\xi. \tag{24}$$

Gemäß Abb. 37 besteht zwischen den Ordinaten η der Parabel nach Gl. (24) und deren *Durchhängen* f, als welche man die lotrechten Abstände zwischen Stützensehne und Seilkurve bezeichnet, der Zusammenhang

$$f = \frac{h}{l}\,\xi - \eta,$$

woraus sich nach Einführung des Wertes von η ergibt

$$f = \frac{\xi\,(l - \xi)}{2\,c} = \frac{q'\,\xi\,(l - \xi)}{2\,H}\,. \tag{25}$$

Für die Feldmitte entsteht dabei

$$f_m = \frac{l^2}{8\,c} = \frac{q'\,l^2}{8\,H}\,. \tag{26}$$

Man erkennt die Analogie zwischen diesen Ergebnissen und den Biegungsmomenten bei einem durch eine gleichförmig verteilte Last beanspruchten Träger, welche wegen des Zusammenhanges zwischen Seileck und Momentenverlauf bestehen muß. *Vergleichsrechnungen* zwischen der Kettenlinie und der *abgeleiteten* Parabel zeigen, daß in allen praktischen Fällen, auch bei großen Spannweiten und steilen Seilfeldern, die Abweichung der beiden Kurven voneinander nur eine geringe ist.

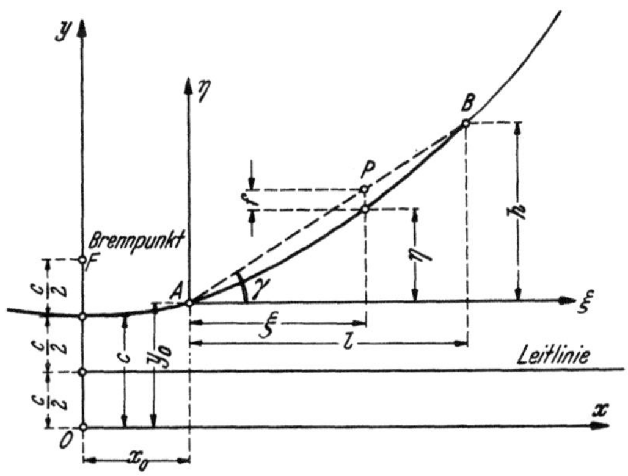

Abb. 37. Durchhänge eines Seilfeldes unter der Wirkung des Eigengewichtes bei Verwendung der Parabel als Seilkurve

Im Seilbahnbau benötigt man, wenn das Tragseil auf den Stützen *nicht* verschieblich gelagert, sondern festgemacht ist (§ 20), auch die *Bogenlänge* des Seilstückes zwischen zwei Stützpunkten. Da es sich hierbei immer um flache Bogen handelt, kann man bei *kleineren* Sehnenneigungen des Seilfeldes zur Bestimmung der Bogenlänge wie folgt verfahren:

Länge eines Bogenelementes

$$d\sigma = d\xi \sqrt{1+\eta'^2} \doteq d\xi\left(1+\frac{\eta'^2}{2}\right).$$

Setzt man darin für den Differentialquotienten von (24) den Wert

$$\eta' = \frac{2\xi - l}{2c} + \frac{h}{l} \tag{27}$$

ein, so entsteht

$$\sigma \doteq \int_0^l \left[1+\frac{1}{2}\left(\frac{2\xi-l}{2c}+\frac{h}{l}\right)^2\right] d\xi$$

und nach Durchführung der Integration sowie Vereinfachung mit Hilfe von (26)

$$\sigma \doteq l + \frac{h^2}{2l} + \frac{8}{3}\frac{f_m{}^2}{l}\,. \tag{28}$$

In dieser Beziehung stellt das zweite Glied die Verlängerung der Stützensehne gegenüber der waagrecht gemessenen Spannweite und das dritte den Krümmungszuschlag dar. Dagegen empfiehlt es sich bei *steileren* Seilfeldern (Abb. 38), die Bogenlänge nach der Näherungsbeziehung

$$\sigma \doteq \lambda + \frac{8}{3}\frac{\varphi^2}{\lambda} \doteq \frac{l}{\cos\gamma} + \frac{8}{3}\frac{f_m{}^2}{l}\cos^3\gamma \tag{29}$$

zu bestimmen.

Schließlich benötigt man bei der Linienführung einer Seilbahn (Berechnung des Längenschnittes) noch die *Winkel der Parabeltangenten an den Stützpunkten* des Seilfeldes gegenüber der Waagrechten. Allgemein gilt für eine beliebige Tangentenneigung (27) und demnach in

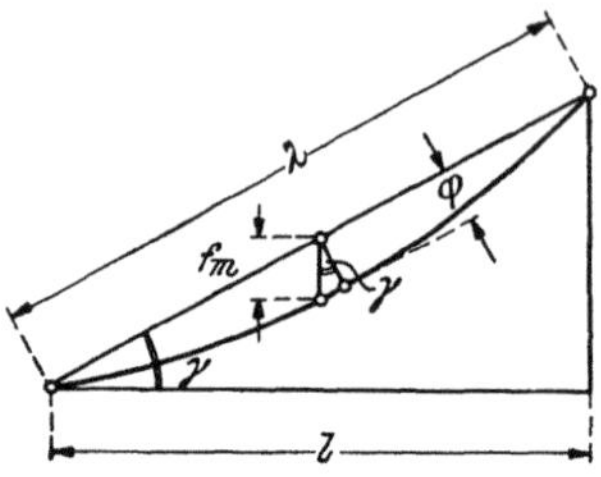

Abb. 38. Zur Bestimmung der Bogenlänge bei steilen Seilfeldern

$$\left.\begin{array}{l} A\colon\ \xi=0\ \ldots\ \operatorname{tg}\alpha_1=\operatorname{tg}\gamma-\dfrac{l}{2\,c} \\ B\colon\ \xi=l\ \ldots\ \operatorname{tg}\alpha_2=\operatorname{tg}\gamma+\dfrac{l}{2\,c} \end{array}\right\}. \tag{30}$$

Für die Feldmitte ist

$$\operatorname{tg}\alpha_m=\operatorname{tg}\gamma. \tag{30a}$$

Aus Gl. (30) erkennt man, daß die Neigungszunahme der Parabel für ein Seilfeld $\frac{l}{c}$ beträgt, also proportional der Spannweite ist.

Will man hingegen genauer nach der *Kettenlinie* rechnen, wie dies bei sehr langen und steilen Seilfeldern erwünscht sein kann, und bedient man sich dabei der vorgenannten Tafeln von D'ARMINI, dann gilt folgendes. D'ARMINI geht von der bekannten Parameterdarstellung der Kettenlinie aus, welche mit den Bezeichnungen von Abb. 35 lautet

$$x=c\ln\operatorname{tg}\left(45^\circ+\frac{\alpha}{2}\right),\quad y=\frac{c}{\cos\alpha}, \tag{31}$$

und ermittelt auf Grund dieser Beziehungen für ein Seilfeld (Abb. 39), das durch l, h, q und S_1 gekennzeichnet ist, die Größen $R=\frac{q\,l}{S_1}=f\,(\alpha_1,\Delta\alpha)$ und $J=\operatorname{tg}\gamma=\varphi\,(\alpha_1,\Delta\alpha)$, wobei $\Delta\alpha=\alpha_2-\alpha_1$. Aus einer gemeinsamen graphischen Darstellung von $f\,(\alpha_1,\Delta\alpha)$ und $\varphi\,(\alpha_1,\Delta\alpha)$ für alle möglichen Werte von α_1 und $\Delta\alpha$ lassen sich dann bei einem bestimmten Seilfeld mit den Eingangsgrößen R und J die entsprechenden Werte von α_1 und $\Delta\alpha$ leicht finden. In weiterer Folge ergeben sich $H=S_1\cos\alpha_1$, $c=\frac{H}{q}$, $y_1=\frac{c}{\cos\alpha_1}$, $y_2=y_1+h$, ferner $\sigma=y_2\sin\alpha_2-y_1\sin\alpha_1$. Schließlich bekommt man aus der oben genannten graphischen Darstellung mit den Eingangsgrößen $R_x=\frac{q\,x}{S_1}$ und α_1 die Werte J_x, womit auch die Durchhänge $f_x=x\,(J-J_x)$ bestimmt sind.

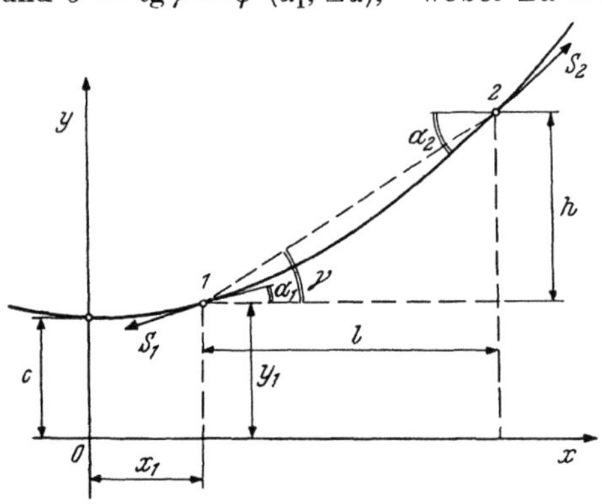

Abb. 39. Kennzeichnende Größen eines Seilfeldes für die Kettenlinienmethode von D'ARMINI

Man kann aber auch die Parabelgleichung (25) noch schrittweise verbessern, indem man das Seilgewicht nicht auf die Sehne, sondern auf die Kurventangenten bezieht[1]. Dadurch erhält man eine Reihendarstellung der Seilkurve, deren erstes Glied die Gl. (25) ist.

$$f=\frac{\xi\,(l-\xi)}{2\,c}\left\{1+\frac{\cos^2\gamma}{12\,c}\left[\frac{1}{c}\left(\xi^2-l\,\xi+\frac{l^2}{2}\right)-2\,(l-2\,\xi)\operatorname{tg}\gamma\right]+\ldots\right\} \tag{31a}$$

[1] ENGEL, E.: Über die Messung der Seilspannkraft. Verbesserung der Parabelgleichung. Int. Seilbahn-Rundschau **1960**, H. 3.

§ 16. Seilkurve zufolge des Eigengewichtes bei bewegtem Seil. Wird ein zwischen zwei Punkten ausgespanntes Seil in seiner Längsrichtung mit konstanter Geschwindigkeit v bewegt, wie dies bei den Zugseilen der Seilbahnen oft der Fall ist, so ist diese Bewegung eine *stationäre*, weil sich während derselben die Form der Seilkurve nicht ändert. Auf das Seil wirkt in jedem Punkt außer dem Eigengewicht q noch eine Fliehkraft

$$p = \frac{q}{g}\frac{v^2}{\varrho} = \frac{m\,v^2}{\varrho}$$

je Längeneinheit, worin
g die Erdbeschleunigung und
ϱ den Krümmungsradius des Seiles an der betrachteten Stelle bedeuten.

Das Kräftespiel an einem Seilelement samt dem dazugehörigen Krafteck zeigt Abb. 40. Aus dem Dreieck 1 2 3 folgt

$$\overline{12} = \frac{\frac{m\,v^2}{\varrho}\,ds}{d\alpha},$$

und da $\varrho = \frac{ds}{d\alpha}$,

$$\overline{12} = m\,v^2,$$

wodurch sich die Seilspannkräfte für jeden beliebigen Kurvenpunkt in der Form

$$S = S' + m\,v^2$$

ansetzen lassen und im Kurvenscheitel sich

$$H_0 = H' + m\,v^2$$

ergibt. Man kann demnach zu dem Krafteck mit den tatsächlichen Seilkräften S ein *reduziertes* mit den gedachten Seilkräften S' zeichnen, welche um $m\,v^2$ kleiner sind. Dieses reduzierte Krafteck entspricht aber genau

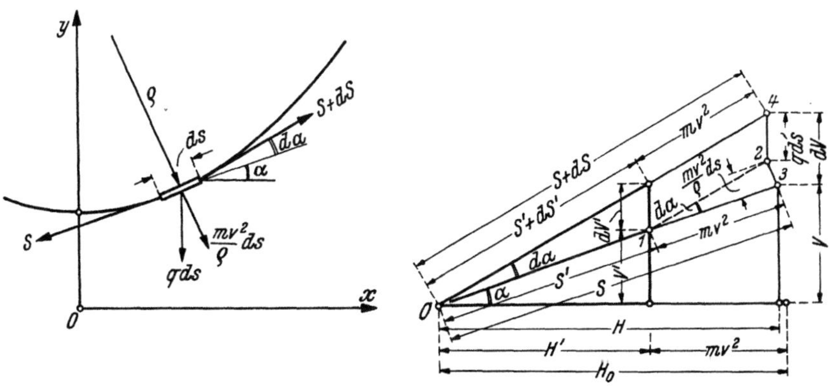

Abb. 40. Seilkurve bei stationärer Bewegung eines Seiles

demjenigen eines *ruhenden* Seiles, dessen Seilkurve mit jener des *stationär bewegten* Seiles kongruent ist.

Im Seilbahnbau ist wohl immer $S \gg m\,v^2$, so daß bei den Zugseilen der Einfluß der stationären Bewegung stets vernachlässigt werden kann.

§ 17. Durchhang in einem Seilfeld bei Vorhandensein einer Einzellast. Befindet sich in einer Spannweite einer Seilbahn ein Wagen Q, so ist darauf Bedacht zu nehmen, daß zwischen Wagen und Tragseil (Abb. 41) lediglich Kräfte übertragen werden können, welche in die *Winkelsymmetrale s s* der beiden vom Lastort abgehenden Tragseiläste fallen, weil der Wagen am Tragseil nur rollt und daher die Tragseilspannkräfte S beiderseits des Wagens gleich sein müssen. Dagegen ist der Wagen mit dem seine Fortbewegung vermittelnden Zugseil fest verbunden. Die Spannkräfte S_1 und S_2 der vom Wagen ausgehenden Zugseiläste werden demnach verschieden groß sein.

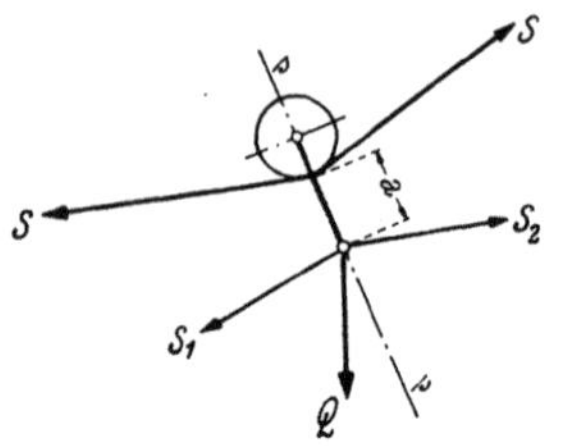

Abb. 41. Kräftewirkungen an einem Seilbahnwagen

In Abb. 42 sind nun sowohl die Durchhangsverhältnisse als auch die Kräftepläne bei Vorhandensein eines Wagens in einem Seilfeld unter Mitberücksichtigung des Zugseiles dargestellt[1]. Am Wagen darf der Abstand a zwischen seinem Aufstandspunkt am Tragseil und dem Zugseilangriffspunkt als für die Durchhänge belanglos außer Betracht gelassen werden. Auch der Abstand b zwischen Trag- und Zugseilauflager auf den Stützen kann vernachlässigt werden, wenn, wie bei *hoher Zugseilablage*, $b \doteq a'$ ist. Dagegen ist bei *tiefer Zugseilablage* auf den Stützen die Differenz $t = b - a'$ zu berücksichtigen. Zunächst wird *hohe* Zugseilablage angenommen.

Bezeichnet:

q' das Gewicht des Tragseiles,

q_1' das Gewicht des Zugseiles unterhalb des Wagens (sogenanntes Gegenseil) und

q_2' das Gewicht des Zugseiles oberhalb des Wagens je Längeneinheit und bezogen auf die Stützensehne, so stellt der Linienzug *0* 1 2 3 4 5 6 *0* des betreffenden Kräfteplanes der Reihe nach die Tragseilspannkraft S_a am linken Auflager, das Gewicht des Tragseiles im Abschnitt AC vom Betrag $q'x$, die Gegenseilspannkraft am Wagen S_1, die Wagenlast Q, die Zugseilspannkraft am Wagen S_2, das Gewicht des Tragseiles im Abschnitt CB von der Größe $q'(l-x)$ und schließlich die Tragseilspannkraft S_b am rechten Auflager dar. Hierbei hat die Resultierende V^* aus Q, S_1 und S_2 nach dem früher Gesagten in die Richtung der Winkelhalbierenden der beiden vom Wagen ausgehenden Tragseiläste zu fallen. Zieht man im Krafteck durch die Halbierungspunkte m und n der Strecken $\overline{12}$ und $\overline{56}$ die entsprechenden Polstrahlen, so sind diese parallel zu den in der Durchhangsfigur vom Lastort nach den Stützpunkten gezogenen Parabelsehnen AC und CB. Ihre Neigungen werden andererseits bestimmt durch die Größe des Durchhanges f_x am Wagenort C.

Denkt man sich in der Entfernung x vom linken Auflager eine lot-

[1] ABSENGER, F.: Über die Lastwegkurve usw. Wasserwirtschaft **1931**. H. 15/16.

rechte Einzellast Q^* an einem mit der Horizontalkraft H^* gespannten, gewichtslosen Seil *befestigt*, so ergibt sich für den Durchhang am Lastort gemäß den bekannten Zusammenhängen zwischen Kraft- und Seileck, die auch aus Abb. 42 hergeleitet werden können,

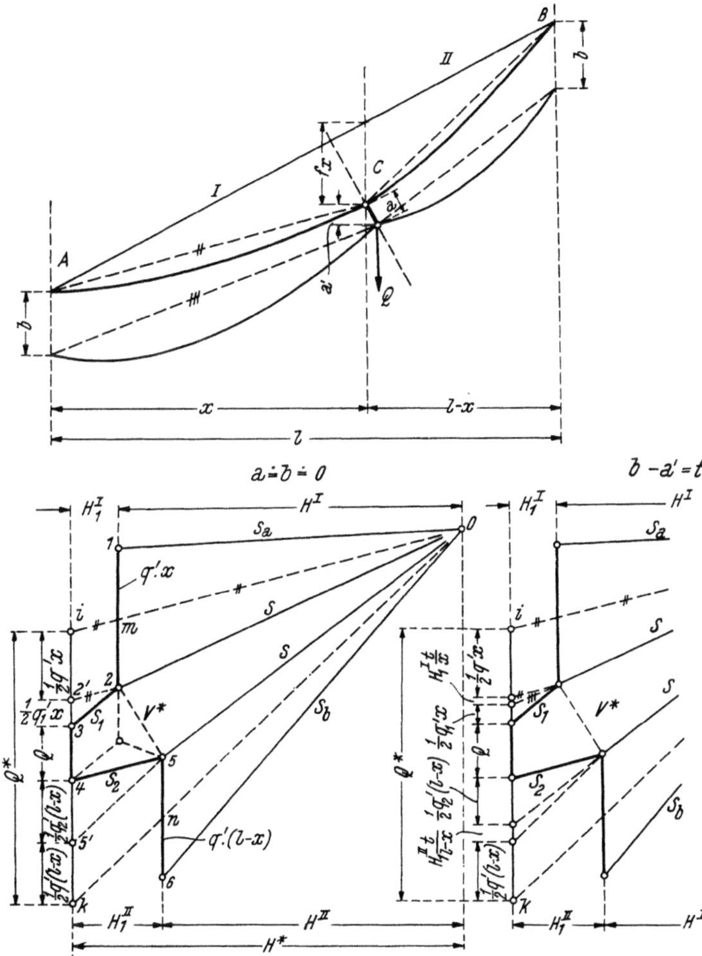

Abb. 42. Durchhänge und Kräftewirkungen in einem Seilfeld bei Vorhandensein einer Einzellast

$$f_x = \frac{Q^* \, x \, (l - x)}{l \, H^*} \, . \tag{32}$$

Bestimmt man dabei Q^* und H^* so, daß derselbe Durchhang entsteht wie unter den tatsächlich im Seilfeld herrschenden Verhältnissen, dann ist damit die Aufgabe gelöst.

Setzt man zu diesem Zweck

$$H^* = H^I + H_1^I \quad (= H^{II} + H_1^{II}),$$

so ergibt sich, wie aus dem Krafteck ersichtlich ist, die gedachte lotrechte Last Q^* als Strecke $\overline{ik}$, welche die über m und n hinaus verlängerten Polstrahlen auf der Lotrechten im Abstand H^* vom Pol abschneiden. Zieht man noch $22' \parallel im$ und $55' \parallel kn$, und wird die praktisch zulässige Annahme gemacht, daß die Durchhangssehnen von Zug- und Gegenseil parallel zu den entsprechenden Sehnen des Tragseiles sind, dann erkennt man, daß

$$Q^* = \frac{1}{2} q' x + \frac{1}{2} q_1' x + Q + \frac{1}{2} q_2' (l - x) + \frac{1}{2} q' (l - x).$$

Dies in (32) eingesetzt, liefert die gesuchte Durchhangsbeziehung

$$f_x = \frac{Q + \frac{1}{2} q' l + \frac{1}{2} q_2' l + \frac{1}{2} (q_1' - q_2') x}{H^*} \cdot \frac{x (l - x)}{l}. \tag{32a}$$

Haben Zug- und Gegenseil gleiches Eigengewicht, dann geht (32a) über in

$$f_x = \frac{Q + \frac{1}{2} (q' + q_1') l}{H^*} \cdot \frac{x (l - x)}{l}. \tag{32b}$$

Will man bei *tiefer Zugseilablage* die Verschiedenheit der Neigungen der Durchhangssehnen von Zug- und Tragseil berücksichtigen, und ist $t \doteq b - a'$ das Maß, um welches das Zugseil bei der Stellung des Wagens über der Stütze von den Tragrollen abgehoben wird, so hat man gemäß dem in Abb. 42 zu diesem Falle gehörigen Krafteck im Ausdruck für Q^* noch den Betrag

$$\Delta Q^* = \frac{H_1^I (l - x) + H_1^{II} x}{x (l - x)} t \tag{32c}$$

hinzuzufügen. Es ist zu beachten, daß die so für tiefe Zugseilablage zu erweiternde Durchhangsbeziehung nur so lange gilt, als bei der betrachteten Wagenstellung ein Abheben des Zugseiles von seinen Tragrollen auf den Stützen *nicht* eintritt[1].

[1] Bei den in der älteren Literatur gebräuchlichen Näherungsbeziehungen für den Durchhang unter Einzellasten werden diese auf das Tragseil *lotrecht* einwirkend angenommen und bloß die Horizontalkomponente der Tragseilspannkräfte berücksichtigt. Gl. (32b) lautet dann

$$f_x = \frac{Q + A + \frac{1}{2} q' l}{H} \cdot \frac{x (l - x)}{l},$$

und es stellt darin A eine gewöhnlich geschätzte Be- oder Entlastung des Tragseiles durch das am Wagen befestigte Zugseil dar. Derartige Beziehungen vermögen bloß für flache Seilfelder zutreffende Ergebnisse zu liefern.

§ 18. Durchhänge in einem Seilfeld bei mehreren Einzellasten. Sind in einem Seilfeld gleichzeitig mehrere Wagen vorhanden, so gelten die in Abb. 43 samt zugehörigem Kräfteplan veranschaulichten Durchhangsverhältnisse[1]. Auch hier wird der Abstand a zwischen Aufstandspunkt der Wagen am Tragseil und Befestigungspunkt des Zugseiles an denselben vernachlässigt und zunächst vorausgesetzt, daß die Zugseilablage auf den Stützen eine *hohe* ist. Die Bezeichnungen werden analog zum Fall einer einzigen Einzellast in einem Seilfeld gewählt, und mit

$$w' = w \cos \gamma$$

wird die auf die Horizontale bezogene Wagenentfernung w eingeführt.

Die Überlegungen zur Bestimmung des Durchhanges unter den Einzellasten stimmen grundsätzlich mit jenen im zuvor behandelten Fall überein. Demnach kommt es hier ebenfalls auf die Ermittlung gedachter Einzellasten $Q_1^*, Q_2^*, \ldots$ an, die, an einem gewichtslosen Seil mit der Horizontalkraft H^* befestigt, unter den Lasten die gleichen Durchhänge $f_1, f_2, \ldots$ ergeben, wie sie bei den tatsächlichen Verhältnissen entstehen. Die gedachten Einzellasten, welche wie früher gefunden werden, müssen im Krafteck alle auf *einer* Geraden mit dem Abstand H^* vom Pol liegen. Für diese Lasten ergibt sich beispielsweise im Fall von 3 Einzellasten in einem Seilfeld

$$\begin{aligned}
Q_1^* &= \frac{1}{2} q' x_1 + \frac{1}{2} q_1' x_1 + Q_1 + \frac{1}{2} q_1' w_1' + \frac{1}{2} q' w_1' \\
Q_2^* &= \frac{1}{2} q' w_1' + \frac{1}{2} q_1' w_1' + Q_2 + \frac{1}{2} q_1' w_2' + \frac{1}{2} q' w_2' \\
Q_3^* &= \frac{1}{2} q' w_2' + \frac{1}{2} q_1' w_2' + Q_3 + \frac{1}{2} q_1' (l - x_3) + \frac{1}{2} q' (l - x_3)
\end{aligned}$$

und für die Durchhänge gemäß den bekannten elementaren Zusammenhängen zwischen Seil- und Krafteck

$$\left.\begin{aligned}
f_1 &= \frac{Q_1^* x_1 (l - x_1) + Q_2^* x_1 (l - x_2) + Q_3^* x_1 (l - x_3)}{l H^*} \\
f_2 &= \frac{Q_1^* x_1 (l - x_2) + Q_2^* x_2 (l - x_2) + Q_3^* x_2 (l - x_3)}{l H^*} \\
f_3 &= \frac{Q_1^* x_1 (l - x_3) + Q_2^* x_2 (l - x_3) + Q_3^* x_3 (l - x_3)}{l H^*}
\end{aligned}\right\}, \qquad (33)$$

wobei H^* wieder die Summe aus den Horizontalkomponenten der Tragseilspannkraft und der Zugseilspannkraft darstellt.

Führt man die für Q_1^*, Q_2^*, ... angeschriebenen Ausdrücke in (33) ein und drückt dabei die w' durch x_1, x_2, ... aus, so ergibt sich schließlich

[1] Wolf, K.: Lehrbuch der Techn. Mechanik, 2. Aufl., S. 125. Wien: Springer-Verlag. 1947.

$$\left.\begin{aligned} f_1 &= \frac{Q_1 + \frac{1}{2}(q' + q_1')\,l}{H^*} \cdot \frac{x_1\,(l - x_1)}{l} + \frac{Q_2\,x_1\,(l - x_2) + Q_3\,x_1\,(l - x_3)}{H^*\,l} \\ f_2 &= \frac{Q_2 + \frac{1}{2}(q' + q_1')\,l}{H^*} \cdot \frac{x_2\,(l - x_2)}{l} + \frac{Q_1\,x_1\,(l - x_2) + Q_3\,x_2\,(l - x_3)}{H^*\,l} \\ f_3 &= \frac{Q_3 + \frac{1}{2}(q' + q_1')\,l}{H^*} \cdot \frac{x_3\,(l - x_3)}{l} + \frac{Q_1\,x_1\,(l - x_3) + Q_2\,x_2\,(l - x_3)}{H^*\,l} \end{aligned}\right\} . \qquad (33\,\mathrm{a})$$

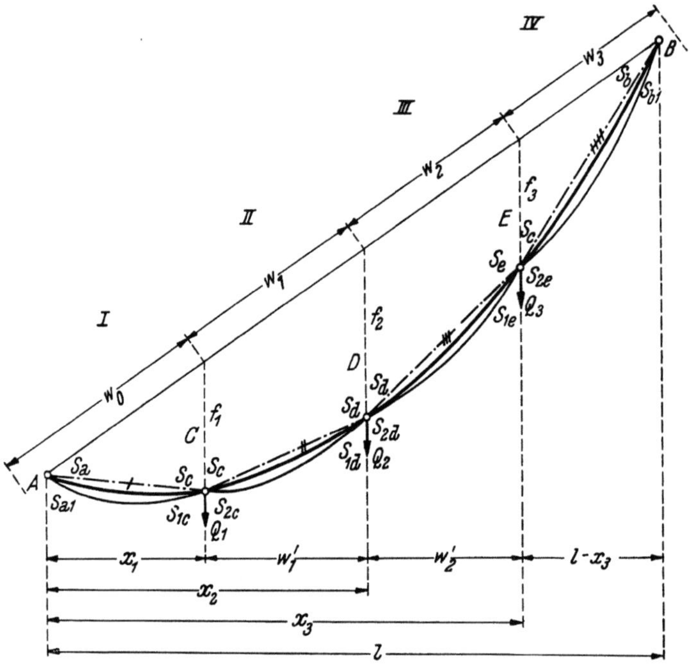

Abb. 43a. Durchhänge in einem Seilfeld mit mehreren Einzellasten bei hoher Zugseilablage

Allgemein entsteht bei n Lasten für den Durchhang unter der $i$ten Last

$$\left.\begin{aligned} f_i = \frac{(q' + q_1')\,x_i\,(l - x_i)}{2\,H^*} + \frac{1}{H^*\,l}\,[Q_1\,x_1\,(l - x_i) + \ldots \\ \ldots + Q_i\,x_i\,(l - x_i) + \ldots + Q_n\,x_i\,(l - x_n)] \end{aligned}\right\} i = 1, 2, \ldots n. \qquad (33\,\mathrm{b})$$

Soll bei *tiefer* Zugseilablage auf den Stützen der Neigungsunterschied der Durchhangssehnen von Trag- und Zugseil berücksichtigt werden, und ist wieder t das Maß, um welches das Zugseil bei Stellung eines Wagens

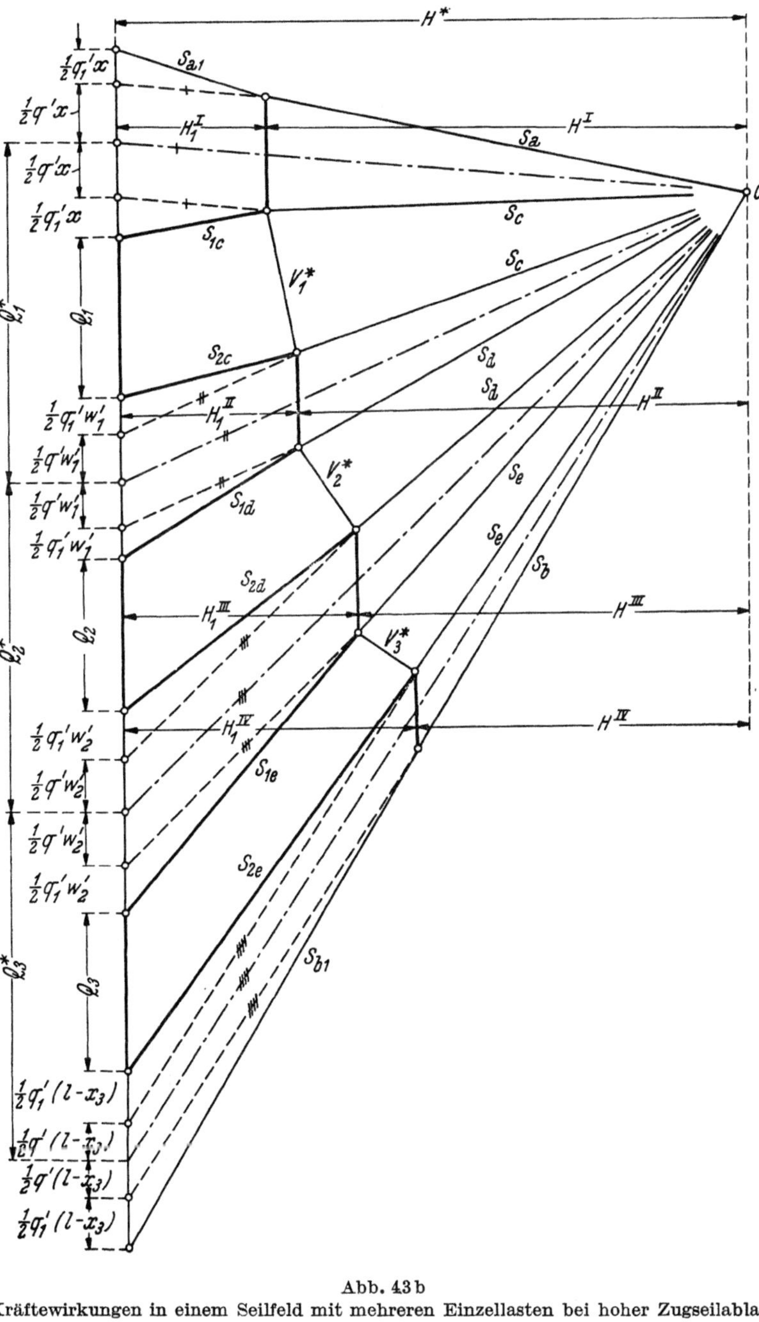

Abb. 43b
Kräftewirkungen in einem Seilfeld mit mehreren Einzellasten bei hoher Zugseilablage

über einer Stütze von den Tragrollen abgehoben wird, dann sind beispielsweise bei 3 Einzellasten im Seilfeld die Ausdrücke für Q_1^* und Q_3^* noch um

$$\varDelta Q_1^* = H_1^{I} \frac{t}{x_1} \quad \text{und} \quad \varDelta Q_3^* = H_1^{IV} \frac{t}{l - x_3} \tag{33c}$$

zu erweitern. Die solcherart erweiterte Durchhangsbeziehung versagt jedoch wie vorhin, wenn sich zufolge der Wagenstellung das Zugseil von den Tragrollen auf den Stützen abhebt.

§ 19. Die Leerseillinie. Wirkt auf ein Tragseil *nur* sein Eigengewicht, so nimmt es die Form der *Leerseillinie* an. Setzt man voraus, daß das Seil an einem Ende fest verankert und am anderen durch ein Gewicht gespannt wird, ferner, daß die *Seillänge nicht zu groß* ist und *keine steile Strecke* vorliegt, dann wird die mittlere Seilspannkraft S_m von den Spannkräften an den Seilenden nur wenig abweichen. Näherungsweise kann man in einem solchen Falle, wie er bei *Güterseilbahnen* meistens zutrifft, die Seilspannkräfte im Zuge der Bahn und deren Horizontalkomponenten mit dem einheitlichen Wert H_m annehmen.

Bezeichnet:

K_z die rechnerische Zerreißfestigkeit der Drähte, im Mittel gewöhnlich bei 14500 kg/cm²,

$\mathfrak{S}_m$ das Verhältnis zwischen rechnerischer Seilbruchlast und mittlerer Horizontalkomponente H_m der Seilspannkräfte (mittlerer Zugsicherheitsgrad) $\sim 3{,}90$,

σ_{zs} die Zugspannung, welche H_m entspricht (Scheitelspannung),

γ das spezifische Gewicht des Drahtmaterials $\sim 7{,}85$ kg/dm³,

q das Gewicht des Seiles je Längeneinheit und

$F_s = i \frac{\delta^2 \pi}{4}$ den metallischen Querschnitt des Seiles,

dann gilt

$$H_m = F_s \sigma_{zs} = F_s \frac{K_z}{\mathfrak{S}_m} \quad \text{und} \quad q = \frac{F_s \gamma}{\cos \omega}, \quad \text{woraus}$$

$$c_l = \frac{H_m}{q} = \frac{K_z}{\mathfrak{S}_m \gamma} \cos \omega. \tag{34}$$

Der Parameter c_l der Leerseillinie ist somit von der Seilstärke *unabhängig*. Alle Seile mit gleichem spezifischen Gewicht und gleichartiger Flechtung nehmen mithin bei derselben Zugspannung ein und dieselbe Seillinie an. Bei den üblichen Werten der in (34) auftretenden Größen beträgt der Leerseilparameter $c_l = 4500$ m. Man kann daher zur Bestimmung der Leerseillinie in Seilbahnlängenschnitten, für welche die gemachten Voraussetzungen zutreffen, ein für allemal eine *Schablone* anfertigen, wobei jedoch aus Gründen, die bei der Linienführung der Seilbahnen (§ 36) näher erläutert werden, ein um etwa 15% vergrößerter Leerseilparameter $c_{ü} = 5200$ m benutzt wird.

Zum Entwurf der Schablone bedient man sich am besten der Gl. (23) und wählt als Maßstab den bei Seilbahnlängenschnitten üblichen von 1 : 1000 oder 1 : 2000. Um die Schablone auch für einzelne größere Bahnneigungen im Zuge der Strecke geeignet zu machen, muß sie hinreichend lang sein. Damit aber hierbei die Handhabung nicht unbequem wird, zerlegt man sie in ein Scheitelstück und zwei oder drei anschließende Teile (Abb. 44). Bei der Verwendung der Schablone ist darauf zu achten, daß die Parabelachse stets lotrecht steht. Die Richtung derselben wird daher alle 5 oder 10 cm durch eine zu ihr Parallele kenntlich gemacht.

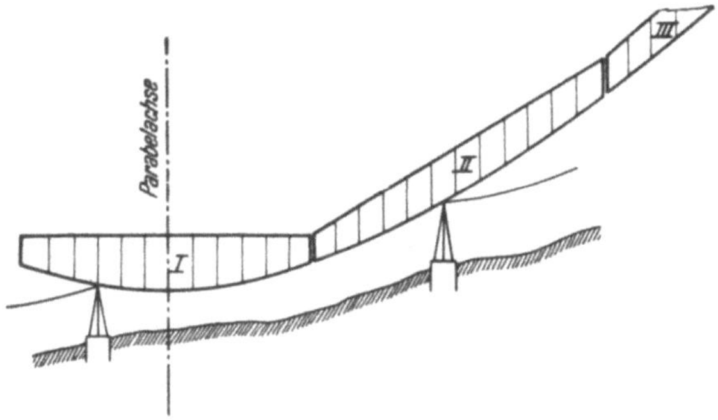

Abb. 44. Leerseillinienschablone

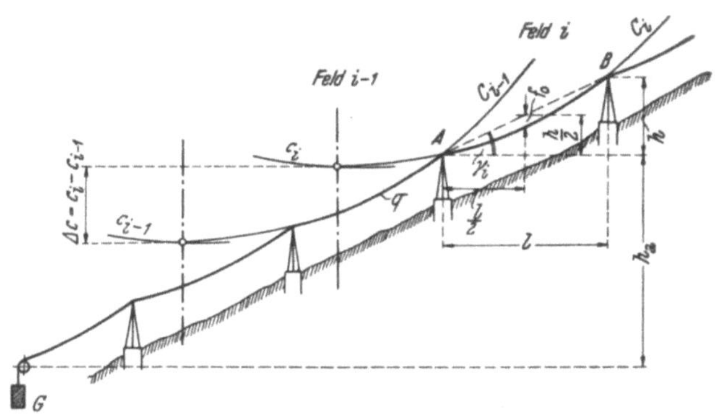

Abb. 45. Zusammenhang zwischen der Seilspannkraft in der Mitte eines Seilfeldes und jener am unteren Bahnende (Spanngewicht)

Ist die *Seillänge groß* und die *Strecke steil*, wie dies bei *Personenseilbahnen* meistens der Fall ist, dann ändert sich, wegen des beträchtlichen Spannkraftunterschiedes zwischen dem unteren und dem oberen Ende des Tragseiles zusammen mit seinen lotrechten Richtungsänderungen auf den Stützen, die Horizontalkomponente H und damit auch der Leerseilparameter c_l erheblich von Feld zu Feld (Δc in Abb. 45). Die Leerseillinienschablone kann dann bloß zu einer groben Abschätzung der Leerseillinienform benutzt werden. Zur genaueren Bestimmung der Leerseillinie in den einzelnen Seilfeldern bedient man sich hier zweckmäßig folgenden Verfahrens.

Der Krümmungsradius der Leerseillinie ist, wenn sie als Kettenlinie (Abb. 35) aufgefaßt wird, durch die Beziehung

$$\varrho = \frac{c}{\cos^2 \alpha} = \frac{H}{q \cos^2 \alpha} \tag{35}$$

gegeben, welche für die Mitte eines Seilfeldes in

$$r = \frac{c}{\cos^2 \gamma} = \frac{H}{q \cos^2 \gamma} \tag{36}$$

übergeht. Zu dem gleichen Ergebnis führt in einem Seilfeld auch die Näherungsparabel mit auf die Stützensehne bezogenem Eigengewicht des Seiles. Für den Krümmungsradius einer solchen Parabel gilt nämlich

$$\varrho = \frac{c}{\cos^3 \alpha} = \frac{H}{\frac{q}{\cos \gamma} \cos^3 \alpha}. \tag{35a}$$

Da die Leerseillinien sehr schlank sind, macht man keinen großen Fehler, wenn man $\cos \alpha \doteq \cos \gamma$ annimmt und die Leerseillinie in jedem Seilfeld durch einen *Kreisbogen* ersetzt, dessen Halbmesser r gleich dem mittleren Krümmungsradius der Seilkurve des betreffenden Seilfeldes ist. Zum Entwurf der Leerseillinie in einem steilen Längenschnitt hat man daher diese Halbmesser von Feld zu Feld zu berechnen und dann aus einem Satz von Kreisbogenschablonen (*Eisenbahnradien*) die jeweils in Betracht kommenden zu entnehmen.

Um r aus (36) bestimmen zu können, ist die Kenntnis von H in den einzelnen Seilfeldern notwendig. Ist S_i die Seilspannkraft in der Mitte eines Feldes i, so gilt, im Hinblick auf (21) und mit den Bezeichnungen in Abb. 45 sowie mit R als Reibung zwischen Seil und Stützenschuhen (die aber häufig unterdrückt werden kann),

$$S_i = G + q\, h_a + q\left(\frac{h}{2} - f_0\right) \pm R. \tag{37}$$

Hiebei kann oft auch f_0 unbedenklich vernachlässigt werden. Wegen (30a) ist ferner

$$H_i = S_i \cos \gamma_i.$$

Mit der letzten Beziehung läßt sich (36) schließlich in die einfache Form

$$r_{l\,i} = \frac{S_i}{q \cos \gamma_i} \tag{36a}$$

bringen.

Sind überdies die Seilfelder auch noch sehr lang, dann wird man sich vorteilhaft des im § 15 angegebenen Kettenlinienverfahrens von D'ARMINI zur Aufzeichnung der Leerseillinie bedienen.

§ 20. Die Vollseillinien. Das mit Wagen besetzte Tragseil heißt *Vollseil*. Unter Vollseillinie oder *Lastwegkurve* versteht man den Verlauf der Durchhänge des Tragseiles unter dem darüberrollenden Wagen.

a) Lastwegkurve für eine Einzellast

Sie ist durch (32a) oder (32b) noch nicht eindeutig festgelegt, weil diese Gleichungen die Änderung der Horizontalkomponenten H und H_1 der Trag- und Zugseilspannkräfte bei Bewegung des Wagens durch das Seilfeld noch offen lassen. Diese Änderung ist davon abhängig, in welcher Art die *Spannung* des *Tragseiles* geschieht. In dieser Hinsicht hat man zu unterscheiden:

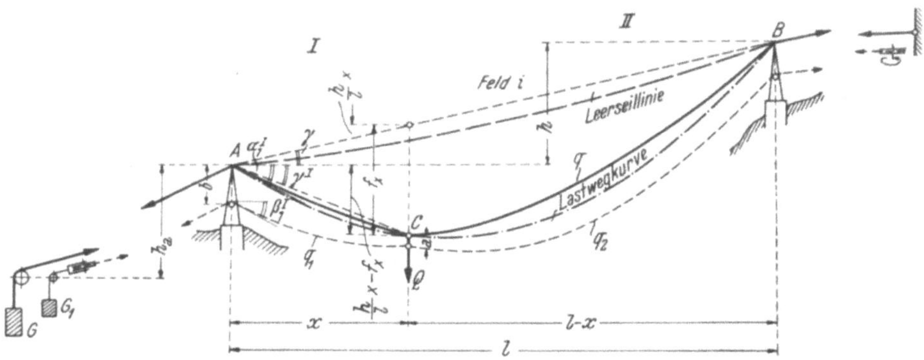

Abb. 46. Lastwegkurve für eine Einzellast bei Gewichtsspannung des Tragseiles

1. Spannung an einem (unteren) Bahnende durch ein Gewicht, feste Verankerung am anderen (oberen) Bahnende und verschiebliche Lagerung auf den Zwischenstützen (Regelfall).

2. Feste Verankerung an jedem Feldende.

3. Feste Verankerung an beiden Bahnenden und verschiebliche Lagerung auf den Zwischenstützen.

Dagegen wird das *Zugseil* immer einerseits durch eine selbsttätige Spannvorrichtung gespannt und andererseits vom Windwerk angetrieben oder abgebremst.

1. Gewichtsspannung des Tragseiles. Gemäß der in Abb. 46 veranschaulichten Seilführung hat man, um zur Lastwegkurve zu gelangen, die Horizontalkomponenten der Trag- und Zugseilspannkräfte links vom Wagen durch die Spanngewichtsgrößen auszudrücken. Die Spannkraft S_a des Tragseiles am linken Feldende A beträgt

$$S_a = G + q\, h_a \pm R.$$

Sieht man von der Veränderlichkeit der Reibung in A mit der Wagenstellung ab, was statthaft erscheint, so ist S_a von der Wagenstellung unabhängig. Entsprechend ergibt sich für die Spannkraft des Zugseiles in A bei *hoher* Zugseilablage, welche zunächst angenommen wird,

$$S_{a1} = \frac{1}{2} G_1 + q_1 h_a \pm R_1 \left(+ \sum_{1}^{i-1} Z\right),$$

wobei unter ΣZ die Zugwirkungen jener Wagen zu verstehen sind, die sich zwischen dem betrachteten Seilfeld und der Zugseilspannvorrichtung befinden können.

Der Neigungswinkel der Sehne zwischen dem Stützpunkt A und dem Lastort C beträgt für Trag- und Zugseil

$$\operatorname{tg} \gamma^I = \frac{h\,x - f_x\,l}{l\,x}$$

und demnach der Neigungswinkel des Tragseiles in A

$$\operatorname{tg} \alpha_1{}^I = \operatorname{tg} \gamma^I - \frac{x}{2\,c} = \frac{h\,x - f_x l}{l\,x} - \frac{q'\,x}{2\,H^I},$$

woraus für die Horizontalkomponente der Tragseilspannkraft links vom Wagen

$$H^I = S_a \cos \alpha_1{}^I = \frac{G + q\,h_a \pm R}{\sqrt{1 + \operatorname{tg}^2 \alpha_1{}^I}} = \frac{G + q\,h_a \pm R}{\sqrt{1 + \left(\frac{h\,x - f_x l}{l\,x} - \frac{q'\,x}{2\,H^I}\right)^2}} \tag{38}$$

folgt. In der gleichen Weise erhält man für die Horizontalkomponente der Zugseilspannkraft links vom Wagen

$$H_1{}^I = S_{a1} \cos \beta_1{}^I = \frac{\frac{1}{2} G_1 + q_1 h_a \pm R_1 \,(+ \Sigma Z)}{\sqrt{1 + \left(\frac{h\,x - f_x\,l}{l\,x} - \frac{q_1{}'\,x}{2 H_1{}^I}\right)^2}}. \tag{38a}$$

Aus dem Gleichungssystem (32a) oder (32b), (38) und (38a) lassen sich dann für jede Wagenstellung f_x, H^I und $H_1{}^I$ finden, womit die Aufgabe gelöst erscheint.

Liegt *tiefe* Zugseilablage vor, und beträgt das Maß, um welches das Zugseil an den Stützen abgehoben wird, $t \doteq b - a'$, so ist

$$S_{a1} = \frac{1}{2} G_1 + q_1\,(h_a - b) \pm R_1\,(+ \Sigma Z),$$

und der Neigungswinkel der Sehne $A\,C$ des Zugseiles ist von jener des Tragseiles verschieden, nämlich

$$\operatorname{tg} \gamma_1{}^I = \frac{h\,x + t\,l - f_x l}{l\,x}.$$

Damit wird

$$\operatorname{tg} \beta_1{}^I = \operatorname{tg} \gamma_1{}^I - \frac{x}{2 c_1} = \frac{h x + t l - f_x l}{l x} - \frac{q_1' x}{2 H_1{}^I}.$$

Dementsprechend ist auch dann in dem zu lösenden Gleichungssystem die Gl. (38a) zu erweitern und in (32a) oder (32b) noch der Ausdruck ΔQ^* gemäß (32c) hinzuzufügen.

Man erkennt, daß die Lastwegkurve für eine Einzellast nur durch einen komplizierten Ausdruck darstellbar ist, und löst daher, wenn es auf größere Genauigkeit ankommt, das angegebene Gleichungssystem nur *numerisch* auf, während man in allen übrigen Fällen zu *Näherungen* greift. Dies ist um so mehr gerechtfertigt, als sich die Tragseilspannkräfte wegen der hinsichtlich Größe und Richtung schwankenden Schuhreibung unserer genauen Kenntnis entziehen.

Bei einer Näherung werden für H und H_1 *konstante*, und zwar jene Werte genommen, die sich im unbelasteten Seilfeld bei Vernachlässigung der Eigengewichtsdurchhänge ergeben und aus den Seilspannkräften in Feldmitte besonders einfach ermitteln lassen. Es gilt dann bekanntlich für das Tragseil

$$S_i \doteq G + q h_a + \frac{q h}{2} \pm R, \quad H^I \doteq H = S_i \cos \gamma$$

und für das Zugseil

$$S_{i1} \doteq \frac{1}{2} G_1 + q_1 h_a + \frac{q_1 h}{2} \pm R_1 \left(+ \sum_1^{i-1} Z \right), \quad H_1{}^I \doteq H_1 = S_{i1} \cos \gamma.$$

Dies in (32b) eingesetzt, liefert dann die *genäherte* Lastwegkurve für *hohe* Zugseilablage, welche eine *quadratische Parabel* darstellt. Im Hinblick darauf, daß die Änderungen von H und H_1 beim Wandern der Last Q durch ein Seilfeld gegenüber dem unbelasteten Zustand nur gering sind, ist die Übereinstimmung zwischen der genauen Lastwegkurve und der Näherungskurve meistens eine *gute*. Erwähnt sei noch, daß der Einfluß einer *tiefen* Zugseilablage häufig ebenfalls außer acht gelassen wird.

Beispiel. Gegeben bei einer Personenseilbahn:
$Q = 2{,}5$ t, $S_a = 27{,}5$ t, $S_{a1} = 2{,}5$ t, $q = 10{,}0$ kg/m, $q_1 = q_2 = 2{,}00$ kg/m, $l = 1000$ m und $h = 500$ m.

Daraus folgt, hohe Zugseilablage vorausgesetzt:

Durchhang f_x m	Lastort x in m						
	0	167	334	500	666	833	1000
Genau nach Gl. (32b), (38) und (38a)	0	43,60	70,11	79,00	70,67	44,30	0
Genähert nach Gl. (32b) mit H und H_1 konst.	0	43,50	69,60	78,20	69,60	43,50	0
Fehler	0	+0,10	+0,51	+0,80	+1,07	+0,80	0

Die Gleichung der genäherten Lastwegparabel, welche sich aus (32b), also für gleiches Eigengewicht von Zug- und Gegenseil je Längeneinheit ergibt, kann wie folgt umgeformt werden:

$$f_x = \frac{\frac{2Q}{l} + q' + q_1'}{H^*} \cdot \frac{x(l-x)}{2}. \tag{39}$$

Dies ist gemäß (25) die Gleichung einer gedachten Seilkurve mit dem Parameter

$$c_v = \frac{H^*}{\frac{2Q}{l} + q' + q_1'}, \tag{39a}$$

also mit der gleichförmig verteilten Last $q^* = \frac{2Q}{l} + q' + q_1'$ und der Horizontalkomponente der Seilspannkraft $H^* = H + H_1$. Aus (39a) erkennt man, daß dieser Parameter der genäherten Lastwegkurve von Seilfeld zu Seilfeld veränderlich ist. Um die Eintragung der Lastwegkurve in einem Seilbahnlängenschnitt möglichst einfach zu machen, kann man sie, wenn keine große Genauigkeit verlangt wird, in gleicher Weise wie die Leerseillinie durch einen Kreisbogen ersetzen. Der Halbmesser dieses Kreisbogens ist der mittlere Krümmungsradius der Lastwegparabel, wofür sich in Analogie zu (35a) und (36a)

$$r_{vi} = \frac{c_v}{\cos^3\gamma} = \frac{H + H_1}{\left(\frac{2Q}{l} + q' + q_1'\right)\cos^3\gamma} = \frac{S_i + S_{i1}}{\left(\frac{2Q}{l} + q' + q_1'\right)\cos^2\gamma} \tag{40}$$

ergibt.

2. Feste Verankerung des Tragseiles an beiden Feldenden. Der Verlauf der Durchhänge unter einem Wagen bei dessen Bewegung durch das Seilfeld ist hier an die Zusammenhangsbedingung geknüpft, daß die Länge des Tragseiles im belasteten Zustand gleich seiner Länge im unbelasteten Zustand zu sein hat, zuzüglich der elastischen Dehnungen infolge der durch die Wagenlast auftretenden Spannkraftänderungen und zuzüglich etwaiger Wärmedehnungen. In der Führung des Zugseiles besteht jedoch kein Unterschied gegen früher. Mit Rücksicht darauf, daß die Verankerung des Tragseiles an beiden Feldenden nur in Sonderfällen vorkommt, wird die Bestimmung der Lastwegkurve nur für *hohe* Zugseilablage und gleiches Eigengewicht von Zug- und Gegenseil angegeben. Es gilt also für den Durchhang unter der Last an einer beliebigen Stelle Gl. (32b).

Betrachtet man den *unbelasteten* Zustand des Seilfeldes (Abb. 47) als gegeben, so ist, wenn H_0 die hierbei auftretende Horizontalkomponente der Tragseilspannkraft bedeutet, damit auch der Durchhang in Feldmitte $f_0 = \frac{q' l^2}{8 H_0}$ und gemäß (28) die Bogenlänge bei diesem Zustand $\sigma_0 \doteq l + \frac{h^2}{2l} + \frac{8}{3}\frac{f_0^2}{l}$ bekannt. Für die elastische Verlängerung $\Delta\sigma_0$ des

Tragseiles beim unbelasteten Seilfeld gegenüber dem ungespannten Zustand mit der Länge σ ergibt sich zufolge $d\Delta\,\sigma_0 = d\sigma_0 - d\sigma$ und $d\Delta\sigma_0 = = \frac{S_0\, d\sigma}{E_s F_s}$

$$\Delta\sigma_0 = \int_0^\sigma \frac{S_0\, d\sigma}{E_s F_s} = \int_0^\sigma \frac{S_0 (d\sigma_0 - d\Delta\sigma_0)}{E_s F_s} \doteq \frac{1}{E_s F_s} \int_0^l \frac{H_0}{\cos\alpha_0} \frac{dx}{\cos\alpha_0} =$$

$$= \frac{H_0}{E_s F_s} \int_0^l (1 + \operatorname{tg}^2 \alpha_0)\, dx,$$

worin E_s der Elastizitätsmodul des Seiles ist.

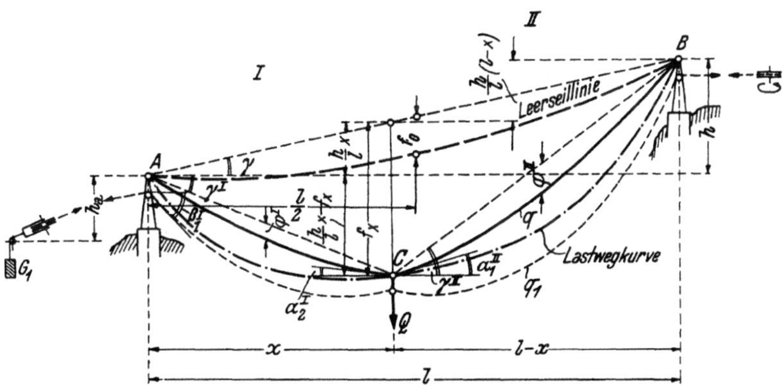

Abb. 47. Lastwegkurve für eine Einzellast bei beiderseitiger fester Verankerung des Tragseiles

Setzt man darin gemäß (27) für

$$\operatorname{tg}\alpha_0 = y_0' = \frac{2x - l}{2c_0} + \frac{h}{l}, \quad \text{wobei} \quad c_0 = \frac{H_0}{q'},$$

so liefert die Ausführung der Integration

$$\Delta\sigma_0 \doteq \frac{H_0}{E_s F_s}\left(l + \frac{h^2}{l} + \frac{l^3}{12\, c_0^2}\right). \tag{41}$$

In analoger Weise wird auch für den *belasteten* Zustand des Seilfeldes die Seillänge und die elastische Verlängerung des Seiles gegenüber dem ungespannten Zustand bestimmt. Mit den Bezeichnungen der Abb. 47 ergibt sich zunächst für die Länge des Tragseilstückes $\widehat{AC}$

$$\sigma^I \doteq x + \left(\frac{h}{l}\, x - f_x\right)^2 \frac{1}{2x} + \frac{8}{3} \frac{\varphi^{I\,2}}{x}, \tag{42}$$

wobei $$\varphi^I = \frac{q'\, x^2}{8\, H^I}$$

der Durchhang in dessen Mitte ist. Für die Länge des Tragseilstückes $\widehat{CB}$ ergibt sich

$$\sigma^{II} \doteq l - x + \left[\frac{h}{l}(l-x) + f_x\right]^2 \frac{1}{2(l-x)} + \frac{8}{3}\frac{\varphi^{II\,2}}{l-x} \tag{43}$$

mit $\varphi^{II} = \frac{q'(l-x)^2}{8\,H^{II}}$ als Durchhang in seiner Mitte. Die elastische Verlängerung des Tragseilstückes $\widehat{AC}$ gegenüber dem ungespannten Zustand ist analog zu (41)

$$\Delta\,\sigma^I \doteq \frac{H^I}{E_s F_s}\left[x + \frac{\left(\frac{h}{l}x - f_x\right)^2}{x} + \frac{x^3}{12\,c^{I\,2}}\right] \tag{44}$$

und jene des Tragseilstückes $\widehat{CB}$

$$\Delta\,\sigma^{II} \doteq \frac{H^{II}}{E_s F_s}\left\{l - x + \frac{\left[\frac{h}{l}(l-x) + f_x\right]^2}{l-x} + \frac{(l-x)^3}{12\,c^{II\,2}}\right\}. \tag{45}$$

Darin sind $c^I = \frac{H^I}{q'}$ und $c^{II} = \frac{H^{II}}{q'}$ die Parameter der Tragseilkurven links und rechts vom Lastort.

Weiters benötigt man noch den Zusammenhang zwischen H^I und H^{II}. Er folgt daraus, daß die Tragseilspannkräfte links und rechts von der Last Q gleich sind. Aus Abb. 47 ergibt sich diesbezüglich

$$\frac{H^I}{\cos\alpha_2{}^I} = \frac{H^{II}}{\cos\alpha_1{}^{II}} \quad \text{oder} \quad H^I\sqrt{1 + \operatorname{tg}^2\alpha_2{}^I} = H^{II}\sqrt{1 + \operatorname{tg}^2\alpha_1{}^{II}}.$$

Führt man in diese Gleichung

$$\operatorname{tg}\alpha_2{}^I = \frac{h\,x - f_x\,l}{l\,x} + \frac{x}{2\,c^I} \quad \text{und}$$

$$\operatorname{tg}\alpha_1{}^{II} = \frac{h\,(l-x) + f_x\,l}{l\,(l-x)} - \frac{l-x}{2\,c^{II}}$$

ein, so entsteht

$$H^I\sqrt{1 + \left(\frac{h\,x - f_x\,l}{x\,l} + \frac{q'\,x}{2\,H^I}\right)^2} = H^{II}\sqrt{1 + \left[\frac{h\,(l-x) + f_x\,l}{(l-x)\,l} - \frac{q'\,(l-x)}{2\,H^{II}}\right]^2}\,. \tag{46}$$

Schließlich ist noch die Bedingung für den Zusammenhang der Seillängen im unbelasteten und im belasteten Zustand anzuschreiben; sie lautet

$$\sigma_0 - \Delta\sigma_0 = [(\sigma^I + \sigma^{II}) - (\Delta\sigma^I + \Delta\sigma^{II})]\,(1 \pm \omega\,\Delta t), \tag{47}$$

wenn auch eine Temperaturänderung $\pm\Delta t$ zwischen den beiden Belastungszuständen in Betracht gezogen wird und ω der Wärmedehnungskoeffizient des Tragseiles ist. In den Alpenländern kann als tiefste Temperatur eines Seiles $-25°$ C, als höchste $+45°$ C und als Mitteltemperatur $+10°$ C angenommen werden (siehe auch § 86, Abs. e).

Endlich gilt für das Zugseil in Übereinstimmung mit dem früheren, wenn S_{a1} seine Spannkraft auf der gegen die Spannvorrichtung zu gelegenen Stütze ist,

$$H_1{}^I = S_{a1} \cos \beta_1{}^I = \frac{\frac{1}{2} G_1 + q_1 h_a \pm R_1}{\sqrt{1 + \left(\frac{h\,x - f_x\,l}{l\,x} - \frac{q_1'\,x}{2\,H_1{}^I}\right)^2}}. \tag{48}$$

Damit sind alle Beziehungen, die man zur Bestimmung der Lastwegkurve benötigt, gewonnen.

Bei Durchführung der Rechnung hat man zunächst in den Ausdrücken für die σ und die $\Delta\sigma$ die dort auftretenden f_0, φ^I und φ^{II} durch die entsprechenden Beziehungen zu ersetzen und die in Rede stehenden Ausdrücke dann in die Zusammenhangsbedingung (47) einzuführen. Diese enthält dann bloß die Unbekannten H^I, H^{II} und f_x und bildet zusammen mit (46) und (32b), in welch letztere für $H_1{}^I$ noch der Ausdruck von (48) einzusetzen ist, das *Gleichungssystem zur Bestimmung der Unbekannten.*

Da die Berechnung der Lastwegkurve hier viel verwickelter als bei Gewichtsspannung der Tragseile ist, macht man von *Näherungen* weitergehenden Gebrauch. So kann man im Hinblick darauf, daß es sich in der Praxis fast stets um schlanke Seilkurven handelt, statt den Gl. (41), (44) und (45) schreiben

$$\Delta\sigma_0 \doteq \frac{H_0}{E_s F_s}\left(l + \frac{h^2}{l}\right), \quad \Delta\sigma^I \doteq \frac{H^I}{E_s F_s}\left(x + \frac{h^2}{l^2}\,x\right),$$

$$\Delta\sigma^{II} \doteq \frac{H^{II}}{E_s F_s}\left[l - x + \frac{h^2}{l^2}\,(l - x)\right].$$

Ebenso läßt sich bei geringerer Neigung des Seilfeldes setzen

$$H^I\left(1 + \frac{1}{2}\,\mathrm{tg}^2\,\alpha_2{}^I\right) \doteq H^{II}\left(1 + \frac{1}{2}\,\mathrm{tg}^2\,\alpha_1{}^{II}\right),$$

wodurch Gl. (46) in die einfachere

$$H^I\left[1 + \frac{1}{2}\left(\frac{h\,x - f_x\,l}{x\,l} + \frac{q'\,x}{2\,H^I}\right)^2\right] \doteq$$

$$\doteq H^{II}\left[1 + \frac{1}{2}\left(\frac{h\,(l - x) + f_x\,l}{(l - x)\,l} - \frac{q'\,(l - x)}{2\,H^{II}}\right)^2\right]$$

übergeht. Führt man die in diesem Ausdruck angedeuteten Quadraturen durch, ersetzt f_x durch den Wert von (32b) und streicht auf beiden Seiten einige kleine, gleich gebaute Glieder gleichen Vorzeichens, so erhält man schließlich

$$H^{II} \doteq H^I - \frac{2\,h\,K\,l}{2\,l^2 + h^2} + \frac{(K^2 + K\,q'\,l)\,(l - 2\,x)\,l}{(H^I + H_1{}^I)\,(2\,l^2 + h^2)}, \quad \text{worin } K = Q + \frac{q_1'\,l}{2}, \tag{46a}$$

während beim Zugseil

$$H_1{}^I \doteq S_1 \cos\gamma \doteq \left(\frac{1}{2} G_1 + q_1 h_a + \frac{q_1 h}{2} \pm R_1\right) \cos\gamma$$

geschrieben werden kann. Der Rechnungsgang zur Bestimmung der Unbekannten H^I, H^{II} und f_x ist jedoch auch hier der gleiche wie zuvor.

Nachstehend werden für den häufiger vorkommenden Fall eines *waagrechten Seilfeldes* die zur Bestimmung der Lastwegkurve notwendigen Gleichungen noch besonders zusammengestellt.

$$f_x = \frac{Q + \frac{1}{2}(q + q_1)\, l}{H^I + H_1{}^I} \cdot \frac{x\,(l - x)}{l} \tag{32b}$$

$$\sigma_0 \doteq l + \frac{8}{3}\frac{f_0{}^2}{l}, \quad f_0 = \frac{q\, l^2}{8 H_0}$$

$$\varDelta\,\sigma_0 \doteq \frac{H_0\, l}{E_s F_s} \tag{41a}$$

$$\sigma^I \doteq x + \frac{f_x{}^2}{2x} + \frac{8}{3}\frac{\varphi^{I2}}{x}, \quad \varphi^I = \frac{q\, x^2}{8 H^I} \tag{42a}$$

$$\sigma^{II} \doteq l - x + \frac{f_x{}^2}{2\,(l - x)} + \frac{8}{3}\frac{\varphi^{II2}}{l - x}, \quad \varphi^{II} = \frac{q\,(l - x)^2}{8\, H^{II}} \tag{43a}$$

$$\varDelta\sigma^I \doteq \frac{H^I x}{E_s F_s}, \quad \varDelta\sigma^{II} \doteq \frac{H^{II}\,(l - x)}{E_s F_s} \tag{44a) u. (45a}$$

$$H^{II} \doteq H^I + \frac{(K^2 + K\,q\,l)\,(l - 2\,x)}{2\,l\,(H^I + H_1{}^I)}, \quad K = Q + \frac{q_1 l}{2}, \tag{46b}$$

bei kleineren Spannweiten ist (46b) auch durch $H^{II} \doteq H^I$ ersetzbar.

$$H_1{}^I \doteq S_1 \doteq \frac{1}{2} G_1 + q_1 h_a \pm R_1. \tag{48a}$$

Die Zusammenhangsbedingung lautet, wenn keine Temperaturänderungen in Frage kommen,

$$\sigma_0 - \varDelta\sigma_0 = \sigma^I + \sigma^{II} - (\varDelta\sigma^I + \varDelta\sigma^{II}). \tag{47a}$$

Führt man in letztere die Werte für die σ und die $\varDelta\sigma$ ein, so ergibt sich

$$\frac{8}{3}\frac{f_0{}^2}{l} - \frac{H_0\, l}{E_s F_s} = \frac{f_x{}^2\, l}{2\,x\,(l - x)} + \frac{8}{3}\left(\frac{\varphi^{I2}}{x} + \frac{\varphi^{II2}}{l - x}\right) - \frac{H^I x}{E_s F_s} - \frac{H^{II}\,(l - x)}{E_s F_s},$$

und wenn man darin f_0, φ^I, φ^{II}, f_x und H^{II} durch die entsprechenden Ausdrücke ersetzt, so entsteht

$$\begin{aligned} \frac{q^2\, l^3}{24\, H_0{}^2} - \frac{H_0\, l}{E_s F_s} &= \frac{[Q + \frac{1}{2}(q + q_1)\, l]^2}{(H^I + H_1{}^I)^2}\, \frac{x\,(l - x)}{2\,l} + \frac{q^2\, x^3}{24\, H^{I2}} + \\ &+ \frac{q^2\,(l - x)^3}{24\left[H^I + \frac{(K^2 + K\,q\,l)\,(l - 2\,x)}{2\,l\,(H^I + H_1{}^I)}\right]^2} - \\ &- \frac{H^I x}{E_s F_s} - \frac{\left[H^I + \frac{(K^2 + K\,q\,l)\,(l - 2\,x)}{2\,l\,(H^I + H_1{}^I)}\right](l - x)}{E_s F_s}. \end{aligned} \tag{49}$$

Dies ist eine Gleichung zwischen H_0 und H^I allein, welche durch Probieren gelöst wird. Die gewonnenen Werte von H^I in (32b) eingesetzt, liefern schließlich die Lastwegkurve.

Durch Differentiation der Gl. (49) nach x und Nullsetzen von $\frac{dH^I}{dx}$ ergibt sich, daß die größten Horizontalkomponenten der Tragseilspannkräfte, und damit die größten Seilspannkräfte selbst, bei Stellung der Last Q in Feldmitte auftreten. Für diese Laststellung $\left(x = \frac{l}{2}\right)$ ist $H^I = H^{II} = H$, wodurch die Bestimmungsgleichung (49) die einfache Form

$$\frac{q^2 l^3}{24 H_0^2} - \frac{H_0 l}{E_s F_s} = \frac{[Q + \frac{1}{2}(q + q_1) l]^2 l}{8 (H + H_1)^2} + \frac{q^2 l^3}{96 H^2} - \frac{H l}{E_s F_s} \tag{50}$$

annimmt. Gl. (50) scheint aus diesem Grunde zur Lösung der umgekehrten Aufgabe geeignet, nämlich bei festgelegter größter Seilspannkraft H die Grundspannung H_0 im unbelasteten Zustand zu berechnen, welcher für die Seilmontage wichtig ist.

Denkt man sich H festgehalten, differenziert Gl. (50) nach l und setzt $\frac{dH_0}{dl} = 0$, so kann man daraus jene Spannweite finden, bei welcher der Spannkraftunterschied zwischen belastetem und unbelastetem Zustand am größten wird.

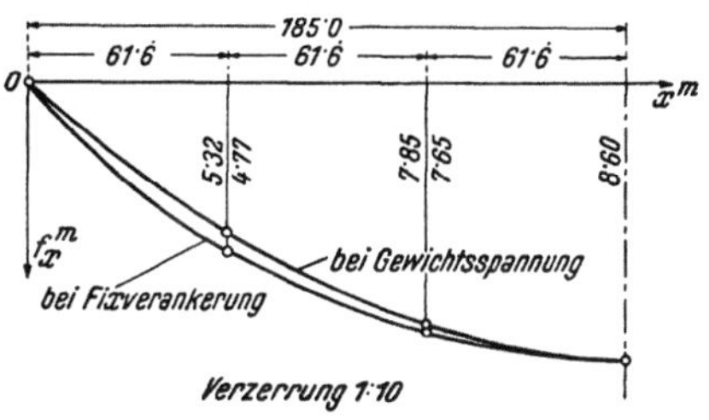

Abb. 48. Vergleich der Lastwegkurven bei beiderseitiger fester Verankerung und Gewichtsspannung des Tragseiles

Beispiel[1]. Gegeben: $q = 2{,}33$ kg/m, $q_1 \doteq 0$, $H = 10$ t, $H_1 = 0$ und $Q = 500$ kg. Die nach obigem ermittelte ungünstigste Spannweite beträgt $l = 370$ m. Für diese entsteht mit $H^I \doteq H^{II}$ und $E_s = 1\,700\,000$ kg/cm²:

Lastort x m	Feste Verankerung des Tragseiles an beiden Feldenden		Gewichtsspannung des Tragseiles		Vergleich der beiden Anordnungen	
	H in t n. Gl. 50	f_x in m n. Gl. 32b	H in t	f_x in m n. Gl. 32b	ΔH in t	Δf_x in m
0	7,30	0	10,0	0	−2,70	0
61,6	9,00	5,32	10,0	4,77	−1,00	+0,55
123,2	9,75	7,85	10,0	7,65	−0,25	+0,20
185,0	10,00	8,60	10,0	8,60	0	0

Das Beispiel läßt besonders durch Abb. 48 die stärkere Ausbauchung der Lastwegkurve bei beiderseitiger fester Verankerung des Tragseiles und die dadurch bedingten größeren Neigungswinkel an den Stützen gegenüber der Lastwegkurve bei Gewichtsspannung des Tragseiles erkennen.

3. Feste Verankerung des Tragseiles an beiden Bahnenden und verschiebliche Lagerung auf den Zwischenstützen. Die Tragseildurchhänge

[1] Czitary, E.: Lastwegkurven bei beiderseitiger Festverankerung eines Seilbahntragseiles an den Feldenden. Wasserwirtschaft **1928,** H. 15/16.

bei Bewegung des Wagens durch ein Seilfeld sind auch hier von einer Längenbedingung für das Tragseil abhängig. Die Längenbedingung unterscheidet sich von jener bei Verankerung des Tragseiles an beiden Feldenden lediglich dadurch, daß sie auf eine Reihe von Seilfeldern zu erstrecken ist. Wie viele Seilfelder in Betracht zu ziehen sind, hängt von der Reibung des Tragseiles auf den Stützen ab. Da eine Untersuchung mit Berücksichtigung der Reibung kompliziert wäre und man trachten wird, durch gute Schmierung der Stützenschuhe möglichst viele Seilfelder zur Mitwirkung heranzuziehen, ferner die Gesamtlänge derartiger Seilanordnungen nie sehr groß sein dürfte, um mit einfachen

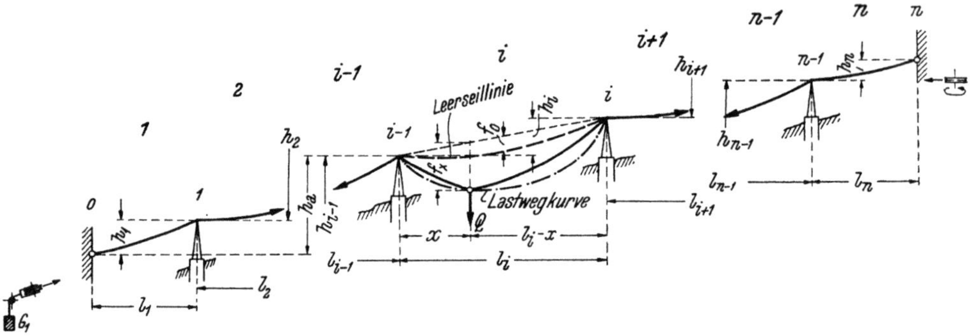

Abb. 49. Lastwegkurve bei Verankerung des Tragseiles an den Bahnenden

Mitteln das Seil nachspannen zu können, so wird bei der nachfolgenden Betrachtung die Schuhreibung außer acht gelassen und alle Seilfelder werden als voll mitwirkend angenommen. Da auch die Verankerung des Tragseiles an den Bahnenden seltener vorkommt, werden hier ebenfalls nur *hohe* Zugseilablage und gleiches Eigengewicht von Zug- und Gegenseil vorausgesetzt.

Ist das $i$te Feld das belastete, in welchem die Lastwegkurve bestimmt werden soll (Abb. 49), dann lautet die Zusammenhangsbedingung für das Tragseil

$$\sum_1^n (\sigma_0 - \Delta\sigma_0) = \sum_1^{i-1} [(\sigma - \Delta\sigma)(1 \pm \omega\Delta t)] +$$

$$+ [(\sigma_i^I + \sigma_i^{II}) - (\Delta\sigma_i^I + \Delta\sigma_i^{II})](1 \pm \omega\Delta t) + \sum_{i+1}^n [(\sigma - \Delta\sigma)(1 \pm \omega\Delta t)]. \qquad (51)$$

Die σ und $\Delta\sigma$ des mit Q belasteten Feldes i sind dabei so wie vorhin zu ermitteln, also mit Hilfe der Gl. (42) bis (45), und es ist H_i^{II} wieder durch H_i^I gemäß (46) oder (46a) auszudrücken. Um beim belasteten Zustand des Feldes i auch die zugehörigen σ und $\Delta\sigma$ der übrigen Felder berechnen und in die Zusammenhangsbedingung (51) einführen zu können, hat man die dort auftretenden H ebenfalls durch H_i^I auszudrücken, was grundsätzlich wohl möglich ist, aber zu verwickelteren Beziehungen führt. Da sich hier die Spannkraft- und damit die Dehnungsänderung des Tragseiles zufolge der Belastung Q auf eine viel größere Seillänge als im vorigen Fall erstreckt, sind die Spannkraftunterschiede kleiner als zuvor und nähern sich mehr den Verhältnissen bei Vorhandensein einer Gewichtsspannungsvorrichtung. Man kann aus diesem Grunde oft näherungsweise für die Spannkraft in der Mitte des belasteten Feldes i setzen

$$S_i \doteq \frac{H_i^I}{\cos\gamma_i^I} + \frac{q\,h_i}{2}\left(1 - \frac{x}{l_i}\right) \quad \text{oder sogar} \quad S_i \doteq \frac{H_i^I}{\cos\gamma_i}$$

und erhält für die Mitten der links dieses Seilfeldes liegenden Felder

$$S_{i-1} \doteq S_i - \frac{q\,(h_i + h_{i-1})}{2}, \qquad H_{i-1} = S_{i-1}\cos\gamma_{i-1}$$

$$S_{i-2} \doteq S_i - \frac{q\,(h_i + 2\,h_{i-1} + h_{i-2})}{2}, \quad H_{i-2} = S_{i-2}\cos\gamma_{i-2}$$

. . . .

und für die Mitten der rechts des belasteten Feldes befindlichen Seilfelder

$$S_{i+1} \doteq S_i + \frac{q\,(h_i + h_{i+1})}{2}, \qquad H_{i+1} = S_{i+1}\cos\gamma_{i+1}$$

$$S_{i+2} \doteq S_i + \frac{q\,(h_i + 2\,h_{i+1} + h_{i+2})}{2}, \quad H_{i+2} = S_{i+2}\cos\gamma_{i+2}$$

. . . . ,

womit die

$$\sigma \doteq l + \frac{h^2}{2\,l} + \frac{8}{3}\,\frac{f^2}{l}, \quad \ldots\ldots \quad f = \frac{q'\,l^2}{8\,H}$$

und die

$$\Delta\sigma \doteq \frac{H}{E_s F_s}\left(l + \frac{h^2}{l} + \frac{l^3}{12\,c^2}\right), \quad \ldots \quad c = \frac{H}{q'}$$

der unbelasteten Felder leicht berechnet und in Gl. (51) eingesetzt werden können.

In genau derselben Art verfährt man auch für den unbelasteten Zustand der Bahn, wobei zur Gewinnung der σ_0 und $\Delta\sigma_0$ die einzelnen H_0 durch H_{i0} ausgedrückt werden müssen.

Für H_{i1}^I des Zugseiles benutzt man die schon bekannte Näherungsbeziehung

$$H_{i1}^I \doteq S_{i1}\cos\gamma_i \doteq \left(\frac{1}{2}\,G_1 + q_1\,h_a + \frac{q_1\,h_i}{2} \pm R_1\right)\cos\gamma_i.$$

Wenn $H_i^I \doteq H_i^{II}$ angenommen werden darf, wird die Zusammenhangsbedingung (51) nach Einführung der in σ_i^I, σ_i^{II}, $\Delta\sigma_i^I$ und $\Delta\sigma_i^{II}$ vorkommenden f_n aus (32b) zu einer noch verhältnismäßig einfachen Beziehung zwischen H_{i0} und H_i^I, die bei gegebenem H_{i0} nach H_i^I aufzulösen ist. Die gewonnenen Werte von H_i^I in Gl. (32b) eingeführt, ergeben schließlich die Lastwegkurve. Die Lösung für die Feldmitte liefert wieder die größten auftretenden Seilspannkräfte[1].

[1] Weiteres siehe ENGEL, E.: Die Berechnung beiderseits verankerter Tragseile von Seilbahnen. Int. Seilbahn-Rundschau **1960,** H. 1.

b) Lastwegkurve für mehrere Einzellasten

Hierbei wird wegen der größeren Durchhänge wohl *immer* eine *Gewichtsspannvorrichtung* des Tragseiles vorhanden sein, auch gestattet der Umlaufbetrieb keinen Gewichtsunterschied zwischen Zug- und Gegenseil. Wie beim Fall einer einzigen Last in einem Seilfeld, hat man in der allgemeinen Durchhangsbeziehung, wofür jetzt (33 b und c) maßgebend sind, die Horizontalkomponenten von Trag- und Zugseilspannkraft durch die von den Wagenstellungen unabhängigen Seilspannkräfte an dem gegen die Spannvorrichtung zu gelegenen Auflager A zu ersetzen (Abb. 50). Diese Spannkräfte betragen

für das Tragseil $$S_a = G + q\, h_a \pm R$$

und für das Zugseil, *hohe* Zugseilablage vorausgesetzt,

$$S_{a1} = \frac{1}{2} G_1 + q_1\, h_a \pm R_1\ (+\Sigma Z).$$

Der Neigungswinkel der Sehne zwischen dem Stützpunkt A und der diesem zunächst stehenden Last Q_1 beträgt nach Abb. 50

$$\operatorname{tg} \gamma^I = \frac{h\, x_1 - f_{x_1}\, l}{l\, x_1}$$

und mithin jener des Tragseiles im Stützpunkt A

$$\operatorname{tg} \alpha_1{}^I = \operatorname{tg} \gamma^I - \frac{x_1}{2\, c^I} = \frac{h\, x_1 - f_{x_1}\, l}{l\, x_1} - \frac{q'\, x_1}{2\, H^I},$$

woraus für die Horizontalkomponente der Tragseilspannkraft links vom Wagen Q_1 folgt

$$H^I = S_a \cos \alpha_1{}^I = \frac{G + q\, h_a \pm R}{\sqrt{1 + \operatorname{tg}^2 \alpha_1{}^I}} = \frac{G + q\, h_a \pm R}{\sqrt{1 + \left(\frac{h\, x_1 - f_{x_1}\, l}{l\, x_1} - \frac{q'\, x_1}{2\, H^I}\right)^2}}. \tag{52}$$

In gleicher Weise erhält man für das Zugseil

$$H_1{}^I = S_{a1} \cos \beta_1{}^I = \frac{\frac{1}{2} G_1 + q_1\, h_a \pm R_1\, (+\, \Sigma Z)}{\sqrt{1 + \operatorname{tg}^2 \beta_1{}^I}} =$$

$$= \frac{\frac{1}{2} G_1 + q_1\, h_a \pm R_1\ (+\, \Sigma\, Z)}{\sqrt{1 + \left(\frac{h\, x_1 - f_{x_1}\, l}{l\, x_1} - \frac{q_1{}'\, x_1}{2 H_1{}^I}\right)^2}}. \tag{53}$$

Aus dem Gleichungssystem, gebildet durch die erste der Gl. (33 b), in welcher dann $i = 1$ zu setzen ist, (52) und (53), lassen sich nun für verschiedene x_1 die Durchhänge f_{x_1} unter der Last Q_1 und die zugehörigen

Werte H^I und $H_1{}^I$ bestimmen. Im Hinblick darauf, daß bei ein und derselben Laststellung die Summe aus den Horizontalkomponenten von Trag- und Zugseilspannkraft für alle Punkte des betrachteten Seilfeldes den gleichen Wert H^* hat (Abb. 43), kann man auch für die übrigen im Feld befindlichen Einzellasten die Durchhänge unter diesen leicht berechnen. Man braucht zu diesem Zweck bloß das für die betreffende Laststellung gefundene H^* in die weiteren der Gl. (33b), in welcher dann für $i = 2, 3 \ldots$ gilt, zu setzen.

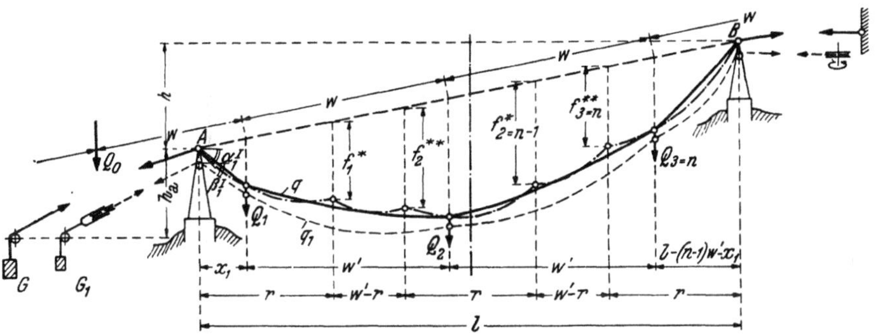

Abb. 50. Lastwegkurve für mehrere Einzellasten in einem Seilfeld

Liegt *tiefe* Zugseilablage vor, so ist dies bei Berechnung von S_{a1}, $\operatorname{tg} \gamma_1{}^I$ und $\operatorname{tg} \beta_1{}^I$ in der gleichen Art zu berücksichtigen, wie es bei Ermittlung der Lastwegkurve für eine einzige Einzellast in einem Seilfeld zu geschehen hat.

Auch im vorliegenden Fall erscheint es, wenn keine sehr große Genauigkeit verlangt ist, zur Verringerung des rechnerischen Aufwandes zweckmäßig, *hohe* Zugseilablage anzunehmen und für H und H_1 von der jeweiligen Wagenstellung unabhängige Mittelwerte einzuführen. Diese können ebenso wie bei der Lastwegkurve für eine einzige Einzellast gewählt werden, also für das $j$te Feld

$$S_j \doteq G + q\,h_a + \frac{q\,h}{2} \pm R, \quad H = S_j \cos \gamma$$

und

$$S_{j1} \doteq \frac{1}{2} G_1 + q_1\,h_a + \frac{q_1 h}{2} \pm R_1 + \left(\sum_1^{j-1} Z\right) + \frac{1}{2} \Sigma Z_j, \; H_1 = S_{j1} \cos \gamma.$$

Ein Unterschied gegenüber früher besteht lediglich darin, daß in S_{j1} auch die Zugwirkung der halben im betrachteten Seilfeld befindlichen Wagenanzahl zu berücksichtigen ist. Damit wird

$$H^* = H + H_1 \doteq \text{konst. für alle Wagenstellungen.}$$

Es ist zu beachten, daß die genau oder genähert berechneten Durchhänge nur so lange Gültigkeit haben, als bei Bewegung der Wagen durch das Seilfeld, welche in Abb. 50 nach rechts angenommen sei, kein Wagen das Feld verläßt und kein neuer in das Feld eintritt. Ist die Spannweite kein ganzzahliges Vielfaches der Wagenentfernung w', sondern verbleibt bei maximal n Wagen im Seilfeld noch eine Reststrecke $r = l - (n-1)\,w' < w'$, so erhält man zunächst von der Lastwegkurve nur jene Teile, welche für

$$\left.\begin{array}{ll} Q_1 & \text{zwischen } x_1 = 0 \text{ und } r \\ Q_2 & \text{zwischen } x_2 = w' \text{ und } w' + r \\ \dots & \dots \\ Q_n & \text{zwischen } x_n = (n-1)\,w' \text{ und } (n-1)\,w' + r \end{array}\right\} \text{Länge der einzelnen Abschnitte} = r$$

liegen. Zur Bestimmung der weiteren Teile der Lastwegkurve, welch letztere ein einziger Linienzug nur dann ist, wenn alle Q_i einander gleich sind, hat man die ganze Untersuchung nochmals durchzuführen. Dabei ist aber jetzt anzunehmen, daß Q_n das Feld bereits verlassen hat, Q_0 aber noch nicht in dasselbe eingetreten ist. Auf diese Weise bekommt man die Teile, welche sich für

$$\left.\begin{array}{ll} Q_1 & \text{zwischen } x_1 = r \text{ und } w' \\ Q_2 & \text{zwischen } x_2 = w' + r \text{ und } 2\,w' \\ \dots & \dots \\ Q_{n-1} & \text{zwischen } x_{n-1} = (n-2)\,w' + r \text{ und } (n-1)\,w' \end{array}\right\} \text{Länge der einzelnen Abschnitte} = w' - r$$

befinden usw.

Eine erhebliche *Vereinfachung der Rechnung* ist aber dadurch möglich, daß man unter der Annahme gleicher Q und eines für alle Wagenstellungen konstanten H^* mit Hilfe der Durchhangsbeziehung (33b) bloß die Durchhänge f^* und f^{**} in den *Hauptpunkten* bestimmt, in welchen die einzelnen Teile der Lastwegkurve unstetig aneinanderstoßen (Abb. 50)[1]. Es ergibt sich so bei maximal n Lasten im Seilfeld für die Hauptpunkte mit den Durchhängen f^*:

$$\left.\begin{aligned} x_1 = r,\ f_1^* &= \frac{(q' + q_1')\,r\,(l-r)}{2\,H^*} + \frac{n\,(n-1)\,Q\,w'\,r}{2\,l\,H^*} \\ x_2 = w' + r,\ f_2^* &= \frac{(q' + q_1')\,(w' + r)\,(l - w' - r)}{2\,H^*} + \\ &\quad + \frac{n\,(n-1)\,Q\,w'}{2\,l\,H^*}\,(w' + r) - \frac{Q\,w'}{H^*} \\ x_i = (i-1)\,w' + r,\ f_i^* &= \frac{(q' + q_1')\,[(i-1)\,w' + r]\,[l - (i-1)\,w' - r]}{2\,H^*} + \\ &\quad + \frac{n\,(n-1)\,Q\,w'}{2\,l\,H^*}\,[(i-1)\,w' + r] - \\ &\quad - \frac{i\,(i-1)\,Q\,w'}{2\,H^*} \\ x_n = l,\ f_n^* &= 0 \end{aligned}\right\} . \qquad (54)$$

[1] ABSENGER, F.: Beitrag zur Berechnung von Zweiseilbahnen. Dissertation. Wien. 1943.

Zufolge der eingeführten Annahme ist die Lastwegkurve jetzt schief symmetrisch zur Feldmitte, und demgemäß entsteht für die Hauptpunkte mit den Durchhängen f^{**}:

$$\left.\begin{array}{ll} x_1 = 0 & f_1^{**} = 0 \\ x_2 = w' & f_2^{**} = f_{n-1}^{*} \\ x_i = (n-i)\, w' & f_i^{**} = f_{n+1-i}^{*} \\ x_n = (n-1)\, w' & f_n^{**} = f_1^{*} \end{array}\right\} . \tag{54a}$$

Ferner müssen die einzelnen Kurvenäste Stücke von *quadratischen Parabeln* sein. Legt man diese Parabelstücke durch Abszissen ξ fest, die von den Eckpunkten des Hauptpunktpolygons waagrecht nach rechts gemessen werden, und durch Ordinaten Δf, die von den Polygonseiten lotrecht nach abwärts zu zählen sind, so gilt in den Abschnitten von der Länge r

$$\Delta f_r = \frac{q^* \, \xi \, (r-\xi)}{2 \, H^*}$$

und in den Abschnitten von der Länge $w' - r$

$$\Delta f_{w'-r} = \frac{q^{**} \, \xi \, (w' - r - \xi)}{2 \, H^*} .$$

Hierin sind q^* und q^{**} gedachte Gleichlasten, die sich aus der allgemeinen Durchhangsbeziehung (33b) wie folgt ermitteln lassen.

Schreibt man diese Beziehung einmal für die Stellung der Lasten Q_1 bis Q_n in den Bereichen r und das andere Mal für die Stellung der Lasten Q_1 bis Q_{n-1} in den Bereichen $w' - r$ an, drückt alle x_i durch ein beliebiges x_i aus und bildet dann die ersten Ableitungen $\left(\frac{df_i}{dx_i}\right)_r$ für den Bereich r_i und $\left(\frac{df_i}{dx_i}\right)_{w'-r}$ für den Bereich $(w'-r)_i$, so stellen die Differenzen der Randwerte ein und desselben Abschnittes zufolge bekannter Zusammenhänge[1] die gedachte, durch H^* dividierte Belastung des betreffenden Abschnittes dar. Diese beträgt für die Abschnitte von der Länge r

$$q^* = \frac{2 \, n \, Q}{l} + q' + q_1'$$

und für jene von der Länge $w' - r$

$$q^{**} = \frac{2 \, (n-1) \, Q}{l} + q' + q_1' .$$

Man braucht daher bloß die Pfeilhöhen in den einzelnen Parabelabschnitten für diese Belastungen zu berechnen und kann dann die Lastwegkurve zeichnen. Diese Pfeilhöhen betragen in den Abschnitten von der Länge r

$$\Delta f_r = \frac{q^* \, r^2}{8 \, H^*} \tag{55}$$

[1] Siehe Fußnote auf S. 64

und in denjenigen von der Länge $w' - r$

$$\Delta f_{w'-r} = \frac{q^{**}(w'-r)^2}{8\,H^*}. \tag{55a}$$

Es bereitet auch keine Schwierigkeit, die mittleren Krümmungsradien der einzelnen Parabelstücke analog den in diesem Paragraphen unter a) gemachten Angaben zu berechnen und die Kurvenäste mit Kreisschablonen zu zeichnen.

Befinden sich mehrere Einzellasten in einem Seilfeld, so ist es vielfach üblich, eine *Vollseillinie* zu zeichnen, die als Seilkurve für die gleichmäßig verteilte Last

$$q_v = \frac{Q}{w'} + q' + q_1' \tag{56}$$

angenommen wird. Ihre Durchhänge bestimmen sich aus

$$f_x = \frac{q_v\,x\,(l-x)}{2\,H^*}. \tag{57}$$

Zum Vergleich dieser Vollseillinie mit der Lastwegkurve braucht man bloß die Durchhänge in den genannten Hauptpunkten einander gegenüberzustellen. Aus (54) und (57) ergibt sich dann für einen beliebigen Hauptpunkt mit der Abszisse

$$\left.\begin{aligned} x_i &= (i-1)\,w' + r \\ \Delta f_i^* &= f_i^* - f_{x_i} = \\ &= \frac{1}{2}(n-i)\frac{Q}{l\,H^*}(w'-r)\,r \\ \Delta f_i^* &= \Delta f_{n+1-i}^{**} \end{aligned}\right\}. \tag{57a}$$

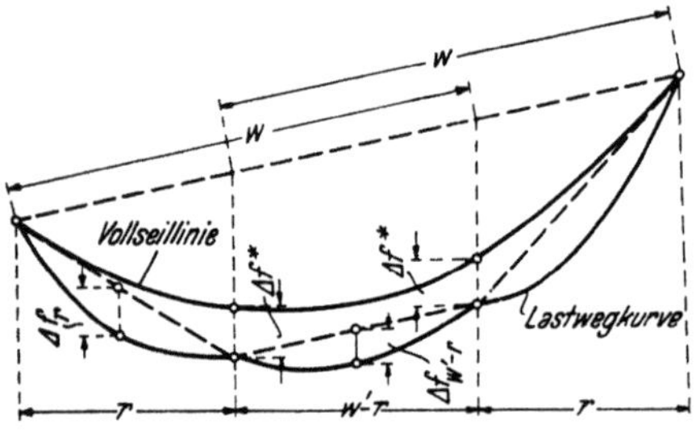

Abb. 51. Zusammenhang zwischen Lastwegkurve und Vollseillinie (zwei Einzellasten im Seilfeld)

Wegen der mitunter beträchtlichen Größe von Δf_i^* wird diese Vollseillinie nur selten als Ersatz für die Lastwegkurve angesehen werden können (Abb. 51).

Da bei mehreren Wagen in einem Seilfeld der Einfluß *tiefer* Zugseilablage auf die Durchhänge gering ist, bleibt diese bei Näherungsberechnungen meistens außer Betracht.

Beispiel. Gegeben: $Q = 1000$ kg, $w = 100$ m, $H = 18{,}00$ t, $H_1 = 1{,}20$ t, $q = 5{,}00$ kg/m, $q_1 = 1{,}00$ kg/m, $l = 250$ m, $h = 0$.
Daraus folgt: $n = 3$, $r = 50$ m, $w - r = 50$ m und weiter
$x_1 = 50$ m, $f_1^* = 1{,}50 + 3{,}0 = 4{,}50$ m.
$x_2 = 150$ m, $f_2^* = 2{,}15 + 4{,}00 = 6{,}25$ m.
$q^* = 30$ kg/m, $q^{**} = 22$ kg/m.
$\Delta f_r = 0{,}47$ m, $\Delta f_{w-r} = 0{,}34$ m.

II. Zur Festigkeitslehre der Seile

Die Drähte der Seile erhalten Beanspruchungen bei der Seilherstellung, durch die in einem gespannten Seil wirkende Zugkraft, ferner zufolge der Biegung des Seiles bei Querbelastung durch Einzellasten (Seilbahnwagen) oder durch eine verteilte Last (Umschlingung einer Scheibe) und schließlich durch die namentlich bei Querbelastungen stets auftretenden zusätzlichen Wirkungen.

§ 21. Herstellungsspannungen. a) Wir betrachten zunächst bloß eine einzige Drahtlage eines *Spiralseiles* oder einer *Litze* eines Litzenseiles. Statt der komplizierteren Festhaltung des Seiles oder der Litze beim Wickeln in der Flechtmaschine sei angenommen, daß an den Seilenden die Drähte der betrachteten Lage mit je einem Ring zusammengefaßt werden. Durch eine Verschiebung der Ringe in der Richtung der Seilachse kann eine Zugkraft in die betreffende Drahtlage eingeleitet werden. Eine gegenseitige Verdrehung der Ringe sei hingegen ausgeschlossen.

Ein dieser Lage angehörendes, in Abb. 52 dargestelltes, ursprünglich gerades Drahtelement $\overline{AB} = dl$ habe nach der Verseilung den Biegungswinkel $d\varphi$ mit dem Krümmungsmittelpunkt M. In seiner Mitte O sei ein Achsenkreuz angeordnet, das mit dem die Schraubenlinie des Drahtes begleitenden Dreikant zusammenfällt (x = Tangente, y = Hauptnormale, z = Binormale). In A und B sind die Binormalen z' und z'' um je $\frac{d\vartheta}{2}$ gegen z verdreht, wenn $d\vartheta$ der zu dl gehörige Torsionswinkel der Schraubenlinie ist. In gleicher Weise sind dort auch die Hauptnormalen y' und y'' verdreht. Ferner wird angenommen, daß Haupt- und Binormale mit den Hauptträgheitsachsen des Drahtquerschnittes zusammenfallen, was bei Runddrähten, die wir vorerst im Auge haben, zutrifft, nicht immer aber bei Profildrähten. An den Enden des Drahtelementes mögen nun ein Biegungsmoment M_b, ein Torsionsmoment M_t, die Querkräfte Q_b und Q_h und eine Zugkraft T in der in Abb. 52 angegebenen Art wirken. Ferner wirke in der Mitte des Drahtelementes der

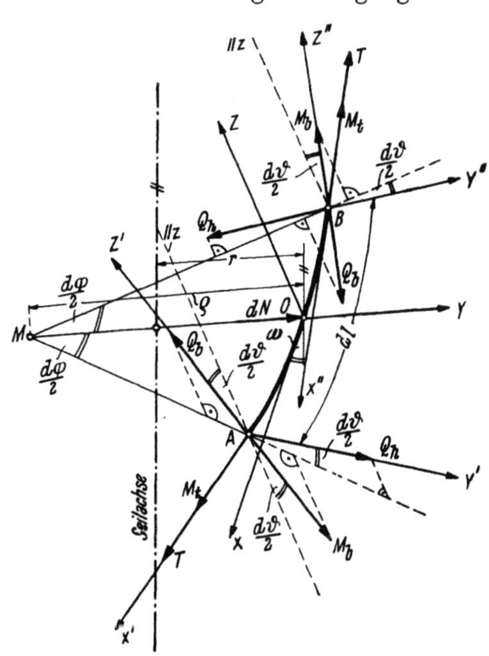

Abb. 52. Kräftewirkungen in einem Drahtelement

Normaldruck dN des zylindrischen Kernes, über welchen die betrachtete Drahtlage gewickelt ist.

Ist ω der Flechtwinkel der Drähte und r der Abstand der Drahtmittelpunkte von der Seil- oder Litzenachse, so gelten für Krümmungs- und Torsionsradius der Schraubenlinie die Beziehungen

$$\varrho = \frac{dl}{d\varphi} = \frac{r}{\sin^2\omega} \quad \text{und} \quad \tau = \frac{dl}{d\vartheta} = \frac{r}{\sin\omega\,\cos\omega}. \tag{58}$$

Die Gleichgewichtsbedingungen des Drahtelementes lauten:

$$\Sigma X = 0 \ldots\ldots 2\,Q_h \cos\frac{d\vartheta}{2}\sin\frac{d\varphi}{2} = 0$$

$$\Sigma Y = 0 \ldots\ldots dN - 2\,T\sin\frac{d\varphi}{2} - 2\,Q_b\sin\frac{d\vartheta}{2}\cos\frac{d\varphi}{2} = 0$$

$$\Sigma Z = 0 \ldots\ldots 2\,Q_h \sin\frac{d\vartheta}{2} = 0$$

$$\Sigma M_x = 0 \ldots\ldots \qquad -$$

$$\Sigma M_y = 0 \ldots\ldots -2\,Q_b\cos\frac{d\vartheta}{2}\,\varrho\sin\frac{d\varphi}{2} - 2\,M_t\sin\frac{d\varphi}{2} + 2\,M_b\sin\frac{d\vartheta}{2}\cos\frac{d\varphi}{2} = 0$$

$$\Sigma M_z = 0 \ldots\ldots 2\,Q_h\cos\frac{d\vartheta}{2}\cos\frac{d\varphi}{2}\,\varrho\sin\frac{d\varphi}{2} = 0.$$

Daraus folgt durch Vereinfachung

$$\left.\begin{aligned} Q_h &= 0 \\ dN &= T\,d\varphi + Q_b\,d\vartheta \\ Q_b\,\varrho\,d\varphi &= M_b\,d\vartheta - M_t\,d\varphi \end{aligned}\right\} \tag{59}$$

und schließlich für die Querkraft Q_b mit Berücksichtigung von (58)

$$Q_b = \frac{\sin\omega}{r}(M_b\cos\omega - M_t\sin\omega). \tag{60}$$

Faßt man nun im Querschnitt eines Spiralseiles oder einer Litze alle Kräfte einer aus n Drähten bestehenden Lage zusammen (Abb. 53), so ergibt sich eine Axialkraft T_L und ein Drehmoment M_L von der Größe

$$\begin{aligned} T_L &= n\,(T\cos\omega - Q_b\sin\omega), \\ M_L &= n\,(T\,r\sin\omega + Q_b\,r\cos\omega + M_t\cos\omega + M_b\sin\omega)\,. \end{aligned}$$

Setzt man darin für Q_b den Wert von (60) ein, so entsteht weiter

$$T_L = n\left[T\cos\omega - \frac{\sin^2\omega}{r}(M_b\cos\omega - M_t\sin\omega)\right], \tag{61}$$

$$M_L = n\,[T\,r\sin\omega + M_b\sin\omega\,(1+\cos^2\omega) + M_t\cos^3\omega]. \tag{62}$$

Werden die Drähte torsionsfrei gewickelt, dann hat man in (61) und (62) M_t zu streichen.

Während des Verseilens, das mit einer bekannten Zugkraft T_L und mit einem bestimmten Flechtwinkel ω geschieht, erhalten also die Drähte mindestens eine erhebliche Zug- und Biegungsbeanspruchung, unter Umständen aber auch eine Torsionsbeanspruchung[1]. Die Berechnung dieser Beanspruchungen kann mit (61) und mit Hilfe der Zusammenhänge geschehen, welche zwischen den Formänderungen der Drähte beim Verseilen und den Momenten M_b und M_t bestehen. Sind die Formänderungen nur *elastischer* Art, so hat man

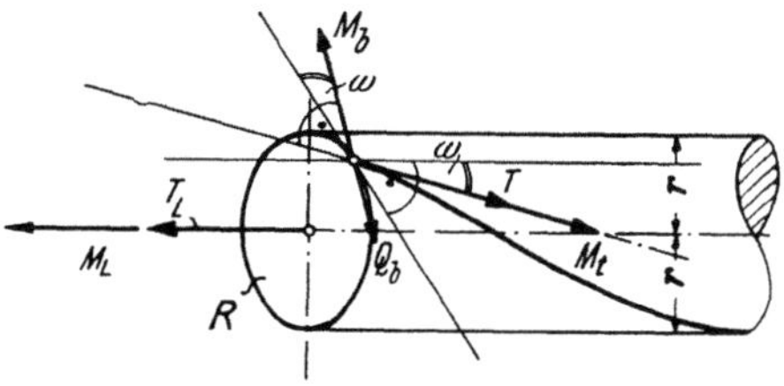

Abb. 53. Zusammenfassung der Kräftewirkungen an den Drähten einer Drahtlage. (Die Kräfte und Momente des gezeichneten Drahtes sind so eingetragen, wie sie auf den die betrachtete Lage bei R zusammenfassenden Ring wirken)

$$M_b = \frac{E\,J}{\varrho} = \frac{E\,J \sin^2 \omega}{r} \text{ und eventuell auch } M_t = \frac{G\,J_d}{\tau} = \frac{G\,J_d \sin\omega \cos\omega}{r}$$

zu setzen. Tatsächlich sind aber die Formänderungen bei der Seilherstellung wenigstens für die achsnahen Drähte *plastischer* Natur. Unter

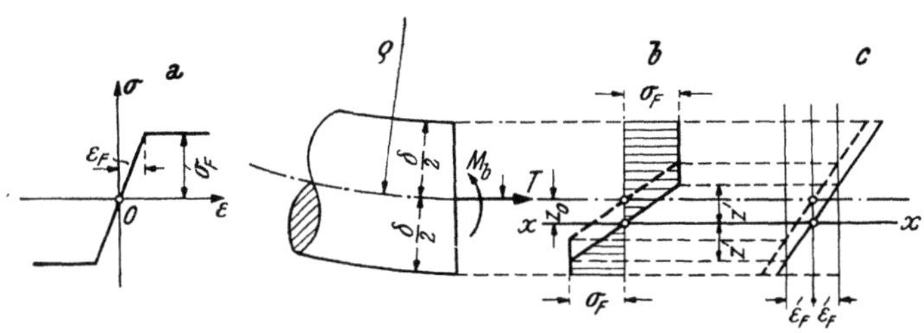

Abb. 54. Spannungs- und Dehnungsverlauf in den Drahtquerschnitten bei plastischer Verformung der Drähte während des Verseilens

der Annahme eines idealplastischen Werkstoffes mit einer Spannungsdehnungslinie nach Abb. 54a gilt mit den Bezeichnungen der Abb. 54b

$$\frac{1}{\varrho} = \frac{\sin^2 \omega}{r} = \frac{\sigma_F}{E\,z'}.$$

Weiters bestehen die Beziehungen

$$T = \int_F \sigma\, dF \text{ und } M_b = \int_F \sigma\, dF \cdot z,$$

[1] Die durch die Querkraft hervorgerufenen Spannungen werden vernachlässigt.

woraus sich die Lage z_0 der Nullinie und das Biegungsmoment M_b bestimmen lassen, wenn torsionsfreie Wicklung der Drähte vorausgesetzt wird[1].

In ähnlicher, aber nicht so einfacher Art verhält sich auch eine Lage von *Profildrähten*, die bekanntlich nicht torsionsfrei gewickelt werden können und bei denen Haupt- und Binormale der Drahtkurven nicht mehr mit den Hauptträgheitsachsen zusammenfallen. Demzufolge üben dann — was bei Runddrähten *nicht* stattfindet — die Drähte ein und derselben Lage aufeinander derart gerichtete Drücke aus, daß hiedurch deren Kippen verhindert wird[2].

b) Auf den Flechtmaschinen gewickelte *nicht drallarme Spiralseile* werden an den Enden abgebunden, wodurch man ein Auseinanderspreizen der Drahtenden verhindert, doch reicht diese Sicherung nicht aus, um alle Drahtlagen zur gemeinsamen Wirkung zu veranlassen. In einem äußerlich kräftefreien, an den Enden abgebundenen nicht drallarmen Seil wird daher zufolge möglicher Längsverschiebungen und Verdrehungen der einzelnen Drahtlagen gegeneinander zumindest *jede* Drahtlage für *sich* äußerlich nahezu kräftefrei zu werden trachten, wobei die den Lagen bei der Herstellung erteilten Flechtwinkel eine gewisse Abnahme erfahren. Waren ω, T, M_b und M_t die beim Flechtvorgang für einen Draht gültigen Größen, so gehen diese nunmehr in ω_0, T_0, M_{b0} und M_{t0} über.

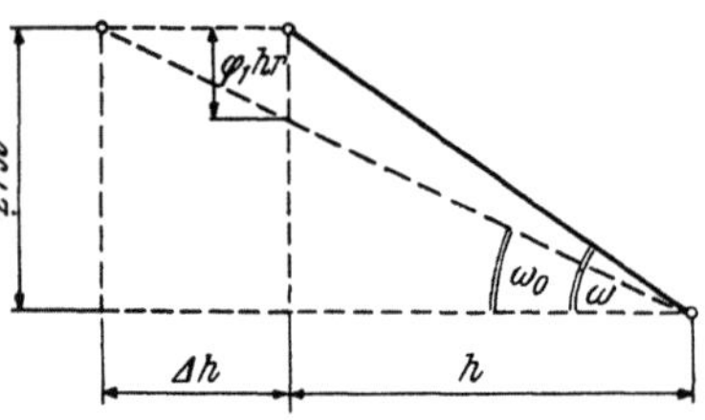

Abb. 55. Änderung des Flechtwinkels durch Verdrehung der Lagenquerschnitte in einem ungespannten Spiralseil

Bedeutet in einer beliebigen Drahtlage:

h die Schlaglänge der Drähte beim Verseilen,

r den Abstand der Drahtmittelpunkte von der Seilachse und

φ_1 den Winkel, um welchen sich zwei im Abstand 1 voneinander abstehende Lagenquerschnitte verdrehen können,

dann gilt mit Bezug auf Abb. 55, in welcher ein Draht vor und nach Verdrehung der Lagenquerschnitte auf eine Schlaglänge abgewickelt dargestellt ist,

$$\operatorname{tg}\omega = \frac{2r\pi}{h} \text{ und } \operatorname{tg}\omega_0 = \frac{2r\pi - \varphi_1 h r}{h} = \operatorname{tg}\omega - \varphi_1 r.$$

Ferner ist $\sin\omega_0 \doteq \sin\omega - \varphi_1 r\cos\omega$ und $\cos\omega_0 \doteq \cos\omega$. Die Krümmungsänderung der Drähte wird damit

$$\frac{1}{\varrho} - \frac{1}{\varrho_0} = \frac{\sin^2\omega - \sin^2\omega_0}{r} \doteq \varphi_1 \sin 2\omega$$

[1] Bei Verschwinden von T, wenn also das Biegungsmoment M_b allein zurückbleibt, wird $z_0 = 0$, und es ergibt sich dann der in Abb. 54b strichliert gezeichnete Spannungsverlauf in einfacher Weise durch Betrachtung der Dehnungsverhältnisse im Drahtquerschnitt vor und nach dem Verschwinden der Längskraft, wie Abb. 54c zeigt.

[2] Heinrich, G.: Zur Statik der Drahtseile. Wasserwirtschaft und Technik **1937**, H. 28—30, welcher Arbeit im vorstehenden gefolgt wurde.

und daraus die Änderung des Biegungsmomentes derselben

$$M_b - M_{b\,0} = \left(\frac{1}{\varrho} - \frac{1}{\varrho_0}\right) E\,J \doteq E\,J\,\varphi_1 \sin 2\,\omega. \tag{63}$$

Die Änderung der Torsion beträgt analog

$$\frac{1}{\tau} - \frac{1}{\tau_0} = \frac{\sin\omega\cos\omega - \sin\omega_0\cos\omega_0}{r} \doteq \varphi_1 \cos 2\,\omega$$

und demnach die Änderung des Torsionsmomentes

$$M_t - M_{t\,0} = \left(\frac{1}{\tau} - \frac{1}{\tau_0}\right) G\,J_d \doteq G\,J_d\,\varphi_1 \cos 2\,\omega. \tag{63a}$$

Für eine Drahtlage des äußerlich kräftefreien Spiralseiles lauten nun die Gl. (61) und (62)

$$T_0 \cos\omega_0 - \frac{\sin^2\omega_0}{r}\,(M_{b\,0}\cos\omega_0 - M_{t\,0}\sin\omega_0) = 0,$$

$$T_0\, r \sin\omega_0 + M_{b\,0}\sin\omega_0\,(1 + \cos^2\omega_0) + M_{t\,0}\cos^3\omega_0 = 0,$$

und es ergibt sich aus der ersten

$$T_0 = \frac{\sin^2\omega_0}{r\cos\omega_0}\,(M_{b\,0}\cos\omega_0 - M_{t\,0}\sin\omega_0).$$

Führt man diesen Wert von T_0 in die zweite der beiden obigen Gleichungen ein, so folgt

$$M_{b\,0}\,\mathrm{tg}\,2\,\omega_0 + M_{t\,0} = 0. \tag{64}$$

Schreibt man in letzterer schließlich noch für

$$\mathrm{tg}\,2\,\omega_0 \doteq \mathrm{tg}\,2\,\omega - 2\,\varphi_1\,r \tag{65}$$

und drückt $M_{b\,0}$ und $M_{t\,0}$ durch die sich aus (63) und (63a) ergebenden Werte aus, so entsteht eine quadratische Bestimmungsgleichung für den Verdrehungswinkel φ_1. Liegt ein torsionsfrei gewickeltes Seil vor, so hat man, wie früher, in dieser Gleichung M_t zu streichen. Die Kenntnis des Winkels φ_1 gestattet dann, ω_0, T_0, $M_{b\,0}$ und $M_{t\,0}$ zu bestimmen und mithin die nach der Flechtung in den Drähten eines äußerlich kräftefreien Seiles noch verbleibenden restlichen Herstellungsspannungen abzuschätzen.

Kann gar *jeder* Draht für *sich* allein äußerlich kräftefrei werden, dann ist auch $T_0 = M_{b\,0} = M_{t\,0} = 0$, und der Rückdrehwinkel bestimmt sich bloß aus Gl. (63), die in diesem Fall die Form annimmt

$$M_b - EJ\,\varphi_1 \sin 2\,\omega = 0. \tag{63b}$$

Die tatsächlichen Verhältnisse werden vermutlich innerhalb der beiden betrachteten Fälle liegen.

Nachstehendes Beispiel gibt über die restlichen Herstellungsspannungen größenordnungsmäßig Aufschluß.

Beispiel. Bestimmung der Restspannungen zufolge der Seilherstellung für ein Spiralseil mit zwei Drahtlagen.

Drahtstärke $\delta = 4$ mm,

Flechtwinkel in den beiden Lagen bei der Seilherstellung $\omega_1 \doteq \omega_2 \doteq 15°$,

Fließspannung $\sigma_F \doteq K_z = 15000$ kg/cm²,

Elastizitätsmodul $E = 2000000$ kg/cm².

Die Wicklung der Drähte geschieht torsionsfrei.

Annahme. Im äußerlich kräftefreien (spannkraftlosen) Seil kann auch jeder Draht äußerlich kräftefrei werden. Mit den Bezeichnungen der Abb. 56 gilt:

Lage	r cm	$\varrho = \frac{r}{\sin^2 \omega}$ cm	$z' = \frac{\sigma_F \varrho}{E}$ cm	h' cm	s cm	F_{el} cm²	F_{pl} cm²
I	0,40	6,00	0,045	0,155	0,390	0,018	0,045
II	0,80	12,00	0,090	0,110	0,358	0,035	0,028

Axiales Trägheitsmoment eines Drahtes $J = 0{,}00126$ cm⁴.

Lage	$Z_1 = \int \sigma dF_{el}$ kg	$Z_2 = \sigma_F F_{pl}$ kg	h_1 cm	h_2 cm	$M_b = Z_1 h_1 + Z_2 h_2$ kgcm	φ_1 cm⁻¹	σ_0 kg/cm²
I	134	675	0,060	0,245	173,3	0,1375	27500
II	261	420	0,120	0,290	153,1	0,1215	24300

Die Rückdrehwinkel φ_1 und die Entlastungsspannungen σ_0 folgen dabei aus den Gleichungen (63b) und

$$\sigma_0 = \frac{E\, J\, \varphi_1 \sin 2\omega}{W} = \frac{E\, \delta\, \varphi_1 \sin 2\omega}{2}.$$

Es verbleiben die Restspannungen:

Lage	$\Delta\sigma$ kg/cm²	$\Delta\sigma'$ kg/cm²
I	−12500	8810
II	− 9300	4060

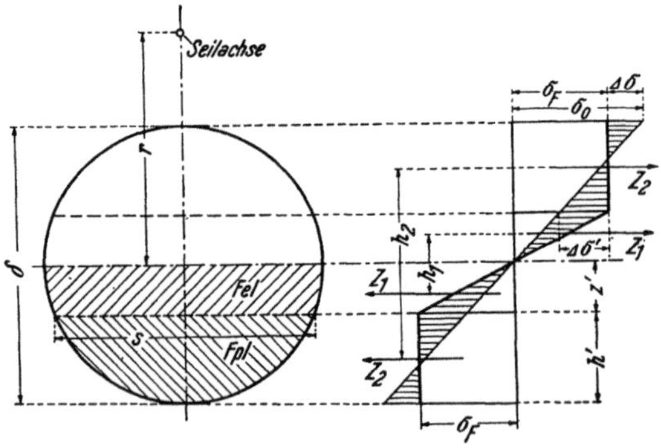

Abb. 56. Herstellungsspannungen in den Drähten eines Spiralseiles

Das Beispiel zeigt, daß in den Drähten eines äußerlich kräftefreien, nicht drallarmen Seiles von der Herstellung her beträchtliche Restspannungen vorhanden sein können, doch handelt es sich bloß um schmale Spannungsspitzen, die überdies in Wirklichkeit abgeflacht sein werden.

Die in den Drähten eines äußerlich kräftefreien, *drallarm* hergestellten Seiles (§ 12) vorhandenen Restspannungen sind rechnerisch kaum verfolgbar.

c) Liegt ein *Litzenseil* vor, so kann die Untersuchung der Herstellungsspannungen in ähnlicher Weise durchgeführt werden. Ein Unterschied gegen das Spiralseil besteht aber darin, daß die Litzen bei der Verflechtung zum Litzenseil noch einer zusätzlichen Biegung unterworfen werden. Zusätzliche Torsionen trachtet man dabei ebenso wie beim Flechten der Drähte auszuschließen. Da bei einer derartigen Untersuchung kein grundsätzlich neuer Einblick zu erwarten ist, wird hier davon Abstand genommen.

§ 22. Wirkung einer Zugkraft im Seil

a) Spiralseile

1. Ein *nicht drallarmes* Seil werde betriebsmäßig eingebaut, seine Enden also in Muffen oder Klemmen eingespannt. Die Spannkraft S möge über die ganze Seillänge *konstant* sein. Im Gegensatz zum nichteingebauten Seil ist daher eine Verdrehung der einzelnen Drahtlagen oder Drähte gegeneinander ausgeschlossen, und es kann sich somit, wenn überhaupt, ein Seilquerschnitt nur als Ganzes verdrehen. Auch müssen jetzt die Seilquerschnitte bei den im Seil auftretenden Kräftewirkungen eben bleiben. Von der Wirkung der Reibung zwischen den einzelnen Drahtlagen wird zunächst abgesehen. Beim *ungespannten Seil* seien die Flechtwinkel und die in den Drähten wirkenden Kräfte und Momente durch ω_0, T_0, M_{b0} und M_{t0} und im *gespannten Seil* durch ω^*, T^*, M_b^* und M_t^* gekennzeichnet.

Gemäß (61) und (62) gelten dann bei p Drahtlagen des Seiles folgende Beziehungen:

Für die Längskraft S

$$S = \sum_p T_L^* = \sum_p n_p \left[T^* \cos\omega^* - \frac{\sin^2\omega^*}{r} (M_b^* \cos\omega^* - M_t^* \sin\omega^*)\right] \tag{66}$$

und für das Drehmoment M_s

$$M_s = \sum_p M_L^* =$$

$$= \sum_p n_p \left[T^* r \sin\omega^* + M_b^* \sin\omega^* (1 + \cos^2\omega^*) + M_t^* \cos^3\omega^*\right]. \tag{67}$$

Können sich die Endquerschnitte um einen Winkel φ^*, zwei um die Längeneinheit des Seiles voneinander abstehende Querschnitte demnach um φ_1^* gegeneinander verdrehen, wodurch $\omega^* \lesseqgtr \omega_0$, so lassen sich zwischen diesen beiden Zuständen ähnlich wie vorhin zwischen dem Flechtvorgang und dem ungespannten Zustand Beziehungen aufstellen. Hiebei sind die Kräftewirkungen beim ungespannten Zustand als bekannt vorauszusetzen und beim eingebauten Seil die Spannkraft S sowie der Drehwinkel φ^* als gegeben zu betrachten.

Greifen wir einen Draht einer Lage heraus, welcher in Abb. 57 auf eine Schlaglänge, die dem ungespannten Zustand des Seiles entspricht, abgewickelt dargestellt ist, so tritt zufolge einer Verdrehung eine Änderung, z. B. eine Vergrößerung der Drahtprojektion auf die Seilachse um $\Delta h_1 \doteq h_0 \varphi_1{}^* r \sin \omega_0 \cos \omega_0$ ein.

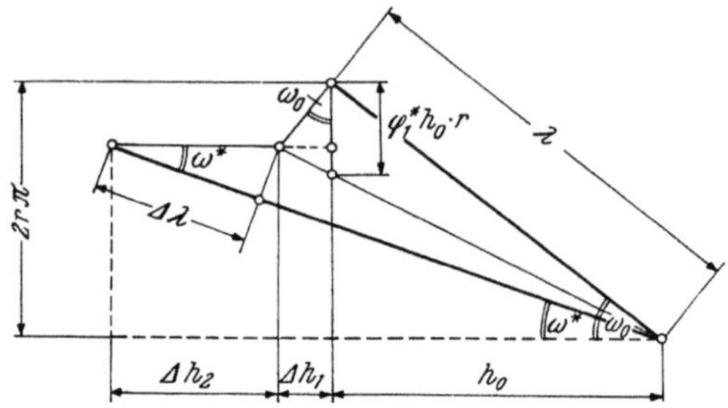

Abb. 57. Änderung des Flechtwinkels durch Verdrehung der Seilquerschnitte und Wirkung einer Spannkraft in einem Spiralseil

Durch die Verdrehung der Seilquerschnitte entsteht auch eine Änderung der ursprünglichen Drahtspannkräfte T_0, da die Seilquerschnitte eben bleiben müssen. Eine weitere Änderung der Drahtspannkräfte wird durch die Einleitung der Seilspannkraft S bewirkt. Durch diese Änderungen der Drahtspannkräfte dehnt sich der betrachtete Draht, wenn F_δ sein Querschnitt und E sein Elastizitätsmodul ist, um

$$\Delta\lambda = \frac{T^* - T_0}{E F_\delta} \lambda = \frac{T^* - T_0}{E F_\delta \cos \omega_0} h_0,$$

und es vergrößert sich hierdurch die Drahtprojektion um

$$\Delta h_2 = \frac{\Delta\lambda}{\cos \omega^*} = \frac{T^* - T_0}{E F_\delta \cos \omega_0 \cos \omega^*} h_0.$$

Weiters gilt mit Bezug auf Abb. 57

$$\operatorname{tg} \omega^* \doteq \frac{2 r \pi - \varphi_1{}^* h_0 r \cos^2 \omega_0}{h_0 + \Delta h_1 + \Delta h_2}$$

oder mit Vernachlässigung der Produkte kleiner Größen

$$\operatorname{tg} \omega^* \doteq \frac{2 r \pi}{h_0} - \varphi_1{}^* r \cos^2 \omega_0 - \frac{2 r \pi}{h_0{}^2} (\Delta h_1 + \Delta h_2).$$

Setzt man darin noch für Δh_1 und Δh_2 die entsprechenden Werte ein, so folgt schließlich nach einigen Vereinfachungen

$$\operatorname{tg} \omega^* \doteq \operatorname{tg} \omega_0 - \varphi_1{}^* r - \frac{T^* - T_0}{E F_\delta \cos^2 \omega_0} \operatorname{tg} \omega_0,$$

ferner ist

$$\sin \omega^* \doteq \sin \omega_0 - \varphi_1{}^* r \cos \omega_0 - \frac{T^* - T_0}{E F_\delta \cos \omega_0} \operatorname{tg} \omega_0 \quad \text{und} \quad \cos \omega^* \doteq \cos \omega_0. \qquad (68)$$

Die Bedingung des Ebenbleibens der Seilquerschnitte erfordert nun, daß die Längen der Projektionen der verdrehten und gedehnten Drähte auf die Seilachse in allen Lagen einander gleich und gleich der Länge des gedehnten Kerndrahtes sein müssen, also

$$\Delta h_1 + \Delta h_2 = \frac{T_0{}^* - T_{00}}{E F_0} h_0$$

zu sein hat. Dies liefert die Gleichungen:
Für die erste Drahtlage

$$\left.\begin{array}{l} \dfrac{T_1{}^* - T_{01}}{E F_1 \cos^2 \omega_{01}} + \varphi_1{}^* r_1 \sin \omega_{01} \cos \omega_{01} = \dfrac{T_0{}^* - T_{00}}{E F_0} \\ \dots\dots\dots\dots\dots\dots \\ \text{und für die } p\text{te Drahtlage} \\ \dfrac{T_p{}^* - T_{0p}}{E F_p \cos^2 \omega_{0p}} + \varphi_1{}^* r_p \sin \omega_{0p} \cos \omega_{0p} = \dfrac{T_0{}^* - T_{00}}{E F_0} \end{array}\right\} .^1 \qquad (69)$$

Die Änderung der Krümmung der Drähte und damit jene der Biegungsmomente beträgt mit Bezug auf § 21

$$\frac{1}{\varrho_0} - \frac{1}{\varrho^*} = \frac{\sin \omega_0{}^2 - \sin^2 \omega^*}{r}, \; M_{b0} - M_b{}^* = \left(\frac{1}{\varrho_0} - \frac{1}{\varrho^*}\right) E\, J. \qquad (70)$$

Ebenso erhält man für die Änderung der Torsion der Drähte und für die Änderung des Torsionsmomentes derselben

$$\frac{1}{\tau_0} - \frac{1}{\tau^*} = \frac{\sin \omega_0 \cos \omega_0 - \sin \omega^* \cos \omega^*}{r}, \; M_{t0} - M_t{}^* = \left(\frac{1}{\tau_0} - \frac{1}{\tau^*}\right) G J_d. \quad (70\text{a})$$

Drückt man nun in (66) $M_b{}^*$ und $M_t{}^*$ mit Hilfe der eben angeschriebenen Beziehungen durch M_{b0} und M_{t0} aus und ersetzt überdies gemäß den Beziehungen (68) ω^* durch ω_0 und $\varphi_1{}^*$, so bildet diese Gleichung zusammen mit den Gl. (69) ein System von $p+1$ Gleichungen, aus welchem die Unbekannten $T_0{}^*$, $T_1{}^*$, . . . $T_p{}^*$ und hernach mit (67) auch M_s bestimmt werden können. Damit sind die Kräftewirkungen in einem gleichmäßig gespannten Spiralseil bekannt. Durch Verdrehungsmöglichkeit der Endquerschnitte kann unter Umständen eine sehr ungleiche Verteilung der Spannkraft S auf die einzelnen Drähte entstehen.

Wird auf die vom *Flechtvorgang* im äußerlich kräftefreien Seil vorhandenen Kräftewirkungen *nicht Rücksicht* genommen, oder liegt ein *drallarm* hergestelltes Seil vor, dann ist $T_0 = M_{b0} = M_{t0} = 0$. Sind überdies *Verdrehungen der Endquerschnitte* gegeneinander *verhindert*, was meistens der Fall ist, so wird auch $\varphi^* = \varphi_1{}^* = 0$. Fast immer kann man hiebei $\omega^* \doteq \omega_0$ setzen, wodurch die von der Wirkung der Seilspannkraft S

[1] Sind einzelne Drahtlagen im umgekehrten Sinn, also so geschlagen, daß durch eine Verdrehung der Seilquerschnitte der Flechtwinkel vergrößert wird, so haben hier und in allen anderen Gleichungen die betreffenden $\sin \omega$ das umgekehrte Vorzeichen zu erhalten.

herrührenden kleinen Biegungs- und Torsionsmomente M_b^* und M_t^* ebenfalls verschwinden.

Unter diesen Voraussetzungen vereinfacht sich das vorliegende Gleichungssystem zur Bestimmung der Kräftewirkungen in einem auf Zug beanspruchten Seil wie folgt:

$$S = \sum_p T_L = \sum_p n_p \, T^* \cos \omega_0 \tag{66a}$$

$$M_s = \sum_p M_L = \sum_p n_p \, T^* \, r \sin \omega_0 \tag{67a}$$

$$\frac{T_1^*}{E\, F_1 \cos^2 \omega_{01}} = \frac{T_2^*}{E\, F_2 \cos^2 \omega_{02}} = \ldots = \frac{T_0^*}{E\, F_0}. \tag{69a}$$

Haben schließlich alle Drähte gleichen Durchmesser, und sind auch die Flechtwinkel in den einzelnen Drahtlagen annähernd gleich, aber abwechselnd entgegengesetzt gerichtet (§ 8), so ergibt sich

$$S = T_0^* + (i-1)\, T^* \cos \omega_0 = T_0^* + 3\, p\, (p+1)\, T^* \cos \omega_0 \tag{66b}$$

$$M_s = 6\, T^*\, \delta \sin \omega_0 - 2 \cdot 6\, T^*\, 2\, \delta \sin \omega_0 + \ldots \pm p \cdot 6\, T^*\, p\, \delta \sin \omega_0 \tag{67b}$$

$$\frac{T^*}{\cos^2 \omega_0} = T_0^*. \tag{69b}$$

Ist endlich die Anzahl der Drahtlagen und der Drähte groß, so braucht der Kerndraht nicht besonders berücksichtigt zu werden, und man kann dann für die in einem Draht auftretende Zugkraft schreiben

$$T^* = \frac{S}{i \cos \omega_0},$$

woraus für die Zugspannung in den Drähten folgt

$$\sigma_{zd} = \frac{T^*}{F_\delta} = \frac{S}{\Sigma F_\delta \cos \omega_0}. \tag{71}$$

Obige Untersuchung ermöglicht auch, über die Dehnung und damit den *Elastizitätsmodul* eines Spiralseiles Aussagen zu machen. Von einem solchen kann nur die Rede sein, wenn eine Verdrehung der Seilquerschnitte verhindert ist. Für die Dehnung des Seiles gilt unter Berücksichtigung der eingeführten Vereinfachungen

$$\varepsilon = \frac{\dfrac{T^*}{E\, F_\delta \cos^2 \omega_0}\, h_0}{h_0} = \frac{\dfrac{S}{\cos \omega_0}}{E\, \Sigma F_\delta \cos^2 \omega_0} = \frac{S}{E\, \Sigma F_\delta \cos^3 \omega_0} = \frac{\sigma_{zs}}{E_s}. \tag{72}$$

Betrachtet man

$$\sigma_{zs} = \frac{S}{\Sigma F_\delta} \tag{71a}$$

als eine gedachte Zugspannung im *Seil*, dann ist der Elastizitätsmodul des Seiles

$$E_s \doteq E \cos^3 \omega_0. \tag{73}$$

Der tatsächliche Elastizitätsmodul ist meistens noch kleiner und kann genauer berechnet werden, insbesondere wenn man auch die Abnahme des Flechtwinkels durch die Seildehnung und die Verringerung des Seildurchmessers durch die Querzusammenziehung der Drähte berücksichtigt. Er beträgt etwa

$$E_s = 0{,}60 \text{ bis } 0{,}85\, E. \tag{73a}$$

Bei einem gespannten Seil üben die Drähte auf ihre Unterlage Drücke aus, welche sich mit Hilfe von (59) berechnen lassen. Beanspruchen die Drähte einer Lage im Seilquerschnitt einen größeren Raum, als ihnen theoretisch zukommt, wie dies auch bei starken Seilverdrehungen möglich ist, dann sind diese Drücke geringer, als sich nach (59) ergibt, dafür treten Gewölbedrücke in der betreffenden Lage selbst auf.

Es ist klar, daß bei *konstanter* Zugkraft die durch die Drücke auf die Unterlage hervorgerufenen Reibungskräfte kaum Änderungen in der Spannungsverteilung gegenüber jener im behandelten reibungsfreien Seil bewirken, sondern das Zusammenwirken der einzelnen Drahtlagen fördern. Dagegen wird bei Gewölbedruck zwischen den Drähten ein und derselben Lage das Zusammenwirken der Drahtlagen vermindert, weshalb dieser Druck nie bedeutend sein darf. Durch die bei Gewölbewirkung zwischen den Drähten einer Lage entstehende Reibung im Verein mit den bleibenden Formänderungen beim Verseilen trägt jedoch ein gebrochener Draht der Decklage nach einigen Windungslängen wieder mit.

2. Ähnlich wie eine Verdrehung der Seilendquerschnitte bei über der Seillänge konstanter Zugkraft wirkt bei verhinderter Verdrehung der Endquerschnitte eine über die Seillänge *veränderliche* Zugkraft. Dabei entstehen Verdrehungen im Bereich zwischen den Endquerschnitten.

Für die Untersuchung dieser Verdrehungen bedient man sich mit Vorteil des *Verdrehungsfaktors*

$$u = \frac{M_s}{S} \tag{74}$$

des Seiles und des Zusammenhanges zwischen dem Verdrehungswinkel φ_1^* zweier um die Längeneinheit des Seiles voneinander abstehender Seilquerschnitte und dem Verdrehungsmoment, welcher in der Form

$$\varphi_1^* = \frac{M_s}{\Theta} \tag{75}$$

angeschrieben werden kann. Darin bedeutet Θ die *Verdrehungssteifigkeit* des Seiles.

Bei der Bestimmung von u und Θ kann man wegen Gültigkeit des Überlagerungsgesetzes so wie vorhin annehmen, daß das Seil im unbelasteten Zustand auch innerlich kräftefrei sei, also $T_0 = M_{b0} \doteq M_{t0} = 0$ gelte. Für die Berechnung von u ist es überdies zulässig, die Formänderungen des Seiles außer acht zu lassen. Man wird also S und M_s durch die Gl. (66a bis 69a) bw. (66b bis 69b) ausdrücken. Mit den zuletzt genannten Gleichungen entsteht beispielsweise für eine einfache Litze

$u = \frac{2p+1}{3} \delta \operatorname{tg} \omega_0$, wenn alle Drahtlagen in der gleichen Richtung geschlagen sind, und für ein Spiralseil $u = \delta \operatorname{tg} \omega_0$, wenn die Schlagrichtung in den einzelnen Drahtlagen wechselt. Bei der Ermittlung der Verdrehungssteifigkeit geht man vom Ausdruck (67) für M_s aus. Setzt man wegen der Gültigkeit des Überlagerungsgesetzes außer den oben angegebenen Größen auch noch die Seilspannkraft $S = 0$, dann hängen die in (67) vorkommenden ω^*, T^*, M_b^* und M_t^* allein von der Verdrehung des Seiles ab und lassen sich mit Hilfe von (66), (69), (70) und (70a) leicht durch φ_1^* ausdrücken. Die Auflösung von (67) nach φ_1^* liefert schließlich die gesuchte Beziehung für die Verdrehungssteifigkeit[1].

b) Litzenseile

Die Verhältnisse bei einem unter der Wirkung einer Zugkraft stehenden Litzenseil können auf jene in einem Spiralseil zurückgeführt werden, wenn man in den Gl. (66 bis 69) die einzelnen Größen nicht auf die Drähte, sondern auf die einzelnen Litzen bezieht. Für die Untersuchung wird zur Vereinfachung auf die vom Flechtvorgang der Drähte zu den Litzen und der Litzen zum Seil herrührenden Kräftewirkungen *keine Rücksicht* genommen, also ein drallarmes Seil vorausgesetzt. Darüber hinaus wird noch angenommen, daß die Art der Befestigung der Seilenden *Verdrehungen der Endquerschnitte* gegeneinander *ausschließt*, die Seilspannkraft über die ganze Länge des Seiles unveränderlich bleibt und daß Flechtwinkeländerungen zufolge dieser Kraft unterdrückt werden können.

Bedeutet:

T^* die Spannkraft in den Drähten,
p Anzahl der Drahtlagen einer Litze,
n_p Anzahl der Drähte in einer Drahtlage einer Litze,
r_l Abstand der Drähte von der Litzenachse,
$\omega_{0,1}$ Flechtwinkel der Drähte in den Litzen beim ungespannten Zustand des Seiles,
S_{Li} die Litzenspannkräfte,
M_{Li} die Drehmomente der Litzen,
ν Anzahl der Litzen im Seil,
r Abstand der Litzenachsen von der Seilachse,
$\omega_{0,2}$ Flechtwinkel der Litzen im Seil beim ungespannten Zustand des Seiles,
S die Seilspannkraft und
M_s das Drehmoment des Seiles,

so gelten folgende Beziehungen:

Für die Kräftewirkungen an jeder Litze gemäß (66a) und (67a)

$$S_{Li} = \sum_p n_p \, T^* \cos \omega_{0,1},$$

$$M_{Li} = \sum_p n_p \, T^* r_l \sin \omega_{0,1}$$

[1] Näheres siehe ENGEL, E.: Das Drehbestreben der Seile und ihre Drehsteifigkeit. Österr. Ing.-Zeitschr. **1958,** H. 1, und: Verdrehungserscheinungen an Seilen bei Seilschwebebahnen. Österr. Ing.-Zeitschr. **1959**, H. 6.

und für die Kräftewirkungen im ganzen Seil nach (66) und (67)

$$S=\sum_{\nu}\left(S_{Li}\cos\omega_{0,2}+M_{Li}\frac{\sin^3\omega_{0,2}}{r}\right),$$

$$M_s=\sum_{\nu}(S_{Li}\,r\sin\omega_{0,2}+M_{Li}\cos^3\omega_{0,2}).$$

Führt man die für S_{Li} und M_{Li} angeschriebenen Ausdrücke in die Beziehungen für S und M_s ein, so entsteht

$$S=\sum_{\nu}\left(\cos\omega_{0,2}\sum_{p}n_p\,T^*\cos\omega_{0,1}\pm\frac{\sin^3\omega_{0,2}}{r}\sum_{p}n_p\,T^*r_l\sin\omega_{0,1}\right), \tag{76}$$

$$M_s=\sum_{\nu}\left(\pm r\sin\omega_{0,2}\sum_{p}n_p\,T^*\cos\omega_{0,1}+\cos^3\omega_{0,2}\sum_{p}n_p\,T^*r_l\sin\omega_{0,1}\right), \tag{77}$$

wobei die negativen Vorzeichen für den Fall gelten, daß der Windungssinn der Litzen im Seil der umgekehrte wie jener der Drähte in den Litzen ist.

Haben die Drähte durchwegs gleiche Stärke und sind auch die Flechtwinkel in den einzelnen Drahtlagen der Litzen einander gleich, so entsteht schließlich, wenn das kleine zweite Glied auf der rechten Seite von (76) vernachlässigt wird und die Kerndrähte der Litzen nicht besonders berücksichtigt werden,

$$T^*=\frac{S}{i\cos\omega_{0,1}\cos\omega_{0,2}}.$$

Für die Zugbeanspruchung in den Drähten ergibt sich dann

$$\sigma_{zd}=\frac{T^*}{F_\delta}=\frac{S}{\Sigma F_\delta\cos\omega_{0,1}\cos\omega_{0,2}} \tag{78}$$

und demgemäß für den Elastizitätsmodul in erster Annäherung

$$E_s=E\cos^3\omega_{0,1}\cos^3\omega_{0,2}. \tag{79}$$

Der tatsächliche Elastizitätsmodul ist jedoch auch hier aus den gleichen Gründen, welche vorhin beim Spiralseil dargelegt worden sind, kleiner und beträgt ungefähr[1]

$$E_s=0{,}50\,E. \tag{79a}$$

Können sich bei einem unter der Wirkung einer *konstanten* Zugkraft stehenden Litzenseil die Endquerschnitte gegeneinander verdrehen, so lassen sich das Drehmoment, der Verdrehungsfaktor und die Drehsteifigkeit nach analogen Grundsätzen berechnen, wie sie beim Spiralseil angegeben wurden.

[1] Hudler, S.: Elastizitätsmodul der Drahtseile. Wasserwirtschaft und Technik **1937**, H. 28—30.

Wyss, Th.: Stahldrahtseile der Transport- und Förderanlagen, S. 118. Zürich: Schweizer Druck- und Verlagshaus A. G. 1957.

Ebenso gilt für den Einfluß der Reibung das gleiche wie beim Spiralseil. Verdrehungen der Seilquerschnitte haben beim Litzenseil wegen der *einzigen* vorhandenen Litzenlage meistens nicht so große Nachteile wie beim Spiralseil hinsichtlich einer ungleichmäßigen Verteilung der Spannkraft auf die einzelnen Drähte. Für ein gewöhnliches Litzenseil ergibt sich dabei als Verdrehungsfaktor

$$u \doteq r \operatorname{tg} \omega_{0,2} \pm u_{Li} \cos^2 \omega_{0,2} ,$$

worin u_{Li} der Verdrehungsfaktor einer Litze ist, der, wie in Abs. a angegeben, zu berechnen ist. Beim zweiten Glied auf der rechten Seite gilt das positive Vorzeichen für Gleichschlag, das negative für Kreuzschlag.

§ 23. Biegungsbeanspruchung der Seile. — Verhalten des Seilgefüges. Werden gespannte Drahtseile querbelastet, so erfahren sie im Bereich dieser Belastung Biegungsbeanspruchungen. Die Querbelastungen werden bei den *Tragseilen* durch die Laufrollen der Seilbahnwagen und durch die Auflagerschuhe der Stützen auf das Seil übertragen. Bei den *Zugseilen* geschieht die Übertragung dieser Kräfte durch Trag- und Ablenkrollen oder durch Seilscheiben. Hierbei müssen die Seile zufolge ihres wenn auch geringen Biegewiderstandes durchaus nicht immer den Krümmungsradius der betreffenden Rolle oder des Auflagerschuhes annehmen. Die Biegelinie des Seiles weist in der Umgebung der Querbelastung oft erhebliche Abweichungen von jener Form auf, die das Seil als völlig biegsames Konstruktionselement annehmen würde, und es ist möglich, daß der Krümmungsradius der Biegelinie dabei viel größer ist als der betreffende Rollen- oder Schuhhalbmesser. Bei der entstehenden Biegungsbeanspruchung spielt die Reibung zwischen den Drähten eine bedeutende Rolle.

a) Spiralseile (Litzen) ohne innere Reibung

1. Form der Drähte im gebogenen Seil. Es sei zunächst angenommen, daß *keinerlei Reibung* zwischen den Drähten wirke, die Drähte bei der Biegung des Seiles sich also frei gegeneinander verschieben können. Beim gebogenen Seil, dessen Achse an einer bestimmten Stelle den Krümmungsradius r_s besitzen möge, ist zunächst festzustellen, welche Krümmungsänderungen die Drähte durch den Übergang des Seiles aus dem geraden in den gebogenen Zustand erfahren. Untersucht werden bloß kleine Biegungen, für welche $r_s \gg d$ gilt, wenn d der Seildurchmesser ist. Nur diese Biegungen sind im allgemeinen auch für die Praxis von Bedeutung[1].

Versuche ergaben, daß bei der Biegung

1. innerhalb einer halben Schraubenwindung $\widehat{ab}$ (Abb. 58) sich die Drähte in den aus den Nachbardrähten gebildeten Kanälen von der konkaven Innenseite des Seiles auf die konvexe Außenseite schieben,

[1] Czitary, E.: Zur Biegungsbeanspruchung der Drahtseile. Österr. Ing.-Archiv **I** (1947), H. 4/5.

wobei die größte Verschiebung im Bereich der Mittelschicht, bei c, auftritt, während a und b keine Verschiebung erleiden;

2. nennenswerte Längskräfte in den Drähten nicht auftreten und
3. die Seilquerschnitte wenigstens annähernd eben bleiben.

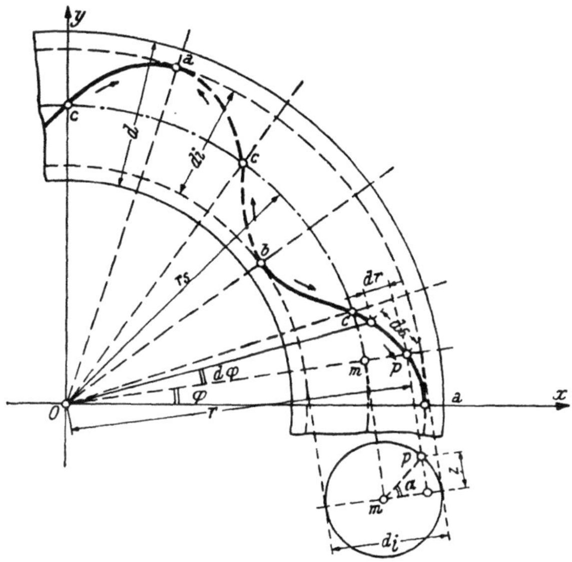

Abb. 58. Form der Drähte in einem gebogenen Spiralseil

Es läßt sich zeigen, daß die nachfolgend auf *kinematischem* Weg entwickelte Form der Drähte im gebogenen Seil sehr weitgehend den tatsächlichen Verhältnissen genügt.

Kommen die Drahtkurven einer beliebigen Drahtlage im geraden Seil dadurch zustande, daß ein Punkt p eine Kreisbahn vom mittleren Durchmesser[1] d_i dieser Drahtlage mit der konstanten Geschwindigkeit v beschreibt, während gleichzeitig die Kreisebene auf einer durch den Kreismittelpunkt gehenden und zu ihr senkrechten Geraden mit der ebenfalls konstanten Geschwindigkeit V fortschreitet, so lassen wir jetzt den Kreis vom Durchmesser d_i sich entlang des Krümmungskreises der Seilachse mit der gleichen Geschwindigkeit V als Mittelpunktsgeschwindigkeit weiterbewegen. Zur analytischen Festlegung der Drahtkurven wählen wir ein Koordinatensystem mit dem Ursprung O im Krümmungsmittelpunkt des Seiles, der x- und y-Achse in der Biegungsebene des Seiles und der z-Achse senkrecht darauf. Die x-Achse soll dabei durch einen am konvexen Rand der Drahtlage vom Durchmesser d_i gelegenen Punkt a einer Drahtkurve gehen (Abb. 58). Bei einem beliebigen Zwischenpunkt p

[1] Um Verwechslungen mit anderen Kreisen zu verhindern, welche in der Biegungslehre auftreten, mußte hier von der bisherigen einfacheren Bezeichnung durch den Radius r abgegangen werden.

ist dann auf dem Kreis vom Durchmesser d_i eine Weiterbewegung um den Winkel α gegenüber a erfolgt und auf dem Kreis vom Halbmesser r_s eine solche um den Winkel φ. Der Zusammenhang zwischen α und φ ergibt sich dabei aus

$$v\,t = \alpha\,\frac{d_i}{2} \quad \text{und} \quad V\,t = \varphi\, r_s$$

zu

$$\frac{\alpha}{\varphi} = \frac{v}{V} \cdot \frac{2\,r_s}{d_i} = n, \tag{80}$$

wobei in Wirklichkeit stets $n \gg 1$. Aus Abb. 58 entnimmt man leicht die Beziehungen

$$r = r_s + \frac{d_i}{2}\cos\alpha \quad \text{und} \quad z = \frac{d_i}{2}\sin\alpha.$$

Ersetzt man darin gemäß Gl. (80) α durch φ, so entstehen

$$r = r_s + \frac{d_i}{2}\cos n\,\varphi \ \text{und}\ z = \frac{d_i}{2}\sin n\,\varphi \tag{81}$$

als Bestimmungsgleichungen für die Drahtkurven.

Nun ist *nachzuweisen*, daß die so definierte Drahtform nicht den angegebenen Beobachtungen bei Versuchen widerspricht. Wir vergleichen zu diesem Zweck zunächst die *Länge* einer halben Schraubenwindung $\widehat{a\,b}$ im gebogenen mit jener im geraden Seil.

Für ein Bogenelement gilt allgemein

$$ds = \sqrt{(r\,d\varphi)^2 + dr^2 + dz^2},$$

was sich für Bogen, die nicht allzuweit von der Seilachse abweichen, zu

$$ds \doteq r\,d\varphi\left[1 + \frac{1}{2\,r^2}\left(\frac{dr}{d\varphi}\right)^2 + \frac{1}{2\,r^2}\left(\frac{dz}{d\varphi}\right)^2\right]$$

vereinfachen läßt. Setzt man darin für

$$\frac{dr}{d\varphi} = -\frac{n\,d_i}{2}\sin n\,\varphi \quad \text{und} \quad \frac{dz}{d\varphi} = \frac{n\,d_i}{2}\cos n\,\varphi,$$

so ergibt sich durch Integration für einen Bogen mit den Grenzen 0 und φ_1

$$s \doteq \left[r_s\varphi + \frac{d_i}{2\,n}\sin n\,\varphi + \frac{n\,d_i^2}{8} \cdot \frac{2}{\sqrt{r_s^2 - \frac{d_i^2}{4}}}\,\text{arc tg}\left(\sqrt{\frac{r_s - \frac{d_i}{2}}{r_s + \frac{d_i}{2}}} \cdot \text{tg}\,\frac{n\,\varphi}{2}\right)\right]_0^{\varphi_1}.$$

Für den auf dem konvexen Außenteil eines Spiralseiles befindlichen Teilbogen $\widehat{a\,c}$ einer halben Schraubenwindung, der durch 0 und $\frac{\pi}{2\,n}$

begrenzt ist, liefert dies, wenn außerdem wegen $r_s \gg d$ im dritten Glied auf der rechten Seite unter dem Wurzelzeichen d_i gestrichen wird,

$$s_{\widehat{ac}} \doteq \frac{r_s \pi}{2n} + \frac{d_i}{2n} + \frac{n d_i^2 \pi}{16 r_s}.$$

Analog erhalten wir für den Teilbogen $\widehat{cb}$ auf der konkaven Innenseite mit den Grenzen $\frac{\pi}{2n}$ und $\frac{\pi}{n}$

$$s_{\widehat{cb}} \doteq \frac{r_s \pi}{2n} - \frac{d_i}{2n} + \frac{n d_i^2 \pi}{16 r_s}.$$

Die Länge einer halben Schraubenwindung $\widehat{ab}$ beträgt mithin

$$s_{\widehat{ab}} \doteq \frac{r_s \pi}{n} + \frac{n d_i^2 \pi}{8 r_s}.$$

In diesem Ausdruck ist das erste Glied die Länge der Seilachse und das zweite die Verlängerung des Bogens gegenüber der Seilachse. Derselbe Wert ergibt sich auch für die halbe Windungslänge eines Drahtes in einem geraden Seilstück; es gilt nämlich

$$s_{\widehat{ab}} = \sqrt{\left(\frac{r_s \pi}{n}\right)^2 + \left(\frac{d_i \pi}{2}\right)^2},$$

was für flache Windungen näherungsweise in

$$s_{\widehat{ab}} \doteq \frac{r_s \pi}{n} + \frac{1}{2} \frac{\left(\frac{d_i \pi}{2}\right)^2}{\frac{r_s \pi}{n}} = \frac{r_s \pi}{n} + \frac{n d_i^2 \pi}{8 r_s}$$

übergeht. Bei der im gebogenen Seil angenommenen Drahtform kann also tatsächlich die auf der konvexen Außenseite des Seiles erforderliche Verlängerung der Drähte durch die sich auf der konkaven Innenseite ergebende Verkürzung gerade gedeckt werden. Das Maß der Drahtverschiebung beträgt dabei im Bereiche der Mittelschicht, bei c,

$$\frac{d_i}{2n}.$$

Weiters haben wir nachzuweisen, daß alle Drähte einer Lage des gebogenen Seiles den ihnen im Seilquerschnitt zur Verfügung stehenden *Raum* $d_i \pi$ genau so wie im geradegestreckten Seil ohne Zwang ausfüllen. Entsprechend dem angenommenen Erzeugungsgesetz für die Drahtkurven im gebogenen Seil sind nach Abb. 59 die Geschwindigkeiten in einem beliebigen Punkt p

in der großen Kreisbahn (Bewegung um O) $V_\xi = V \frac{r_s + \xi}{r_s}$,
in der kleinen Kreisbahn (Bewegung um m) v,

$$\left.\right\} U_\xi^2 = V_\xi^2 + v^2.$$

Daraus folgt für den Winkel, welchen die Drahtkurve an dieser Stelle mit der Seilachse bildet, den Flechtwinkel,

$$\operatorname{tg}\omega = \frac{v}{V_\xi} = \frac{v}{V}\cdot\frac{r_s}{r_s+\xi}\,. \tag{82}$$

Für ein gerades Spiralseil ist der Flechtwinkel

$$\operatorname{tg}\omega_0 = \frac{v}{V}\,, \tag{82a}$$

womit (82) übergeht in

$$\operatorname{tg}\omega = \operatorname{tg}\omega_0\,\frac{r}{r_s+\xi}\,. \tag{82b}$$

Der zusätzlich von einem Draht einer beliebigen Drahtlage des gebogenen Seiles beanspruchte Raum ist, wenn δ die Drahtdicke bedeutet,

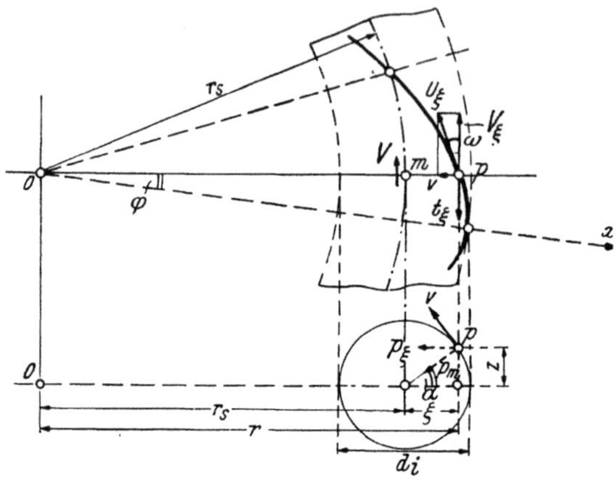

Abb. 59. Geschwindigkeiten und Beschleunigungen eines Punktes p bei Erzeugung der Drahtkurven

$$\Delta = \frac{\delta}{\cos\omega} - \frac{\delta}{\cos\omega_0} = \delta\left(\sqrt{1+\operatorname{tg}^2\omega} - \sqrt{1+\operatorname{tg}^2\omega_0}\right),$$

wofür bei flachen Windungen näherungsweise auch

$$\Delta \doteq \frac{\delta}{2}\left(\operatorname{tg}^2\omega - \operatorname{tg}^2\omega_0\right)$$

geschrieben werden kann. Trägt man darin für $\operatorname{tg}\omega$ den gefundenen Wert ein, so entsteht

$$\Delta \doteq \frac{\delta}{2}\operatorname{tg}^2\omega_0\left[\frac{r_s^2}{(r_s+\xi)^2} - 1\right] \doteq -\,\delta\operatorname{tg}^2\omega_0\cdot\frac{\xi}{r_s}\,.$$

Da ξ zwischen $\pm\frac{d_i}{2}$ schwankt und Δ annähernd linear in ξ ist, so wird der erforderliche Mehrraum der Drähte einer Lage auf der konkaven Innenseite des Seiles $\left(\xi = 0 \text{ bis } -\frac{d_i}{2}\right)$ durch den sich für die konvexe Außenseite $\left(\xi = 0 \text{ bis } +\frac{d_i}{2}\right)$ ergebenden Raumüberschuß gerade ausgeglichen.

2. Krümmung der Drähte im gebogenen Seil. Bei den angegebenen Bewegungen eines Punktes zur Erzeugung der Drahtkurven des gebogenen Seiles müssen auf ihn folgende *Beschleunigungen* wirksam sein (Abb. 60):

1. Eine Normalbeschleunigung zufolge der Drehung um m

$$p_m = \frac{v^2}{\frac{d_i}{2}}\,.$$

2. Eine Normalbeschleunigung zufolge der Drehung um O

$$p_\xi = \frac{V_\xi{}^2}{r_s + \xi}.$$

3. Eine Coriolis-Beschleunigung tangential an die große Kreisbahn

$$t_\xi = (-)\; 2\, v \sin\alpha \frac{V_\xi}{r_s + \xi}.[1]$$

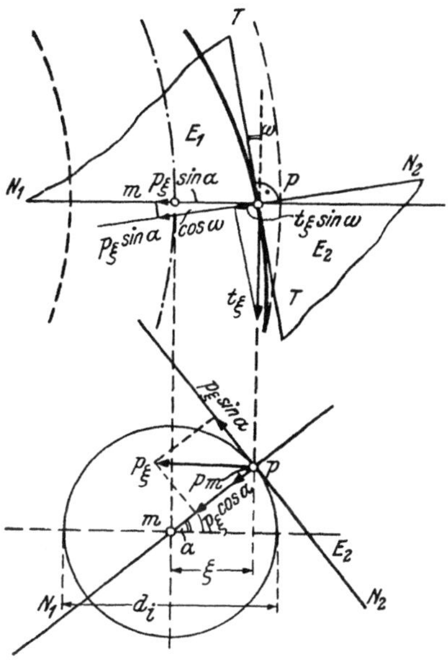

Abb. 60. Normalbeschleunigungen in bezug auf die Kurvenprojektionen

Zur Bestimmung der *Krümmungsverhältnisse* der Bahn des Punktes p denken wir uns die Bewegungsvorgänge auf zwei die Kurve begleitende und zueinander senkrechte Ebenen E_1 und E_2 projiziert, welche beide die Kurventangente T in p enthalten und von denen E_2 die Tangentialebene an den zur Kurve gehörigen Ringwulst in p ist. Zur Ermittlung der Krümmungshalbmesser in den Projektionen der Bahnkurve auf die Ebene E_1 $(T\,N_1)$ und E_2 $(T\,N_2)$ sind dann die betreffenden Normalbeschleunigungen zu bestimmen (Abb. 60).

Für die Krümmung der in die Ebene E_1 fallenden Projektion sind die Beschleunigungskomponenten in Betracht zu ziehen, welche die Richtung der Normalen N_1 haben. Diese liefern

$$N_{\xi 1} = p_m + p_\xi \cos\alpha = p_m + p_\xi \frac{\xi}{\frac{d_i}{2}}.$$

Für die Krümmung der in der Ebene E_2 gelegenen Projektion sind jene

[1] Nach einem Zeitelement dt hat sich der Punkt p in der Richtung gegen O um $v \sin\alpha\, dt$ weiterbewegt. Seine Geschwindigkeit in der großen Kreisbahn ist dabei um den Betrag $\frac{V_\xi}{r_s + \xi} v \sin\alpha\, dt$ kleiner geworden, wozu in der großen Kreisbahn die negative tangentielle Beschleunigung $t_{\xi 1} = -\frac{V_\xi}{r_s + \xi} v \sin\alpha$ notwendig erscheint. Ferner hat sich während eines solchen Zeitelementes die kleine Kreisscheibe mit dem Punkt p um ihre durch m gehende lotrechte Achse gedreht, damit ihre Ebene senkrecht zur großen Kreisbahn bleibt und sich nicht bloß parallel verschiebt. Der Drehwinkel beträgt $\frac{V_\xi}{r_s + \xi} dt$, und um diesen Winkel muß auch die Geschwindigkeitskomponente $v \sin\alpha$ gedreht werden, was eine weitere tangentielle Beschleunigung in bezug auf die große Kreisbahn mit dem Wert $t_{\xi 2} = -\frac{V_\xi}{r_s + \xi} v \sin\alpha$ erfordert.

Beschleunigungskomponenten maßgebend, die in die Richtung der Normalen N_2 fallen. Sie ergeben

$$N_{\xi 2} = p_\xi \sin\alpha \cos\omega + t_\xi \sin\omega =$$

$$= p_\xi \frac{\sqrt{\left(\frac{d_i}{2}\right)^2 - \xi^2}}{\frac{d_i}{2}} \cos\omega + 2\,v\,\frac{\sqrt{\left(\frac{d_i}{2}\right)^2 - \xi^2}}{\frac{d_i}{2}}\,\frac{V_\xi}{r_s + \xi} \sin\omega.$$

Mithin beträgt gemäß dem allgemeinen Zusammenhang zwischen Krümmungshalbmesser und Normalbeschleunigung der Krümmungshalbmesser der Kurvenprojektion in der Ebene E_1

$$\varrho_1 = \frac{U_\xi{}^2}{N_{\xi 1}} = \frac{U_\xi{}^2}{p_m + p_\xi \frac{\xi}{\frac{d_i}{2}}}$$

und nach Einsetzung der Werte für p_m, p_ξ und U_ξ

$$\varrho_1 = \frac{d_i}{2} \cdot \frac{1}{\cos^2\omega\left(\operatorname{tg}^2\omega + \frac{\xi}{r_s + \xi}\right)}. \tag{83}$$

Für $r_s = \infty$ ergibt dies

$$\varrho_{1,0} = \frac{d_i}{2\sin^2\omega_0},$$

was dem Krümmungshalbmesser der zylindrischen Schraubenlinie eines Drahtes im geradegestreckten Seil entspricht. Analog ist der Krümmungshalbmesser der Kurvenprojektion auf die Ebene E_2

$$\varrho_2 = \frac{U_\xi{}^2}{N_{\xi 2}} = \frac{U_\xi{}^2}{p_\xi \sin\alpha\cos\omega + t_\xi \sin\omega}$$

oder nach Einführung der Ausdrücke für p_ξ, t_ξ und U_ξ

$$\varrho_2 = \frac{d_i}{2} \cdot \frac{r_s + \xi}{\cos\omega\,(1 + \sin^2\omega)\sqrt{\left(\frac{d_i}{2}\right)^2 - \xi^2}}. \tag{84}$$

Für $r_s = \infty$, also bei geradegestrecktem Seil, ist $\varrho_{2,0} = \infty$.

Uns interessieren hier die zusätzlichen Krümmungen, welche die Drähte beim Übergang eines geradegestreckten Seiles in den gebogenen Zustand erfahren. Die betreffenden Krümmungsänderungen der Drahtprojektionen erfahren. Die betreffenden Krümmungsänderungen der Drahtprojektionen betragen

$$\varDelta k_1 = \frac{1}{\varrho_1} - \frac{1}{\varrho_{1,0}} = \frac{2}{d_i}\left[\cos^2\omega\left(\operatorname{tg}^2\omega + \frac{\xi}{+\xi}\right) - \sin^2\omega_0\right], \tag{85}$$

$$\varDelta k_2 = \frac{1}{\varrho_2} = \frac{2}{d_i} \cdot \frac{\cos\omega\,(1 + \sin^2\omega)\sqrt{\left(\frac{d_i}{2}\right) - \xi^2}}{r_s + \xi}. \tag{86}$$

Mit Rücksicht auf den Zusammenhang zwischen den diesen Krümmungsänderungen der Drahtprojektionen entsprechenden Momentkomponenten und dem gesamten Biegungsmoment in einem Drahtquerschnitt bei der Biegung des Seiles besteht für die gesamte Krümmungsänderung Δk und den rechtwinkelig aufeinanderstehenden Δk_1 und Δk_2 die Beziehung

$$\Delta k^2 = \Delta k_1^2 + \Delta k_2^2. \tag{87}$$

Setzt man darin für Δk_1 und Δk_2 die Werte ein und nimmt $\omega \doteq \omega_0$ an, was wegen $r_s \gg d$ sicher statthaft ist, dann ergibt sich der verhältnismäßig einfache Ausdruck

$$\Delta k = \frac{2\cos\omega}{d_i(r_s+\xi)}\sqrt{\xi^2\cos^2\omega + \left(\frac{d_i^2}{4} - \xi^2\right)(1+\sin^2\omega)^2}. \tag{88}$$

Für die Grenzfälle von ω liefert dieser:

$$\omega = 0 \text{ (Drahtbündel) } \Delta k = \frac{1}{r_s+\xi}, \qquad \omega = \frac{\pi}{2} \text{ (Drahtschraube) } \Delta k = 0.$$

Für die Grenzfälle von ξ entsteht:

$$\xi = \pm\frac{d_i}{2} \qquad \Delta k = \begin{Bmatrix}\Delta k_1' \\ \Delta k_1''\end{Bmatrix} = \frac{\cos^2\omega}{r_s \pm \frac{d_i}{2}}, \tag{89}$$

$$\xi = 0 \qquad \Delta k = \Delta k_2 = \frac{\cos\omega\,(1+\sin^2\omega)}{r_s}. \tag{90}$$

Diese beiden Werte wurden schon früher nachgewiesen, und zwar der erste von Baticle[1], der zweite von Woernle[2].

Aus (88) erkennt man, daß für kleinere Flechtwinkel ω, wie sie ausnahmslos auftreten, die Krümmungsänderung eines Drahtes bei der Biegung eines reibungsfreien Spiralseiles nach dem Halbmesser r_s nahezu unabhängig von der Stellung ξ des Drahtes im Seilquerschnitt und ungefähr gleich $\frac{1}{r_s}$ ist.

3. Biegungsspannungen der Drähte. Diese errechnen sich aus

$$\frac{1}{r_s} \doteq \frac{M}{EJ} \text{ und } \sigma_b = \frac{M}{J}\frac{\delta}{2}, \text{ worin}$$

E den Elastizitätsmodul des Drahtmaterials,
δ die Drahtstärke und
J das Trägheitsmoment eines Drahtes bedeutet, zu

$$\sigma_b = E\frac{\delta}{2r_s}. \tag{91}$$

[1] Baticle, M. E.: Le calcul du travail du métal dans les câbles métalliques. Annales des ponts et chaussées **1912**, janvier.

[2] Woernle, R. T.: Zur Beurteilung der Drahtseilschwebebahnen für Personenverkehr. Z. Ver. dtsch. Diploming. **1913.** Woernle wandte hierbei erstmalig die kinematische Methode an. Siehe diesbezüglich auch Persson, G. L.: Analys av trådarnas krökning i ståltrådslinor. Tekn. Tidskr. (Stockholm) **1926,** Oktober.

Diese Beziehung wird als REULEAUXsche Formel bezeichnet. Die Verteilung der Biegungsspannungen über den Seilquerschnitt ist dabei die in Abb. 61 dargestellte, und wir können das Ergebnis dahin zusammenfassen, daß sich *die Drähte in einem reibungsfreien Spiralseil bei der Biegung des Seiles* in erster Annäherung ebenso *verhalten wie in einem reibungsfreien Bündel parallel nebeneinanderliegender Drähte*.

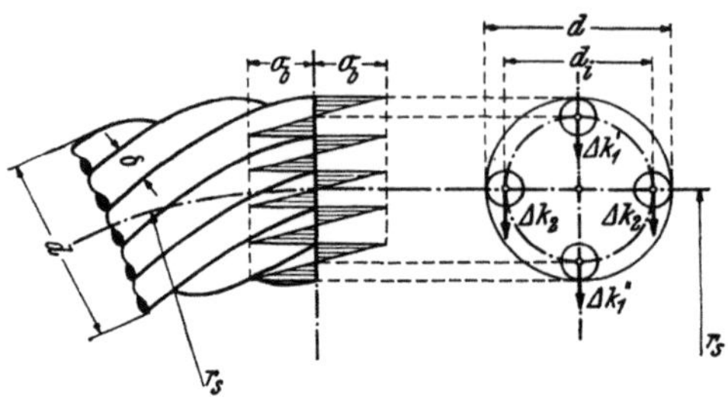

Abb. 61. Näherungsweise Verteilung der Biegungsspannungen in einem reibungsfreien Spiralseil

Bei der Biegung des Seiles kommt es auch zu kleinen *Drahtverwindungen*, da die auftretenden Änderungen des Flechtwinkels auch Änderungen der mathematischen Torsion der Drähte bewirken. Diese Verwindungen vermögen sich jedoch größtenteils auszugleichen[1].

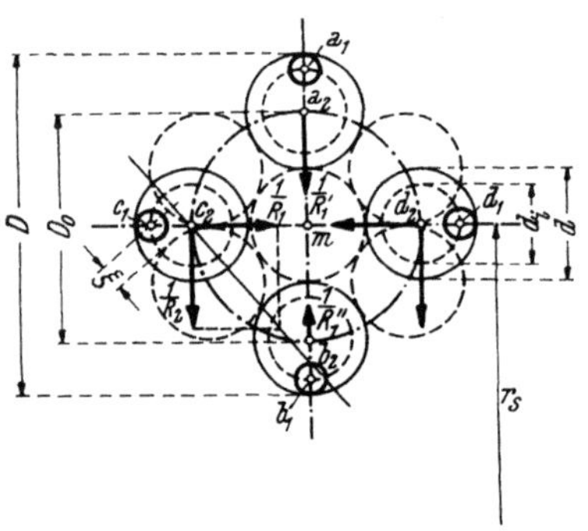

Abb. 62. Krümmungsänderungen der Drähte in den ausgezeichneten Punkten bei der Biegung eines Litzenseiles

b) Litzenseile ohne innere Reibung

Auch für die Biegung der Drähte in den ausgezeichneten Punkten a bis d eines Litzenseiles (Abb. 62) liefert die vorhergehende Untersuchung entsprechende Anhaltspunkte.

Besonders einfach läßt sich dies für Drähte einer Lage d_i nachweisen, die in dem betrachteten Seilquerschnitt entweder vom Krümmungsmittelpunkt O des Seiles am weitesten entfernt, bei a_1, oder ihm am nächsten, bei b_1, liegen. Bezeichnet D_0 den Durchmesser des Kreises, auf dem die Litzenmittelpunkte im Seilquerschnitt liegen[2], so ergibt sich nach (83) und (84) für die Krümmungshalbmesser der Litzenachsenprojektionen in den zu den Drähten a_1 und b_1 gehörigen Punkten a_2 und b_2

$$\left.\begin{matrix} R_1' \\ R_1'' \end{matrix}\right\} = \frac{D_0}{2} \cdot \frac{1}{\cos^2 \omega_2 \left(\operatorname{tg}^2 \omega_2 \pm \frac{\frac{D_0}{2}}{r_s \pm \frac{D_0}{2}} \right)}, \quad R_2 = \infty.$$

---

[1] Schließlich sei erwähnt, daß sich die für die Biegung eines Spiralseiles gewonnenen Ergebnisse dazu benützen lassen, die Herstellungsspannungen in einem Litzenseil zu berechnen, welche durch die Verseilung der Litzen zum fertigen Seil entstehen (siehe § 21 Abs. c).

[2] Da die Darlegungen über die Biegung der Litzenseile auf jene der Spiralseile aufgebaut sind, konnten die bei Litzenseilen sonst üblichen Durchmesserbezeichnungen der Klarheit wegen nicht angewendet werden.

Daher ist der Halbmesser des Schmiegungskreises $R = R_1$. Analog gilt für die Krümmungshalbmesser der Drahtprojektionen in den Punkten a_1 und b_1

$$\left.\begin{matrix}\varrho_1' \\ \varrho_1''\end{matrix}\right\} = \frac{d_i}{2} \cdot \frac{1}{\cos^2 \omega_1 \left(\operatorname{tg}^2 \omega_1 \pm \dfrac{\frac{d_i}{2}}{R \pm \frac{d_i}{2}} \right)}, \quad \varrho_2 = \infty.$$

Für das gerade gestreckte Seil, also bei $r_s = \infty$, lauten die betreffenden Beziehungen

$$R_{1,0} = \frac{D_0}{2} \cdot \frac{1}{\sin^2 \omega_{2,0}}, \quad R_{2,0} = \infty, \quad R_0 = R_{1,0};$$

$$\varrho_{1,0} = \frac{d_i}{2} \cdot \frac{1}{\cos^2 \omega_{1,0} \left(\operatorname{tg}^2 \omega_{1,0} \pm \dfrac{\frac{d_i}{2}}{R_0 \pm \frac{d_i}{2}} \right)}, \quad \varrho_{2,0} = \infty.$$

Die Krümmungsänderung der Drähte ergibt sich daraus mit

$$\Delta k = \left\{\begin{matrix}\Delta k_1' \\ \Delta k_1''\end{matrix}\right\} = \frac{1}{\varrho_1} - \frac{1}{\varrho_{1,0}} =$$

$$= \frac{2}{d_i} \left[\cos^2 \omega_1 \left(\operatorname{tg}^2 \omega_1 \pm \frac{\frac{d_i}{2}}{R \pm \frac{d_i}{2}} \right) - \cos^2 \omega_{1,0} \left(\operatorname{tg}^2 \omega_{1,0} \pm \frac{\frac{d_i}{2}}{R_0 \pm \frac{d_i}{2}} \right) \right],$$

was sich mit $\omega_1 \doteq \omega_{1,0}$ und Vernachlässigung von $\frac{d_i}{2}$ gegen R in den Nennern vereinfacht zu

$$\Delta k = \pm \cos^2 \omega_1 \left(\frac{1}{R} - \frac{1}{R_0} \right).$$

Für den Klammerausdruck entsteht durch Einführung der Werte für R und R_0 sowie mit $\omega_2 \doteq \omega_{2,0}$ und Unterdrückung von $\frac{D_0}{2}$ gegen r_s

$$\frac{1}{R} - \frac{1}{R_0} = \pm \frac{\cos^2 \omega_2}{r_s}.$$

Setzt man dies in den Ausdruck für Δk ein, so erhält man schließlich

$$\Delta k = \frac{\cos^2 \omega_1 \cos^2 \omega_2}{r_s}. \tag{92}$$

Analog ergibt sich bei den im gleichen Abstand wie die Seilachse vom Krümmungsmittelpunkt des Seiles entfernten Punkten c_1 und d_1 zunächst für die Krümmungsradien der Litzenachsenprojektionen in c_2 und d_2

$$R_1 = \frac{D_0}{2} \cdot \frac{1}{\sin^2 \omega_2}, \quad R_2 = \frac{r_s}{\cos \omega_2 \, (1 + \sin^2 \omega_2)}.$$

Daraus entsteht für den Halbmesser des Schmiegungskreises der Litzenachsen in diesen Punkten nach einem bekannten Satz aus der Geometrie der Raumkurven

$$\frac{1}{R^2} = \frac{1}{R_1^2} + \frac{1}{R_2^2}.$$

Für das gerade gestreckte Seil lauten die betreffenden Gleichungen

$$R_{1,0} = \frac{D_0}{2} \cdot \frac{1}{\sin^2 \omega_{2,0}}, \quad R_{2,0} = \infty, \quad R_0 = R_{1,0}.$$

Die Krümmungsradien der Drahtprojektionen senkrecht und parallel zur Biegungsebene des Seiles sind in den Punkten c_1 und d_1 gemäß (83) und (84)

$$\varrho_1 = \frac{d_i}{2} \cdot \frac{1}{\cos^2 \omega_1 \left(\operatorname{tg}^2 \omega_1 + \frac{\xi}{R + \xi}\right)}, \quad \varrho_2 = \frac{d_i}{2} \cdot \frac{R + \xi}{\cos \omega_1 (1 + \sin^2 \omega_1) \sqrt{\left(\frac{d_i}{2}\right)^2 - \xi^2}}$$

und beim geraden Seil

$$\varrho_{1,0} = \frac{d_i}{2} \cdot \frac{1}{\cos^2 \omega_{1,0} \left(\operatorname{tg}^2 \omega_{1,0} + \frac{\frac{d_i}{2}}{R_0 + \frac{d_i}{2}}\right)}, \quad \varrho_{2,0} = \infty.$$

Die Krümmungsänderungen der Drähte folgen daraus mit

$$\xi = \frac{d_i}{2} \cdot \frac{R}{R_1} \text{(vgl. Abb. 62)}, \quad \omega_1 \doteq \omega_{1,0} \text{ und } \omega_2 \doteq \omega_{2,0}$$

$$\text{zu } \Delta k_1 = \frac{1}{\varrho_1} - \frac{1}{\varrho_{1,0}} = 0 \text{ und demnach}$$

$$\Delta k = \Delta k_2 = \frac{1}{\varrho_2} - \frac{1}{\varrho_{2,0}} \doteq \frac{2}{d_i} \cdot \frac{\cos \omega_1 (1 + \sin^2 \omega_1) \sqrt{\left(\frac{d_i}{2}\right)^2 - \xi^2}}{R} =$$

$$= \frac{\cos \omega_1 (1 + \sin^2 \omega_1) \sqrt{1 - \frac{R^2}{R_1^2}}}{R}.$$

Schreibt man für R_1^2 gemäß dem obigen allgemeinen Zusammenhang zwischen R, R_1 und R_2

$$R_1^2 = \frac{R^2 R_2^2}{R_2^2 - R^2},$$

so entsteht schließlich

$$\Delta k_2 = \cos \omega_1 (1 + \sin^2 \omega_1) \frac{1}{R_2} = \frac{\cos \omega_1 (1 + \sin^2 \omega_1) \cos \omega_2 (1 + \sin^2 \omega_2)}{r_s}. \tag{92a}$$

Es ist bemerkenswert, daß dieses Ergebnis unabhängig davon ist, ob es sich um ein Gleich- oder Kreuzschlagseil handelt.

Nimmt man bei den Litzenseilen ebenfalls an, daß $\cos\omega_1 \doteq \cos\omega_2 \doteq 1$, $\sin^2\omega_1 \doteq \sin^2\omega_2 \ll 1$ und daher vernachlässigbar ist, dann beträgt für die ausgezeichneten Punkte a bis d die Krümmungsänderung in erster Näherung gleichfalls $\frac{1}{r_s}$. Da ein ähnliches Ergebnis auch für die Zwischenpunkte erwartet werden muß, so kann man bei einem reibungsfreien Litzenseil die Biegungsspannungen der Drähte genau so wie beim reibungsfreien Spiralseil nach der Reuleauxschen Formel (91) berechnen.

Auf die bei der Biegung des Litzenseiles (analog zu den kleinen Verdrehungen der Drähte eines Spiralseiles) auftretenden Verdrehungen der Litzen, welche in den Drähten zusätzliche Biegungen und Verdrehungen hervorrufen, wird aus den gleichen Gründen wie bei der Biegung des Spiralseiles nicht näher eingegangen.

c) Spiral- und Litzenseile mit großer nicht überwundener innerer Reibung

Ist bei Seilen die Reibung zwischen den einzelnen Drähten und Drahtlagen so groß, daß eine Drahtverschiebung bei der Biegung des Seiles nicht mehr stattfinden kann, dann verhält sich dieses ähnlich wie ein homogener Rundstab. Man kann dann die Biegungsspannungen ebenfalls nach der Reuleauxschen Formel berechnen, hat aber in dieser jetzt statt des Drahtdurchmessers den Seildurchmesser einzusetzen,

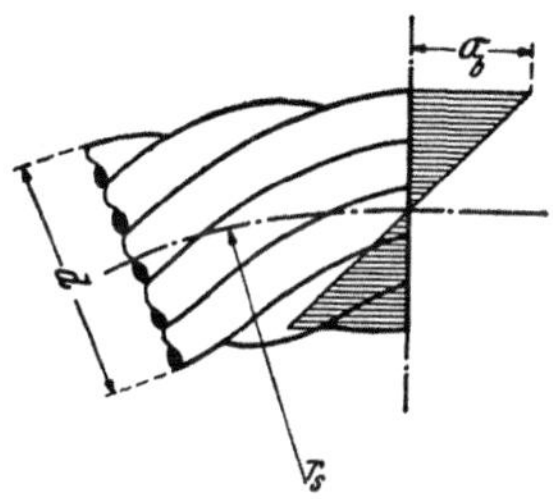

Abb. 63. Verteilung der Biegungsspannungen in einem Seil mit nicht überwundener innerer Reibung

$$\sigma_b = E\,\frac{d}{2\,r_s}. \tag{93}$$

Die Verteilung dieser Biegungsbeanspruchung über den Seilquerschnitt wird durch Abb. 63 veranschaulicht.

d) Beispiele für die Biegung bei gegebenem Biegungshalbmesser

1. Reibungsfreies Spiralseil. $d = 20$ mm, $\delta = 2$ mm, $\omega = 15°$, $E = 2\,000\,000$ kg/cm², $r_s = 2000$ mm.

Mit $\sin\omega = 0{,}259$, $\cos\omega = 0{,}966$ ergibt die genaue Rechnung:

$$\Delta k_1' = \frac{0{,}966^2}{200 + 0{,}9} = 0{,}0046 \qquad \Delta\varrho_1' = \frac{1}{0{,}0046} = 217 \text{ cm}$$

$$\Delta k_1'' = \frac{0{,}966^2}{200 - 0{,}9} = 0{,}0047 \qquad \Delta\varrho_1'' = \frac{1}{0{,}0047} = 213 \text{ cm}$$

$$\Delta k_2 = \frac{0{,}966\;(1 + 0{,}259^2)}{200} = 0{,}00515 \qquad \Delta\varrho_2 = \frac{1}{0{,}00515} = 194 \text{ cm}$$

$$\sigma_{b_1}' = 2\,000\,000\,\frac{0{,}2}{2\cdot 217} = 922 \text{ kg/cm}^2 \qquad \sigma_{b_2} = 2\,000\,000\,\frac{0{,}2}{2\cdot 194} =$$

$$\sigma_{b_1}'' = 2\,000\,000\,\frac{0{,}2}{2\cdot 213} = 939 \text{ kg/cm}^2 \qquad = 1030 \text{ kg/cm}^2.$$

Die Näherungsrechnung liefert

$$\sigma_b = 2\,000\,000 \frac{0,2}{2 \cdot 200} = 1000 \text{ kg/cm}^2.$$

Die Unterschiede gegenüber der strengen Rechnung sind somit gering.

2. Reibungsfreies Litzenseil. $d = 20$ mm, $\delta = 2$ mm, $\omega_1 = \omega_2 = 15^\circ$, $E = 2\,000\,000$ kg/cm², $r_s = 2000$ mm.

Mit Benützung der Zwischenergebnisse des vorigen Beispieles ergibt die genaue Rechnung:

$$\Delta k_1' = 0,0046 \cdot 0,966^2 = 0,0043 \qquad \Delta \varrho_1' = \frac{1}{0,0043} = 232 \text{ cm}$$

$$\Delta k_1'' = 0,0047 \cdot 0,966^2 = 0,0044 \qquad \Delta \varrho_1'' = \frac{1}{0,0044} = 227 \text{ cm}$$

$$\Delta k_2 = 0,0051 \cdot 0,966\,(1 + 0,259^2) = 0,0053 \qquad \Delta \varrho_2 = \frac{1}{0,0053} = 189 \text{ cm}$$

$$\sigma_{b1}' = 2\,000\,000 \frac{0,2}{2 \cdot 232} = 862 \text{ kg/cm}^2 \qquad \sigma_{b2} = 2\,000\,000 \frac{0,2}{2 \cdot 189} =$$

$$\sigma_{b1}'' = 2\,000\,000 \frac{0,2}{2 \cdot 227} = 881 \text{ kg/cm}^2 \qquad = 1058 \text{ kg/cm}^2.$$

Die Näherungsrechnung liefert das gleiche Ergebnis wie im 1. Beispiel und dieses ist auch im Falle des Litzenseiles noch brauchbar.

3. Spiralseil mit starker nicht überwundener innerer Reibung. $d = 20$ mm, $E = 2\,000\,000$ kg/cm², $r_s = 2000$ mm, $\sigma_b = 2\,000\,000 \dfrac{2,0}{2 \cdot 200} = 10\,000$ kg/cm². Diese Spannung wird nur zur Ermöglichung eines Vergleiches mit den Verhältnissen beim reibungsfreien Seil ausgewiesen und hat keine praktische Bedeutung, da vorher sicher die Reibung zwischen den Drähten überwunden wird.

e) Spiralseile mit bei der Biegung überwundener Reibung

Das tatsächliche Verhalten der Seile bei der Biegung ist dadurch gekennzeichnet, daß die Reibung zwischen den Drähten und den einzelnen Drahtlagen *teilweise überwunden* wird; es liegt also zwischen den Grenzfällen der völligen Reibungsfreiheit und starker, nicht überwindbarer Reibung. Eine Untersuchung dieser Verhältnisse wurde von H. Ernst[1] durchgeführt.

Ein Seilquerschnitt widersetzt sich einem wachsenden Biegungsmoment so lange als *einheitlicher* Querschnitt, bis die bei der Biegung auftretenden Schubkräfte die zwischen den Drähten wirkenden Reibungskräfte überwinden. Die Schubkräfte sind, solange der Seilquerschnitt einheitlich wirkt, als Änderungen der Längsspannungen in den Drähten anzusehen; hingegen sind die Reibungskräfte eine Funktion der Pressungen der Drähte auf ihre Unterlage oder auch von ihrer Überlage. Diese Pressungen hängen sowohl von den Längsspannungen zufolge der Zugkraft

[1] Ernst, H.: Beitrag zur Beurteilung d. beh. Vorschriften f. d. Seile von Personenseilschwebebahnen. Fördertechnik u. Frachtverkehr **1933,** H. 19 bis 26, und **1934,** H. 3 bis 7.

im Seil als auch von jenen zufolge der Biegung ab. Da die Längsspannungen zufolge der Biegung eines Seiles mit nicht überwundener Reibung in ein und demselben Draht zwischen Zug auf der konvexen Außenseite des Seiles und Druck auf der konkaven Innenseite wechseln, so folgt daraus, daß die Schub- und Reibungskräfte an verschiedenen Punkten des Seilquerschnittes verschieden groß sind und die Auflösung des Gesamtquerschnittes bei wachsendem Biegungsmoment nicht auf einmal, sondern allmählich vor sich geht. Sie beginnt an der Stelle kleinster

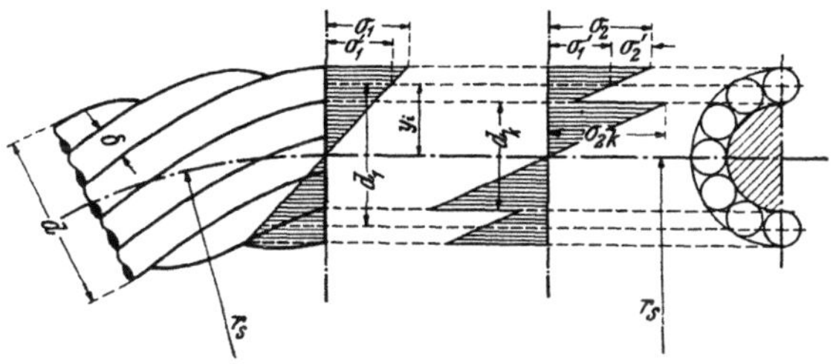

Abb. 64. Verlauf der Biegespannungen vor und nach Auflösung des Seilquerschnittes durch Überwindung der inneren Reibung[1]

Reibungs- und größter Schubkräfte, das ist für ein Spiralseil in der äußersten Drahtlage, und zwar bei den nahe der neutralen Achse gelegenen Drahtquerschnitten, und schreitet von dort nach oben und unten sowie nach innen fort. Die Biegungsbeanspruchung eines abgelösten Drahtes in einem teilweise aus dem Zusammenhang geratenen Seilquerschnitt kann als Überlagerung zweier Spannungen aufgefaßt werden (Abb. 64):

1. der Grundspannung σ_1', das ist die im Schwerpunkt des Drahtquerschnittes zur Zeit der Loslösung vorhandene, durch die Biegung des Seiles um seine Schwerachse hervorgerufene Beanspruchung, und

2. der durch die Biegung des Drahtes um seine eigene Schwerachse bewirkten zusätzlichen Spannung σ_2'.

Unmittelbar vor Überwindung der Reibung in der ersten Drahtlage von außen gelten die Beziehungen

$$\frac{1}{r_{s1}} = \frac{M_1}{E J_1} \text{ und } \sigma_1' = \frac{M_1}{J_1} y_i. \tag{94}$$

Wächst nun das Biegungsmoment auf M_2 an, weil sich der Biegungshalbmesser von r_{s1} auf r_{s2} verkleinert hat, so sinkt das Trägheitsmoment J_1 des Seiles auf

$$J_2 = J_K + \sum_h J_\delta, \tag{95}$$

[1] Die Spannungslinien im teilweise aufgelösten Querschnitt müssen zueinander parallel sein, weil bei der Biegung die Krümmungsänderung für alle Querschnittsteile des Seiles fast die gleiche ist.

worin J_K das Trägheitsmoment des noch nicht aufgelösten Querschnittskernes vorstellt, der durchaus nicht von einer *ganzen* Lage begrenzt sein muß, und h die Anzahl der abgelösten Drähte bedeutet. Das von J_2 aufgenommene Biegungsmoment beträgt

$$M_{2,0} = M_2 - K, \text{ wobei } K = \sum F_\delta \sigma_1' y_i$$

das sogenannte Gegenmoment der losgelösten Drahtquerschnitte ist. Hiefür läßt sich nach Einführung des Wertes von σ_1' auch schreiben

$$K = \sum_h F_\delta y_i^2 \frac{M_1}{J_1}.$$

Wenn man noch berücksichtigt, daß

$$\sum_h F_\delta y_i^2 = J_1 - J_2,$$

so folgt schließlich

$$K = \frac{J_1 - J_2}{J_1} M_1. \tag{96}$$

Weiters gilt für den teilweise aufgelösten Querschnitt die Beziehung

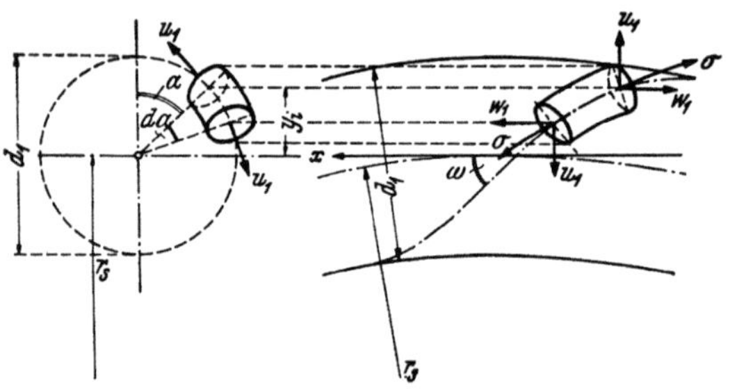

Abb. 65. Kräfte an einem Drahtelement im noch nicht aufgelösten Querschnittsteil eines Spiralseiles

$$\frac{1}{r_{s2}} = \frac{M_2 - K}{E J_2} \tag{97}$$

und für die Biegungsspannungen in den nichtaufgelösten Querschnittsteilen

$$\sigma_{2k} = \frac{M_2 - K}{J_2} \cdot \frac{d_k}{2} \tag{98}$$

sowie unter Zugrundelegung der Erkenntnisse über die Krümmungsänderungen der Drähte in den aufgelösten Querschnittsteilen

$$\sigma_2 = \sigma_1' + \sigma_2' = \frac{M_1}{J_1} y_i + \frac{M_2 - K}{J_2} \cdot \frac{\delta}{2}. \tag{99}$$

1. Da bei einem *zusammenhängenden* Seilquerschnitt die durch die Biegung des Seiles bedingte Änderung der Längsspannungen in einem Drahtelement die Schubkraft dieses Elementes ist, folgt für die Schubkraft in der äußersten Drahtlage aus (94)

$$d\sigma_1' = \frac{dM_1}{dx} \cdot \frac{y_i}{J_1} dx + \frac{M_1}{J_1} dy_i.$$

Für den Zusammenhang zwischen x und y_i ergibt sich aus Abb. 65 mit den von früher bekannten Beziehungen

$$y_i = \frac{d_1}{2} \cos \alpha \text{ und } dy_i = -\frac{d_1}{2} \sin \alpha \, d\alpha, \quad \frac{d\alpha}{dx} = \frac{2\pi}{\frac{d_1 \pi}{\operatorname{tg} \omega}} = \frac{2 \operatorname{tg} \omega}{d_1}.$$

Damit entsteht

$$d\sigma_1' = \frac{dM_1}{dx} \cdot \frac{d_1^2 \cos \alpha \, d\alpha}{4 J_1 \operatorname{tg} \omega} - \frac{M_1}{J_1} \cdot \frac{d_1 \sin \alpha \, d\alpha}{2}.$$

Der Reibungswiderstand dR eines Drahtelementes der äußersten Drahtlage ist, wenn

σ	die gesamte Zugspannung im Draht,
$w = \sigma_{zs} + \sigma_1'$	deren Komponente parallel zur Seilachse,
$u = w \operatorname{tg} \omega$	deren Komponente senkrecht zur Seilachse und
$dN = u \, d\alpha$	sein Druck auf die Unterlage bedeutet,

$$dR = \mu \, u \, d\alpha = \mu \, (\sigma_{zs} + \sigma_1') \operatorname{tg} \omega \, d\alpha.$$

Eine Verschiebung tritt so lange *nicht* ein, als $-d\sigma_1' \leq dR$. Die Grenzbedingung für den Verschiebungsbeginn lautet daher

$$-\frac{dM_1}{dx} \cdot \frac{d_1^2 \cos \alpha}{4 J_1 \operatorname{tg} \omega} + \frac{M_1}{J_1} \cdot \frac{d_1 \sin \alpha}{2} = \mu \, (\sigma_{zs} + \sigma_1') \operatorname{tg} \omega.$$

Aus dieser Gleichung kann man jenes Moment, bei welchem in der *äußersten Drahtlage* die *Auflösung beginnt*, in folgender Art bestimmen. Führt man in die obige Beziehung für σ_1' den Wert aus (94) ein, so ergibt sich

$$-\frac{dM_1}{dx} \cdot \frac{d_1^2 \cos \alpha}{4 J_1 \operatorname{tg} \omega} + \frac{M_1}{J_1} \cdot \frac{d_1 \sin \alpha}{2} = \mu \left(\sigma_{zs} + \frac{M_1}{J_1} \cdot \frac{d_1 \cos \alpha}{2}\right) \operatorname{tg} \omega. \tag{100}$$

Daraus findet man nach Einführung von $\frac{dM_1}{dx}$ aus § 24 und Differentiation nach α jenen Wert dieses Winkels, für welchen M_1 ein Minimum wird und der stets ungefähr $\frac{\pi}{2}$ ist. Mit Hilfe dieses Wertes kann schließlich das Moment $min\, M_1$ selbst bestimmt werden.

2. Die Gl. (100) kann nichts darüber aussagen, bei welcher Größe des Biegungsmomentes die *Auflösung der äußersten Drahtlage beendet* ist, da die Betrachtungen, die zu dieser Gleichung führten, bloß die Verhältnisse an einem Drahtelement zum Gegenstand hatten. Die Auflösung einer Drahtlage ist dann beendet, wenn in einer halben, von der konkaven Innenseite zur konvexen Außenseite des gebogenen Seiles reichenden Schraubenwindung die ursprünglich sinusförmige Verteilung der Biegungsspannungen in die durch die Drahtverschiebung unter

Wirkung der Reibung sich einstellende Spannungsverteilung übergegangen ist. Nach vollendeter Auflösung müssen die Schubkräfte überall gleich den Reibungskräften geworden sein. Bezeichnet man nunmehr die in den abgelösten Drahtelementen wirkenden Biegungsspannungen *des Seiles* mit $f(\alpha)$, so lautet obige Bedingung für die äußerste Drahtlage

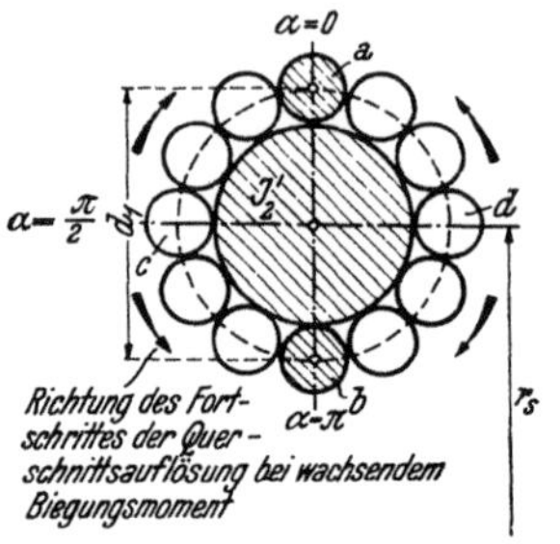

Abb. 66. Querschnittszustand unmittelbar vor Beendigung der Auflösung der äußersten Drahtlage

$$\mu\,[\sigma_{zs} + f(\alpha)]\,\mathrm{tg}\,\omega\,d\alpha = -\,df(\alpha).$$

Die Integration liefert

$$\sigma_{zs} + f(\alpha) = C\,e^{-\mu\,\mathrm{tg}\,\omega\cdot\alpha}.$$

Berücksichtigen wir jetzt, daß unmittelbar *vor* vollzogener Auflösung der äußersten Drahtlage, welche durch den in Abb. 66 dargestellten Querschnittszustand gekennzeichnet ist,

$$\underset{\alpha=0,\pi}{f(\alpha)} = \pm\sigma_{2k}' = \frac{M_2' - K'}{J_2'}\cdot\frac{d_1}{2} \doteq \frac{M_2' - \dfrac{J_1 - J_2'}{J_1}M_1}{J_2'}\cdot\frac{d_1}{2}, \tag{101}$$

worin J_2' das diesem Querschnittszustand entsprechende Seilträgheitsmoment darstellt, so folgt für $\alpha = 0$

$$\sigma_{zs} + \sigma_{2k}' = C \quad \text{und damit für } \alpha = \pi$$

$$\sigma_{zs} - \sigma_{2k}' = (\sigma_{zs} + \sigma_{2k}')\,e^{-\mu\,\mathrm{tg}\,\omega\cdot\pi},$$

wenn die Änderung des Biegungsmomentes im Zuge der Seilachse unberücksichtigt bleiben kann. Löst man diese Beziehung nach σ_{2k}' auf und setzt darin an seiner Stelle den Ausdruck von (101), so erhält man

$$\frac{M_2' - \dfrac{J_1 - J_2'}{J_1}M_1}{J_2'}\cdot\frac{d_1}{2} = \sigma_{zs}\,\frac{e^{\mu\,\mathrm{tg}\,\omega\cdot\pi} - 1}{e^{\mu\,\mathrm{tg}\,\omega\cdot\pi} + 1} \tag{102}$$

als Bestimmungsgleichung für das Biegungsmoment M_2', bei dem die Auflösung der ersten Drahtlage vollendet ist. Gl. (102) ist eine Näherungsbeziehung, weil sie die Änderung des Biegungsmomentes entlang der Seilachse nicht und das Gegenmoment K' nur angenähert berücksichtigt.

3. Ganz analog wie bei der äußersten Drahtlage läßt sich auch das Moment M_2'' berechnen, bei welchem in der *zweiten Drahtlage von außen die Auflösung einsetzt*. Mit Bezug auf (98) entsteht durch Differentiation für die Schubkraft eines Drahtelementes dieser Lage

$$d\sigma_{2k} = \frac{dM_2}{dx}\cdot\frac{d_2^2\cos\alpha\,d\alpha}{4\,J_2\,\mathrm{tg}\,\omega} - \frac{M_2 - K}{J_2}\cdot\frac{d_2\sin\alpha\,d\alpha}{2},$$

während sich für die Reibungskraft eines solchen Elementes, wenn

$dN_2' = u_2\,d\alpha$ sein Druck von der Überlage und
$dN_2'' = u_1\,d\alpha + u_2\,d\alpha$ sein Druck auf die Unterlage ist,

$$dR = \mu\,(dN_2' + dN_2'') = \mu\,[3\,\sigma_{sz} + 2\,f(\alpha) + \sigma_{2k}''] \operatorname{tg}\omega\,d\alpha$$

ergibt. Die Grenzbedingung für den Verschiebungsbeginn lautet hier mit J_2'' als Seilträgheitsmoment (nach vollständiger Auflösung der ersten Drahtlage)

$$-\frac{dM_2''}{dx}\cdot\frac{d_2^2\cos\alpha\,d\alpha}{4\,J_2''\operatorname{tg}\omega}+\frac{M_2''-K''}{J_2''}\cdot\frac{d_2\sin\alpha\,d\alpha}{2}=$$
$$=\mu\,[3\,\sigma_{zs}+2\,f(\alpha)+\sigma_{2k}'']\operatorname{tg}\omega\,d\alpha. \qquad (103)$$

Daraus kann nach Einführung von $K'' \doteq \frac{J_1 - J_2''}{J_1} M_1$, ferner von

$f(\alpha) = (\sigma_{zs} + \sigma_{2k}')\,e^{-\mu \operatorname{tg}\omega\cdot\alpha} - \sigma_{zs}$, worin $\sigma_{2k}' \doteq \dfrac{M_2' - \dfrac{J_1 - J_2'}{J_1} M_1}{J_2'} \cdot \dfrac{d_1}{2}$,

und von $\sigma_{2k}'' \doteq \dfrac{M_2'' - \dfrac{J_1 - J_2''}{J_1} M_1}{J_2''} \cdot \dfrac{d_2\cos\alpha}{2}$

das Moment $min\,M_2 = M_2''$, bei welchem die Auflösung der zweiten Lage beginnt, ebenso ermittelt werden wie bei der ersten Drahtlage. Auch hier ist dies bei $\alpha \doteq \frac{\pi}{2}$ der Fall.

In der gleichen Art wie zuvor läßt sich ferner auch die Beendigung der Auflösung der zweiten Drahtlage und die Auflösung weiterer behandeln. Der bei diesen Untersuchungen recht wesentliche Reibwert μ zwischen den Drähten dürfte bei Spiralseilen ungefähr 0,30 bis 0,35 betragen.

f) Litzenseile mit bei der Biegung überwundener Reibung

Auf Grund der Erfahrung, welche durch Versuche ergänzt ist, läßt sich folgendes sagen:

Die Reibung der Litzen auf der weichen Hanfseele ist geringer als die Reibung der Drähte in einem Spiralseil. Bei der Biegung der Litzenseile wird also meistens eine fast vollständige Litzenverschiebung, wie bei Reibungsfreiheit, eintreten. Dagegen wird die Reibung zwischen den Drähten der Litzen eine größere sein. Es erscheint daher mit Hilfe der unter e) für das Spiralseil mit überwundener Reibung angestellten Untersuchungen möglich, auch den Querschnittszustand eines Litzenseiles mit überwundener Reibung zu kennzeichnen, wenn in den betreffenden Beziehungen statt des Seildurchmessers der Litzendurchmesser gesetzt wird.

§ 24. Biegungsbeanspruchung der Seile, Biegungsmomente und Biegelinien. a) Wie schon in § 23 bemerkt, kann bei der Übertragung einer Querbelastung V durch eine Rolle oder einen Schuh auf ein Seil dieses entweder den Rollen- oder Schuhhalbmesser oder aber einen größeren annehmen.

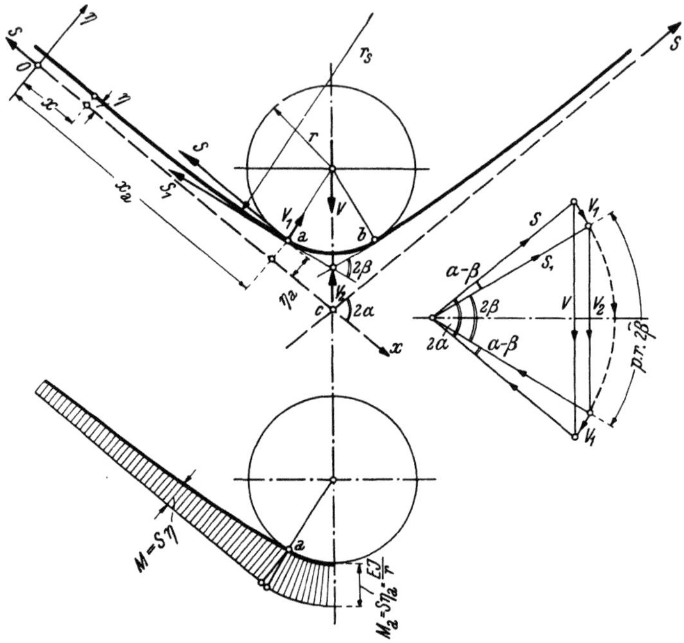

Abb. 67. Form des Seiles in der Umgebung einer Querbelastung zufolge seines Biegungswiderstandes, Anschmiegen an die Rolle vorausgesetzt

1. Im *ersten Fall*, welcher stets bei Umlenkscheiben und meistens auch bei Tragseilauflagern vorkommt, gilt für die Biegelinie, die das Seil zufolge seines sich in der Umgebung der Querbelastung geltend machenden Biegewiderstandes (Seilsteifigkeit) annimmt, die in Abb. 67 veranschaulichte Kurve. Die Krümmung des Seiles nimmt gegen den Auflaufpunkt a auf die *unverformbar zu denkende Rolle* allmählich zu, bleibt dann entlang des Umschlingungsbogens $\widehat{ab}$ konstant, um nach Verlassen der Rolle wieder gegen Null abzunehmen. Dagegen würde bei vollkommener Biegsamkeit das Seil die Form ScS, mit einer Ausrundung bei c nach dem Halbmesser r, besitzen.

Es gibt mithin die Spannkraft S des vollkommen biegsamen Seiles in jedem Punkt des biegesteifen Seiles ein Biegungsmoment $M = S \cdot \eta$, eine Längskraft S_1 und eine Querkraft V_1. Wird auf einem der beiden Kurvenäste ein Koordinatensystem mit dem Ursprung in einiger Entfernung vom Lastort gewählt, wobei man die Abszissenachse zweckmäßig mit der Geraden zusammenfallen läßt, welche das Seil bei vollkommener Biegsamkeit annehmen würde, dann ergibt sich mit E als Elastizitätsmodul, J als Trägheitsmoment des Seiles und

$$\frac{1}{r_s} \doteq \eta'', \quad \frac{1}{r_s} = \frac{M}{E\,J}, \quad E\,J\,\eta'' = M \tag{104}$$

die erstmalig von ISAACHSEN aufgestellte Differentialgleichung[1] der Biegelinie

$$E\,J\,\eta'' = S\,\eta. \tag{104a}$$

In den meisten praktischen Fällen tritt durch Überwindung der Reibung zwischen den Drähten eine erhebliche Querschnittsauflösung des Seiles ein. Das Trägheitsmoment weist daher in der Umgebung des Lastortes, also dort, wo die tatsächliche Seilform bedeutendere Abweichungen von jener der vollkommenen Biegsamkeit entsprechenden zeigt, beträchtliche Änderungen auf. Wir nehmen aber vorerst an, daß entweder ein *reibungsfreies Seil* oder ein solches mit *starker, nicht überwindbarer innerer Reibung* vorliegt. In (104a) ist dann für E der Elastizitätsmodul des Drahtmaterials und für J entweder die Summe der Trägheitsmomente aller Drähte, bezogen auf ihre eigene Schwerachse, oder das Trägheitsmoment des ganzen Seilquerschnittes in bezug auf dessen Schwerachse einzusetzen. Schreibt man zur Abkürzung $a = \frac{S}{E\,J}$, so ergibt sich für das allgemeine Integral von (104a)

$$\eta = C_1\, e^{\sqrt{a}\,x} + C_2\, e^{-\sqrt{a}\,x}.$$

Für $x = -\infty$ muß $\eta = 0$ sein, woraus $C_2 = 0$ und

„ $x = x_a$ „ $\eta'' = \frac{1}{r}$ „ „ $C_1 = \frac{1}{r\,a\,e^{\sqrt{a}\,x_a}}$.

Es ist also

$$\eta = \frac{e^{\sqrt{a}\,(x - x_a)}}{r\,a}. \tag{105}$$

Daraus entsteht weiter

$$\eta_a = \frac{1}{r\,a} \tag{106}$$

und

$$\eta'_{x = x_a} = \frac{1}{r\sqrt{a}} = \operatorname{tg}(\alpha - \beta). \tag{107}$$

Berücksichtigt man, daß $\alpha - \beta$ in der Praxis stets ein recht kleiner Winkel ist, so kann mit Bezug auf das Krafteck in Abb. 67 geschrieben werden

$$S \doteq S_1 \text{ und } \operatorname{tg}(\alpha - \beta) \doteq \frac{V_1}{S}. \tag{108}$$

[1] ISAACHSEN, J.: Die Beanspruchung der Tragseile. Z. V. D. I. **1907,** 655 u. f.

Ferner folgt aus dem Krafteck

$$\sin\alpha = \frac{V}{2S}, \quad \sin\beta \doteq \frac{V_2}{2S}, \quad V = 2\,V_1\cos\beta + V_2$$

und als Druck zwischen Seil und Rolle je Längeneinheit des Umschlingungsbogens

$$p = \frac{S_1}{r} \doteq \frac{S}{r}, \tag{109}$$

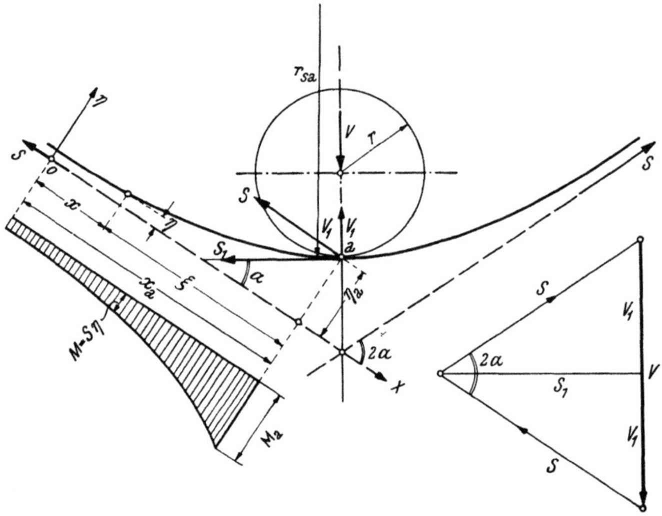

Abb. 68. Form des Seiles in der Umgebung einer Querbelastung zufolge seines Biegungs widerstandes, wenn kein Anschmiegen an die Rolle eintritt (Ablenkwinkel 2α stark vergrößert dargestellt)

womit alle zur Kennzeichnung der Verhältnisse erforderlichen Größen bestimmt sind. Es ist zu beachten, daß die mit dem Biegungsmoment gegen den Lastort anwachsende Querkraft des Seiles am Berührungspunkt a zwischen Seil und Rolle mit dem dort erreichten größten Betrag V_1 zur *Gänze* auf die Rolle übertragen wird. Über dem Umschlingungsbogen auf der Rolle bleibt das Biegungsmoment konstant.

2. Im *zweiten Fall* tritt wegen eines kleinen Gesamtablenkwinkels 2α zusammen mit einem kleinen Rollenhalbmesser r *kein Anschmiegen des Seiles* an die *unverformbar* gedachte Rolle ein. Die Rolle wird somit bloß im Punkt a (Abb. 68) berührt; es ist also $r_{sa} > r$. Für diesen Fall, der stets bei ungefütterten Laufrollen der Seilbahnwagen und meistens bei ebensolchen Zugseiltragrollen auf den Stützen zutrifft, aber auch bei Tragseilauflagern vorkommen kann, ergeben sich die betreffenden Beziehungen aus dem vorher abgeleiteten allgemeinen Integral der Differentialgleichung für die Biegelinie in folgender Weise:

Für $x = -\infty$ muß auch hier $\eta = 0$ sein, woraus $C_2 = 0$ entsteht, und für $x = x_a$ ist $\eta' = \operatorname{tg} \alpha$. Da bei allen praktisch vorkommenden Verhältnissen α, ähnlich wie früher $\alpha - \beta$, ein kleiner Winkel ist, so kann mit Bezug auf das Krafteck in Abb. 68 auch geschrieben werden $\operatorname{tg} \alpha \doteq \frac{V}{2S}$. Dies liefert in Verbindung mit der vorhergehenden Beziehung, wenn für η' der aus dem Integral der Differentialgleichung leicht zu ermittelnde Wert eingesetzt wird, $C_1 = \frac{V}{2S\sqrt{a}\, e^{\sqrt{a} x_a}}$. Damit entsteht schließlich, wenn $\xi = x_a - x$ den Abstand vom Lastort darstellt,

$$\eta = \frac{V e^{\sqrt{a}(x - x_a)}}{2S\sqrt{a}} = \frac{V e^{-\sqrt{a}\,\xi}}{2S\sqrt{a}} \tag{110}$$

$$\text{und } \eta_a = \frac{V}{2S\sqrt{a}}. \tag{111}$$

Endlich ist der Krümmungsradius des Seiles im Berührungspunkt mit der Rolle

$$r_{sa} = \frac{1}{\underset{x = x_a}{\eta''}} = \frac{2S}{V\sqrt{a}}, \tag{112}$$

womit hier ebenfalls alle zur Kennzeichnung des Zustandes erforderlichen Größen, insbesondere auch der Verlauf der Biegungsmomente $M = S \cdot \eta$, bestimmt sind.

Von Wichtigkeit ist noch die Entscheidung darüber, wann ein Anschmiegen des Seiles an die Rolle oder an den Schuh eintritt. Dies ist gemäß (112) der Fall, wenn

$$\frac{2S}{V\sqrt{a}} \leq r. \tag{113}$$

3. Im Gegensatz zu den Güterseilbahnen werden bei den dem öffentlichen Verkehr dienenden Personenseilbahnen die Laufrollen der Wagen und die Zugseiltragrollen auf den Stützen meistens mit einer *elastischen Fütterung* (Gummilaufring) versehen. Dadurch tritt auch bei einem kleinen Ablenkwinkel 2α des Seiles ein *Anschmiegen* desselben an das sich verformende Futter ein. Wegen der Kleinheit von α gelte auch jetzt $\sin \alpha \doteq \operatorname{tg} \alpha$, $\cos \alpha \doteq 1$ und $\operatorname{tg} \alpha \doteq \frac{V}{2S}$. Das Seil sei wieder entweder *innerlich reibungsfrei* oder *vollkommen reibungssteif*. Wie Abb. 69 zeigt, zerfällt die Biegelinie in einen Abschnitt I, der durch die Biegesteifigkeit des Seiles und die Zusammendrückbarkeit des Rollenfutters beeinflußt wird, und in einen Abschnitt II, in dem sich die Biegesteifigkeit des Seiles allein geltend macht.

Wir wählen das in Abb. 69 angegebene Koordinatensystem und betrachten zunächst den Biegelinienabschnitt I.

Ein Seilelement dx steht unter der Querbelastung

$$q\,dx = \frac{d^2 M}{dx^2}\,dx = S\,d\frac{d\eta_1}{dx} - p\,dx.$$

Führt man dies in die allgemeine Differentialgleichung der Biegelinie (104) ein, so ergibt sich

$$E\,J\,\eta_1^{IV} = S\,\eta_1'' - p. \tag{114}$$

Die Ordinate η_1 der Biegelinie setzt sich zusammen aus der der Begrenzung des unverformten Rollenfutters entsprechenden Ordinate η_0 und der Zusammendrückung Δe des Futters, das unverformt eine Stärke e haben möge. Es gilt also

$$\eta_1 = \eta_0 + \Delta e. \tag{115}$$

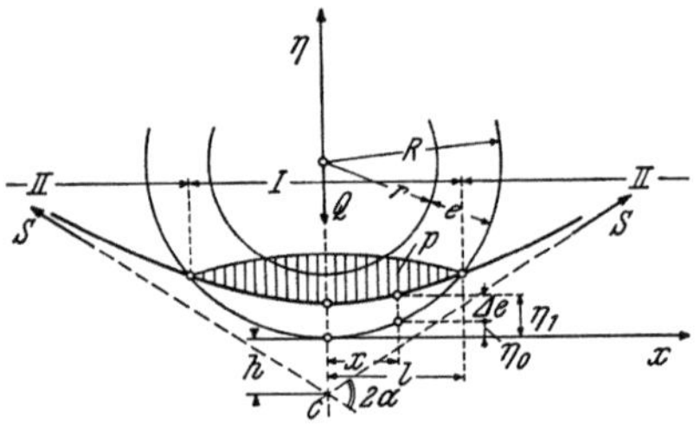

Abb. 69. Verhalten des Seiles auf einer elastisch gefütterten Rolle (Ablenkwinkel 2α stark vergrößert dargestellt)

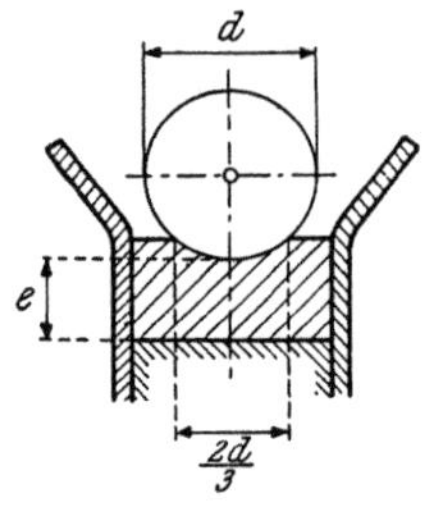

Abb. 70. Kranzquerschnitt einer elastisch gefütterten Rolle (Futter unverformt)

Die Begrenzung des unverformten Rollenfutters läßt sich näherungsweise durch die Gleichung

$$\eta_0 \doteq \frac{x^2}{2\,R} \tag{116}$$

beschreiben, und für die Zusammendrückung des Futters kann man setzen

$$\Delta e = \frac{\sigma\,e}{E_g}. \tag{117}$$

Darin stellt σ die mittlere Pressung zwischen Seil und Futter an einer beliebigen Stelle x dar und E_g den Zusammendrückungsmodul des Futters. Zwischen der Pressung σ und dem Druck p je Längeneinheit des Seiles besteht zufolge der meistens gewählten Rillenform (Abb. 70) der Zusammenhang

$$\sigma = \frac{p}{\frac{2\,d}{3}},$$

wenn d der Seildurchmesser ist. Führt man dies in (117) ein und setzt $e \sim 1{,}5\,d$, dann entsteht

$$\Delta e \doteq \frac{2\,p}{E_g} = \frac{p}{k},\ k = \frac{E_g}{2}. \tag{118}$$

Durch Einsetzung von (116) und (118) in (115) und von diesem in (114) gelangt man schließlich zur Differentialgleichung

$$E\,J\,\Delta e^{IV} - S\left(\frac{1}{R} + \Delta e''\right) + k\,\Delta e = 0 \tag{119}$$

für den ersten Biegelinienabschnitt.

Für den zweiten Biegelinienabschnitt gilt die Differentialgleichung

$$E\,J\,\eta_2'' = M = S\,(\eta_2 - x\,\mathrm{tg}\,\alpha + h). \tag{120}$$

Die Bestimmung der bei der Integration der beiden Differentialgleichungen entstehenden sechs Konstanten durch die Rand- und Übergangsbedingungen führt zu umfangreichen Rechnungen[1]. Es seien daher hier die Ergebnisse einer Näherungsberechnung[2] mitgeteilt, deren Vergleich mit den Resultaten der genauen Berechnung als befriedigend bezeichnet werden kann. Dieser Näherungsberechnung liegen folgende Annahmen zugrunde:

1. Die Biegelinie des Seiles im Abschnitt I weiche nur in vernachlässigbarer Weise von einer quadratischen Parabel ab. Zufolge (118) ist dann auch der Verlauf der Drücke p ein parabolischer.
2. Zwischen dem Scheitelkrümmungsradius r_{sa} des Seiles im Biegelinienabschnitt I und dem Abstand des Biegelinienscheitels vom Asymptotenschnittpunkt c bestehe ein linearer Zusammenhang.

Man erhält dann für die halbe Berührungslänge des Seiles auf der Rolle

$$l \doteq \sqrt[3]{\frac{3\,S\,\mathrm{tg}\,\alpha}{k\left(\frac{1}{R} - \frac{1}{r_{sa}}\right)}} \tag{121}$$

und für den Scheitelkrümmungshalbmesser des Seiles auf der gefütterten Rolle

$$r_{sa} \doteq \frac{3\,l}{16\,\mathrm{tg}\,\alpha} + \frac{1}{\mathrm{tg}\,\alpha}\sqrt{\frac{9\,l^2}{256} + \frac{E\,J}{S}}. \tag{122}$$

Für den Druck je Längeneinheit ergibt sich im Biegelinienscheitel

$$p_0 = \frac{3\,V}{4\,l} \tag{123}$$

und für die größte Pressung

$$\sigma_0 = \frac{9\,V}{8\,d\,l}. \tag{124}$$

Der Zusammendrückungsmodul des Gummifutters, welches zwischen den beiden Rollenschilden eingespannt ist, kann mit etwa $E_g = 800$ kg/cm²

[1] Czitary, E.: Verhalten eines Drahtseiles auf einer Rolle mit elastischem Futter. Österr. Ing.-Archiv **1956,** H. 4, ferner

Czitary, E. und Lehanneur, L.: Comportement d'un câble sur un galet pourvu d'un revêtement élastique. Annales des ponts et chaussées **1957,** H. 29.

[2] Engel, E.: Zur Biegungsbeanspruchung eines Seiles auf einer elastisch gefütterten Rolle. Österr. Ing.-Archiv **1957,** H. 3.

angenommen werden. Die mittlere zulässige Pressung zwischen Seil und Gummi wäre mit $\sigma_m = 35$ kg/cm² zu begrenzen[1].

b) Will man die *Veränderlichkeit des Seilträgheitsmomentes* berücksichtigen, welche durch Überwindung der inneren Reibung des Seiles im Bereiche der Querbelastung entsteht, so ist die Biegelinie in zwei Teile zu zerlegen, wie dies nachfolgend für den Fall *keines* Anschmiegens des Seiles an die Rolle oder an das Auflager gezeigt wird. Der erste Teil

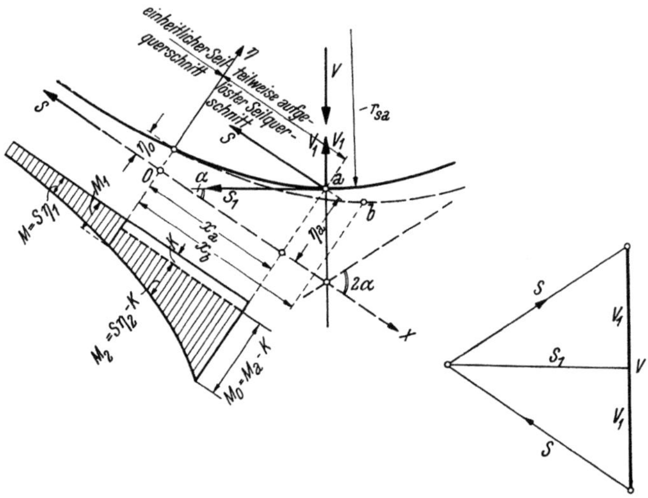

Abb. 71. Form des Seiles in der Umgebung einer Querbelastung, wenn kein Anschmiegen an die Rolle eintritt und die Überwindung der inneren Reibung des Seiles berücksichtigt wird (Ablenkwinkel 2α stark vergrößert dargestellt)

der Biegelinie umfaßt den Bereich, in welchem der Seilquerschnitt noch als einheitliches Ganzes wirkt. Dies ist in Abb. 71 der Abschnitt von $x = 0$ bis $x = -\infty$. Mit Bezug auf die Darlegungen unter Abs. a) gelten dort die Gleichungen

$$\eta_1'' = \frac{S}{E J_1} \eta_1, \quad \eta_1 = C_1 e^{\sqrt{a_1} x} + C_2 e^{-\sqrt{a_1} x}, \text{ wobei } a_1 = \frac{S}{E J_1}.$$

Im zweiten Teil der Biegelinie von $x = 0$ bis $x = x_a$ befinden sich die Seilquerschnitte in einem teilweise aufgelösten Zustand. Da es schwierig ist, mit einem veränderlichen Seilträgheitsmoment zu rechnen, wird näherungsweise jenes, welches sich am Lastort ergibt, auch für die übrigen Teile dieses Bereiches angenommen. Im Hinblick auf Abs. a) und § 23, Gl. (97), gilt dann

$$\eta_2'' = \frac{S\,\eta_2 - K}{E J_2}, \quad \eta_2 - \frac{K}{S} = C_3 e^{\sqrt{a_2} x} + C_4 e^{-\sqrt{a_2} x}, \text{ wobei } a_2 = \frac{S}{E J_2}.$$

[1] Malota, F.: Kautschuk als Konstruktionselement für Seilbahnrollenfütterungen. Verkehr und Technik **1959,** H. 7.

Hiebei ist $K = \frac{J_1 - J_2}{J_1} M_1$ das früher besprochene Gegenmoment der losgelösten Drahtquerschnitte und M_1 das Moment, von dem an die Auflösung des Seilquerschnittes beginnt und welches gemäß der Wahl des Ortes für den Koordinatenursprung bei diesem auftritt.

Die vier Konstanten bestimmen sich wie folgt:

Für $x = -\infty$ ist $\eta_1 = 0$, daher $C_2 = 0$,

„ $x = 0$ „ $\eta_1 = \eta_0$, somit $C_1 = \frac{M_1}{S}$,

„ $x = 0$ „ $\eta_1 = \eta_2$, demnach $C_1 = C_3 + C_4 + \frac{K}{S}$,

„ $x = 0$ „ $\eta_1' = \eta_2'$, mithin $C_1 \sqrt{a_1} = C_3 \sqrt{a_2} - C_4 \sqrt{a_2}$.

Aus den beiden letzten Bedingungen entsteht, wenn für K und C_1 die entsprechenden Werte eingeführt werden,

$$C_3 = \frac{M_1}{2S}\left(\frac{J_2}{J_1} + \sqrt{\frac{J_2}{J_1}}\right) \text{ und } C_4 = \frac{M_1}{2S}\left(\frac{J_2}{J_1} - \sqrt{\frac{J_2}{J_1}}\right),$$

womit die Biegelinien festgelegt sind. Es gelten mithin für die beiden Bereiche die Biegeliniengleichungen

$$\left.\begin{aligned} \eta_1 &= \frac{M_1}{S} e^{\sqrt{a_1}\, x} \\ \eta_2 &= \frac{M_1}{2S}\left(\frac{J_2}{J_1} + \sqrt{\frac{J_2}{J_1}}\right) e^{\sqrt{a_2}\, x} + \frac{M_1}{2S}\left(\frac{J_2}{J_1} - \sqrt{\frac{J_2}{J_1}}\right) e^{-\sqrt{a_2}\, x} + \frac{K}{S} \end{aligned}\right\}. \tag{125}$$

Dadurch ist auch der Verlauf der Biegungsmomente $M = S \cdot \eta$ (Abb. 71) bekannt. Für den Lastort ist

$$\eta_2'_{x = x_a} = C_3 \sqrt{a_2}\, e^{\sqrt{a_2}\, x_a} - C_4 \sqrt{a_2}\, e^{-\sqrt{a_2}\, x_a} = \operatorname{tg} \alpha \doteq \frac{V}{2S},$$

woraus

$$e^{\sqrt{a_2}\, x_a} = \frac{V}{4S\sqrt{a_2}\, C_3} + \sqrt{\left(\frac{V}{4S\sqrt{a_2}\, C_3}\right)^2 + \frac{C_4}{C_3}}$$

oder angenähert

$$e^{\sqrt{a_2}\, x_a} \doteq \frac{V}{2S\sqrt{a_2}\, C_3}.$$

Damit wird für die Ordinate der Biegelinie am Lastort

$$\eta_a = C_3\, e^{\sqrt{a_2}\, x_a} + C_4\, e^{-\sqrt{a_2}\, x_a} + \frac{K}{S},$$

bzw. der Ausdruck

$$\eta_a = \frac{V}{2S\sqrt{a_2}} + \frac{M_1^2 \sqrt{a_2}}{2SV}\left(\frac{J_2^2}{J_1^2} - \frac{J_2}{J_1}\right) + \frac{K}{S} \tag{126}$$

gewonnen. Für die Krümmung des Seiles am Lastort gilt

$$\frac{1}{r_{sa}} = \underset{x = x_a}{\eta_2''} = C_3\, a_2\, e^{\sqrt{a_2}\, x_a} + C_4\, a_2\, e^{-\sqrt{a_2}\, x_a}$$

bzw

$$\frac{1}{r_{sa}} = \frac{V\sqrt{a_2}}{2\,S} + \frac{M_1^2\sqrt{a_2^3}}{2\,S\,V}\left(\frac{J_2^2}{J_1^2} - \frac{J_2}{J_1}\right). \tag{127}$$

Schließlich ist an der Stelle $x = 0$, wo die Auflösung des Seilquerschnittes durch Überwindung der inneren Reibung beginnt,

$$\underset{x=0}{\frac{dM}{dx}} = S\,\underset{x=0}{\eta_1'} = S\,\underset{x=0}{\frac{d\left(C_1\, e^{\sqrt{a_1}\, x}\right)}{dx}} = M_1\sqrt{a_1},$$

was gemäß § 23, zusammen mit (100), zur Bestimmung des Biegungsmomentes M_1 benutzt werden kann, welches den Auflösungsbeginn des Seilquerschnittes kennzeichnet.

c) Während es bei *Anschmiegen eines Seiles an eine unverformbar zu denkende Scheibe* (z. B. des Zugseiles an eine Umlenkscheibe) oder an einen Schuh auf Grund der Darlegungen in § 23 ohne weiteres möglich ist, die Biegungsspannungen zu bestimmen — man braucht zu diesem Zweck bei den Grenzfällen der Seilreibung bloß in den Gl. (91) oder (93) für r_s den Scheiben- oder Schuhhalbmesser zu setzen —, erscheint im Falle, als ein *Anschmiegen nicht eintritt* (z. B. zwischen Tragseil und ungefütterten Wagenlaufrollen), eine Vereinigung der Ergebnisse von § 23 und 24 notwendig, um zu geeigneten Formeln für die Biegungsspannungen zu gelangen.

1. Nehmen wir zunächst an, daß es sich um ein vollkommen *reibungsfreies Seil* handelt, so stehen uns für die Berechnung der Biegungsspannungen die Gleichungen

$$\sigma_b = E\,\frac{\delta}{2\,r_{sa}} \tag{91}$$

$$\text{und } r_{sa} = \frac{2\,S}{V\sqrt{a}}, \text{ worin } a = \frac{S}{E\,J}, \tag{112}$$

zur Verfügung. Damit wird

$$\sigma_b = \frac{V\,\delta}{4}\sqrt{\frac{E}{S\,J}}.$$

Da sich ein reibungsfreies Seil in bezug auf die Biegungsspannung annähernd wie ein loses Drahtbündel verhält (§ 23, Abs. a und b), haben wir in obiger Beziehung $J = i\,\frac{\delta^4\,\pi}{64}$ zu setzen. Schreiben wir ferner auf Grund der in § 22 für die Zugspannung im Seil angegebenen Gl. (71a) $S = F_s\,\sigma_{zs}$, wobei $F_s = i\,\frac{\delta^2\,\pi}{4}$, dann erhalten wir schließlich

$$\sigma_b = \frac{V\,\delta}{4}\sqrt{\frac{E}{i\,\frac{\delta^2\,\pi}{4}\,\sigma_{zs}\cdot i\,\frac{\delta^4\,\pi}{64}}} = \frac{V}{i\,\frac{\delta^2\,\pi}{4}}\sqrt{\frac{E}{\sigma_{zs}}} = \frac{V}{F_s}\sqrt{\frac{E}{\sigma_{zs}}}. \tag{128}$$

2. Liegt ein vollkommen *reibungssteifes Seil* vor, welches bei der Biegung dasselbe Verhalten zeigt wie eine Stange vom Durchmesser des Seiles (§ 23, Abs. c), so gelten die Gleichungen

$$\sigma_b = E\frac{d}{2\,r_{sa}} \tag{93}$$

$$\text{und } r_{sa} = \frac{2\,S}{V\sqrt{a}} \text{ mit } a = \frac{S}{E\,J}\,. \tag{112}$$

Damit wird

$$\sigma_b = \frac{V\,d}{4}\sqrt{\frac{E}{S\,J}}\,.$$

Setzt man darin gemäß § 8, Gl. (3), $J = c_2\frac{d^4\,\pi}{64}$, weil jetzt das Seil als einheitliches Ganzes wirkt, und schreibt $S = F_s\,\sigma_{zs}$, wobei nach § 8, Gl. (2), $F_s = c_1\frac{d^2\,\pi}{4}$, so folgt, wenn man überdies $c_1 \doteq c_2 = c$ annimmt,

$$\sigma_b = \frac{V\,d}{4}\sqrt{\frac{E}{c\frac{d^2\,\pi}{4}\,\sigma_{zs}\cdot c\frac{d^4\,\pi}{64}}} = \frac{V}{c\frac{d^2\,\pi}{4}}\sqrt{\frac{E}{\sigma_{zs}}} = \frac{V}{F_s}\sqrt{\frac{E}{\sigma_{zs}}}\,. \tag{129}$$

Es ergibt sich also, daß bei *Nichtanschmiegen* eines Seiles an eine Rolle oder an einen Schuh, gleichgültig, ob das Seil innerlich reibungsfrei oder vollkommen reibungssteif ist, die *Biegungsspannungen* die *gleiche Größe* besitzen. Die Verteilung der Biegungsspannungen ist aber in beiden Fällen verschieden, und es sei diesbezüglich auf die Abb. 61 und 63 hingewiesen. Die Erklärung für die gleiche Größe der Biegungsspannungen in den beiden Grenzfällen folgt aus der Tatsache, daß das Biegungsmoment am Lastort gemäß (111)

$$M_a = S\cdot\eta_a = \frac{V}{2\sqrt{a}} = \frac{V}{2}\sqrt{\frac{E\,J}{S}}$$

mit wachsendem Seilträgheitsmoment ebenfalls zunimmt.

3. Handelt es sich um eine kleine Seilablenkung an einer *elastisch gefütterten Rolle*, so ergibt sich die Biegungsbeanspruchung des Seiles durch Einsetzen von r_{sa} aus Gl. (122) in (91) oder (93).

4. Liegt dagegen ein Seil *mit teilweise überwundener Reibung* vor, so darf aus dem Ergebnis unter Punkt 2 nicht gefolgert werden, daß bei diesem die Biegungsspannungen einen von den beiden Grenzfällen sich nur wenig unterscheidenden Wert besitzen. Es zeigt sich vielmehr, daß die Biegungsspannungen bei einem solchen Seil teilweise kleinere, teilweise aber auch *größere Werte* annehmen. Um sie zu ermitteln, sind ebenso wie zuvor die Ergebnisse des § 23 und 24 zu vereinigen. Für die Biegungsspannungen am Lastort ist dabei das r_{sa} (127) entsprechende Moment $M_o = M_a - K = S\,\eta_a - K$ (Abb. 71) maßgebend. Dabei ist es aber, im Gegensatz zu den beiden Grenzfällen, nicht möglich, zu einfachen geschlossenen Formeln zu gelangen. Dieser Fall wird daher nur numerisch unter den nachfolgenden Zahlenbeispielen behandelt.

5. Weiters ist zu beachten, daß bei Einwirkung mehrerer *knapp aufeinanderfolgender Querbelastungen* V auf ein Seil — wie dies bei den mehrrolligen Laufwerken der Wagen auf die Tragseile oft der Fall ist — die für das Vorhandensein einer Querbelastung allein, z. B. nach (128) oder (129), errechneten Biegungsspannungen zu niedrig sind. Es kann sich nämlich in jedem Lastort auch die Wirkung der Nachbarlasten nicht unerheblich geltend machen (Abb. 72). Daran ändert die Tatsache, daß das Biegungsmoment M_a zufolge einer Querlast V beiderseits derselben rasch abklingt, deshalb nur wenig, weil die Abstände b_1 und b_2 der Rollen voneinander zur Erzielung eines geringen Wagengewichtes usw. häufig so klein als möglich gewählt werden.

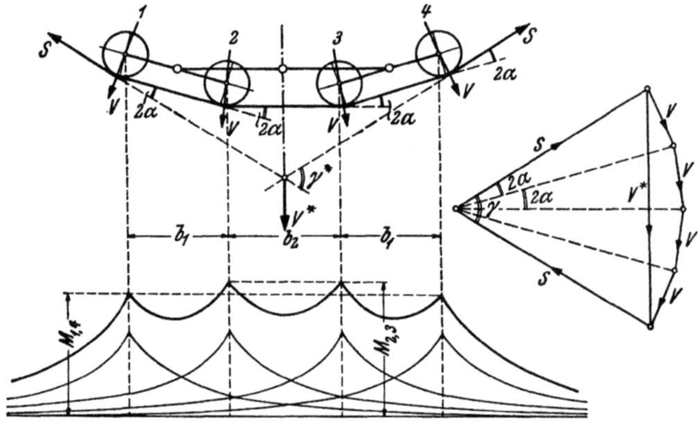

Abb. 72. Verteilung der Wagenlast durch die Laufrollen auf das Tragseil und Verlauf der Biegungsmomente des Seiles

Da in allen praktischen Fällen die Gesamtlast $V^* \ll S$ und für die Laufwerke Waagebalkenanordnungen gewählt werden, gilt zunächst mit Bezug auf Abb. 72 bei n Laufrädern

$$\operatorname{tg} \gamma^* \doteq \frac{V^*}{S}, \quad V \doteq \frac{V^*}{n} \text{ und } \operatorname{tg} 2\,\alpha \doteq \frac{V}{S} \doteq \operatorname{tg} \frac{\gamma^*}{n}.$$

Ziehen wir nur völlig reibungsfreie oder vollkommen reibungssteife Seile und ungefütterte Laufrollen in Betracht, so ergibt sich an einer beliebigen Stelle des Seiles das Gesamtmoment näherungsweise durch *Summierung* der dort von den einzelnen Lasten vorhandenen Biegungsmomente, mithin ist zufolge (110)

$$M \doteq S\,\Sigma\,\eta = \frac{1}{2\sqrt{a}}\,\Sigma\,V e^{-\sqrt{a}\,\xi} \tag{130}$$

oder an den einzelnen Lastorten in Abb. 72

$$M_1 = M_4 \doteq \frac{V}{2\sqrt{a}}\left(1 + e^{-\sqrt{a}\,b_1} + e^{-\sqrt{a}\,(b_1+b_2)} + e^{-\sqrt{a}\,(2\,b_1+b_2)}\right)$$

$$M_2 = M_3 \doteq \frac{V}{2\sqrt{a}}\left(1 + e^{-\sqrt{a}\,b_1} + e^{-\sqrt{a}\,(b_1+b_2)} + e^{-\sqrt{a}\,b_2}\right).$$

Diese Beziehungen sind deshalb bloß Näherungen, weil bei einem durch mehrere Querbelastungen auf Biegung beanspruchten Seil die Biegungsmomente vom Verlauf der sich zufolge aller Querbelastungen zusammen einstellenden Biegelinie abhängen, wobei das Überlagerungsgesetz nicht gilt[1].

d) Wenngleich die hier unter Abs. c) geführten Untersuchungen in erster Linie für Spiralseile gelten, die als Tragseile verwendet werden, so erweisen sie sich auch für *Litzenseile* brauchbar, wenn sie ähnlichen Belastungsverhältnissen (auf den Tragrollen der Stützen) unterliegen.

e) Beispiele für die Biegungsspannungen bei nicht gegebenem Biegungshalbmesser.

1. Spiralseil mit überwundener Reibung. $d = 20$ mm, $i = 19$ (2 Drahtlagen), $\delta = 4$ mm, $K_z = 145$ kg/mm², $B = 34600$ kg, Zugsicherheit $\mathfrak{S}_z = 4{,}0$, $E = 2000000$ kg/cm², $V = 90$ kg.

Zunächst finden wir:

$$S = \frac{B}{\mathfrak{S}_z} = \frac{34600}{4{,}0} = 8660 \text{ kg}$$

$$\sigma_{zs} = \frac{K_z}{\mathfrak{S}_z} = \frac{14500}{4{,}0} = 3630 \text{ kg/cm}^2$$

$$F_s = c_1 \frac{d^2 \pi}{4} = 0{,}75 \frac{2{,}0^2 \pi}{4} = 2{,}38 \text{ cm}^2$$

$$J_1 = c_2 \frac{d^4 \pi}{64} = 0{,}73 \frac{2{,}0^4 \pi}{64} = 0{,}574 \text{ cm}^4.$$

Nehmen wir an, daß in (100) annähernd $\alpha \doteq \frac{\pi}{2}$, so schreibt sich diese Bedingung zur Bestimmung von M_1 in der einfacheren Form

$$\frac{M_1 d_1}{2 J_1} = \sigma_{zs} \mu \operatorname{tg} \omega.$$

Mit $d_1 = 16$ mm, $\mu = 0{,}35$, $\omega = 15°$ und $\operatorname{tg} \omega = 0{,}268$ folgt daraus

$$M_1 = \frac{2 J_1 \sigma_{zs} \mu \operatorname{tg} \omega}{d_1} = \frac{2 \cdot 0{,}574 \cdot 3630 \cdot 0{,}35 \cdot 0{,}268}{1{,}6} = 244 \text{ kgcm}.$$

Bei diesem Moment fängt die Auflösung des Seilquerschnittes durch Beginn des Ablösens der äußersten Drahtlage an. Die Ablösung dieser Lage ist beendet bei einem Moment M_2', welches sich aus (102) zu

$$M_2' = \frac{2 J_2' \sigma_{zs}}{d_1} \cdot \frac{e^{\mu \operatorname{tg} \omega \cdot \pi} - 1}{e^{\mu \operatorname{tg} \omega \cdot \pi} + 1} + \frac{J_1 - J_2'}{J_1} M_1$$

---

[1] Z. B. erhält man im Falle von zwei gleich großen Lasten V, die den Abstand b voneinander besitzen, für das Moment unter einer dieser Lasten exakt $M = \frac{V}{\sqrt{a}} e^{-\sqrt{a}\, b}$ und genähert durch Überlagerung $M \doteq \frac{V}{2\sqrt{a}} \left(1 + e^{-\sqrt{a}\, b}\right)$.

bestimmt. Mit

$$J_2' = 0{,}73 \frac{1{,}2^4 \pi}{64} + 2 \frac{0{,}4^2 \pi}{4} 0{,}80^2 + 12 \frac{0{,}4^4 \pi}{64} \doteq 0{,}250 \text{ cm}^4,$$

$$e^{\mu \operatorname{tg} \omega \cdot \pi} = e^{0{,}35 \cdot 0{,}268 \cdot \pi} = 1{,}347$$

ergibt sich

$$M_2' = \frac{2 \cdot 0{,}250 \cdot 3630}{1{,}6} \frac{0{,}347}{2{,}347} + \frac{0{,}574 - 0{,}250}{0{,}574} 244 =$$

$$= 168 + 138 = 306 \text{ kgcm}.$$

Für den Beginn der Auflösung der zweiten Drahtlage entsteht aus (103), wenn wir zur Vereinfachung auch hier wieder genähert $\alpha \doteq \frac{\pi}{2}$ setzen,

$$\frac{M_2'' - \frac{J_1 - J_2''}{J_1} M_1}{2 J_2''} d_2 = \mu \{3 \sigma_{zs} + 2 [(\sigma_{zs} + \sigma_{2k}') e^{-\mu \operatorname{tg} \omega \frac{\pi}{2}} - \sigma_{zs}]\} \operatorname{tg} \omega.$$

Mit

$$\sigma_{2k}' = \frac{M_2' - \frac{J_1 - J_2'}{J_1} M_1}{2 J_2'} d_1 = \frac{306 - 138}{2 \cdot 0{,}250} 1{,}6 = 538 \text{ kg/cm}^2,$$

$$e^{\mu \operatorname{tg} \omega \frac{\pi}{2}} = e^{0{,}35 \cdot 0{,}268 \cdot \frac{\pi}{2}} = 1{,}161,$$

$$J_2'' = 0{,}73 \frac{1{,}2^4 \pi}{64} + 12 \frac{0{,}4^4 \pi}{64} = 0{,}089 \text{ cm}^4,$$

$$K'' = \frac{0{,}574 - 0{,}089}{0{,}574} 244 = 206 \text{ kgcm}$$

folgt daraus

$$\frac{M_2'' - 206}{2 \cdot 0{,}089} 0{,}80 = 0{,}35 \left[3630 + 2 (3630 + 538) \frac{1}{1{,}161}\right] 0{,}268,$$

$$M_2'' = 432 \text{ kgcm}.$$

Schätzen wir zunächst, daß bei der gegebenen Querbelastung wohl eine Auflösung der äußersten Drahtlage, nicht aber eine solche der zweiten geschieht, so entsteht nach (126) für den Lastort

$$M_a = \frac{V}{2 \sqrt{a_2}} + \frac{M_1^2 \sqrt{a_2}}{2 V} \left(\frac{J_2^2}{J_1^2} - \frac{J_2}{J_1}\right) + \frac{J_1 - J_2}{J_1} M_1.$$

Mit

$$\sqrt{a_2} = \sqrt{\frac{S}{E J_2}} = \sqrt{\frac{8660}{2000000 \cdot 0{,}089}} = 0{,}220 \text{ cm}^{-1}$$

erhält man daraus

$$M_a = \frac{90}{2 \cdot 0{,}220} + \frac{244^2 \cdot 0{,}220}{2 \cdot 90} \left(\frac{0{,}089^2}{0{,}574^2} - \frac{0{,}089}{0{,}574}\right) + 206 = 401 \text{ kgcm}.$$

Ein Vergleich mit den früher ermittelten Grenzmomenten zeigt, daß der geschätzte Querschnittszustand richtig ist. Die Spannungen folgen demnach aus (98) und (99) im Kern zu

$$\sigma_{2k} = \frac{401 - 206}{2 \cdot 0{,}089} 1{,}20 = 1315 \text{ kg/cm}^2$$

und in der abgelösten äußersten Drahtlage zu

$$\sigma_2 = \frac{244}{2 \cdot 0{,}574} 1{,}60 + \frac{401 - 206}{2 \cdot 0{,}089} 0{,}40 = 340 + 438 = 778 \text{ kg/cm}^2.$$

Die Spannungsverteilung zeigt Abb. 73a.

2. Beim gewählten *Spiralseil* sollen unter den gleichen Voraussetzungen die Biegungsspannungen berechnet werden, wenn das Seil völlig reibungssteif oder vollkommen reibungsfrei ist.

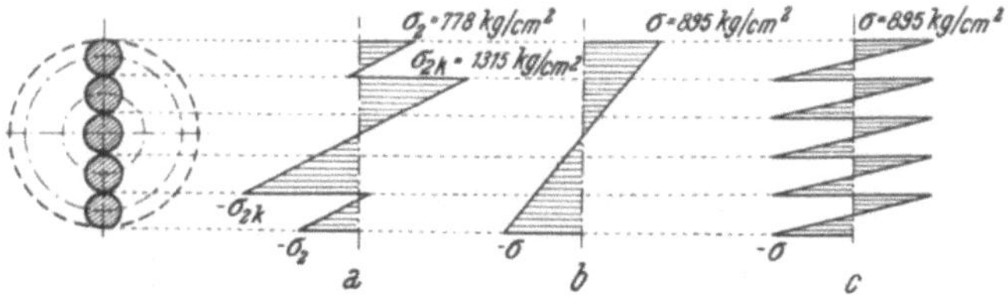

Abb. 73. Verlauf der Biegungsspannungen in einem querbelasteten Tragseil bei: a) teilweise überwundener Reibung, b) vollkommener Reibungssteifigkeit und c) völliger Reibungslosigkeit

(128) und (129) liefern dann $\sigma_b = \frac{90}{2{,}38}\sqrt{\frac{2\,000\,000}{3630}} = 895 \text{ kg/cm}^2$,

und es ergibt sich eine Verteilung der Biegungsspannungen über den Seilquerschnitt gemäß Abb. 73b und c, was auch Versuche bestätigen.

3. *Litzenseil* auf einer mit Gummi gefütterten Rolle. $d = 20$ mm, $i = 42$, $\delta = 2{,}0$ mm, $S = 4000$ kg, $E = 2\,000\,000$ kg/cm², $2 \operatorname{tg} \alpha = 0{,}08$, $V = 2\,S \operatorname{tg} \alpha = 4000 \cdot 0{,}08 = 320$ kg, $R = 250$ mm, $E_g = 800$ kg/cm².

Mit den Gl. (121), (122) und (124) erhält man für die Berührungslänge $2\,l$, den Krümmungsradius r_{sa} im Rollenscheitel und für die Flächenpressung σ_0:

Gummifutter	Litzen des Seiles	$2\,l$ mm	r_{sa} mm	σ_0 kg/cm²
vorhanden	reibungssteif	70	1160	51
	reibungsfrei	75	554	48
nicht vorhanden	reibungssteif	0	960	∞
	reibungsfrei	0	338	∞

§ 25. Sonstige Beanspruchungen. Die sekundären Beanspruchungen entstehen hauptsächlich durch die *Pressungen* N (Gl. 59), welche zwischen zwei aufeinanderfolgenden Drahtlagen übertragen werden und die durch die Biegung des Seiles an Auflagern oder Rollen noch eine Vermehrung erfahren. Diese zusätzlichen Beanspruchungen hängen von der Seilkonstruktion, der Spannkraft, der Querschnittsform der Seilauflager oder Rollen und von den Ablenkverhältnissen des Seiles an diesen Stellen (Auflagerdruck) ab. Eine Abhängigkeit der Zusatzbeanspruchungen vom Halbmesser der Auflager oder Rollen besteht auch dann, wenn kein Anschmiegen des Seiles an diese eintritt. Die sekundären Beanspruchungen äußern sich in *Flächenpressungen* und *zusätzlichen Biegungsbeanspruchungen*. Letztere entstehen dadurch, daß die Flächenpressungen nicht stetig über einen Draht verteilt sind, sondern nur an den Berührungsstellen des Drahtes mit den darunter und darüber liegenden Drahtlagen (oder Auflagerflächen) wirken. Die sekundären Beanspruchungen sind erheblich, in ihrer Wirkung aber örtlich eng begrenzt und durch entsprechenden Aufbau der Seile (verschlossene Bauweise mit Keildrahtzwischenlage, Parallelschlag der Litzen) sowie durch weiche Rollenfutter (Leder, Gummi) herabsetzbar, weshalb bezüglich ihrer durchaus nicht einfachen Bestimmung auf die Literatur verwiesen sei[1].

Schließlich gehören hieher auch die *mechanischen Abnutzungen* an der Seiloberfläche und im Inneren an den Berührungsstellen der Drähte verschiedener Lagen, da die vorerwähnten Flächenpressungen häufig mit gegenseitigen Bewegungen der sich berührenden Teile einhergehen.

§ 26. Gesamtbeanspruchung der Drähte in einem Seil. Von den einzelnen Beanspruchungen — den Einwirkungen beim Flechten, der Zugbeanspruchung, der Biegungsbeanspruchung und den sonstigen Beanspruchungen (Flächenpressungen usw.) — wissen wir, daß sie schon einzeln beträchtlich sind, aber nicht kleiner gehalten werden können, wenn ein Seil wirtschaftlich verwendbar sein soll. Wir gelangen daher zu hohen Gesamtbeanspruchungen, denen nur das für die Seilherstellung benutzte hochfeste Material (§ 7) gewachsen ist. Da jedoch von den Teilbeanspruchungen mindestens die Biegungsbeanspruchung und die Flächenpressung Wechselbeanspruchungen sind, die sich im Betrieb ständig wiederholen, so ist die Lebensdauer der Seile auch ohne Berücksichtigung ihrer Oberflächenabnutzung eine begrenzte. Es treten früher oder später *Ermüdungsbrüche* in den Drähten auf, namentlich an der Seiloberfläche, weil dort die gesamte Beanspruchung meistens den größten Wert erreicht. Diesen Ermüdungsbrüchen zufolge werden die Seile im allgemeinen früher unbrauchbar als durch Querschnittsverluste infolge Abnutzung ihrer Oberfläche. Bei dieser Gelegenheit sei noch bemerkt, daß bei Steigerung der üblichen Bruchfestigkeiten des Drahtmaterials dessen Dauerfestigkeit gegen Wechselbeanspruchungen in viel geringerem Maß zunimmt.

Da die Größe der Herstellungsspannungen unsicher ist (§ 21), vermutlich aber nicht allzu ausschlaggebend erscheint, und die schwer genau zu erfassenden Flächenpressungen und sekundären Biegungen örtlich eng begrenzt sind, versteht man in der Praxis unter Gesamtspannung σ bloß die Summe

$$\sigma = \sigma_{zs} + \sigma_b, \tag{131}$$

welche nur eine Zusammenfassung der betriebsmäßig wichtigsten Beanspruchungen darstellt.

[1] Wyss Th.: Stahldrahtseile der Transport- und Förderanlagen. S. 156, Zürich: Schweizer Druck- und Verlagshaus A. G. 1957.

§ 27. Allgemeines über die Seilbemessung. Weder die Kenntnis von σ nach (131) noch die tatsächliche Gesamtbeanspruchung vermögen aber Aufschluß über die in einem bestimmten Fall zu erwartende Lebensdauer des Seiles zu geben. Für diese ist vielmehr wesentlich, in welchem Verhältnis die Teilbeanspruchungen in einem bestimmten Fall zueinander stehen und wie die sonstigen Betriebsbedingungen beschaffen sind.

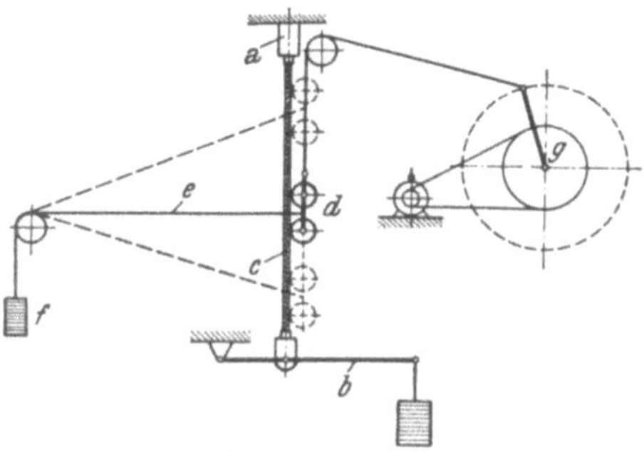

Abb. 74. Einrichtung für Dauerversuche an Tragseilen

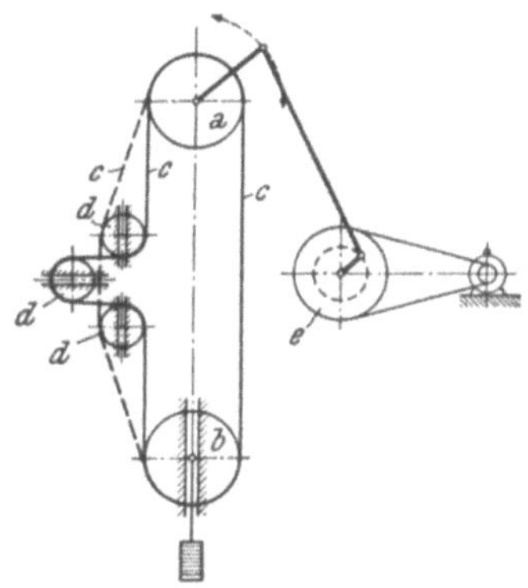

Abb. 75. Einrichtung für Dauerversuche an Zugseilen

Aufschluß darüber geben

1. Dauerversuche,
2. an ausgeführten Bahnanlagen gesammelte Erfahrungen,
3. Spannungsmessungen an einzelnen Drähten im Seilverband.

a) Dauerversuche

Die Dauerversuche mit Drahtseilen, um welche sich besonders Woernle[1], Klein[2] und Herbst verdient gemacht haben, ahmen die tatsächlichen Betriebsverhältnisse möglichst getreu nach, sind aber der Wirklichkeit gegenüber *zeitraffend* eingerichtet. Abb. 74 zeigt schematisch eine derartige Einrichtung für Tragseilversuche und Abb. 75 eine solche für Zugseilversuche.

Die Dauerversuchseinrichtung für *Tragseile* besteht aus der Tragseilbefestigung *a*, der Tragseilspannvorrichtung *b*, dem Versuchsseil *c*, dem Laufwerk *d*, welches durch ein dünnes Seil *e* mit dem Gewicht *f* an das Versuchsseil angedrückt wird, und schließlich aus dem Antrieb *g*, durch den eine dauernde Hin- und Herbewegung des Laufwerkes am Tragseil bewirkt wird.

Bei der Dauerversuchseinrichtung der *Zugseile* unterscheiden wir die Treibscheibe *a*, die Spannscheibe *b*, das aufgelegte Versuchsseil *c*, die verschieb- und auswechselbar angeordneten Versuchsscheiben (-rollen) *d*, welche sowohl eine einsinnige als auch gegensinnige Biegung des Versuchsseiles ermöglichen, und den Antrieb *e*, durch den die hin- und hergehende Bewegung des Versuchsseiles hervorgerufen wird.

---

[1] Woernle, R.: Beitrag zur Klärung der Drahtseilfrage. Z. V. D. I. **1929**, 417.

[2] Klein, L.: Über Bruchbiegezahlen von Drahtseilen. Fördertechnik und Frachtverkehr **1930**, 1.

Die Dauerversuchseinrichtungen gestatten, für verschiedene Seilkonstruktionen unter Anwendung verschiedener Seilspannkräfte, Querbelastungen (bei Tragseilen), Rollendurchmesser (bei Zugseilen) und Ausbildungen der Rollenrille die *Bruchbiegezahlen* n_B zu ermitteln, welche die Lebensdauer kennzeichnen. Unter den Bruchbiegezahlen versteht man jene Anzahl von Lastwechseln, die bis zum Eintritt der sich nach vielen Lastübergängen plötzlich häufenden Ermüdungsbrüche in den Drähten notwendig sind. Abb. 76 stellt die Bruchbiegezahlen für ein Tragseil bei verschiedenen Zugspannungen σ_{zs} und Querbelastungen V dar, Abb. 77 jene für ein Litzenseil bei verschiedenen Zugspannungen und verschiedenen Durchmessern D der Versuchsscheiben.

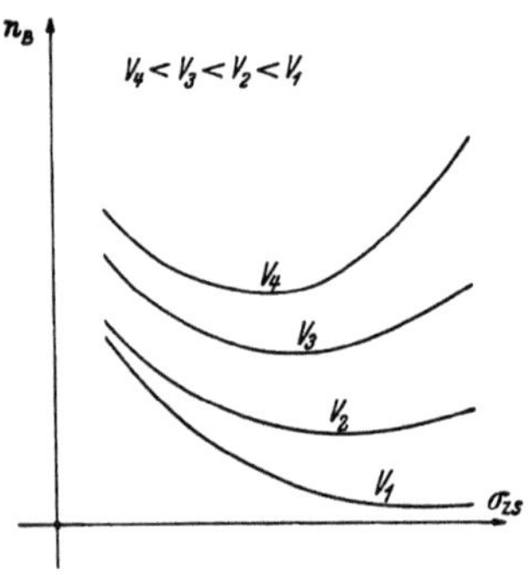

Abb. 76. Bruchbiegezahlen eines Tragseiles bei verschiedenen Zugspannungen und Querbelastungen

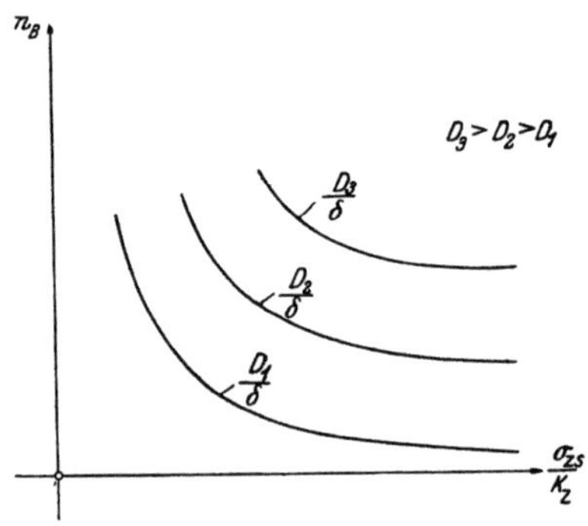

Abb. 77. Bruchbiegezahlen eines Zugseiles bei verschiedenen Zugspannungen und Scheibendurchmessern

b) Ergebnis der praktischen Erfahrung und der Dauerversuche

1. Allgemeines. α) Bei der Biegung der Seile, gleichgültig, ob Trag- oder Zugseile, wird im allgemeinen immer die Reibung zwischen den Drähten überwunden.

β) Die *Wechselbeanspruchungen*, vornehmlich die Biegungsbeanspruchungen, müssen *klein* gegenüber den Beanspruchungen aus der ständigen Zugkraft sein, wenn die Lebensdauer des Seiles groß sein soll.

γ) Geschehen die *Biegungswechsel* in längeren Zeitintervallen, so erhöht sich dadurch die Lebensdauer der Seile. Aus diesem Grunde stimmt auch die aus Dauerversuchen ermittelte Lebensdauer nicht mit der tatsächlichen überein; die erstere ist nur ein Maß für die letztere.

δ) Seile aus weniger festem und daher dehnbarerem Material haben eine größere Lebensdauer als solche aus festerem, das spröder ist. Siehe dazu auch den Schlußsatz im vorletzten Absatz von § 26.

ε) Je dichter die Seilquerschnitte gefügt sind und je besser sich das Rillenprofil der Rollen den Seilquerschnitten anpaßt, je *kleiner* also der *spezifische Druck* zwischen den Seildrähten verschiedener Lagen sowie zwischen den Seildrähten und den Rollen ist, desto größer wird die Lebensdauer der Seile.

ζ) Die Tragseile, deren maßgebende Biegung meistens nicht nach einem gegebenen Halbmesser erfolgt, verhalten sich hinsichtlich der Lebensdauer anders als Zugseile, bei denen in der Regel ein Anschmiegen an den Halbmesser der Rollen oder Scheiben bei der maßgebenden Biegung stattfindet.

2. Tragseile. Kleinere Querbelastungen vorausgesetzt, ergibt eine Vergrößerung der Seilspannkraft zunächst eine Abnahme der Lebensdauer, die *weitere* Steigerung der Seilspannkraft aber wieder eine *Zunahme* (Abb. 76), die sich dadurch erklärt, daß die Biegungsbeanspruchung mit zunehmender Zugbeanspruchung kleiner wird (Gl. 128 und 129).

3. Zugseile. α) Bei *Zugseilen* ist mit einer Zunahme der Zugbeanspruchung oft eine Abnahme der Lebensdauer verbunden (Abb. 77), weil die Biegungsbeanspruchung derselben von der Seilspannkraft unabhängig ist, wenn ein Anschmiegen des Seiles an den Halbmesser der Rollen oder Scheiben eintritt (Gl. 91 und 93).

β) *Litzen* in Parallelschlag sind wegen der bei ihnen geringeren sekundären Beanspruchungen solchen in gewöhnlicher Machart vorzuziehen.

γ) *Gleichschlagseile* erweisen sich biegsamer und haben eine größere Lebensdauer als *Kreuzschlagseile.* Wohl erklärt sich dies nicht ohne weiteres aus der Biegungslehre der Seile, ergibt sich aber zum Teil daraus, daß die Verflechtung der Drähte beim Kreuzschlagseil eine innigere ist (§ 10), wodurch Drahtverschiebungen, welche die Biegungsbeanspruchung erniedrigen, schwerer möglich sind. Außerdem sind bei Kreuzschlagseilen die sekundären Beanspruchungen höher.

4. Spannungsmessungen an gebogenen *Spiralseilen* haben gezeigt, daß die Biegungsbeanspruchung in den Außendrähten dann, wenn *kein Anschmiegen* an eine Rolle oder einen Schuh eintritt, beträchtlich unter den aus Gl. (128) und (129) gewonnenen Werten liegen kann[1]. Dies erklärt sich wie folgt:

1. Die genannten Gleichungen beziehen sich auf ideelle Grenzfälle und berücksichtigen weder die Schraubenlinienform der Drähte noch die stets eintretende teilweise Überwindung der inneren Reibung. Die mit letzterer verbundene Querschnittsauflösung liefert, wie das Beispiel in § 24 zeigt, in den Außendrähten geringere Randspannungen als nach Gl. (128) und (129).

2. Aber auch die Untersuchung über die Biegungsbeanspruchung bei teilweiser Überwindung der inneren Reibung ist nur als eine Näherungsuntersuchung zu werten.

Schmiegen sich *Litzenseile* bei der Biegung an eine Rolle nicht an, so wird zumindest zwischen den einzelnen Litzen die Reibung überwunden[2].

[1] WYSS, TH.: Stahldrahtseile der Transport- und Förderanlagen, S. 128, Zürich: Schweizer Druck- und Verlagshaus A. G. 1957.

[2] LEHANNEUR, L.: La flexion des câbles métalliques. Annales des ponts et chaussées **1959,** H. 1.

Dagegen geht bei *Anschmiegen* eines *Spiralseiles* an einen Schuh oder eines *Litzenseiles* an den Halbmesser einer Ablenkrolle die Querschnittsauflösung durch Überwindung der Reibung meistens so weit, daß im Falle guter Schmierung die Biegungsbeanspruchungen nicht sehr von jenen eines reibungsfreien Drahtbündels (Gl. 91) abweichen.

c) Regeln für die Seilbemessung

Ließe sich mit Hilfe der Dauerversuche ein völlig getreues Bild der tatsächlichen Betriebsverhältnisse eines Seiles gewinnen, dann wäre es möglich, die Bemessung der Seile auf eine mathematische Aufgabe zurückzuführen. Dieser Vorgang erscheint aber nur in ganz einfachen Fällen möglich und gründet sich auf das sogenannte *wirtschaftlichste Seil*, als welches jenes anzusprechen ist, für das die jährlichen Aufwendungen an Tilgung und Verzinsung der Anschaffungskosten ein Minimum erreichen[1]. Da dies aber wegen der verwickelten Betriebsverhältnisse fast nie möglich ist, lassen sich nur gewisse allgemeine Regeln für die Seilbemessung aus Erfahrung und Versuchen ableiten. Diese besagen folgendes:

1. Tragseile. α) Die *Zugsicherheit* $\mathfrak{S}_z$ bewegt sich zweckmäßig zwischen 3,5 und 4,0.

β) Für die wichtigste Wechselbeanspruchung, die *Biegungsbeanspruchung*, ergibt sich in den Grenzfällen vollkommener Reibungslosigkeit und vollkommener Reibungssteifigkeit aus Gl. (128) und (129) durch Umformung

$$\sigma_b = \frac{V}{F_s\,\sigma_{zs}}\sqrt{E\,\sigma_{zs}} = \frac{V}{S}\cdot C \doteq C\,\mathrm{tg}\,2\alpha,$$

worin

2α der Ablenkwinkel des Seiles unter der Querbelastung (Rollendruck) V der Wagen und

C annähernd eine Konstante ist.

Da eine hinreichende Lebensdauer des Seiles geringe Wechselbeanspruchungen verlangt und von diesen außer der Biegung auch die Flächenpressung zwischen Seil und Rolle und die Abnutzung vom Raddruckverhältnis $\frac{V}{S} \doteq \mathrm{tg}\,2\alpha = \frac{1}{\eta}$ abhängen, verwendet man bei *Güterseilbahnen*

[1] Czitary, E.: Die Beanspruchung der Tragseile bei Seilschwebebahnen. Wasserwirtschaft u. Technik **1937**, H. 28—30. Man hätte zunächst die Schar der Lebensdauerkurven (Abb. 76 oder 77), welche nicht bloß für ein Seil, sondern allgemein gelten müßten, durch eine Gleichung auszudrücken. Dann wäre eine allgemeine Beziehung für das Gewicht des ganzen Seiles als Funktion der Zugspannung und von V/S bzw. D/d bei gegebener Querbelastung bzw. gegebenem Rollen- oder Scheibendurchmesser anzuschreiben. Daraus könnten allgemein die Anschaffungskosten und schließlich die vorgenannten jährlichen Aufwendungen abgeleitet werden. Statt der im letzten Ausdruck aufscheinenden Lebensdauer wäre aber die aus der Darstellung der Bruchbiegezahlen abgeleitete allgemeine Beziehung einzusetzen, wobei die Umrechnung von Bruchbiegezahlen auf Jahre unter Zuhilfenahme der Bahnleistung zu geschehen hätte. Für den Ausdruck der jährlichen Aufwendungen wäre dann das Minimum zu bestimmen, aus welchem endlich die Abmessungen des zweckmäßigsten Seiles folgen würden.

fast durchwegs vierrollige Wagenlaufwerke zur Verteilung der Last und legt für $\frac{1}{\eta}$ bestimmte Werte fest. Hiebei wirkt besonders auch der Umstand günstig, daß mit einer Verteilung der Last auf mehrere Räder wegen des Ineinandergreifens der Biegungszonen keine der Räderanzahl entsprechende Vermehrung der Beanspruchungswechsel verbunden ist. Im allgemeinen soll das Verhältnis $\frac{1}{\eta}$ bei großer Wagenfolgezeit (von 1 Minute und mehr) den Wert $\frac{1}{60}$ nicht überschreiten und bei dichter Wagenfolge (von 30 bis 20 Sekunden) noch erheblich kleiner, und zwar etwa $\frac{1}{100}$ bis $\frac{1}{120}$, sein. Für Zwischenwerte kann man ungefähr geradlinig interpolieren[1].

Bei *Personenseilbahnen* mit Pendelbetrieb verwendet man fast immer achtrollige Wagenlaufwerke, und es darf dort $\frac{1}{\eta}$ den Wert von $\frac{1}{80}$ nicht überschreiten.

Bei Personenseilbahnen mit Umlaufbetrieb gelten für die Ausbildung der Laufwerke und die Wahl des Raddruckverhältnisses ähnliche Überlegungen wie bei Güterseilbahnen, jedoch sollte $\frac{1}{\eta}$ auch hier nicht größer als $\frac{1}{80}$ sein.

Die für das Raddruckverhältnis angegebenen Werte tragen auch der Überlagerung der Biegungsmomente von den einzelnen Raddrücken Rechnung, so daß bei der Seilbemessung hierauf nicht weiter Rücksicht genommen zu werden braucht.

γ) Die günstigste *Werkstoffestigkeit* ist bei 145 bis 180 kg/mm^2 gelegen, doch erscheint eine Steigerung auf 200 kg/mm^2 noch zulässig, wenn die Notwendigkeit dazu vorliegt.

δ) Die *Drahtanzahl* der Spiralseile soll zur Erzielung einer ziemlich glatten Fahrbahn nicht kleiner als 19 sein, aber wegen des sonst schlechten Querschnittszusammenhaltes auch nicht über 37 liegen. Bei sehr starken Tragseilen enpfiehlt sich daher der Übergang zu verschlossenen Seilen oder Litzenspiralseilen. Die *Drahtstärken* sollen sich wegen der Abnutzung nicht unter 3 mm und zur Erzielung einer noch entsprechenden Werkstofffestigkeit nicht über 5 mm bewegen.

2. Zugseile. α) Die *Zugsicherheit* $\mathfrak{S}_z$ ist, je nach der Bahnart, mit 4,5 bis 5,5 zu wählen, womit auch die gegenüber den Tragseilen ungünstigeren Betriebsbedingungen berücksichtigt erscheinen.

β) Die *Biegungsspannungen* errechnen sich hier, da die *maßgebende* Biegung im Gegensatz zum Tragseil auf Ablenkrollen oder Scheiben meistens nach deren Halbmesser geschieht, in den Grenzfällen völliger Reibungsfreiheit und völliger Reibungssteifigkeit nach den Beziehungen

[1] Bei Bahnanlagen, die nur vorübergehenden Bestand haben, werden die Wagen mitunter bloß mit zweirolligen Laufwerken ausgerüstet und für das Raddruckverhältnis $\frac{1}{\eta}$ etwa die doppelten der angegebenen Werte gewählt.

(91) und (93), also $\sigma_b = E\,\frac{\delta}{D}$, bzw. $\sigma_b = E\,\frac{d}{D}$, worin

D den Scheibendurchmesser,
d „ Seildurchmesser und
δ „ Drahtdurchmesser

vorstellt. Analog zum Raddruckverhältnis bei Tragseilen setzt man hier für $\frac{\delta}{D}$ und $\frac{d}{D}$ Werte fest, und zwar soll $\frac{\delta}{D} \leqq \frac{1}{800}$ und $\frac{d}{D} \leqq \frac{1}{80}$ sein. Damit ist auch der Abnutzung usw. Rechnung getragen.

γ) Die *Werkstoffestigkeit* erweist sich auch hier mit etwa 150 bis 180 kg/mm² am günstigsten und kann im Bedarfsfalle auf 200 bis 220 kg/mm² gesteigert werden.

δ) Die *Drahtanzahl* beträgt vorteilhaft 42 oder 114, oder es gelangt eine Parallelschlagkonstruktion mit dichtgefügtem Querschnitt zur Anwendung. Die *Drahtstärke* soll im Hinblick auf die Abnutzung nicht unter 1,2 mm und wegen hinreichender Biegsamkeit des Seiles nicht über 2,3 mm liegen. Die Herstellung des ganzen Seiles soll stets im *Gleichschlag* erfolgen.

3. Werden Tragseile nach einem bestimmten Halbmesser r gebogen, wie dies auf Stützenschuhen der Fall ist, dann sind dort für $\frac{\delta}{2r}$ bzw. $\frac{d}{2r}$ ähnlich wie bei einem Zugseil Werte festzulegen (§ 40, 45 und 46). Tritt umgekehrt bei *Zugseilen* kein Anschmiegen an einzelne Rollen ein (beispielsweise an Stützenrollen), so ist, ähnlich wie bei Tragseilen, unter der Einwirkung von Laufwerksrollen ein Verhältnis $\frac{V}{S}$ festzusetzen, wobei unter V der Auflagerdruck des Seiles zu verstehen ist (§ 40, 45 und 51).

Die beiden letzterwähnten Umstände bilden jedoch nie die Grundlage der Seilbemessung; diese ist vielmehr bei Tragseilen stets gemäß **1.** und bei Zugseilen nach **2.** durchzuführen.

d) Beispiele

1. Eine Güterseilbahn mit Umlaufbetrieb hat $M = 56$ t/h zu leisten. Die Nutzlast eines Wagens beträgt $P = 800$ kg. Was für ein *Tragseil* ist anzuwenden?

Schätzt man den durch den beladenen Wagen auf das Tragseil ausgeübten Druck $V^* = 1{,}50\,P$ und nimmt an, daß die Wagen Vierradlaufwerke besitzen, so folgt für den Raddruck

$$V = \frac{1{,}50 \cdot 800}{4} = 300 \text{ kg}.$$

Aus der Bahnleistung ergibt sich eine Wagenfolgezeit

$$t = \frac{3600 \cdot 800}{56\,000} = 51 \text{ sek}$$

und damit ein Raddruckverhältnis von $\frac{1}{\eta} \doteq \frac{1}{70}$. Demnach hat die mittlere Seilspannkraft

$$S_m = 70 \cdot 300 = 21\,000 \text{ kg}$$

zu betragen. Nehmen wir an, daß das Seil mit 3,5facher Zugsicherheit gespannt wird, so könnte der mittleren Seilspannkraft eine ungefähr 3,9fache Zugsicherheit entsprechen. Das Tragseil müßte dann eine rechnerische Bruchlast

$$B = 3{,}90 \cdot 21\,000 = 81\,900 \text{ kg}$$

besitzen. Mit dieser Bruchlast findet man unter der Annahme einer Werkstoffestigkeit $K_z = 145$ kg/mm² aus Tab. 1 (§ 8) ein Spiralseil mit folgenden Abmessungen:

Drahtstärke	$\delta = 4{,}4$ mm	Eigengewicht	$q = 4{,}78$ kg/m
Drahtanzahl	$i = 37$	Bruchlast	$B = 81\,600$ kg
Seildurchmesser	$d = 31$ mm		

2. Bei der gleichen Seilbahn wurde eine größte *Zugseilspannkraft* von $S_{max} = 2900$ kg ermittelt. Unter der Voraussetzung einer Zugsicherheit von 5,50 ergibt sich die erforderliche rechnerische Bruchlast des Zugseiles mit

$$B = 2900 \cdot 5{,}50 = 15\,950 \text{ kg}.$$

Bei Annahme einer Materialfestigkeit von 150 kg/mm² ist nach Tab. 4 (§ 10) ein Litzenseil mit nachstehenden Abmessungen erforderlich:

Drahtstärke	$\delta = 1{,}8$ mm	Eigengewicht	$q_1 = 0{,}96$ kg/m
Drahtanzahl	$i = 42$	Bruchlast	$B = 16\,000$ kg
Seildurchmesser	$d = 17$ mm		

Die Seilscheiben, um welche das Zugseil zu laufen hat, besitzen einen kleinsten Durchmesser von 1700 mm. Es ist daher

$$\frac{\delta}{D} = \frac{1{,}8}{1700} = \frac{1}{945} \text{ und}$$

$$\frac{d}{D} = \frac{17}{1700} = \frac{1}{100},$$

was den einzuhaltenden Bedingungen entspricht.

III. Linienführung

§ 28. Wahl der Betriebsart und günstigste Wagengröße

a) Die *Wirtschaftlichkeit* einer Bahnanlage ist von den Herstellungs- und Betriebskosten im Vergleich zur verlangten Leistungsfähigkeit M in t/h oder Pers./h abhängig. Unter der Voraussetzung, daß die verlangte Leistungsfähigkeit die Herstellung einer Transportanlage rechtfertigt, wird eine Seilbahn auch anderen in Betracht kommenden Fördereinrichtungen vorzuziehen sein, wenn die Anlagekosten zuzüglich der kapitalisierten Betriebskosten bei ihr am kleinsten ausfallen (§ 87 und 88). Dies ist nun bei der Seilbahn oft zutreffend, und zwar wegen ihrer weitgehenden *Unabhängigkeit von den Geländeverhältnissen* und wegen der beim Betrieb im wesentlichen bloß zur Überwindung der Reibungswiderstände und zur Hebung der *Nutzlast* erforderlichen Arbeit. Bezeichnet:

L^* die schräge Bahnlänge in m,
v die Zugseilgeschwindigkeit in m/sek,
p die Anfahrbeschleunigung oder Bremsverzögerung in m/sek²,
w den Wagenabstand auf der Strecke in m,
t die Wagenfolgezeit in sek,
P die Nutzlast eines Wagens in t oder der Fassungsraum an Personen,
ν die Anzahl der in 1 Stunde in einer Richtung geförderten Wagen,
n die Anzahl der auf jedem Tragseilstrang befindlichen Wagen,
t_1 die Fahrzeit über die ganze Bahn in sek,
t_2 die Haltezeit der Wagen in den Stationen (Ladezeit) in sek,
t_3 den Zeitverlust beim Anfahren und Bremsen in sek,

dann gilt zur Erfüllung einer bestimmten Förderleistung bei

1. *Umlaufbetrieb*, wofür P und v zu wählen sind,

$$\left.\begin{aligned} \nu &= \frac{M}{P} \\ t &= \frac{3600}{\nu} \\ w &= v\,t \\ n &= \frac{L^*}{w} \end{aligned}\right\}, \quad M = \frac{3600\,P\,v}{w}, \tag{132}$$

2. *Pendelbetrieb*, wofür v, p und t_2 zu wählen sind,

$$\left.\begin{aligned} t_1 &= \frac{L^*}{v} \\ t_3 &= \frac{v}{p} \\ t &= t_1 + t_2 + t_3 \\ \nu &= \frac{3600}{t} \\ P &= \frac{M}{\nu} \\ n &= 1 \end{aligned}\right\}, \quad M = \frac{3600\,P\,v}{L^* + v\,(t_2 + t_3)}. \tag{132a}$$

b) Die *Leistungsfähigkeit M* ist bei *Güterseilbahnen* entweder durch die Leistungsfähigkeit des Industriebetriebes, dem die Bahn zu dienen hat, vorgegeben oder kann, wie bei Waldabstockungen, auf Grund eines Wirtschaftsplanes bestimmt werden.

Bei *Personenseilbahnen* sind solche feste Anhaltspunkte in der Regel nicht vorhanden; es müssen dann Vorerhebungen über die zu erwartende Frequenz gepflogen werden. Dabei ist zu beachten, daß die zu gewärtigende Höchstfrequenz bei vorwiegend nur für den Touristen- und Wintersportverkehr dienenden Bahnen nur gelegentlich auftritt und von der Durchschnittsfrequenz oft beträchtlich abweicht. Die Festsetzung der Leistungsfähigkeit hat, obgleich unter Bedachtnahme auf eine etwaige spätere Verkehrssteigerung, nach entsprechenden wirtschaftlichen Gesichtspunkten zu geschehen.

c) Aus den vorstehenden Gleichungen ergibt sich, daß bei *Pendelbetrieb* die *Größe* der *Nutzlast P* von der Streckenlänge abhängt. Der Pendelbetrieb eignet sich daher meistens nur für kleinere Leistungen und Bahnlängen. Die Grenze, bis zu welcher Seilbahnen mit Pendelbetrieb geringere Anlage- und Betriebskosten ergeben als solche mit Umlaufbetrieb, liegt für Güterseilbahnen ungefähr bei $P = 1500$ bis 2000 kg, für Personenseilbahnen aber bei einem Wagenfassungsraum von ungefähr 40 Personen, beides bezogen auf den Pendelbetrieb.

d) Bei *Güterseilbahnen* mit *Umlaufbetrieb* ist die Größe der *Nutzlast P*, wenn sie nicht durch die Art des Fördergutes von vornherein festgelegt erscheint (Stückgut), so zu bestimmen (Massengut), daß die Anlagekosten der Bahn zu einem Minimum werden. Von dem geringen Einfluß der Betriebskosten kann man hiebei absehen. Kleine Nutzlasten ergeben schwächere Tragseile und eine größere Wagenanzahl n; hingegen erfordern größere Nutzlasten stärkere Tragseile und eine kleinere Wagenanzahl n. Es genügt demnach zur Bestimmung der günstigsten Wagennutzlast P vielfach, bloß die Anschaffungskosten für die Tragseile und für den Wagenpark heranzuziehen. Da bei den gebräuchlichsten Abmessungen der Seilbahnwagen deren Anschaffungskosten nur wenig mit zunehmender Nutzlast ansteigen, erscheinen im allgemeinen *größere Wagen vorteilhafter* als kleinere. Bei *Personenseilbahnen* mit Umlaufbetrieb erweist sich ein Wagenfassungsraum von 4 Personen am zweckmäßigsten.

Ferner ist bei *Güterseilbahnen* noch auf folgendes Bedacht zu nehmen:

Bei Förderung von *Massengut* (Kohle, Erz, Stein) soll die Nutzlast P aus Gründen der Wirtschaftlichkeit (Ladevorgang) womöglich nicht kleiner als 500 kg und wegen leichter Manipulation mit den Wagen in den Stationen nicht größer als 1200 kg[1] gewählt werden.

Bei Förderung von *Stückgut* (Langholz, Baustoffe) soll wegen der Verfrachtungsmöglichkeit hinreichend großer Stücke die Nutzlast eines Wagens nicht kleiner als 600 kg und im Hinblick auf eine erträgliche Manipulation in den Stationen nicht größer als 1500 kg[1] angenommen werden. Hiebei ist zu beachten, daß diese Güter wegen ihrer Sperrigkeit meistens auf einem Doppelwagen befördert werden müssen.

Bezüglich der *Personenseilbahnen* sei noch darauf verwiesen, daß schwierige Anlagebedingungen oder ungünstige klimatische Verhältnisse den Pendelbetrieb gegenüber dem Umlaufbetrieb auch vorteilhaft erscheinen lassen, wenn sich bei ersterem ein größerer Wagenfassungsraum als 40 Personen ergibt. Über einen Wagenfassungsraum von 60 Personen sollte man aber nicht hinausgehen.

e) Als kleinste *Wagenfolgezeit t* können bei *Güterseilbahnen* mit *Umlaufbetrieb* im Falle der Förderung von *Massengut* 15 bis 20 sek angesehen

[1] Dieser Größtwert gilt nur für Umlaufbetrieb.

werden, wenn die Beladung aus Bunkern und auch die Entladung in solche geschieht. Bei Absetzbetrieb (Aufnehmen und Absetzen beladener oder entladener Fördergefäße in den Stationen) beträgt die Wagenfolgezeit t wenigstens 40 sek.

Liegt *Stückgutförderung* vor, dann soll das kleinste Wagenzeitintervall zur Erzielung einer hinreichenden Ladezeit wenigstens 120 sek sein.

Im Falle von *Pendelbetrieb* gelten die zuvor für die Wagenfolgezeit angegebenen Werte für die Haltezeit t_2 der Wagen in den Stationen.

Bei *Personenseilbahnen* mit *Pendelbetrieb* ist zum Ein- und Aussteigen der Fahrgäste eine Haltezeit von 40 bis 90 sek, je nach der Größe der Wagen, notwendig. Im Falle von *Umlaufbetrieb* erscheint bei dem angewandten kleinen Wagenfassungsraum ein Wagenzeitintervall von 30 sek noch hinreichend.

f) Die *Geschwindigkeit v des Zugseiles* ist von der Bauart der Bahn und von den Anlageverhältnissen abhängig. Im allgemeinen gelten hiefür folgende Werte:

Bahnart	v m/sek
Güterseilbahnen mit Umlaufbetrieb und selbsttätig durchfahrenen Kurvenstationen	1,50 bis 2,20
Güterseilbahnen mit Umlaufbetrieb ohne selbsttätig durchfahrene Kurvenstationen	2,20 bis 3,00
Güterseilbahnen mit Pendelbetrieb	2,50 bis 4,00
Personenseilbahnen mit Umlaufbetrieb	2,50 bis 3,50
Personenseilbahnen mit Pendelbetrieb, Kleinanlagen	3,50 bis 5,00
desgleichen, Großanlagen	7,00 bis 10,00

Bei der Wahl der Zugseilgeschwindigkeit spielt auch die Bahnlänge und die Wagenfolge eine Rolle. So erhalten kurze Bahnen mit Pendelbetrieb eine geringere Fahrgeschwindigkeit als längere, weil bei ersteren der durch größere Fahrgeschwindigkeit erzielbare Zeitgewinn und die damit verbundene Leistungssteigerung nur gering ist. Aber auch lange Bahnen mit Umlaufbetrieb sollen in schwierigem Gelände (stark wechselnden Neigungsverhältnissen) und bei gleichzeitig großen Wagenentfernungen sowie beträchtlichen, aber ungleichen Ladungen (Holztransportbahnen) eine geringere Geschwindigkeit bekommen. Diese bewirkt einen ruhigeren, störungsfreien Lauf solcher Bahnen.

g) Die *Anfahrbeschleunigung* beträgt in der Regel $p = 0{,}20$ m/sek^2 und soll auch bei größeren Fahrgeschwindigkeiten zur Erzielung eines ruhigeren Laufes der Bahn nicht gesteigert werden. Das gleiche gilt für die betriebsmäßige *Bremsverzögerung*.

h) Die *größten Leistungsfähigkeiten* von Umlaufseilbahnen betragen unter Zugrundelegung der angegebenen Grenzwerte für Nutzlast und Wagenfolgezeit bei:

Massengutförderung mit Bunkerverladung	~ 300 t/h
Massengutförderung mit Absetzbetrieb	~ 100 t/h
Stückgutförderung	~ 50 t/h
Personenbeförderung	~ 500 Pers/h[1]

Sind die verlangten Leistungsfähigkeiten größer, so muß zur Anlage von *Doppelseilbahnen* geschritten werden, die dann meist gemeinsame Bauten auf der Strecke und für die Stationen erhalten.

Beispiele

1. *Güterseilbahn* mit *Umlaufbetrieb* für Massengutförderung.

$M = 50$ t/h, $L^* = 3700$ m, gewählt $P = 800$ kg, $v = 2{,}30$ m/sek. Damit ergibt sich

$$\nu = \frac{50000}{800} = 62{,}5 \text{ Ladungen/h}, \quad t = \frac{3600}{62{,}5} = 57{,}4 \text{ sek}, \quad w = 2{,}30 \cdot 57{,}4 =$$
$$= 132 \text{ m}, \; n = \frac{3700}{132} = 28 \text{ Wagen pro Strang.}$$

2. *Güterseilbahn* mit *Pendelbetrieb* für Stückgutförderung.

$M = 4$ t/h, $L^* = 1700$ m, gewählt $v = 3{,}0$ m/sek, $t_2 = 120$ sek, $p = 0{,}20$ m/sek^2.

Damit entsteht

$$t = \frac{1700}{3{,}00} = 566 \text{ sek}, \quad t_3 = \frac{3{,}00}{0{,}20} = 15 \text{ sek}, \quad t = 566 + 120 + 15 = 701 \text{ sek}$$
$$\nu = \frac{3600}{701} = 5{,}14 \text{ Ladungen/h}, \quad P = \frac{4000}{5{,}14} = 780 \text{ kg}.$$

§ 29. Grundlagen für die Linienwahl. Für die Aufsuchung einer voraussichtlich geeigneten Linie ist auch bei Seilbahnen eine kartenmäßige Darstellung des Gebietes, welches von der Bahn durchzogen wird, notwendig. Für eine allgemeine Beurteilung der Linienführung, wie sie zu *Vorentwürfen* notwendig ist, reicht eine Karte im Maßstab von 1 : 50000 und mit einem Schichtenlinienabstand von 50 m noch aus. *Ausführlichen* Entwürfen müssen aber genauere Geländepläne zugrunde liegen und Begehungen, örtliche Erhebungen aller für den Bahnbau wichtigen Einzelheiten (im Gebirge besonders auch hinsichtlich Sturm- und Lawinengefahr, Materialzufuhr) sowie eventuelle Vorvermessungen vorausgehen. Begehungen und Vorvermessungen mit einfachen Mitteln (Distanzmesser, Bussole, Barometer) werden auch bei Vorentwürfen notwendig, wenn kein genügendes Kartenmaterial vorhanden ist.

Stets besonders wichtig ist die Beschaffung guter Planunterlagen bei Seilbahnen im Bereiche großer Industrieanlagen sowie in dicht besiedeltem Gelände.

§ 30. Allgemeine Gesichtspunkte für die Linienführung. Obgleich durch die weitgehende Unabhängigkeit der Seilbahnen von der Geländeform große Freiheit in der Linienführung besteht, kann es bei längeren *Bahnen mit Umlaufbetrieb* in schwierigem Gelände (etwa bei steilen Bergübergängen, vgl. § 28) mitunter doch zu einem ungleichförmigen

[1] Dieser Wert ist bei nicht zu großer Bahnlänge auch von schweren Personenseilbahnen mit Pendelbetrieb erreichbar.

Lauf und damit zu Betriebsstörungen kommen. Bei *Pendelseilbahnen*, welche fast nie über Bergrücken hinwegführen und bei denen das gesamte bewegte Gewicht hinter jenem der Umlaufbahnen zurückbleibt, spielt der Einfluß der Geländeverhältnisse meistens keine so große Rolle, ist aber auch hier zu beachten.

Daraus ergibt sich der *Grundsatz*, womöglich eine in bezug auf die Neigungsverhältnisse sich *nicht* zu schroff ändernde Trasse anzustreben. Im einzelnen gilt für die Linienführung folgendes:

a) Güterseilbahnen

1. Kurze Bahnen. Diese können entweder Anlagen mit *Pendel-* oder *Umlaufbetrieb* sein. Sind Anfangs- und Endpunkt gegeben, so ist die Trasse meistens durch die gerade Verbindungslinie der beiden Punkte bestimmt. Besondere Bedachtnahme auf nicht allzu gegensätzliche Neigungsverhältnisse (etwa wegen örtlich auftretenden Steilgeländes) kann hier fast immer unterbleiben. Dagegen ist es mitunter möglich, daß die Verbauungsverhältnisse (Siedlungen, Industrieanlagen) der Ausführung der geraden Verbindungslinie AE in Abb. 78 hinderlich sind (§ 78, Abs. a). Ist hiebei eine Verschiebung $A'E'$ oder eine Verschwenkung AE'' der Trasse, wobei die Endpunkte verlegt würden, untunlich, so muß die Linie gebrochen und an der Knickstelle W eine *Winkelstation* errichtet werden. Dabei ist zu beachten, daß durch Windwirkung seitlich ausgependelte Wagen und Seile von Bauwerken (die nicht zur Seilbahn gehören) einen waagrechten Abstand von mindestens 3,0 m haben müssen. Die Winkelstation kann von den Seilbahnwagen entweder unter Lösung vom Zugseil oder ohne Lösung von diesem durchfahren werden. Das erstere ist besonders dann notwendig, wenn auch in der Winkelstation eine Be- oder Entladung von Wagen in Frage kommt. Im letzteren Falle spricht man von einer *selbsttätigen* Kurvenstation. Die Anlage von Kurven auf offener Strecke ist praktisch fast ausgeschlossen, weil der bei stärkeren waagrechten Richtungsänderungen vom Zugseil ausgeübte Seitenzug im Hinblick auf die von der Fahrbahn frei herabhängenden Wagen besondere Maßnahmen erfordert (§ 75).

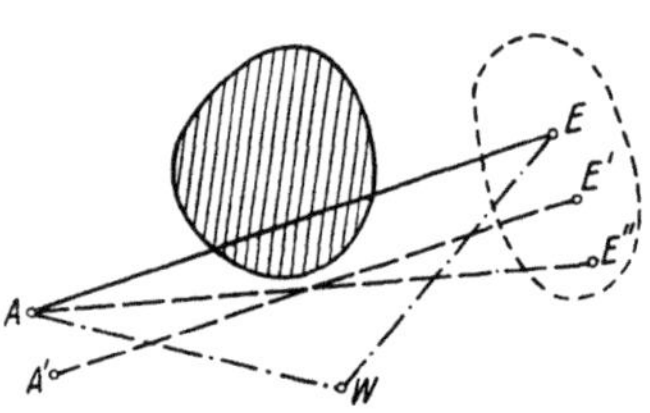

Abb. 78. Situationsskizze einer kurzen Seilbahn

2. Lange Bahnen. Für diese kommt fast ausschließlich *Umlaufbetrieb* in Frage. Einer Linie mit geringeren Neigungsunterschieden ist hier größere Bedeutung beizumessen. Selbsttätige Kurvenstationen zur Umgehung von Siedlungen, örtlichem Steilgelände od. dgl. werden nur angewandt, solange die Bahn noch mit einer einzigen geschlossenen Zugseilschleife ausführbar ist. Da selbsttätige Kurvenstationen die Anlagekosten bedeutend erhöhen können, wird man sie bei Bahnen, die sich aus mehreren Teilstrecken zusammensetzen, fast immer durch Verschiebungen einzelner Bahnabschnitte zu vermeiden trachten.

α) Die *Grenzlänge*, bis zu welcher eine Seilbahn mit einer einzigen geschlossenen Zugseilschleife — in einer *Sektion* — ausführbar ist, hängt von den Neigungsverhältnissen und von der Dichte der Wagenfolge ab.

αα) Bei *dicht mit Wagen behängten Bahnen* beträgt im Steilgelände die Grenzlänge etwa 2,5 bis 3,5 km und steigt im flachen Gelände bis auf etwa 6 km. Bestimmend für die größte Länge eines Abschnittes in *schwierigem Gelände* sind die Zugseilkräfte, welche bei dichtbehängten Bahnen hoch anwachsen und mit zunehmender Streckenlänge leicht zu übermäßig starken Zugseilen führen sowie schwere mechanische Einrichtungen erfordern. Im *flachen Gelände* hängt die Grenzlänge ebenfalls von den Zugseilkräften ab, aber es spielen hier auch die Schwierigkeiten eine Rolle, welche bei der Inbetriebsetzung langer Strecken nach längeren Stillständen zufolge der anfangs sehr hohen Bewegungswiderstände auftreten.

ββ) Bei *schwächer behängten Bahnen* schwanken die größten Sektionslängen je nach den Neigungsverhältnissen ungefähr zwischen 4,0 und 7,0 km. Die Gründe für die Begrenzung der Sektionslängen sind die gleichen wie vorhin, nur übt bei sanfterem Gelände die sich ergebende Zugseilstärke kaum einen Einfluß auf die Sektionslänge aus. Daß bei schwach behängten Bahnen mit der Länge einer Sektion nicht viel über jene der dicht mit Wagen besetzten Anlagen hinausgegangen werden darf, liegt in dem bereits erwähnten ungünstigen Einfluß von Zugkraftschwankungen auf den Lauf einer Bahn, der sich bei ersteren stärker auswirkt als bei letzteren. Aber auch dann, wenn das Gelände ganz eben ist, sollen die Sektionslängen bei schwächer behängten Bahnen nicht zu groß gewählt werden. Es machen sich sonst wegen des bedeutenden bewegten Gesamtgewichtes irgendwelche Störungen auf der Strecke (beispielsweise entgleiste Wagen) nur in einem vergleichsweise wenig erhöhten Kraftbedarf des Antriebes gegenüber den betriebsmäßigen Kraftschwankungen geltend. Bei Weiterlauf der Bahn kann dies unter Umständen zu schweren Schäden (wie Beschädigung zahlreicher Stützen) führen.

Güterseilbebahnen mit *Pendelbetrieb* haben gewöhnlich keine größere Länge als 3,0 km.

β) Ist bei *Umlaufbetrieb* die Streckenlänge größer als eben angeführt, dann muß eine *Unterteilung der Bahn in mehrere Sektionen* vorgenommen werden. Jede Sektion erhält ihre gesonderte Zugseilschleife samt Antrieb und Spannvorrichtung, so daß die Bahn aus mehreren hintereinandergeschalteten, voneinander *unabhängigen* Abschnitten besteht. An den Trennungspunkten werden Stationen errichtet, in denen die vorgenannten maschinellen Einrichtungen unterzubringen sind und in welchen die Wagen nach Abkupplung vom Zugseil der einen Strecke über Hängebahnschienen zur anderen laufen, um dort wieder an das Zugseil angeschlossen zu werden. Die einzelnen Teilstrecken können unter einem beliebigen Winkel aneinanderstoßen. Weil meist nur die Endpunkte der Bahn festliegen, hat man so die Möglichkeit, die einzelnen Sektionen derart zu wählen, daß die

Neigungsverhältnisse innerhalb jeder Sektion keine zu großen Gegensätze aufweisen. Solche *Überlandbahnen*, welche meistens zur Erschließung eines Bergwerks- oder Waldgebietes, aber auch unbesiedelter wegarmer Gegenden (Übersee) dienen, stellen sich im Grundriß als Polygonzug dar. Im Gewinnungsgebiet weisen sie häufig Verästelungen — Zubringerlinien — auf, die so kurz als möglich sein sollen (Abb. 79).

γ) Bei der Linienwahl ist ferner zu beachten, daß die *Zugseilstärken* in allen Sektionen annähernd die *gleichen* sein sollen. Manche Bauarten von Wagenklemmvorrichtungen (Schraubklemmapparate, § 61) erfordern sogar gleiche Zugseile in allen Teilstrecken. Es wäre daher recht unwirtschaftlich, wenn man bloß in einer Sektion ein starkes Zugseil benötigen würde, in den übrigen aber ein weit schwächeres anwenden könnte und nur dieser einen Teilstrecke wegen überall das starke Zugseil auflegen müßte.

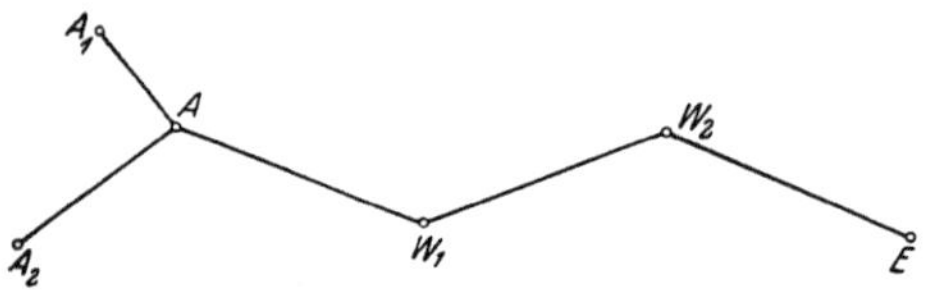

Abb. 79. Situationsskizze einer Überlandseilbahn

Aus diesem Grunde wählt man zunächst an Hand einer geeigneten Karte (§ 29) einen Linienzug unter Einhaltung der vorhin angegebenen Grenzlängen sowie unter Rücksichtnahme auf nicht zu gegensätzliche Neigungsverhältnisse und rechnet sodann überschlägig die größten Zugseilkräfte aus (§ 49). Ergibt die Rechnung größere Unterschiede zwischen den einzelnen Sektionen, so trägt man die notwendigen Korrekturen (Kürzung der einen, Verlängerung der anderen Sektion, teilweise Verschiebung der Linie usw.) in die Karte ein und wiederholt das Verfahren, bis man zu einem befriedigenden Resultat gelangt.

3. Be- und Entladestationen sind immer so anzulegen, daß sie eine einfache Be- und Entladung oder Umladung ermöglichen. Der Platz, auf dem sie errichtet werden, soll womöglich waagrecht sein und besonders bei Stückgutförderung einen entsprechenden Raum für Manipulations- und Lagerzwecke bieten.

Ferner muß darauf Rücksicht genommen werden, daß die *Zwischenstationen*, auch wenn dort kein Ladegeschäft zu besorgen ist, nicht an schwer zugänglichen Punkten liegen. Dies erscheint nicht bloß bei der Errichtung derartiger Bauten (Heranschaffung der Baustoffe und maschinellen Einrichtungen) von Bedeutung, sondern auch hinsichtlich der Betriebsabwicklung (Rücksichtnahme auf günstige Arbeitsbedingungen für das Personal, rasche Behebung von Störungen usw.). Steilere Lehnen eignen sich für die Anlage von Zwischenstationen nur dann in baulicher Hinsicht, wenn dort die Trasse parallel zu den Schichtenlinien verläuft.

b) Personenseilbahnen

Anfangs- und Endpunkt sind hier, im Gegensatz zu Güterseilbahnen, nicht gegeben. Da die Anlagekosten um so mehr herabgedrückt werden können und die Leistungsfähigkeit bei dem bisher überwiegend angewandten *Pendelbetrieb* um so größer wird, je kürzer die Strecke ist, so ergibt sich daraus der Grundsatz, daß die Personenseilbahnen dieser Betriebsart den zu überwindenden Höhenunterschied mit der *kürzesten geraden Linie* bewältigen sollen. Die Bahnlänge überschreitet hiebei meistens 3,0 km nicht.

Man wird daher die *Talstation* so nahe als möglich an den Hang des von der Bahn zu erschließenden Berges heranschieben und die Verbindung mit dem nächsten Ort (Eisenbahnstation) durch eine Straße herstellen.

Hinsichtlich der Lage der *Bergstation* gilt, daß es im allgemeinen nicht vorteilhaft erscheint, die Bahn bis auf den höchsten Punkt des Berges zu führen, weil dort der Platz fast stets beengt, die Station ungeschützt gegen Witterungsunbilden und kein Raum für eventuelle weitere Bauten (Wirtschaften) vorhanden ist. Andererseits soll die Bergstation aber auch nicht zu weit unter dem Gipfel liegen, weil sonst die Bahnanlage an Wert für die Fahrgäste einbüßt. Es dürfte daher zweckmäßig sein, die Bergstation etwa 40 bis 60 m unter dem Gipfel an einer geschützten Stelle zu errichten.

Zur *Form des Längenschnittes* ist zu sagen, daß nach oben *hohle* Trassen gegenüber nach oben gewölbten den Vorzug verdienen. Die Vorteile konkaver Längenschnitte sind:

1. Wegen der nach oben hohlen Seilkurven ist die Summe der Seilablenkungen auf allen Stützen zusammen geringer, wodurch die Stützenanzahl kleiner wird und die Anlagekosten ermäßigt werden.

2. Die kleinere gesamte Seilablenkung auf den Stützen schont nicht nur die Seile, sondern ergibt auch kleinere Schwankungen der Antriebskraft beim Lauf der Bahn, so daß die Betriebsverhältnisse gleichfalls günstiger werden.

Bei *Umlaufseilbahnen* für Personenverkehr gelten hinsichtlich der Linienführung dieselben Grundsätze wie bei Güterseilbahnen dieser Betriebsart; selbsttätige Winkelstationen sind jedoch ausgeschlossen. Im Falle längerer Bahnen sollte man mit der Teilstreckenlänge aus Sicherheitsgründen nicht über 1,5 bis 2,0 km hinausgehen[1], wobei der erste Wert für steileres und der zweite für flacheres Gelände gilt. Der Wagenübergang von einer Teilstrecke auf die andere geschieht genau so wie bei Güterseilbahnen.

Der kleinste Abstand zwischen einer Personenseilbahn und einem nicht zur Bahn gehörigen Bauwerk soll 10 bis 12 m, gemessen von dem nächstliegenden Tragseil, nicht unterschreiten.

§ 31. Absteckung von Seilbahnen. a) Nach Festlegung der Trasse ist ihre Absteckung sowie die Aufnahme des Bahnlängenschnittes und der Querprofile durchzuführen. Bei der *Absteckung* kommt es wesentlich auf die Herstellung einer *unbedingt geraden* Linie zwischen den jeweiligen

[1] Czitary, E.: Verkehrssicherheit von Seilschwebebahnen. Zeitschrift für Verkehrssicherheit **1958,** H. 3/4.

Endpunkten an, da waagrechte Richtungsänderungen auf offener Strecke in der Regel unzulässig sind. Bei der Absteckung sind drei Fälle zu unterscheiden:

1. Man sieht von einem Endpunkt zum anderen.
2. Man sieht von einem Zwischenpunkt zu den beiden Endpunkten.
3. Es gibt keinen in der Trasse gelegenen Punkt, von dem die beiden Endpunkte sichtbar sind.

Die Absteckung geschieht im ersten Falle von einem Endpunkt aus, im zweiten nach Einvisierung des Zwischenpunktes von diesem aus. Im letzten Falle muß zunächst ein Polygonzug von einem Endpunkt zum anderen gelegt werden (Abb. 80). Nach Messung sämtlicher Seiten und der von ihnen eingeschlossenen Winkel sind die Anschlagwinkel α und β zu berechnen, und es ist mit diesen von einem der Endpunkte aus die Absteckung durchzuführen. Bei sehr langen Strecken hat an Stelle eines Polygonzuges eine *Triangulierung* zu treten.

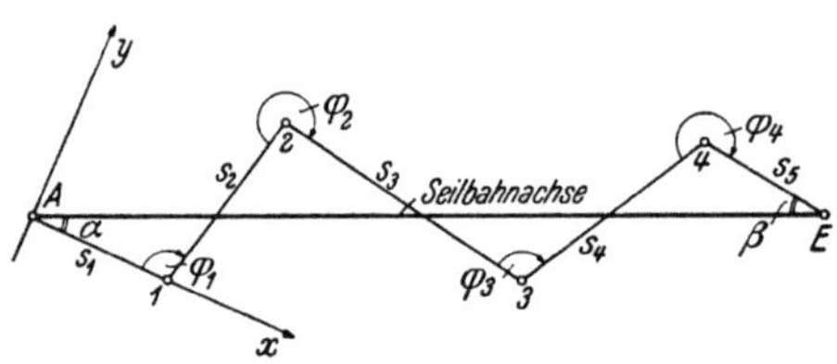

Abb. 80. Zur Absteckung der Seilbahnen

b) Ist die Absteckung der Linie vollzogen, dann werden alle für das *Längenprofil* charakteristischen Zwischenpunkte (auch Parzellengrenzen) der Länge und Höhe nach aufgenommen, was gewöhnlich durch doppelte optische Messung geschieht[1]. In sehr steilem, unwegsamem Gelände ist jedoch wenigstens für die voraussichtlichen Stützenpunkte eine trigonometrische Bestimmung der Längen und Höhen geraten. In den Zwischenpunkten ist auch beiderseits der Trasse das *Querprofil* auf eine gesamte Breite von wenigstens 10 bis 12 m aufzunehmen[2], wozu man sich vorteilhaft der unmittelbaren Messung mit einem Staffelzeug bedient. Der Geländelängenschnitt wird in der Regel im Maßstab 1 : 1000 oder 1 : 2000 *unverzerrt* dargestellt, die Querprofile hingegen im Maßstab 1 : 200.

Von den *Stationsplätzen* sind stets genauere Geländeaufnahmen, also *Lagepläne* mit allen Einzelheiten und mit Schichtenlinien in einem Abstand von höchstens 1 m notwendig. Nur so ist es möglich, diese Bauwerke in vorteilhafter Weise zu bestehenden oder geplanten Gebäuden und Lagerplätzen oder zu Verkehrsanlagen (Bahnanlagen, Schiffsländen) zu projektieren, wenn eine Umladung stattfinden soll. Das gleiche gilt auch bei Kreuzung von Seilbahnen mit anderen Verkehrswegen und bei der Führung von Seilbahnen über verbautem Gelände, damit die erforderlichen Kreuzungsbauwerke zweckentsprechend entworfen werden können.

---

[1] Durchschnittliche Entfernung der auszupflockenden Punkte:
in bebautem Gelände 30 m,
in ebenem, unbebautem Gelände und bei Senken 60 m,
auf Kuppen 20 m und weniger.

[2] Bei Personenseilbahnen noch mehr.

§ 32. Stützenknickwinkel. Um den Verlauf der Seillinie auf der Strecke und den Einfluß der Schuhreibung auf die Tragseilspannkräfte beurteilen zu können, ist die Kenntnis der Knickwinkel des Tragseiles auf den Stützen notwendig.

a) Gemäß Gl. (30) gelten für die Tangentenwinkel an den Enden eines bloß unter der Wirkung seines *Eigengewichtes* stehenden Seilfeldes die Beziehungen

$$\operatorname{tg} \alpha_1{}^l = \operatorname{tg} \gamma - \frac{l}{2\,c_l},$$

$$\operatorname{tg} \alpha_2{}^l = \operatorname{tg} \gamma + \frac{l}{2\,c_l},$$

worin $c_l = \dfrac{H}{q'}$ der Leerseilparameter ist.

b) Wandert eine *Einzellast* durch das Seilfeld, so folgt

1. bei *hoher Zugseilablage* aus Gl. (32b) für die Durchhangsordinaten unter der Last in bezug auf ein Koordinatensystem, dessen Ursprung mit dem linken Endpunkt des Seilfeldes zusammenfällt,

$$y = x \operatorname{tg} \gamma - f_x, \text{ wobei } f_x = \frac{Q + \frac{1}{2}(q' + q_1')\,l}{H^*} \cdot \frac{x\,(l-x)}{l} \text{ ist.}$$

Die Differentiation dieses Ausdruckes liefert nach Vereinfachung

$$y' = \operatorname{tg} \gamma - \frac{[Q + \frac{1}{2}(q' + q_1')\,l]\,(l - 2\,x)}{l\,H^*} + f_x \frac{d \ln H^*}{dx}.$$

Für $x = 0$ und $x = l$ ergibt dies die Tangentenwinkel der Seillinie an den Stützpunkten, wenn die Last unmittelbar an diesen steht, da in diesen Fällen die Tangente an die Lastwegkurve in den Stützpunkten mit der Richtung des von der Stütze abgehenden Tragseiles zusammenfällt. Die betreffenden Ausdrücke lauten

$$\operatorname{tg} \alpha_1{}^v = \operatorname{tg} \gamma - \frac{Q + \frac{1}{2}(q' + q_1')\,l}{H^*},$$

$$\operatorname{tg} \alpha_2{}^v = \operatorname{tg} \gamma + \frac{Q + \frac{1}{2}(q' + q_1')\,l}{H^*}$$

oder, wenn $H^* \doteq$ konst., nach Einführung des Parameters c_v der Lastwegkurve

$$c_v = \frac{H^*}{\frac{2Q}{l} + q' + q_1'},$$

$$\left.\begin{aligned} \operatorname{tg} \alpha_1{}^v &= \operatorname{tg} \gamma - \frac{l}{2\,c_v} \\ \operatorname{tg} \alpha_2{}^v &= \operatorname{tg} \gamma + \frac{l}{2\,c_v} \end{aligned}\right\}. \tag{133}$$

Sie stellen die Extremwerte der Seilneigungen an den Stützen dar.

2. Bei *tiefer Zugseilablage* ist die Bestimmung der Tangentenwinkel der Lastwegkurve in den Stützpunkten am einfachsten an Hand eines Kraftecks für das betrachtete Seilfeld durchzuführen. Für die Stellung des Wagens knapp unter dem oberen Stützpunkt ergibt sich aus Abb. 81

$$\operatorname{tg} \alpha_2{}^v = \frac{V_2}{H^*},$$

wobei $H^* = H^I + H^I_{(i)1}$ und

$$V_2 = H^* \operatorname{tg} \gamma_i + \frac{t\, H^I_{(i)1}}{l_i} + \frac{q' + q_1'}{2} l_i + Q + \frac{q_1' \, l_{i+1}}{2} + \frac{t\, H_{(i+1)1}}{l_{i+1}} + H_{(i+1)1} (\operatorname{tg} \alpha_2{}^v - \operatorname{tg} \gamma_{i+1}).$$

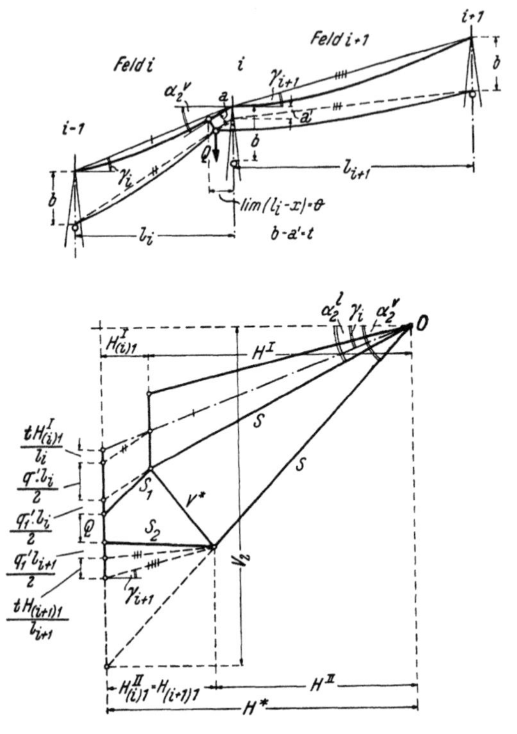

Abb. 81. Neigung der Lastwegkurve in einem Stützpunkt bei tiefer Zugseilablage

Damit entsteht schließlich

$$\operatorname{tg} \alpha_2{}^v = \operatorname{tg} \gamma_i + \frac{Q + A + \frac{1}{2}(q' + q_1')\, l_i}{H^*},$$

wenn $A = \frac{q_1' \, l_{i+1}}{2} + t \left(\frac{H^I_{(i)1}}{l_i} + \frac{H_{(i+1)1}}{l_{i+1}} \right) + H_{(i+1)1} (\operatorname{tg} \alpha_2{}^v - \operatorname{tg} \gamma_{i+1}).$

Dies ist ein ähnlicher Ausdruck wie bei hoher Zugseilablage, nur erscheint er noch um $\frac{A}{H^*}$ erweitert, was von der vermehrten Ablenkung des Zugseiles am Wagen herrührt. Es ist im Seilbahnbau bei kleineren Tragseilablenkungen an den Stützen oft üblich, den Einfluß der vergrößerten Zugseilablenkung bei tiefer Zugseilablage bloß näherungsweise durch Schätzung von A zu berücksichtigen.

Hingegen muß man bei größeren Tragseilablenkungen genauer rechnen und hat dann in A die Größe $H_{(i+1)1}$ durch die als bekannt anzusehenden $H^I + H^I_{(i)1} = H^*$ auszudrücken. Hiebei entsteht $H_{(i+1)1} = H^I + H^I_{(i)1} - H^{II}$, worin wegen Gleichheit der Tragseilspannkräfte S links und rechts vom Wagen für $H^{II} = H^I \frac{\cos \alpha_2{}^v}{\cos \alpha_2{}^l}$ und für $\operatorname{tg} \alpha_2{}^l = \operatorname{tg} \gamma_i + \frac{q' \, l_i}{2\, H^I}$ geschrieben werden kann.

Bei bekannten S und S_1 oder H^I und $H^I_{(i)1}$ läßt sich das Krafteck in Abb. 81 ohne jegliche Rechnung auch leicht konstruieren (vgl. § 33) und so α_2^v zeichnerisch finden.

Analog ergibt sich bei Stellung des Wagens am unteren Stützpunkt

$$\operatorname{tg} \alpha_1^v = \operatorname{tg} \gamma_i - \frac{Q + A + \frac{1}{2}(q' + q_1')\, l_i}{H^*} \text{ und}$$

$$A = \frac{q_1'\, l_{(i-1)}}{2} + t\left(\frac{H_{(i-1)1}}{l_{i-1}} + \frac{H^{II}{}_{(i)1}}{l_i}\right) + H_{(i-1)1}\,(\operatorname{tg} \gamma_{i-1} - \operatorname{tg} \alpha_1^v).$$

3. Wie aus § 20 bekannt, ändern sich bei *Gewichtsspannung* die Horizontalkomponenten der Trag- und Zugseilspannkräfte und damit H^* ein wenig mit der Laststellung. Es bereitet keine Schwierigkeiten, die genauen Werte von H^* für Stellung der Last an den Feldenden zu finden. In allen praktischen Fällen sind jedoch diese Änderungen so gering, daß man die $\operatorname{tg} \alpha_{1,2}^v$ mit einem konstanten Mittelwert von H^* berechnen kann.

4. Ist jedoch das Tragseil an beiden Bahnenden oder gar an den Enden jedes Seilfeldes *fest verankert*, dann muß die Veränderlichkeit von H^* zufolge der sich mit der Laststellung stark ändernden Horizontalkomponenten der Tragseilspannkräfte H^I bzw. H^{II} stets berücksichtigt werden. Wenn die Last an den Feldenden steht, ist für H^I bzw. H^{II} jener Wert H_0 in $\operatorname{tg} \alpha_{1,2}^v$ einzuführen, der sich für den unbelasteten Zustand des betrachteten Seilfeldes ergibt (§ 20).

c) Sind in einem Seilfeld *mehrere Lasten*, so folgen auch hier die Extremwerte der Seilneigungen an den Stützen, wenn eine der Lasten an dem jeweils betrachteten Feldende steht. Aus § 20 ergibt sich, daß

1. bei *hoher Zugseilablage* der an den linken Stützpunkt anschließende Ast der mehrteiligen Lastwegkurve durch die folgende Gleichung bestimmt wird, wenn man wieder ein Koordinatensystem wählt, dessen Ursprung mit diesem Punkt zusammenfällt:

$$y = x \operatorname{tg} \gamma - \frac{f_1^*}{r}\, x - \Delta f_r,$$

wobei nach (54)

$$f_1^* = \frac{(q' + q_1')\, r\,(l - r)}{2\, H^*} + \frac{n\,(n-1)\, Q\, w'\, r}{2\, l\, H^*}, \quad \Delta f_r = \frac{q^*\, x\,(r - x)}{2\, H^*},$$

$$q^* = \frac{2\, n\, Q}{l} + q' + q_1'.$$

Die Differentiation liefert nach Vereinfachung, wenn $H^* \doteq$ konst.,

$$y' = \operatorname{tg} \gamma - \frac{f_1^*}{r} - \frac{q^*\,(r - 2\,x)}{2\, H^*}.$$

Bei $x = 0$ ergibt dies aus den vorhin angegebenen Gründen wieder die Neigung der Seillinie bei der linken Stütze

$$\operatorname{tg} \alpha_1^v = \operatorname{tg} \gamma - \frac{f_1^*}{r} - \frac{q^*\, r}{2\, H^*}.$$

Analog erhalten wir für die Neigung der Seillinie im rechten Stützpunkt bei Stellung einer Last unmittelbar an diesem

$$\operatorname{tg} \alpha_2{}^v = \operatorname{tg} \gamma + \frac{f_1{}^*}{r} + \frac{q^* \, r}{2 \, H^*} \, .$$

Setzt man in diese Ausdrücke die Werte für $f_1{}^*$ und q^* ein und berücksichtigt, daß $(n-1)\, w' + r = l$, so folgt schließlich

$$\left.\begin{aligned} \operatorname{tg} \alpha_1{}^v &= \operatorname{tg} \gamma - \frac{(q' + q_1{}')\, l + n\, Q}{2\, H^*} - \frac{n\, Q\, r}{2\, l\, H^*} \\ \operatorname{tg} \alpha_2{}^v &= \operatorname{tg} \gamma + \frac{(q' + q_1{}')\, l + n\, Q}{2\, H^*} + \frac{n\, Q\, r}{2\, l\, H^*} \end{aligned}\right\} . \tag{134}$$

Für $n = 1$, wobei dann $r = l$, geht diese Gleichung in (133) für eine einzige Last in einem Seilfeld über.

2. Der Fall *tiefer Zugseilablage* wird rechnerisch nicht behandelt, weil der Umstand, ob hohe oder tiefe Zugseilablage vorliegt, bei mehreren Lasten in einem Seilfeld keine große Rolle spielt. Übrigens kann der tiefen Zugseilablage analog zu den Verhältnissen bei einer einzigen Verkehrslast leicht durch einen in (134) hinzuzufügenden Ausdruck $\frac{A}{H^*}$ Rechnung getragen werden, in dem A eventuell zu schätzen ist.

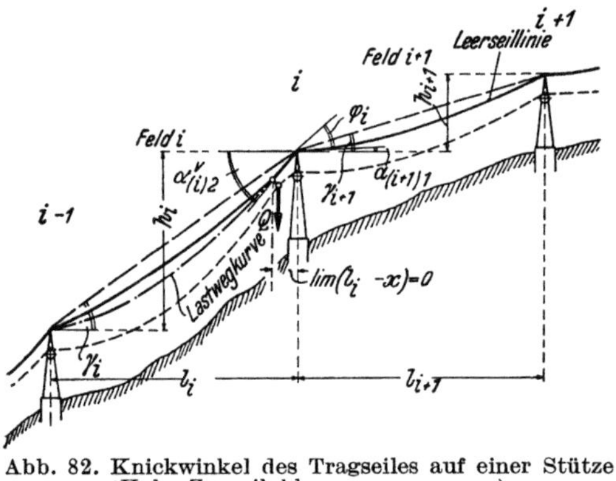

Abb. 82. Knickwinkel des Tragseiles auf einer Stütze (Hohe Zugseilablage angenommen)

3. Bei mehreren Einzellasten in einem Seilfeld ist die Änderung von H^* im Falle einer *Gewichtsspannung* der Seile sehr klein. Man setzt daher stets, ohne nennenswerte Fehler zu machen, für H^* konstante Mittelwerte bei der Berechnung der $\operatorname{tg} \alpha_{1,2}{}^v$ ein (§ 20).

4. Der Fall beiderseitiger *fester Verankerung* kommt bei mehreren Lasten in einem Seilfeld praktisch nicht vor.

d) Mit Hilfe der Tangentenwinkel der Seillinie an den Feldenden ergibt sich der *Knickwinkel* des Tragseiles auf einer Stütze i mit den Bezeichnungen der Abb. 82 zu

$$\varphi_i = \alpha_{(i)\,2} - \alpha_{(i+1)\,1}, \tag{135}$$

wofür bei nicht zu großen Bahnneigungen näherungsweise auch

$$\operatorname{tg} \varphi_i \doteq \operatorname{tg} \alpha_{(i)\,2} - \operatorname{tg} \alpha_{(i+1)\,1} \tag{135a}$$

geschrieben werden kann.

§ 33. Zusammenhang zwischen Stützenknickwinkel, Auflagerdruck und Tragseilreibung auf den Stützen

a) Ist das Tragseil auf den Stützen *verschieblich* gelagert, was den Regelfall bildet, so haben wir folgendes zu beachten:

Tritt in Abb. 82 von links her ein Wagen in die Spannweite l_i, so vergrößert sich dort der Durchhang, und es steigt damit in diesem Feld die Seilspannkraft so lange an, bis auf den Stützen $i-1$ und i die Reibung überwunden wird und aus den Nachbarfeldern sich das Tragseil etwas in das Feld l_i verschiebt. Verläßt der Wagen das Feld l_i in der Richtung über die Stütze i, so sinkt die Seilspannkraft in diesem Feld, und zwar

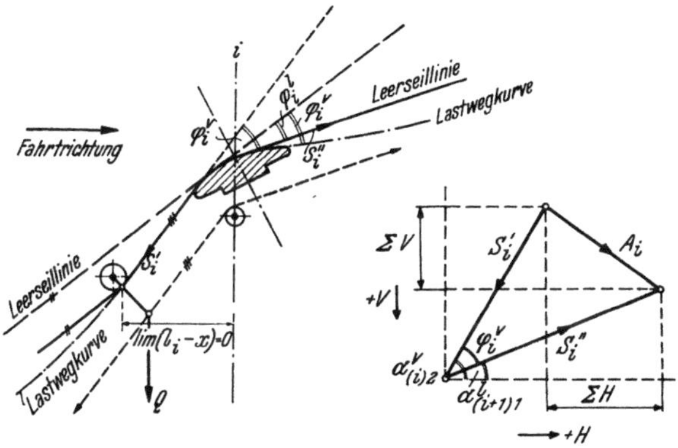

Abb. 83. Zusammenhang zwischen Stützenknickwinkel, Auflagerdruck und Tragseilreibung (Hohe Zugseilablage angenommen)

wegen des größeren Durchhanges, der darin bestanden hat, unter die Spannkraft in den Nachbarfeldern l_{i-1} und l_{i+1} so lange, bis die Spannkraftdifferenz die Reibung auf den Stützen $i-1$ und i überwindet und das Tragseil über diese Stützen wieder in die beiden genannten Felder zurückwandert. Inzwischen hat der Wagen die Stütze i überschritten und ist in die Spannweite l_{i+1} getreten. Es verschiebt sich daher jetzt das Tragseil aus den Feldern l_i und l_{i+2} in das Feld l_{i+1}, weil sich nun dort die Spannkraft über jene in den Nachbarfeldern vergrößert, und es tritt erst dann wieder eine Spannkraftverminderung und ein Rückwandern des Seiles ein, wenn der Wagen das Feld l_{i+1} über die Stütze $i+1$ verläßt. Daraus folgt, daß beim Überschreiten einer Stütze durch einen Seilbahnwagen (Abb. 83) sich das Tragseil stets im *gleichen* Sinn wie der Wagen bewegt und im Feld *vor* dem Wagen die Tragseilspannkraft um den Reibungsbetrag *größer* ist als im Feld hinter dem Wagen. Zu *entgegengesetzten* Spannkraftunterschieden und Tragseilbewegungen auf der betrachteten Stütze kommt es, wenn ein Wagen über die linke oder rechte Nachbarstütze in eines der beiden anschließenden Seilfelder eintritt oder dieses verläßt.

Sind in jedem Seilfeld ein oder mehrere Wagen, so herrschen bei deren Bewegung grundsätzlich die gleichen Verhältnisse wie zuvor, jedoch werden die Verschiebungen des Tragseiles auf den Stützen um so kleiner, je mehr Wagen sich in den einzelnen Feldern befinden. Dies hängt damit zusammen, daß die Belastungs- und Durchhangsverhältnisse der Seilfelder sich bei Bewegung mehrerer Wagen ebenfalls nur wenig ändern.

Auf Grund dieser Darlegungen gilt mit Bezug auf Abb. 83 beim Übergang eines Wagens über die $i$te Stütze in der Fahrtrichtung vom $i$ten zum $i+1$ten Feld, welcher $S_i'' > S_i'$ zur Folge hat, der Zusammenhang $S_i'' = S_i' \, e^{\mu \varphi_i}$, worin μ den Reibwert zwischen Seil und Schuh bedeutet. μ schwankt dabei meistens zwischen 0,10 und 0,20. Für kleine Winkel — und die Knickwinkel sind fast immer solche — läßt sich anstatt obiger Gleichung auf Grund einer Reihenentwicklung näherungsweise schreiben:

$$S_i'' \doteq S_i' \, (1 + \mu \, \widehat{\varphi}_i) \doteq S_i' \, (1 + \mu \operatorname{tg} \varphi_i). \tag{136}$$

Ist die Fahrtrichtung umgekehrt, so muß wegen $S_i'' < S_i'$

$$S_i'' \doteq S_i' \, (1 - \mu \, \widehat{\varphi}_i) \doteq S_i' \, (1 - \mu \operatorname{tg} \varphi_i) \tag{136a}$$

sein.

1. Bei einer *genaueren* Berechnung des Knickwinkels auf einer Stütze ist die durch die Reibung bedingte Verschiedenheit der Seilspannkräfte beiderseits der Stütze zu berücksichtigen. Die Berechnung hat sich dann, wenn beispielsweise der in Abb. 82 angenommene Fall einer *Einzellast* knapp links der Stütze herausgegriffen wird, wie folgt zu vollziehen:

Gegeben: Feld $i : l_i$, h_i, Feld $i+1 : l_{i+1}$, h_{i+1}, ferner aus vorausgegangenen Berechnungen die Horizontalkomponenten $H^I{}_i$, $H^I_{(i)1}$ der Trag- und Zugseilspannkräfte im Feld i[1], schließlich die auf die Stützensehnen bezogenen Eigengewichte je Längeneinheit von Trag- und Zugseil q' und q_1' sowie das Wagengewicht Q.

Gesucht: der Stützenknickwinkel φ_i^v bei Fahrt des Wagens nach *rechts* über die mit *hoher* Zugseilablage versehene Stütze i. Es gelten die Gleichungen (135), (133) und (30), also

$$\operatorname{tg} \varphi_i^v \doteq \operatorname{tg} \alpha^v_{(i)2} - \operatorname{tg} \alpha^l_{(i+1)1} ,$$

$$\operatorname{tg} \alpha^v_{(i)2} = \operatorname{tg} \gamma_i + \frac{l_i}{2 \, c_{v(i)}} , \quad c_{v(i)} = \frac{H_i^I + H^I_{(i)1}}{\frac{2Q}{l_i} + q' + q_1'} ,$$

$$\operatorname{tg} \alpha^l_{(i+1)1} = \operatorname{tg} \gamma_{i+1} - \frac{l_{i+1}}{2 \, c_{l(i+1)}} , \quad c_{l(i+1)} = \frac{H_{i+1}}{q'} .$$

Für die Festlegung des unbekannten H_{i+1} benutzen wir (136) in der Form

$$\frac{H_{i+1}}{\cos \gamma_{i+1}} - \frac{q \, h_{i+1}}{2} \doteq \left(\frac{H_i^I}{\cos \gamma_i} + \frac{q \, h_i}{2} \right) (1 + \mu \operatorname{tg} \varphi_i^v) . \tag{136b}$$

[1] Wobei im Sinne der früheren Darlegungen hiefür Mittelwerte statt der genaueren, der Wagenstellung entsprechenden benutzt werden können, ohne einen nennenswerten Fehler zu begehen.

in welcher die Eigengewichtsdurchhänge des Tragseiles vernachlässigt worden sind.

2. Sind bei dem einer Knickwinkelberechnung für eine Stütze zugrunde gelegten Belastungsfall in den beiden anschließenden Feldern *mehrere Wagen* vorhanden, so ist der Rechnungsgang genau der gleiche wie unter **1.**, nur sind dann für tg $\alpha_{(i)2}$ und tg $\alpha_{(i+1)1}$ die Gl. (134) zu benutzen und bei größeren Durchhängen diese in (136b) zu berücksichtigen.

3. Von besonderer Wichtigkeit sind, wie bei der Stützenverteilung (§ 36) dargelegt wird, die Knickwinkel, welche bei *unbelasteten* Seilfeldern entstehen und die als *Leerseilknickwinkel* bezeichnet werden. Da man im unbelasteten Zustand über die Richtung, in welcher die Reibung wirkt, nichts Bestimmtes aussagen kann, so läßt man diese oft ganz außer Betracht. Die Berechnung der Leerseilknickwinkel vollzieht sich dann gewöhnlich in folgender Form:

Gegeben: Feld $i : l_i,\ h_i$; Feld $i+1 : l_{i+1},\ h_{i+1}$, ferner die Tragseilspannkraft in der Mitte des $i$ten Feldes S_i und das auf die Stützensehne bezogene Tragseileigengewicht q'.

Gesucht: der Stützenknickwinkel φ_i^l.

Hiezu benutzen wir die folgenden Gleichungen:

$$\operatorname{tg} \varphi_i^l \doteq \operatorname{tg} \alpha_{(i)2}^l - \operatorname{tg} \alpha_{(i+1)1}^l ,$$

$$\operatorname{tg} \alpha_{(i)2}^l = \operatorname{tg} \gamma_i + \frac{l_i}{2\, c_{l\,(i)}}, \quad c_{l\,(i)} = \frac{H_i}{q'},$$

$$\operatorname{tg} \alpha_{(i+1)1}^l = \operatorname{tg} \gamma_{i+1} - \frac{l_{i+1}}{2\, c_{l\,(i+1)}}, \quad c_{l\,(i+1)} = \frac{H_{i+1}}{q'},$$

$$S_{i+1} \doteq S_i + q\, \frac{h_i + h_{i+1}}{2},$$

$$H_i = S_i \cos \gamma_i, \quad H_{i+1} = S_{i+1} \cos \gamma_{i+1},$$

wobei auch hier die Wirkung der Eigengewichtsdurchhänge auf die Größe der Seilspannkräfte vernachlässigbar erscheint. Diese Berechnung, welche für die gesamte Seilbahnanlage *nach* durchgeführter zeichnerischer Stützenverteilung zu deren Überprüfung vorzunehmen ist, wird immer tabellarisch angeordnet, wie das Muster einer solchen *Längenschnittsberechnung* im Anhang zeigt.

In diese Tabelle werden die Längen- und Höhenkoten der Stützpunkte aus dem Längenschnitt gewöhnlich von dem Streckenende her, an dem die kleinste Seilspannkraft herrscht und wo demnach in der Regel das Spanngewicht angeordnet wird, eingetragen.

b) Sind für eine *bestimmte Laststellung* die für die Berechnung des Knickwinkels auf einer Stütze erforderlichen Tangentenwinkel an die Seilkurven und die Horizontalkomponenten der Seilspannkräfte in den anschließenden Spannweiten bekannt, so läßt sich auch der *Auflagerdruck* des Tragseiles auf dieser Stütze *rechnerisch* angeben.

1. Wir denken uns zu diesem Zweck die an der Stütze wirkenden Tragseilspannkräfte S_i' und S_i'' in je eine waagrechte und lotrechte Komponente zerlegt; die Komponentensummen dieser Kräfte sind dann (vgl. Krafteck in Abb. 83) die Komponenten des Auflagerdruckes A_i. Zählen wir dabei die positive waagrechte Richtung nach rechts und die positive lotrechte Richtung nach abwärts, so folgt für die Komponenten von A_i

$$\left.\begin{aligned} \Sigma H &= H_{i+1} - H_i \\ \Sigma V &= H_i \operatorname{tg} \alpha_{(i)2} - H_{i+1} \operatorname{tg} \alpha_{(i+1)1} \end{aligned}\right\}. \qquad (137)$$

In diese Beziehung sind für $\operatorname{tg} \alpha_{(i)2}$ und $\operatorname{tg} \alpha_{(i+1)1}$, je nach der Belastung, die entsprechenden Werte aus den früheren Gleichungen einzuführen. Dabei ist auch die Fahrtrichtung wegen des Wirkungssinnes der Stützenreibung zu beachten. Beispielsweise ergibt sich für den in Abb. 82 und 83 dargestellten und bei der genaueren Knickwinkelberechnung behandelten Belastungsfall mit einer Einzellast knapp links einer Stütze und *hoher* Zugseilablage

$$\left.\begin{aligned} \Sigma H &= H_{i+1} - H_i^{II} \\ \Sigma V &= H_i^{II} \operatorname{tg} \alpha^v_{(i)2} - H_{i+1} \operatorname{tg} \alpha^l_{(i+1)1} \end{aligned}\right\}, \quad \text{worin } H_i^{II} = H_i^I \frac{\cos \alpha^v_{(i)2}}{\cos \alpha^l_{(i)2}}.$$

Die aber doch etwas umständliche analytische Methode zur Bestimmung des Stützendruckes hat zur Bevorzugung *zeichnerischer Verfahren* Anlaß gegeben.

Liegt *hohe* Zugseilablage vor, befindet sich knapp links einer Stütze i ein Wagen Q, wie dies in Abb. 82 und 83 der Fall ist und nimmt man an, daß die anschließenden Seilfelder l_i und l_{i+1} im übrigen unbelastet sind (*Pendelbetrieb*), dann geht man bei der Bestimmung des Stützendruckes zweckmäßig wie folgt vor.

Sind S_i' und $S_{(i)1}$ die Trag- und Zugseilspannkräfte knapp links des Wagens, die hier mit jenen identisch sein mögen, die bei unbelasteter Bahn links der Stütze i herrschen, dann kann man von einem beliebigen Pol O_i in Abb. 84a eine Parallele zur Stützensehne i und im lotrechten Abstand $\frac{q' l_i}{2}$ von dieser Parallelen eine zweite zeichnen. Durch den Schnittpunkt 1 zwischen der letzteren mit dem Kreis vom Halbmesser S_i' um O_i ist dann die Lage von S_i' bestimmt. Die im Anschluß daran vorgenommene Wiederholung des Verfahrens mit der Zugseilspannkraft $S_{(i)1}$ und mit 1 als Pol ergibt den Punkt 2, somit die Lage von $S_{(i)1}$. Trägt man jetzt Q von 2 nach unten ab und verbindet dessen Endpunkt 3 mit O_i, so wird $\overline{3\,O_i}$ durch den Kreis um O_i in S_i' und $S_{(i)2}$ geteilt, da im Falle hoher Zugseilablage angenommen werden kann, daß bei der betrachteten Wagenstellung Trag- und Zugseil rechts des Wagens ungefähr gleiche Richtung haben. Trägt man schließlich $\frac{q' l_{i+1}}{2}$ im Teilungspunkt 4 nach unten auf, zeichnet dann durch den so gewonnenen Punkt 5 eine Parallele zur Stützensehne $i+1$, so liefert ein Kreis mit dem Halbmesser S_i' um 4 den Pol O_{i+1} und es ist der Tragseilauflagerdruck $A_i = \overline{O_i\, O_{i+1}}$. Allerdings ist dabei die Reibung auf der Stütze i noch nicht berücksichtigt. Aus Abb. 84a ist aber ersichtlich, wie dies näherungsweise geschehen kann, wodurch man zu den Stützendrücken A_i' oder A_i'' gelangt.

Handelt es sich um *tiefe* Zugseilablage, so kann man dabei genau so vorgehen, wie bei der Bestimmung des Auflagerdruckes im Falle einer hohen Zugseilablage. Die betreffende Konstruktion von A_i ist in Abb. 84b dargestellt und lehnt sich bezüglich der einzelnen Sehnenbezeichnungen an die Abb. 81 an.

Aus Abb. 81 und 84b kann übrigens auch ein zeichnerisches Verfahren für den Stützenauflagerdruck bei *Umlaufbetrieb* mit tiefer Zugseilablage abgeleitet werden. Man braucht zu diesem Zweck bloß die Stützen $i - 1$ und $i + 1$ als die Orte der dem Wagen Q benachbarten Wagen anzusehen und im Wege einer genäherten Durchhangsberechnung die Höhenlage dieser Wagen gegenüber der Stütze i zu ermitteln. Alles übrige ist dann ebenso wie in Abb. 81 und 84b, bloß gilt $t = 0$, weil die Befestigungsstellen des Zugseiles an den Wagen bei allen Wagen im gleichen Abstand unter dem Tragseil liegen.

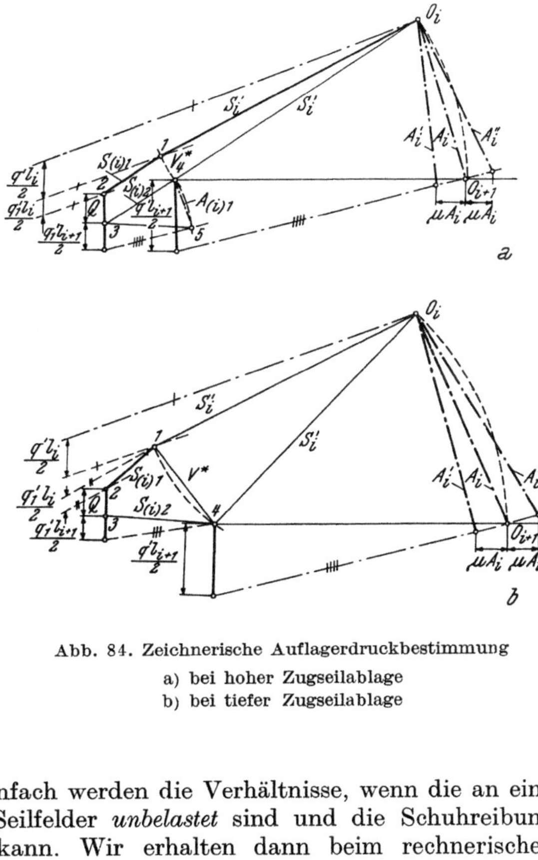

Abb. 84. Zeichnerische Auflagerdruckbestimmung
a) bei hoher Zugseilablage
b) bei tiefer Zugseilablage

2. Ganz besonders einfach werden die Verhältnisse, wenn die an eine Stütze anschließenden Seilfelder *unbelastet* sind und die Schuhreibung vernachlässigt werden kann. Wir erhalten dann beim rechnerischen Verfahren für die Komponenten des Auflagerdruckes

$$\Sigma H = H_{i+1} - H_i,$$

$$\Sigma V = H_i \operatorname{tg} \gamma_i - H_{i+1} \operatorname{tg} \gamma_{i+1} + q' \frac{l_i + l_{i+1}}{2}.$$

3. In ähnlicher Weise wie den Auflagerdruck der Tragseile kann man auch den *Auflagerdruck des Zugseiles* auf die Tragrollen der Stützen bestimmen. Bezüglich der graphischen Methode hiefür vgl. Abb. 84a,

worin $A_{(i)1}$ der gesuchte Auflagerdruck bei *hoher* Zugseilablage ist. Bei *tiefer* Zugseilablage entsteht im Fall der Abb. 81 und 84b kein Zugseilauflagerdruck.

Näheres über die maßgebenden Stützenbelastungen enthält § 41.

§ 34. Verlauf der Tragseilspannkräfte auf der Strecke, Lage und Größe des Tragseilspanngewichtes

a) Verhalten des Tragseiles gegenüber der Wagenbewegung

Auf der Strecke wird der Verlauf der Tragseilspannkräfte durch den überwundenen Höhenunterschied und durch die Reibung des Seiles auf den Stützenschuhen bestimmt. Über die Spannkraftänderungen zufolge eines Höhenunterschiedes wurde schon in § 15 das Wichtigste ausgeführt. Hinsichtlich der Beeinflussung der Tragseilspannkräfte durch die Schuhreibung auf *einer* Stütze ist das Wesentlichste im § 33 enthalten. Welche Veränderungen der Tragseilspannkräfte aber hiebei auf der *ganzen* Strecke im Zusammenhang mit der dauernden Bewegung der Wagen eintreten, läßt sich nicht leicht verfolgen und ist auch noch keineswegs erschöpfend geklärt. Gesichert sind nur *folgende Tatsachen*, welche sich auch mit den Erläuterungen über die Verschiebung des Tragseiles auf den Stützen in § 33 erklären lassen:

1. Tritt in irgendeinem Seilfeld gegenüber einem bestehenden Zustand eine Be- oder Entlastung ein, so äußert sich dies zumindest durch eine Verschiebung des Seiles auf den Stützen in der *Nachbarschaft* des betrachteten Feldes.

2. Bei nach oben *hohlen* Längenschnittsteilen mit ihren kleinen Ablenkwinkeln des Seiles auf den Stützen, großen Spannweiten und damit bedeutenden Durchhängen zufolge der Verkehrslast pflanzen sich diese Verschiebungen *weiter* fort und führen unter Umständen auch zu größeren Spanngewichtsbewegungen.

3. Bei nach oben *gewölbten* Längenschnittsteilen mit ihren größeren Ablenkwinkeln des Seiles auf den Stützen, kleinen Spannweiten und damit geringen Durchhängen infolge der Verkehrslast sind die genannten Verschiebungen örtlich *eng* begrenzt, so daß man mitunter geradezu von einer unverschieblichen Lage des Seiles in nach oben gewölbten Bahnabschnitten sprechen kann.

4. Werden Tragseile dauernd nur in *einer Richtung* befahren (Bahnen mit Umlaufbetrieb), so erfolgt ein allmähliches Wandern (*Streckung*) des Tragseiles in dieser Richtung, während bei Tragseilen, die abwechselnd in *beiden Richtungen* befahren werden (Bahnen mit Pendelbetrieb), darüber *nichts Zuverlässiges* ausgesagt werden kann.

b) Verlauf der Tragseilspannkräfte

Im Hinblick auf diese Verhältnisse betrachtet man bei Untersuchung der Tragseilspannkräfte im Zuge einer Seilbahnstrecke gewöhnlich bloß den *ungünstigen Grenzfall* einer Spannkrafterhöhung durch die Schuhreibung. Auf diese Art erhält man für den Zusammenhang der

Seilspannkräfte an aufeinanderfolgenden Stützpunkten mit den Bezeichnungen der Abb. 85 der Reihe nach die Ausdrücke:

$$S_0$$
$$S_1 = S_0 + q\,h_1$$
$$S_2 = S_1\,(1 + \mu\,\mathrm{tg}\,\varphi_1) + q\,h_2$$
$$\ldots\ldots\ldots\ldots\ldots$$
$$\ldots\ldots\ldots\ldots\ldots$$
$$S_i = S_{i-1}\,(1 + \mu\,\mathrm{tg}\,\varphi_{i-1}) + q\,h_i$$
$$\ldots\ldots\ldots\ldots\ldots$$
$$S_n = S_{n-1}\,(1 + \mu\,\mathrm{tg}\,\varphi_{n-1}) + q\,h_n,$$

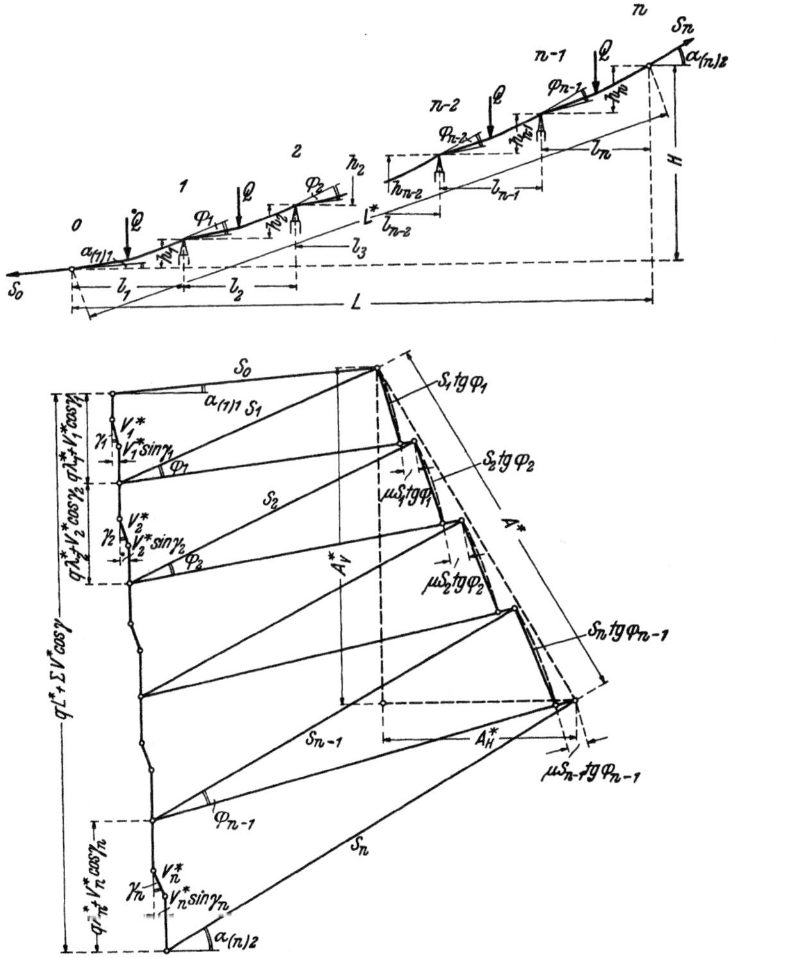

Abb. 85. Verlauf der Tragseilspannkräfte unter Mitberücksichtigung der Streckenreibung

wobei durchwegs die Spannkräfte *links* der Stützen miteinander in Beziehung gesetzt sind und statt S_i' bloß S_i geschrieben ist. Der Belastungszustand in den einzelnen Seilfeldern kann dabei ein beliebiger sein. Ersetzt man in den angeschriebenen Ausdrücken nach Auflösung der Klammern das nicht mit μ tg φ_{i-1} multiplizierte S_{i-1} durch den betreffenden Ausdruck aus der vorhergehenden Zeile, so gewinnt man folgende Beziehung zwischen den Spannkräften an den Seilenden

$$S_n = S_0 + q \sum_1^n h_i + \mu \sum_1^{n-1} S_i \operatorname{tg} \varphi_i,$$

wofür sich, weil $H = \sum_1^n h_i$ den gesamten überwundenen Höhenunterschied und $R = \mu \sum_1^{n-1} S_i \operatorname{tg} \varphi_i$ die gesamte Schuhreibung auf der Strecke darstellt, auch schreiben läßt

$$S_n = S_0 + q\,H + R\,. \tag{138}$$

Gl. (138) ist nur dann vorteilhaft verwendbar, wenn man für das *Reibungsglied* R einen von der Stützenverteilung und Längenschnittsberechnung *unabhängigen* Ausdruck herleiten kann. Betrachten wir zu diesem Zweck das zur Abb. 85 gehörende Krafteck der Tragseilspannkräfte, so kann man wegen der nicht genauen Kenntnis des Reibwertes μ, welche Näherungsrechnungen rechtfertigt — gewöhnlich wird hier $\mu = 0{,}1\dot{0}$ angenommen —, zunächst *bedingt* annehmen, daß

$$\sum_1^{n-1} S_i \operatorname{tg} \varphi_i \doteq A^*,$$

wenn A^* die Resultierende aller Stützendrücke darstellt. Dann kommt es noch darauf an, A^* durch die Belastungen und durch die Spannkräfte an den Seilenden auszudrücken. Wir zerlegen zu diesem Zweck eine gegebene Strecke in ihre *charakteristischen* Abschnitte (vgl. folgd. Abs. d) und unterscheiden in der Folge zwischen geneigten und flachen Strecken.

1. Bei geneigten Streckenteilen machen wir die weitere, später begründete Annahme, daß im Krafteck zu Abb. 85 für die dort aufscheinenden Wirkungen V^* der Verkehrslasten Q auf das Tragseil wegen der verschiedenen möglichen Wagenstellungen die Werte für die Feldmitte eingesetzt werden können (vgl. § 47). Diese V^* sind dann unter den Winkeln γ_i gegen die Lotrechte geneigt. Bezeichnen wir mit

L^* die Tragseillänge

$\alpha_{(1)1}$ den Neigungswinkel der Tragseilkurve am unteren Seilende und

$\alpha_{(n)2}$ den Neigungswinkel der Tragseilkurve am oberen Seilende,

so ergibt sich für die lotrechte und waagrechte Komponente von A^* an Hand des Kraftecks

$$A_V^* = q\,L^* + \Sigma\,V^* \cos \gamma_i + S_0 \sin \alpha_{(1)1} - S_n \sin \alpha_{(n)2},$$
$$A_H^* = \Sigma\,V^* \sin \gamma_i + S_n \cos \alpha_{(n)2} - S_0 \cos \alpha_{(1)1}.$$

Durch Einführung des Wertes für S_n aus (138) nehmen diese Beziehungen die Form an

$$A_V^* = q\,L^* + \Sigma\,V^* \cos\gamma_i + S_0 \sin\alpha_{(1)1} - (S_0 + q\,H + \mu\,A^*) \sin\alpha_{(n)2},$$
$$A_H^* = \Sigma\,V^* \sin\gamma_i + (S_0 + q\,H + \mu\,A^*) \cos\alpha_{(n)2} - S_0 \cos\alpha_{(1)1}.$$

Hieraus entsteht schließlich als Bestimmungsgleichung für A^*

$$A^{*2} = [q\,L^* + \Sigma\,V^* \cos\gamma_i + S_0 \sin\alpha_{(1)1} - (S_0 + q\,H + \mu\,A^*) \sin\alpha_{(n)2}]^2 + \\ + [\Sigma\,V^* \sin\gamma_i + (S_0 + q\,H + \mu\,A^*) \cos\alpha_{(n)2} - S_0 \cos\alpha_{(1)1}]^2. \qquad (139)$$

Von den in dieser Gleichung vorkommenden Größen sind q, V^* (Q), S_0 und H als bekannt anzusehen, während L^*, γ_i, $\alpha_{(1)1}$ und $\alpha_{(n)2}$ teils durch Messung und teils durch Schätzung aus dem Geländelängenschnitt erhalten werden. Im Hinblick auf den beabsichtigten Zweck — Ermittlung der Streckenreibung — ist hiebei allzu große Genauigkeit nicht erforderlich.

2. **Bei flachen Streckenteilen** können wir außerdem annehmen, daß $A_V^* \doteq A^*$, $L^* \doteq L$, $\cos\gamma_i \doteq 1{,}0$ und $\sin\alpha \doteq \operatorname{tg}\alpha$ ist. Damit entsteht

$$A^* = q\,L + \Sigma\,V^* + S_0 \operatorname{tg}\alpha_{(1)1} - (S_0 + q\,H + \mu\,A^*) \operatorname{tg}\alpha_{(n)2},$$

woraus schließlich[1]

$$A^* = \frac{q\,L + \Sigma\,V^* + S_0 \operatorname{tg}\alpha_{(1)1} - (S_0 + q\,H) \operatorname{tg}\alpha_{(n)2}}{1 + \mu \operatorname{tg}\alpha_{(n)2}}. \qquad (140)$$

Bezüglich der in dieser Gleichung vorkommenden Größen gilt dasselbe, was vorhin zu (139) bemerkt wurde.

c) Zweck des Tragseilspanngewichtes

1. Durch das Tragseilspanngewicht werden bedeutende, der Lebensdauer oder der Sicherheit des Tragseiles *nachteilige Spannkraftänderungen* (Unterspannungen bzw. Überspannungen) ausgeglichen, welche bei beiderseitiger fester Verankerung während des Wanderns einer Verkehrslast durch ein Seilfeld (§ 20) sowie infolge von Temperaturänderungen auftreten würden.

2. *Erleichterung des Wagenüberganges über die Stützen*, da sich bei den durch ein Spanngewicht verhinderten größeren Spannkraftschwankungen schlankere Lastwegkurven ergeben als bei beiderseitiger Verankerung der Tragseile an den Bahn- oder Feldenden (§ 20 und 47).

3. Die bei Anordnung eines Spanngewichtes notwendige verschiebliche Lagerung des Tragseiles bewirkt, daß die Stützen in der Seilrichtung bloß Reibungskräfte aufzunehmen haben, nicht aber die Seilspannkräfte selbst, wodurch die *Stützenbauten einfacher* und *leicht* gehalten werden können.

4. Es wird die *Tragseilmontage* erleichtert (§ 84).

[1] Czitary, E.: Zur direkten Bemessung der Seile für Seilschwebebahnen. Wasserwirtschaft **1927**, H. 20.

d) Ort des Tragseilspanngewichtes

Damit die Tragseilspanngewichte insbesondere den in Abs. c) unter 1 und 2 angegebenen Aufgaben entsprechen, sind sie so anzuordnen, daß sie

1. dort, wo infolge der Höhenverhältnisse oder aus betrieblichen Gründen die *kleinsten* Spannkräfte zu erwarten sind, unmittelbar einwirken,

2. bei größeren Schwankungen der Verkehrsbelastung und der Temperatur noch verläßlich in den am *weitesten* von ihnen entfernten Seilfeldern wirken und

3. die größtmöglichen Spannkraftunterschiede infolge des von der Bahnstrecke zu überwindenden Höhenunterschiedes und der Schuhreibung innerhalb *enger* Grenzen halten, als welche etwa 20 bis 30% der Spanngewichtsgröße G anzusehen sind.

Bei *geneigten Strecken* mit $q\,H > R$ kommt daher das Spanngewicht immer an den unteren Endpunkt, während es bei *flacheren Strecken* mit $q\,H < R$ im Falle als das Seil stets nur in einer Richtung befahren wird, an jenen Endpunkt zu verlegen ist, auf den die Wagen zufahren.

Bei *längeren Strecken* hat überdies eine Unterteilung des Tragseiles in mehrere Abschnitte (Abb. 86) zu geschehen, deren jeder sein eigenes Spanngewicht erhält. Während an den Bahnenden vorgesehene Spanngewichte in den betreffenden Stationen untergebracht werden, sind für die bei einer Unterteilung des Tragseiles auf der Strecke notwendigen Spanngewichte *Streckenspannvorrichtungen* herzustellen. In jeder durch die Unterteilung entstandenen Tragseilsektion muß die Bedingung

$$S_{\max} = G + q\,H + R \leq (1{,}20 \text{ bis } 1{,}30)\,G \tag{141}$$

erfüllt sein. Insbesondere ist zu vermeiden, daß durch *ein* Spanngewicht eine über einen Höhenrücken führende Strecke unter Spannung gehalten werden muß, weil die starke Richtungsänderung, welche das Tragseil in einem nach oben gewölbten Bahnabschnitt erleidet, wie eine feste Verankerung wirkt. Derartige Streckenteile erhalten, wenn sie nicht in zwei Tragseilabschnitte zerlegt werden, deren jeder ein eigenes Spanngewicht am unteren Ende hat (Abb. 86a), Spanngewichte an jedem Ende (Abb. 86b). Aber auch eine durch eine tiefere Senke führende Strecke soll nicht durch *ein* Spanngewicht an einem der beiden Enden gespannt werden. Die einzelnen Tragseilsektionen werden sich also meistens mit den aus den Neigungsverhältnissen sich ergebenden charakteristischen Streckenabschnitten decken.

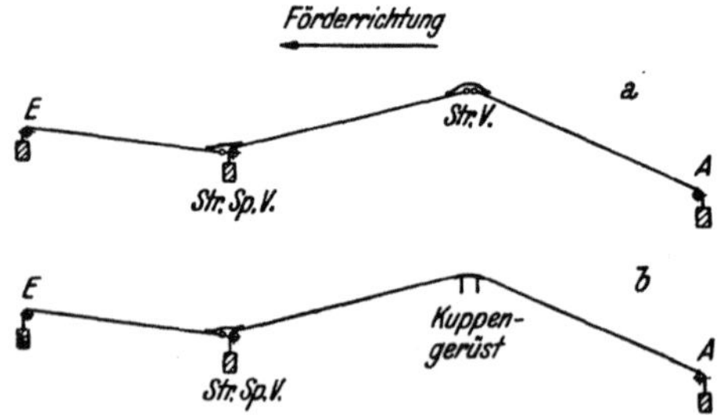

Abb. 86. Unterteilung der Tragseile und Anordnung der Spanngewichte

Die *größte zulässige Länge* eines *Tragseilabschnittes* schwankt bei Einhaltung der Bedingung (141) je nach den Neigungsverhältnissen des Längenschnittes und der Größe des Wagenabstandes zwischen 1,20 und 3,0 km und könnte in jedem einzelnen Fall unter Zuhilfenahme der genannten Bedingung genauer bestimmt werden, wenn man S_{max} auf Grund des einzuhaltenden Zugsicherheitsgrades festlegt. In der Praxis ist man jedoch oft gezwungen, die Längen der einzelnen Tragseilabschnitte etwas abweichend davon, den örtlichen Verhältnissen entsprechend, anzunehmen. Man wählt aber stets für dicht mit Wagen besetzte und steile Bahnstrecken wesentlich kleinere Abschnitte als für Bahnstrecken mit großen Wagenabständen in flachem Gelände.

§ 35. Tragseilbemessung mit Rücksicht auf die Linienführung. Die Kenntnis des Verlaufes der Tragseilspannkräfte auf der Strecke gestattet im Verein mit den Grundsätzen für die Anordnung der Spanngewichte bei der Seilbemessung in einfacher Weise, auch auf die Geländeverhältnisse Bedacht zu nehmen.

a) Güterseilbahnen

Das Raddruckverhältnis $\frac{1}{\eta}$, welches entsprechend der Dichte der Wagenfolge (Leistungsfähigkeit) anzunehmen ist (§ 27), wird hier auf die *mittlere Seilspannkraft* S_m bezogen. Es gilt demnach bei einem Rollendruck V der Wagen mit Berücksichtigung von (141)

$$\eta\, V = S_m = \frac{G + S_{max}}{2} = \frac{1{,}0 + (1{,}20 \text{ bis } 1{,}30)}{2}\, G = (1{,}10 \text{ bis } 1{,}15)\, G.$$

Wählt man für die größte Seilspannkraft den Zugsicherheitsgrad mit $\mathfrak{S}_z = 3{,}50$, so beträgt er für die mittlere Seilspannkraft

$$\mathfrak{S}_m = \frac{S_{max}}{S_m}\, \mathfrak{S}_z = (1{,}10 \text{ bis } 1{,}15)\, \mathfrak{S}_z \doteq 3{,}90.$$

Dies gilt aber nur für *längere Strecken*, bei denen der zulässige Spannkraftunterschied in den einzelnen Tragseilabschnitten ausgenutzt werden kann. Bei *kürzeren* wird man $3{,}50 < \mathfrak{S}_m < 3{,}90$ annehmen können.

Man ermittelt daher in einem gegebenen Fall die erforderlichen Tragseilabmessungen aus der Seiltabelle (§ 8 und 9) mit der errechneten Bruchlast $B = \eta\, V\, \mathfrak{S}_m$, denkt sich dieses Seil bei der Festverankerung mit $\mathfrak{S}_z = 3{,}5$facher Sicherheit gespannt und bestimmt schließlich mit (138) die Größe des Spanngewichtes[1]. Bei Benutzung der Gl. (138) muß die Länge des Seiles und der von ihm überwundene Höhenunterschied bekannt sein. Bei kürzeren Bahnen ist diese Länge gleich der schrägen Bahnlänge, bei längeren sind Unterteilungen in einzelne Abschnitte gemäß den in § 34 gemachten Angaben vorzunehmen, und es ist nach Ermittlung des Spanngewichtes nachzuprüfen, ob Bedingung (141) annähernd erfüllt wird. Die in (138) vorkommende Streckenreibung ist mit (139) oder (140) zu bestimmen. (Vgl. das Beispiel in § 27 und im Anhang.)

[1] Wobei in dieser Gl. statt $S_n = S_{max}$ und statt $S_0 = G$ zu schreiben ist.

Bei *Pendelseilbahnen* sind beide Tragseilstränge gleich stark anzunehmen, bei *Bahnen mit Umlaufbetrieb* erfolgt die Bemessung des Stranges für die vollen Wagen und jenes für die leeren getrennt voneinander, wobei sich empfiehlt, den Leerstrang wegen etwaiger Rücklasten vergleichsweise etwas stärker zu wählen.

Zur Erzielung einer schlanken Fahrbahn innerhalb der Seilfelder soll außerdem das Verhältnis zwischen der von einem Wagen auf das Tragseil übertragenen Last $V^* \doteq \Sigma V$ und der Seilspannkraft S an keiner Stelle der Bahn größer als $\frac{1}{10}$ sein, wenn nur ein Wagen in einem Seilfeld sein kann, und $\frac{1}{15}$ bis $\frac{1}{20}$, wenn sich mehrere Wagen in einem Seilfeld befinden können.

b) Personenseilbahnen

Das Raddruckverhältnis $\frac{1}{\eta}$ darf hier gemäß § 27 höchstens $\frac{1}{80}$ betragen. Es gilt daher für das Spanngewicht am unteren Bahnende, wo stets die kleinste Tragseilspannkraft auftritt, $G = \eta\, V$. Sodann bestimmt man mit Hilfe von (138)[1] die größte Seilspannkraft $S_{\max}$ am oberen Bahnende, worin allerdings das Tragseilgewicht je Längeneinheit geschätzt werden muß. Die Streckenreibung ist dabei ebenso wie vorhin mit (139) zu berechnen[2]. Aus der errechneten Bruchlast $B = S_{\max}\, \mathfrak{S}_z$, für welche auch hier $\mathfrak{S}_z = 3{,}50$ zu wählen ist, erhalten wir aus der Seiltabelle (§ 9) wieder die notwendigen Seilabmessungen. Nunmehr ist noch nachzuprüfen, ob das angenommene Seilgewicht je Längeneinheit mit dem aus der Tabelle sich ergebenden übereinstimmt[3]. Auf die Einhaltung der Bedingung (141) wird im Hinblick auf die stets verhältnismäßig kleinen Bahn- oder Teilstreckenlängen (§ 30) und mit Rücksicht darauf, daß das Tragseil *hier* aus *einem* Stück bestehen muß (§ 14), verzichtet. Das vorhin über das Verhältnis $\frac{V^*}{S}$ Gesagte gilt auch hier.

c) Sollte bei einer Seilbahn das Tragseil an beiden Bahnenden abweichend von den gewöhnlichen Konstruktionsgrundsätzen *fest verankert* werden, so ist bei der Bemessung, die ja für das *belastete* Seil durchzuführen ist, genau wie unter a) oder b) zu verfahren. An Stelle von G tritt jedoch die Spannkraft S_0 am unteren Bahnende, und es ist ferner auch darauf Bedacht zu nehmen, daß bei der der unbelasteten Strecke entsprechenden Tragseilspannkraft S_{00} die größten zulässigen Raddruckverhältnisse nicht überschritten werden.

§ 36. Austeilung der Stützen. Die Austeilung der Stützen geschieht gewöhnlich in dem *unverzerrten*, im Maßstab 1 : 1000 oder 1 : 2000 gezeichneten Geländelängenschnitt.

---

[1] Wobei in dieser Gl. statt $S_n = S_{\max}$ und statt $S_0 = G$ zu schreiben ist.

[2] Sind die Wagen mit einer Fangvorrichtung ausgerüstet, die auf das Tragseil wirkt, dann ist $S_{\max}$ noch um deren Bremskraft K (§ 50) zu vermehren.

[3] Hinsichtlich eines Verfahrens der Bemessung *ohne* Schätzung des Tragseilgewichtes siehe [1] auf S. 141.

Hiebei ist als Seilkurve fast stets die *Leerseillinie* maßgebend, wobei die Streckenreibung meistens unberücksichtigt bleibt (§ 33). Man bedient sich zur einfachen zeichnerischen Darstellung der Leerseillinie bei der Austeilung der Stützen einer Schablone, worüber das Grundsätzliche in § 19 ausgeführt worden ist.

Bei großen Spannweiten, Kreuzungen mit anderen Verkehrswegen oder Überquerungen von verbauten Flächen ist auch die Eintragung der *Lastwegkurven* bzw. des *Weges der Wagenunterkanten* und der *Zugseilkurven* für die nicht mit Wagen besetzte Bahn notwendig. Über die Lastwegkurven ist das Wichtigste in § 20 enthalten, während entsprechende Angaben für das Zugseil § 48 enthält.

Bei der Verteilung der Stützen im Geländelängenschnitt sind zu unterscheiden:

1. Ebenes und gleichmäßig geneigtes Gelände.
2. Nach oben gewölbtes Gelände (Kuppen).
3. Nach oben hohles Gelände (Mulden).

Die folgenden Angaben gelten hauptsächlich für *Güterseilbahnen.* Auf die besonderen Verhältnisse der *Personenseilbahnen* wird getrennt davon hingewiesen.

a) Ebenes und gleichmäßig geneigtes Gelände

1. Man führt die Seilbahn in möglichst *gleicher Höhe* über dem Gelände, so daß das unbelastete Tragseil durchschnittlich 9,0 bis 11,0 m über dem Boden liegt. Diese Höhe ist erforderlich, um die Bewirtschaftung des Geländes unter der Seilbahn nicht zu behindern, insbesondere noch die freie Durchfahrtshöhe (4,50 m) für beladene Erntewagen zu sichern.

2. Die *Stützenentfernung* ergibt sich auf Grund wirtschaftlicher und betrieblicher Erwägungen (Kleinhaltung der Stützenkosten einerseits, schlanke Fahrbahn mit flachen Stützenaufläufen andererseits) am günstigsten zu 100 bis 130 m. Es soll jedoch vermieden werden, alle Stützenabstände gleich zu machen oder sie gar in ein solches Verhältnis zur Projektion w' des Wagenabstandes zu bringen, welches ein gleichzeitiges Auf- oder Ablaufen zahlreicher Wagen an den Stützen ergibt. Dadurch könnten betriebstörende Schwankungen in den Zugseilspannkräften und in der Antriebskraft hervorgerufen werden. Die Stützen werden zweckmäßig auf Parzellengrenzen gesetzt, um möglichst wenig Boden der Nutzung zu entziehen.

3. Die *Leerseilknickwinkel* sollen womöglich die Bedingung $0{,}02 < \operatorname{tg}\varphi^l < 0{,}05$ erfüllen.

b) Nach oben gewölbte Bodenform (Kuppen)

1. Da die Bedingung einer schlanken Fahrbahn nur kleine Knickwinkel des Tragseiles auf den Stützen zuläßt, sind bei dieser Bodenform die *Stützen nahe aneinander zu rücken,* um die Seilführung der Bodenoberfläche anzupassen. Die geringen Stützenabstände gestatten dabei, die Leerseillinie als *Gerade* zu betrachten.

2. Die *Stützenhöhe* am Scheitel der Kuppe soll so *klein* wie möglich sein, damit die Randstützen der Kuppenüberführung nicht zu hoch werden. Die kleinste Stützenhöhe ist mit etwa 4,0 m (Rücksichtnahme auf Schnee) begrenzt, doch wird eine Umzäunung des von der Seilbahn benutzten Geländestreifens schon erforderlich, wenn der freie Raum unter der Seilbahn 2,50 m unterschreitet. Die Höhe der Randstützen soll ungefähr 15,0 m nicht überschreiten.

3. Der *größte Leerseilknickwinkel* kann mit $\operatorname{tg} \varphi^l_{\max} = 0{,}08$ angenommen werden und die *kleinste Stützenentfernung* mit $l_{\min} = 20$ m. Sind die Knickwinkel auf allen Stützen gleich und auch lauter gleiche Stützenabstände vorhanden, so liegen die Stützpunkte annähernd auf einem *Kreisbogen* mit dem Radius $r \doteq \frac{l}{\operatorname{tg} \varphi^l}$, wobei $r_{\min} = \frac{20{,}0}{0{,}08} = 250$ m. Bei großen Zugseilspannkräften und großen Wagenabständen empfiehlt es sich jedoch, $r_{\min} = 500$ m zu wählen, damit die Wagen bei tiefer Zugseilablage nicht zu hoch durch das Zugseil belastet werden.

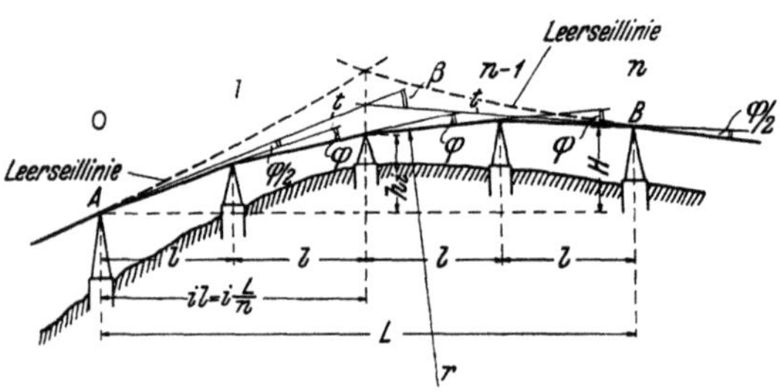

Abb. 87. Stützenverteilung auf Kuppen

4. Bei der *Austeilung der Stützen* bestimmt man zunächst die Stützenverteilung und die Lage der Leerseillinie in den an die Kuppe anschließenden Streckenteilen mit gleichmäßiger Neigung oder konkaver Bodengestaltung und legt dann einen die beiden Leerseillinien berührenden Kreisbogen unter Berücksichtigung der obigen Bedingungen ein (Abb. 87). In den Berührungspunkten A und B, wo die Randstützen zu stehen kommen, zeichnet man die Tangenten t und mißt den Gesamtablenkwinkel β sowie die Gesamtlänge L der Kuppenüberführung. Teilt man L in n gleiche Teile, so kommt auf die mittleren Stützen der Kuppenüberführung der Knickwinkel $\varphi = \frac{\beta}{n}$, auf die Randstützen aber bloß $\frac{\varphi}{2}$. Letzteres ist im Hinblick auf die meistens an die Kuppe anschließenden größeren Spannweiten, in denen sich oft mehrere Wagen befinden, nur erwünscht. Die Höhenkoten der einzelnen Stützpunkte ergeben sich mit den Bezeichnungen in Abb. 87 zu

$$h_i = \frac{H}{L}\, i\, l + \frac{i\, l\, (L - i\, l)}{2\, r} = \frac{i}{n}\left[H + \frac{\left(1 - \frac{i}{n}\right) L^2}{2\, r}\right]. \tag{142}$$

5. Ist der Gesamtablenkwinkel β sehr groß und sind die Hänge steil, so würden viele Stützen notwendig sein und die Randstützen eine übermäßige Höhe erhalten. Man schaltet in diesem Falle zur Verringerung der Stützenanzahl in der Mitte der Stützengruppe ein *Kuppengerüst*

ein, welches wenigstens die Hälfte der Gesamtablenkung aufnehmen soll (Abb. 88). Wenn möglich, soll aber das Kuppengerüst auch nicht allein die Gesamtablenkung aufnehmen, weil sonst der Übergang zu scharf würde, der Verlauf der Fahrbahn also nicht mehr die stets erwünschte Schlankheit hätte. Aus dem gleichen Grunde ist auch der Seilschuh- oder Schienenhalbmesser eines Kuppengerüstes tunlichst groß und nicht unter $r_0 = 30$ m zu wählen. Sehr scharfe Bergübergänge (Kämme) rechtfertigen mitunter sogar die Anlage von *Einschnitten* und *Tunnels.*

c) Muldenförmiges Gelände

1. In Mulden wird das Tragseil umso weniger auf den Stützen abgelenkt und ruht mit umso geringerem Druck auf diesen, je hohler die Bodenform ist. Da die Tragseilspannkraft durch wechselnde Reibungsverhältnisse auf den Stützen unbestimmten Schwankungen unterworfen ist, könnte hier bei einem örtlichen Ansteigen der Tragseilspannkraft das unbelastete Seil aus den Auflagerschuhen gehoben werden. Diese Gefahr erscheint vermieden, wenn die Stützen so hoch gemacht werden, daß auf ihnen das Tragseil auch bei der sich möglicherweise einstellenden größten Seilspannkraft noch sicher lagert. Dies erzielt man annähernd, wenn man die Stützpunkte wenigstens in die Höhe einer Leerseillinie legt, die einen um etwa 15% vergrößerten Parameter $c_{ü}$ gegenüber dem durchschnittlichen, bei Einhaltung einer 3,5fachen Zugsicherheit sich ergebenden besitzt. Diese Leerseillinie wird als *überspannte Leerseillinie* bezeichnet und die Stützenverteilung mit einer dementsprechenden Schablone vorgenommen (§ 19). Stützen, deren Seilauflager in der Höhe der überspannten Leerseillinie liegen, erhalten überdies Seilschuhe mit Niederhaltkappen.

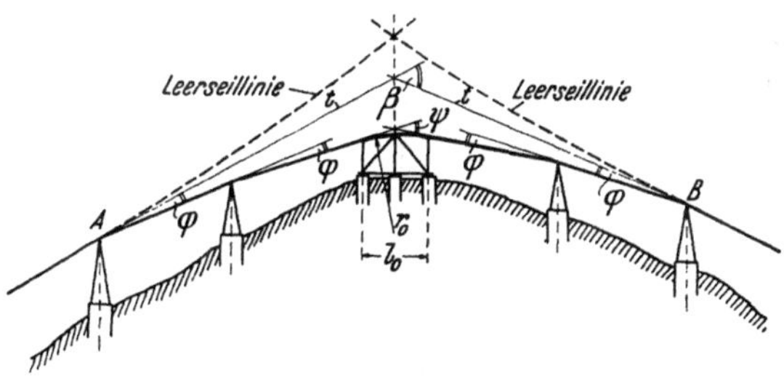

Abb. 88. Anordnung von Kuppengerüsten bei steilen Bergübergängen

2. Die überspannte Leerseillinie deckt sich aber nur selten mit der Bodenform soweit, daß man die Bahn in ungefähr gleichem Abstand zur Geländeoberfläche führen kann. Da man jedoch *große Spannweiten* (bis zu etwa 1500 m) auszuführen in der Lage ist, hat man trotz der bei tieferen Senken nur mangelhaften Anpassung der Seillinie an das Gelände die Möglichkeit, eine vorteilhafte Stützenausteilung zu wählen, bei der also die Stützenhöhen noch erträglich bleiben. Reicht, wie in Abb. 89 dargestellt, der konkave Längenschnittsbereich von *A* bis *B*, an welchen konvexes Gelände oder solches mit gleichmäßiger Neigung anschließen möge, dann legt man in diesem Bereich *vor* Durchführung der Stützenverteilung in den anschließenden Abschnitten die überspannte

Leerseillinie so ein, daß die Randstützen in A und B nicht zu hoch werden (etwa 15,0 m). Die Zwischenstützen stellt man auf solche Punkte, wo sich für diese noch erträgliche Höhen ergeben. Bei größeren Spannweiten können Stützenhöhen von 25,0 m, mitunter auch von 30,0 m noch in Kauf genommen werden.

3. Die Stützenstellung richtet sich aber auch danach, daß in den größeren Spannweiten die *Lastwegkurve* nicht zu nahe dem Boden kommt und bei mehreren Wagen in einem Seilfeld an den Stützen nicht zu starke Ablenkwinkel durch die Verkehrslasten entstehen. Man hat daher in großen Spannweiten, wie schon bemerkt, stets auch die Lastwegkurve einzutragen. Ihr *Abstand vom Boden* soll in Feldmitte bei Spannweiten von 500 bis 1000 m wenigstens noch 20 bis 30 m betragen, während man sich gegen die Stützen hin mit kleineren Abständen begnügen kann[1]. Hinsichtlich der Ablenkung des Tragseiles auf den Stützen unter dem Einfluß der Verkehrslast ist zu berücksichtigen, daß die *Gesamtablenkung*, welche die Seilschuhe wegen der Forderung nach einer schlanken Fahrbahn gestatten (§ 40), ungefähr $\operatorname{tg}\varphi^* = 0{,}25$ bis $0{,}35$ beträgt. Wird im Anschluß an große Spannweiten die Gesamtablenkung auf einer Stütze zufolge der Verkehrslast ausnahmsweise größer, dann bildet man die Stütze als *Doppelstütze*, mit zwei Schuhen für jede Fahrbahn, aus.

4. Für die Bestimmung der *Höhenlage* von Stützpunkten, die in der überspannten Leerseillinie liegen, muß wegen der geringeren Leerseildrücke nicht nur ein zeichnerisches, sondern auch ein rechnerisches Verfahren benutzt werden. Mit den Bezeichnungen der Abb. 89 gilt

$$\left.\begin{array}{l} h_2 = l_2\left(\operatorname{tg}\alpha_1 + \dfrac{l_2}{2\,c_ü}\right) \\ \dots\dots\dots\dots\dots \\ h_{n-1} = l_{n-1}\left(\operatorname{tg}\alpha_1 + \dfrac{l_{n-1}}{2\,c_ü}\right) \end{array}\right\}, \tag{143}$$

worin

$$\operatorname{tg}\alpha_1 = \frac{H}{L} - \frac{L}{2\,c_ü}\,. \tag{143a}$$

α_1 ist dabei der Neigungswinkel der überspannten Leerseillinie am unteren Ende des konkaven Längenschnittsbereiches.

5. Mitunter kann es vorkommen, daß in einem konkaven Längenschnittsbereich die überspannte Leerseillinie auf eine längere Strecke nahezu parallel zu der darunter liegenden Geländeoberfläche verläuft, aber in einem Abstand, der größer ist als die größte praktisch in Betracht kommende Stützenhöhe. Dadurch ergeben sich für die Leerseillinie *allein* große Spannweiten, welche jedoch wegen der dem Boden zu nahe kommenden Lastwegkurve nicht ausführbar erscheinen.

α) Man kann in einem solchen Falle mitunter durch *Niederziehen des Tragseiles* auf die Stützen zu erträglichen Stützenhöhen und kleineren

---

[1] Aus $\Delta f = f\,\dfrac{\Delta H}{H}$ folgt, daß Δf bei konstantem ΔH um so größer wird, je größer die Spannweite l ist, weil ja f mit l^2 wächst.

Spannweiten gelangen, in denen der Abstand der Lastwegkurve vom Boden noch ein hinreichender ist. Da aber das Maß der umgekehrten Ablenkung des Tragseiles auf einer Stütze aus konstruktiven Gründen (gewöhnlich einfache Seilschuhe mit Niederhaltkappen) mit höchstens 0,02 begrenzt ist, erscheint das Verfahren des Niederziehens nicht immer anwendbar.

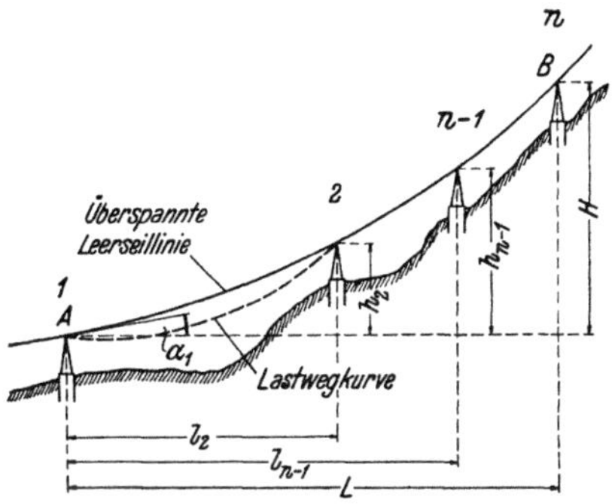

Abb. 89. Stützenverteilung bei konkaver Bodenform

β) Versagt es, dann muß im konkaven Längenschnittsbereich ein *stärkeres* und dementsprechend *stärker gespanntes Tragseil* verlegt werden. In einem derartigen Fall geschieht die Dimensionierung des Tragseiles nicht nach der Größe und Häufigkeit des Auftretens der Raddrücke, sondern nach den Durchhangsverhältnissen.

γ) Führt dies auch nicht zum Ziel, würde also das Tragseil übermäßig stark, dann muß im konkaven Längenschnittsbereich das *Tragseil durch eine Streckenspannvorrichtung unterteilt* werden (Abb. 90). Hiebei muß aber auch auf die Gefahr eines Aushebens der leeren Wagen auf der Streckenspannvorrichtung durch das Zugseil wegen der starken umgekehrten Neigungsänderung der Fahrbahn besonders Bedacht genommen werden.

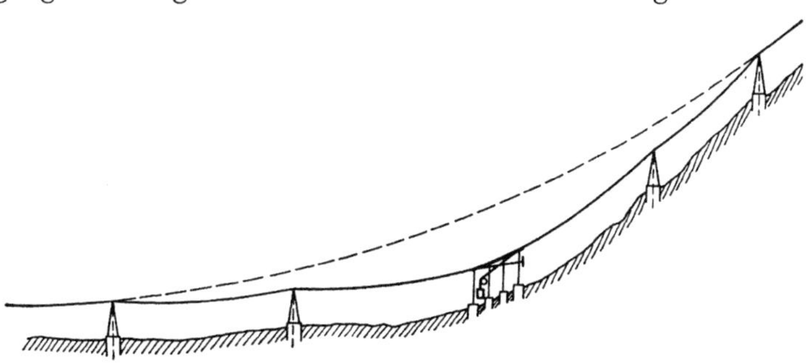

Abb. 90. Unterteilung eines Tragseiles in einem konkaven Längenschnittsbereich

6. Bei großen Spannweiten von etwa 300 m an muß ferner der Abstand der beiden Tragseilstränge — die *Spurweite* — vergrößert werden, damit bei Seitenwind nicht eine Berührung der Wagen beider Tragseilstränge eintritt (§ 41).

7. Da das Zugseil schwächer als das Tragseil gespannt ist, kann es bei Umlaufbahnen mit *dichter Wagenfolge*, aber nicht mit Wagen besetzter Strecke (wenn also das Zugseil nur unter seiner Vorspannung steht und lediglich auf den Tragrollen der Stützen aufliegt) in großen Spannweiten vorkommen, daß eine Berührung mit dem Boden stattfindet. Man sieht dann innerhalb dieser Spannweiten für das Zugseil *Rollenböcke* vor, die aber bei normalem Betrieb, also bei mit Wagen besetzter Strecke, nicht in Tätigkeit treten.

Würde auf solchen Rollenböcken jedoch auch bei normalem Betrieb Bahnen mit *großen Wagenentfernungen* oder *Pendelseilbahnen* — das Zugseil zeitweise aufliegen, so verstärkt man lieber die *Vorspannung* des Zugseiles, was hier im Gegensatz zu vorgenanntem Fall der dichten Wagenfolge leicht möglich ist.

d) Stützenausteilung bei Personenseilbahnen

Bei den zur Erzielung einer hinreichenden Leistungsfähigkeit angewandten hohen Fahrgeschwindigkeiten für die im *Pendelbetrieb* arbeitenden Anlagen erscheint es vorteilhaft, die Zahl der Stützen tunlichst klein zu halten, da jede Stütze eine Unstetigkeitsstelle in der Fahrbahn bedeutet. Neben der Wahl nach oben hohler Trassen wird dies durch Anwendung größerer Leerseilablenkungen auf den Stützen als bei den Güterseilbahnen erreicht. Der Leerseilknickwinkel wird daher nach oben nicht beschränkt, übersteigt jedoch selten $\operatorname{tg} \varphi^l_{\max} = 0{,}30$, während man ihn nach unten zur Gewährleistung einer hinreichenden Auflagersicherheit des Tragseiles gegen Auswerfen aus den Schuhen durch Seitenwind (§ 45) mit $\operatorname{tg} \varphi^l_{\min} = 0{,}05$ begrenzt. Damit wegen der größeren Seilablenkung auf den Stützen die Fahrgeschwindigkeit dort nicht wesentlich verringert werden muß, erhalten die Seilschuhe große Krümmungshalbmesser. Die Stützen der Personenseilbahnen besitzen daher mehr den Charakter von Kuppengerüsten.

Bei der Stützenausteilung von Personenseilbahnen mit *Umlaufbetrieb* richtet man sich wegen der durch die zahlreichen Verkehrslasten bewirkten größeren Vollseildurchhänge und wegen der geringeren Fahrgeschwindigkeiten mehr nach den bei Güterseilbahnen geltenden Grundsätzen. Leerseilknickwinkel mit $\operatorname{tg} \varphi^l \leq 0{,}02$, sind hier in Seilsenken zulässig, wenn Niederhaltkappen vorgesehen werden.

Allgemein gilt bei den Personenseilbahnen, daß zur Gewährleistung eines hinreichenden *Bodenabstandes* die für die Lastwegkurve errechneten Durchhänge und die für das Zugseil ermittelten, wenn es nur unter der Wirkung seiner Vorspannung steht, um 15% vermehrt zu denken sind. In bezug auf den daraus folgenden gedachten Weg der Wagenunterkante oder die so gedachte Zugseilkurve soll dann noch ein Bodenabstand von 2,50 m vorhanden sein, wenn kein Querverkehr unter der Seilbahn zu berücksichtigen ist. Hinsichtlich des kleinsten Bodenabstandes in der Mitte großer Spannweiten siehe Abs. c). Bezüglich der bei Personenseilbahnen mit Umlaufbetrieb angebrachten Begrenzung des größten Bodenabstandes enthält Näheres § 50.

§ 37. Sicherheit des Tragseiles gegen Abheben. Die überspannte Leerseillinie allein ist nicht geeignet, ein Abheben des Tragseiles von den Stützen in einem konkaven Längenschnittsbereich vollständig auszuschließen, wenn aus irgendwelchen Gründen die Seilschuhe keine Niederhaltkappen erhalten haben.

Die Gefahr des Abhebens ist in derartigen Seilsenken dann groß, wenn sie vom Tragseilspanngewicht *weit* entfernt sind, so daß bei einem Anwachsen des Reibwertes zwischen Seil und Stützenschuhen das Spanngewicht nicht mehr bis dorthin wirken kann. Der Eintritt einer Verkehrslast in die unbelastete Seilsenke kann dann am anderen Ende derselben ein Abheben des Seiles von den Stützen bewirken (Abb. 91).

Bei einer diesbezüglichen rechnerischen Untersuchung nimmt man an, daß

1. das Tragseil an den Enden des in Frage kommenden konkaven Längenschnittsbereiches *unverschieblich festliegt* und ein Längenausgleich des Seiles, wie er sich beim Wandern der Verkehrslasten durch die Seilsenke einstellt, nur *innerhalb* dieses Bereiches möglich ist,

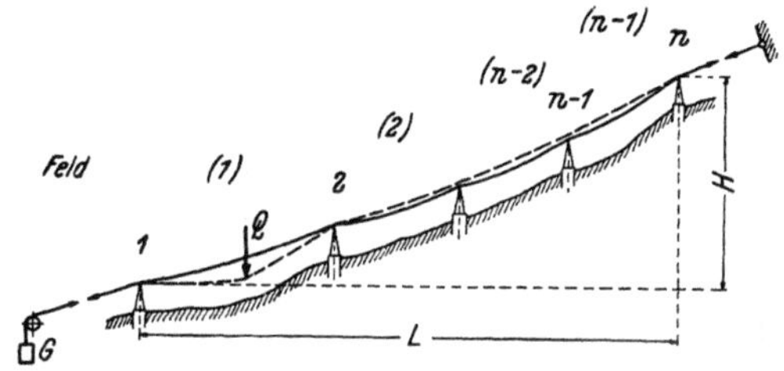

Abb. 91. Zur Gefahr des Abhebens eines Tragseiles von den Stützen in einer Seilsenke

2. die Seilspannkräfte des zu untersuchenden Bereiches im unbelasteten Zustand die *größtmöglichen* sind, die sich unter Berücksichtigung der Reibung zwischen dem Ort des Spanngewichtes und dem Beginn der Seilsenke ergeben können. Innerhalb des Bereiches der Seilsenke braucht dagegen die Schuhreibung *nicht* berücksichtigt zu werden.

Abb. 91 zeigt eine solche Seilsenke (L, H), in der sich auf Grund der angeführten Annahmen und unter Benutzung der Darlegungen in § 20 für den *unbelasteten* Zustand die Seilspannkräfte S_{i0} in der Mitte der einzelnen Seilfelder und die Seillängen σ_{i0} in jedem Feld leicht ermitteln lassen. Die gesamte Seillänge ist dabei $\sum_{1}^{n-1} \sigma_{i0}$.

Wandert nun von links oder rechts her eine *Einzellast* Q in die Seilsenke, so kann man für deren Stellung in der Mitte des 1., 2., ... oder $n-1$ten Seilfeldes nach der zuvor angegebenen Quelle ebenfalls die einzelnen Seillängen σ_i als Funktion der nun gegenüber früher erhöhten Seilspannkräfte S_i in den Feldmitten ausdrücken. Die gesamte Seillänge sei hiebei $\sum_{1}^{n-1} \sigma_i$.

Aus der *Bedingung* $\sum_{1}^{n-1} \sigma_i - \sum_{1}^{n-1} \sigma_{i0} = \Delta\sigma$, worin $\Delta\sigma$ die elastische Dehnung des Seiles zufolge der Spannkraftänderung zwischen belastetem und unbelastetem Zustand ist, lassen sich dann die Seilspannkräfte S_i bzw. deren Horizontalkomponenten H_i berechnen. Mit Hilfe der H_i kann man schließlich die Knickwinkel auf den Stützen zwischen den lastfreien Seilfeldern in der aus § 33 bekannten Art leicht nachprüfen. Es tritt so lange kein Abheben des Seiles von diesen Stützen ein, als sich die Knickwinkel positiv ergeben.

§ 38. Nachrechnung der Knickwinkel auf den Stützen. Nach durchgeführter Stützenverteilung erfolgt die Nachrechnung sämtlicher *Leerseilknickwinkel* in der in § 33 angegebenen tabellarischen Form und meistens mit Vernachlässigung der Schuhreibung. Sollten dabei irgendwo unzulässige (zu kleine oder zu große) Werte für die Leerseilknickwinkel festgestellt werden, so sind die Höhen der betreffenden Stützpunkte zu ändern, und die Berechnung ist zu wiederholen.

Anschließend daran werden in den langen Seilfeldern und an sonst etwa erforderlichen Stellen die *Durchhänge der Lastwegkurven* berechnet. Hiezu hat man die kleinsten unter Berücksichtigung der Reibung sich ergebenden Seilspannkräfte zu benutzen.

Nachher geschieht die Ermittlung der unter dem Einfluß der Verkehrslast sich ergebenden *ungünstigsten Stützenbelastungen* gemäß § 33, wobei ebenfalls die Schuhreibung berücksichtigt werden muß. Diese Berechnung wird entweder auch tabellarisch oder graphisch ausgeführt.

Schließlich hat die *Auswahl der Stützen* nach den in § 39 gemachten Angaben zu erfolgen, wenn es sich um eine Güterseilbahn handelt.

IV. Streckenbauwerke der Seilbahnen

Zu den Streckenbauwerken der Seilbahnen gehören Stützen, Kuppengerüste und Streckenspannvorrichtungen. Schutzbrücken und Schutznetze, welche bei Kreuzung mit anderen Verkehrswegen u. dgl. zu errichten sind, sowie selbsttätige Kurvenstationen müssen auch den Streckenbauwerken zugezählt werden, doch erfolgt die Besprechung letzterer wegen ihrer Besonderheiten erst an späterer Stelle.

§ 39. Stützen von Güterseilbahnen. Die Seilbahnstützen haben die Aufgabe, die Seile auf der Strecke hochzuhalten. Hinsichtlich ihrer *Formgebung* sind einfache Maste, Pfeilerstützen und Rahmenstützen zu unterscheiden. Als *Baustoff* gelangt Holz, Stahl und Stahlbeton zur Verwendung. Aus diesen Baustoffen ist grundsätzlich jede der angegebenen Stützenformen herstellbar. Die verschiedenen Eigenschaften der Baustoffe bringen es jedoch mit sich, daß Holzstützen gewöhnlich als Rahmenstützen, Stahlstützen als Pfeilerstützen und Stahlbetonstützen als einfache Maste zur Ausführung gebracht werden. Für alle Stützenbauarten sind charakteristisch die *Tragseilholme*, welche an ihren Enden, im Abstand der sogenannten *Spur*, die Schuhe für die beiden Tragseilstränge tragen. Die Holme in entsprechender Lage zu halten und den Wagen dabei ein hinreichendes Durchgangsprofil zu sichern, ist Aufgabe der eigentlichen *Tragkonstruktion*.

Die Stützen, wie überhaupt sämtliche Streckenbauwerke, müssen durch Leitern besteigbar sein.

a) Holzstützen

1. Holzstützen eignen sich sowohl für Anlagen bleibenden als auch vorübergehenden Bestandes und gelangen gewöhnlich in der aus Abb. 92 und 93 ersichtlichen *Form* zur Ausführung. Bei der ersten liegt im Be-

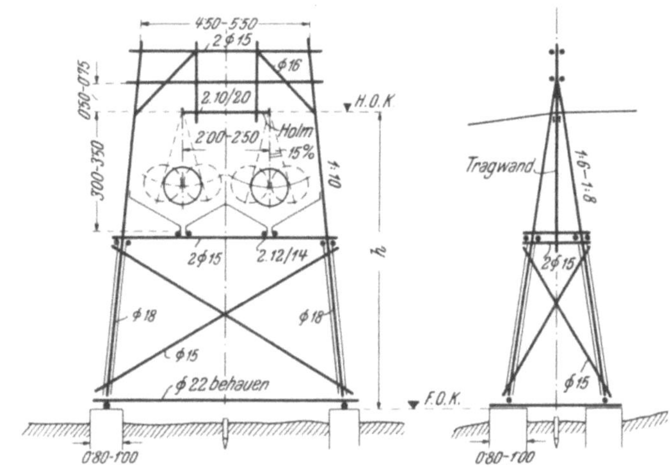

Abb. 92. Holzstütze für flache Strecken

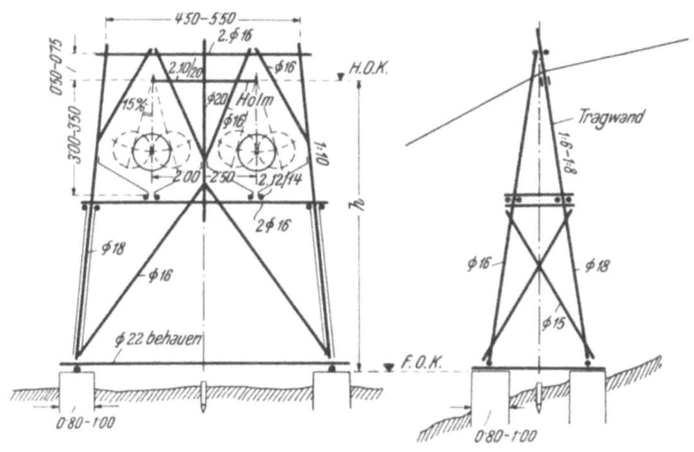

Abb. 93. Holzstütze für geneigte Strecken

reiche des *Kopfrahmens* die Tragwand in der lotrechten Mittelebene, während sie bei der zweiten geneigt ist. Die erste Ausführungsart eignet sich mehr für *flache Strecken*, während die zweite bei *geneigten Strecken* vorzuziehen ist. Damit für die Seilbahnwagen sich ein hinreichend großes *Durchgangsprofil* ergibt, muß die Rahmenhöhe vom Tragseilholm bis zum unteren Querriegel wenigstens 3,0 bis 3,50 m betragen, während vom Tragseilholm bis zum oberen Querriegel wenigstens noch ein Raum von 0,50 bis 0,75 m vorhanden zu sein hat. Die Rahmenbreite ist ungefähr der doppelten Spur gleich zu machen. Für die gewöhnlich zur Ausführung kommende tiefe Zugseilablage werden an den unteren Querriegeln des Rahmens zwei Zangenpaare vorgesehen. An den Kopfrahmen schließt sich ein *Fachwerksunterbau* an, der bei hohen Stützen entsprechend den zur Verfügung stehenden Holzlängen gestoßen werden muß[1]. An den Stoßstellen sind überdies stets *Querverbände* anzuordnen (Abb. 94).

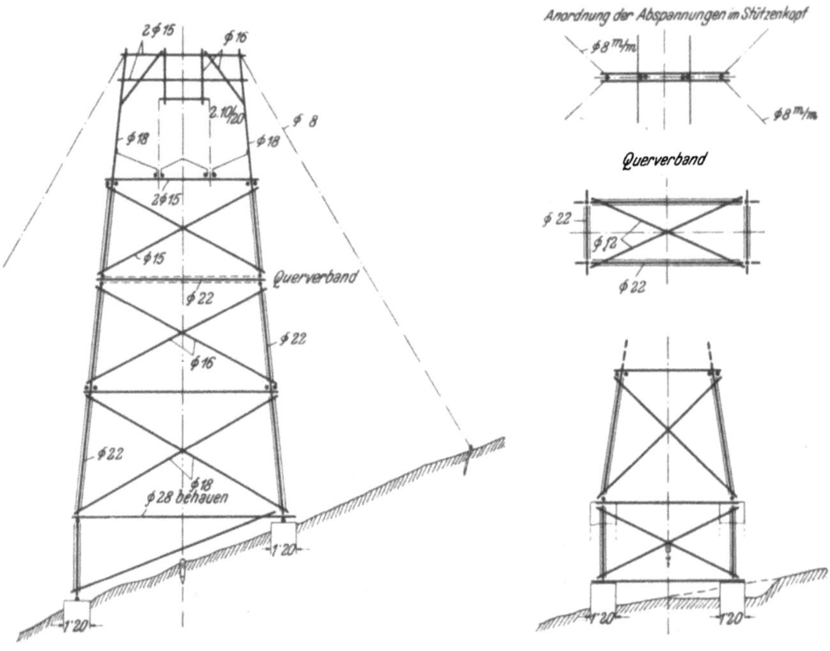

Abb. 94. Hohe Holzstütze mit schrägem Unterbau

2. Die *Herstellung* der Stützen geschieht meistens aus *Nadelrundholz*, nur die Tragseilholme werden aus hartem Kantholz angefertigt. Mitunter kann es auch notwendig werden, einzelne Riegel (Zangen im Stützenkopf) aus Kantholz auszuführen. Die üblichen Abmessungen der einzelnen Stäbe, wie sie bei Stützen von nicht zu schweren Güterseilbahnen vorkommen, sind den Abb. 92 und 93 zu entnehmen. Schwächere Hölzer als $d = 12$ cm sollen wegen zu rascher Vermorschung nicht verwendet werden. Die Verbindung der Rundhölzer erfolgt entweder zimmermannsmäßig durch Verkämmungen (Verschnitt 4 cm halb auf halb) oder besser

[1] Schließen an höhere Stützen größere Spannweiten an, so ist eine Abspannung mit schwachen Litzen zweckmäßig (Abb. 94). Häufig wird die Abspannung von 18 m Stützenhöhe an mit 8 mm starken Litzen durchgeführt.

mit Hilfe von Krallendübeln, für welch letztere aber ebenfalls ebene Anlageflächen hergestellt werden müssen.

3. Die *Fundierung* der Stützen geschieht in der Regel mit Sockeln aus Beton von 160 kg/cm² Würfelfestigkeit, bei vorübergehenden Bauten auf

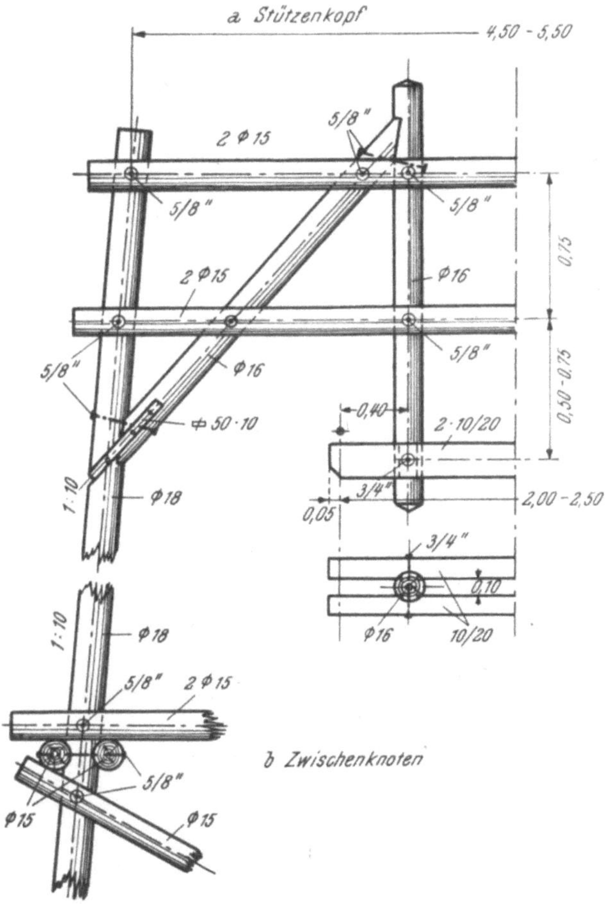

Abb. 95a und b. Details hölzerner Stützen

weichem Boden mit Holzpiloten, auf steinigem Boden hingegen mit eingegrabenen Stempeln.

4. Über einige *Details der Stützenkonstruktion* (Knoten im Stützenkopf, Knoten im Stützenunterteil, Stielstoß und Fußausbildung) gibt Abb. 95 Aufschluß.

5. Fast alle Seilbahnbauunternehmungen haben ihre Stützenkonstruktionen *genormt*; man braucht sie daher nicht für jede Seilbahn neu

zu entwerfen. Die Stützennormen bestehen gewöhnlich aus mehreren *Stützensätzen*, und zwar solchen für flache und steile Bahnen, für ver-

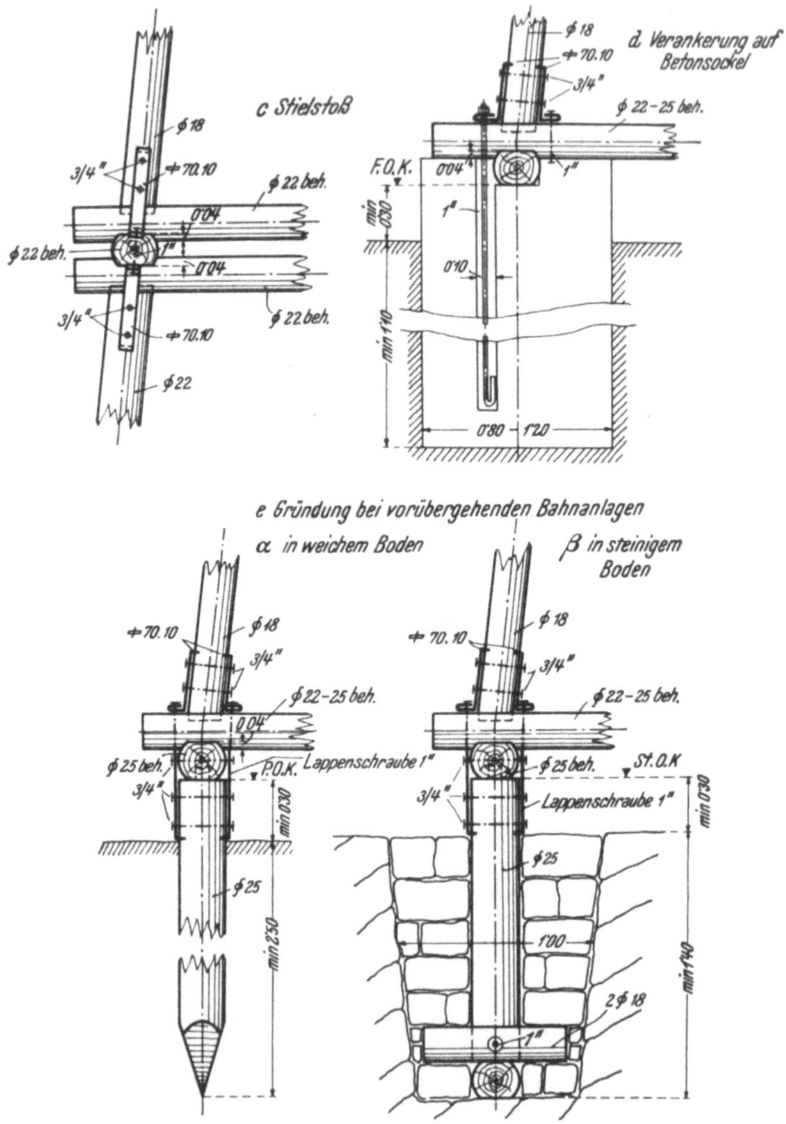

Abb. 95c, d und e. Details hölzerner Stützen

schiedene Tragseilabstände (Spuren) und für verschiedene Stützenbelastungen. In jedem Satz sind die Stützen nach ihrer Höhe, gewöhnlich von 0,50 zu 0,50 m, abgestuft.

6. Auf Grund der durch die Stützenverteilung im Längenschnitt festgelegten Seilhöhen an den Stützpunkten soll die *Wahl der Bauhöhe* so erfolgen, daß, in der lotrechten Stützenachse gemessen, die Fundament- oder Pilotenoberkante mindestens 0,30 m über dem Gelände liegt (Abb. 92 bis 95). Um dieses Maß auch bei den bergseitig gelegenen Stützenfüßen einhalten zu können, sind dort Abgrabungen des Geländes erforderlich. Bei sehr steilem Gelände würden aber einerseits diese Abgrabungen

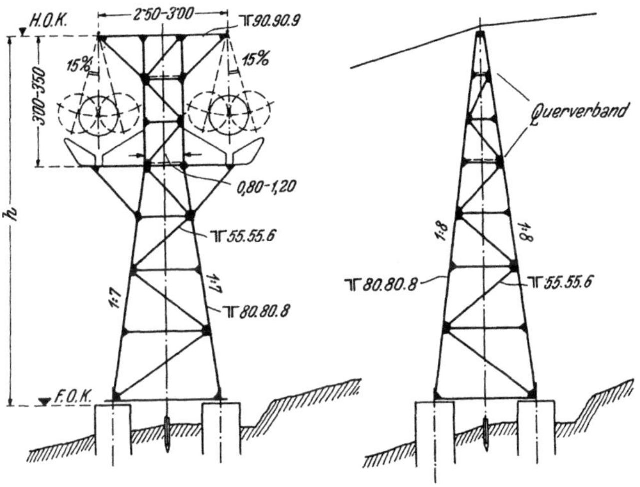

Abb. 96. Stählerne Güterseilbahnstütze

sehr bedeutenden Umfang annehmen, andererseits die talseitig gelegenen Fundamente recht beachtliche Höhen erhalten. Man legt dann zur Vermeidung größerer Abgrabungen die Stützenfundamente in verschiedene, den Geländeverhältnissen entsprechende Höhen und errichtet über den Fundamenten zunächst einen schrägen hölzernen Unterbau (Abb. 94), auf dessen oberem waagrechten Schwellenkranz sich dann die eigentliche Stütze erhebt. Die Fundamente für diesen Unterbau sollen womöglich so ausgeführt werden, daß sich die Oberkanten von je zwei auf gleicher Höhe befinden.

7. Der *Baustoffbedarf* für eine hölzerne Stütze kann bei mittleren Stützenbelastungen ungefähr wie folgt angenommen werden:

Holzbedarf in m³ ~ halbe Stützenhöhe in m,
Bedarf an eisernen Verbindungsmitteln ~ 30 kg je m³ Holz,
Bedarf an Fundamentbeton in m³ ~ Holzbedarf in m³, mindestens aber 6,0 m³, wobei die Stützen als *nicht* abgespannt vorausgesetzt sind.

b) Stahlstützen

1. Diese werden fast stets in der durch Abb. 96 veranschaulichten Pfeilerform ausgebildet und kommen hauptsächlich für dauernd bestehende Anlagen in Frage. Der den *Tragseilholm* mit Hilfe von Kopfstreben tragende *Schaft* wird im *Stützenoberteil* möglichst schmal ausgeführt,

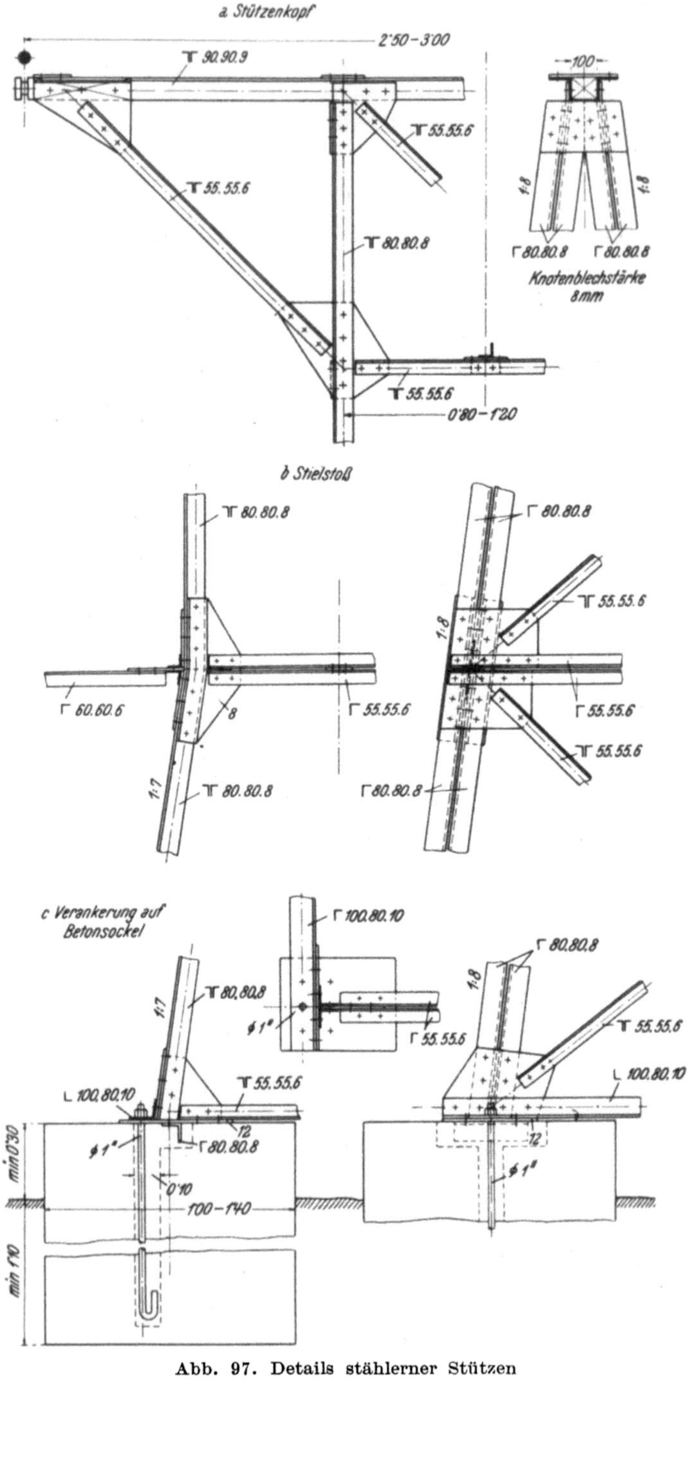

Abb. 97. Details stählerner Stützen

um ohne bedeutendere Erweiterung des Abstandes der beiden Tragseilstränge gegenüber jenem bei Rahmenstützen den Wagen ein hinreichendes Durchgangsprofil zu sichern. Immerhin erscheint eine Vergrößerung der Spur um ungefähr 0,50 m notwendig. Der *Stützenunterteil,* welcher mit Rücksicht auf die Bauhöhe der Wagen 3,0 bis 3,50 m unterhalb der Tragseilholme ansetzt, wird als Pyramidenstumpf ausgebildet. An der Übergangsstelle zwischen Ober- und Unterteil befinden sich bei tiefer Zugseilablage auch die Kragarme für die Verlagerung der Zugseiltragrollen. Die Ausfachung der vier Tragwände der Stütze geschieht gewöhnlich mit einfachen Strebenzügen. Zwischen Stützenober- und -unterteil wird stets ein Stoß angeordnet, und es ist sowohl dort wie auch an der Ansatzstelle der Kopfstreben für den Tragseilholm ein *Querverband* vorzusehen.

2. Über die *Abmessungen* der Stäbe von Stützen nicht zu schwerer Güterseilbahnen gibt ebenfalls Abb. 96 Aufschluß. Schwächere Profile als L 55/55/6 sollen wegen Rostgefahr nicht verwendet werden. Stützenober- und -unterteil werden in der Werkstätte für sich hergestellt und die Knoten entweder vernietet oder geschweißt bzw. nur die Knotenbleche an die Stiele geschweißt und die Füllstäbe darangeschraubt. Die Verbindung der Ober- und Unterteile auf der Baustelle erfolgt immer durch Verschraubung.

3. Die Fundierung geschieht stets mit Betonsockeln.

4. Über einige wichtigere Details der Konstruktion vernieteter Stützen (Knoten im Stützenkopf, Stielstoß und Fußausbildung) ist das Wesentlichste aus Abb. 97 zu entnehmen.

5. Ebenso wie die Holzstützen haben die Seilbahnbaufirmen auch die stählernen Stützen *genormt.* Die Stützennormen gliedern sich in *Stützensätze* für verschiedene Spurweiten und verschiedene Stützenbelastungen. Jeder Stützensatz besteht aus einem Stützenkopf und einer Anzahl zu ihm passender Unterteile, um Stützen verschiedener Höhe mit Abstufungen von 0,50 zu 0,50 m herstellen zu können.

6. Für die *Wahl* der *Stützenhöhe* auf Grund der durch die Stützenverteilung im Längenschnitt festgelegten Seilhöhe gelten die gleichen Grundsätze wie bei Holzstützen.

7. Der *Baustoffbedarf* für stählerne Stützen kann bei mittleren Stützenbelastungen etwa mit folgenden Werten angenommen werden:

Stahlbedarf 200 bis 300 kg/m Stützenhöhe,
Bedarf an Fundamentbeton in $m^3 \sim 0{,}80$ der Stützenhöhe in m, wenigstens aber etwa 6,0 m^3.

c) Stahlbetonstützen

1. Diese kommen wegen ihrer durch das erhebliche Eigengewicht und durch die Notwendigkeit einer Schalung bedingten höheren Kosten nur für bleibende Bahnanlagen und auch da nur dann in Frage, wenn die Baustoffe unter günstigen Bedingungen beschafft und transportiert werden können (Bahnen für Zementfabriken und Schotterwerke).

Die Stützen bestehen in der Regel aus einem im Querschnitt I-förmigen *Schaft* (Abb. 98a), der am oberen Ende ein Querhaupt — den *Tragseilholm* — trägt. Bei tiefer Zugseilablage besitzt der Schaft unterhalb des Durchgangsprofils der Wagen noch Kragarme zur Aufnahme der Zugseiltragrollen. Diese Kragarme können auch aus einer einfachen Stahlkonstruktion bestehen (Abb. 98b). Besondere Sorgfalt ist der Ausbildung des Stützenkopfes zu widmen, sonst entstehen in der beim Holm oben liegenden Zugzone Risse, in welche Niederschlagswasser eindringen kann. Eine Abdeckung des Stützenkopfes durch Blech ist daher am Platz. Für die Mutterschrauben zur Befestigung der Tragseilschuhe und der Zugseilrollenträger

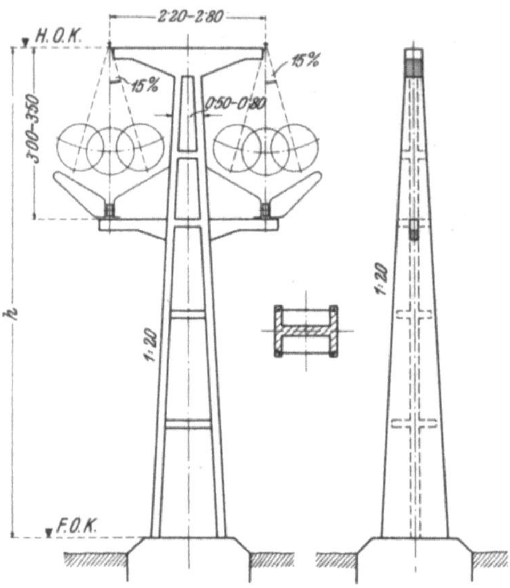

Abb. 98 a. Seilbahnstütze aus Stahlbeton

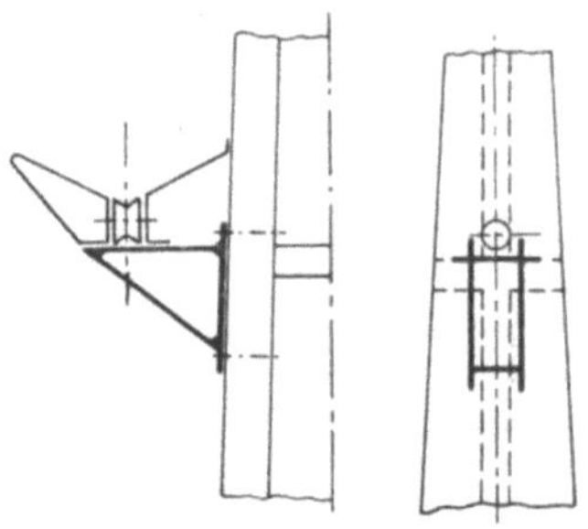

Abb. 98 b. Stählerne Kragarme für die Zugseiltragrollen

sind Löcher bei der Herstellung der Stütze auszusparen und durch einbetonierte Rohrstücke zu sichern. Häufig werden die Stahlbetonstützen liegend hergestellt und beim Aufrichten in eine Ausparung des vorher vorbereiteten Fundamentes gesteckt.

2. Im Gegensatz zu den Holz- und Stahlstützen werden die Stahlbetonstützen meistens von Fall zu Fall besonders entworfen.

§ 40. Ausrüstung der Seilbahnstützen. Die Stützenausrüstung besteht aus den Tragseilschuhen und aus den Zugseiltragrollen.

a) Tragseilschuhe

Man unterscheidet feste und drehbare Tragseilschuhe.

1. Feste Tragseilschuhe bestehen aus dem nach einem Kreisbogen gekrümmten gußeisernen *Schuh*, in dessen Rille das Seil liegt, und einer angegossenen, durch Rippen versteiften *Platte* zur Befestigung des Schuhes auf der Stützenkonstruktion mittels Mutterschrauben (Abb. 99). Die Wandstärken des Schuhes betragen gewöhnlich 10 bis 15 mm.

Der *Schuhhalbmesser* wird meistens mit $r = 120\,d$ gewählt, worin d der Seildurchmesser ist. Bei den üblichen Tragseilstärken gibt dies $r = 2{,}5$ bis 4,5 m. Feste Schuhe genügen immer, wenn sich in den an die Stütze anschließenden Spannweiten nicht mehr als je ein Wagen befindet. Der *Gesamtablenkwinkel* ergibt sich hiebei aus der größten zulässigen Leerseilablenkung und den beiden zusätzlichen Vollseilablenkungen, wenn knapp vor bzw. hinter der Stütze ein Wagen steht, mit ungefähr $\operatorname{tg} \varphi^* = 0{,}25$. Die *Schuhlänge* ist demnach $\lambda \doteq r \operatorname{tg} \varphi^* = 0{,}6$ bis 1,0 m, und es liegt das *Schuhgewicht* zwischen 15 und 25 kg.

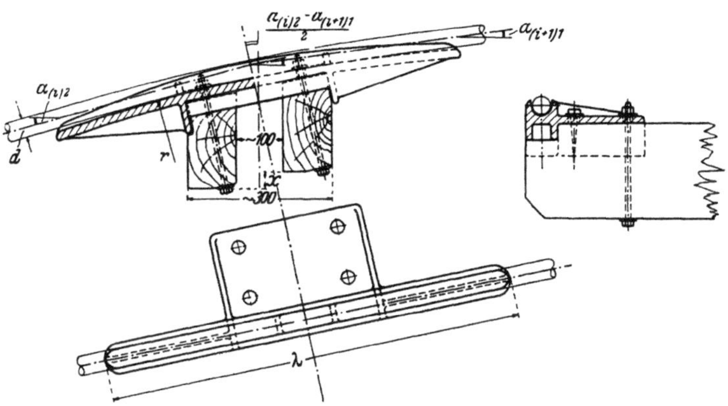

Abb. 99. Fester Tragseilschuh mit Befestigung auf Holzstützen

Die Schuhe sind der Seilneigung entsprechend zu montieren. Da bei höchstens je einem Wagen in den anschließenden Seilfeldern die größtmögliche zusätzliche Vollseilablenkung auf jeder Seite der Stütze annähernd die gleiche ist, genügt es, die Schuhe in die Halbierende der beiden Leerseilrichtungen an der Stütze zu stellen. Demgemäß sind, wie Abb. 99 zeigt, bei hölzernen Stützen die Holme um das Maß x der Höhe nach zu versetzen, während man bei Stahl- und Stahlbetonstützen Hartholzkeile zwischen Schuh und Holm legt.

2. Drehbare Auflagerschuhe. Bei diesen steckt der gußeiserne, neuerdings auch geschweißte *Schuhkörper* auf einer *Achse*, welche aus einem Quadratstahl hergestellt wird (Abb. 100a). Die Achse ist zur Befestigung des Schuhes auf den Tragseilholmen der Stützen mit zwei kurzen Winkeleisenstücken zur Ermöglichung der Verschraubung versehen (Abb. 100a), während sie bei stählernen Stützen früher unmittelbar mit der Stützenkonstruktion vernietet wurde (Abb. 97). Es ist oft zweckmäßig, die Löcher in den abstehenden Schenkeln der Winkeleisenstücke als Langlöcher auszubilden, um die Schuhe genau in die Seilachse einstellen zu können.

Der *Schuhhalbmesser* wird wie bei festen Tragseilschuhen gewählt, der *Gesamtablenkwinkel* jedoch etwa mit $\operatorname{tg} \varphi^* = 0{,}35$ festgesetzt. Dadurch eignen sich diese Schuhe besonders für große Vollseilablenkungen, wie sie bei mehreren Lasten in den an eine Stütze anschließenden Seilfeldern entstehen. Die *Schuhlängen* betragen mithin $\lambda \doteq r \operatorname{tg} \varphi^* = 0{,}80$ bis 1,20 m und das *Schuhgewicht* einschließlich Verlagerungskonstruktion 30 bis 45 kg.

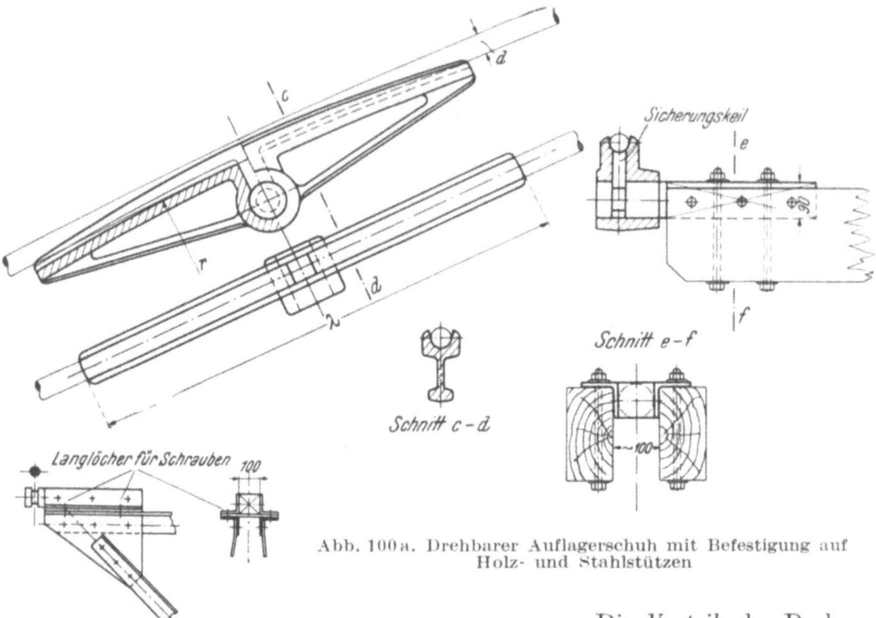

Abb. 100a. Drehbarer Auflagerschuh mit Befestigung auf Holz- und Stahlstützen

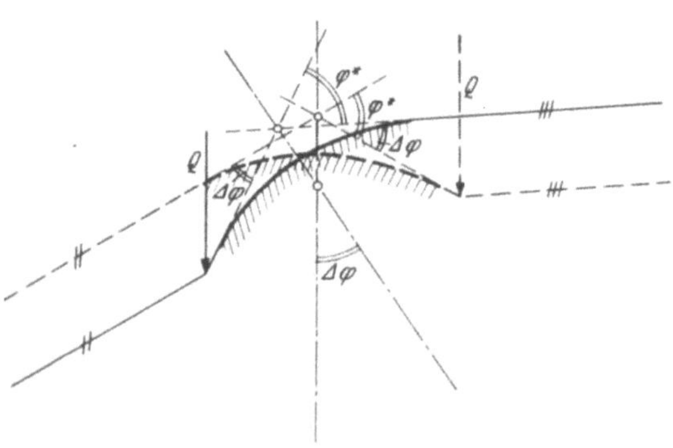

Abb. 100b. Stellungen eines drehbaren Auflagerschuhes beim Übergang eines Wagens

Die *Vorteile* der Drehschuhe gegenüber den festen Auflagerschuhen bestehen darin, daß

1. sie sich stets den Seilrichtungen entsprechend *selbsttätig einstellen*, wodurch die Montage vereinfacht wird und die Übertragung der Auflagerkräfte auf den Stützenholm immer zentrisch geschieht,

2. zufolge der selbsttätigen Einstellung die tatsächliche Seilablenkung (Abb. 100b) um den Zusatzwinkel $\Delta\varphi$ größer sein kann als die von der Schuhkonstruktion gestattete Gesamtablenkung φ^*. $\Delta\varphi$ bedeutet dabei den zusätzlichen Ablenkwinkel des Tragseiles bei Stellung eines der Wagen knapp vor oder hinter der Stütze (§ 32). Drehschuhe mit einem Gesamtablenkwinkel $\operatorname{tg} \varphi^* = 0{,}35$ reichen daher auch für die größten, auf einer Stütze praktisch vorkommenden Vollseilablenkungen (große Spannweiten) aus.

3. Einzelheiten der Tragseilschuhe

α) Das Tragseil soll in der Schuhrille einerseits *ohne Zwängung* liegen, andererseits aber doch eine *genügende Berührungsfläche* besitzen, damit es durch die Auflagerpressungen nicht deformiert wird und die Schmierung zwischen Seil und Schuh wirksam bleibt. Diese Bedingung erscheint dann erfüllt, wenn die Schuhrille nach einem Halbmesser $r_1 = 0{,}7$ bis $0{,}8\,d$ ausgerundet wird[1].

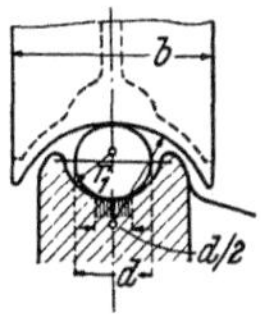

Abb. 101 a. Gestaltung der Schuhrille

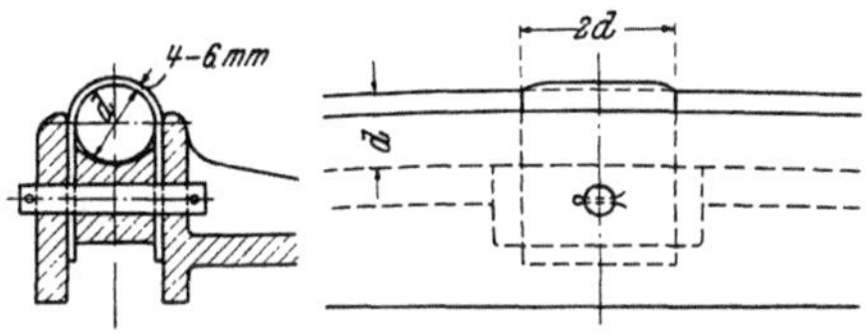

Abb. 101 b. Anordnung von Niederhaltkappen

β) Die Borde der Schuhrille und die Laufrollen der Wagen sollen so geformt sein, daß beim Übergang über einen Schuh die *Rollen*, auch wenn sie abgenützt sind, *auf dem Tragseil* laufen (Abb. 101 a), um unter allen Umständen einen stoßfreien Stützenübergang der Wagen zu gewährleisten.

γ) Ist der Auflagerdruck gering oder wird das Tragseil an der Stütze gar etwas herabgezogen, dann muß zur Vermeidung der Gefahr eines Abhebens des Seiles der Schuh mit einer *Niederhaltkappe* versehen werden. Wie Abb. 101 b zeigt, bestehen die Niederhaltkappen aus Stahlblechbügeln, die durch einen versplinteten Bolzen festgehalten werden. Aus Abb. 101 b sind auch die gebräuchlichsten Abmessungen derartiger Bügel zu entnehmen.

4. Beanspruchung des Tragseiles auf den Auflagerschuhen. Obgleich es bei unbelastetem Tragseil möglich ist, daß dieses sich dem Schuhhalbmesser nicht anschmiegt, wird doch bei Vorhandensein einer Verkehrsbelastung immer ein Anschmiegen eintreten. Die Biegungsspannungen auf dem Schuh sind dann gemäß § 23 nach der Reuleauxschen Formel (91) bestimmbar, wenn in erster Annäherung der Grenzfall keiner inneren Reibung vorausgesetzt wird. Vergleicht man dies mit den sich durch die Wagen ergebenden Biegungsspannungen (§ 24), (128), so zeigt sich, daß bei den üblichen Raddruckverhältnissen $\frac{1}{\eta}$ die Biegungsspannungen des Tragseiles auf den Stützenschuhen höchstens von gleicher Größenordnung wie jene zufolge der Verkehrslasten sind. Dagegen können auf den Stützenschuhen stärkere sekundäre Beanspruchungen der Seildrähte entstehen (§ 25).

b) Zugseilablage auf den Stützen

1. Anordnung der Zugseiltragrollen. Gewöhnlich gelangt wegen des am Wagen meistens unterhalb des Tragseiles befestigten Zugseiles (Unter-

[1] Dies ergibt eine Auflagerbreite des Seiles von ungefähr $\frac{d}{2}$ und Auflagerpressungen, die bei $\sigma = 35$ kg/cm² liegen.

seil, § 60) und wegen einfacherer Ausbildung des Stützenkopfes eine *tiefe Zugseilablage* zur Ausführung. Hiebei werden die Zugseiltragrollen entweder auf besonderen Zangen (hölzerne Stützen) oder auf Kragarmen (Stahl- oder Stahlbetonstützen) montiert. Man sieht meistens nur eine Rolle je Strang vor und wählt den Durchmesser D um so größer, je größer der Ablenkwinkel φ_1^*, der Seildurchmesser d_1, die Seilspannkraft S_1 und die Seilgeschwindigkeit sind. Durchschnittlich gilt $\frac{S_1 \operatorname{tg} \varphi_1^*}{d_1 D} \sim 5$ bis 8 kg/cm^2. bzw. bei den üblichen Zugseilabmessungen:

$\operatorname{tg} \varphi_1^*$	Rollendurchmesser D mm
$\leq 0{,}10$	250
$\leq 0{,}20$	500
$> 0{,}20$	1000

Die Rollen sind entweder einteilig und dann ganz aus Gußeisen oder dreiteilig mit zwei Blechschilden und einem dazwischen eingelegten gußeisernen Laufring (Abb. 102). Sie drehen sich meistens unmittelbar

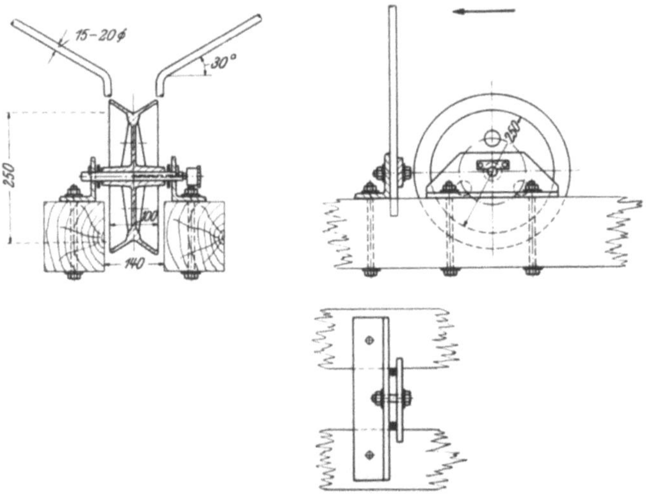

Abb. 102a. Anordnung einer einteiligen Zugseiltragrolle bei tiefer Zugseilablage (Unterseil)

auf festen Achsen und sind für Fettschmierung eingerichtet. Die Breite der Rollen beträgt gewöhnlich 100 mm, wobei die Rollenrillen aus zwei Kegelflächen gebildet werden, welche gegen die Rollenachse unter 30° geneigt sind. Solche *flache* Rillen sind notwendig, wenn ein Seil während seines Laufes aus den Tragrollen gehoben und wieder in diese hineingelegt wird. Damit nach Vorbeifahrt eines Wagens das Zugseil auch im Falle von Querschwingungen wieder sicher in die Tragrollen gelangt, werden diese noch mit Fangbügeln versehen, deren Anordnung ebenfalls aus Abb. 102

hervorgeht. Bei Umlaufbahnen, wo sich das Zugseil stets im gleichen Sinn bewegt, sollen die Fangbügel in bezug auf die Bewegungsrichtung hinter den Tragrollen sitzen, damit bei einer etwaigen Verklemmung des Seiles in den Bügeln nicht auch die Rollen beschädigt werden.

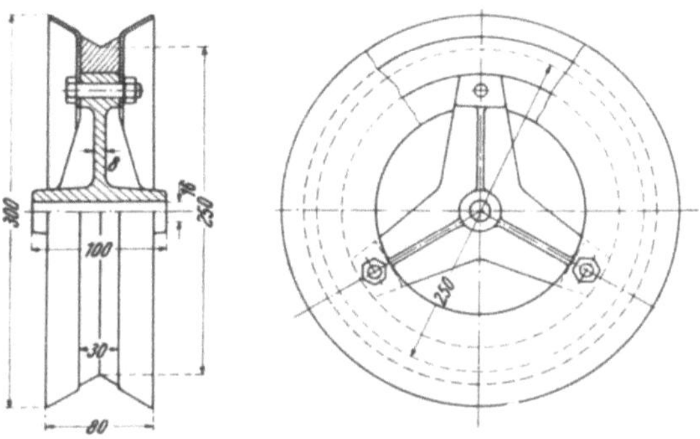

Abb. 102b. Dreiteilige Zugseiltragrolle

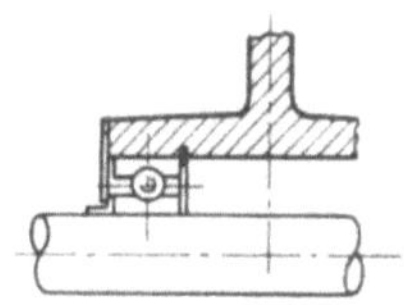

Abb. 102c. Kugellagerung von Zugseiltragrollen

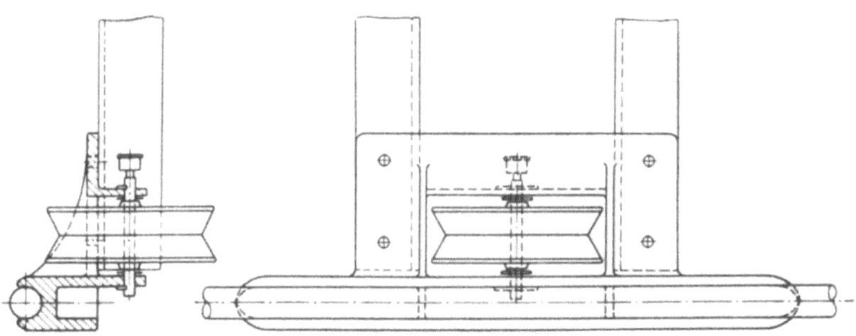

Abb. 103. Tragseilschuh und Zugseilablage bei hochliegendem Zugseil (Oberseil)

Das *Gewicht* der Zugseiltragrollen samt Verlagerung und Fangbügeln in kg kann ungefähr gleich 0,80 ihres Durchmessers in cm angenommen werden. Je geringer das Rollengewicht ist, um so leichter kann die Rolle vom Zugseil in Drehung versetzt werden und um so geringer wird dadurch die Abnutzung der Rollenrille. Zur Herabsetzung ihres Bewegungswiderstandes werden die Rollen oft auch mit Kugellagern versehen (Abb. 102c).

Hohe Zugseilablage gelangt selten, fast nur bei Verwendung eines sogenannten Oberseiles (am Wagenlaufwerk oberhalb des Tragseiles befestigtes Zugseil, § 60), zur Ausführung. Die Zugseiltragrollenverlagerung wird dann mit dem Tragseilschuh zusammengebaut, wie Abb. 103 bei Ausführung eines festen Schuhes zeigt. Hiebei sind, wie aus der Abbildung hervorgeht, weit auseinanderliegende Tragseilholme notwendig. Diese lassen sich bei stählernen Stützen leichter als bei hölzernen ausführen. Werden bei Oberseilanordnung Drehschuhe verwendet, dann benutzt man vorteilhaft zwei Zugseiltragrollen, die an den Enden eines um die Schuhachse drehbaren Waagebalkens befestigt sind.

2. Beanspruchung des Zugseiles auf den Tragrollen. Bei den unter Punkt 1 im Zusammenhang mit der Seilablenkung gemachten Angaben über die Rollendurchmesser ist meistens noch kein Anschmiegen des Seiles an die Rolle zu erwarten, auch wenn das Seil als innerlich reibungsfrei angesehen werden kann. Die Biegungsspannungen errechnen sich dann nach § 24 aus Gl. (128), in welcher für $V_1 = S_1 \operatorname{tg} \varphi_1$ zu setzen ist, während bei Anschmiegen an die Rolle gemäß § 23 die Reuleauxsche Formel (91) maßgebend wäre. Außerdem treten erhebliche sekundäre Beanspruchungen (Flächenpressungen, § 25) auf, denen die angegebenen Zusammenhänge zwischen Rollendurchmesser und Seilablenkung Rechnung tragen sollen. Die Beanspruchungen auf den Tragrollen sind stets ziemlich hoch. Bei Bahnen mit Umlaufbetrieb, dichterer Wagenfolge und tiefer Zugseilablage kommt diesem Umstand nur geringere Bedeutung zu, weil hier das Zugseil, wenn überhaupt, so nur mit geringer Ablenkung auf den Tragrollen zu liegen kommt. Dagegen sollten bei Umlaufbahnen mit großem Wagenabstand, dann bei solchen mit hoher Zugseilablage und bei Bahnen mit Pendelbetrieb, wo das Zugseil stets mit größerer Ablenkung auf den Stützen aufliegt, mehrere kleinere Rollen hintereinander angeordnet werden[1]. Zur Erzielung einer erträglichen Biegungsbeanspruchung wäre dabei die Seilablenkung mit $\operatorname{tg} \varphi_1^* \doteq \frac{V_1}{S_1} = 0{,}08$ zu begrenzen (§ 51).

c) Die seilbahntechnische Ausrüstung der Stützen ist von den einzelnen Seibahnbaufirmen ebenfalls werkmäßig genormt.

§ 41. Belastung der Seilbahnstützen. Die Belastung der Stützen setzt sich zusammen aus

1. dem Druck zufolge Tragseilablenkung (einschließlich Verkehrslast und Schuhreibung),
2. dem Druck zufolge Zugseilablenkung,
3. dem Winddruck auf Seile, Wagen und Stützenkonstruktion und
4. dem Eigengewicht.

a) Wirkung der Tragseilablenkung (einschließlich Verkehrslast und Schuhreibung)

Über die Ermittlung dieser Stützenbelastung ist das Wesentliche aus § 33 bekannt. Daraus ergibt sich, daß bei jeder Stütze viele Belastungsfälle möglich sind. Man hat dabei zu unterscheiden:

1. Stütze nur von einem Tragseilstrang (bei Seilmontage oder Seilreparaturen) oder von beiden Tragseilsträngen belastet.
2. Wagen auf nur einem oder auf jedem Tragseilstrang, dabei ein Wagen entweder knapp vor oder knapp hinter der Stütze befindlich.
3. Reibung zwischen Tragseil und Schuh entweder bergwärts oder talwärts gerichtet, mit $\mu = 0{,}20$ auf der betrachteten Stütze.

[1] Wenn es sich nicht um Anlagen vorübergehenden Bestandes handelt.

Dies liefert zahlreiche Belastungskombinationen, bei denen man von vornherein nicht entscheiden kann, welche für die verschiedenen Teile der Stütze am ungünstigsten sind.

Im Hinblick auf die Symmetrie der Stützenkonstruktion führt man daher die Berechnung der Stabkräfte und Momente am besten mit Hilfe von *Einflußkräften* $V = H = W = 1$ gemäß Abb. 104 durch, wobei die einzelnen Kraftangriffe getrennt voneinander zu behandeln sind. Die tatsächlichen Stabkräfte und Momente in den einzelnen Teilen der Stütze gewinnt man dann durch Vervielfachung der wirklichen Belastungen mit den aus den Einflußlasten gewonnenen Größen und Summierung der ungünstigsten Werte. Für jene Stäbe des Stützenkopfes, welche die in Rede stehenden Belastungen unmittelbar aufzunehmen haben, sind diese um 20% zu vermehren, um dynamischen und sonstigen Wirkungen Rechnung zu tragen.

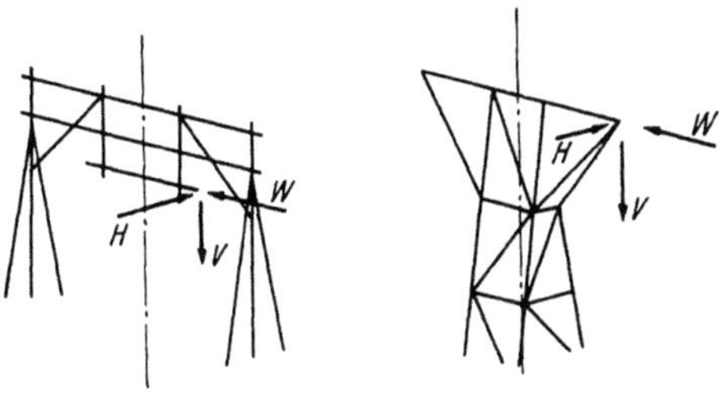

Abb. 104. Anordnung einseitig wirkender Einflußlasten bei der Stützenberechnung

Häufig ist die belastete Vollseite der Bahn mit einem Wagen knapp talwärts der Stütze, die unbelastete Leerseite, der Wind quer zur Bahn, von der Leerseite gegen die Vollseite wirkend und die Schuhreibung talwärts gerichtet der für die wichtigsten Teile der Stütze ungünstigste Belastungsfall.

b) Wirkung der Zugseilablenkung

1. Bei hoher Zugseilablage ist im allgemeinen der Fall maßgebend, daß ein Wagen unmittelbar bei der Stütze steht. Der Auflaufwinkel des Zugseiles auf der Seite des Wagens wird dann ebenso groß wie jener des Tragseiles auf dieser Seite angenommen werden können (§ 33, Abb. 83), während der Ablaufwinkel auf der anderen Seite sich als Neigungswinkel der Zugseilkurve am Feldende darstellt. Dadurch ergibt sich bekanntlich die Zugseilbelastung der Stütze auf ähnliche Art wie die Tragseilbelastung derselben, einschließlich Verkehrslast. Die Reibung des Zugseiles auf den Stützenrollen kann wegen ihrer Kleinheit außer Betracht bleiben.

2. Bei tiefer Zugseilablage findet eine Seilablenkung auf den Zugseiltragrollen nicht statt, wenn ein Wagen knapp an der Stütze steht. Zur Bemessung der Rollenträger genügt es daher oft, wenn der andernfalls mögliche Druck aus der Zugseilablenkung näherungsweise ermittelt wird.

c) Windwirkung

Maßgebend ist stets die Windwirkung quer zur Bahnachse.

1. Größe des Winddruckes. Bei *Güterseilbahnen*, welche gewerbliche Anlagen darstellen, bei denen die Wagen meistens auch im Stillstand der

Bahn auf der Strecke verbleiben, hat man einen Winddruck von 100 bis 150 kg/m² anzunehmen, gleichgültig, ob die Strecke mit Wagen besetzt ist oder nicht. Der Betrieb braucht jedoch nur bis zu einem Winddruck von 50 kg/m² möglich zu sein.

Bei *Personenseilbahnen*, die öffentliche Kleinbahnen sind, hat man im Falle, als die Strecke von Wagen nicht belastet ist, einen Winddruck von 250 kg/m² anzunehmen, während bei belasteter Strecke (Stellung eines Wagens an einer Stütze) 125 kg/m² in Rechnung zu stellen sind. Der Betrieb braucht aber auch hier bloß bis zu einem Winddruck von 50 kg/m² möglich zu sein.

2. Windwirkung auf die Seile und Wahl des Tragseilabstandes (**Spur**)

α) Bedeutet w den spezifischen Winddruck und d den Seildurchmesser, so ist nach angestellten Versuchen im Hinblick auf die geringen Querschnittsabmessungen der Seile für den Winddruck je Längeneinheit der Spannweite zu setzen

$$w_s = \frac{w\,d}{\cos\gamma}\,. \tag{144}$$

Durch diese Belastung erleiden die Seile in waagrechter Richtung Ausbiegungen, welche genauso wie die lotrechten Durchhänge unter der Wirkung des Eigengewichtes zu berechnen sind. Die hiedurch auf die Stütze übertragenen Windlasten sind gleich den Auflagerdrücken von einfachen Balken mit der Belastung w_s und der Spannweite l. Dazu kommt noch der Einfluß der Windwirkung auf die Wagen.

Die zufolge der Windwirkung größtmögliche seitliche Ablenkung $\operatorname{tg}\delta^*$ eines Seiles am tief gekehlten Schuh einer Güterseilbahn oder an einer Rolle kann nach der Beziehung

$$\operatorname{tg}\delta^* = \frac{2\operatorname{tg}\beta}{\sqrt{1+\frac{2r}{k}}}$$

bestimmt werden. Hierin ist β der halbe Öffnungswinkel der Schuh- oder Rollenrille, r der Schuh- oder Rollenhalbmesser und k die Rillentiefe abzüglich der halben Seilstärke[1].

Es ist zu beachten, daß die Windwirkung linear mit dem Seildurchmesser wächst, während die Seilspannkraft (gleichbleibende Zugspannung vorausgesetzt) mit dem Quadrat des Seildurchmessers ansteigt. Dies hat zur Folge, daß *stärkere Seile kleinere Auslenkungen* durch Wind erfahren als schwächere (Abb. 105).

β) Für die Wahl des *normalen Tragseilabstandes* (Spur) sind außer der Wagengröße und der Art der Stützenkonstruktion die Ausschwingungen der Wagen bei Seitenwind maßgebend. Bei einem Betriebswinddruck von 50 kg/m² und den üblichen Wagenbauarten der Güterseilbahnen ist mit Wagenausschwingungen von etwa 15% nach jeder Seite zu rechnen. Wird dem Lastbehälter des Wagens ein Kreis (Kippkreis) umschrieben, dann sollen Spur und Stützenkonstruktion so bemessen sein, daß im ausgelenkten Zustand der Wagen diese Kreise voneinander noch einen Abstand von 0,40 m und von den einzelnen Stützenteilen noch einen Abstand von

[1] Ernst, H.: Die Hebezeuge. Braunschweig: Verlag Vieweg. 1950.

0,20 m besitzen (Abb. 92, 93 und 96). Den angegebenen Spuren von 2,0 bis 3,0 m und den Maßen der dargestellten Stützenkonstruktionen liegen diese Bedingungen zugrunde.

γ) Trifft, wie in Abb. 105 veranschaulicht, der Wind zuerst das Tragseil der Leerseite, so besteht in größeren Spannweiten die Gefahr einer Berührung beider Seilstränge. Diese Gefahr steigt, wenn die Seile mit Wagen besetzt sind, da der Winddruck auf volle und leere Wagen annähernd gleich ist. Noch ungünstiger liegen unter Umständen die Verhältnisse bei einem innerhalb einer Spannweite nicht mit Wagen verbundenen Zugseil. Ein solches kann zufolge des durch die Hanfseele bedingten, vergleichsweise großen Durchmessers und seiner geringen Zugbeanspruchung besonders stark ausgelenkt werden.

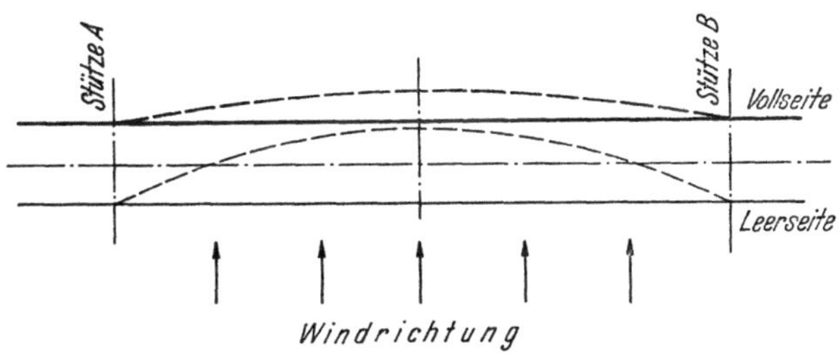

Abb. 105. Windwirkung auf die Tragseile

Aus diesen Gründen vermehrt man bei Güterseilbahnen in großen Spannweiten (§ 36) den Abstand der beiden Tragseilstränge auf 3,0 bis 4,0 m. Solche *Spurerweiterungen*, die bei jedem Seilstrang kleine waagrechte Richtungsänderungen bedingen, sind hinsichtlich eines störungsfreien Betriebes unbedenklich, wenn auf *einer* Stütze die Richtungsänderung 0,005 nicht überschreitet.

Durch die angegebenen Spurerweiterungen wird zwar die Gefahr einer Berührung der Seilstränge beider Bahnseiten nicht restlos beseitigt, aber auf ein praktisch erträgliches Maß herabgesetzt. Außer den ungleichen Höhenlagen der Seile zufolge verschiedener Belastung (Tragseile) und Zugbeanspruchung (Zugseile) wirkt auch der Umstand günstig, daß ein starkes, gleichmäßiges Wehen des Windes quer zur ganzen Länge einer großen Spannweite nur selten vorkommt. Daher konnten auch große Tragseilauslenkungen durch Wind im allgemeinen nicht festgestellt werden. Es erscheint somit berechtigt, daß, wie es häufig geschieht, der Winddruck in großen Spannweiten auf 0,7 des sich nach (144) ergebenden Wertes abgemindert wird.

3. Die Windwirkung auf die Stützen ist nach den gleichen Grundsätzen wie im Hochbau zu bestimmen und in den Knoten des Tragwerkes angreifend zu denken. Durchschnittlich kann man die gesamte Windangriffsfläche mit etwa einem Viertel der Umrißfläche annehmen.

4. Über das **Eigengewicht der Stützen** wurden bereits unter § 39 hinreichende Angaben gemacht. Es braucht bloß in den Stielen berücksichtigt zu werden.

§ 42. Berechnung einer Rahmenstütze in Holzkonstruktion. Bei einer den tatsächlichen Verhältnissen nahe kommenden Rechnung müssen dieser die wirklichen Holzlängen der Stiele und Riegel zugrunde gelegt werden. Da hiedurch die Stützenkonstruktion zu einem mehrfach statisch unbestimmten System wird, gestaltet sich die Berechnung etwas umständlich, doch sind verschiedene Vereinfachungen möglich.

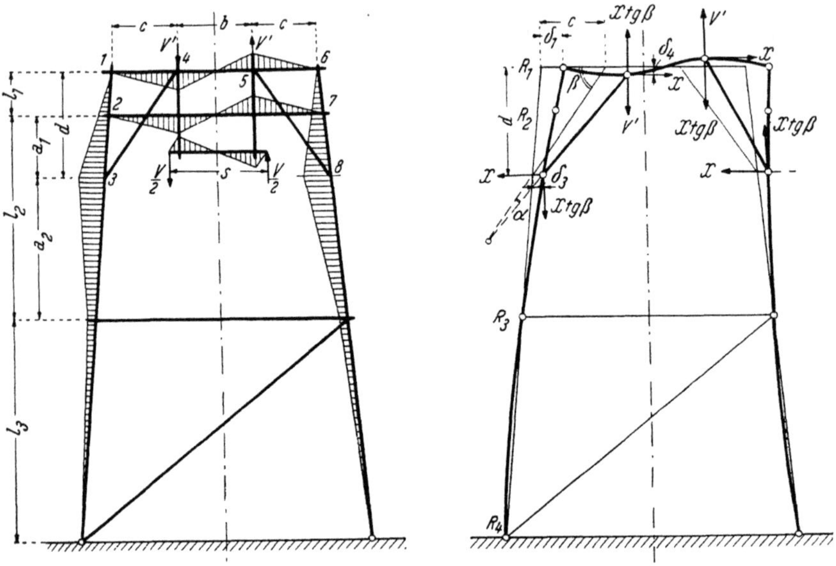

Abb. 106a. Momentenverlauf und Verformung bei einer Rahmenstütze unter der antimetrischen Belastung $\frac{V}{2}$

a) Wirkung einer einseitigen Einflußlast $V = 1$

Wir denken uns diese Last gemäß Abb. 106a und b durch eine *antimetrische* und eine *symmetrische* Belastung $\frac{V}{2}$ ersetzt und erhalten durch Übereinanderlagerung der hiebei auftretenden Biegungsmomente jene, welche durch die einseitige Belastung $V = 1$ hervorgerufen werden.

1. Antimetrische Belastung $\frac{V}{2}$

Diese liefert zunächst in den Hängesäulen die Kräfte $V' = \frac{Vs}{2b}$, wodurch sich die senkrecht zur Bahnachse stehende Tragwand der Stütze nach Abb. 106a antimetrisch verformt. Ist α der Winkel, um den sich dabei die Rahmenecken drehen, so folgt $\delta_1 - \delta_3 = d \cdot \operatorname{tg} \alpha$ und $\delta_4 = c \cdot \operatorname{tg} \alpha$, woraus

$$\delta_1 - \delta_3 = \frac{d}{c}\, \delta_4. \qquad \text{(a)}$$

Als statisch unbestimmte Größe führen wir die beiden entgegengesetzt gleichen Strebenkräfte S mit ihren waagrechten Komponenten X und den lotrechten Komponenten $X \operatorname{tg} \beta$ ein, wenn β den Winkel zwischen S und der Waagrechten vorstellt. Die in Gl. (a) aufscheinenden Durchbiegungen können leicht aus einem Tabellenwerk bestimmt werden, welches Angaben über die Durchbiegung von Trägern auf zwei Stützen enthält. Auf diese Art ergibt sich für die Durchbiegung des Doppelriegels unter den Lasten $V' - X \operatorname{tg} \beta$

$$\delta_4 = -\delta_5 = \frac{(V' - X \operatorname{tg} \beta)\, c^2\, b^2}{6\, E\, \Sigma J_r\, (2\, c + b)}\,. \tag{b}$$

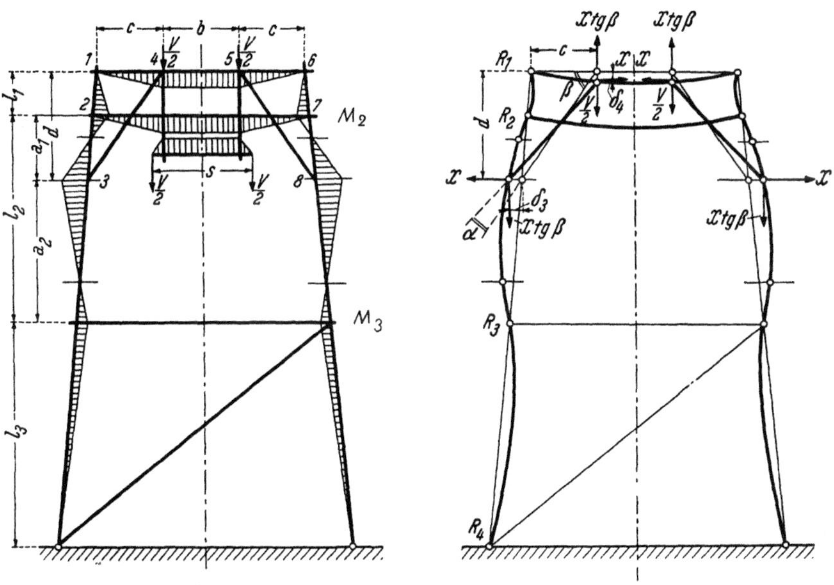

Abb. 106b. Momentenverlauf und Verformung bei einer Rahmenstütze unter der symmetrischen Belastung $\frac{V}{2}$

Zur Ermittlung der Durchbiegung der Stiele gehen wir von der Biegelinie eines Trägers mit belastetem Kragarm (Abb. 107) aus. Mit den Bezeichnungen der Abb. 107 gilt

$$\left.\begin{aligned}
&\text{für } 0 < x < m && \delta = \frac{P x}{6 E J}\,(2\, m\, b + 3\, m\, x - x^2),\\
&\text{am Lastort} && \delta_P = \frac{P\, m^2\,(b + m)}{3\, E J}\,,\\
&\text{am Kragende} && \delta_0 = \frac{P\, m}{6 E J}\,(2\, n\, b + 3\, m\, n - m^2).
\end{aligned}\right\} \tag{c}$$

Damit entsteht für die Durchbiegungen der in der Höhe der Zwischenriegel und an den Fußpunkten unverschieblich gestützten Stiele unter den Lasten X

$$\left.\begin{aligned} \delta_1 = -\delta_6 &= \frac{X}{6\,E\,J_{st}}\,[2\,(l_1+l_2)^2\,(l_1+l_2+l_3) - \\ &\quad - 2\,a_2\,(l_1+l_2)\,l_3 - 3\,a_2^2\,(l_1+l_2) + a_2^3], \\ \delta_3 = -\delta_8 &= \frac{X}{6\,E\,J_{st}}\,[2\,a_2\,(l_1+l_2)\,l_3 + 3\,a_2^2\,(l_1+l_2) - 2\,a_2^2\,(a_2+l_3) - a_2^3] \end{aligned}\right\}. \quad (c')$$

Durch Einführung von (b) und (c′) in (a) ergibt sich eine Bestimmungsgleichung für X, womit der Fall der antimetrischen Belastung im wesentlichen gelöst erscheint, da sich bei Kenntnis von X alle in den Tragwänden wirkenden Kräfte und Momente leicht angeben lassen.

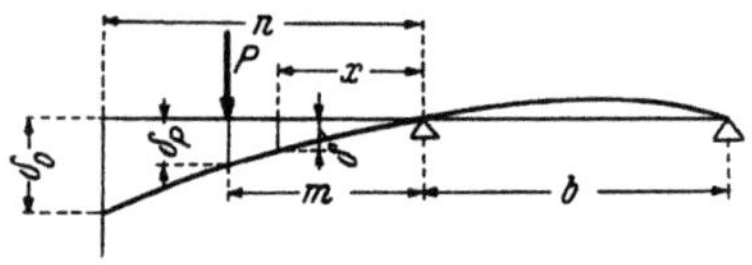

Abb. 107. Durchbiegungen eines Trägers auf zwei Stützen mit Kragarm

2. Symmetrische Belastung $\frac{V}{2}$

Diese ergibt auch in den Hängesäulen die Kräfte $\frac{V}{2}$, wodurch in der Tragwand senkrecht zur Bahnachse symmetrische Verformungen nach Abb. 106b entstehen. Bedeutet α wieder den Winkel, um den sich dabei die Rahmenecken verdrehen, so folgt

$$\operatorname{tg}\alpha = \frac{\delta_3}{d} = \frac{\delta_4}{c}. \quad (d)$$

Bezeichnen wir ebenso wie früher die Komponenten der unbekannten Strebenkräfte mit X und $X\operatorname{tg}\beta$, so ergibt sich an Hand eines Tabellenwerkes für die Durchbiegung des Doppelriegels unter den Kräften $\frac{V}{2} - X\operatorname{tg}\beta$

$$\delta_4 = \delta_5 = \frac{\left(\frac{V}{2} - X\operatorname{tg}\beta\right)c^2\,(3\,b + 2\,c)}{6\,E\,\Sigma J_r}. \quad (e)$$

Die Stiele verhalten sich bei der symmetrischen Belastung der Stütze wegen der dabei unverschieblichen Knotenpunkte 1, 2, 6, 7 und jener beim Anschluß der Zwischenriegel wie Durchlaufträger. Es lauten daher die Dreimomentengleichungen bei Belastung der Stiele mit der Kraft X am Strebenfußpunkt

$$2\,M_2\,(l_1+l_2) + M_3\,l_2 = \frac{X\,a_2}{l_2}\,(l_2^2 - a_2^2),$$

$$M_2\,l_2 + 2\,M_3\,(l_2+l_3) = \frac{X\,a_1}{l_2}\,(l_2^2 - a_1^2).$$

Hieraus können die Stützenmomente M_2 und M_3 als Funktion von X leicht gefunden werden. Das Biegungsmoment im Feld l_2 ist dann

$$M_x = \mathfrak{M}_x - M_3 - \frac{M_2 - M_3}{l_2}\,(l_2 - x),$$

worin für

$$0 < x < a_1 \;\ldots\; \mathfrak{M}_x = \frac{X\,a_2\,x}{l_2},$$

$$a_1 < x < l_2 \;\ldots\; \mathfrak{M}_x = \frac{X\,a_2\,x}{l_2} - X\,(x - a_1).$$

Nunmehr kann die Durchbiegung der Stiele bestimmt werden. Die Differentialgleichungen der Biegelinie im Feld l_2 lauten für

$$0 < x < a_1 \ldots E J_{st}\, y'' = -\frac{X a_2 x}{l_2} + M_3 + \frac{M_2 - M_3}{l_2}(l_2 - x),$$

$$a_1 < x < l_2 \ldots E J_{st}\, y'' = -\frac{X a_2 x}{l_2} + X(x - a_1) + M_3 + \frac{M_2 - M_3}{l_2}(l_2 - x).$$

Daraus ergibt sich

$$\delta_3 = \delta_8 = \frac{1}{E J_{st}}\left[\frac{X a_1 a_2}{6 l_2}(l_2^2 - a_1^2 - a_2^2) - \right.$$
$$\left. - M_3 \frac{a_1^2}{2} - \frac{M_2 - M_3}{6 l_2} a_1^2 (3 l_2 - a_1) + \frac{2 M_2 + M_3}{6} l_2 a_1\right]. \tag{f}$$

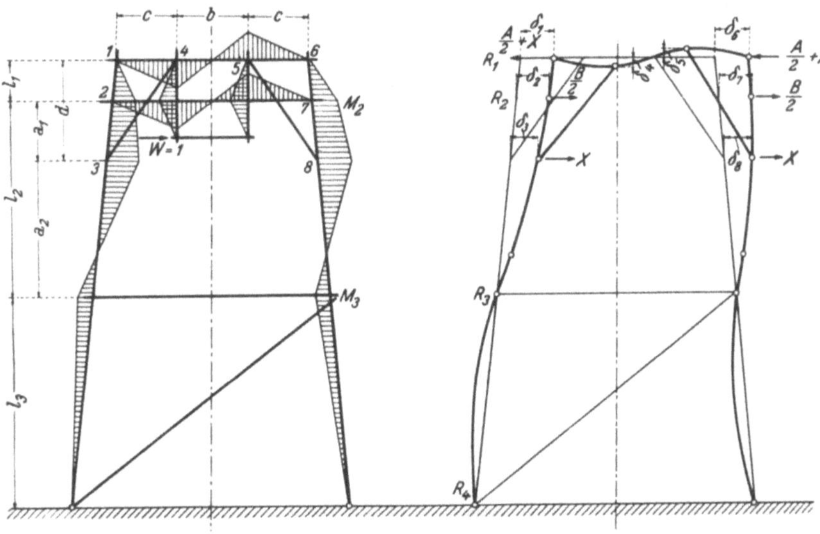

Abb. 108. Momentenverlauf und Verformung bei einer Rahmenstütze zufolge der waagrechten Belastung W

Durch Einführung von (e) und (f) in (d) entsteht eine Bestimmungsgleichung für X, womit auch der Fall einer symmetrischen Belastung im wesentlichen erledigt ist, da sich bei bekanntem X alle in den Tragwänden wirkenden Kräfte und Biegungsmomente leicht wie zuvor ermitteln lassen. Die Axialkräfte in den Riegeln sind dabei die Auflagerdrücke der als Durchlaufträger berechneten Stiele.

b) Wirkung der Einflußlast $W = 1$

Durch diese Kraft werden die Hängesäulen auf Biegung beansprucht, und dadurch auf die Kopfriegel die waagrechten Kräfte $A = -\frac{W h}{l_1}$ und $B = \frac{W(h + l_1)}{l_1}$ übertragen. Zufolge dieser Kräfte verformt sich die senkrecht zur Bahnachse stehende Tragwand gemäß Abb. 108. Man überlegt sich leicht, daß ähnlich wie bei der früher behandelten antimetrischen Belastung die

Verformungen der linken und rechten Stiele gleich sein müssen. Die Zusammenhangsbedingung (a) für die Durchbiegungen der Riegel und der Stiele gilt daher auch hier. Bezeichnet X wieder die waagrechten Komponenten der Strebenkräfte S, so sind die Durchbiegungen des Doppelriegels unter den lotrechten Komponenten $X \operatorname{tg} \beta$

$$\delta_4 = -\,\delta_5 = \frac{X \operatorname{tg} \beta \, c^2 \, b^2}{6 E \Sigma J_r (2c + b)} . \qquad \text{(g)}$$

Die Horizontalkomponenten X beanspruchen zusammen mit $\frac{A}{2}$ und $\frac{B}{2}$ die Stiele auf Biegung, welche dabei ebenso wie im Falle der antimetrischen Belastung als Träger mit belastetem Kragarm aufzufassen sind. Die Durchbiegungen $\delta_1 = -\,\delta_6$ und $\delta_3 = -\,\delta_8$ setzen sich demnach wie folgt zusammen:

$$\begin{array}{llll}
\delta_3 = -\,\delta_8 = & \text{Durchbiegung von} & X & \text{am Strebenfußpunkt (Angriffspunkt)} \\
+ & \text{,,} \quad \text{,,} & \frac{B}{2} & \text{,, Angriffspunkt von } X \\
- & \text{,,} \quad \text{,,} & X + \frac{A}{2} & \text{,,} \quad \text{,,} \quad \text{,, } X, \\
\delta_1 = -\,\delta_6 = - & \text{,,} \quad \text{,,} & X + \frac{A}{2} & \text{,, oberen Stielende (Angriffspunkt)} \\
+ & \text{,,} \quad \text{,,} & \frac{B}{2} & \text{,, Angriffspunkt von } X + \frac{A}{2} \\
+ & \text{,,} \quad \text{,,} & X & \text{,,} \quad \text{,,} \quad \text{,, } X + \frac{A}{2} .
\end{array}$$

Diese Durchbiegungen können mit Hilfe der über die Durchbiegungen eines Trägers mit belastetem Kragarm gemachten allgemeinen Angaben [Gl. (c)] leicht gefunden werden. Setzt man die Ausdrücke von δ_1, δ_3 und δ_4 in die Zusammenhangsbedingung (a) ein, so läßt sich ebenso wie früher X finden, womit wieder die Aufgabe in der Hauptsache gelöst ist, da sich dann die in den Tragwänden wirkenden Momente und Axialkräfte unschwer angeben lassen.

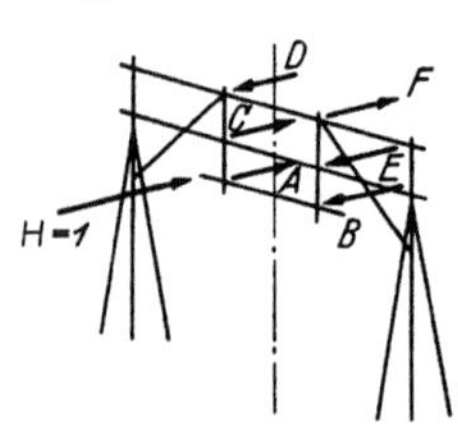

Abb. 109. Wirkung der Kraft $H = 1$ bei einer Rahmenstütze

c) Wirkung der Einflußgröße $H = 1$

Die Kraft $H = 1$ zerlegt sich zunächst in A und B (Abb. 109) und diese dann in C bis F, wodurch die Tragseilholme, Hängesäulen und Kopfriegel senkrecht zur Tragwandebene auf Biegung beansprucht werden. Von den Kopfriegeln werden diese Kräfte nach den von den Stielen gebildeten seitlichen, parallel zur Bahnachse liegenden Tragwänden abgeleitet.

d) Da *höhere Stützen* (Abb. 94) so gebildet werden, daß niedrige Stützen auf einen Fachwerksunterbau unter Zwischenschaltung eines Schwellenrostes gestellt werden, bereitet auch die Berechnung solcher Stützen keine Schwierigkeiten. Die Auflagerkräfte des Oberteiles sind die gleichen wie bei einer niedrigen Stütze und bilden die Belastungen für den Unterbau.

e) Für die *zulässigen Spannungen* in den einzelnen Gliedern sind die Holzbaunormen maßgebend.

f) Die *Umsturzsicherheit* einer Stütze soll 1,30 nicht unterschreiten, wenn bei den Fundamentsockeln nur deren Eigengewicht ohne Reibung im Boden usw. in Rechnung gestellt wird.

§ 43. Berechnung einer stählernen Pfeilerstütze

a) Wirkung der Einflußgrößen $V = 1$ und $W = 1$

Diese Kräfte beanspruchen je zur Hälfte die beiden senkrecht zur Bahnachse stehenden Tragwände. Da die Ausfachung der Wände stets eine statisch bestimmte ist, lassen sich die Stabkräfte mit einfachen Kräfteplänen gewinnen.

b) Wirkung der Einflußgröße $H = 1$

Da die beiden senkrecht zur Bahnachse stehenden Tragwände die Achse des Tragseilholms zur Schnittgeraden haben und der durchgehende Tragseilholm in waagrechter Richtung gegenüber den (gelenkig angeschlossenen) Kopfstreben meist sehr steif ist, kann man hinsichtlich der Kraft $H = 1$ den Holm bloß auf die beiden Tragwände parallel zur Bahnachse gestützt annehmen. Diese Wände werden dann durch die Stützkräfte A und B des Tragseilholmes beansprucht. Die darin hervorgerufenen Stabkräfte sind wieder mit einfachen Kräfteplänen bestimmbar.

Sind zwischen den vier Tragwänden waagrechte Querverbindungen vorhanden, so muß deren verteilende Wirkung berücksichtigt werden und es ist dann für den Kraftangriff $H = 1$ die Stütze statisch unbestimmt.

c) Für die *zulässigen Spannungen* in den einzelnen Stäben sind die Stahlbaunormen maßgebend.

d) Für die *Umsturzsicherheit* gilt das gleiche wie für eine hölzerne Rahmenstütze.

§ 44. Kuppengerüste. Die Kuppengerüste sind niedrige Stützbauten mit sehr langen Schuhen für große Tragseilablenkungen. Sie haben, wenn die Herstellung in Holzkonstruktion geschieht, die in Abb. 110 dargestellte Form, welche im Querschnitt wie eine gewöhnliche Stütze aussieht. Stählerne Kuppengerüste werden ähnlich gestaltet, erhalten jedoch im Querschnitt die bei stählernen Stützen übliche Pfeilerform.

Der *Tragseilschuh* wird aus ⊏-Eisen durch Nietung oder Schweißung zusammengesetzt.

Für das Zugseil kommt bei Bahnen, wo Kuppengerüste nötig sind (Gebirgsbahnen), fast nur die Unterseilanordnung in Betracht (§ 60). Da das Zugseil auf den Kuppengerüsten ebenfalls eine große Ablenkung erfährt, würde bei Stellung eines Wagens knapp am Kuppengerüst und *tiefer* Zugseilablage sowohl der Wagen wie auch das Tragseil durch das Zugseil stark belastet werden, was die Tragseillebensdauer sehr beeinträchtigen könnte. Man ordnet daher die *Zugseilablage knapp unterhalb des Tragseilschuhes* an; das Zugseil belastet dann den Wagen nur wenig, weil es bloß um ein geringes Maß von den Rollen abgehoben wird. Entsprechend der vom Kuppengerüst bewirkten Seilablenkung müssen für das Zugseil stets *mehrere Tragrollen* vorgesehen werden, wobei die Ablenkung je Rolle, deren Durchmesser gewöhnlich 300 mm beträgt, nicht mehr als $\operatorname{tg} \varphi_1^* = 0{,}08$ ausmachen soll (§ 40). Die *hohe* Zugseilablage erfordert jedoch bei Unterseilanordnung die Anbringung von *Gehängeführungen*, damit bei Querschwingungen eines Wagens durch Seitenwind dieser nicht gegen die Rollen stößt. Über die Details der Schuhkonstruktion und der Zugseilablage gibt Abb. 111 Aufschluß.

Die Ermittlung der *Belastungen* der Kuppengerüste erfolgt in der gleichen Art wie bei gewöhnlichen Stützen. Die lotrechten Komponenten

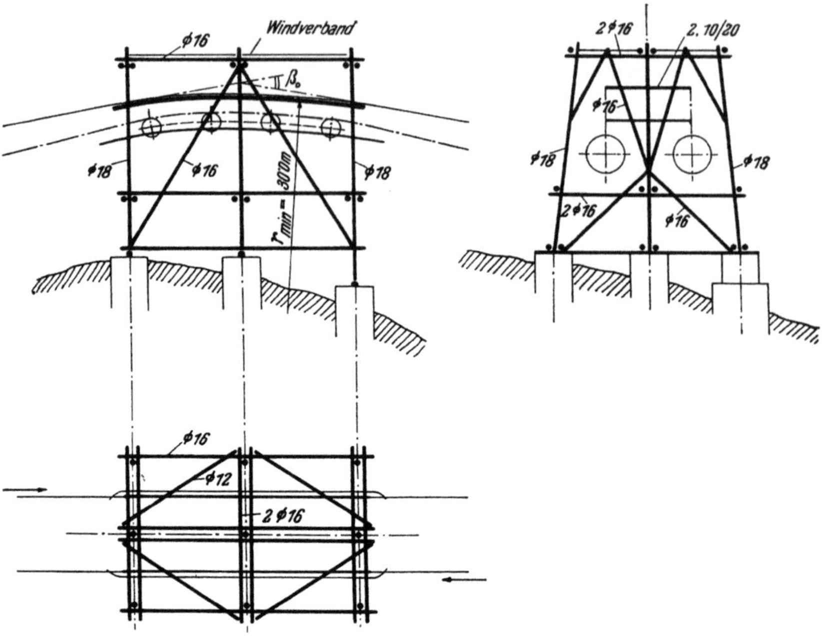

Abb. 110. Hölzernes Kuppengerüst

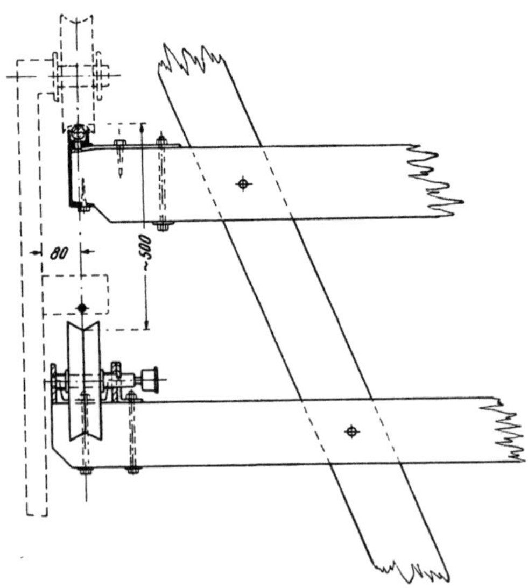

Abb. 111. Schuhkonstruktion und Zugseilablage bei Kuppengerüsten

der Seilkräfte werden von den Stielen, die waagrechten von den zwischen den Mittelstielen der Binder liegenden Streben auf die Fundamente übertragen.

Der *Baustoffaufwand* ist bei niedrigen *hölzernen* Kuppengerüsten mit ungefähr 0,70 m^3 Holz je m Kuppengerüstlänge, 30 kg eisernen Verbindungsmitteln je m^3 Holzkonstruktion und mindestens 1,5 m^3 Fundamentbeton je Stielfuß anzunehmen.

Bei stählernen Kuppengerüsten ist unter den gleichen Verhältnissen mit zirka 500 kg Stahlkonstruktion je m Kuppengerüstlänge zu rechnen.

§ 45. Stützen der Personenseilbahnen. Diese stellen zufolge der Grundsätze für die Stützenausteilung bei Personenseilbahnen mit *Pendelbetrieb* ein Mittelding zwischen gewöhnlichen Stützen und Kuppengerüsten von Güterseilbahnen dar. Ihre Ausführung erfolgt meistens in Stahlkonstruktion, mitunter aber auch in Stahlbeton. Sie erhalten, wie Abb. 112a zeigt, fast stets Pfeilerform, sind aber in der Richtung der Bahnachse entsprechend lang gestaltet, um einen längeren Schuh mit der knapp darunter befindlichen *hohen* Zugseilablage tragen zu können. Mitunter kommen auch bockartige Stützenkonstruktionen vor (Abb. 112 b), die aus einer senkrecht zu den Seilen stehenden Tragwand und einer talseitig gerichteten Strebe bestehen. Der Abstand der beiden Tragseilstränge (Spur) bestimmt sich nach den gleichen Grundsätzen wie bei den Güterseilbahnen (§ 41), nur wird ein seitliches Ausschwingen der Wagen um 20% angenommen, und es tritt an die Stelle des Kippkreises der Umriß des Wagenkastens. Ferner sind die dort angegebenen seitlichen Abstände der Wagen voneinander und von Stützenteilen mit dem 2,5fachen Wert anzunehmen. Demgemäß schwankt die Spur von 3,50 bis 5,0 m in den Stationen bis zu 8,0 m und mehr bei großen Spannweiten in der Streckenmitte, und es ist daher auf die Drehsteifigkeit der Stützen besonders zu achten.

Die *Schuhe* gestatten gewöhnlich Gesamtablenkungen von $\operatorname{tg} \varphi^* = 0{,}25$ bis 0,50 und sind mindestens nach einem Halbmesser von $r = 300\,d$, bzw. $r = 3000\,\delta$ zu krümmen. Damit bei den angewandten hohen Fahrgeschwindigkeiten das Überfahren der Stützen nicht unangenehm wird, darf keine größere Normalbeschleunigung als $p = \frac{v^2}{r} = 1{,}50$ bis $2{,}0\ \mathrm{m/sek^2}$ auftreten. Praktisch bewegen sich die Schuhhalbmesser zwischen 15 und 30 m, um nicht zu lange Schuhe zu bekommen und so die Stützenkonstruktion innerhalb wirtschaftlicher Grenzen halten zu können. Es muß dann gegebenenfalls beim Überfahren der Stütze die Geschwindigkeit herabgesetzt werden. Über die Ausbildung und Anordnung der Schuhträger und der Schuhe, welch letztere früher aus Stahlguß waren, jetzt aber aus mehreren Profilstählen zusammengeschweißt werden, gibt Abb. 113 näher Auskunft. Im Gegensatz zu den Güterseilbahnen erhalten die Schuhe der Personenseilbahnen mit Pendelbetrieb nur eine flache Rille, um den Bremszangen der Wagen den Durchgang zu ermöglichen, wenn auf das Tragseil wirkende Fangvorrichtungen angewendet werden. Damit bei solchen Schuhen das Tragseil durch Seitenwind nicht aus der

Rille geworfen werden kann, sind stets hinreichende lotrechte Seilablenkungen notwendig (§ 36). Die Schuhrille wird zur möglichsten Schonung des Tragseiles mit einem Bronzefutter versehen.

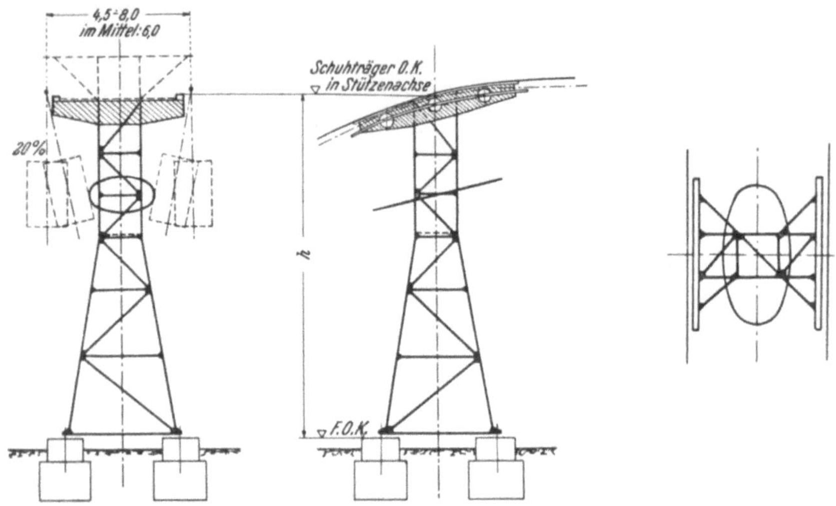

Abb. 112a. Stählerne Pfeilerstütze für Personenseilbahnen mit Pendelbetrieb

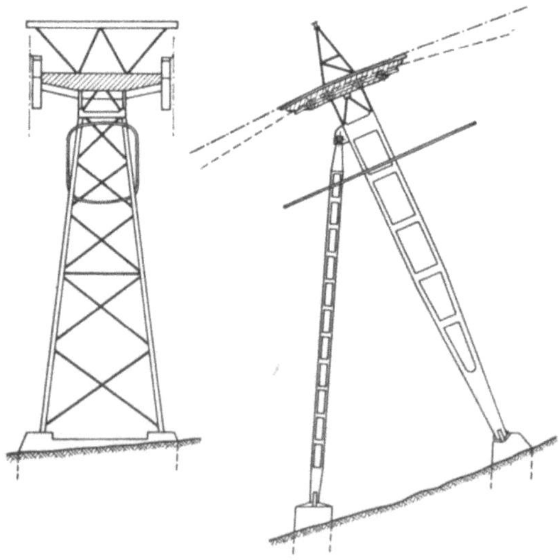

Abb. 112b. Stählerne Bockstütze für Personenseilbahnen mit Pendelbetrieb (Bauart VÖEST)

Wird an einem solchen flachen und schmalen Seilschuh (Abb. 114) das Tragseil durch Windwirkung seitlich abgelenkt, so gleitet es von einem Punkt A an teilweise aus dem Schuh heraus, bis es bei B mit dem aus der Windwirkung auf das anschließende Seilfeld sich ergebenden seitlichen Ablaufwinkel δ_0 den Schuh verläßt. Im Bereich AB ist das Seil nur entlang der Schuhkante in Berührung mit dem Schuh. Vernachlässigt man die Biegesteifigkeit des Seiles

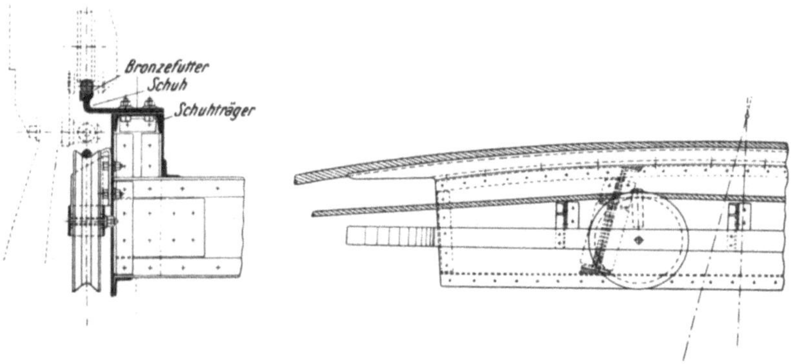

Abb. 113. Schuhkonstruktion und Zugseilablage bei einer Stütze für Personenseilbahnen mit Pendelbetrieb

und die Reibung zwischen ihm und dem Schuh, dann müssen, wie die Querschnittsskizze in Abb. 114 zeigt, im Bereich $A\,B$ an jedem Seilelement die Kräfte $S\,d\varphi$ und $S\,d\delta$ mit dem Gegendruck des Schuhes $p\,ds$ im Gleichgewicht stehen. An der Stelle B gilt mit den Bezeichnungen in Abb. 114 für den Winkel, unter dem das Seil den Schuh verläßt,

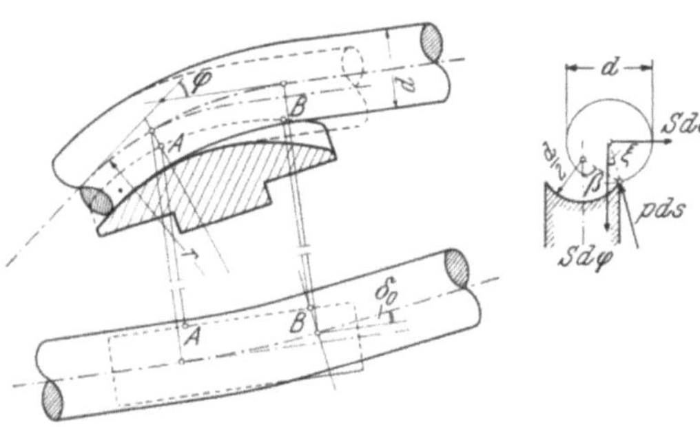

Abb. 114. Ablauf eines Tragseiles vom Stützenschuh einer Personenseilbahn mit Pendelbetrieb bei Windwirkung

$$\operatorname{tg}\delta_0 = \sqrt{\frac{d}{r}\cos\xi_0}\sqrt{\cos\xi_0 - \cos\beta}\,.$$

Der halbe Bettungswinkel des Seiles ist dabei mit $\beta = 60°$ anzunehmen. Gleichgewicht bei B ist nur so lange möglich, als $\xi_0 \geq 0$. Der größte seitliche Ablenkwinkel $\delta_0{}^*$, bei dem das Seil noch nicht aus dem Schuh durch Windwirkung geworfen wird, entsteht daher für $\xi_0 = 0$, und man erhält

$$\operatorname{tg} \delta_0{}^* = \sqrt{\frac{2\,d}{r}} \sin \frac{\beta}{2}\,.$$

Wird das Seil in beiden an den Schuh anschließenden Spannweiten durch Wind seitlich abgelenkt, so kann es auch aus dem Schuh geworfen werden, wenn $\delta_0 < \delta_0{}^*$, aber die Summe der für die beiden seitlichen Ablenkungen in Anspruch genommenen Schuhbögen $\widehat{AB}$ größer ist als der durch die lotrechte Ablenkung des Seiles ohne Berücksichtigung einer Windwirkung beanspruchte Schuhbogen[1].

Die *Zugseiltragrollen* sollen der Bedingung $\frac{S_1 \operatorname{tg} \varphi_1{}^*}{d_1\,D} \sim 4$ bis $5\ \mathrm{kg/cm^2}$ genügen und sie erhalten gewöhnlich einen Durchmesser D von 500 bis 600 mm. Da man je Rolle keine größere Seilablenkung als $\operatorname{tg}\varphi_1{}^* = 0{,}08$ zuläßt, sind auf den Stützen meistens 2 bis 4 in einem Rahmen gelagerte Rollen je Strang notwendig. Die auf Kugellagern laufenden Rollen sind stets dreiteilig und mit einem zwischen den Blechschilden gut eingespannten Gummilaufring (vgl. Abb. 102b) versehen, wodurch das Zugseil geschont wird (§ 24)[2]. Mitunter wird außer der Zugseilablage noch eine Auflage für ein Hilfsseil od. dgl. zu Rettungszwecken bei Betriebsstörungen vorgesehen (§ 50).

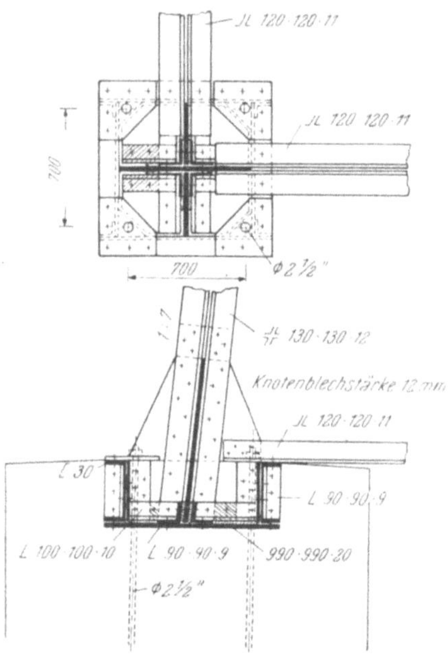

Abb. 115. Fußausbildung einer Pfeilerstütze für Personenseilbahnen

Ferner ist der über den Tragseilschuhen angeordnete *auslegerartige Aufbau* hervorzuheben, welcher bei Tragseilarbeiten zum Einlegen und Ausheben des Seiles dient. Der Raum zwischen den Tragseilschuhen wird mit einer Revisionsbühne versehen, welche vom Boden her durch Leitern zugänglich sein muß.

Um zu verhindern, daß ein zufolge des Seitenwindes stärker als 20% ausschwingender Wagen gegen die Zugseiltragrollen oder gegen die Stützenkonstruktion stößt, werden schließlich im oberen Teil des Stützenschaftes stählerne, mit Holz belegte *Kabinenführungen* angebracht.

Die einzelnen Teile der Stützen werden, soweit sie sich nicht in der Werkstätte vernieten lassen, an der Baustelle mit hochfesten Schrauben verbunden. Abb. 115 zeigt noch die Ausbildung eines *Stützenfußes*.

---

[1] Czitary, E.: Abwurfsicherheit des Tragseiles auf einem Seilschuh. Österr. Ing.-Archiv **VI** (1951/52), H. 5.

[2] Oft sind auch kurze Seileinweiser vorhanden.

Die Ermittlung der *Stützenbelastungen* erfolgt nach den gleichen Grundsätzen wie bei den Güterseilbahnen, desgleichen besteht auch in der Berechnung der Stützen für Personenseilbahnen gegenüber jener von Güterseilbahnen kein grundsätzlicher Unterschied. Dagegen sind für die zulässigen Spannungen in den Personenseilbahnstützen die Bestimmungen für Eisenbahnbrücken maßgebend[1]. Für die Umsturzsicherheit gilt aber dasselbe wie bei den Stützen der Güterseilbahnen.

Mitunter werden einzelne Stützen mit einer *Ein- und Aussteigstelle* verbunden, was aber betrieblich nicht vorteilhaft ist.

Das *Gewicht* der Stützen kann durchschnittlich mit 500 bis 800 kg je m Stützenhöhe angenommen werden. Eine Normung der Stützen wie im Güterseilbahnbau findet gewöhnlich nicht statt.

Die Stützen der *Personenseilbahnen mit Umlaufbetrieb* und der *Personenkleinseilbahnen* werden oft mehr nach den Grundsätzen für die stählernen Stützen der Güterseilbahnen gestaltet. Sie haben feste stählerne Schuhe mit höheren Borden und sind mit tiefer Zugseilablage versehen. Im Falle größerer Zugseilablenkungen auf den Stützen sieht man für jeden Strang oft zwei Zugseiltragrollen von 500 mm Durchmesser an den Enden von Wippen vor, die auf den unteren Kragarmen der Stützenkonstruktion mit begrenzter Drehbarkeit gelagert sind. Die vor und hinter diesen Wippen notwendigen Fangbügel werden hingegen auf den Kragarmen unbeweglich befestigt. Bei der Befestigung der Fangbügel ist besonders darauf zu achten, daß sich ein durch Windwirkung seitlich ausgewehtes Zugseil weder an einem durchgescheuerten Fangbügel noch an der Konstruktion der Kragarme verfangen kann, wenn es aus irgendeinem Grunde unter diese gelangt sein sollte.

§ 46. Streckenspannvorrichtungen

a) Bauarten

Da die Tragseile durch *unten* befindliche Spanngewichte oder so gespannt sein sollen, daß die Wagen von der Fixverankerung gegen das Spanngewicht fahren (§ 34), werden die Streckenspannvorrichtungen meistens sogenannte *kombinierte Spannvorrichtungen* sein. Sie enthalten dann von dem einen der beiden dort aneinander schließenden Tragseilabschnitte das Spanngewicht und von dem anderen die Fixverankerung. Bei Bahnen mit Umlaufbetrieb betrachtet man, wenn für die Anordnung der Spanngewichte die Verkehrsrichtung entscheidend ist[2], die Vollseite als maßgebend und bringt das Spanngewicht der Leerseite an der gleichen Stelle wie jenes der Vollseite unter. Die Benachteiligung des Tragseiles der Leerseite erscheint statthaft, weil es wegen etwaiger Rücklasten der Wagen meistens etwas stärker als unbedingt notwendig bemessen wird.

Mitunter kommen auch sogenannte *doppelte Streckenspannvorrichtungen* vor, bei denen beide an die Spannvorrichtung anschließenden Tragseil-

[1] Absenger, F.: Über die Standberechnung von Seilbahnstützen. Wasserwirtschaft. **1930**, H. 8—9.

[2] Flache Bahnen.

abschnitte durch Gewichte gespannt werden. Schließlich gehören hierher auch *doppelte Fixverankerungen*, bei welchen die Seile der beiden dort endigenden Tragseilabschnitte fest verankert sind. Die ersteren können auftreten, wenn eine Seilbahn eine lange tiefere Senke überquert, die letzteren, wenn eine Seilbahn über eine Kuppe führt. Doppelte Fixverankerungen können dabei gleichzeitig auch Kuppengerüste sein.

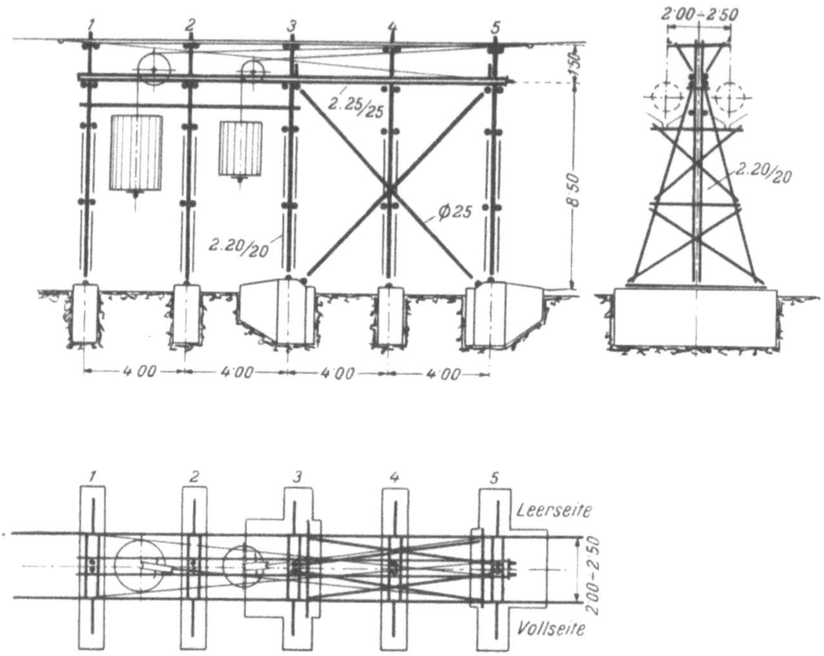

Abb. 116. Kombinierte Streckenspannvorrichtung in Holzkonstruktion

b) Gestaltung

Wie Abb. 116 zeigt, besteht das Gerüst einer kombinierten Streckenspannvorrichtung aus einer Anzahl von Bindern, die gewöhnlich in Abständen von 4 m angeordnet werden, ferner aus den Spanngewichtsbalken und den Spannstreben sowie aus Konsolen für die Hängebahnschienen zur Überleitung der Wagen von einem Tragseilabschnitt zum anderen.

Die *Tragseile* des auf der Spannvorrichtung mit Gewichten gespannten Abschnittes werden von Ablenkschuhen, die an dem einen Ende der Spannvorrichtung montiert sind, zu den Spannrollen und von dort zu den Spanngewichten geführt. Da die Tragseile sehr steif sind, werden sie auf den Spannrollen durch dünndrähtige Litzenseile, sogenannte *Spannseile*, ersetzt, welche an die Tragseile mit Muffen anschließen und mit dem anderen Ende an den Spanngewichten befestigt sind (§ 14).

Die auf der Spannvorrichtung verankerten Tragseile des folgenden Abschnittes werden von den Ablenkschuhen am anderen Ende des Gerüstes zu den an den Stirnflächen der Spannbalken angebrachten Tragseilverankerungen geführt.

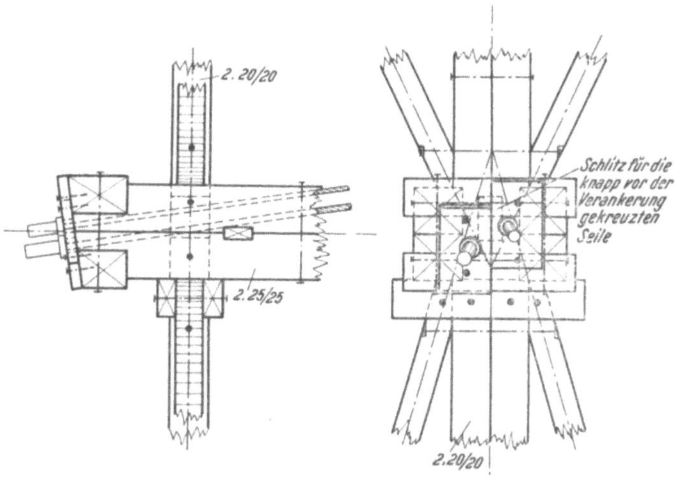

Abb. 117. Endbinder einer kombinierten Streckenspannvorrichtung in Holzkonstruktion

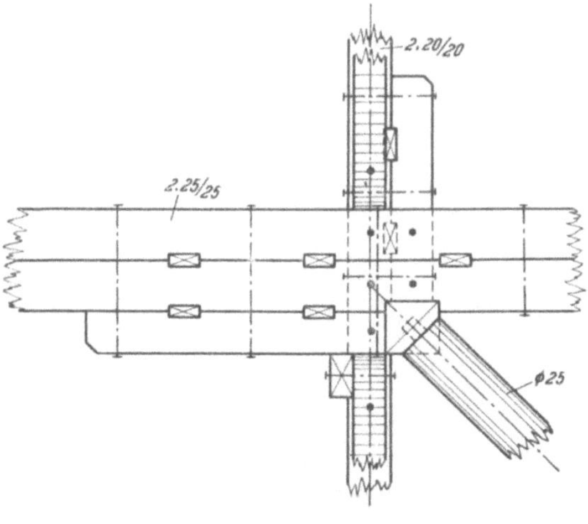

Abb. 118. Anschluß der Spannstrebe einer Streckenspannvorrichtung in Holzkonstruktion

Für das *Zugseil* werden an den Enden der Spannvorrichtung Tragrollen in der gleichen Art wie auf den Stützen angebracht.

Die allgemeine Anordnung einer Doppelstreckenspannvorrichtung und Doppelfixverankerung kann man sich durch Spiegelung der kombinierten Streckenspannvorrichtung (Abb. 116) um die Achse des Binders 4 entstanden denken, wobei im ersten Fall der Bereich Binder 1 bis 4 und im zweiten der Bereich Binder 4 bis 5 zu verdoppeln ist.

Die Formgebung der Spannvorrichtungen bleibt bei Herstellung in Holz- oder Stahlkonstruktion die gleiche. Die Abb. 117 bis 120 zeigen die Ausbildung der Endbinder und die Anschlüsse der Spannstreben

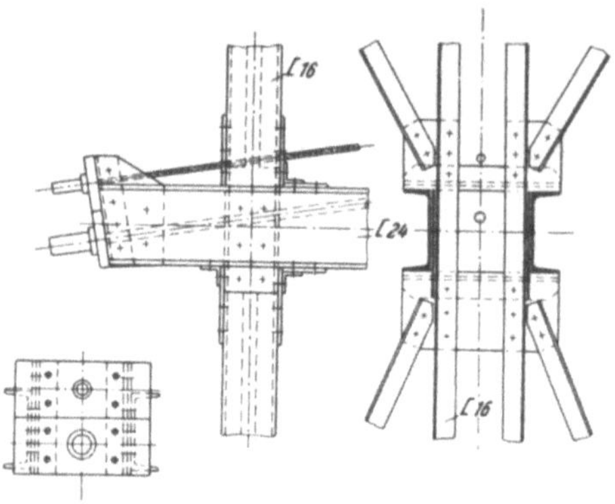

Abb. 119. Endbinder einer kombinierten Streckenspannvorrichtung in Stahlkonstruktion

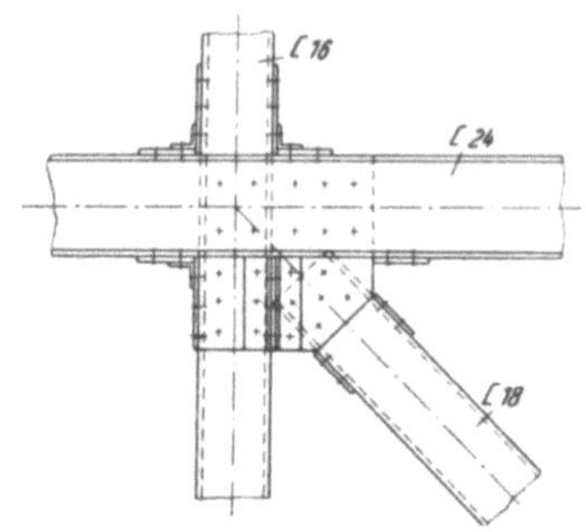

Abb. 120. Anschluß der Spannstrebe einer Streckenspannvorrichtung in Stahlkonstruktion

von hölzernen und stählernen Streckenspannvorrichtungen. Die Längen der Streckenspannvorrichtungen betragen gewöhnlich bei

kombinierten .... 16 m
doppelten .... 20 „
Fixverankerungen ...... 8 „

Die Höhe der Streckenspannvorrichtungen von Fundament- bis Schienenoberkante ist durchschnittlich 10 m, was für die bei den üblichen Längen der Tragseilabschnitte gewöhnlich vorzusehenden Spanngewichtswege ausreicht. Doppelte Fixverankerungen sind jedoch wesentlich niedriger.

Der *Baustoffbedarf* beträgt durchschnittlich:

Art des Bauwerkes	Herstellung in			Fundamentmauerwerk (Beton) m³
	Holzkonstr.		Stahlkonstr.	
	Holzbedarf m³	Kleineisenbedarf kg/m³ Holz	Stahlbedarf t	
Kombinierte Streckenspannvorrichtung ...	30		15	60
Doppelstreckenspannvorrichtung	40	40	20	70
Doppelfixverankerung .	15		8	40

c) Mechanische Einrichtung

Die *Spannrollen* werden meistens aus Gußeisen hergestellt und erhalten je nach der Seilstärke Durchmesser von 800 bis 1200 mm. Über die Einzelheiten der gewöhnlich genormten Spannrollen und ihre Verlagerung gibt Abb. 121 und über die wichtigsten Abmessungen sowie über die als *Spannseile* benutzten dünndrähtigen Litzenseile (vgl. § 10) die nachfolgende Tabelle Aufschluß.

Tragseil-durchm. d_0 mm	Spannseil-durchm. d_1 mm	$D \sim 30\, d_1$ mm	d mm	Gewicht der Spannrolle samt Verlagerung kg
20	26	800	120	240
28	36	1000	140	360
36	46	1200	160	600

Der Spannrollendurchmesser D soll aber auch nicht kleiner als $500\,\delta_1$ sein, wenn δ_1 die Drahtstärke der Spannseile ist. Aus Gründen der Abnutzung zufolge der Flächenpressungen im Zusammenhang mit den Drahtverschiebungen bei der Biegung empfiehlt es sich, $\delta_1 \geq 1{,}50$ mm zu wählen. Der Zugsicherheitsgrad der Spannseile ist mit $\mathfrak{S}_z = 4{,}5$ anzunehmen.

Für Bahnen mit *Umlaufbetrieb* und dichter Wagenfolge sind die angegebenen Rollenabmessungen genügend, da bei *dauernder* Besetzung der Strecke mit Wagen die Spanngewichtsbewegung gering ist und die Spannvorrichtung daher im wesentlichen bloß die Wärmedehnungen der Tragseile (und im Anfang des Betriebes die bleibenden Seildehnungen) aufzunehmen hat. Die Wärmedehnungen ΔL^* ergeben sich, wenn

$\alpha = \frac{1}{85000}$ der Wärmeausdehnungskoeffizient je 1° C,

$\Delta t = 85°$ C die größtmögliche Temperaturdifferenz und

L^* die Seillänge in km ist,

zu
$$\Delta L^* = \alpha\, \Delta t\, L^* \text{ oder } \Delta L^{*m} = L^{*km}. \tag{145}$$

Dagegen sind bei Seilbahnen mit großen Wagenabständen oder mit *Pendelbetrieb* für den gesamten Spanngewichtshub außer der Wärmewirkung auch die Längenänderungen der Tragseile maßgebend, die in großen Seilfeldern zufolge der von den Verkehrslasten während des Betriebes hervorgerufenen Durchhangsschwankungen entstehen. Näheres hierüber enthält § 53. Da hiebei die Spanngewichte dauernd spielen, ist zur Erzielung einer hinreichenden Lebensdauer der Spannseile eine Vergrößerung des Spannrollendurchmessers gegenüber der vorigen Tabelle auf $D = 40\, d_1$ notwendig, wobei auch hier $D \geq 500\,\delta_1$ eingehalten sein muß. Größere Spannrollen werden stets aus Stahlblechen zusammengeschweißt, wobei die Nabe aus einem Rohr gebildet wird. Die Seilrille dieser Rollen wird mit einem Hartholzfutter versehen.

Die Biegungsspannungen der Spannseile auf den Spannrollen sind nach (91) zu berechnen.

Die *Spanngewichte* werden meistens aus Beton hergestellt und haben eine kreuzweise armierte Grundplatte von etwa 50 cm Stärke, auf welcher das übrige Gewicht aus Formsteinen aufgebaut wird. Das Gewicht der einzelnen Formsteine soll zwecks leichter Handhabung 150 kg nicht überschreiten. Das Spannseil wird häufig in einem Rohr durch das Gewicht hindurchgeführt und an der Unterseite der Grundplatte in einer Endmuffe unter Zuhilfenahme einer Ankerplatte befestigt (Abb. 122). Im Grundriß sind

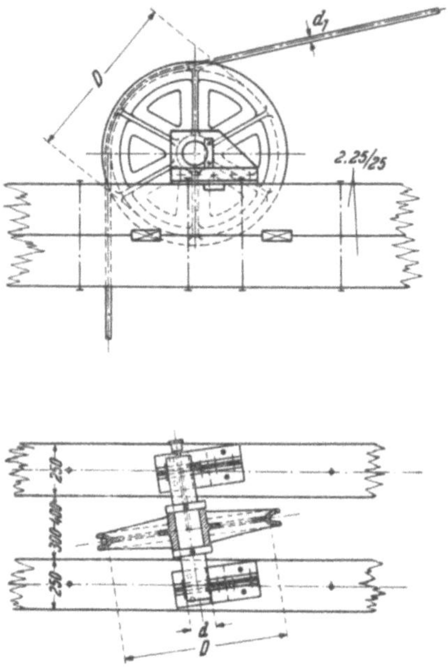

Abb. 121. Tragseilspannrolle

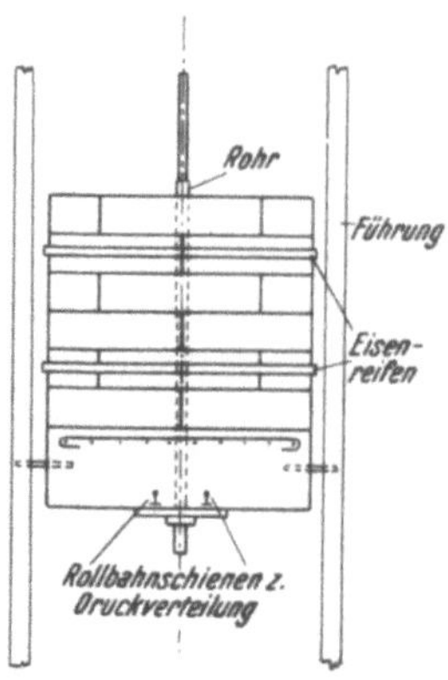

Abb. 122. Tragseilspanngewicht

die Spanngewichte rund oder rechteckig. Zur Verhinderung eines Drehens der Gewichte und eines Anstoßens an die Spannbalken werden Führungen vorgesehen. Mitunter gelangen auch Spanngewichte mit hölzernem oder stählernem Kasten und mit Formstein- oder gewöhnlicher Steinfüllung u. dgl. zur Anwendung. Bei stählernen Kasten wird das Spannseil mit der Endmuffe gewöhnlich an einem kräftigen Querträger am oberen Kastenende angeschlossen, der die Ankerplatte trägt.

Die *Seilverankerungen* an den Spannvorrichtungen (Abb. 117 und 119) unterscheiden sich in keiner Weise von der sonst üblichen Ausführung.

Die einzelnen Teile der Streckenspannvorrichtungen müssen durch die Anordnung von Leitern zugänglich sein.

d) Statische Berechnung

Die Belastungen der Endbinder sind von der gleichen Art wie bei gewöhnlichen Seilbahnstützen. Die Belastungen, welche von den Spanngewichten und von den Tragseilverankerungen herrühren, sind so einfach zu bestimmen, daß sich nähere Ausführungen darüber erübrigen.

Für die von den Spanngewichten ausgeübten Kräfte sind die Spannbalken als durchlaufende Träger auf Biegung und Druck zu berechnen. Die Spannstreben haben im Betrieb bloß die Differenz der Tragseilkräfte von beiden an die Spannvorrichtung anschließenden Tragseilabschnitten aufzunehmen. Mit Rücksicht auf die zeitweise notwendige Erneuerung der Tragseile wird man aber die Spannstreben stets so berechnen, als ob einer der beiden Tragseilabschnitte spannungslos wäre. Die einzelnen Binder werden für die durch die beiden Fahrbahnen hervorgerufenen Belastungen in ähnlicher Weise berechnet wie die senkrecht zur Bahnachse stehenden Tragwände von Pfeilerstützen; außerdem aber haben sie noch die lotrechten Auflagerdrücke der Spannbalken aufzunehmen.

Für die zulässigen Spannungen in den einzelnen Bauteilen sind auch hier die einschlägigen Normen maßgebend.

V. Das Zugseil und seine Bewegungseinrichtungen

§ 47. Zugwirkung der Wagen

a) Genaues Verfahren zur Bestimmung der Zugwirkung

1. Wir betrachten zunächst den Fall nur einer *einzigen Verkehrslast* in einem Seilfeld bei *hoher* oder *tiefer Zugseilablage* (§ 17, Abb. 42) und definieren als Zugwirkung die Differenz der Zugseilspannkräfte vor und hinter dem Wagen

$$Z = S_2 - S_1. \tag{146}$$

Zur Bestimmung von Z setzen wir die Horizontalkomponenten H^I und $H_1{}^I$ der Trag- und Zugseilspannkräfte links vom Wagen und auch den Durchhang f_x am Wagenort als bekannt voraus. An Hand der Kraftecke in Abb. 42 lassen sich dann S_1 und S_2 durch bekannte Größen ausdrücken.

2. In ähnlicher Art können wir auch die vom Wagen auf das Tragseil übertragene Kraft V^* berechnen. Diese Kraft verteilt sich zufolge der Bauweise der Wagenlaufwerke gleichmäßig auf die einzelnen Laufrollen und bildet dort die Raddrücke V

3. Bei *mehreren Wagen in einem Seilfeld* müssen wir die Kenntnis der Horizontalkomponenten der Tragseil- und Zugseilspannkräfte an irgendeiner Stelle des Seilfeldes und der Durchhänge unter den einzelnen Wagen voraussetzen (§ 18, Abb. 43). Es können dann sowohl die Zugwirkungen der Wagen als auch die von ihnen auf das Tragseil übertragenen Kräfte in der gleichen Art wie bei Vorhandensein bloß eines einzigen Wagens im betrachteten Seilfeld gefunden werden.

Das genaue Verfahren zur Bestimmung der Zugwirkung der Wagen ist rechnerisch ziemlich umständlich; man gelangt aber für eine *bestimmte* Laststellung rasch zum Ziel, wenn man sich mit der zeichnerischen Ermittlung der Zugwirkung durch Konstruktion der oben genannten Kraftecke begnügt.

b) Näherungsverfahren, ein Wagen im Seilfeld

1. Wir denken uns, wie Abb. 123 zeigt, das Wagengewicht Q in zwei Komponenten zerlegt, von denen die eine, Z', die Richtung der Halbierenden des Knickwinkels der Tragseilspannkräfte S am Wagen hat, während die andere, V', senkrecht dazu steht und mit V'' die auf das Tragseil übertragene Kraft V^* bildet.

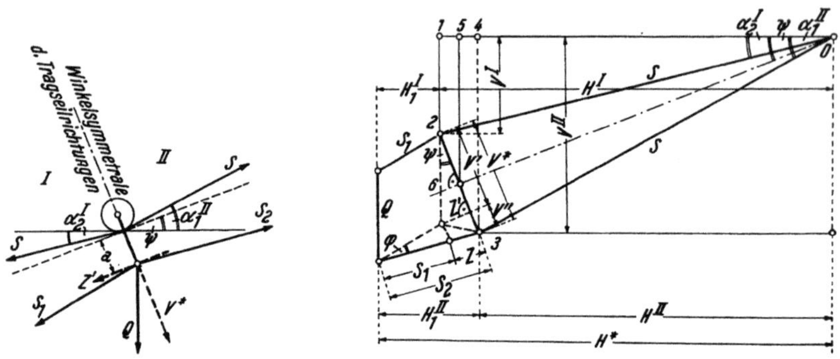

Abb. 123. Bestimmung der Zugwirkung eines Seilbahnwagens

Ist der Winkel φ, den die beiden Zugseilspannkräfte S_1 und S_2 am Wagen miteinander einschließen, nicht allzu bedeutend, was durch entsprechende Spannung und Lagerung des Zugseiles auf den Stützpunkten stets angestrebt werden soll, dann kann man

$$Z \doteq Z' = Q \sin \psi \tag{146a}$$

setzen. Hiebei bedeutet ψ den Winkel von Z' gegenüber der Horizontalen; er wird als *Zugwirkungswinkel* bezeichnet. Es kommt nun darauf an, für ψ einen entsprechenden Ausdruck herzuleiten.

Aus Δ 1 2 *0* folgt $V^I = H^I \operatorname{tg} \alpha_2{}^I$ und
aus Δ 3 4 *0* folgt $V^{II} = H^{II} \operatorname{tg} \alpha_1{}^{II}$, mithin ist

$$\operatorname{tg} \psi = \frac{H^I \operatorname{tg} \alpha_2{}^I + H^{II} \operatorname{tg} \alpha_1{}^{II}}{H^I + H^{II}}. \tag{147}$$

Führt man in den Ausdruck für $\operatorname{tg} \psi$ die aus § 20 bekannten Werte

$$\operatorname{tg} \alpha_2{}^I = \frac{h\,x - f_x\,l}{l\,x} + \frac{x}{2\,c^I}, \quad c^I = \frac{H^I}{q'} \text{ und}$$

$$\operatorname{tg} \alpha_1{}^{II} = \frac{h\,(l-x) + f_x\,l}{l\,(l-x)} - \frac{l-x}{2\,c^{II}}, \quad c^{II} = \frac{H^{II}}{q'}$$

ein, so ergibt sich mit $\operatorname{tg} \gamma = \frac{h}{l}$

$$\operatorname{tg} \psi = \operatorname{tg} \gamma - \frac{f_x \left(\frac{H^I}{x} - \frac{H^{II}}{l-x} \right) + \frac{q'}{2}\,(l - 2\,x)}{H^I + H^{II}}.$$

Setzt man darin $H^I + H^{II} \sim 2\,H$, so folgt weiter

$$\operatorname{tg}\psi = \operatorname{tg}\gamma - f_x \frac{l - 2\,x}{2\,x\,(l - x)} - \frac{q'\,(l - 2\,x)}{4\,H}\,.$$

Wird jetzt noch für f_x der Ausdruck von (32b) bei hoher Zugseilablage oder, durch dessen Erweiterung um ΔQ^*, jener bei tiefer Zugseilablage eingetragen, dann entsteht schließlich:

bei *hoher Zugseilablage*

$$\operatorname{tg}\psi_h = \operatorname{tg}\gamma - \frac{\left(\frac{2\,Q}{l} + q' + q_1'\right)(l - 2\,x)}{4\,H^*} - \frac{q'\,(l - 2\,x)}{4\,H}$$

oder mit einer kleinen Vernachlässigung

$$\operatorname{tg}\psi_h \doteq \operatorname{tg}\gamma - \frac{\left(\frac{Q}{l} + q' + q_1'\right)(l - 2\,x)}{2\,H^*} \tag{148}$$

und bei *tiefer Zugseilablage*

$$\operatorname{tg}\psi_t = \operatorname{tg}\psi_h - \frac{H_1^I\,(l - x) + H_1^{II}\,x}{x\,(l - x)}\,t\,\frac{l - 2\,x}{2\,l\,H^*}$$

oder mit einer kleinen Vernachlässigung

$$\operatorname{tg}\psi_t \doteq \operatorname{tg}\psi_h - \frac{H_1^I\,t}{2\,H^*} \cdot \frac{l - 2\,x}{x\,(l - x)}\,. \tag{149}$$

Die Beziehung (148) für hohe Zugseilablage hat über die ganze Länge der Spannweite Gültigkeit[1], während (149) für tiefe Zugseilablage nur so lange gilt, als das Zugseil nicht von den Tragrollen auf den Stützen abgehoben wird. In Feldmitte ist in allen Fällen $\operatorname{tg}\psi_m = \operatorname{tg}\gamma$.

Steht bei tiefer Zugseilablage der Wagen knapp vor oder hinter einer Stütze, dann kann man zur Bestimmung der Zugwirkung wohl auch die allgemeine Gl. (147) benutzen, doch ist zur Gewinnung der darin vorkommenden Größen $\operatorname{tg}\alpha_2^I$ und $\operatorname{tg}\alpha_1^{II}$ die Heranziehung der in § 32 an Hand der Abb. 81 angestellten Überlegungen notwendig. Wir bekommen dann bei Stellung des Wagens am oberen Feldende, wofür $\operatorname{tg}\alpha_2^I = \operatorname{tg}\alpha_2^l$ und $\operatorname{tg}\alpha_1^{II} = \operatorname{tg}\alpha_2^v$,

$$\operatorname{tg}\psi_{t\,(x=l)} = \frac{H^I \operatorname{tg}\gamma + \frac{q'\,l}{2} + H^{II}\operatorname{tg}\gamma + \frac{\left(2\,\frac{Q + A}{l} + q' + q_1'\right)l}{2\,H^*}\,H^{II}}{H^I + H^{II}}$$

oder annähernd

$$\operatorname{tg}\psi_{t\,(x=l)} \doteq \operatorname{tg}\gamma + \frac{\left(\frac{Q + A}{l} + q' + q_1'\right)l}{2\,H^*}\,. \tag{150}$$

[1] Über die Deutung von (148) als Verlauf der Neigungen einer gedachten *festen* Fahrbahn vgl. § 53.

Analog erhalten wir bei Stellung am unteren Feldende

$$\operatorname{tg} \psi_{t \atop x=0} \doteq \operatorname{tg} \gamma - \frac{\left(\frac{Q+A}{l} + q' + q_1'\right) l}{2 H^*}. \tag{151}$$

Darin wird bei kleineren Zugseilablenkungen der Wert von A geschätzt (§ 32). Bei größeren Seilablenkungen an den Stützen muß die Zugwirkung nach dem genauen Verfahren ermittelt werden.

2. Endlich ergibt sich aus Abb. 123 für die *vom Wagen auf das Tragseil übertragene Kraft* mit einigen kleinen Vernachlässigungen

$$V^* \doteq S \operatorname{tg} (\alpha_1^{II} - \alpha_2^{I}) = \frac{H^I}{\cos \alpha_2^I} \operatorname{tg} (\alpha_1^{II} - \alpha_2^I)$$

und daraus durch weitere Vereinfachung

$$V^* = H^I \sqrt{1 + \operatorname{tg}^2 \alpha_2^I} \, \frac{\operatorname{tg} \alpha_1^{II} - \operatorname{tg} \alpha_2^I}{1 + \operatorname{tg} \alpha_1^{II} \operatorname{tg} \alpha_2^I} \doteq H^I \sqrt{1 + \operatorname{tg}^2 \alpha_2^I} \, \frac{\operatorname{tg} \alpha_1^{II} - \operatorname{tg} \alpha_2^I}{1 + \operatorname{tg}^2 \psi} \doteq$$

$$\doteq H^I \frac{\operatorname{tg} \alpha_1^{II} - \operatorname{tg} \alpha_2^I}{1 + \frac{1}{2} \operatorname{tg}^2 \psi}. \tag{152}$$

Setzt man darin die für $\operatorname{tg} \alpha_2^I$ und $\operatorname{tg} \alpha_1^{II}$ angegebenen Ausdrücke ein, so entsteht weiter

$$V^* = H^I \frac{\frac{f_x l}{x (l - x)} - \frac{q' l}{2 H^I}}{1 + \frac{1}{2} \operatorname{tg}^2 \psi}. \tag{153}$$

In der Folge ist zwischen hoher und tiefer Zugseilablage auf den Stützen genauer zu unterscheiden. Setzen wir zunächst *hohe Zugseilablage* voraus, so sind für f_x und $\operatorname{tg} \psi$ die Ausdrücke von (32b) und (148) einzusetzen. In flachen, nicht zu langen Seilfeldern kann man überdies $\frac{1}{2} \operatorname{tg}^2 \psi$ in erster Näherung vernachlässigen und erhält dann sozusagen unabhängig von der Wagenstellung

$$V^* \doteq \left(Q + \frac{q_1' l}{2}\right) \frac{H^I}{H^*}. \tag{153a}$$

Tragen wir in (153) den Wert des Durchhanges bei *tiefer Zugseilablage* ein, dann ist die Durchhangsbeziehung gegenüber jener bei hoher Zugseilablage näherungsweise um $\frac{H_1^I}{H^*} t$ zu erweitern. Dadurch vergrößert sich V^* um $\frac{4 H^I H_1^I}{H^*} \frac{t}{l}$, und wir bekommen

$$V^* \doteq \left[\left(Q + \frac{q_1' l}{2}\right) + \frac{4 H_1^I t}{l}\right] \frac{H^I}{H^*}. \tag{153b}$$

Gl. (153b) gilt aber bloß so lange, als sich das Zugseil nicht von den Stützenrollen abhebt. Steht beispielsweise der Wagen am oberen Feldende unmittelbar vor einer Stütze, so sind in (152) für $\operatorname{tg} \alpha_2^I = \operatorname{tg} \alpha_2^l$

und $\operatorname{tg} \alpha_1^{II} = \operatorname{tg} \alpha_2^v$ wieder die entsprechenden Ausdrücke aus § 32 einzuführen. Man erhält dann

$$V^* \doteq H^I \frac{\operatorname{tg} \alpha_2^v - \operatorname{tg} \alpha_2^l}{1 + \frac{1}{2} \operatorname{tg}^2 \alpha_2^l},$$

wobei wieder kleinere Zugseilablenkungen vorausgesetzt sind. Für flachere Seilfelder kann dies noch zu

$$V^* = \left(Q + A + \frac{q_1' l}{2}\right) \frac{H^I}{H^*} \tag{153 c}$$

vereinfacht werden.

c) Näherungsverfahren, mehrere Lasten in einem Seilfeld

1. Für die genäherte Bestimmung der Zugwirkung gilt auch hier die allgemeine Gl. (147). Die Rechnung ist jedoch komplizierter als bei bloß einer Last im Seilfeld. Die Untersuchung wird aus diesem Grunde und weil der Gewinn bei Ermittlung der Zugwirkung für beliebige Wagenstellungen kein großer ist, nur für einen Wagen am oberen Feldende und *hohe* Zugseilablage geführt. Für einen solchen ist nach Abb. 124

$$\operatorname{tg} \underset{x=l}{\psi} = \frac{H^{(n)} \operatorname{tg} \alpha_2^{(n)} + H^{(n+1)} \operatorname{tg} \alpha_2^v}{H^{(n)} + H^{(n+1)}}.$$

Aus § 32, Gl. (134), ergibt sich bei n Lasten im Seilfeld

$$\operatorname{tg} \alpha_2^v = \operatorname{tg} \gamma + \frac{(q' + q_1') l + n Q}{2 H^*} + \frac{n Q r}{2 l H^*}.$$

Ferner gilt, wie man sich leicht an Hand der Abb. 124 überzeugt,

$$\operatorname{tg} \alpha_2^{(n)} = \operatorname{tg} \alpha_2^v - \frac{Q}{H^*} - \frac{q_1' w'}{2 H^*} + \frac{H_1^{(n)}}{H^{(n)}} \frac{q' w'}{2 H^*}.$$

Damit entsteht bei einigen kleinen Vernachlässigungen

$$\operatorname{tg} \underset{x=l}{\psi} \doteq \operatorname{tg} \gamma + \frac{(q' + q_1') l + (n-1) Q}{2 H^*} + \frac{n Q r}{2 l H^*} - \frac{q_1' w'}{4 H^*}. \tag{154}$$

Der analoge Ausdruck für die Stellung eines Wagens am unteren Feldende lautet

$$\operatorname{tg} \underset{x=0}{\psi} \doteq \operatorname{tg} \gamma - \frac{(q' + q_1') l + (n-1) Q}{2 H^*} - \frac{n Q r}{2 l H^*} + \frac{q_1' w'}{4 H^*}. \tag{154a}$$

Wie beim Wandern bloß einer Verkehrslast in einem Seilfeld ergibt sich auch hier für die Feldmitte $\operatorname{tg} \psi_m = \operatorname{tg} \gamma$.

2. Schließlich folgt für die auf das Tragseil von einem beliebigen Wagen übertragene Kraft V_i^* gemäß (152)

$$V_i^* \doteq H^{(i)} \frac{\operatorname{tg} \alpha_1^{(i+1)} - \operatorname{tg} \alpha_2^{(i)}}{1 + \frac{1}{2} \operatorname{tg}^2 \alpha_2^{(i)}},$$

worin zufolge Abb. 124

$$\operatorname{tg} a_2^{(i)} = \operatorname{tg} \gamma^{(i)} + \frac{q' w'}{2 H^{(i)}}, \quad \operatorname{tg} \alpha_1^{(i+1)} = \operatorname{tg} \gamma^{(i+1)} - \frac{q' w'}{2 H^{(i+1)}},$$

$$\operatorname{tg} \gamma^{(i)} = \frac{V^{(i)}}{H^*}, \quad \operatorname{tg} \gamma^{(i+1)} = \frac{V^{(i)} + (q' + q_1') w' + Q}{H^*}.$$

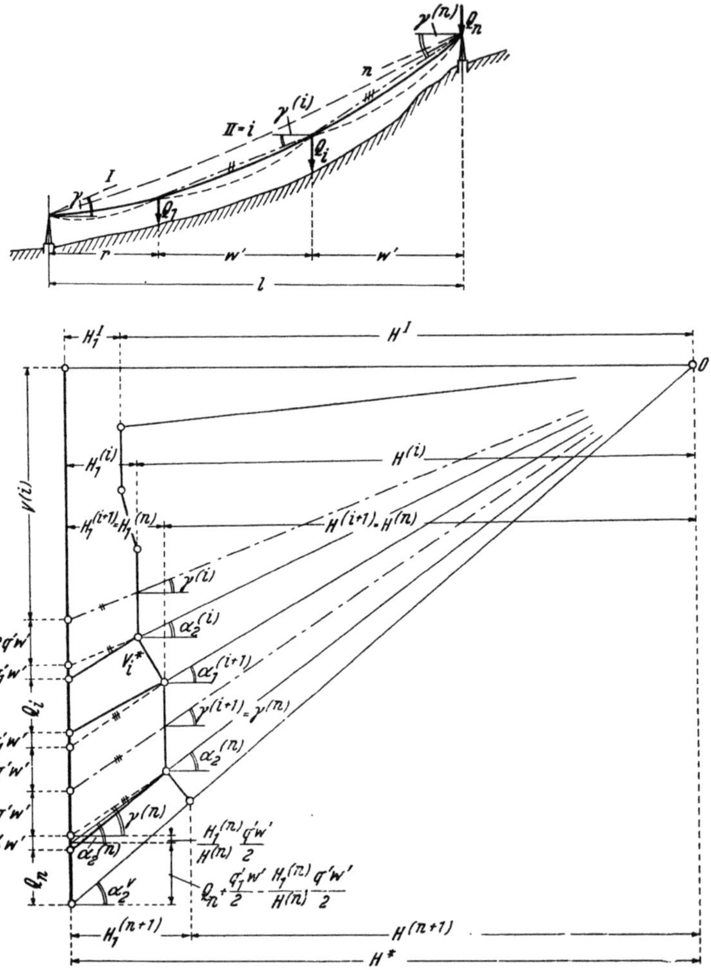

Abb. 124. Zugwirkung eines Seilbahnwagens bei mehreren Lasten in einem Seilfeld und hoher Zugseilablage

Damit entsteht, wenn $H^{(i)} \doteq H^{(i+1)} \sim H$,

$$V_i^* \doteq \frac{H}{H^*} \cdot \frac{Q + q_1' w'}{1 + \frac{1}{2} \operatorname{tg}^2 \gamma}.$$

Bei flachen Seilfeldern läßt sich dies noch vereinfachen zu

$$V_i^* = \frac{H}{H^*}\,(Q + q_1'\,w'). \tag{155}$$

Bei mehreren Lasten in einem Seilfeld weichen die Ergebnisse bei hoher und tiefer Zugseilablage nur wenig voneinander ab, wenn die Richtungsänderungen des Zugseiles an den Stützen nicht groß sind. Dies ist bei dicht mit Wagen behängten Bahnen stets der Fall, da dort das Zugseil dauernd von den Wagen hochgehalten wird. Der Fall *tiefer Zugseilablage* wird daher *nicht* behandelt. Im übrigen sei auf die Bemerkung am Schluß von Abs. a) hingewiesen, wenn eine besondere Untersuchung dieses Falles erwünscht sein sollte.

d) Die aufgestellten Beziehungen für die Zugwirkung und für die vom Wagen auf das Tragseil übertragene Kraft sind unabhängig davon, ob das Tragseil durch ein Spanngewicht gespannt, an den Feldenden fest verankert oder bloß an den Bahnenden fest verankert und auf den Stützen verschieblich gelagert wird.

e) Beispiel. *Seilfeld mit einer Verkehrslast*

Vergleich der Zugwirkung und der vom Wagen auf das Tragseil übertragenen Kraft bei Gewichtsspannung des Tragseiles und tiefer sowie hoher Zugseilablage. Gegeben: $l_1 = 200$ m, $h_1 = 50$ m, $Q = 1{,}20$ t, $q' = 4{,}00$ kg/m, $q_1' = 1{,}00$ kg/m, ferner links vom Wagen $H^I = 15{,}0$ t, $H_1{}^I = 2{,}0$ t.

1. Tiefe Zugseilablage, Näherungsberechnung der Zugwirkung am oberen Feldende

Zusätzliche Angaben: $l_2 = 200$ m, $h_2 = 40$ m, $t = 3{,}0$ m. Geschätzt nach § 32

$$A \doteq \frac{1{,}00 \cdot 200}{2} + 3{,}0\left(\frac{2000}{200} + \frac{2000}{200}\right) + 2000\left(0{,}40 - \frac{40}{200}\right) = 560 \text{ kg}.$$

$$\operatorname{tg}_{x=l}\psi = \frac{50}{200} + \frac{\left(4{,}0 + 1{,}0 + \dfrac{1200 + 560}{200}\right)200}{2\,(15000 + 2000)} = 0{,}331,$$

$$\sin_{x=l}\psi = 0{,}314.$$

$$\text{Zugwirkung } Z_{x=l} = 1200 \cdot 0{,}314 = 376 \text{ kg}.$$

2. Tiefe Zugseilablage, genaue Berechnung der Zugwirkung am oberen Feldende

Trag- und Zugseilspannkraft am oberen Feldende, links vom Wagen

$$S \doteq \frac{15000}{0{,}970} + \frac{4{,}0 \cdot 50}{2} = 15560 \text{ kg},$$

$$S_1 \doteq \frac{2000}{0{,}970} + \frac{1{,}0\,(50 + 3)}{2} = 2087 \text{ kg}.$$

Weiters ist

$$H_1{}^{II} = H^I + H_1{}^I - S\cos\alpha_2{}^v = 17000 - 15560\cos\alpha_2{}^v$$

und damit der Auflaufwinkel des Tragseiles an der oberen Stütze

$$\operatorname{tg} \alpha_2^v = \frac{50}{200} + \frac{\left(4{,}0 + 1{,}0 + \frac{2 \cdot 1200}{200}\right) 200}{2 \cdot 17\,000} +$$

$$+ \frac{\frac{1{,}0 \cdot 200}{2} + 3{,}0\left(\frac{2000}{200} + \frac{17000 - 15560 \cos\alpha_2^v}{200}\right) + (17\,000 - 15\,560 \cos\alpha_2^v)(\operatorname{tg}\alpha_2^v - 0{,}20)}{17\,000} = 0{,}384.$$

Daraus folgt $\sin \alpha_2^v = 0{,}360$, $\cos \alpha_2^v = 0{,}933$.

Horizontalkomponenten der Trag- und Zugseilspannkräfte rechts vom Wagen

$$H^{II} = S \cos \alpha_2^v = 15\,560 \cdot 0{,}933 = 14\,520 \text{ kg},$$

$$H_1^{II} = 17\,000 - 14\,520 = 2480 \text{ kg}.$$

Ablaufwinkel des Zugseiles rechts vom Wagen

$$\operatorname{tg} \beta_1^{II} = \frac{40 - 3}{200} - \frac{1{,}0 \cdot 200}{2 \cdot 2480} = 0{,}145, \quad \cos \beta_1^{II} = 0{,}990.$$

Zugseilspannkraft rechts vom Wagen $S_2 = \dfrac{2480}{0{,}990} = 2500$ kg.

Zugwirkung $\underset{x=l}{Z} = 2500 - 2087 = 413$ kg.

3. Hohe Zugseilablage, Näherungsberechnung der Zugwirkung am oberen Feldende

$$\underset{x=l}{\operatorname{tg} \psi} = \frac{50}{200} + \frac{\left(4{,}0 + 1{,}0 + \frac{1200}{200}\right) 200}{2 \cdot 17\,000} = 0{,}320, \quad \underset{x=l}{\sin \psi} = 0{,}305.$$

Zugwirkung $\underset{x=l}{Z} = 1200 \cdot 0{,}305 = 366$ kg.

4. Hohe Zugseilablage, genaue Berechnung der Zugwirkung am oberen Feldende

Auflaufwinkel des Tragseiles an der oberen Stütze

$$\operatorname{tg} \alpha_2^v = \frac{50}{200} + \frac{\left(4{,}0 + 1.0 + \frac{2 \cdot 1200}{200}\right) 200}{2 \cdot 17\,000} = 0{,}350, \quad \cos \alpha_2^v = 0{,}944.$$

Horizontalkomponenten der Trag- und Zugseilspannkräfte rechts vom Wagen

$$H^{II} = S \cos \alpha_2^v = 15\,560 \cdot 0{,}944 = 14\,690 \text{ kg},$$

$$H_1^{II} = 17\,000 - 14\,690 = 2310 \text{ kg}.$$

Ablaufwinkel des Zugseiles rechts vom Wagen $\beta_1^{II} = \alpha_2^v$.

Zugseilspannkraft rechts vom Wagen

$$S_2 = \frac{2310}{0{,}944} = 2450 \text{ kg}.$$

Zugseilspannkraft links vom Wagen

$$S_1 \doteq \frac{2000}{0{,}970} + \frac{1{,}0 \cdot 50}{2} = 2085 \text{ kg}.$$

Zugwirkung $\underset{x=l}{Z} = 2450 - 2085 = 365$ kg.

5. Tiefe Zugseilablage, Näherungsberechnung der vom Wagen auf das Tragseil übertragenen Kraft

$$V^* \doteq 15000 \frac{\dfrac{1{,}0 \cdot 200 + 2\,(1200 + 560)}{2 \cdot 17000}}{1 + \dfrac{1}{2}\left(0{,}25 + \dfrac{4{,}0 \cdot 200}{2 \cdot 15000}\right)^2} = 1580 \text{ kg}.$$

6. Tiefe Zugseilablage, genaue Berechnung der vom Wagen auf das Tragseil übertragenen Kraft

Tragseilspannkraft am Wagenort $S = 15560$ kg.

Tragseilneigung links vom Wagen $\alpha_2^I = \alpha_2^l$, $\operatorname{tg} \alpha_2^l = 0{,}25 + \dfrac{4{,}0 \cdot 200}{2 \cdot 15000} = 0{,}277$, $\alpha_2^l = 15°\ 30'$.

Tragseilneigung rechts vom Wagen $\alpha_1^{II} = \alpha_2^v$, $\operatorname{tg} \alpha_2^v = 0{,}384$, $\alpha_2^v = 21°\ 07'$. $\gamma^* = \alpha_2^v - \alpha_2^l = 5°\ 37'$, $\operatorname{tg} \gamma^* = 0{,}0983$, $V^* = 15560 \cdot 0{,}0983 = 1530$ kg.

7. Hohe Zugseilablage, Näherungsberechnung der vom Wagen auf das Tragseil übertragenen Kraft

$$V^* = 15000 \frac{\dfrac{1{,}0 \cdot 200 + 2 \cdot 1200}{2 \cdot 17000}}{1 + \dfrac{1}{2}\left(0{,}25 + \dfrac{4{,}0 \cdot 200}{2 \cdot 15000}\right)^2} = 1105 \text{ kg}.$$

8. Hohe Zugseilablage, genaue Berechnung der vom Wagen auf das Tragseil übertragenen Kraft

Tragseilspannkraft am Wagenort $S = 15560$ kg.

Tragseilneigung links vom Wagen $\alpha_2^I = \alpha_2^l$, $\operatorname{tg} \alpha_2^l = 0{,}277$, $\alpha_2^l = 15°\ 30'$.

Tragseilneigung rechts vom Wagen $\alpha_1^{II} = \alpha_2^v$, $\operatorname{tg} \alpha_2^v = 0{,}350$, $\alpha_2^v = 19°\ 18'$. $\gamma^* = \alpha_2^v - \alpha_2^l = 3°\ 48'$, $\operatorname{tg} \gamma^* = 0{,}066$, $V^* = 15560 \cdot 0{,}066 = 1027$ kg.

9. Zusammenstellung der Ergebnisse

Wagenstellung und Zugseilanordnung		Zugwirkung Z kg		Tragseilbelastung V^* kg	
		genähert	genau	genähert	genau
Wagen am oberen Feldende	Zugseilablage tief	376	413	1580	1530
	Zugseilablage hoch	366	365	1105	1027

f) Folgerungen

Aus den Untersuchungen über die Zugwirkung ergibt sich folgendes:

1. Im Hinblick auf die hinreichende Übereinstimmung der Näherungsberechnung mit der genauen und mit Rücksicht darauf, daß im Betrieb Spitzen der Zugwirkung durch das elastische Verhalten und durch Durchhangsänderungen des Zugseiles gemildert werden, erscheint es fast stets statthaft, *nur* die Näherungsberechnung zu benutzen.

2. Bewegt sich bloß *eine Verkehrslast im Seilfeld*, dann kann man zur Bestimmung der Zugwirkung als Horizontalkomponenten der Trag- und Zugseilspannkräfte, gleichgültig, ob das Tragseil durch ein Gewicht

gespannt wird oder beiderseits fest verankert ist, jene Werte benutzen, die sich für das unbelastete Seilfeld ergeben. Dies ist bei *Gewichtsspannung der Tragseile* schon darin begründet, daß sich die Tragseilspannkräfte zufolge Bewegung eines Wagens im Seilfeld nur wenig ändern. Bei *beiderseitiger fester Verankerung des Tragseiles* erscheint diese Näherung deshalb statthaft, weil für die Stellung des Wagens an den Feldenden jene Tragseil-

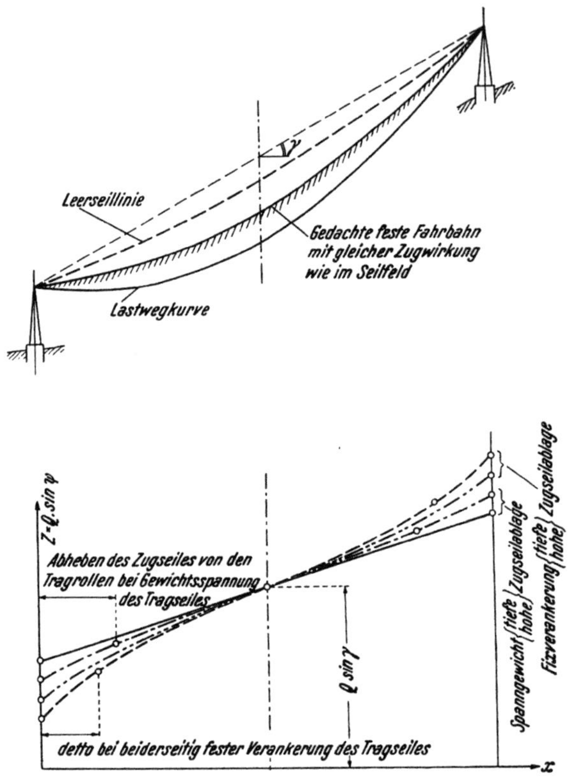

Abb. 125. Verlauf der genäherten Wagenzugwirkung $Q \sin \psi$ in einem Seilfeld mit nur einer einzigen Verkehrslast

spannkräfte maßgebend sind, welche sich für den unbelasteten Zustand des Feldes ergeben, und in der Mitte eines Seilfeldes die Zugwirkung nur von der Sehnenneigung des Feldes abhängt. Zwischen den Werten an den Feldenden und in Feldmitte ist der Verlauf der Zugwirkung wohl ein verschiedener, je nachdem, ob Gewichtsspannung der Tragseile oder beiderseitige feste Verankerung, hohe oder tiefe Zugseilablage vorliegt (Abb. 125). Während der Verlauf bei Gewichtsspannung der Tragseile und hoher Zugseilablage stets fast geradlinig ist, weicht er bei tiefer Zugseilablage schon merklich, stärker aber erst bei beiderseitiger fester

Verankerung der Tragseile davon ab. Im allgemeinen sind jedoch die genannten drei Punkte zur Bestimmung des Verlaufes der Zugwirkung in einem Seilfeld ausreichend. Wegen der bei Bahnen mit Umlaufbetrieb etwa notwendigen Berücksichtigung von Änderungen der Zugseilspannkräfte während der Fahrt eines Wagens durch ein Seilfeld, hervorgerufen durch die sich ändernde Zugwirkung von Wagen in anderen Seilfeldern, wird auf § 48 verwiesen.

3. Sind in einem Seilfeld *mehrere* Wagen, so kommt bekanntlich praktisch nur Gewichtsspannung der Tragseile in Frage. Für die Bestimmung

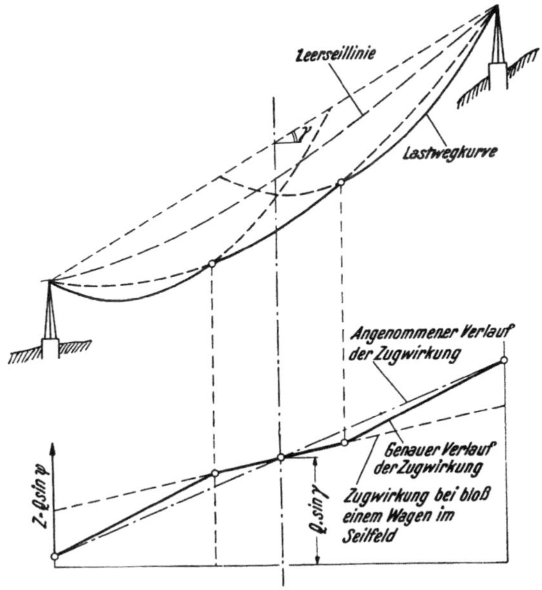

Abb. 126. Verlauf der genauen und der angenommenen Zugwirkungen $Q \sin \psi$ in einem Seilfeld mit mehreren (zwei) Einzellasten

der Zugwirkung kann man dann auch hier die Horizontalkomponenten der Tragseilspannkräfte durch jene ersetzen, welche sich für das unbelastete Seilfeld ergibt. Beim Zugseil hat man hingegen von der Spannkraft auszugehen, die in der Mitte des belasteten Seilfeldes herrscht. In dieser ist die Zugwirkung der einzelnen Wagen des Feldes mit $\frac{1}{2} \Sigma Z \doteq \frac{n}{2} Q \sin \gamma$ anzunehmen und dann die Horizontalkomponente der Zugseilspannkraft ebenfalls genähert zu ermitteln.

Da die Lastwegkurve hier mehrteilig ist, muß sich auch für den Verlauf der Zugwirkung eines Wagens eine mehrteilige Kurve ergeben. Wegen des schon erwähnten Ausgleiches von Spitzen der Zugwirkung, der um so besser ist, je mehr Wagen im Seilfeld vorhanden sind, ersetzt man jedoch den Verlauf der Zugwirkungen durch einen annähernd geraden

Linienzug, der durch die an den Feldenden und in Feldmitte ermittelten Zugwirkungen bestimmt wird. Zwischen hoher und tiefer Zugseilablage wird aus den unter Abs. c) angeführten Gründen gewöhnlich nicht unterschieden.

Abb. 126 zeigt den genauen und den angenommenen Verlauf der Zugwirkung bei zwei Einzellasten in einem Seilfeld und läßt erkennen, daß der angenommene Verlauf eine ausgleichende Linie gegenüber dem ersteren ist[1]. Bezüglich Änderungen der Zugseilspannkräfte im betrachteten Seilfeld, hervorgerufen durch Änderungen der Zugwirkung von Wagen in anderen Seilfeldern der Bahn, gilt dasselbe wie in **2.**

4. Hinsichtlich der vom Wagen auf das Tragseil übertragenen Kraft V^*, welche die für die Tragseilbemessung maßgebenden Raddrücke V erzeugt, folgt, daß sie in erster Näherung dem Wagengewicht zuzüglich einem Schätzwert für die vom Zugseil über den Wagen auf das Tragseil übertragenen Kraft gleichgesetzt werden kann. Ein Schätzwert genügt, insbesondere bei Güterseilbahnen, weil sich ja V^* von Feld zu Feld ändert und der Tragseilbemessung bei diesen Seilbahnen im allgemeinen die mittleren Verhältnisse zugrunde gelegt werden (§ 27 und 35).

§ 48. Spannkräfte des Zugseiles. Die im Zugseil einer Seilbahn wirkenden Längskräfte setzen sich zusammen aus

1. der *Vorspannung* des Zugseiles,

2. Spannkräften zufolge des Seileigengewichtes, auch als *Höhenspannungen* bezeichnet,

3. Spannkräften zufolge der *Zugwirkung* der Fahrzeuge,

4. Spannkräften, die sich aus den Laufwiderständen des Seiles und der Wagen ergeben, also der *Reibung*, und endlich

5. aus *dynamischen Wirkungen* durch Anfahrbeschleunigung, Bremsverzögerung, sonstigen Geschwindigkeitsänderungen und den damit zusammenhängenden Seilschwingungen.

a) Vorspannung

Sie wird in der Regel von einer Zugseilspannvorrichtung ausgeübt, die als selbsttätige Gewichtsspannvorrichtung ausgebildet ist. Die Vorspannung hat den Zweck

1. zu große *Durchhänge* des Zugseiles zu vermeiden und

2. die gesicherte Aufnahme der zum Betrieb der Bahn erforderlichen *Umfangskraft* an der Antriebsscheibe durch Reibungsschluß zu gewährleisten.

Bei längeren und steileren *Güterseilbahnen*, bei denen Antrieb und Spannvorrichtung sich an *entgegengesetzten* Streckenenden befinden, sind

[1] Auch der genaue Verlauf kann bei zwei Lasten im Feld leicht berechnet werden, weil für den mittleren Teil dieselben Verhältnisse maßgebend sind wie beim Vorhandensein bloß einer einzigen Last.

gewöhnlich die Durchhangsverhältnisse für die Wahl der Vorspannung ausschlaggebend, und es reicht oft schon eine solche von

$$S_0 = (600 \text{ bis } 800)\, q_1 \tag{156}$$

hin.

Treten bei Güterseilbahnen mit *Pendelbetrieb* erhebliche Spannweiten auf, dann muß eine größere Vorspannung gewählt werden. Bei *Umlaufbetrieb* genügt hingegen der aus (156) sich ergebende Wert meistens auch für sehr große Spannweiten, weil das Zugseil auf der Strecke von den Wagen hochgehalten wird. Damit aber nach einem etwaigen Einziehen der Wagen das Zugseil nicht den Boden berührt, werden in großen Spannweiten bekanntlich *Zugseilrollenböcke* vorgesehen (§ 36).

Bei längeren und flacheren Güterseilbahnen, wo Antrieb und Zugseilspannvorrichtung an einem Streckenende *vereinigt* sind, oder bei kurzen Strecken mit getrennter Anordnung von Antrieb und Spannvorrichtung richtet sich die Vorspannung des Zugseiles nach dessen Umschlingungsverhältnissen am Antrieb, worüber in § 54 noch nähere Angaben gemacht werden.

Bei *Personenseilbahnen* kann sowohl Pkt. 1 als auch Pkt. 2 für die Bestimmung der Vorspannung maßgebend sein. Sind die Durchhangsverhältnisse maßgebend, was in der Regel bei Bahnen mit *Pendelbetrieb* zutrifft, so wählt man

$$S_0 = (1500 \text{ bis } 2000)\, q_1. \tag{156a}$$

Der hohe Betrag von S_0 erklärt sich dadurch, daß diese Bahnen meistens große Spannweiten besitzen. Bei Personenseilbahnen mit *Umlaufbetrieb* kann man sich, da hier große Spannweiten seltener vorkommen, mit etwas kleineren Werten begnügen.

Rollenböcke sollen bei Personenseilbahnen aus Sicherheitsgründen nicht benutzt werden.

b) Höhenspannung

Wie aus § 15 bekannt, ist der durch die Überwindung eines Höhenunterschiedes h allein bewirkte Spannkraftzuwachs

$$S_h = q_1\, h. \tag{157}$$

c) Spannkräfte zufolge der Zugwirkung der Wagen

1. Genaueres Verfahren. Die Zugwirkungen der Wagen kann man nach § 47 leicht finden, wenn man die in den Ausdrücken für den Zugwirkungswinkel erscheinenden Horizontalkomponenten der Trag- und Zugseilspannkräfte in den einzelnen Seilfeldern kennt.

Die dabei laut § 47 gewöhnlich benutzbaren Horizontalkomponenten der *Tragseilspannkräfte* für den *unbelasteten* Zustand der Seilfelder sind der Längenschnittsberechnung (§ 33) zu entnehmen, wenn die Schuhreibung vernachlässigt werden kann. Erreicht die Schuhreibung wesentliche Werte, so genügt deren näherungsweise Berücksichtigung (§ 34).

Dagegen sind die benötigten Horizontalkomponenten der *Zugseilspannkräfte* auf der gegen das Zugseilspanngewicht zu gelegenen Seite der jeweils betrachteten Wagenorte nur bei *Pendelbetrieb* einfach bestimmbar. Sie sind in diesem Falle ungefähr den Horizontalkomponenten der Gegenseilkräfte in den leeren Seilfeldern gleich. Bei *Umlaufbetrieb* sind die betreffenden Zugseilspannkräfte gegenüber den Gegenseilkräften bei Pendelbetrieb noch um die Zugwirkung der Wagen vermehrt, welche sich zwischen dem Zugseilspanngewicht und dem betrachteten Wagenort im $j$ten Seilfeld befinden. Man berücksichtigt dies näherungsweise dadurch, daß man die Zugwirkung jener Wagen bloß mit dem Durchschnittswert

$$\sum_1^j Z \doteq \sum_1^{j-1} Z + \frac{1}{2} \sum Z_j = \sum_1^{j-1} n_j\, Q \sin\gamma + \frac{n_j}{2}\, Q \sin\gamma_j$$

in Rechnung stellt, worin die γ die Sehnenneigungswinkel der in Frage kommenden belasteten Seilfelder bedeuten. Das zweite Glied auf der

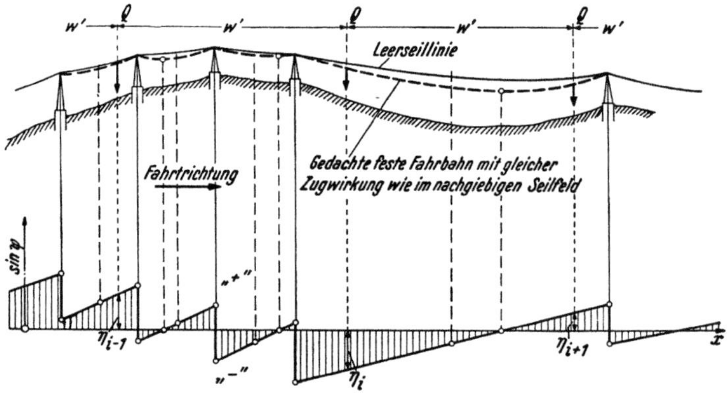

Abb. 127. Einflußlinie für die Zugwirkung der Seilbahnwagen[1]

rechten Seite ist bei nur einem Wagen im Feld des betrachteten Wagenortes zu streichen (vgl. § 47).

Berechnet man nun so für eine bestimmte Verkehrsrichtung (Strang) in jedem Seilfeld den Zugwirkungswinkel ($\sin\psi$) an den Feldenden und in Feldmitte ($\sin\gamma$), so läßt sich damit der in Abb. 127 veranschaulichte Linienzug zeichnen, welcher die Einflußlinie für die Zugwirkung darstellt. Da die Form der Einflußlinie vom Wagengewicht Q abhängt, kann sie nur dann mit Vorteil benutzt werden, wenn die Fahrzeuge, deren Zugwirkung bestimmt werden soll, dasselbe Gesamtgewicht Q haben wie jenes, welches der Ermittlung des Linienzuges zugrunde gelegt worden ist. Im allgemeinen haben die Wagen der Seilbahnen für eine bestimmte

[1] Zur Verdeutlichung des Zusammenhanges mit der Stützenverteilung hier auf die Grundrißprojektion der Bahnstrecke statt auf die schräge Bahnlänge bezogen.

Verkehrsrichtung immer das gleiche maßgebende Gesamtgewicht, so daß sich aus dem geschilderten Umstand keine Schwierigkeiten ergeben. Kommen Wagen mit verschiedenen Gewichten vor, dann sind für jede Wagenart besondere Einflußlinien notwendig, die übereinander gezeichnet werden können. Mit Bezug auf Abb. 127 ist die aus der Zugwirkung von i Seilbahnwagen entspringende Seilspannkraft unter Bedachtnahme darauf, daß entgegengesetzt gerichtete Zugwirkungen verschiedene Vorzeichen haben,

$$S_Q = \Sigma\, Q \sin \psi_i = Q\, \Sigma\, \eta_i, \tag{158}$$

welche sich bei Pendelseilbahnen zu

$$S_Q = Q \sin \psi = Q\, \eta \tag{158a}$$

vereinfacht. In genau der gleichen Weise hat man auch für die entgegengesetzte Verkehrsrichtung, also für den anderen Strang der Bahn, zu verfahren. Ist auf beiden Strängen einer Seilbahn das Verhältnis zwischen Wagengewicht Q, Tragseilspannkraft S und Tragseilgewicht q annähernd dasselbe, was für Bahnen mit Umlaufbetrieb meistens zutrifft, so kann

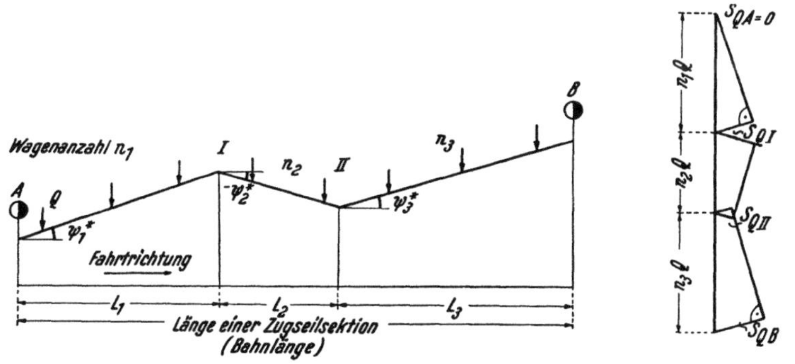

Abb. 128. Zerlegung einer Seilbahnstrecke in die für die Neigungen derselben charakteristischen Abschnitte

auch für den zweiten Strang die Einflußlinie der Zugwirkung des ersten benutzt werden, bloß die Vorzeichen sind umzukehren. Bei Pendelseilbahnen, wo auf beiden Bahnsträngen stets das gleiche Tragseil verlegt wird, muß hingegen die Einflußlinie der Zugwirkung für den vollen Wagen und für den leeren besonders ermittelt werden.

2. Näherungsverfahren. Wenn es sich bloß um eine orientierende Bestimmung der Zugseilspannkräfte und der Antriebskräfte handelt, wie dies für Vorprojekte, Ermittlung der geeignetsten Sektionslänge (§ 30) und der günstigsten Lage des Antriebes ausreichend erscheint, kann man sich folgender Näherungsverfahren bedienen.

α) *Seilbahnen mit Umlaufbetrieb.* Man zerlegt den Längenschnitt entsprechend den charakteristischen Neigungen des Geländes und mit Berücksichtigung der vermutlichen Seillinie in mehrere Teile (Abb. 128) und nimmt innerhalb jedes solchen Teiles die Durchschnittsneigung

ψ_1^*, ψ_2^* ... als maßgebende Neigung für die Zugwirkung an. Die durch die Stützen bewirkten Zugkraftspitzen bleiben hier unberücksichtigt, was wegen ihres teilweisen gegenseitigen Ausgleiches statthaft erscheint. Ist die Zahl der Wagen in den einzelnen Abschnitten $n_1, n_2 \ldots$, so erhalten wir für den Strang, welcher der Fahrtrichtung $A \rightarrow B$ dient, als gesamte Zugwirkung in

$$\begin{aligned}
&\text{A}: && S_{QA} = 0,\\
&\text{I}: && S_{QI} = n_1 Q \sin \psi_1^*,\\
&\text{II}: && S_{QII} = n_1 Q \sin \psi_1^* - n_2 Q \sin \psi_2^*,\\
&\text{B}: && S_{QB} = n_1 Q \sin \psi_1^* - n_2 Q \sin \psi_2^* + n_3 Q \sin \psi_3^*.
\end{aligned}$$

β) *Seilbahnen mit Pendelbetrieb.* Man ermittelt den hier mangels eines Ausgleiches der Zugkraftspitzen hauptsächlich interessierenden größten Wert von S_Q dadurch, daß man an der steilsten Stelle der Bahn die Leerseillinie ungefähr einlegt, ihre Neigung mißt und zu dieser Neigung einen Zuschlag von $\sim \frac{Q}{2H}$ gemäß § 47 macht. Damit erhält man die Tangente des größten Zugwirkungswinkels $\psi_{\max}$.

d) Reibungsspannung

Beim Betrieb einer Seilbahn sind die Laufwiderstände aller bewegten Teile zu überwinden. Die Widerstände hängen hauptsächlich von den Drücken der bewegten Teile auf die Unterlagen ab. Diese Drücke bestehen einerseits aus den von den Wagen zusammen mit dem Zugseil auf das Tragseil ausgeübten Kräften V^* (§ 47) und andererseits aus den Drücken des Zugseiles auf die Zugseiltragrollen der Stützen und auf die Ablenk- und Umführungsscheiben in den Stationen. Bei den während der Bewegung durch diese Drücke entstehenden Biegungen der Seile werden die Drähte unter Reibung gegeneinander verschoben, wodurch dauernd eine Reibungsarbeit geleistet werden muß[1], welche neben den Lagerreibungen der Wagenlaufrollen, der Zugseiltragrollen usw. ausschlaggebend für den Laufwiderstand ist. Wegen der möglichen Schwankungen des Reibwertes ist eine näherungsweise Bestimmung des Laufwiderstandes hinreichend.

1. Seilbahnen mit Umlaufbetrieb. Wir denken uns zunächst wie bei der genäherten Bestimmung der Spannkräfte aus der Zugwirkung die Strecke aus einzelnen Stücken mit konstanter Neigung zusammengesetzt. Zufolge des Kraftteckes für die bewegten Gewichte und die Zugseilspannkräfte eines Stranges (Abb. 129) ergibt sich dann in jedem Streckenteil mit annähernd konstanter Neigung für den vom Gewicht der Wagen und des Zugseiles hervorgerufenen Druck

$$D_i' = \Sigma Q \cos \psi_i^* + q_1 L_i. \tag{159}$$

Hiebei wurde der Einfluß der Reibung auf die Zugseilspannkräfte und damit auf den Druck D_i' außer acht gelassen.

[1] Nach E. Kodric ist der von der inneren Reibung im Tragseil herrührende Teil des Laufwiderstandes eines Wagens $\sim \frac{V^*}{2S}$. Siehe dessen Aufsatz in Österr. Bauzeitschr. **1954,** H. 7.

Im Übergangsbereich von einem solchen Längenschnittsteil zum anderen sind aber außerdem noch die durch die dortige Richtungsänderung des Zugseiles bewirkten zusätzlichen Drücke gemäß der Beziehung

$$D_i'' \doteq S_i \operatorname{tg}(\psi_i^* - \psi_{i+1}^*) \tag{159a}$$

zu berücksichtigen. Mithin ist der Druck aller bewegten Teile auf einem Strang der Bahn

$$D = \Sigma D_i' + \Sigma D_i''. \tag{159b}$$

Ist der auf die Einheit des Druckes bezogene Widerstand μ_1 (gedachter

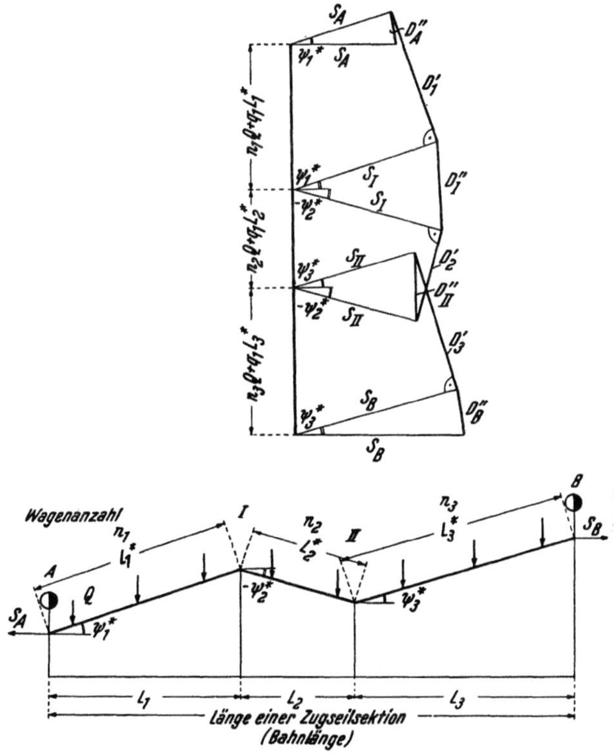

Abb. 129. Drücke aller bewegten Teile auf einem Strang einer Seilbahn

rechnerischer Reibwert), dann beträgt die Reibungsspannung auf diesem Strang, welche stets dem *Bewegungssinn des Zugseiles entgegenwirkt*,

$$S_R = \mu_1 (\Sigma D_i' + \Sigma D_i'') = \mu_1 [\Sigma Q \cos\psi_i^* + \Sigma q_1 L_i + \Sigma S_i \operatorname{tg}(\psi_i^* - \psi_{i+1}^*)]\,^{[1]}. \tag{160}$$

Es ist jedoch zu beachten, daß diese Gleichung nur so lange zutreffende Werte liefert, als *tatsächlich* alle an den Zugseiltragrollen der Stützen

[1] In § 20 der Übersicht wegen mit R_1 bezeichnet.

auftretenden Drücke positiv, das heißt von oben nach unten gerichtet sind. Negative, von unten nach oben gerichtete Drücke, sogenannte Auftriebe, müssen besonders in Rechnung gestellt werden.

Je nach dem Zustand einer Bahnanlage, ob sie neu oder schon länger im Betrieb (eingelaufen) ist, ob die Wagenlaufrollen mit gewöhnlichen Gleitlagern oder Kugellagern versehen sind, schwankt der rechnerische Reibwert μ_1 zwischen 0,04 und 0,01. Die Widerstände bei erstmaliger Ingangsetzung sind namentlich im Winter noch weit größer, und hiebei ist $\mu_1 = 0{,}10$ nicht außergewöhnlich. Darauf muß bei der Bemessung der Bahnmotoren Bedacht genommen werden, und es hat anfänglich oft auch die Wagenfolge weniger dicht zu sein.

2. Bei Seilbahnen mit Pendelbetrieb gelten sinngemäß die gleichen Beziehungen.

e) Dynamische Wirkungen

Diese entstehen vornehmlich durch die Anfahrbeschleunigung und die Bremsverzögerung; aber auch Schwingungen bei einem unruhigen Lauf der Bahn können Zusatzspannkräfte bewirken.

Die Anfahr- und Bremswiderstände hängen von der bewegten Masse ab; diese setzt sich aus den Wagen, dem Zugseil, den Streckenrollen auf den Stützen sowie den Ab- und Umlenkscheiben in den Stationen zusammen. Der Anteil der rotierenden Massen ist dabei so klein, daß er gewöhnlich außer Betracht bleiben kann. Man erhält dann für die Spannkraft zufolge einer Anfahrbeschleunigung oder Bremsverzögerung p auf einem Strang der Bahn bei *Umlaufbetrieb*

$$S_D = \pm (n\,Q + q_1\,L^*)\,\frac{p}{g}\,, \tag{161}$$

worin

p die Anfahrbeschleunigung oder Bremsverzögerung gemäß § 28,
$n\,Q$ das Gewicht aller Wagen und
$q_1\,L^*$ das gesamte Zugseilgewicht des betreffenden Stranges bedeuten.

Die aus Seilschwingungen zufolge unregelmäßigen Laufes einer Seilbahn möglicherweise entstehenden Spannkrafterhöhungen werden durch einen Zuschlag zur Gesamtspannkraft berücksichtigt, den man ungefähr mit 5 bis 10% annehmen kann.

Bei *Pendelbetrieb* ist zur Bestimmung der dynamischen Wirkungen analog zu verfahren.

f) Gesamtspannkraft in einem beliebigen Punkt eines Zugseilstranges

Für diese ergibt sich

$$S = S_0 + S_h + S_Q + S_R + S_D + 0{,}10\,S, \tag{162}$$

und der Seilbemessung ist deren größter auftretender Wert zugrunde zu legen.

§ 49. Spannkraftverlauf im Zugseil, Lage von Antrieb und Zugseilspannvorrichtung. Führt man in (162) die abgeleiteten Ausdrücke für die einzelnen Teilspannkräfte ein, so erkennt man, daß die Gesamtspannkraft nicht nur in den einzelnen Punkten der beiden Stränge einer Seilbahn eine andere ist, sondern sich auch in ein und demselben Punkt zufolge der Bewegung der Wagen fortwährend ändert.

Bei der Behandlung des Gesamtspannkraftverlaufes soll nun auf die zuletzt genannte Veränderlichkeit nicht weiter Rücksicht genommen werden. Man kann über sie erforderlichenfalls mit Hilfe der in § 48 für die Zugwirkung der Wagen entwickelten Einflußlinie Aufschluß erhalten. Die Veränderlichkeit der Zugseilspannkraft in ein und demselben Punkt wird überdies um so geringer sein, je dichter eine Strecke mit Wagen besetzt ist, demnach relativ am größten bei Pendelseilbahnen und muß dort auch berücksichtigt werden.

Der aus der Verschiedenheit der Zugseilspannkräfte in aufeinanderfolgenden Punkten der Strecke sich ergebende Spannkraftverlauf läßt sich an Hand eines Bahnlängenschnittes leicht bestimmen. Da hiebei die Lage von Antrieb und Zugseilspannvorrichtung eine Rolle spielt, erscheint es notwendig, zunächst die Grundsätze für deren Aufstellung vorauszuschicken.

Die Differenz zwischen den Spannkräften des am Antrieb auflaufenden und des von ihm ablaufenden Seiltrums ist die von ihm aufzunehmende *Umfangskraft*. Ist die Umfangskraft positiv, so besteht Kraftbedarf, ist sie negativ, so herrscht Kraftüberschuß. Die Aufstellung *des Antriebes* soll womöglich an jenem Streckenende erfolgen, an dem das stärker belastete, also zur Vollseite gehörige Zugseiltrum unmittelbar aufgewunden oder abgebremst werden kann; während die *Zugseilspannvorrichtung* an das Streckenende gehört, wo bei der gewählten Antriebsaufstellung die kleinsten Zugseilspannkräfte entstehen. Nur durch eine solche Anordnung wird namentlich bei längeren Bahnen in schwierigem Gelände und besonders, wenn die Ladungen der Wagen groß und die Wagenabstände beträchtlich sind, ein ruhiger Lauf der Bahn gewährleistet.

Wird der Antrieb so angeordnet, daß durch ihn die Wirkung auf das stärker belastete Zugseiltrum (Vollseite) über das schwächer belastete (Leerseite) ausgeübt wird, so kann es bei sehr ungünstigen Geländeverhältnissen zu starken Zugseilschwingungen kommen und sogar die Gefahr des Auswerfens von Wagen auf der Leerseite in Tragseilsenken bestehen. (Verbesserung dieser Verhältnisse durch ein entsprechend stärkeres Leertragseil möglich, § 36.)[1] Hingegen erfordert die Anordnung der Zugseilspannvorrichtung am Streckenende mit den größeren Zugseilspannkräften zum gesicherten Betrieb der Bahn ein besonders schweres Spanngewicht und damit im Zusammenhang auch eine Verstärkung des Zugseiles. Mitunter zwingen jedoch die Verhältnisse zu den weniger zweckmäßigen Anordnungen von Antrieb und Zugseilspannvorrichtung; dann sollten

[1] Hierher gehören auch die Überschläge des Zugseiles über das Tragseil, die gelegentlich bei Personenseilbahnen mit Pendelbetrieb vorkommen, wenn Antrieb und Zugseilspannvorrichtung in der Talstation sich befinden und große Spannweiten vorhanden sind. Einen Weg zur theoretischen Untersuchung derartiger Vorgänge enthält der Aufsatz CZITARY, E.: Über die Schwingungen des Zugseiles von Seilschwebebahnen. Österr. Ing.-Archiv **XV** (1961), H. 1—4.

aber die Geländeverhältnisse im Bahnlängenschnitt nicht allzu ungünstig sein.

a) Seilbahnen mit Umlaufbetrieb

Je nachdem, ob die Bahnneigung groß oder klein ist und ob dabei Berg- oder Talförderung in Frage kommt, sind die günstigsten Aufstellungsorte von Antrieb und Zugseilspannvorrichtung andere. Nachfolgend

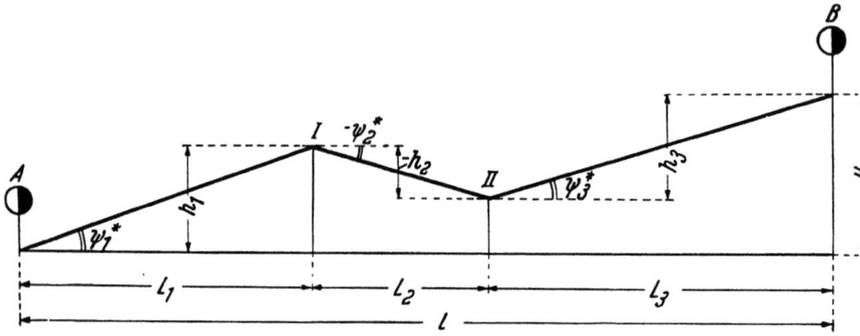

Abb. 130. Schematischer Längenschnitt einer Seilbahn zur Beurteilung des Verlaufes der Spannkraft im Zugseil

werden die möglichen Fälle auf Grund des in Abb. 130 veranschaulichten schematischen Längenschnittes einer Seilbahn behandelt.

Zur Erzielung übersichtlicher Beziehungen für die Zugseilspannkräfte wird dabei die aus den Richtungsänderungen in den charakteristischen Längenschnittspunkten I und II sich ergebende Zugseilreibung $\mu_1 D_i''$ (§ 48) außer Betracht gelassen. Diese Vernachlässigung kann bei Über-

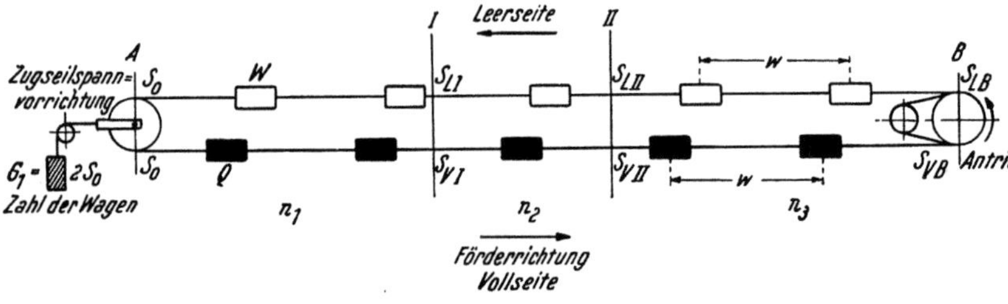

Abb. 131. Seilführungsschema bei Bergförderung, Antrieb oben, Zugseilspannvorrichtung unten

schlagsrechnungen, und wenn die Neigungswechsel nicht erheblich sind, durch entsprechende Wahl des Reibwertes μ_1 ausgeglichen werden. Aus den gleichen Gründen wird hier auch bei den dynamischen Wirkungen der Einfluß eventueller Zugseilschwingungen vernachlässigt.

1. Bergförderung, Antrieb oben, Zugseilspannvorrichtung unten. Mit Bezug auf das in Abb. 131 dargestellte Schema der Zugseilführung gelten, wenn

Q das Gewicht der Wagen auf der Vollseite und

W jenes der Wagen auf der Leerseite ist,

für die Zugseilspannkräfte in den charakteristischen Längenschnittspunkten die nachstehenden Gleichungen. Darin muß bei den Gliedern, welche die dynamischen Wirkungen ausdrücken, für Anfahren das obere und für Bremsen das untere Vorzeichen genommen werden.

Vollseite:

$$\left.\begin{aligned}
&\text{A: } S_{VA} = S_0 \\
&\text{I: } S_{VI} = S_0 + q_1 h_1 + n_1 Q \sin\psi_1^* + \\
&\qquad + (n_1 Q \cos\psi_1^* + q_1 L_1)\,\mu_1 \pm (n_1 Q + q_1 L_1^*)\frac{p}{g} \\
&\text{II: } S_{VII} = S_{VI} - q_1 h_2 - n_2 Q \sin\psi_2^* + \\
&\qquad + (n_2 Q \cos\psi_2^* + q_1 L_2)\,\mu_1 \pm (n_2 Q + q_1 L_2^*)\frac{p}{g} \\
&\text{B: } S_{VB} = S_{VII} + q_1 h_3 + n_3 Q \sin\psi_3^* + \\
&\qquad + (n_3 Q \cos\psi_3^* + q_1 L_3)\,\mu_1 \pm (n_3 Q + q_1 L_3^*)\frac{p}{g}. \\
&\text{Nach Einsetzung der Zwischenwerte entsteht} \\
&S_{VB} = S_0 + q_1 H + Q\,\Sigma\, n_i \sin\psi_i^* + \\
&\qquad + (Q\,\Sigma\, n_i \cos\psi_i^* + q_1 L)\,\mu_1 \pm (Q\,\Sigma\, n_i + q_1 L^*)\frac{p}{g}.
\end{aligned}\right\} \tag{163}$$

Leerseite:

$$\left.\begin{aligned}
&\text{A: } S_{LA} = S_0 \\
&\text{I: } S_{LI} = S_0 + q_1 h_1 + n_1 W \sin\psi_1^* - \\
&\qquad - (n_1 W \cos\psi_1^* + q_1 L_1)\,\mu_1 \mp (n_1 W + q_1 L_1^*)\frac{p}{g} \\
&\text{II: } S_{LII} = S_{LI} - q_1 h_2 - n_2 W \sin\psi_2^* - \\
&\qquad - (n_2 W \cos\psi_2^* + q_1 L_2)\,\mu_1 \mp (n_2 W + q_1 L_2^*)\frac{p}{g} \\
&\text{B: } S_{LB} = S_{LII} + q_1 h_3 + n_3 W \sin\psi_3^* - \\
&\qquad - (n_3 W \cos\psi_3^* + q_1 L_3)\,\mu_1 \mp (n_3 W + q_1 L_3^*)\frac{p}{g}. \\
&\text{Nach Einsetzung der Zwischenwerte ergibt sich} \\
&S_{LB} = S_0 + q_1 H + W\,\Sigma\, n_i \sin\psi_i^* - \\
&\qquad - (W\,\Sigma\, n_i \cos\psi_i^* + q_1 L)\,\mu_1 + (W\,\Sigma\, n_i + q_1 L^*)\frac{p}{g}.
\end{aligned}\right\} \tag{163a}$$

Es folgt demnach für die Umfangskraft am Antrieb

$$\begin{aligned}
U = S_{VB} - S_{LB} = Q\,\Sigma\, n_i \sin\psi_i^* - W\,\Sigma\, n_i \sin\psi_i^* + \\
+ (Q\,\Sigma\, n_i \cos\psi_i^* + W\,\Sigma\, n_i \cos\psi_i^* + 2\,q_1 L)\,\mu_1 \pm \\
\pm (Q\,\Sigma\, n_i + W\,\Sigma\, n_i + 2\,q_1 L^*)\frac{p}{g}.
\end{aligned} \tag{164}$$

Solange die Neigungsverhältnisse der Bahnanlage so groß sind, daß die *Leerseite für sich betrachtet nach abwärts zieht*, ist die Anordnung des Zugseilspanngewichtes am unteren Bahnende in A richtig, weil dann dort die kleinste Zugseilspannkraft entsteht. Die Bedingung hiefür ergibt sich aus dem für S_{LB} gewonnenen Ausdruck und bei der hier gebotenen Weglassung der dynamischen Wirkungen zu

$$W \Sigma n_i \sin \psi_i^* > (W \Sigma n_i \cos \psi_i^* + q_1 L) \mu_1. \tag{165}$$

S_0 und $q_1 H$ gleichen sich auf beiden Strängen der Bahn aus und fallen demnach weg. Ist diese Bedingung nicht erfüllt, liegt also bloß ein *schwach* ansteigender Längenschnitt vor, so erhält man den Fall

2. Bergförderung, Antrieb oben, Zugseilspannvorrichtung oben. Die Zugseilspannkraft ist jetzt auf der Leerseite in B am geringsten, weshalb

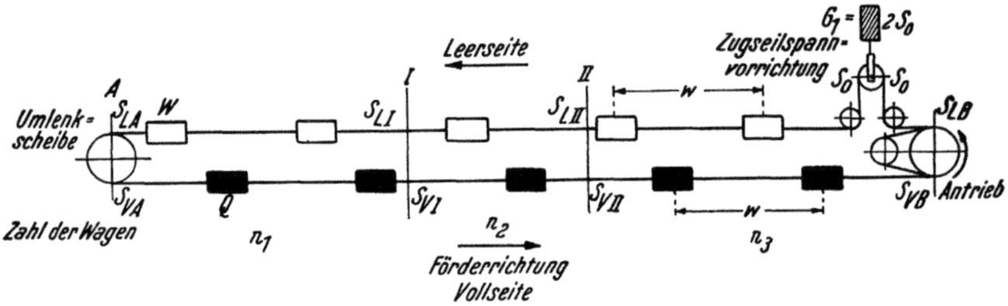

Abb. 132. Seilführungsschema bei Bergförderung, Antrieb oben, Zugseilspannvorrichtung oben

auch das Spanngewicht dorthin zu verlegen ist (Abb. 132). Für den Spannkraftverlauf im Zugseil folgt:

Leerseite:

$$\left.\begin{aligned}
&\text{B: } S_{LB} = S_0\\
&\text{II: } S_{LII} = S_0 - q_1 h_3 - n_3 W \sin\psi_3^* +\\
&\qquad + (n_3 W \cos\psi_3^* + q_1 L_3)\mu_1 \pm (n_3 W + q_1 L_3^*)\frac{p}{g}\\
&\text{I: } S_{LI} = S_{LII} + q_1 h_2 + n_2 W \sin\psi_2^* +\\
&\qquad + (n_2 W \cos\psi_2^* + q_1 L_2)\mu_1 \pm (n_2 W + q_1 L_2^*)\frac{p}{g}\\
&\text{A: } S_{LA} = S_{LI} - q_1 h_1 - n_1 W \sin\psi_1^* +\\
&\qquad + (n_1 W \cos\psi_1^* + q_1 L_1)\mu_1 \pm (n_1 W + q_1 L_1^*)\frac{p}{g}.\\
&\text{Nach Einsetzung der Zwischenwerte ergibt sich}\\
&S_{LA} = S_0 - q_1 H - W \Sigma n_i \sin\psi_i^* +\\
&\qquad + (W \Sigma n_i \cos\psi_i^* + q_1 L)\mu_1 \pm (W \Sigma n_i + q_1 L^*)\frac{p}{g}.
\end{aligned}\right\} \tag{166}$$

Vollseite:

$$\left.\begin{aligned}
&\text{A:}\ S_{VA} = S_{LA}\\
&\text{I:}\ S_{VI} = S_{VA} + q_1 h_1 + n_1 Q \sin\psi_1^* +\\
&\qquad + (n_1 Q \cos\psi_1^* + q_1 L_1)\mu_1 \pm (n_1 Q + q_1 L_1^*)\frac{p}{g}.\\
&\left.\begin{aligned}&\text{II:}\\&\text{B:}\end{aligned}\right\}\ \text{Es ergeben sich die gleichen Ausdrücke wie unter 1.}\\
&\text{Nach Einsetzung der Zwischenwerte entsteht}\\
&S_{VB} = S_0 + Q\,\Sigma\, n_i \sin\psi_i^* - W\,\Sigma\, n_i \sin\psi_i^* +\\
&\qquad + (Q\,\Sigma\, n_i \cos\psi_i^* + W\,\Sigma\, n_i \cos\psi_i^* + 2 q_1 L)\mu_1 \pm\\
&\qquad \pm (Q\,\Sigma\, n_i + W\,\Sigma\, n_i + 2 q_1 L^*)\frac{p}{g}.
\end{aligned}\right\} \quad (166\text{a})$$

Für die Umfangskraft gilt der gleiche Ausdruck wie unter 1.

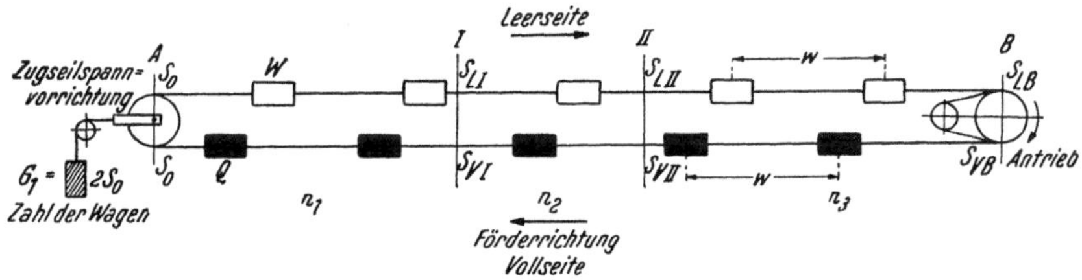

Abb. 133. Seilführungsschema bei Talförderung, Antrieb oben, Zugseilspannvorrichtung unten

3. Talförderung, Antrieb oben, Spannvorrichtung unten. Das Seilführungsschema (Abb. 133) ist das gleiche wie im Fall 1, nur die Förderrichtung und damit der Bewegungssinn des Zugseiles kehren sich um. Der Spannkraftverlauf gehorcht folgenden Gleichungen:

Vollseite:

$$\left.\begin{aligned}
&\text{A:}\ S_{VA} = S_0\\
&\text{I:}\ S_{VI} = S_0 + q_1 h_1 + n_1 Q \sin\psi_1^* -\\
&\qquad - (n_1 Q \cos\psi_1^* + q_1 L_1)\mu_1 \mp (n_1 Q + q_1 L_1^*)\frac{p}{g}\\
&\text{II:}\ S_{VII} = S_{VI} - q_1 h_2 - n_2 Q \sin\psi_2^* -\\
&\qquad - (n_2 Q \cos\psi_2^* + q_1 L_2)\mu_1 \mp (n_2 Q + q_1 L_2^*)\frac{p}{g}\\
&\text{B:}\ S_{VB} = S_{VII} + q_1 h_3 + n_3 Q \sin\psi_3^* -\\
&\qquad - (n_3 Q \cos\psi_3^* + q_1 L_3)\mu_1 \mp (n_3 Q + q_1 L_3^*)\frac{p}{g}.\\
&\text{Nach Einsetzung der Zwischenwerte ergibt sich}\\
&S_{VB} = S_0 + q_1 H + Q\,\Sigma\, n_i \sin\psi_i^* -\\
&\qquad - (Q\,\Sigma\, n_i \cos\psi_i^* + q_1 L)\mu_1 \mp (Q\,\Sigma\, n_i + q_1 L^*)\frac{p}{g}.
\end{aligned}\right\} \quad (167)$$

Leerseite:

$$\left.\begin{aligned}
\text{A: } S_{LA} &= S_0 \\
\text{I: } S_{LI} &= S_0 \quad + q_1 h_1 + n_1 W \sin\psi_1^* + \\
&\quad + (n_1 W \cos\psi_1^* + q_1 L_1)\,\mu_1 \pm (n_1 W + q_1 L_1^*)\,\frac{p}{g} \\
\text{II: } S_{LII} &= S_{LI} \quad - q_1 h_2 - n_2 W \sin\psi_2^* + \\
&\quad + (n_2 W \cos\psi_2^* + q_1 L_2)\,\mu_1 \pm (n_2 W + q_1 L_2^*)\,\frac{p}{g} \\
\text{B: } S_{LB} &= S_{LII} + q_1 h_3 + n_3 W \sin\psi_3^* + \\
&\quad + (n_3 W \cos\psi_3^* + q_1 L_3)\,\mu_1 \pm (n_3 W + q_1 L_3^*)\,\frac{p}{g}\,.
\end{aligned}\right\} \tag{167a}$$

Nach Einsetzung der Zwischenwerte folgt

$$\begin{aligned}
S_{LB} &= S_0 + q_1 H + W\,\Sigma\, n_i \sin\psi_i^* + \\
&\quad + (W\,\Sigma\, n_i \cos\psi_i^* + q_1 L)\,\mu_1 \pm (W\,\Sigma\, n_i + q_1 L^*)\,\frac{p}{g}\,.
\end{aligned}$$

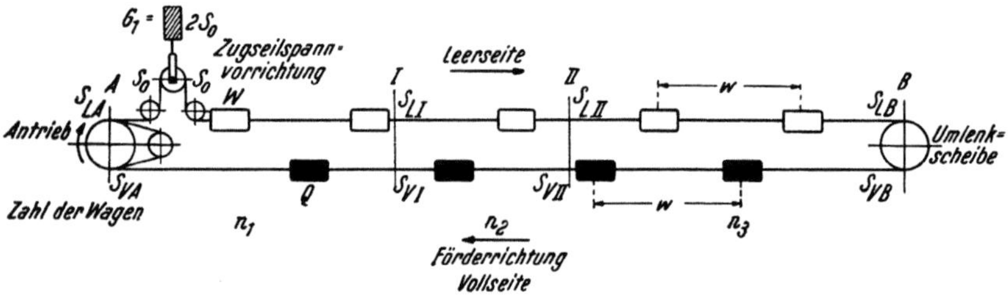

Abb. 134. Seilführungsschema bei Talförderung, Antrieb und Spannvorrichtung unten

Die Umfangskraft ergibt sich zu

$$\begin{aligned}
U = S_{LB} - S_{VB} &= W\,\Sigma\, n_i \sin\psi_i^* - Q\,\Sigma\, n_i \sin\psi_i^* + (Q\,\Sigma\, n_i \cos\psi_i^* + \\
&\quad + W\,\Sigma\, n_i \cos\psi_i^* + 2\,q_1 L)\,\mu_1 \pm (Q\,\Sigma\, n_i + W\,\Sigma\, n_i + 2\,q_1 L^*)\,\frac{p}{g}\,.
\end{aligned} \tag{168}$$

Die Bahn läuft selbsttätig (Gravitationsbetrieb), solange dieser Ausdruck < 0 ist, mithin

$$\begin{aligned}
Q\,\Sigma\, n_i \sin\psi_i^* &> W\,\Sigma\, n_i \sin\psi_i^* + (Q\,\Sigma\, n_i \cos\psi_i^* + W\,\Sigma\, n_i \cos\psi_i^* + 2\,q_1 L)\,\mu_1 + \\
&\quad + (Q\,\Sigma\, n_i + W\,\Sigma\, n_i + 2\,q_1 L^*)\,\frac{p}{g}\,.
\end{aligned} \tag{169}$$

Die Aufstellung des Antriebes in B ist richtig, wenn die sich aus dem Ausdruck für S_{VB} ergebende Bedingung

$$Q\,\Sigma\, n_i \sin\psi_i^* > (Q\,\Sigma\, n_i \cos\psi_i^* + q_1 L)\,\mu_1 \tag{170}$$

zufolge der gegebenen Neigungsverhältnisse noch erfüllt ist, d. h. die Vollseite für sich betrachtet nach abwärts zieht. Ist die letztere Bedingung nicht erfüllt, so hat man den Antrieb zweckmäßig in die Talstation zu verlegen. Von einem selbsttätigen Lauf der Bahn ist hiebei nicht mehr die Rede, weil Bedingung (169) an größere Neigungen als Bedingung (170) geknüpft erscheint.

4. Talförderung, Antrieb unten, Spannvorrichtung unten. Diese Anordnung, bei der Bedingung (170) nicht mehr erfüllt ist, gilt für *schwach* fallende Bahnen. Die Zugseilspannkraft wird bei letzteren auf der Leerseite in A am kleinsten, und es muß sich demnach auch die Zugseilspannvorrichtung dort befinden (Abb. 134). Für die Seilspannkräfte in den charakteristischen Längenschnittspunkten entsteht auf der

Leerseite:

$$\left.\begin{array}{l}
\text{A: } S_{LA} = S_0 \\
\text{I: } S_{LI} = S_0 + q_1 h_1 + n_1 W \sin\psi_1^* + \\
\qquad + (n_1 W \cos\psi_1^* + q_1 L_1)\,\mu_1 \pm (n_1 W + q_1 L_1^*)\,\frac{p}{g}. \\
\left.\begin{array}{l}\text{II:}\\ \text{B:}\end{array}\right\}\text{ Es ergeben sich die gleichen Ausdrücke wie unter 3.} \\
\text{Nach Einsetzung der Zwischenwerte folgt} \\
S_{LB} = S_0 + q_1 H + W\,\Sigma\, n_i \sin\psi_i^* + \\
\qquad + (W\,\Sigma\, n_i \cos\psi_i^* + q_1 L)\,\mu_1 \pm (W\,\Sigma\, n_i + q_1 L^*)\,\frac{p}{g}.
\end{array}\right\} \quad (171)$$

Vollseite:

$$\left.\begin{array}{l}
\text{B: } S_{VB} = S_{LB} \\
\text{II: } S_{VII} = S_{VB} - q_1 h_3 - n_3 Q \sin\psi_3^* + \\
\qquad + (n_3 Q \cos\psi_3^* + q_1 L_3)\,\mu_1 \pm (n_3 Q + q_1 L_3^*)\,\frac{p}{g} \\
\text{I: } S_{VI} = S_{VII} + q_1 h_2 + n_2 Q \sin\psi_2^* + \\
\qquad + (n_2 Q \cos\psi_2^* + q_1 L_2)\,\mu_1 \pm (n_2 Q + q_1 L_2^*)\,\frac{p}{g} \\
\text{A: } S_{VA} = S_{VI} - q_1 h_1 - n_1 Q \sin\psi_1^* + \\
\qquad + (n_1 Q \cos\psi_1^* + q_1 L_1)\,\mu_1 \pm (n_1 Q + q_1 L_1^*)\,\frac{p}{g}. \\
\text{Nach Einsetzung der Zwischenwerte ergibt sich} \\
S_{VA} = S_0 + W\,\Sigma\, n_i \sin\psi_i^* - Q\,\Sigma\, n_i \sin\psi_i^* + \\
\qquad + (W\,\Sigma\, n_i \cos\psi_i^* + Q\,\Sigma\, n_i \cos\psi_i^* + 2\,q_1 L)\,\mu_1 \pm (Q\,\Sigma\, n_i + \\
\qquad + W\,\Sigma\, n_i + 2\,q_1 L^*)\,\frac{p}{g}.
\end{array}\right\} \quad (171\,\text{a})$$

Der Ausdruck der Umfangskraft lautet

$$\begin{array}{l}
U = S_{VA} - S_{LA} = W\,\Sigma\, n_i \sin\psi_i^* - Q\,\Sigma\, n_i \sin\psi_i^* + \\
\quad + (W\,\Sigma\, n_i \cos\psi_i^* + Q\,\Sigma\, n_i \cos\psi_i^* + 2\,q_1 L)\,\mu_1 \pm (Q\,\Sigma\, n_i + W\,\Sigma\, n_i + \\
\qquad + 2\,q_1 L^*)\,\frac{p}{g}.
\end{array} \quad (172)$$

Die in den Ausdrücken für die Umfangskraft vorkommenden Größen $\Sigma n_i \sin \psi_i^*$ usw. können im allgemeinen *nicht* herausgehoben und dadurch die Beziehungen vereinfacht werden, weil die Teillängen L_i^* keine ganzzahligen Vielfachen des Wagenabstandes w sind und bei einer etwas genaueren Rechnung in jedem Abschnitt i die für die Gesamtspannkraft ungünstigere Wagenanzahl n_i einzusetzen ist (vgl. das Beispiel im Anhang).

Die vier behandelten Fälle stellen die Anordnungen dar, welche maßgebend sind, wenn die *Förderung nur in einer Richtung* erfolgt, also immer der gleiche Strang der belastete ist.

Ist bei *wechselnder Förderrichtung* der von der Bahn überwundene Höhenunterschied hinreichend groß, so bestimmt er allein die Lage von Antrieb und Zugseilspannvorrichtung. Ist dagegen eine Bahn mit wechselnder Förderrichtung flach, so entscheidet hinsichtlich Anordnung von Antrieb und Zugseilspannvorrichtung die in bezug auf die Anlageverhältnisse ungünstigere Förderrichtung.

b) Seilbahnen mit Pendelbetrieb

Es gelten sinngemäß die gleichen Beziehungen wie beim Umlaufbetrieb, doch sind hier die Zugwirkungen der Wagen mit den sich für eine bestimmte Wagenstellung ergebenden genaueren Werten einzusetzen (vgl. § 48). Wegen des nach jedem Fahrtspiel erfolgenden Wechsels des belasteten Stranges wird der Antrieb fast stets, seiner zweckmäßigsten Lage entsprechend, in der Bergstation und die Spannvorrichtung des Zugseiles am *anderen* Bahnende, in der Talstation, untergebracht. Mitunter kommt es jedoch vor, daß bei steilen Bahnen wegen schwieriger Zugänglichkeit der Bergstation der Antrieb nicht dort, sondern in der Talstation aufgestellt wird. Die ebenfalls in der Talstation befindliche Zugseilspannvorrichtung muß dann einmal auf den einen und beim nächsten Fahrtspiel auf den anderen Strang wirken. Dies ist einwandfrei nur dann möglich, wenn Antrieb und Spannvorrichtung ineinandergelegt werden (§ 55).

§ 50. Besonderheiten der Zugseilanordnung bei Personenseilbahnen

a) Großseilbahnen

Während die *Tragseile* bei sorgfältigem Einbau, sachgemäßer Wartung und strenger Untersuchung als sichere Bauelemente angesehen werden, so daß Vorkehrungen gegen Seilriß (Anordnung von zwei Tragseilen) entbehrlich erscheinen, gilt nicht ohne weiteres Gleiches von den *Zugseilen*. Obwohl die errechnete Beanspruchung eines Zugseiles nicht ungünstiger als bei einem Tragseil ist, liegt zufolge des anderen Baues und der andersgearteten Betriebsbedingungen die Lebensdauer immer erheblich unter der eines Tragseiles. Sowohl aus diesem Grunde als auch wegen möglicher Beschädigungen durch die Seilführungen während der Bewegung eines Zugseiles und wegen etwaiger durch die Hanfseele begünstigter Korrosionen betrachtete man lange Zeit einen unvorhergesehenen Zugseilriß als nicht ausgeschlossen. Die meisten Personenseilbahnen haben daher bloß *Pendelbetrieb*, bei dem nicht nur die Befestigung der Wagen am Zugseil einfach ist und als sicher gilt, sondern auch die Gefahr von Beschädigungen des Zugseiles gering erscheint. Außerdem sind diese Bahnen noch mit Einrichtungen versehen, die den Gefahren eines Zugseilrisses begegnen sollen. Diese Einrichtungen bestehen in:

1. Ausrüstung der Wagen mit *Tragseilfangvorrichtungen* (Abb. 135a), die bei Sinken der Zugseilspannkräfte unter ein bestimmtes Maß (Seilriß) die Wagen selbsttätig am Tragseil festklemmen, aber auch von Hand aus

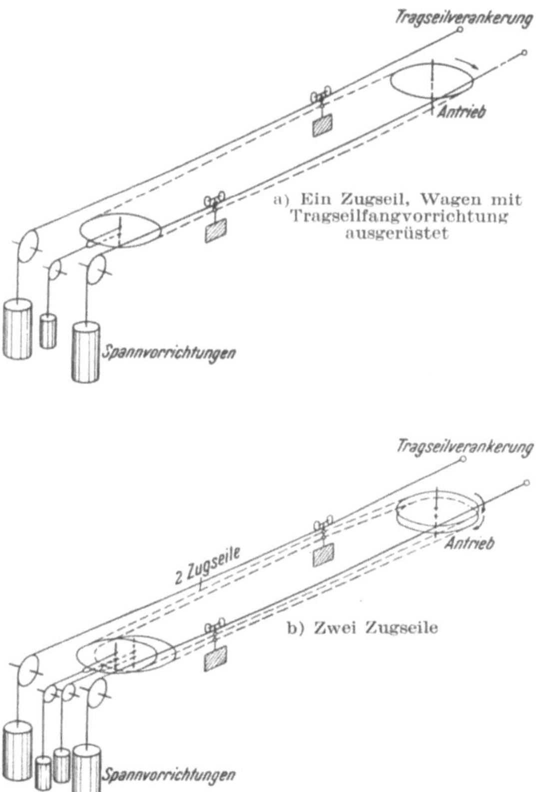

Abb. 135a und b. Zugseilanordnungen bei Personenseilbahnen mit Pendelbetrieb

betätigt werden können. Für die Bergung der Fahrgäste im Falle von Betriebsstörungen sind in den Wagen Abseilwinden vorhanden (§ 66). Bahnen mit sehr großen Bodenabständen sind oft mit einem Hilfsseil ausgestattet, durch welches ein Hilfswagen zu dem am Tragseil festgeklemmten Personenwagen herangeführt werden kann, um die Fahrgäste zu bergen (Bauart Bleichert-Zuegg).

2. *Verdoppelung des Zugseiles* (Abb. 135b), wobei jedes für sich allein in der Lage sein muß, die auf beide zusammen wirkenden Kräfte aufzunehmen, wenn das andere seinen Dienst versagt. Mitunter ist außerdem noch eine

Tragseilfangvorrichtung vorgesehen worden (von verschiedenen Konstrukteuren angewandt).

3. Anordnung eines besonderen, ruhenden *Fang- oder Bremsseiles* (Abb. 135c), an das sich die Wagen bei Versagen des Zugseiles mittels Fangvorrichtungen selbsttätig anklemmen. Mit diesem Bremsseil können die Wagen dann auch in die Station zurückgezogen werden (Bauart CERETTI u. TANFANI, POHLIG).

4. Anordnung eines *Schleppseiles* (Abb. 135d), das ebenso wie ein zweites Zugseil mit dem Wagen fest verbunden ist, in der Bergstation aber nicht um

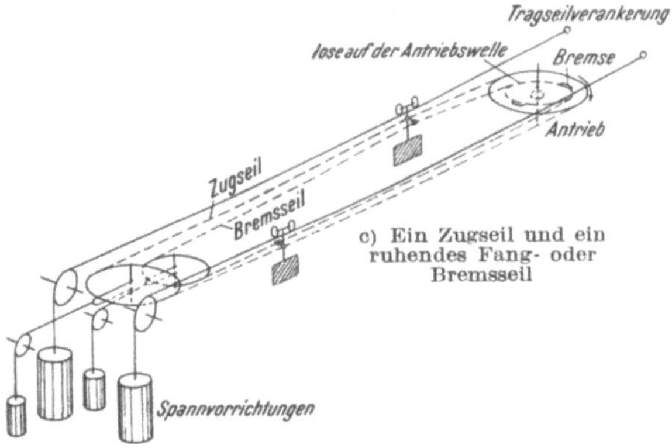

c) Ein Zugseil und ein ruhendes Fang- oder Bremsseil

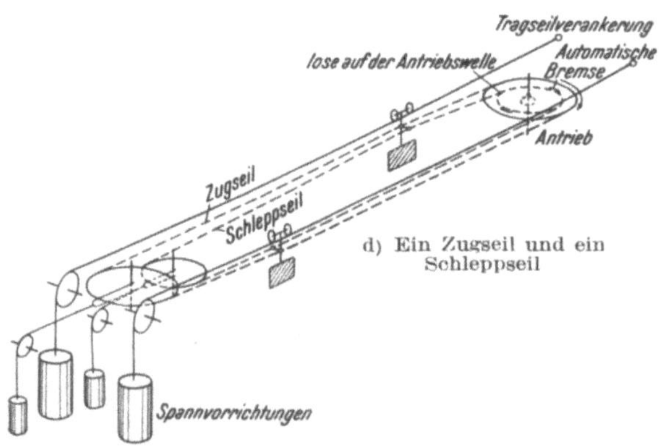

d) Ein Zugseil und ein Schleppseil

Abb. 135c und d. Zugseilanordnungen bei Personenseilbahnen mit Pendelbetrieb

eine angetriebene, sondern um eine bei unzulässigen Geschwindigkeitsüberschreitungen (Zugseilbruch) selbsttätig abgebremste Scheibe geschlungen wird. Durch die Kupplung dieser Seilscheibe mit dem Zugseilantrieb können auch hier die Wagen in die Stationen zurückgebracht werden (von verschiedenen Konstrukteuren angewandt).

Da das Tragseil eine große Masse hat, günstigeres Verhalten zeigt als das Zugseil und sein Riß als ausgeschlossen gelten kann, erscheint die heute fast allgemein übliche Anwendung nur eines Zugseiles und die

Anordnung einer Tragseilfangvorrichtung an den Wagen zweckvoll und ist auch sehr einfach. Alle anderen Anordnungen sind komplizierter.

Bei Personenseilbahnen *mit Umlaufbetrieb* wurden wegen der betriebsmäßig lösbaren Verbindung zwischen Wagen und Zugseil bloß die bei den Pendelseilbahnen unter 2. und 4. genannten Einrichtungen in Betracht gezogen. Die unter 1. und 3. genannten Anordnungen schieden aus, weil die Fangvorrichtung eines unmittelbar talseits einer Rißstelle befindlichen Wagens nicht auch alle übrigen tieferstehenden Wagen halten kann. Sieht man, wie heute stets, bloß *ein* Zugseil vor, so könnte man, da die Verwendung von Fangvorrichtungen an den Wagen nicht empfehlenswert ist, den Gefahren eines Zugseilrisses wenigstens teilweise auch durch Anordnung von Fangvorrichtungen auf einigen Stützen in der Nähe der Bergstation begegnen. Diese Fangvorrichtungen hätten das Zugseil bei unzulässiger Überschreitung seiner Geschwindigkeit selbsttätig festzuhalten. Im Falle von Betriebsstörungen kann bei diesen Bahnen mit Hilfe von Abwurfleinen in den Wagen die Bergung der Fahrgäste eingeleitet werden (§ 66). Aus diesem Grunde soll hier der Bodenabstand 30 bis 40 m womöglich nicht überschreiten.

Auf Grund gesammelter Erfahrungen mißt man jedoch seit einiger Zeit auch der Gefahr eines Zugseilrisses nicht mehr jene Bedeutung wie früher bei.

Man sieht daher beim Pendelbetrieb in der Fangvorrichtung mehr eine dem Wagenbegleiter bei Betriebsstörungen zur Verfügung stehende Notbremse und sorgt bei Umlaufbetrieb statt der vorerwähnten Sicherheitseinrichtungen lieber für eine zuverlässig störungsfreie Zugseilführung (§ 45) und für eine Begrenzung der Bahn- bzw. Teilstreckenlänge (§ 30).

b) Kleinseilbahnen

Sie unterscheiden sich von Großanlagen dadurch, daß sie meistens nur eine kurze, übersichtliche Strecke haben und daß bei dem hier allein in Frage kommenden Pendelbetrieb auch der Wagenfassungsraum nur klein ist (§ 66). Überschreitet er 6 Personen nicht, dann kann von Einrichtungen gegen etwaige Gefahren, die durch einen Zugseilschaden entstehen können, abgesehen werden.

c) Bei Riß des Zugseiles entstehende zusätzliche Seilspannkräfte

Während im Regelbetrieb die Zugseilspannkräfte nach denselben Grundsätzen wie bei den Güterseilbahnen zu berechnen sind, erscheint für das Kräftespiel bei Zugseilriß eine besondere Betrachtung notwendig.

1. Spannkräfte beim Fangvorgang, wenn die Wagen mit Tragseilfangvorrichtungen ausgerüstet sind. Der maßgebende Fall ist stets der, daß knapp bergwärts eines *zu Tal* fahrenden belasteten Wagens das Zugseil reißt. Der Wagen steht dann nach Abb. 136 unter der Wirkung

1. seines Gewichtes Q,
2. der Spannkraft S_1' des Gegenseiles,
3. der Bremskraft $K = 2\,P f$ der Fangvorrichtung, worin P der Druck zwischen Klemmbacken und Tragseil, $f \doteq 0{,}15$ der Reibwert ist und
4. der Tragseilspannkräfte S.

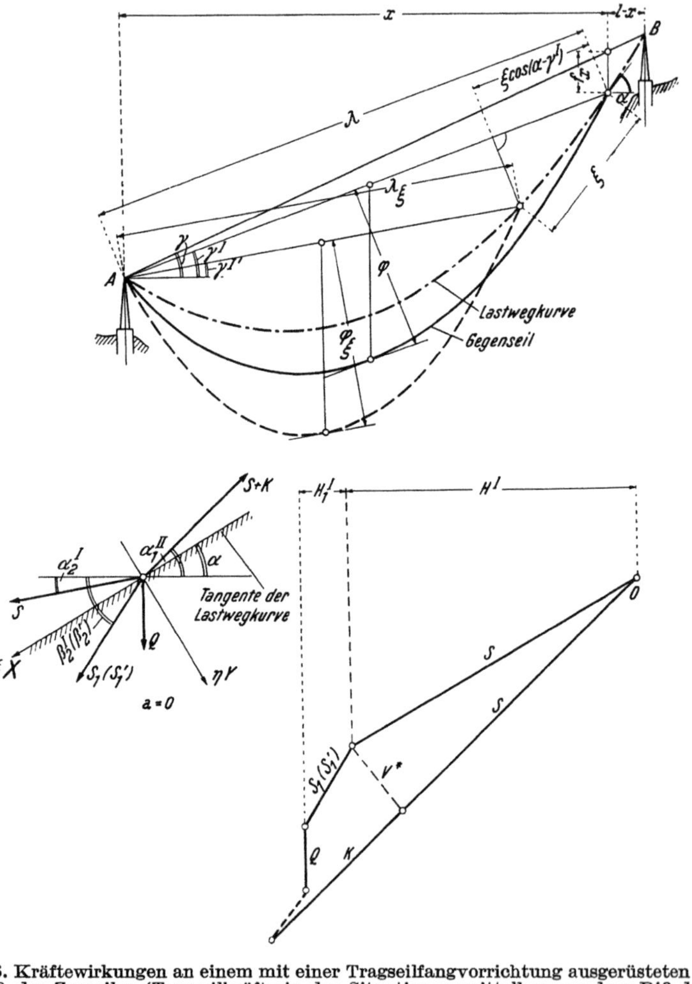

Abb. 136. **Kräftewirkungen an einem mit einer Tragseilfangvorrichtung ausgerüsteten Wagen nach Riß des Zugseiles (Tragseilkräfte in der Situation unmittelbar vor dem Riß des Zugseiles dargestellt)**

Mit Rücksicht auf die Schwierigkeiten der genauen Untersuchung und wegen der Unbestimmtheit des Reibwertes f sei bloß eine *Näherungsrechnung* vorgeführt, der folgende Voraussetzungen zugrunde liegen:

1. Das Tragseil kann wegen seiner großen Masse und starken Spannung als unbeweglich angesehen werden, während die Masse des Gegenseiles teilweise mit der Wagenmasse vereinigt gedacht wird.

2. Als Wagenortskurve beim Fangvorgang wird die Tangente an die Lastwegkurve unmittelbar vor dem Seilriß angenommen.

3. Erfolgt der Fangvorgang nahe dem oberen Ende einer größeren Spannweite[1], so wird wegen seines raschen Ablaufes und wegen der Dämpfung des Zugseilspanngewichtes gegen plötzliche Bewegungen im wesentlichen nur der innerhalb dieser Spannweite liegende Teil des Gegenseiles von Formänderungen betroffen. Die Länge dieses Teiles kann mithin als nahezu unveränderlich angesehen werden.

4. Die beim Fangvorgang durch das Ausschwingen des Wagenkastens um seinen Drehzapfen im Laufwerk eintretende Dämpfung der Bewegung des Wagens am Tragseil bleibt zunächst unberücksichtigt.

Geschieht der Seilriß im Sehnenabstand λ (Abb. 136) vom unteren Stützpunkt eines Seilfeldes, so beträgt nach (29) der Längenunterschied zwischen Gegenseil und Sehne

$$\Delta\sigma \doteq \frac{8}{3}\frac{\varphi^2}{\lambda} = \frac{q_1^2\,\lambda^3}{24\,H_1^2}\cos^4\gamma^I.$$

Ist der Wagen um das Stück ξ, gemessen auf der Tangente der Lastwegkurve, weiter abwärts gerollt, so hat sich dabei die Sehne angenähert um den Betrag $\xi\cos(\alpha-\gamma^I)$ verkürzt, wenn α den Tangentenneigungswinkel der Lastwegkurve bedeutet. Der Längenunterschied zwischen Gegenseil und Sehne ist jetzt

$$\Delta\sigma_\xi \doteq \frac{8}{3}\frac{\varphi_\xi^{\,2}}{\lambda_\xi} = \frac{q_1^2\,[\lambda-\xi\cos(\alpha-\gamma^I)]^3}{24\,H_1'^2}\cos^4\gamma^I.$$

Setzt man nun gemäß Voraussetzung 3. $\lambda+\Delta\sigma \doteq \lambda_\xi+\Delta\sigma_\xi$, so entsteht

$$\frac{q_1^2\,\lambda^3}{24\,H_1^2}\cos^4\gamma^I = \frac{q_1^2\,[\lambda-\xi\cos(\alpha-\gamma^I)]^3}{24\,H_1'^2}\cos^4\gamma^I - \xi\cos(\alpha-\gamma^I),$$

woraus sich H_1' als Funktion von H_1 ausdrücken läßt. Die Gegenseilspannkraft am Wagen ist nun

$$S_1' = \frac{H_1'}{\cos\beta_2'},$$

worin für den Winkel, welchen diese Kraft mit der Horizontalen einschließt [vgl. (30)],

$$\operatorname{tg}\beta_2' = \operatorname{tg}\gamma^{I'} + \frac{q_1\,\lambda_\xi}{2\,H_1'} \doteq \operatorname{tg}\gamma^I - \frac{\xi^2\sin\alpha\cos\alpha}{\lambda^2\cos^2\gamma^I} + \frac{q_1\,\lambda_\xi}{2\,H_1'}$$

gesetzt werden kann. Damit sind alle am Wagen wirkenden Kräfte

[1] Wahrscheinlichster Ort des Seilrisses, da dort eine größere Zugseilspannkraft herrscht.

als bekannt anzusehen. Bezieht man diese Kräfte auf ein Koordinatensystem mit dem Ursprung im Wagenort zum Zeitpunkt des Seilrisses und der Tangente an die Lastwegkurve als Abszissenachse, dann bilden die in die Richtung der dazu senkrechten Ordinatenachse fallenden Komponenten zufolge Voraussetzung 2. annähernd ein Gleichgewichtssystem. Für die in die Richtung der Abszissenachse fallenden Komponenten ergibt sich jedoch

$$\Sigma X = -(S+K)\cos(\alpha_1{}^{II}-\alpha) + S\cos(\alpha-\alpha_2{}^{I}) + S_1{}'\cos(\alpha-\beta_2{}') + Q\sin\alpha$$

oder, da $\alpha_1{}^{II}-\alpha$ und $\alpha-\alpha_2{}^{I}$ meistens kleine Winkel sind,

$$\Sigma X \doteq -K + S_1{}'\cos(\alpha-\beta_2{}') + Q\sin\alpha.$$

Mithin lautet die Differentialgleichung für die Bewegung des Wagens beim Fangvorgang entlang der Tangente an die Lastwegkurve

$$m\frac{d^2\xi}{dt^2} = -K + S_1{}'\cos(\alpha-\beta_2{}') + Q\sin\alpha.$$

Da sich voraussetzungsgemäß das Gegenseil am unteren Ende der betrachteten Spannweite nicht verschieben soll, haben wir in dieser Gleichung als Masse die Wagenmasse zuzüglich der *halben* Gegenseilmasse einzuführen. Damit folgt weiter

$$\frac{\frac{1}{2}q_1(\lambda+\Delta\sigma)+Q}{g}\cdot\frac{d^2\xi}{dt^2} = -K + S_1{}'\cos(\alpha-\beta_2{}') + Q\sin\alpha. \tag{173}$$

Die Integration von (173) ist nach Ersetzung von $S_1{}'$ durch H_1 in drei Abschnitten durchzuführen, und zwar für

1. den Zeitverlust $t_1 \leq 0{,}25$ sek, der nach eingetretenem Zugseilriß bis zum Schließen der Fangvorrichtung vergeht. Für diesen Zeitabschnitt ist $K=0$ und es erfolgt hiebei eine Vergrößerung der ursprünglichen Geschwindigkeit v,
2. die *Schließzeit* $t_2 \leq 0{,}5$ sek, in welcher die Bremskraft K wegen einer etwa in der Fangvorrichtung eingebauten Dämpfungseinrichtung linear mit der Zeit von 0 bis auf ihren vollen Wert anwächst,
3. die *Bremszeit* t_3, die bis zum Stillstand des Wagens benötigt wird, während welcher die Bremskraft K konstant bleibt.

Kann man jedoch den Zeitverlust bis zum Schließen der Fangvorrichtung und die Schließzeit vernachlässigen, so ist es vorteilhafter, sich einer *Arbeitsgleichung* zur Bestimmung des Bremsweges zu bedienen. Diese Gleichung lautet dann

$$\frac{\frac{1}{2}q_1(\lambda+\Delta\sigma)+Q}{g}\cdot\frac{v^2}{2} = \int_0^\xi \Sigma X\,d\xi. \tag{174}$$

Da die Bremsverzögerung des besetzten Wagens $p=2{,}50$ m/sek^2 nicht überschreiten soll, ergeben sich bei hohen Fahrgeschwindigkeiten recht bedeutende Bremswege, mitunter $\xi=40$ bis 50 m.

Durch den Fangvorgang erhöht sich die Tragseilspannkraft um die Bremskraft K, was bei der Berechnung des Tragseiles zu berücksichtigen ist (§ 35). Falls die Fangvorrichtung bei unversehrtem Zugseil betätigt wird, kann auch in das Zugseil eine Kraft von der Größe K gelangen, wenn die Wirkungen der Fangvorrichtung und der Antriebsbremsen nicht genügend koordiniert sind. Darauf muß bei der Berechnung des Zugseiles ebenfalls Bedacht genommen werden. Als grobe Faustregel kann gelten, daß K annähernd gleich dem Gewicht des voll besetzten Wagens gewählt wird[1].

2. Spannkräfte zufolge des Fangvorganges bei zwei Zugseilen[2]. Der Fangvorgang zerfällt hier in *zwei* voneinander *getrennte Ereignisse*, und zwar in die Übertragung der Kräfte des gerissenen Seiles auf das unversehrt gebliebene und in die Abbremsung des unversehrt gebliebenen Seiles bis zum Stillstand der Bahn durch die Antriebsbremsen.

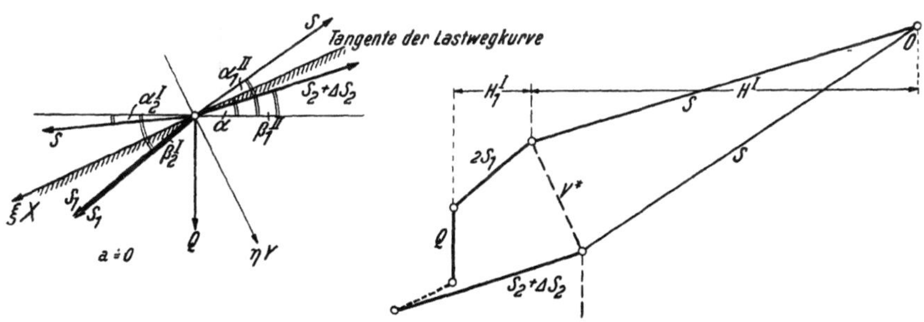

Abb. 137. Kräftewirkungen an einem mit zwei Zugseilen ausgerüsteten Wagen nach Riß eines Seiles

Machen wir die vorigen Voraussetzungen 1., 2. und 4. auch hier, und bedeutet:

S_1	die Spannkraft eines Zugseiluntertrumes (Gegenseiles) knapp unterhalb des Wagens,	vor Riß des einen Zugseiles,
$S_2 \doteq S_1 + \frac{1}{2} Q \sin \psi$	die Spannkraft in *einem* Zugseil knapp oberhalb des Wagens,	
ΔS_1	den Spannkraftzuwachs im unversehrt gebliebenen Zugseil zufolge der Kraftübertragung vom gerissenen Seil auf dieses,	

[1] Über ein auf gleicher Grundlage aufgebautes graphisches Verfahren siehe WALLMANNSBERGER, G.: Graphische Ermittlung der Bremswege an Personenseilschwebebahnen. Wasserwirtschaft **1928**, H. 14/15.

[2] ERNST, H.: Beitrag zur Beurteilung der behördlichen Vorschriften für die Seile von Personenseilschwebebahnen. Fördertechnik und Frachtverkehr **1933**, H. 19—26, und **1934**, H. 3—7.

Eine genaue Berechnung des Fangvorganges muß die Seilschwingungen berücksichtigen; siehe CZITARY, E.: Über Seilschwingungen. Die Bautechnik **1941**, H. 47/48.

so ist das Kräftespiel am Wagen im ersten Teil des Fangvorganges das in Abb. 137 veranschaulichte. Bezieht man die Kräfte wieder auf das gleiche Koordinatensystem wie früher, so entsteht

$$\Sigma X = - S \cos(\alpha_1^{II} - \alpha) - (S_2 + \Delta S_2) \cos(\beta_1^{II} - \alpha) + S \cos(\alpha - \alpha_2^{I}) + \\ + 2 S_1 \cos(\alpha - \beta_2^{I}) + Q \sin\alpha$$

oder genähert, wegen der Kleinheit der Winkeldifferenzen,

$$\Sigma X = - (S_2 + \Delta S_2) + 2 S_1 + Q \sin\alpha.$$

Setzt man noch $\psi \doteq \alpha$, so erhält man schließlich

$$\Sigma X = - \Delta S_2 + S_2.$$

ΔS_2 wächst von Null zu Beginn des Fangvorganges auf ein gewisses ΔS_2 am Ende des ersten Teiles des Fangvorganges an, bei dem die Übertragung der Kraft des gerissenen Zugseiles auf das *unversehrt* gebliebene beendet ist. Der sich *bloß aus dieser* Kraftübertragung ergebende Wagenweg sei ξ. Wegen des geringen Betrages von ξ ändert sich hiebei im Gegensatz zu früher die Gegenseilspannkraft S_1 kaum; sie wurde daher konstant angenommen.

Ist das unversehrt gebliebene Zugseil in der Bergstation während des Fangvorganges nicht festgehalten, sondern bewegt sich der Antrieb mit konstanter Geschwindigkeit v weiter, dann gilt die Arbeitsgleichung

$$\int_0^{\xi} \Sigma X \, d\xi = 0. \tag{175}$$

Wäre hingegen das unversehrt gebliebene Zugseil schon während des ersten Teiles des Fangvorganges festgehalten, so würde die (174) ähnliche Arbeitsgleichung

$$\int_0^{\xi} \Sigma X \, d\xi = \frac{m v^2}{2}$$

bestehen, in welcher wieder

m die bewegte Masse und
v die Geschwindigkeit im Augenblick, in dem das eine Zugseil reißt,

bedeuten. Dies dürfte aber kaum je zutreffen, weil die Übertragung der Kräfte des gerissenen Seiles auf das unversehrt gebliebene nahezu plötzlich geschieht und größtenteils beendet sein wird, wenn die automatischen Antriebsbremsen zu Wirkung kommen.

Sind im folgenden

S_m der Mittelwert, gebildet aus der ursprünglichen betriebsmäßigen Spannkraft S_2 jedes Zugseiles am Wagenort (Fangstelle) und der gleichzeitig in der Bergstation (Antrieb) auftretenden,
Σl die waagrechten Längen der Seilfelder zwischen der Fangstelle und der Bergstation (Antrieb) und
γ_m die durchschnittliche Streckenneigung in diesem Bereich,

so ergibt sich für ein beliebiges Stück des Fangweges

$$\xi = \frac{\Delta S_2 \, \Sigma l}{E_s F_s \cos\gamma_m} + \frac{q_1^2 \, \Sigma l^3}{24 \cos\gamma_m} \left[\frac{1}{S_m^2} - \frac{1}{(S_m + \Delta S_2)^2} \right] + k \, \Delta S, \tag{176}$$

worin auf der rechten Seite

das erste Glied .... die elastische Dehnung des unversehrt gebliebenen Zugseiles,

das zweite Glied ... den Einfluß der Durchhangsänderungen und

das letzte Glied ... den Einfluß einer etwaigen federnden Befestigung des Wagens am Zugseil mit k als Federkonstanten

darstellt. Bestimmt man aus (176) $d\xi$, setzt dieses in (175) ein und führt das Integral aus, so erhält man schließlich

$$\left(\frac{\Sigma l}{E_s F_s \cos\gamma_m} + k\right)(\Delta S_2{}^2 - 2\, S_2\, \Delta S_2) - \\ - \frac{q_1{}^2\, \Sigma l^3}{12\cos\gamma_m} \cdot \frac{\Delta S_2{}^2 (S_2 - S_m) + 2\, S_m S_2 \Delta S_2}{S_m{}^2 (S_m + \Delta S_2)^2} = 0. \tag{177}$$

Daraus kann ΔS_2, um welchen Betrag sich die ursprüngliche Zugseilspannkraft S_2 des unversehrt gebliebenen Zugseiles beim ersten Teil des Fangvorganges erhöht, leicht ermittelt werden. ΔS_2 fällt um so geringer aus, je kleiner S_2 ist. Immerhin wird aber die Beanspruchung des unversehrt gebliebenen Zugseiles beim Fangvorgang sehr hoch. Verbindet man hingegen den Wagen mit den Zugseilen nicht fest, sondern führt diese durch sein Laufwerk ohne Unterbrechung hindurch, stützt also den Wagen bloß auf Klemmen an den Zugseilen ab, dann ist statt S_2 nur die halbe Zugwirkung des Wagens in die angeschriebenen Beziehungen einzusetzen.

Zu Ende des ersten Teiles des Fangvorganges ist also die mittlere Zugseilspannkraft zwischen Fangstelle und Antrieb im unversehrt gebliebenen Zugseil $S_m^* = S_m + \Delta S_2$. Während des zweiten Teiles des Fangvorganges, bei dem die automatischen Antriebsbremsen die Bahn stillsetzen, gilt dagegen $S_m^{**} \doteq \doteq S_m + S_2 + S_b$, wenn S_b die Verzögerungskraft durch diese Bremsen vorstellt.

Ist das eine der beiden Zugseile nur ein *Schleppseil*, dann bleibt der Rechnungsgang wohl grundsätzlich der gleiche, nur ist in der Zugseilspannkraft S_2 die gesamte Zugwirkung des Wagens einzusetzen; dagegen stellt S_m die mittlere Schleppseilspannkraft vor dem Zugseilriß dar.

§ 51. Bemessung der Zugseile. Der Bemessung ist die größte im Zuge der Bahn beim Betrieb auftretende *Spannkraft* $S_{\max}$ zugrunde zu legen. Nach den in § 49 gemachten Angaben läßt sich diese Spannkraft leicht bestimmen. Dabei ist aber zu achten, daß den Bedingungen für die zulässigen *Durchhänge* des Zugseiles und für die gesicherte Aufnahme der *Umfangskraft* an der Antriebsscheibe durch eine entsprechende Wahl der Vorspannung S_0 Rechnung getragen wird. Hat man mit $S_{\max}$ und dem vorgeschriebenen Zugsicherheitsgrad $\mathfrak{S}_z$ die rechnerische Bruchlast B gefunden und ein geeignetes Zugseil gewählt (§ 10 und 11), so muß auch hier festgestellt werden, ob das für die Spannkraftermittlung angenommene Seilgewicht je Längeneinheit mit dem aus der Seiltabelle entnommenen übereinstimmt[1]. Bei einer nach der Bemessung eventuell geschehenden Nachprüfung der *Biegungsspannungen* wird nur dann die Biegung um die Seilscheiben in den Stationen als maßgebend gelten können, wenn auf die in § 40 bzw. § 45, und zwar im Zusammenhang mit der Biegungsbeanspruchung des Zugseiles auf den Stützenrollen, empfohlene Rollen-

[1] Hinsichtlich eines Verfahrens zur Bemessung *ohne* Schätzung des Zugseileigengewichtes siehe [1] auf S. 141.

anordnung Bedacht genommen wurde[1] oder wenn das Zugseil zufolge dichter Wagenfolge gar nicht auf die Streckenrollen gelangt.

a) Güterseilbahnen

1. Umlaufbetrieb. Der Sicherheitsgrad auf Zug $\mathfrak{S}_z$ wird wegen der aus der betriebsmäßig lösbaren Verbindung zwischen Wagen und Zugseil etwa entstehenden zusätzlichen Beanspruchungen (Schleifen und Quetschen des Seiles in den Klemmbacken oder Zerrungen des Seiles bei Fehlklemmungen) mit 5,50 gewählt. Ein Sicherheitsgrad auf Zug und Biegung wird meistens nicht festgesetzt, dafür sind auf den Seilscheiben die Verhältnisse

$$\frac{\delta}{D} \leq \frac{1}{800} \text{ und } \frac{d}{D} \leq \frac{1}{80}$$

einzuhalten (§ 27).

2. Pendelbetrieb. Wegen der betriebsmäßig nicht lösbaren Verbindung zwischen Wagen und Zugseil kann der Zugsicherheitsgrad $\mathfrak{S}_z$ mit 4,5 angenommen werden. Hinsichtlich Berücksichtigung der Biegung des Zugseiles gilt dasselbe wie bei Bahnen mit Umlaufbetrieb.

b) Personenseilbahnen

Die unter a) für Güterseilbahnen angegebenen Bemessungsregeln für das Zugseil gelten auch für Personenseilbahnen mit *Pendel-* und

[1] Dies läßt sich für *ungefütterte* Rollen wie folgt beweisen:

Aus der Bedingung für die Gleichheit der Biegungsspannungen auf den Streckenrollen und auf den Seilscheiben ergibt sich unter Voraussetzung keiner Reibung zwischen den Seildrähten

$$\frac{V_1}{S_1} \sqrt{E\,\sigma_{zs}} = E\,\frac{\delta}{D},$$

woraus für den Ablenkwinkel des Seiles auf einer Tragrolle

$$\operatorname{tg} \varphi_1 = \frac{V_1}{S_1} = \frac{\delta}{D} \sqrt{\frac{E}{\sigma_{zs}}}$$

entsteht. Bei Güterseilbahnen mit Umlaufbetrieb ist gemäß den nachfolgend gemachten Angaben

$$\mathfrak{S}_z \geq 5{,}50 \text{ und } \frac{\delta}{D} \leq \frac{1}{800}.$$

Nimmt man $E = 2\,000\,000$ kg/cm² und eine Zugfestigkeit $K_z = 15\,000$ kg/cm² an, so folgt dort, wo die zulässige Zugspannung $\sigma_{zs\,\mathrm{zul}} = 2700$ kg/cm² voll ausgenutzt ist,

$$\operatorname{tg} \varphi_1 \doteq 0{,}034,$$

während an der Stelle mit der kleinsten Seilspannkraft

$$S_0 = 600\,q_1\colon\ \sigma_{zs} = \frac{600\,q_1}{F_s} = \frac{600\,F_s\,\xi\,\gamma}{F_s} = 600\,\xi\,\gamma = 510 \text{ kg/cm}^2$$

und mithin

$$\operatorname{tg} \varphi_1 \doteq 0{,}080$$

entsteht, was den Angaben in § 40 nahekommt.

Umlaufbetrieb, wenn sie mit einem einzigen Zugseil ausgerüstet sind. Man hat aber bei Pendelbetrieb zu berücksichtigen, daß durch eine auf das Tragseil wirkende Wagenfangvorrichtung im Falle einer Notbremsung bei intaktem Zugseil auch auf dieses eine Kraft K (§ 50) übertragen werden kann.

Ist die Bahnanlage mit zwei Zugseilen, mit einem Zugseil und einem Schlepp- oder Bremsseil u. dgl. versehen und soll der Fall eines Zugseilbruches bei der Seilbemessung berücksichtigt werden, dann muß in jenem Seil, das den Wagen bei Zugseilriß zu halten hat, unter dem Einfluß der diesbezüglichen dynamischen Wirkungen (§ 50) wenigstens noch eine 3,5fache Zugsicherheit vorhanden sein.

c) Hinsichtlich der Auswahl des geeigneten Zugseiles s. § 27. (Ferner vgl. das dortige Beispiel und jenes im Anhang.)

§ 52. Kraftbedarf einer Seilbahn

a) Umfangskraft an der Antriebsscheibe

Für die von der Antriebsscheibe einer Seilbahn aufzunehmende Umfangskraft U wurde in § 49 die genäherte Beziehung abgeleitet

$$U = \pm Q \Sigma n_i \sin\psi_i^* \mp W \Sigma n_i \sin\psi_i^* + \\ + (Q\Sigma n_i \cos\psi_i^* + W\Sigma n_i \cos\psi_i^* + 2 q_1 L)\mu_1 \pm (Q\Sigma n_i + W\Sigma n_i + 2 q_1 L^*)\frac{p}{g}.$$

Genauer ergibt sich, wenn statt der charakteristischen Bahnneigungen die Zugwirkungswinkel eingeführt werden,

$$U = \pm Q \Sigma \sin\psi_i \mp W \Sigma \sin\psi_i' + \\ + (Q\Sigma \cos\psi_i + W\Sigma \cos\psi_i' + 2 q_1 L)\mu_1 \pm (\Sigma Q + \Sigma W + 2 q_1 L^*)\frac{p}{g}, \quad (178)$$

worin bei den beiden ersten Gliedern die oberen Vorzeichen für Bergförderung und die unteren für Talförderung gelten, während im letzten Glied das positive Vorzeichen beim Anfahren und das negative beim Bremsen zu nehmen ist. Die beiden ersten Glieder sind zufolge der Wagenbewegung mehr oder weniger veränderlich, während die Veränderlichkeit des Reibungsgliedes[1] im allgemeinen so gering ist, daß es als konstant angesehen und mit einem Mittelwert in Rechnung gestellt werden kann. Der Verlauf der $\sin\psi_i$ wurde in § 48 als Einflußlinie der Zugwirkung mit den Ordinaten η_i gekennzeichnet. Demnach können wir (178) auch in der Form schreiben

$$\frac{U}{W} = \pm \frac{Q}{W}\Sigma\eta_i \mp \Sigma\eta_i' + \frac{R}{W}\left(\pm \frac{D}{W}\right),$$

wobei die nur gelegentlich zu berücksichtigende Wirkung der Anfahr-

[1] Das gegebenenfalls noch durch die Reibung an den Bruchpunkten der charakteristischen Neigungen zu ergänzen wäre.

beschleunigung und Bremsverzögerung in einer Klammer steht[1]. Durch diese Schreibweise wird es unter Zuhilfenahme der Einflußlinie für die Zugwirkung leicht möglich, den Verlauf der Umfangskraft an der Antriebsscheibe einer Seilbahn zeichnerisch darzustellen.

1. Pendelbetrieb. Obige Gleichung vereinfacht sich hier zu

$$\frac{U}{W} = \pm \frac{Q}{W}\eta \mp \eta' + \frac{R}{W}.$$

Der Verlauf der Umfangskraft wird somit erhalten, wenn man in einem rechtwinkeligen Koordinatensystem die mit $\frac{Q}{W}$ vervielfachten Einfluß-

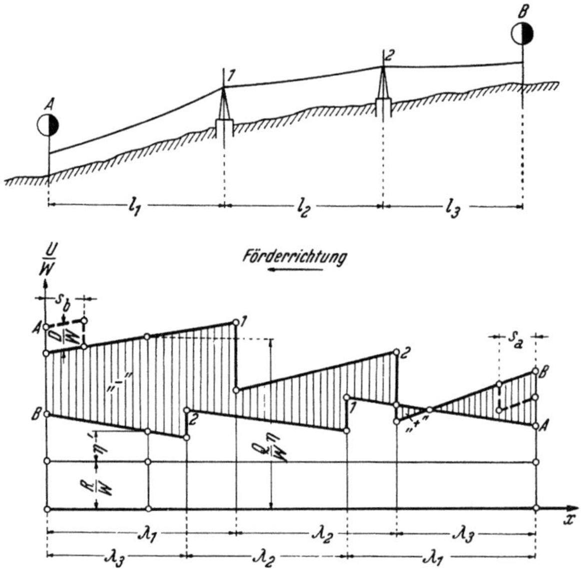

Abb. 138. Verlauf der Umfangskraft an der Antriebsscheibe einer Pendelseilbahn bei Talförderung

werte η der Zugwirkung am belasteten Strang über der schräg gemessenen Streckenlänge (Stützensehnen) aufträgt, dann je nachdem, ob Berg- oder Talförderung vorliegt, $\frac{R}{W}$ hiezu addiert oder davon abzieht (Abb. 138) und über der dadurch gewonnenen neuen Vergleichslinie den Verlauf der Einflußwerte η' für die Zugwirkung auf dem unbelasteten Strang in

---

[1] Weg und Zeit, auf welche sich Anfahr- und Bremskräfte erstrecken, sind nur gering und wie folgt zu bestimmen:

$$\text{Anfahr- bzw. Bremszeit } t_{a,b} = \frac{v}{p}$$

$$\text{Anfahr- bzw. Bremsweg } s_{a,b} = \frac{p\,t_{a,b}^2}{2}.$$

umgekehrter Richtung zeichnet. Die zwischen den beiden Linienzügen der Einflußwerte für die Zugwirkung verbleibenden Ordinatendifferenzen stellen dann den Verlauf von $\frac{U}{W}$ während eines Fahrtspieles dar. In Abb. 138 sind zusätzlich auch die Einflüsse des Anfahrens und Bremsens eingetragen.

Besonders bei schweren Personenseilbahnen mit Pendelbetrieb erweist es sich zur Erzielung eines gleichmäßigeren Verlaufes der Umfangskraft an der Antriebsscheibe oft vorteilhaft, dem Gegenseil (Zugseiluntertrum) ein anderes Gewicht je Längeneinheit zu geben als dem eigentlichen Zugseil. Die Beziehung für die Umfangskraft ist dann um das Glied $\varDelta q \; \varDelta h$ zu erweitern, worin $\varDelta q = q_2 - q_1$ die Differenz der Einheitsgewichte von Zug- und Gegenseil und $\varDelta h$ den jeweiligen Höhenunterschied zwischen den Wagen darstellt. Beispielsweise nimmt bei der Bergfahrt eines vollen Wagens und Talfahrt eines leeren im Falle eines konkaven Längenschnittes die Umfangskraft im Verlaufe der Fahrt zu, bei einem konvexen Längenschnitt aber ab. Man wird demnach im ersten Fall ein leichteres Gegenseil als das Zugseil, im zweiten hingegen ein schwereres wählen. Das Glied $\varDelta q \; \varDelta h$ läßt sich auch leicht zeichnerisch darstellen und dadurch die Wirkung derartiger Maßnahmen aus einem zeichnerisch festgelegten Verlauf der Umfangskraft leicht erkennen[1].

2. Umlaufbetrieb. Da die Wagenabstände auf der ganzen Bahn gleich sind und innerhalb jedes Stranges auch die Wagengewichte kaum Unterschiede aufweisen, so wird sich nach Ablauf der Zeit, die zum Durchfahren eines Weges von der Länge eines Wagenabstandes notwendig ist, der Verlauf der Umfangskraft an der Antriebsscheibe in gleicher Form und Größe wiederholen. Um den Verlauf der Umfangskraft zu erhalten, zerlegt man daher die über die schräge Bahnlänge gezeichneten Linienzüge der $\frac{Q}{W} \eta_i$ und η_i' in Stücke von der Länge w eines Wagenabstandes, bildet dann die sich auf die Länge eines Wagenabstandes erstreckende Summenfläche der $\frac{Q}{W} \eta_i$, addiert hiezu oder subtrahiert davon $\frac{R}{W}$ und zieht davon schließlich die ebenso wie die Summenfläche der $\frac{Q}{W} \eta_i$ gebildete, aber in umgekehrter Richtung gezeichnete Summenfläche der η_i' ab. Die Ordinaten der erhaltenen Differenzfläche stellen dann den Verlauf von $\frac{U}{W}$ dar.

Bei Bahnen mit Umlaufbetrieb muß zum Zeitpunkt des Auslaufes eines Wagens aus der einen Station nicht auch der Auslauf eines Wagens aus der Gegenstation erfolgen. Diesbezüglich sind Unterschiede bis zu einem Wageninterval1 möglich, und man kann daher im Diagramm der Umfangskraft an der Antriebsscheibe die Summenfläche der η_i' beliebig gegen jene der $\frac{Q}{W} \eta_i$ parallel zur Abszissenachse verschieben. Eine solche *Phasenverschiebung* der Vollseite gegenüber der Leerseite gestattet für den Betrieb ungünstige Belastungsspitzen teilweise auszugleichen. Gewöhnlich sind die Spannkraftschwankungen im Zugseil von Bahnen mit Umlaufbetrieb nicht groß und erreichen bloß bei Anlagen in schwie-

[1] Siehe Fußnote [1] auf Seite 141.

rigem Gelände, mit größeren Einzellasten und größeren Wagenabständen erheblichere Werte, so daß meistens nur bei diesen ein Zugkraftdiagramm entworfen werden muß[1]. Bei Bahnen mit dichter Wagenfolge genügt die genäherte Ermittlung der Umfangskraft gemäß § 49.

Schließlich sei für erste Abschätzungen bemerkt, daß bei Pendelseilbahnen wenigstens ein Durchschnittsgefälle von $\operatorname{tg}\gamma = 0{,}22$ und bei Umlaufbahnen ein solches von $\operatorname{tg}\gamma = 0{,}08$ für selbsttätigen Lauf der Anlage bei Talförderung notwendig ist.

b) Antriebsleistung

Die vom Antrieb zu bewältigende Leistung N wird aus der Umfangskraft U an der Antriebsscheibe und der Zugseilgeschwindigkeit v mit

$$N = U\,v$$

berechnet. Über die zu wählende Geschwindigkeit wurden in § 28 nähere Angaben gemacht.

Der Wirkungsgrad des Antriebswindwerkes kann bei offenen Zahnradvorgelegen mit $\eta = 0{,}80$ und bei vollständig gekapselten mit $\eta = 0{,}90$ angenommen werden; es beträgt mithin die erforderliche Antriebsleistung bei *Kraftbedarf*

$$N^{\mathrm{PS}} = \frac{U^{\mathrm{kg}}\, v^{\mathrm{m/sek}}}{75\,\eta} \tag{179}$$

und die Bremsleistung bei *Kraftüberschuß*

$$N^{\mathrm{PS}} = \frac{-\,U^{\mathrm{kg}}\, v^{\mathrm{m/sek}}\,\eta}{75}\,. \tag{179a}$$

§ 53. Arbeitsteilung zwischen Trag- und Zugseil. Die Kenntnis des Verhaltens von Trag- und Zugseil setzt uns nun auch in die Lage, das Zusammenspiel beider genauer zu betrachten. Wir beschränken uns dabei allerdings auf flachere Seilfelder, um die Untersuchung einfach zu gestalten.

a) Eine Verkehrslast im Seilfeld

Faßt man die für die Zugwirkungswinkel bei *hoher Zugseilablage* aufgestellte Beziehung (148)

$$\operatorname{tg}\psi_h \doteq \frac{h}{l} - \frac{\left(\frac{Q}{l} + q' + q_1'\right)(l - 2\,x)}{2\,H^*} = \frac{d\zeta}{dx}$$

als Gleichung der Tangentenwinkel einer gedachten Kurve auf, so ergibt sich für diese bei Voraussetzung einer Gewichtsspannung des Tragseiles

[1] Über ein elektrisches Verfahren zur Bestimmung des Zugkraft- und Umfangskraftverlaufes durch Widerstandsmessung, welches auch bei ungleichen Lasten und verschiedenen Wagenabständen anwendbar ist, s. CZITARY, E.: Ein Beitrag zur Bestimmung der Zugkraft bei Seilschwebebahnen. Wasserwirtschaft **1929**, H. 19.

($H^* = H^I + H_1^I \doteq$ konst.) durch Integration unter Berücksichtigung der Grenzen $x=0$, $\zeta=0$; $x=l$, $\zeta=h$ (Abb. 139)

$$\zeta = \frac{h}{l}\,x - \frac{\left(\frac{Q}{l} + q' + q_1'\right) x\,(l-x)}{2\,H^*}. \qquad (180)$$

Diese Gleichung unterscheidet sich von der Gleichung der genäherten Lastwegkurve

$$y = \frac{h}{l}\,x - f_x = \frac{h}{l}\,x - \frac{\left(\frac{2\,Q}{l} + q' + q_1'\right) x\,(l-x)}{2\,H^*},$$

die sich aus (39) in § 20 durch Bezug auf das gleiche Koordinatensystem wie (180) ergibt, dadurch, daß auf der rechten Seite im Zähler des zweiten

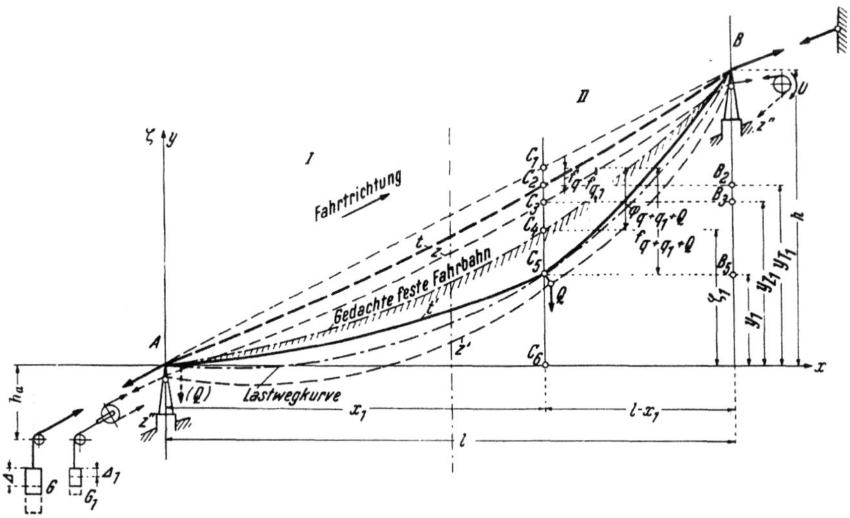

Abb. 139. Zur Arbeitsteilung zwischen Trag- und Zugseil bei einem Seilfeld mit bloß einer Verkehrslast

Gliedes bloß $\frac{Q}{l}$ statt $\frac{2Q}{l}$ steht. Die (180) entsprechende Kurve ist in Abb. 139 nebst den anderen in Betracht kommenden Linien eingetragen und liegt zwischen der Leerseillinie und der Lastwegkurve. Man kann sie als *gedachte feste Fahrbahn* auffassen, auf der die Zugkraft für den Wagen die gleiche ist wie auf der *nachgiebigen Fahrbahn des Tragseiles*[1].

Bewegt sich ein Seilbahnwagen vom linken Feldende (0,0) zu einem beliebigen Zwischenpunkt, und hat dort die Lastwegkurve die Koordinaten (x_1, y_1), so wird hiebei eine Arbeit verrichtet. Dabei soll auf Reibungswiderstände zunächst nicht Rücksicht genommen werden.

[1] FINDEIS, R.: Über die Wirkung des Zugseiles bei Seilschwebebahnen. Wasserwirtschaft **1929**, H. 34.

Mit Bezug auf Abb. 139 ergibt sich für diese Arbeit, ausgedrückt durch die *Formänderungen* des Seilfeldes,

$$A = Q\, y_1 + A_T + A_Z + A_T' + A_Z', \tag{181}$$

worin A_T und A_Z die Arbeiten bedeuten, welche notwendig sind, um die Trag- und Zugseilkurven t, z des unbelasteten Seilfeldes in die mit t', z' bezeichneten bei Stellung des Wagens im Zwischenpunkt (x_1, y_1) umzuformen. A_T' und A_Z' stellen dagegen die mit den Formänderungen der Seile verbundenen Hebungsarbeiten der Trag- und Zugseilspanngewichte dar. Da bei Gewichtsspannung des Tragseiles die durch die Bewegung eines Wagens entstehenden Änderungen der Tragseilspannkräfte vernachlässigt werden können, haben die Tragseilstücke $\widehat{AC_2}$ und $\widehat{C_2B}$ des unbelasteten Seilfeldes, jedes für sich betrachtet, annähernd die gleiche Form wie die Tragseilstücke $\widehat{AC_5}$ und $\widehat{C_5B}$ des belasteten Seilfeldes. Die Arbeit zur Verformung des ganzen Tragseiles ist dann

$$A_T \doteq -q'\, x_1 \frac{y_{T_1} - y_1}{2} - q'\,(l - x_1) \frac{y_{T_1} - y_1}{2} = -q'\, l \frac{y_{T_1} - y_1}{2}. \tag{182}$$

Ist die Zugkraft Z des Wagens im Vergleich zur Zugseilspannkraft nicht sehr bedeutend, und ändert sich Z im Verlaufe der betrachteten Spannweite nicht stark, dann wird sich auch die Form der Zugseilstücke $\widehat{AC_3}$ und $\widehat{C_3B}$ des unbelasteten Seilfeldes nur wenig von den Zugseilstücken $\widehat{AC_5}$ und $\widehat{C_5B}$ des belasteten Seilfeldes unterscheiden, allerdings vorausgesetzt, daß Zug- und Gegenseil gleiche Abmessungen besitzen. Da sich ferner die Form z'' des rückkehrenden Zugseiltrums nicht ändert, erscheint es statthaft, für die Verformung des Zugseiles in unserem Seilfeld analog wie beim Tragseil zu schreiben

$$A_Z \doteq -q_1'\, l \frac{y_{Z_1} - y_1}{2}. \tag{182a}$$

Die Hebungsarbeit des Tragseilspanngewichtes einschließlich der Verschiebungsarbeit des Tragseiles ist gemäß Abb. 139

$$A_T' = (G + q\, h_a)\, \Delta. \tag{183}$$

Die analoge Arbeit für das Zugseil ist im Hinblick auf die einen geschlossenen Ring bildende Zugseilschleife

$$A_Z' = \left(\frac{G_1}{2} + q_1\, h_a\right) 2\, \Delta_1. \tag{183a}$$

Befinden sich zwischen dem Zugseilspanngewicht und dem betrachteten Seilfeld noch eine Reihe von Wagen auf der Strecke, so ist der Klammerausdruck von (183a) noch durch deren Zugwirkung ΣZ zu erweitern.

Die in (183) und (183a) vorkommenden Spanngewichtshebungen lassen sich leicht berechnen, da sie den Längenänderungen der Seile im betrachteten Feld zufolge dessen Belastung mit Q gleich sein müssen.

Aus den Dreiecken $A\,C_2\,C_6$, $A\,C_5\,C_6$, $C_5\,B\,B_5$, $C_2\,B\,B_2$ folgt für das Tragseil

$$\varDelta \doteq \frac{y_1^2 - y_{T_1}^2}{2\,x_1} + \frac{(h - y_1)^2 - (h - y_{T_1})^2}{2\,(l - x_1)}. \tag{184}$$

Analog ergibt sich für das Zugseil aus den Dreiecken $A\,C_3\,C_6$, $A\,C_5\,C_6$, $C_5\,B\,B_5$, $C_3\,B\,B_3$

$$2\,\varDelta_1 \doteq \frac{y_1^2 - y_{Z_1}^2}{2\,x_1} + \frac{(h - y_1)^2 - (h - y_{Z_1})^2}{2\,(l - x_1)}. \tag{184a}$$

Die geringen Längenänderungen des Zugseiles zwischen Wagenort und Antrieb, welche sich aus seinen Durchhangsänderungen infolge der schwankenden Wagenzugwirkung und aus seiner damit zusammenhängenden elastischen Dehnung ergeben, bleiben unberücksichtigt.

Die Zugkraft $Z \doteq Q \sin\psi \doteq U$ leistet am Antrieb ebenfalls die Arbeit A, die auch gleich sein muß der Arbeit, welche Z am Wagen leistet und dort einfacher berechnet werden kann. Zerlegt man daher am Wagen die Zugkraft Z in eine waagrechte und eine lotrechte Komponente, so ist die Arbeit am Antrieb bei Fahrt des Wagens vom linken Feldende (0, 0) zum Zwischenpunkt (x_1, y_1)

$$A = \int_0^{x_1} Q \sin\psi \cos\psi \, dx + \int_0^{y_1} Q \sin^2\psi \, dy. \tag{185}$$

Drückt man darin $\sin^2\psi$ durch $\cos^2\psi$ aus und berücksichtigt, daß auf Grund der vorherigen Darlegungen zwischen Lastwegkurve und gedachter fester Fahrbahn (180) der Zusammenhang $y = \zeta - \frac{Q\,x\,(l - x)}{2 l\, H^*}$ besteht, mithin $dy = d\zeta - \frac{Q\,(l - 2\,x)}{2\,l\,H^*}\,dx$ ist, so folgt nach einigen einfachen Umformungen

$$A = Q\,\zeta_1 - \frac{Q^2}{2\,l\,H^*} \int_0^{x_1} \sin^2\psi\,(l - 2\,x)\,dx. \tag{186}$$

Das zweite Glied auf der rechten Seite dieser Beziehung ist jedoch, wie eine Ausrechnung zeigt, bei den vorausgesetzten flacheren Seilfeldern recht klein und wird vernachlässigt. Mit dieser Vernachlässigung wird die Arbeit der Zugkraft im Seilfeld gleich der Arbeit bei Bewegung des Wagens auf der gedachten festen Fahrbahn.

Durch Gleichsetzen der rechten Seiten von (181) und (186) folgt nach Einführung der entsprechenden Ausdrücke

$$Q\,\zeta_1 \doteq Q\,y_1 - q'\,l\,\frac{y_{T_1} - y_1}{2} - q_1'\,l\,\frac{y_{Z_1} - y_1}{2} + (G + q\,h_a)\,\varDelta + \left(\frac{G_1}{2} + q_1\,h_a\right) 2\,\varDelta_1. \tag{187}$$

Gleichartige Beziehungen lassen sich auch anschreiben, wenn ein Wagen von einem beliebigen Zwischenpunkt eines Seilfeldes zum oberen Feldende fährt.

Die *größten Spanngewichtsbewegungen* ergeben sich bei der Fahrt eines Wagens vom unteren Feldende zur Feldmitte und von der Feldmitte zum oberen Feldende.

1. Fahrt vom unteren Feldende zur Feldmitte

$$\Delta \doteq 2 \frac{(y_m - y_{T_m})(y_m + y_{T_m} - h)}{l},$$

$$2\,\Delta_1 \doteq 2 \frac{(y_m - y_{Z_m})(y_m + y_{Z_m} - h)}{l},$$

$$Q\,\zeta_m \doteq Q\,y_m - q'\,l\,\frac{y_{T_m} - y_m}{2} - q_1'\,l\,\frac{y_{Z_m} - y_m}{2} +$$

$$+ (G + q\,h_a)\,\Delta + \left(\frac{G_1}{2} + q_1\,h_a\right) 2\,\Delta_1. \tag{187a}$$

Ersetzt man in bekannter Weise die Ordinaten y durch die Durchhänge f, so folgt

$$\Delta = 2 \frac{f^2_{q+q_1+Q} - f^2_q}{l}, \tag{188}$$

$$2\,\Delta_1 = 2 \frac{f^2_{q+q_1+Q} - f^2_{q_1}}{l}, \tag{188a}$$

$$Q\,(f_{q+q_1+Q} - \varphi_{q+q_1+Q}) \doteq q'\,l\,\frac{f_q - f_{q+q_1+Q}}{2} + q_1'\,l\,\frac{f_{q_1} - f_{q+q_1+Q}}{2} +$$

$$+ (G + q\,h_a)\,\Delta + \left(\frac{G_1}{2} + q_1\,h_a\right) 2\,\Delta_1. \tag{189}$$

Will man auch die Schuhreibung des Tragseiles berücksichtigen, und sind A_i seine Auflagerdrücke, so hat man die rechte Seite von (189) noch durch $\mu\,\Sigma\,A_i\,\Delta$ entsprechend zu erweitern.

2. Fahrt von Feldmitte zum oberen Feldende. Es gelten analoge Beziehungen wie unter 1.

3. Bei der Fahrt eines Wagens vom linken Feldende zur Feldmitte ist nach (189) die Hebungsarbeit für den Wagen um $Q\,(\zeta_m - y_m) = Q\,(f_{q+q_1+Q} - \varphi_{q+q_1+Q})$ *größer*, als der Fahrt auf einer gedachten festen Fahrbahn von der Form der *Lastwegkurve* entspricht. Die zusätzliche Arbeit ist nach (189) gleich der notwendigen Verschiebungsarbeit der Seile *in* das betrachtete Seilfeld, also der Hebungsarbeit der Spanngewichte, vermindert um die Verformungsarbeit der Seilkurven im Feld.

Fährt ein Wagen von der Feldmitte gegen das obere Feldende, so ist die Hebungsarbeit für den Wagen um $Q\,(f_{q+q_1+Q} - \varphi_{q+q_1+Q})$ *kleiner* als bei der Fahrt auf einer gedachten festen Fahrbahn von der Form der Lastwegkurve. Die Differenz ist gleich der Verschiebungsarbeit der Seile *aus* dem Feld, also der Senkungsarbeit der Spanngewichte, vermindert um die Verformungsarbeit der Seilkurven im betrachteten Feld.

Schließlich kann (189) zur näherungsweisen Kontrolle der nach (188) und (188a) berechneten Spanngewichtsbewegungen benutzt werden.

4. Liegt *tiefe Zugseilablage* vor, so können ganz gleichartige Überlegungen angestellt werden. Ähnliches gilt auch, wenn das Tragseil entweder an den Feldenden oder an den Bahnenden *fest verankert* wird. An die Stelle der Spanngewichtsbewegungen treten dann die elastischen Seildehnungen und die damit zusammenhängenden Formänderungsarbeiten.

b) Mehrere Verkehrslasten in einem Seilfeld

Zur Bestimmung der Arbeitsteilung von Trag- und Zugseil hätte man so wie vorhin zu verfahren. Die betreffenden Untersuchungen würden aber recht weitläufig. Es soll daher das zu erwartende Verhalten der Seile durch Betrachtung von Grenzfällen und durch Schlüsse auf die übrigen Fälle festgestellt werden.

Die Untersuchung für bloß eine Verkehrslast lehrt, daß eine *weitgehende* Arbeitsteilung zwischen Trag- und Zugseil stattfindet. Sind hingegen dauernd so viele Einzellasten in einem Seilfeld, daß man nahezu von einer gleichmäßig verteilten Verkehrslast sprechen kann, so ändern sich bei Bewegung dieser Lasten die Trag- und Zugseilkurven kaum. Es findet dann auch *keine* nennenswerte Arbeitsteilung zwischen Trag- und Zugseil und keine bedeutendere Bewegung der Trag- und Zugseilspanngewichte statt. Die Verhältnisse sind mithin fast die gleichen, wie wenn sich die Wagen auf einer festen Fahrbahn von der Form der Vollseillinie fortbewegen würden.

In allen praktisch wichtigen Fällen, bei denen ja stets nur einzelne Wagen in einem Seilfeld sind, werden also gegenüber dem Fall *eines* Wagens im Seilfeld eine verringerte Arbeitsteilung und demgemäß verkleinerte Spanngewichtsbewegungen eintreten.

Zwischen den kleinen betriebsmäßigen Spanngewichtsbewegungen bei Umlaufseilbahnen und jenen bedeutenden Hebungen oder Senkungen der Spanngewichte, die große Spannweiten beim Besetzen mit Wagen oder Einziehen derselben verursachen können, ist jedoch gehörig zu unterscheiden. Letztere Bewegungen lassen sich aus den Seillängen der betreffenden Felder im belasteten und unbelasteten Zustand leicht finden; sie brauchen aber zumindest bei Güterseilbahnen nicht zur Gänze von den Spannvorrichtungen aufgenommen zu werden, da es sich hiebei nicht um einen Fall des Regelbetriebes handelt.

c) Beispiel

Es ist der Trag- und Zugseilspanngewichtshub für das in § 20 behandelte Beispiel zu berechnen.

Gegeben: $Q = 2{,}50$ t, $S_g = 27{,}50$ t, $S_{g1} = 2{,}50$ t,
$q = 10$ kg/m, $q_1 = 2{,}0$ kg/m, $l = 1000$ m, $h = 500$ m.

Damit folgt:

$H = 27{,}0$ t, $H_1 = 2{,}69$ t, $q' = 11{,}20$ kg/m, $q_1' = 2{,}24$ kg/m,

$$f_{q+q_1+Q} = 78{,}20 \text{ m}, \quad f_q = \frac{11{,}20 \cdot 1000^2}{8 \cdot 27\,000} = 52{,}00 \text{ m},$$

$$f_{q_1} = \frac{2{,}24 \cdot 1000^2}{8 \cdot 2690} = 104{,}00 \text{ m}$$

und daraus schließlich für die Spanngewichtshübe

$$\Delta = 2\,\frac{78{,}20^2 - 52{,}00^2}{1000} = 6{,}80\,\text{m},\ \Delta_1 = \frac{78{,}20^2 - 104{,}00^2}{1000} = -4{,}70\,\text{m}.$$

Das Tragseilspanngewicht wird also bei Fahrt des Wagens von den Feldenden zur Feldmitte gehoben und das Zugseilspanngewicht gesenkt.

§ 54. Das Antriebswindwerk im allgemeinen. Die Seilbahnantriebe bestehen aus den Seilscheiben, den Zahnrädervorgelegen, dem Motor und den Bremseinrichtungen.

a) Das Scheibenwerk

Das *Scheibenwerk* setzt sich zusammen aus der Antriebsscheibe, um die das Zugseil geschlungen wird, deren Verlagerung und einer etwa vorhandenen Gegen- oder Umlenkscheibe, falls das Zugseil mehrfach um die Antriebsscheibe zu legen ist. Die Übertragung der Umfangskraft U zwischen Seil- und Antriebsscheibe geschieht durch Reibung. Zu diesem Zweck werden die Rillen der Antriebsscheibe (häufig im Gegensatz zu jenen der Ab- und Umlenkscheiben) entweder mit Hirnledereinlagen, oder neuerdings mit Gummi- oder Kunststoffein-

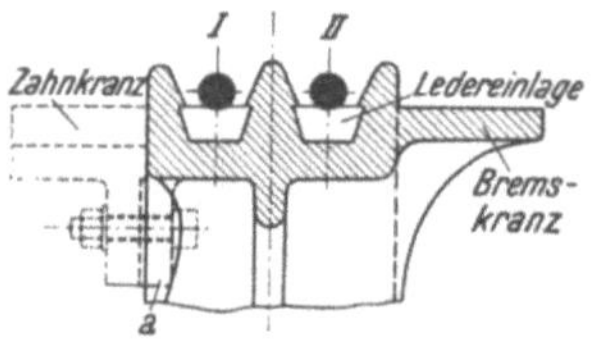

a) Gußeisen
a Anguß bei Befestigung eines Zahnkranzes

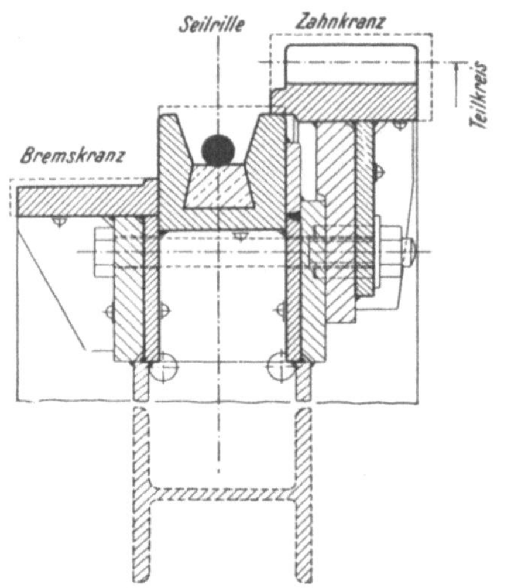

b) Geschweißt

Abb. 140. Kranzquerschnitt von mit Ledereinlagen gefütterten Antriebsscheiben

lagen gefüttert (Abb. 140), welche das Seil in den tiefen Rillen gut betten und die Reibung erhöhen. Bei außergewöhnlich großen Umfangskräften im Vergleich zu den Zugseilspannkräften reicht aber diese Maßnahme mitunter nicht hin, weil die Zahl der Umschlingungen des Zugseiles um die Antriebsscheibe nicht beliebig groß gemacht werden kann, sondern im allgemeinen mit zwei begrenzt ist. Man wendet dann Klemmscheiben an (Abb. 141); doch ist die dabei auftretende Quetschung des Zugseiles nachteilig.

Eine Verbesserung stellt die KARLIK-Scheibe (Abb. 142) dar, bei der in Schlitzen, die alle 10 bis 12 cm im gußeisernen Scheibenkranz angeordnet sind, Federklemmen sitzen. Im unbelasteten Fall befinden sich die Klemmen zufolge der Federkraft im geöffneten Zustand und legen sich oben gegen die Rast an der Scheibe. Beim Einlaufen des Seiles übt die Seilspannkraft eine Druckkraft P auf die Klemmen aus, die sich in die Normalkräfte N zerlegt. Die Klemmen gleiten dabei auf den schrägen Flächen des Kranzes nach innen und klemmen das Zugseil selbsttätig zufolge der Preßkräfte K fest. Die

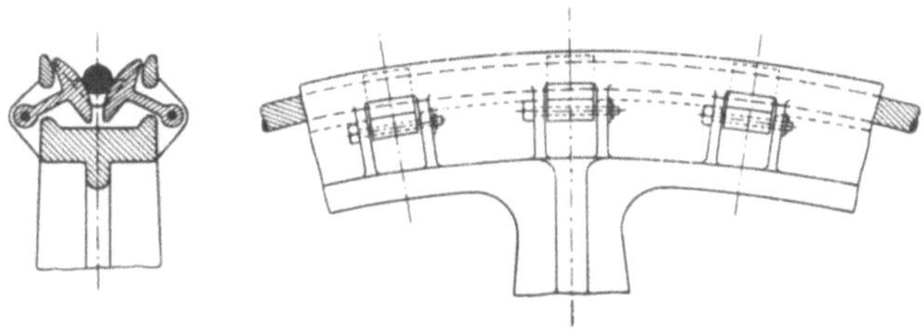

Abb. 141. Kranzquerschnitt einer als Klemmscheibe ausgebildeten Antriebsscheibe

Umfangskraft wird vom Scheibenkörper über die Klemmen auf das Seil übertragen. Nach Auslauf des Seiles aus der Scheibe werden die Klemmen durch die Federkraft in ihre geöffnete obere Lage zurückgedrückt.

Die Antriebsscheiben sollen stets auch einen Bremskranz für eine unmittelbar auf sie wirkende Feststellbremse erhalten und werden gewöhnlich aus Gußeisen, bei stärkeren Belastungen aus Stahlguß und in jüngster Zeit als geschweißte Stahlkonstruktion mit meistens acht

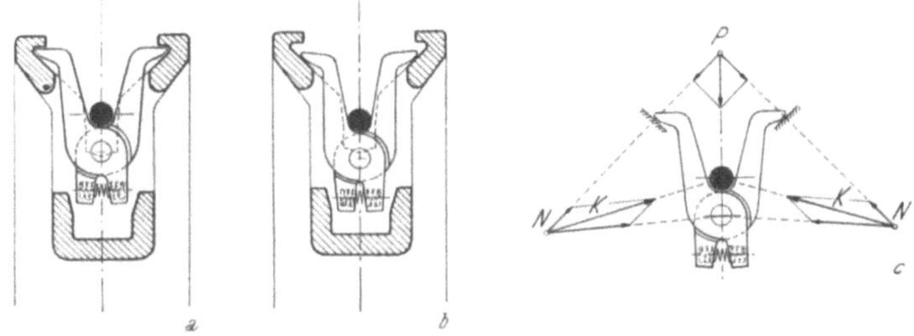

a) Klemme geöffnet b) Klemme geschlossen c) Kräftespiel

Abb. 142. Klemmscheibe Bauart KARLIK

Armen hergestellt. Der Durchmesser der Antriebsscheiben wird meistens gleich oder nur wenig kleiner als der Abstand der beiden Tragseilstränge in den Stationen (bzw. auf der Strecke) gemacht, beträgt also bei Güterseilbahnen wenigstens 2,0 bis 2,50 m, bei Personenseilbahnen 3,50 bis 5,0 m. Der Durchmesser der aus bestem SM-Stahl herzustellenden Antriebswelle, auf der die Antriebsscheibe gewöhnlich aufgekeilt wird, schwankt zwischen 100 bis 200 mm. Die Verlagerung geschieht, wenn die *Antriebswelle liegend* angeordnet ist, in der Regel durch zwei einfache, mit festen Weißmetallschalen und für Tropfölschmierung eingerichtete Stehlager, die knapp beiderseits der Antriebsscheibe sitzen. Bei *stehender Antriebswelle,* die meistens länger als eine liegende ausgeführt wird, ist an deren unterem Ende ein Spurlager und beiderseits der Antriebsscheibe je ein Halslager notwendig. Diese Lager erhalten bewegliche Lagerschalen mit Rücksicht auf die hier möglichen größeren Verformungen der Welle. Bei Antrieben von Personenseilbahnen kommen jetzt vornehmlich Rollenlager für die Antriebswellen zur Anwendung.

Die einrilligen, häufig ungefütterten *Gegenscheiben* werden stets etwas kleiner als die Antriebsscheiben gemacht und erhalten bei Güterseilbahnen, wo ihr hauptsächlichstes Anwendungsgebiet liegt, Durchmesser von 1700 bis 2200 mm. Sie bestehen fast immer aus Gußeisen oder neuerdings auch aus einer geschweißten Stahlkonstruktion und werden gleichfalls achtarmig ausgeführt.

Über die Gewichte des Antriebsscheibenwerkes von Güterseilbahnen gibt nachstehende Tabelle Aufschluß.

Antriebsleistung in PS	Durchmesser der Antriebsscheibe mm	Durchmesser der Antriebswelle mm	Gewicht von Scheibe, Welle und Verlagerung in kg — Rillenanzahl d. Antriebssch. 1	2
10	2000 bis 2500	100	800	1000
30		140	1200	1500
60		180	.	2000
100		200	.	2500

Für die zu zweirilligen Antrieben gehörigen einrilligen, ungefütterten Gegenscheiben gilt:

Antriebsleistung in PS	Scheibendurchm. in mm	Gewicht von Scheibe, Achse und Lagern in kg
10	1700 bis 2200	500
30		600
60		800
100		1100

Für die Gewichte der Antriebsscheiben von Personenseilbahnen ist es schwierig, allgemeine Angaben zu machen.

Die Beanspruchung des Zugseiles auf den Scheiben wird stets nach (91), also mit Vernachlässigung der inneren Reibung, errechnet.

b) Kraftübertragung zwischen Zugseil und Antriebsscheibe

1. Die Berechnung der Kraftübertragung geschieht nach der Theorie eines mit Reibung um eine Rolle geschlungenen Fadens.

Bedeutet im ungünstigen Fall:
S_V die größere der beiden Seilspannkräfte am Antrieb und
S_L die kleinere,
μ den Reibwert zwischen Seil und Scheibe,
α den Umschlingungswinkel des Zugseiles auf der Antriebsscheibe,

dann muß, wenn die Umfangskraft $U = S_V - S_L$ ohne Gefahr eines Gleitens aufgenommen werden soll, die Bedingung erfüllt sein

$$S_V \leq S_L\, e^{\mu\alpha} \text{ oder } U \leq S_L\,(e^{\mu\alpha} - 1). \tag{190}$$

Meistens wird verlangt, daß die Sicherheit gegen Durchgleiten

$$\mathfrak{S} = \frac{S_L\,(e^{\mu\alpha} - 1)}{U} = 1{,}25 \text{ bis } 1{,}5 \tag{190a}$$

beträgt. Der *Reibwert* kann wie folgt angenommen werden:

Art der Rillen	μ
Ungefüttert, glatt	0,10
Geledert	0,16
Gummigefüttert, Kunststoff	0,25

Bei Klemmscheiben ist die übertragbare Kraft von den Pressungen des Seiles zwischen den Klemmbacken abhängig.

Die Umschlingungswinkel α und die damit zusammenhängenden Seilanordnungen am Antrieb werden gewöhnlich entsprechend der nachfolgenden Tabelle gewählt.

Fall	Kennzeichnung	α	Scheibenanordnung und Seilführungsschema
1	$S_V \gg U \ll S_L$ Kurze, flache Güterseilbahnen und Personenseilbahnen[1]	π	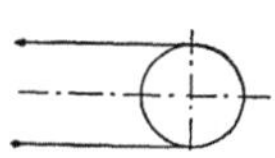 einrillige Antriebsscheibe
2	$S_V > U < S_L$ Regelfall bei Güterseilbahnen mit Pendel- und Umlaufbetrieb	2π	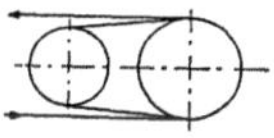 zweirillige Antriebsscheibe und Gegenscheibe
3	$S_V > U > S_L$ Schwere Güterseilbahnen mit Umlaufbetrieb	3π	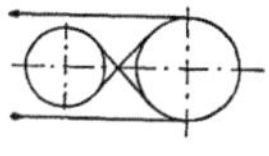 detto

[1] Bei letzteren hat das Zugseil stets hohe Grundspannung.

2. Kann die *Nachgiebigkeit des Scheibenfutters unberücksichtigt* bleiben, und betrachten wir zunächst einen *einrilligen Antrieb* mit $\alpha = \pi$ unter der Voraussetzung, daß von diesem *Energie an das Zugseil abzugeben* ist, so wird sich vom Auflauf des Seiles bei a bis b' (Abb. 143) die Seilspannkraft S_V zunächst nicht ändern (Ruhebogen). In b' ist aber der Unter-

schied zwischen der auf ein Seilteilchen nach links ziehenden Kraft S_V und der nach rechts ziehenden Kraft S bereits so groß geworden, daß die Haftreibung μ' überwunden wird und das Seilteilchen gegenüber der Scheibe nach links sich elastisch zu verkürzen (*einzukriechen*) beginnt. Sobald aber das Seilteilchen in Bewegung gegenüber der Scheibe kommt, verringert sich seine Haftreibung μ' auf die Gleitreibung μ, wodurch auch die links des betrachteten Teilchens liegenden Nachbarteilchen beeinflußt werden. Dadurch pflanzt sich das Einkriechen bis nach b'' fort, woselbst noch die Haftreibung erhalten bleibt. Erst sobald ein links von b'' liegendes Seilteilchen bis b' vorgerückt ist, beginnt es einzukriechen und das Spiel wiederholt sich. Von der Stelle, wo das Seil einzukriechen beginnt, fällt dann die Seilspannkraft auf den Wert S_L beim Ablauf von der Seilscheibe ab. Umgekehrt würde für einen *vom Zugseil Energie aufnehmenden Antrieb*, bei dem also das Zugseil bei c auf die Seilscheibe aufläuft, der in Abb. 143 gestrichelte Linienzug gelten.

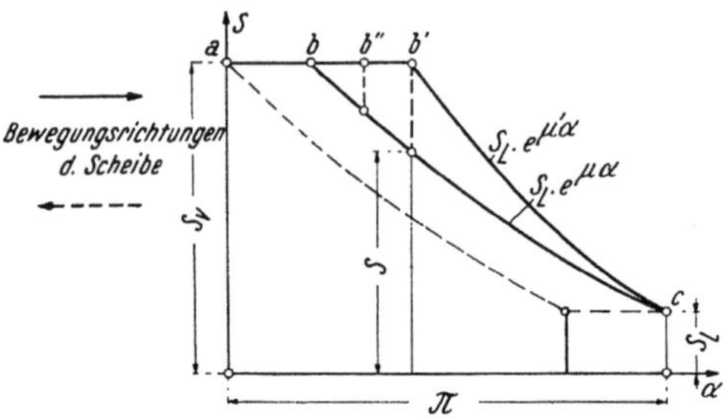

Abb. 143. Spannungsverlauf im Zugseil auf einer einrilligen Antriebsscheibe

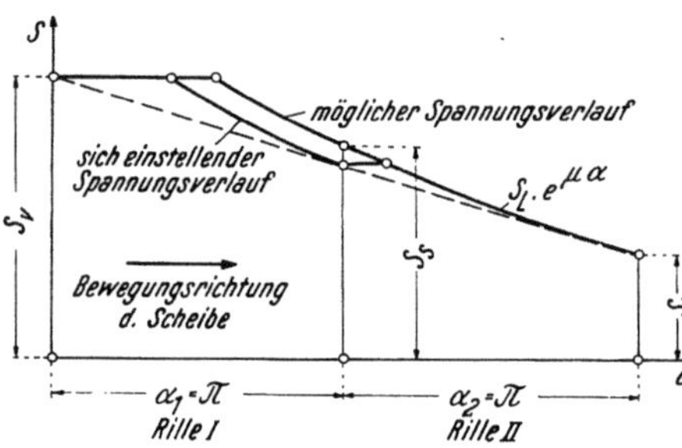

a) große Umfangskraft

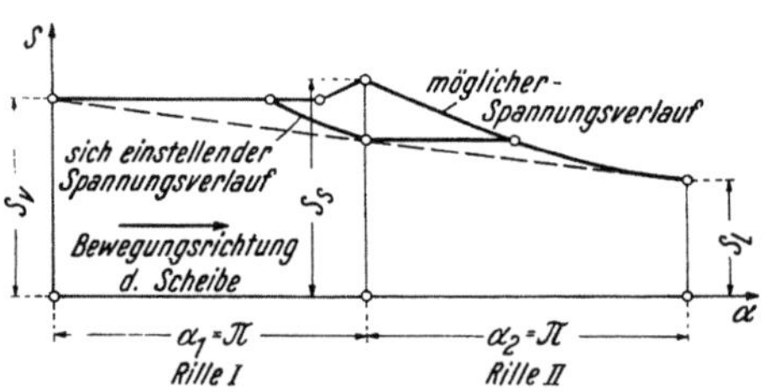

b) kleine Umfangskraft

Abb. 144. Spannungsverlauf im Zugseil auf einem Energie abgebenden Zweischeibenantrieb

3. Wir gehen nun zum *zweirilligen Antrieb* mit $\alpha = 2\pi$ und gleichbleibender Drehrichtung über, der *Energie an das Zugseil abzugeben* hat.

α) Wir setzen zunächst gleichen Durchmesser für beide Seilrillen, also $D_1 = D_2$ voraus. Es gilt dann folgendes: Bei *großer Umfangskraft* im Vergleich zu den Seilspannkräften wird ein Ruhebogen im allgemeinen nur auf der Rille I, wo das Seil zuerst aufläuft, vorhanden sein (Abb. 144a). Auf der Rille II beginnt daher das Seil schon beim Auflauf einzukriechen. Da aber das Seil bereits auch auf der Rille I einkriecht, so läuft es überdies mit etwas verminderter Geschwindigkeit gegenüber der Umfangsgeschwindigkeit der Scheibe auf die Rille II auf; es entsteht also auf der letzteren noch zusätzlich ein stetiges *Rutschen* nach links. Der Übergang zum Seilrutschen beim Anlauf des Antriebes oder bei Änderungen der Umfangskraft ist zufolge des dabei auftretenden Absinkens der Reibung stets mit einem Stoß verbunden.

Schnür- oder *Überspannungen*, worunter man ein Anwachsen der Zwischenseilspannkraft S_S gegenüber S_V (Abb. 144b) versteht, können unter den angenommenen Verhältnissen (große Umfangskraft) nicht auftreten.

Bei *kleiner Umfangskraft* im Vergleich zu den Seilspannkräften ist jedoch ein Ansteigen von S_S über S_V möglich.

β) Sind die Scheibendurchmesser in den Rillen $D_1 \neq D_2$, so gilt, wenn kein Rutschen des Seiles stattfinden würde, zwischen den Längen ein und desselben Seilelementes beim Auflauf auf die Rillen I und II

$$\frac{\frac{D_1}{2}\,d\alpha - \frac{D_2}{2}\,d\alpha}{\frac{D_1}{2}\,d\alpha} = \frac{S_V - S_S}{E_s F_s} \text{ oder allgemein } \Delta S = \frac{\Delta D}{D_1} E_s F_s. \qquad (191)$$

Für $D_1 > D_2$ ergibt sich daraus $S_V > S_S$. Schnürspannungen sind hiebei also ausgeschlossen. Dagegen wird für $D_1 < D_2$ und *kleiner Umfangskraft* $S_V < S_S$ sein. Es treten mithin in diesem Fall Schnürspannungen auf (Abb. 144b).

γ) Günstige Verhältnisse erfordern somit

$$S_L\,(e^{\mu\,\alpha_2} - 1) < U < S_L\,(e^{\mu\,(\alpha_1 + \alpha_2)} - 1)$$

und ein entsprechendes $\frac{D_1}{D_2} > 1$, wodurch sowohl die Verteilung der Umfangskraft auf beide Rillen der Treibscheibe wie auch die Vermeidung des Seilrutschens auf diesen gewährleistet erscheint.

Es läßt sich zeigen, daß bei *alleiniger* Einhaltung der ersten Bedingung das Einkriechen und Rutschen des Seiles im Betrieb meistens im Sinne der dauernden Einstellung eines *günstigen Verhältnisses* $\frac{D_1}{D_2}$ durch Ausschleifen der Rillen wirkt, gleichgültig, in welchem Verhältnis D_1 und D_2 ursprünglich zueinander standen. Dies hat seine Ursache darin, daß sich das Zugseil auf der zweiten Rille immer relativ stärker zur Scheibe als auf der ersten bewegt. Hiebei nähert sich allmählich $S_S = \frac{S_V + S_L}{2}$.

4. Handelt es sich um einen *Energie aus dem Zugseil aufnehmenden zweirilligen Antrieb* mit gleichbleibender Drehrichtung, so erfolgt das Ausschleifen der Rillen nicht in einem so günstigen Sinn.

α) Ist $D_1 = D_2$, und ist die *Umfangskraft groß*, so gilt der in Abb. 145 voll eingetragene Spannungsverlauf, wobei das Seil über Rille I rutscht und diese stärker ausschleift. Dadurch wird $D_1 < D_2$. Dies bewirkt aber auch ferner die Einhaltung der in Abb. 145 voll eingetragenen Spannungsverteilung und ein unbegrenztes weiteres Absinken von D_1 gegen D_2.

β) War ursprünglich $D_1 > D_2$, und ist die *Umfangskraft groß*, so rutscht das Seil über der Rille II, und es stellt sich der in Abb. 145 gestrichelt eingetragene Spannungsverlauf ein, der erhalten bleibt und ein unbegrenztes weiteres Absinken von D_2 gegen D_1 bewirkt. Überspannungen treten bei größerer Umfangskraft demnach nicht auf, doch kommt es auch nicht zur Einstellung eines günstigen Verhältnisses $\frac{D_1}{D_2}$.

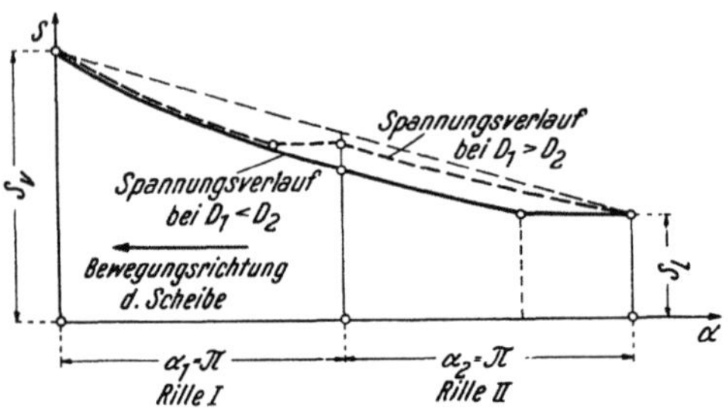

Abb. 145. Spannungsverlauf im Zugseil auf einem Energie aufnehmenden Zweischeibenantrieb bei großer Umfangskraft

Ist die *Umfangskraft klein* und der Durchmesserunterschied bei $D_1 > D_2$ erheblich, so steigt die Zwischenseilspannkraft bis auf $S_S = S_L e^{\mu \alpha_2}$ an; es treten also Schnürspannungen auf (Abb. 146a). Das Seil rutscht auf der Rille II und bewirkt, daß sich D_2 weiterhin gegen D_1 verkleinert.

Ist der Unterschied bei $D_1 > D_2$ nur gering, so rutscht das Seil vornehmlich auf der Rille I; D_1 nimmt gegenüber D_2 ab und sinkt schließlich unter dieses. S_S sinkt dabei auf $S_S = \frac{S_V}{e^{\mu \alpha_1}}$. Im zweiten Fall entsteht also eine Unterspannung (Abb. 146b). Die Einstellung eines günstigen Verhältnisses gibt es hier ebensowenig wie bei großer Umfangskraft und es erfolgt das Absinken des jeweils kleiner werdenden Rillendurchmessers gegen den anderen ebenfalls unbegrenzt.

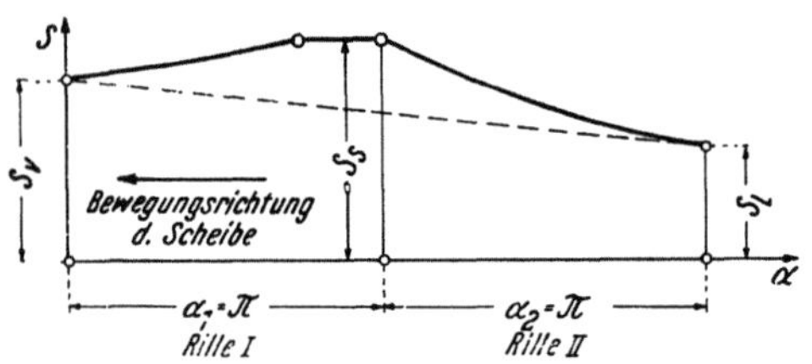

a) Unterschied $D_1 > D_2$ erheblich

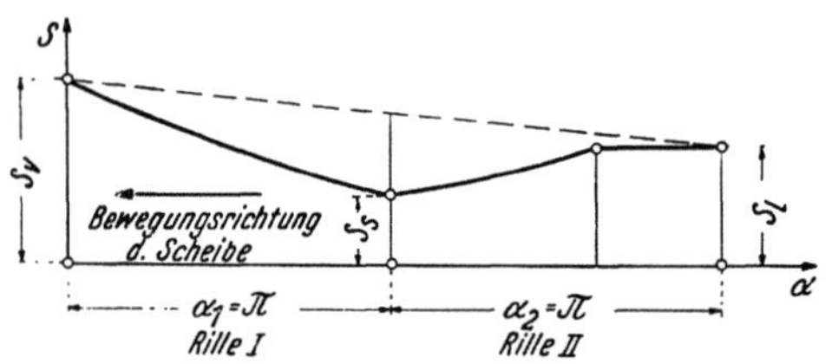

b) Unterschied $D_1 > D_2$ klein

Abb. 146. Spannungsverlauf im Zugseil auf einem Energie aufnehmenden Zweischeibenantrieb bei kleiner Umfangskraft

5. *Bei Antrieben mit wechselnder Drehrichtung* oder wenn bei gleichbleibender Drehrichtung belasteter und unbelasteter Strang miteinander wechseln, nutzen sich die beiden Seilrillen meistens gleich stark ab.

6. Im allgemeinen läßt sich also sagen, daß bei zweirilligen Antrieben nur für den Fall, daß Energie vom Zugseil aufzunehmen ist (Kraftüberschuß), die Umfangskraft U gegenüber den Seilspannungen S_V und S_L klein

und der Reibwert μ beträchtlich ist, die Gefahr von Schnürspannungen besteht. Diese sind jedoch nie so bedeutend, daß daraus Betriebsgefahren erwachsen können. Anders verhält es sich jedoch, wenn die Gegenscheibe in starrer Verbindung mit der Treibscheibe ist, wenn man die Gegenscheibe zweirillig macht und gleichzeitig als Ablenkscheibe verwendet oder wenn schließlich die Treibscheibe dreirillig mit zwei einrilligen Gegenscheiben oder gar einer zweirilligen Gegenscheibe ausgeführt wird. In diesen Fällen können die Schnürspannungen hohe Werte erreichen, die zu Wellenbrüchen oder Seilrissen am Antrieb führen, weshalb solche Anordnungen zu vermeiden sind. Bei richtiger Ausbildung des Antriebes sind Ausgleichsgetriebe (Differentialgetriebe) zwischen voneinander unabhängig gemachten Seilrillen der Antriebsscheibe unnötig[1].

7. Anders ist das Verhalten des Seiles auf einer Scheibe mit einer *stark nachgiebigen Fütterung*. J. HAJDUK hat auf Grund von Versuchen gezeigt, daß bei Gummifütterung μ stark von der Gleitgeschwindigkeit v_{gl} des Seiles auf der Scheibe abhängt. Für $v_{gl} = 0$ ergibt sich nur $\mu \sim 0{,}07$. Mit ein wenig wachsendem v_{gl} wird jedoch μ rasch größer und erreicht schließlich den vorhin angegebenen Wert 0,25. Die Ursache hiefür ist darin zu erblicken, daß sich die wellige Seiloberfläche in den Gummi eindrückt und dieser bei einer kleinen Deformationsgeschwindigkeit fast rein elastisch, bei größeren Deformationsgeschwindigkeiten aber zunehmend unelastisch ist. Die Folge dieses Verhaltens ist eine *selbstsperrende Wirkung* bei derart gefütterten Antriebsscheiben. Bei Überlastung wächst v_{gl} stärker an, und zwar so lange, bis sich ein stationärer Zustand mit einem bestimmten, aber nun erheblicheren Wert von v_{gl} einstellt[2].

c) Das Antriebsvorgelege

Das *Antriebsvorgelege* ist je nach dem Antriebsmotor ein reines Zahnradvorgelege oder ein aus Zahn- und Riementrieben kombiniertes.

1. Ist der Antriebsmotor ein *Elektromotor*, so wendet man gewöhnlich reine Zahnradvorgelege an. Bei den üblichen Zugseilgeschwindigkeiten und Durchmessern der Antriebsscheiben beträgt deren minutliche Drehzahl ~ 20 bis 50, während jene der Antriebsmotoren fast immer bei 1000 liegt; mithin sind die Gesamtübersetzungen $\sim 1:50$ bis $1:20$.

Bezüglich der gewöhnlichen *offenen* Zahnradvorgelege, die bis zu Zugseilgeschwindigkeiten von 4,0 m/sek ausreichend erscheinen, gilt folgendes: Die Aufteilung der Gesamtübersetzung erfolgt meistens auf zwei Zahnräderpaare mit nachstehenden Übersetzungsverhältnissen.

---

[1] Genaueres über die Verteilung der Seilspannkräfte auf den Antrieben s. HEUMANN, H.: Mehrseilscheibengetriebe. Fördertechnik und Frachtverkehr **1933**. Dieser Arbeit sind auch die vorigen Ausführungen entnommen.

[2] HAJDUK, J.: Der Reibungsschluß zwischen Drahtseil und gummigefütterter Antriebsscheibe. Int. Berg- und Seilbahn-Rundschau 2 (1959), Sondernummer.

Räderpaar	Übersetzung	
	von	bis
Langsam laufend, an die Antriebsscheibe anschließend	1:8	1:5
Schnell laufend, an den Motor anschließend	1:6	1:4
Gesamtübersetzung	1:48	1:20

Bei größeren Gesamtübersetzungen als 1 : 50 werden drei Zahnräderpaare angeordnet.

Liegt die Welle der Antriebsscheibe, so wird beim langsam laufenden Räderpaar statt des größeren, auf die Antriebswelle aufzukeilenden Zahnrades meistens nur ein Zahnkranz an die Antriebsscheibe geschraubt (Abb. 151), welcher annähernd den gleichen Durchmesser wie diese erhält. Die Antriebswelle wird auf diese Art zur *Antriebsachse.* Alle hier zur Anwendung kommenden Verzahnungen sind Stirnradverzahnungen.

Steht die Antriebswelle, so wird das langsam laufende Räderpaar als Kegelräderpaar ausgebildet und dessen größeres Rad auf der Antriebswelle nahe dem Fußlager aufgekeilt (Abb. 152). Das schnell laufende Zahnräderpaar erhält jedoch eine Stirnradverzahnung.

Die Verbindung des Zahnradvorgeleges mit dem Motor geschieht stets unter Zwischenschaltung einer elastischen Motorkupplung (Gummibolzen- oder Lederpaketkupplung), um Stöße vom Motor fernzuhalten.

Die Zahnräder werden gewöhnlich aus Gußeisen hergestellt und erhalten genau bearbeitete Zähne. Die Vorgelegewellen bestehen aus SM-Stahl und bekommen Lager mit festen Weißmetallschalen und Ringölschmierung. Das raschlaufende Zahnräderpaar wird mitunter gekapselt. Über die Gewichte der Vorgelege gibt die folgende Tabelle Aufschluß:

Antriebsleistung in PS	Gewicht eines doppelten Zahnradvorgeleges, einschließlich elastischer Motorkupplung, in kg
10	600
30	900
60	1400
100	2200

Übersteigt die Zugseilgeschwindigkeit 4,0 m/sek, dann ist ein Zahnkranz an der Antriebsscheibe oder ein Zahnrad auf der Antriebswelle nicht mehr zweckmäßig. Hier erweisen sich *vollständig gekapselte* Zahnradgetriebe als besonders vorteilhaft, die einerseits mit der Antriebswelle, andererseits, und zwar ebenfalls unter Zwischenschaltung einer elastischen Kupplung, mit dem Motor verbunden sind (Abb. 153 und 154). Ungefähre

Angaben über die Gewichte dieser Getriebe vermittelt die nachstehende Tabelle.

Antriebsleistung in PS	Gewicht in kg
100	800
500	7000

2. Erfolgt der Bahnantrieb durch eine *Wärmekraftmaschine*, so wird wegen deren Empfindlichkeit gegen plötzliche Belastungsschwankungen zur Übersetzung gewöhnlich nur ein Zahnräderpaar — das langsam laufende eines offenen Zahnradvorgeleges — vorgesehen und zwischen diesem und dem Motor die Verbindung mittels eines Riementriebes kleinerer Übersetzung hergestellt. Der Riementrieb ist sehr elastisch, so daß elastische Motorkupplungen entfallen. Besonders vorteilhaft erweisen sich mehrfädige Gummikeilriemen, die betriebssicherer sind als gewöhnliche Lederriemen und große Umfangskräfte zu übertragen gestatten, weshalb die Länge eines Keilriementriebes auch im Falle erheblicherer Übersetzungen kurz sein kann.

Da die meisten Wärmekraftmaschinen nicht unter Last anzulaufen vermögen, müssen sie vom Windwerk abschaltbar sein. Bei kleinen zu übertragenden Leistungen (bis zu etwa 25 PS) und gewöhnlichen Riemen kann man sich dazu einfacher *Riemenrücker* bedienen, durch welche der Riemen von der auf der Vorgelegewelle aufgekeilten, die Antriebskraft übertragenden Riemenscheibe auf eine Losscheibe und umgekehrt geschoben wird. Bei größeren Antriebsleistungen und bei Keilriementrieben ist dagegen die Riemenscheibe, welche die Antriebskraft auf die Vorgelegewelle überträgt, mit einer ausschaltbaren Reibungskupplung an diese anzuschließen.

Komplizierter gestalten sich die Verhältnisse, wenn vom Antrieb wechselnde Drehrichtung (Seilbahnen mit Pendelbetrieb) verlangt wird. Da die Wärmekraftmaschinen im Gegensatz zu den Elektromotoren fast immer nur in *einer* Drehrichtung laufen, braucht man hiebei zwei Riementriebe — einen offenen und einen gekreuzten. Von diesen beiden überträgt dann zufolge entsprechender Betätigung der Ein- und Ausrückvorrichtung der jeweils benötigte die Antriebskraft, während der andere leer mitläuft. Auch diese Anordnung ist nur bis zu Leistungen von etwa 25 PS anwendbar, bei größeren wird die Änderung der Drehrichtung durch Wendegetriebe bewirkt.

Die *Gewichte* der Antriebsvorgelege sind bei Ausrüstung einer Seilbahn mit einer Wärmekraftmaschine den Gewichten offener Vorgelege bei elektrischem Antrieb annähernd gleich, falls nur eine Drehrichtung in Frage kommt. Benötigt man hingegen beide Drehrichtungen, dann erhöht sich das Gewicht des Antriebsvorgeleges gegenüber jenem bei elektrischem Antrieb um 40 bis 60%.

d) Elektrischer Bahnantrieb

Die *geeignetste Kraftmaschine* für eine Seilbahnanlage ist der *Elektromotor.*

1. Güterseilbahnen. Gewöhnlich gelangen sowohl bei *Pendel-* als auch bei *Umlaufbetrieb* Drehstrom-Asynchronmotoren mit einer mittleren minutlichen Drehzahl von 1000 zur Verwendung. Die *Vorteile* dieser Kraftmaschine sind:

1. Geringer Platzbedarf.
2. Keine besondere Wartung.
3. Keine Belästigung der Umgebung durch Abgase oder Lärm.
4. Stete Betriebsbereitschaft.
5. Gleich gute Eignung für Kraftbedarf und Kraftüberschuß. Im letzteren Falle wirkt die Maschine selbsttätig als Generator und liefert Energie ins Netz (Nutzbremsung).
6. Nahezu gleichbleibende Geschwindigkeit, unabhängig von der Belastung. Bei Vollast sinkt die Drehzahl gegenüber der durchschnittlichen um 5% und überschreitet die durchschnittliche bei Kraftüberschuß um annähernd ebensoviel.
7. Hohe Überlastbarkeit.
8. Einfache Umkehr der Drehrichtung bei Pendelseilbahnen.
9. Leichte Anbringungsmöglichkeit von Sicherheitseinrichtungen für automatische Stillsetzung der Bahn in jenen Fällen, bei denen das Fehlen solcher Einrichtungen Unfälle verursachen würde.

Nachteilig dagegen sind:

1. Abhängigkeit vom Stromversorgungsnetz, das überdies genügend groß sein muß, um die notwendige Energie abgeben oder den Energieüberschuß aufnehmen zu können.
2. Notwendigkeit oft längerer Speiseleitungen zum Anschluß der Bahn an das bestehende Stromversorgungsnetz.
3. Bei Verwendung einfacher Drehstrom-Asynchronmotoren ist es nicht möglich, die Geschwindigkeit beliebig zu ändern. Bei Pendelseilbahnen sind aber wegen der dort angewandten größeren Geschwindigkeiten Ermäßigungen derselben bei Fahrt der Wagen über einzelne betrieblich schwierigere Bahnstellen (Stützen mit großem Knickwinkel) mitunter erwünscht. Ferner läßt sich die einwandfreie Untersuchung verschlossener Tragseile oder Litzenspiraltragseile ebenfalls bloß durch Befahren der Strecke mit kleiner Geschwindigkeit durchführen.

Diese Nachteile können aber bei Güterseilbahnen meistens in Kauf genommen werden.

2. Personenseilbahnen. Beim *Pendelbetrieb*, der hohe Fahrgeschwindigkeiten ermöglicht, die jedoch beim Stützenübergang der Wagen, insbesondere aber bei der Einfahrt in die Stationen eine Ermäßigung verlangen, benutzt man zur Vermeidung der vorgenannten Nachteile *Ward-Leonard-Aggregate.* Hiebei treibt ein vom Versorgungsnetz gespeister Drehstrommotor einen Gleichstrom-Steuergenerator (Abb. 153), die beide auf der gleichen Welle sitzen. Der Bahnmotor ist ein Gleichstrom-Hauptschlußmotor, welcher mit veränderlicher Geschwindigkeit laufen kann und seinen Strom von der Steuermaschine erhält. Bei Kraftüberschuß läuft der Bahnmotor als Generator, und es wird dabei Energie ins Netz zurückgeliefert. Die Steuerung der Fahrgeschwindigkeit geschieht hier nicht wie sonst im Hauptstromkreis, sondern im Stromkreis einer kleinen, zur Steuermaschine gehörigen Erregermaschine.

Bei größeren Bahnanlagen wird heute die erforderliche Antriebsleistung oft auf *zwei* Bahnmotoren aufgeteilt (Abb. 154), wovon jeder allein die Anlage mit halber Vollgeschwindigkeit zu betreiben gestattet. Für jeden Bahnmotor ist dann auch ein eigenes Ward-Leonard-Aggregat vorhanden[1].

Für den Fall einer Unterbrechung der Stromzuführung treibt bei kleineren Bahnanlagen gewöhnlich ein schwächerer Verbrennungsmotor die Bahn direkt unter Zuhilfenahme eines besonderen, abschaltbaren Getriebes mit geringer Geschwindigkeit an (*Notantrieb*, Abb. 153). Bei größeren Bahnanlagen wird hingegen der Verbrennungsmotor mit einem Drehstromgenerator gekuppelt, der dann den Strom für den Motor eines der beiden oben genannten Ward-Leonard-Aggregate liefert (*Hilfsantrieb*, Abb. 154). Auch hiebei wird die Bahn bloß mit verringerter Geschwindigkeit betrieben. Herrscht bei Betrieb mit dem Verbrennungsmotor Kraftüberschuß zufolge talwärtiger Überlast, so kann dieser Motor in bekannter Weise auch als Bremse wirken.

Bei den geschilderten Anordnungen ist allen denkbaren Störungsmöglichkeiten vorgebeugt.

Beim *Umlaufbetrieb*, bei dem sich das Zugseil dauernd, aber mit geringerer Geschwindigkeit bewegt, erscheint der Drehstromantrieb, wie er für Güterseilbahnen beschrieben wurde, die zweckmäßigste Antriebsform. Für den Fall von Stromunterbrechungen wird auch hier ein Verbrennungsmotor vorgesehen, der mit Hilfe eines abschaltbaren Getriebes die Bahn mit kleiner Geschwindigkeit direkt antreibt (*Notantrieb*).

e) Andere Kraftmaschinen

Sonstige für den Betrieb von *Güterseilbahnen* in Frage kommende Kraftmaschinen sind *Verbrennungsmotoren* (und zwar bei kleinen Leistungen gewöhnlich Benzinmotoren, bei größeren Dieselmotoren) und *Dampfmaschinen* (Lokomobile). Diese Kraftmaschinen gelangen aber heute nur dann zur Anwendung, wenn keine elektrische Energie zur Verfügung steht. Bei einfacheren Bahnanlagen im Gebirge sind auch *Wasserräder* hin und wieder angewandt worden.

Können bei einer *Personenseilbahn* die elektrischen Antriebseinrichtungen nicht an ein Stromversorgungsnetz angeschlossen werden, dann hat ein entsprechend großer Verbrennungsmotor zusammen mit dem Gleichstromteil eines Ward-Leonard-Aggregates eine *bahneigene Wärmekraftzentrale* zu bilden, welche den nötigen Strom liefert, während der Kraftüberschuß bei talwärtiger Überlast entweder von einer Batterie, elektrischen Widerständen oder eventuell von dem auch als Bremse wirksamen Verbrennungsmotor aufzunehmen ist.

f) Bremseinrichtungen der Güterseilbahnen

1. *Alle* Güterseilbahnen erhalten eine auf den *Bremskranz der Antriebsscheibe wirkende Band- oder Backenbremse*, welche gewöhnlich mit Hilfe eines Handrades zu bedienen ist. Die Bandbremse ist einfacher als die Backenbremse, eignet sich aber vornehmlich bloß für gleichbleibende

[1] Fritsch, F.: Gestaltung der Antriebe für Seilschwebebahnen mit Pendelbetrieb. Int. Berg- u. Seilbahn-Rundschau **1959**, Sonderheft.

Drehrichtung der Antriebsscheibe und besitzt geringere Betriebssicherheit. Die Bremse an der Antriebsscheibe dient als Feststellbremse bei längeren Betriebsstillständen und als Notbremse bei Schäden am Antrieb.

Die Art der übrigen Bremseinrichtungen hängt einerseits davon ab, ob die Bahnanlage dauernd Kraftbedarf bzw. zeitweilig oder dauernd Kraftüberschuß hat und andererseits davon, mit welcher Kraftmaschine sie ausgerüstet ist.

2. Ist die *Kraftmaschine eine elektrische*, so kann sie meistens ebensogut Energie abgeben wie aufnehmen. Irgendwelche besondere Einrichtungen für die Aufnahme zeitweiligen oder dauernden Kraftüberschusses sind nicht notwendig (s. Abs. d). Auf die verlängerte Motorwelle wird aber stets noch eine *elektrische Lüftungsbremse* gesetzt, welcher als Bremsscheibe in der Regel der mit dem Vorgelege verbundene Teil der elastischen Motorkupplung dient (Abb. 152). Auch diese Bremse ist entweder eine Band- oder eine Backenbremse. Durch ein am Betätigungshebel derselben angebrachtes Gewicht, dem Kern eines Elektromagnetes, wird die Bremse geschlossen. Fließt jedoch in den Wicklungen des Elektromagnetes Strom, so hebt er das Kerngewicht und lüftet die Bremse. Der Elektromagnet wird stets so in den Motorstromkreis geschaltet, daß bei Unterbrechung der Stromzufuhr zum Motor auch der Bremslüftmagnet stromlos wird und die Bremse einfällt. Die Betätigungshebel der Bremse erhalten meistens eine Gesamtübersetzung 1 : 10; hiebei reicht gewöhnlich ein Bremslüftmagnet mit 5 cm Hub des Kerngewichtes aus. Das Kerngewicht ist unter Berücksichtigung des genannten Übersetzungsverhältnisses so zu bemessen, daß bei Bahnen mit Kraftüberschuß auch im Falle der größtmöglichen Umfangskraft an der Antriebsscheibe diese sicher stillgesetzt wird. Bei Bahnen mit Kraftbedarf ist dagegen jene Umfangskraft maßgebend, die sich durch eine eventuelle Rücklaufmöglichkeit der Anlage ergibt.

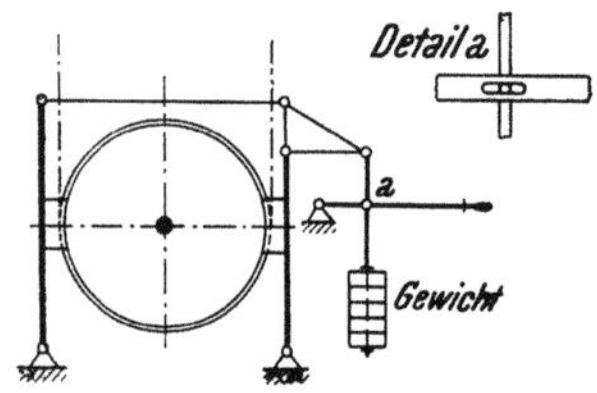

Abb. 147. Betätigungsvorrichtung für eine handbedienbare Lüftungsbremse

3. Hat die Bahn *keine elektrische Kraftmaschine*, und tritt *dauernd* nur Kraftüberschuß auf, so wird dieser wie folgt aufgenommen:

α) *Kleine Bremsleistungen bis 10 PS.* Durch die unter **1.** angegebene Bremse auf der Antriebsscheibe allein. Vorgelege und Kraftmaschine entfallen hiebei ganz. Die Antriebsscheibenbremse ist dann aber als *Lüftungsbremse* auszubilden. Zu diesem Zweck wird mit dem Gestänge ein Bremsgewicht verbunden (Abb. 147), das beim Loslassen des Handhebels die Bremse schließt.

β) *Mittlere Bremsleistungen bis 25 PS.* Mit der Antriebsscheibe steht ein einfaches Zahnradvorgelege in Verbindung, das einen *Windflügelregler* antreibt, dessen minutliche Drehzahl zwischen 200 und 350 gelegen ist. Der Windflügelregler besteht aus einer Welle, auf der ein Winkeleisenrahmen befestigt ist, in welchen nach Bedarf Bretter eingesetzt werden können. Abb. 148 zeigt einen solchen Doppelflügel, der an das Vorgelege gewöhnlich durch eine Wellen- oder Klauenkupplung angeschlossen wird. Das Eigengewicht eines kompletten Windflügelreglers ist im Mittel etwa 700 kg. Vielfach arbeiten die Windflügelregler im Freien. Will man jedoch ihre lästige Wirkung auf die Umgebung mildern, so bringt man sie in einem Gehäuse unter, das mit Öffnungen versehen ist, doch wird dadurch der Wirkungsgrad beeinträchtigt. Derartige Gehäuse werden als einfache Bretterverschalungen ausgeführt.

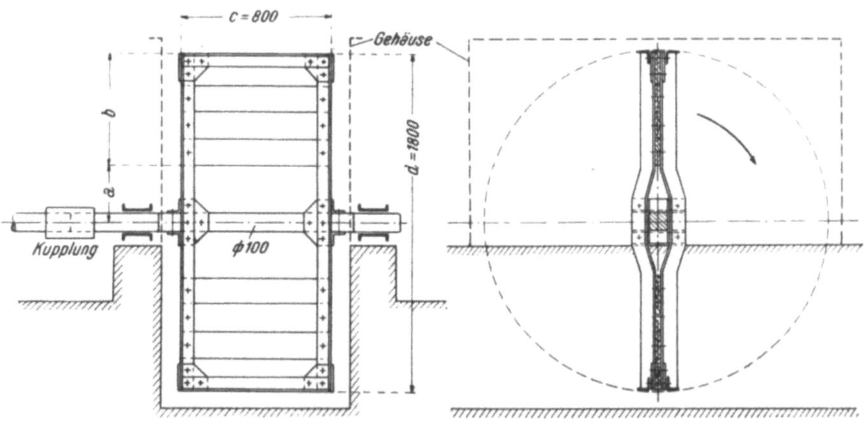

Abb. 148. Windflügelregler. Gehäuse nur aus zwei Längswänden bestehend

Mit den Bezeichnungen der Abb. 148 ist bei der Rotation eines Windflügels der Luftwiderstand auf einem Flächenelement im Abstand x von der Drehachse

$$dP = \eta\, c\, dx\, \varrho \frac{v_x^2}{2},$$

worin unter

$\varrho \sim \frac{1}{8}$ die Dichte der Luft in Massen-kg/m^3,

v_x die Geschwindigkeit, mit der das Flächenelement bewegt wird, und unter

$\eta \sim 0{,}90$ ein von der Form der Fläche abhängiger Erfahrungswert

zu verstehen ist.

Die von einem Flächenelement aufgenommene Leistung beträgt mithin

$$dN' = dP\, v_x.$$

Drückt man v_x durch die minutliche Drehzahl

$$n = \frac{30\, v_x}{x\, \pi}$$

aus und setzt sowohl dies als auch den für dP angeschriebenen Ausdruck in die obige Beziehung ein, so entsteht

$$dN' = \frac{1}{2} \eta \, c \, \varrho \left(\frac{n \pi x}{30}\right)^3 dx.$$

Daraus ergibt sich für die gesamte vom Windflügelregler aufgenommene Leistung

$$N = 2 \frac{\eta \, c \, \varrho}{8} \left(\frac{n \pi}{30}\right)^3 [(a+b)^4 - a^4],$$

was mit den angegebenen Zahlwerten schließlich

$$N^{PS} = \frac{c\,[(a+b)^4 - a^4]\, n^3}{2400000} \tag{192}$$

liefert. Die starke Abhängigkeit der aufgenommenen Leistung von der Drehzahl bewirkt, daß erhebliche Leistungsschwankungen schon durch eine geringe Drehzahländerung ausgeglichen werden können, worin die praktische Verwendbarkeit dieser Vorrichtung liegt.

γ) *Größere Bremsleistungen über 25 PS.* An ein mit der Antriebsscheibe verbundenes einfaches Zahnradvorgelege wird meistens mittels eines Riementriebes ein *hydraulischer Bremsregler* angeschlossen. Dieser besteht aus einer Zahnradpumpe, welche Wasser aus einem Gefäß entnimmt und durch eine Düse mit veränderlichem Querschnitt wieder in dieses zurückdrückt. Die Änderung des Düsenquerschnittes erfolgt durch einen Fliehkraftregler. Da sich hiebei die Arbeitsflüssigkeit stark erwärmt, ist für Kühlung derselben zu sorgen.

Zu beachten ist, daß die Wasserdruckbremsregler nur in *einer* Drehrichtung arbeiten. Muß der Antrieb in beiden Drehrichtungen arbeiten (Pendelseilbahnen), dann ist noch ein Wendegetriebe erforderlich.

Über die wichtigsten Daten der Wasserdruckbremsregler (Bauart Schrieder oder Rüsch-Ganahl) gibt nachstehende Tabelle Aufschluß.

Aufzunehmende Leistung in PS	Eigengewicht kg	Minutliche Drehzahl n
10	500	150
30	1000	120
60	1700	100
100	2600	90

4. Ist der *Kraftüberschuß nicht dauernd*, sondern tritt er bei Förderung in einer Richtung nur vorübergehend auf oder im Falle wechselnder Förderrichtung nur bei einer, und ist der Anschluß an ein Stromversorgungsnetz nicht möglich, dann muß der Antrieb mit einer Wärmekraftmaschine ausgerüstet werden, die sich auch als Bremsmaschine verwenden läßt.

Mitunter tritt bei einer Seilbahn mit Umlaufbetrieb, gleichbleibender Förderrichtung und *geringerem* Durchschnittsgefälle bedeutender wechselnder Kraftbedarf und Kraftüberschuß dadurch auf, daß die Bahn über einen steilen Bergrücken hinwegführt und sowohl die Wagenabstände als auch die Wagenladungen groß sind (Holzförderbahnen). Es kann dann, um einen ruhigen Lauf zu erzielen, zweckmäßig sein, *beide Bahnenden mit Antrieben* auszurüsten. Der Antrieb am unteren Bahnende (Entladestation) erhält die Kraftmaschine, jener am oberen Ende (Beladestation) ein Bremswerk. Die Zugseilspannvorrichtung ist hier in der Entladestation auf der Seite des Leerstranges vorzusehen.

g) Bremseinrichtungen der Personenseilbahnen

Die Bremseinrichtungen der Personenseilbahnen haben nur die Aufgabe, eine gesicherte Stillsetzung der Bahn zu bewirken, weil ein Kraftüberschuß durch die stets elektrischen Antriebseinrichtungen aufgenommen wird (s. Abs. d). Die Bremseinrichtungen bestehen aus

1. einer Notbremse auf der Antriebsscheibe (für den Fall von Gefahr, Antriebsschäden u. dgl.),

2. einer elektrischen Lüftungsbremse im Vorgelege,

3. einer von Hand oder vom Fuß aus bedienten Bremse im Vorgelege. (Diese entfällt bei Seilbahnen mit Umlaufbetrieb.)

Die Bremsen sind hier unter Annahme des größten Kraftüberschusses und unter Berücksichtigung der rotierenden Antriebsmassen für eine Bremsverzögerung von wenigstens 0,40 m/sek^2 zu bemessen.

Zu 1. Die *Notbremse* auf der Antriebsscheibe wird als doppeltwirkende Backenbremse ausgebildet. Sie ist heute gewöhnlich nicht mehr allein von Hand aus zu bedienen, sondern es besorgt ein Fallgewicht auch ihre automatische Betätigung. Die Auslösung des Fallgewichtes geschieht in Gefahrfällen elektrisch beziehungsweise von Hand aus, bei einer 20%igen Geschwindigkeitsüberschreitung aber durch einen Fliehkraftregler, welchen die Antriebswelle antreibt. Eine einfache Anordnung dieser Art zeigt schematisch Abb. 149. Die Bremse ist ähnlich der bei Bergwerksfördermaschinen benutzten, und ihre Funktion mit Hilfe der Abbildungslegende leicht erkennbar.

Bei Personenseilbahnen mit Umlaufbetrieb werden wegen des beschränkten, für den Antrieb zur Verfügung stehenden Raumes häufig kräftige Tellerfedern statt eines Fallgewichtes benutzt.

Zu 2. und 3. Die im *Vorgelege angebrachten Bremsen*, welche meistens auf einer Verlängerung der Motorwelle sitzen, sind gewöhnlich ebenfalls doppeltwirkende Backenbremsen, die sich von den bei Güterseilbahnen verwendeten [Abs. f), Pkt. 2.] grundsätzlich nicht unterscheiden. Statt der Bremslüftmagnete gelangen jedoch hier oft die weicher arbeitenden elektrischen Lüftermotoren oder elektrohydraulische Drücker zur Anwendung. Bei den von Hand oder vom Fuß aus bedienten Bremsen wird bei schweren Antrieben mitunter auch eine hydraulische Kraftübertragung benutzt.

Von einigem Interesse ist die sowohl bei der Notbremse als auch bei den Vorgelegebremsen vorkommende Kombination von Handbedienung und automatischer Betätigung. Hiebei trägt, wie bspw. Abb. 150 für eine Vorgelegebremse zeigt, die Zugstange d zwei Langschlitze s_1 und s_2, in welche ein Bolzen des Betätigungshebels t_1 für das Kerngewicht eines

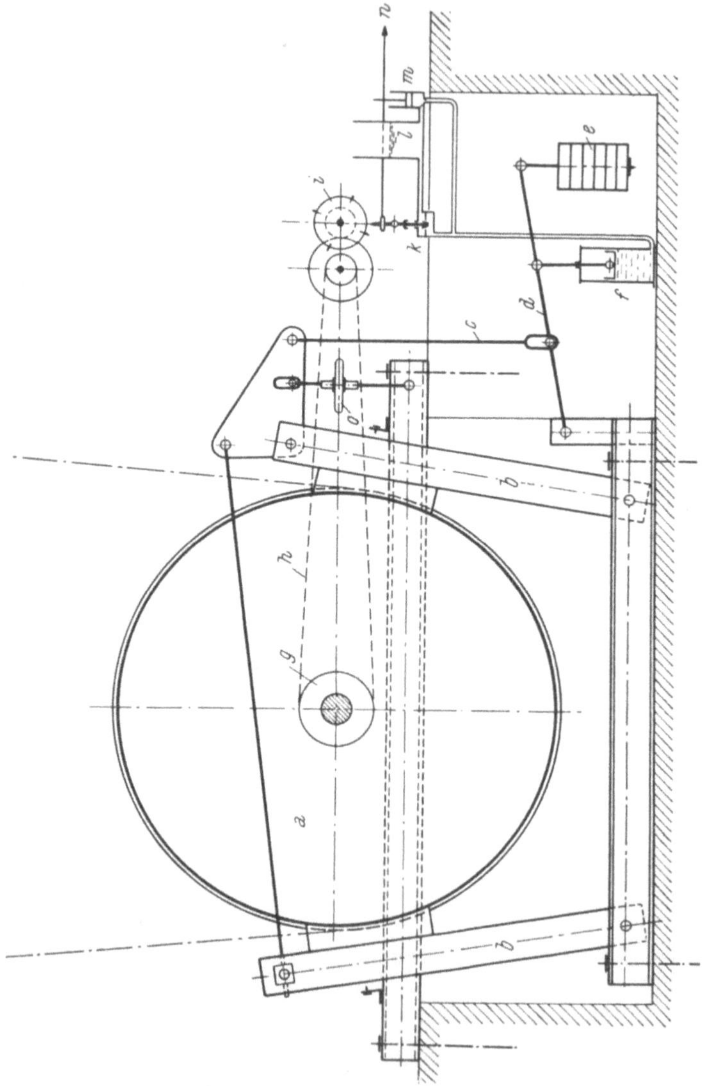

Abb. 149. Schematische Anordnung einer Antriebsnotbremse für Personenseilbahnen (Bauart Waagner-Biró A. G.)

a Seilscheibe mit Bremskranz
b Doppelte Backenbremse
c Betätigungsgestänge
d Fallgewichtshebel
e Fallgewicht
f Bremszylinder mit Glyzerinölfüllung
g Kettenscheibe an der Antriebswelle
h Kettentrieb
i Fliehkraftregler, aus dessen Gehäuse bei unzulässiger Geschwindigkeitssteigerung Stifte hervortreten
k Auslöseventil für die Bremse
l Aufnahmegefäß für die Bremsflüssigkeit
m Rückstellpumpe
n Handauslösung und elektrische Auslösung
o Handrad

Elektromagnetes und ein Bolzen für die Handbedienung t_2 eingreifen. Auf diese Art wird erreicht, daß die beiden Betätigungsmöglichkeiten voneinander unabhängig sind. Bei der Notbremse (Abb. 149) sind die betreffenden Einrichtungen von ähnlicher Art.

h) Bemessung der Antriebe

Der Bemessung des Antriebswindwerkes und des Motors bzw. der Bremsen sind die nach § 49 und 52 sich ergebenden *ungünstigsten* Werte der *Zugseilspannkräfte* und der *Antriebsleistung* zugrunde zu legen, doch ist auch auf eventuell mögliche, ungünstige Teilbesetzungen der Strecke mit Wagen und auf die Vornahme der Streckenbehängung Rücksicht zu nehmen. Mitunter kann bei einer nur Kraftüberschuß besitzenden Bahnanlage allein zum Zweck der Streckenbehängung ein kleiner Motor empfehlenswert sein. Bei der Bemessung von *Bremsen*, die zum Stillsetzen einer Bahn dienen, ist im Falle größerer Antriebswindwerke auch bei Güterseilbahnen auf die umlaufenden Antriebsmassen entsprechend Bedacht zu nehmen.

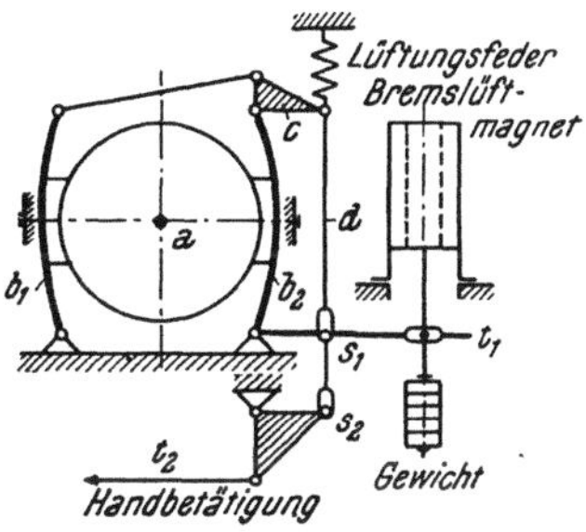

Abb. 150. Kombinierte Hand- und Magnetbremse im Vorgelege

Über die Festigkeitsberechnung der Seilscheiben enthält § 59 einige Angaben. Wegen Berechnung der Zahnräder, Wellen und Lager sei beispielsweise auf die eingehenden Bestimmungen von DIN-Berg 1000, Elektrische Förderhaspel, verwiesen.

Bei *Güterseilbahnen* wird meistens für alle mechanischen Teile einer Bahnanlage eine mindestens 4,0fache Bruchsicherheit unter Berücksichtigung der im Regelbetrieb auftretenden Kräfte verlangt, während bei *Personenseilbahnen* hiefür gewöhnlich eine mindestens 5,0fache Bruchsicherheit vorgeschrieben ist[1]. Bei Berücksichtigung besonderer dynamischer Wirkungen können diese Sicherheiten jedoch etwas ermäßigt werden.

§ 55. Gebräuchliche Gesamtanordnungen der Zugseilantriebe. Auf Grund der allgemeinen Darlegungen über die Zugseilantriebe werden die folgenden gebräuchlichen Gesamtanordnungen dargestellt:

a) Güterseilbahnantrieb mit liegender Antriebsachse

Die Anordnung mit liegender Antriebsachse hat wohl den Nachteil, daß zur Einführung des Seiles eine rechtwinkelige Seilablenkung notwendig ist. Sie erscheint aber zweckmäßig, wenn der Antrieb in einer als Stockwerksbau ausgebildeten Seilbahnstation untergebracht werden soll. Zur Vermeidung von Erschütterungen des Stationsbaues ist eine Aufstellung des Antriebes auf dem hochliegenden Stationsfußboden tunlichst zu vermeiden und die Gründung auf natürlichem Boden vorzuziehen. Die Ablenkrollen zur Einführung des Seiles in den Antrieb müssen den in § 27 angegebenen Bedingungen hinsichtlich der Biegungsbeanspruchung Rechnung tragen und erhalten aus diesem Grunde stets größere Durchmesser (1000 bis 1500 mm).

---

[1] Soweit nicht für einzelne wechselnden Beanspruchungen unterworfene Teile besondere Bestimmungen gelten.

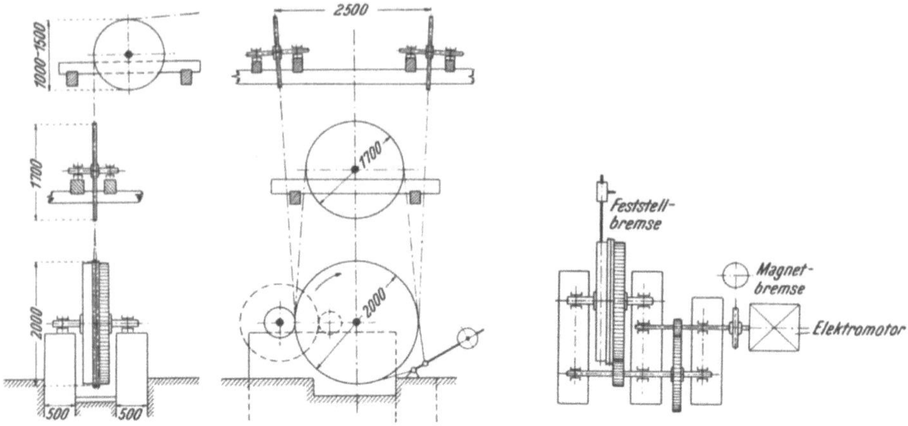

Abb. 151. Güterseilbahnantrieb für elektrische Kraftübertragung mit liegender Antriebsachse

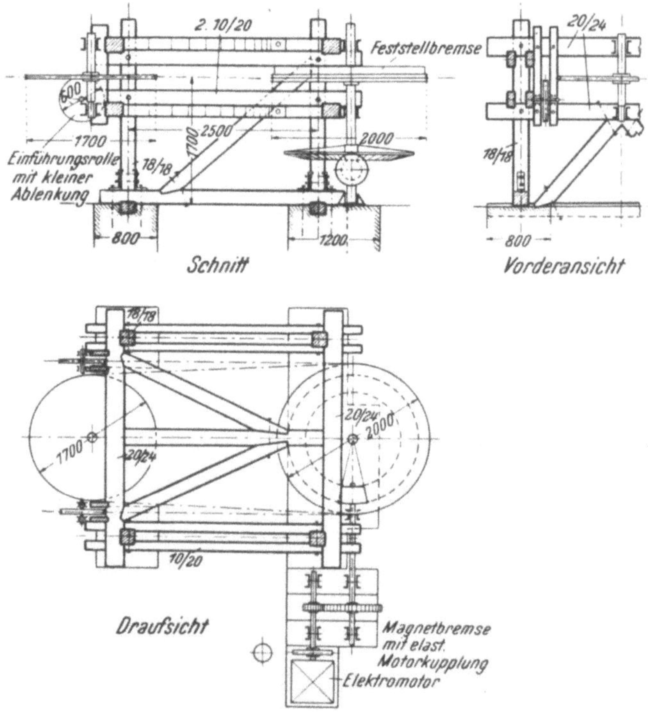

Abb. 152. Güterseilbahnantrieb für elektrische Kraftübertragung mit stehender Antriebswelle

Um ein einwandfreies Zusammenwirken aller Antriebsteile sicherzustellen, wird gewöhnlich der ganze Antrieb auf einen aus Walzträgern gebildeten *Rahmen* gesetzt. Geschieht dies nicht, so sollen wenigstens die im Grundriß der Abb. 151 angedeuteten *Schienen* für die Lager vorhanden sein.

b) Güterseilbahnantrieb mit stehender Antriebswelle

Diese Anordnung gelangt stets zur Anwendung, wenn der Seilbahnantrieb in einer ebenerdigen Station unterzubringen ist. Der *Antriebsbock* wird bei kleinen Kräften aus Holz (Abb. 152), bei größeren aber aus einer meistens niedrigeren Stahlkonstruktion (z. B. nach Abb. 155) hergestellt,

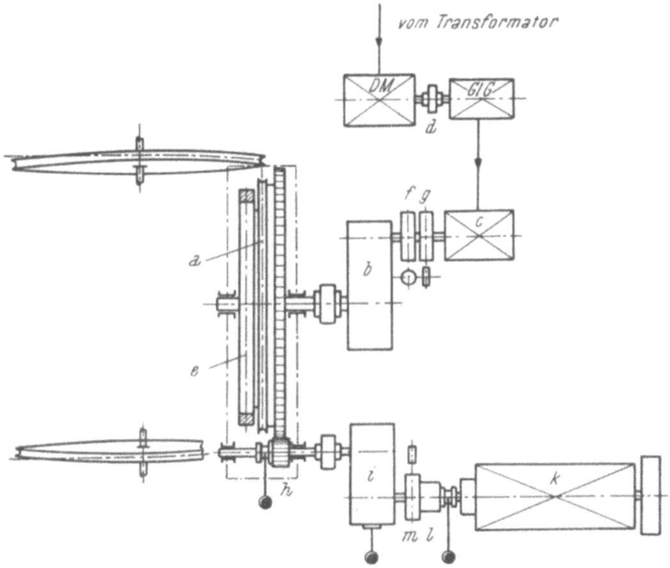

Abb. 153. Leichter Antrieb für eine Personenseilbahn mit Pendelbetrieb (Bauart POHLIG-SIMMERING-GRAZ-PAUKER A. G.)

a Antriebsscheibe mit Zahn- und Bremskranz
b Gekapseltes Getriebe
c Gleichstrom-Bahnmotor
d *Ward-Leonard*-Aggregat (Drehstrommotor und Gleichstromgenerator)
e Notbremse auf der Antriebsscheibe, mit Betätigung durch ein Fallgewicht bzw. Bedienung von Hand aus
f Elektrische Lüftungsbremse
g Manövrierbremse mit Hand- oder Fußbedienung, zusammengebaut mit elastischer Motorkupplung
h Ausschaltbares Ritzel des Notantriebes
i Wendegetriebe
k Dieselmotor (Notantrieb)
l Reibungskupplung
m Handbremse des Notantriebes

die dann auf einem höheren Betonfundament ruht, das unter Umständen auch als Verankerungsblock für die Tragseile dienen kann. Zur Sicherung einer einwandfreien Einführung des Seiles in den Antrieb ist für jeden Strang eine Einführungsrolle notwendig. Da hiebei größere Seilablenkungen als $\operatorname{tg} \psi_1{}^* = 0{,}20$ kaum vorkommen, reichen Rollen von etwa 600 mm Durchmesser aus.

Hinsichtlich der Befestigung der liegenden Antriebsteile auf einem *Rahmen* gilt bei hölzernen Antriebsböcken dasselbe wie unter Abs. a), während bei stählernen Böcken deren unterster Teil gleichzeitig auch die Funktion eines solchen Rahmens hat.

c) Personenseilbahnantriebe für Anlagen mit Pendelbetrieb

1. Abb. 153 und 154 zeigen Antriebe für Personenseilbahnen mit Pendelbetrieb bei Anwendung nur *eines* Zugseiles, wie es auch den behandelten Antriebseinzelheiten (§ 54) dieser Bahnen zugrunde gelegt wurde. Man bevorzugt heute wegen der einfacheren konstruktiven Durchbildung und der günstigeren Lagerung aller Antriebsteile Anordnungen mit liegenden Antriebswellen. Dabei bietet das hoch über dem Bahnsteig einlaufende Zugseil eine günstige Unterbringungsmöglichkeit für die bei dieser Anordnung notwendigen Ablenkscheiben, die gewöhnlich

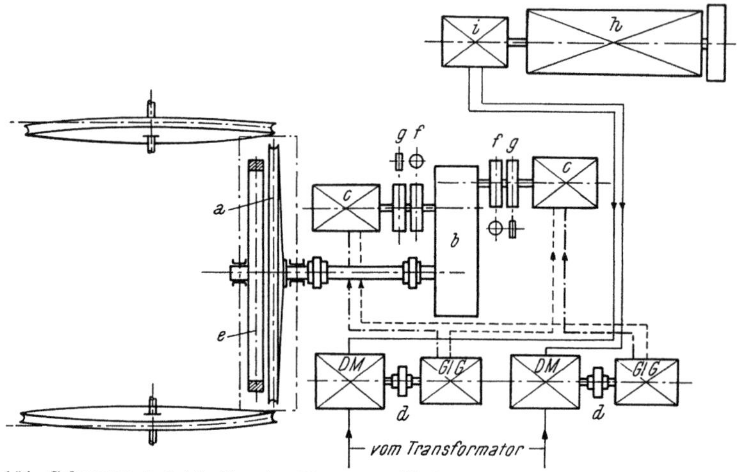

Abb. 154. Schwerer Antrieb für eine Personenseilbahn mit Pendelbetrieb (Bauart POHLIG-SIMMERING-GRAZ-PAUKER A. G.)

a Antriebsscheibe mit Bremskranz
b Gekapseltes Übersetzungs- und Planetengetriebe
c Gleichstrom-Bahnmotoren. Laufen beide Motoren, so erteilen sie der Bahn die volle Geschwindigkeit. Läuft nur ein Motor und ist der andere festgebremst, dann ergibt sich zufolge des Planetengetriebes nur die halbe Geschwindigkeit
d *Ward-Leonard*-Aggregate (Drehstrommotor und Gleichstromgenerator)
e Notbremse auf der Antriebsscheibe, mit Betätigung durch ein Fallgewicht bzw. Bedienung von Hand aus
f Elektrische Lüftungsbremsen
g Manövrierbremsen mit Hand- oder Fußbedienung, zusammengebaut mit elastischer Motorkupplung
h Dieselmotor, gekuppelt mit
i Drehstromgenerator } Hilfsantrieb

einen Durchmesser von 2,0 bis 2,5 m haben. Die Antriebswindwerke sind mit Haupt- und Not- bzw. Hilfsantrieben versehen, und es erscheinen deren Einzelheiten mit Hilfe der Abbildungslegenden leicht verständlich. Elastische Wellenkupplungen zwischen Antriebsscheibe und Getriebe machen hier oft einen gemeinsamen Antriebsrahmen entbehrlich. Sind die Wagen mit Tragseilfangvorrichtungen versehen, so würde die auf die Antriebsscheibe wirkende Notbremse bloß handbedienbar zu sein brauchen. Neuerdings bildet man aber auch in diesem Falle die auf die Antriebsscheibe wirkende Notbremse als selbsttätige Bremse aus (§ 54). Ist, wie früher stets, noch ein Hilfs-, Fang-, Schleppseil oder zweites Zugseil vorhanden (§ 50), dann wird die Antriebsgestaltung wesentlich komplizierter.

2. Ist ein *Fang-* oder *Schleppseil* vorgesehen, dann sitzt auf der Antriebswelle noch eine zweite Seilscheibe unter Zwischenschaltung einer Büchse. Die Büchse gewährleistet, daß sich die Fang- oder Schleppseilscheibe unabhängig von der Zugseilscheibe bewegen kann. Eine selbsttätige Notbremse der vorbeschriebenen Art hat in diesem Fall auf die Fang- oder Schleppseilscheibe zu wirken, um nach vollzogenem Fangvorgang der Wagen die Bahn sicher zum Stillstand zu bringen. Eine zweite Notbremse sitzt auf der Antriebsscheibe des Zugseiles, die aber nur bei Verwendung eines Fangseiles eine selbsttätige

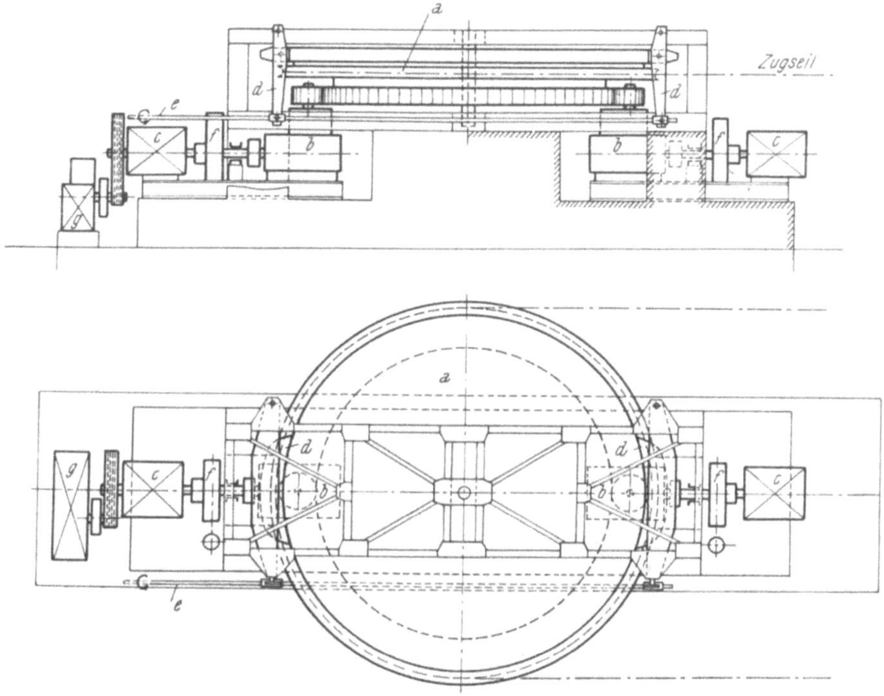

Abb. 155. Antrieb einer Personenseilbahn mit Umlaufbetrieb (Bauart GIRAK)

a Antriebsscheibe mit Zahn- und Bremskranz
b Gekapselte Kegelradgetriebe
c Drehstrom-Bahnmotoren
d Notbremse auf der Antriebsscheibe
e Spindel zur automatischen Betätigung der Notbremse durch eine Feder und zur Handbedienung
f Elektrische Lüftungsbremsen, zusammengebaut mit elastischer Motorkupplung
g Dieselmotor mit Keilriemenübertragung (Notantrieb)

sein muß. Die Fang- oder Schleppseilscheibe läßt sich durch Schraubenbolzen mit der Zugseilscheibe verbinden, um die Wagen in die Stationen zurückziehen zu können.

3. Bei Vorhandensein eines *Hilfsseiles* ist die Einrichtung ähnlich wie bei **2.** Man hat aber in diesem Fall getrennte Antriebsvorgelege und Motoren für die Zugseilscheibe und die Hilfsseilscheibe. Schraubenbolzenverbindungen zwischen der Hilfsseilscheibe und der Zugseilscheibe ermöglichen es, die Antriebsmotoren wechselseitig auf beide Scheiben wirken zu lassen. Von den auf die Zugseilscheibe und Hilfsseilscheibe wirkenden Notbremsen wird die erstere als selbsttätige Fallgewichtsbremse, die andere als handbedienbare Bremse ausgebildet.

4. Sind *zwei Zugseile* vorhanden, und laufen sie an den Wagen ohne Unterbrechung durch, so daß ungleiche Seilspannkräfte leicht durch Nachstellung der Wagenklemmen ausgeglichen werden können, dann genügt es, die Zugseilscheibe doppelrillig zu machen, im übrigen aber den Antrieb genau so wie in Abb. 153 und 154 auszubilden. Ist hingegen die Befestigung der Zugseile am Wagen nicht nachstellbar, dann müssen für die beiden Zugseile zwei voneinander unabhängige, lose auf einer Antriebsachse laufende Seilscheiben vorgesehen und diese durch ein Ausgleichsgetriebe (Abs. e) miteinander verbunden werden.

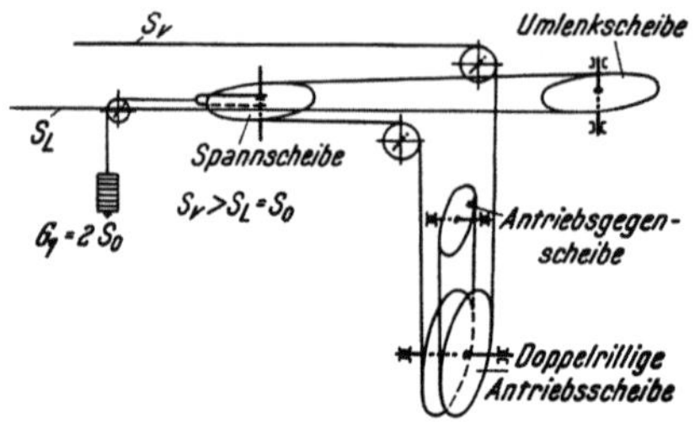

Abb. 156. Vereinigung von Antrieb und Zugseilspannvorrichtung bei Umlaufbetrieb, gleichbleibender Förderrichtung und liegender Antriebswelle — Seilführungsschema

d) Personenseilbahnantriebe für Anlagen mit Umlaufbetrieb

Abb. 155 zeigt einen Antrieb mit stehender Antriebsachse für eine Personenseilbahn mit Umlaufbetrieb und *einem* Zugseil. Die Einzelheiten des Antriebes, der einem Antrieb für Güterseilbahnen mit Umlaufbetrieb ähnelt, sind auch hier mit Hilfe der Abbildungslegende leicht verständlich.

Für den Fall, daß *zwei* Zugseile in Betracht gezogen werden, gilt das unter Abs. c, Pkt. 4 Gesagte. Etwa ungleiche Seilspannkräfte gleichen sich zufolge der betriebsmäßigen Lösbarkeit der Wagenklemmvorrichtungen von selbst aus.

e) Antriebe mit vereinigter Zugseilspannvorrichtung

1. Ist zufolge der Anlageverhältnisse einer Seilbahn Antrieb und Zugseilspannvorrichtung am gleichen Bahnende unterzubringen, und bleibt der Seilstrang mit der kleineren Spannkraft, an dem die Zugseilspannvorrichtung anzuordnen ist, immer der *gleiche* (Umlaufbetrieb mit nicht wechselnder Förderrichtung), dann löst man diese Aufgabe am einfachsten nach Abb. 156 bei waagrecht liegender oder nach Abb. 157 bei lotrecht stehender Antriebswelle.

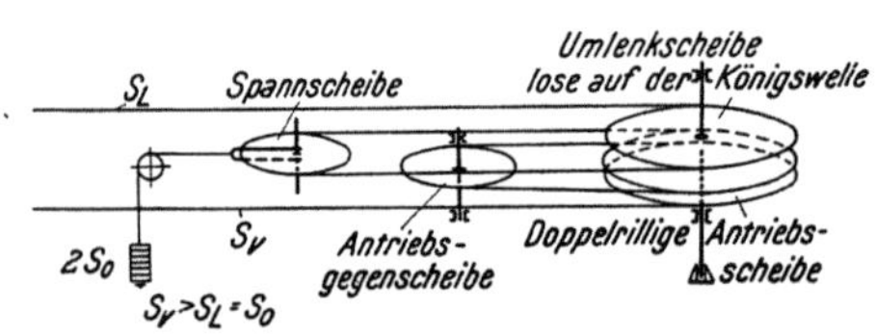

Abb. 157. Desgleichen, bei lotrecht stehender Antriebswelle

2. Sollen Antrieb und Spannvorrichtung miteinander vereinigt werden, und *wechselt* der Seilstrang mit der kleineren Spannkraft (Pendelseilbahnen), dann hat man Antrieb und Zugseilspannvorrichtung ineinander zu legen.

α) Anordnung von zwei lose auf der Antriebsachse laufenden einrilligen Antriebsscheiben, welche durch ein *Ausgleichsgetriebe* miteinander verbunden sind, und Ausbildung der Gegenscheibe als verschieblich gelagerte Zugseilspannscheibe.

Zur Klarstellung der Bewegungs- und Kraftverhältnisse wird nachstehend eine vereinfachte Anordnung angenommen, bei welcher die großen Kegelräder des Ausgleichsgetriebes unmittelbar mit den beiden einrilligen Seilscheiben gemäß Abb. 158 verbunden sind.

Gegeben seien nun von dem Energie an das Zugseil abgebenden Antrieb die beiden Seilspannkräfte S_V, S_L ($S_V > S_L$) und die Drehzahl n der Antriebswelle a sowie sämtliche Räderabmessungen. Gesucht wird das Antriebsmoment M, die Drehzahlen n_1 und n_2 der beiden Antriebsscheiben und die Zwischenseilspannkraft S_S als Funktion von S_V und S_L. Ändern sich weder die Seilspannkräfte noch die Drehzahl der Antriebswelle, so herrschen Gleichgewichtsverhältnisse.

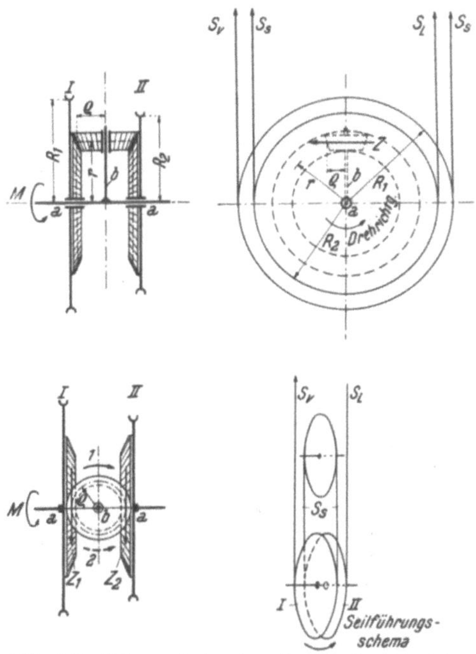

Abb. 158. Schematische Anordnung eines Antriebes mit Ausgleichsgetriebe (Kräfte auf die Seilscheiben wirkend dargestellt)

Bedeuten noch:

Z_1, Z_2 die Zahndrücke zwischen den mit den Seilscheiben verbundenen Kegelrädern und dem kleinen Planetenrad,

r den Teilkreisdurchmesser dieser Kegelräder und

ϱ den Teilkreisdurchmesser des Planetenrades,

so erfordert das Gleichgewicht der Scheibe I

$$M_1 = Z_1\, r = (S_V - S_S)\, R_1,$$

$$\text{woraus } Z_1 = \frac{S_V - S_S}{r}\, R_1.$$

Analog liefert das Gleichgewicht der Scheibe II

$$M_2 = Z_2\, r = (S_S - S_L)\, R_2, \text{ woraus } Z_2 = \frac{S_S - S_L}{r}\, R_2.$$

Das Gleichgewicht am Planetenrad ergibt

$$Z_1 = Z_2,$$

wodurch

$$M_1 = M_2 \tag{193}$$

und daraus wegen

$$(S_V - S_S)\, R_1 = (S_S - S_L)\, R_2$$

$$S_S = \frac{S_V R_1 + S_L R_2}{R_1 + R_2} \tag{194}$$

entsteht. Schließlich folgt aus dem Gleichgewicht an der Antriebswelle

$$M = (Z_1 + Z_2)\, r = (S_V - S_S)\, R_1 + (S_S - S_L)\, R_2.$$

Nach Einführung des Wertes von S_S aus (194) ergibt sich daraus

$$M = 2\, \frac{S_V - S_L}{R_1 + R_2}\, R_1\, R_2. \qquad (195)$$

Der geometrische Zusammenhang zwischen den Drehzahlen n_1 und n_2 der beiden Antriebsscheiben, ν des Planetenrades und n der Antriebswelle lautet:

Scheibe I . . . . $r\, n_1 + \varrho\, \nu = r\, n,$

Scheibe II . . . . $r\, n_2 - \varrho\, \nu = r\, n.$

Aus diesen Gleichungen folgt

$$n = \frac{n_1 + n_2}{2} \quad \text{und} \quad \nu = \frac{n_2 - n_1}{2\, \varrho}\, r. \qquad (196)$$

Bei unverschieblich gelagerter Gegenscheibe laufen in der Zeiteinheit *immer* gleiche Seillängen über jede der beiden Antriebsscheiben. Aber auch bei verschieblich gelagerter Gegenscheibe (Spannscheibe) trifft dies zu, solange die Seilspannkräfte S_V und S_L konstant bleiben. Zur Erklärung dieses Umstandes diene, daß keine Änderung der Bewegungsverhältnisse eintritt, wenn bei der Gegenscheibe die zunächst feste Lagerung aufgehoben wird, gleichzeitig aber die Reaktionen der Lagerdrücke durch die Wirkung eines Spanngewichtes ersetzt werden. Es gilt also ferner

$$R_1\, n_1 = R_2\, n_2. \qquad (197)$$

Aus (196) und (197) findet man schließlich

$$\left.\begin{aligned} n_1 &= \frac{2\, R_2}{R_1 + R_2}\, n \\ n_2 &= \frac{2\, R_1}{R_1 + R_2}\, n \\ \nu &= \frac{R_1 - R_2}{R_1 + R_2}\, \frac{r}{\varrho}\, n \end{aligned}\right\}. \qquad (198)$$

Die Ergebnisse dieser Untersuchung sind folgende:

1. Das Ausgleichsgetriebe bewirkt trotz $R_1 \neq R_2$ eine gleichmäßige *Verteilung* des *Antriebsmomentes* auf die beiden Seilscheiben. Wenn die beiden Seilscheiben gleichen Halbmesser haben, dann verteilt sich auch die Umfangskraft $U = S_V - S_L$ zur Hälfte auf jede der beiden Seilscheiben.

2. Durch das Ausgleichsgetriebe geschieht eine solche *Verteilung* der *Drehzahlen* auf die beiden *Seilscheiben*, daß, gleichgültig ob die Gegenscheibe fest oder verschieblich gelagert ist, von der einen Antriebsscheibe *ebensoviel* Seil *abgewunden* als von der anderen *aufgewunden* wird. Das Planetenrad dreht sich dabei mit konstanter Geschwindigkeit so um *seine Achse*, daß diese Drehzahlen der Seilscheiben eingehalten

werden. Sind die beiden Seilscheiben genau gleich groß, dann ergibt sich $n_1 = n_2 = n$, und das Planetenrad hat hiebei *keine* Eigendrehung.

Diese Ergebnisse gestatten einerseits, Ausgleichsgetriebe für den Fall ungleicher Antriebsscheiben- (Rillen-) Durchmesser mit Vorteil zur *Verringerung von Schnürspannungen* zu benutzen, wobei die Gegenscheibe festgelagert sein kann (§ 54); andererseits erlauben solche Getriebe, die zwischen den beiden Seilscheiben angeordnete Gegenscheibe verschieblich zu lagern und als *Spannscheibe* zu verwenden. Bei *letzterer* Verwendung gilt mit $U = S_V - S_L$ und $S_S = \frac{G_1}{2}$ im Hinblick auf (194)

$$S_V = \frac{G_1}{2} + U \frac{R_2}{R_1 + R_2}, \quad S_L = \frac{G_1}{2} - U \frac{R_1}{R_1 + R_2},$$

und es haben hiebei *Störungen des Gleichgewichtes* durch Änderungen der Seilspannkräfte (Umfangskraft) folgende Wirkung.

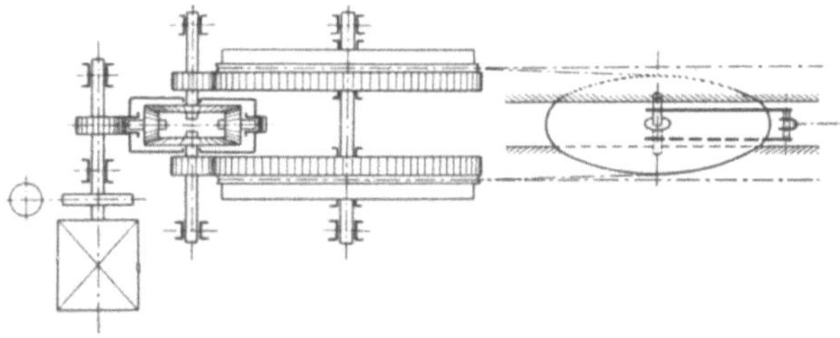

Abb. 159. Seilbahnantrieb mit Ausgleichsgetriebe und Ausbildung der Gegenscheibe als Zugseilspannvorrichtung

Steigt beispielsweise bei einem Energie an das Zugseil abgebenden Antrieb (Abb. 158) die Seilspannkraft S_V, so wird dadurch auch der Zahndruck Z_1 gegenüber dem Zahndruck Z_2 größer, das Planetenrad dreht sich zusätzlich im Sinn des Pfeiles 1 der Abbildung, und es verlangsamt die Seilscheibe I ihre Bewegung, während die der Seilscheibe II beschleunigt wird. Hiedurch tritt aber ein Einholen (Anheben) des Zugseilspanngewichtes sowie ein Sinken von S_L ein, welches so lange währt, bis Gleichheit der Zahndrücke und damit der Teildrehmomente herrscht, also Gleichgewichtsverhältnisse wiederhergestellt sind. Sinkt umgekehrt die Seilspannkraft S_V, so vermindert sich der Zahndruck Z_1; dadurch dreht sich das Planetenrad zusätzlich im Sinne des Pfeiles 2 der Abbildung, und die Seilscheibe I beschleunigt sich gegenüber der Seilscheibe II, deren Bewegung verlangsamt wird. Es ergibt sich mithin ein Nachlassen (Sinken) des Zugseilspanngewichtes und ein Ansteigen von S_L. Diese Ausgleichsbewegungen müssen auch eintreten, wenn etwa bei stillstehendem Antrieb und festgebremster Antriebswelle Änderungen der Seilspannkräfte auftreten würden.

Drehzahländerungen des Antriebsmotors haben hingegen keinen Einfluß auf die Kräfteverteilung und auf das Verhältnis der Drehzahlen zueinander. Bewegungen des Spanngewichtes treten dabei nicht ein.

Mithin verhält sich bei Verwendung eines Ausgleichsgetriebes eine als Zugseilspannvorrichtung ausgebildete Gegenscheibe genau so wie eine gewöhnliche Spannvorrichtung. Die dabei im Seilbahnbau meistens gewählte Anordnung zeigt Abb. 159[1].

Schließlich werden Ausgleichsgetriebe auch beim Antrieb von Personenseilbahnen mit zwei Zugseilen, und zwar zwischen deren Antriebsscheiben. benutzt. Sie führen dort einen Ausgleich der Spannkräfte beider Seile trotz deren unvermeidlichen Längenunterschieden herbei. Aus (193) ergibt sich dabei

$$(S_V' - S_L')\, R_1 = (S_V'' - S_L'')\, R_2. \tag{199}$$

Dies erscheint aber nur dann nötig, wenn die Verbindung zwischen Wagen und Zugseil nicht lösbar oder nicht nachstellbar ist (§ 50).

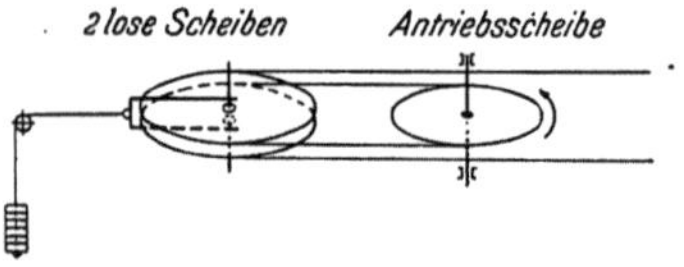

Abb. 160. Ineinanderlegung von Antrieb und Zugseilspannvorrichtung ohne Zuhilfenahme eines Ausgleichsgetriebes

β) Eine andere, wegen ihrer Einfachheit besonders gerne verwendete Vereinigung von Antrieb und Zugseilspannvorrichtung ist in Abb. 160 dargestellt. Hiebei laufen die beiden Zugseilstränge, bevor sie auf die Strecke gelangen, über je eine Spannrolle. Diese Spannrollen sind wohl frei gegeneinander drehbar, aber nur *miteinander* verschieblich auf einer gemeinsamen Achse gelagert[2]. Mit Bezug auf Abb. 160 gilt

$$G_1 = 2\,(S_V + S_L) \tag{200}$$

und wegen $U = S_V - S_L$

$$S_V = \frac{G_1 + 2\,U}{4}, \quad S_L = \frac{G_1 - 2\,U}{4}. \tag{201}$$

Steigt z. B. bei einem Energie an das Zugseil abgebenden Antrieb S_V um einen gewissen Betrag an, so wird die Spannvorrichtung etwas eingeholt und es sinkt gleichzeitig damit auch S_L. Sinkt umgekehrt S_V, so tritt ein kleines Nachlassen der Zugseilspannvorrichtung und ein Ansteigen von S_L ein.

3. Während die unter Pkt. **1** angegebenen Anordnungen sich auch bei richtiger Aufstellung von Antrieb und Zugseilspannvorrichtung im Falle des Umlaufbetriebes häufig als notwendig erweisen und damit keinerlei bauliche oder betriebliche Schwierigkeiten verbunden sind, ergeben sich die unter Pkt. 2 behandelten Einrichtungen fast nur bei Pendelbetrieb, wenn der Antrieb nicht an jener Stelle untergebracht wird, die den in § 49 aufgestellten Regeln entspricht. Hiebei wird nicht nur der stärker belastete Zugseilstrang vom Antrieb bloß mittelbar über den schwächer belasteten beeinflußt, was den gleichmäßigen Lauf der Bahn beeinträchtigt, sondern es werden auch die Antriebseinrichtungen komplizierter.

[1] Rubin, A.: Personenseilschwebebahnen, Bauart *Bleichert-Zuegg*, mit besonderer Berücksichtigung der Zugspitzbahn. Z. V. d. I. **1926,** H. 52. Der erste Vorschlag hiezu wurde von der *Seilbahn-A. G.* in Wien erstattet.

[2] Stelling, L.: Die Personenseilschwebebahn auf dem Mt. Sises in Italien. Wasserwirtschaft **1931,** H. 18/19.

§ 56. Elektrische Sicherheits- und Fernmeldeeinrichtungen

a) Güterseilbahnen

Die *Steuerung* der elektrischen Antriebsmotoren ist fast stets eine Handsteuerung und geschieht durch Fahrschalter, die, wie früher bemerkt (§ 54), im Hauptstromkreis liegen.

1. Bei *Güterseilbahnen* mit *Umlaufbetrieb* ist es mitunter erwünscht, z. B. wenn es sich um den Transport heikler Güter handelt, im Falle von Störungen (Fehlkupplungen der Wagen u. dgl.) die Bahn rasch abstellen zu können. Zu diesem Zwecke werden gewöhnlich nahe den Kuppelstellen in den Stationen *Tasten* angebracht, die in einen als Ruhestromkreis ausgebildeten Hilfsstromkreis geschaltet sind, welcher bei Betätigung der Tasten die Stromzufuhr zum Antriebsmotor unterbricht, wodurch die elektrische Lüftungsbremse einfällt und die Bahn zum Stillstand gelangt.

2. Bei *Güterseilbahnen* mit *Pendelbetrieb* können leicht Schäden an der Bahnanlage durch Überfahren der Wagenendstellen in den Stationen hervorgerufen werden. Man ordnet daher, und zwar gewöhnlich in jener Station, wo sich der Antrieb befindet, *automatische Endschalter* an, die im Hauptstromkreis liegen. Fährt der Wagen zu weit in die Station ein, so betätigt er diesen Schalter, indem das Laufwerk einen aus dem Schalter hervorragenden Hebel dreht, wodurch der Antrieb abgestellt wird. Diese Schalter sind gewöhnlich für selbsttätige Wiedereinschaltung in der umgekehrten Fahrtrichtung eingerichtet.

b) Personenseilbahnen[1]

1. Pendelbetrieb

Bei Fahrgeschwindigkeiten bis zu 7,0 m/sek reicht eine *Handsteuerung* der Bahnmotoren mit dem Fahrschalter aus. Größere, zur Erzielung einer hohen Leistungsfähigkeit angewandte Fahrgeschwindigkeiten lassen jedoch eine automatische Fahrtsteuerung aus Sicherheitsgründen zweckmäßig erscheinen. Hiefür ist der Ward-Leonard-Antrieb sehr vorteilhaft, weil bei ihm die Fahrtsteuerung im Erregerstromkreis der Steuermaschine liegt (§ 54), also in einem Stromkreis mit kleiner Stromstärke. Bei der *automatischen Fahrtsteuerung* wird der Fahrschalter durch einen kleinen Hilfselektromotor betätigt. Die gewünschte Fahrtrichtung und die Fahrgeschwindigkeit werden mit einem kleinen Befehlshandrad oder mit Drucktasten eingestellt. Die automatische Steuerung bewirkt nun folgendes:

1. Anfahrbeschleunigung und Bremsverzögerung werden unabhängig von den wechselnden Neigungsverhältnissen der Strecke und den Belastungsverhältnissen der Wagen mit 0,20 m/sek^2 konstant gehalten.

2. An kritischen Bahnstellen (Stützen) wird die Fahrgeschwindigkeit selbsttätig ermäßigt und nachher wieder erhöht.

3. Die Einfahrtgeschwindigkeit der Wagen in die Stationen wird zwangsläufig geregelt. Das Anhalten der mit Kriechgeschwindigkeit

[1] Wolf, E.: Seilbahnen sind elektrische Bahnen. Int. Seilbahn-Rundschau **1958**, H. 4.

an den Bahnsteigen ankommenden Wagen geschieht jedoch mit dort angebrachten, von den Wagenlaufwerken betätigten Endschaltern, die auch das Wiederanfahren in der ursprünglichen Fahrtrichtung ausschließen.

Zur geregelten Abwicklung der Fahrten dient bei Handsteuerung dem Fahrmaschinisten ein *Fahrbildanzeiger*, welcher die jeweilige Wagenstellung auf der Strecke angibt. Er kann aus einer längeren Schrau-

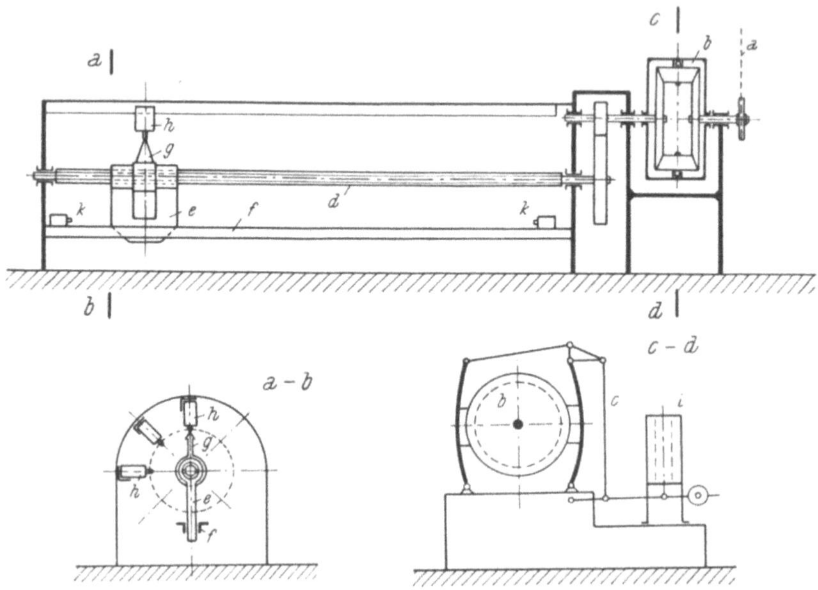

Abb. 161. Kopierwerk zur Fahrtregelung bei Personenseilbahnen mit Pendelbetrieb (Bauart Waagner-Biró A. G.)

a Kettenantrieb, von einer Seilablenkscheibe kommend
b Planetengetriebe
c Magnetbremse, auf das Gehäuse des Planetenradgetriebes wirkend
d Schraubenspindel mit Nut
e Doppelmutter
f Führung für die Doppelmutter
g Von der Schraubenspindel mitgedrehter Kontaktgeber
h Kontakte für die automatische Fahrtsteuerung

Zufolge des Seilschlupfes auf der Ablenkscheibe bleibt während der Fahrt die Schraubenspindel und damit die Doppelmutter mit dem Kontaktgeber hinter der jeweiligen Wagenstellung etwas zurück. Kommt die Doppelmutter in eine der beiden Endstellungen, deren Abstand voneinander etwas geringer ist, als der Bahnlänge entspricht, dann betätigt sie die Kontakte *K*, wodurch die Magnetbremse einfällt. Das Kettenrad kann sich aber noch weiterdrehen, bis die bereits mit Kriechgeschwindigkeit einfahrenden Wagen durch Betätigung der Endschalter an den Bahnsteigen der Antriebsstation den Antrieb stillsetzen

benspindel bestehen, die von einer Seilablenkrolle in Drehung versetzt wird, und einer auf dieser Spindel sitzenden geführten Mutter, die Zeiger trägt, welche einer Skala entlang gleiten. Bei der automatischen Fahrtsteuerung ist außer dem Fahrbildanzeiger noch ein sogenanntes *Kopierwerk* vorhanden. Dieses bildet die Strecke mit einer größeren Länge (20 bis 25 m) als ein gewöhnlicher Fahrbildanzeiger ab. Auch das Kopierwerk besteht aus einer Schraubenspindel, die von einer Seilablenkrolle in Drehung versetzt wird (Abb. 161), und einer auf der Spindel sitzenden geführten Mutter, die sich bei Drehung der Spindel entlang dieser verschiebt. Die Mutter nimmt jedoch bei ihrer Wanderung einen Kontaktarm mit, der in eine Längsnut der Spindel eingreift und so gleichzeitig auch zu einer Drehung gezwungen ist. Rund um die Spindel sind nun parallel zu ihr Stäbe angebracht, an welchen die für die Fahrtregelung benötigten Kontakte leicht und wegen der großen Abbildungslänge der Strecke viel vorteilhafter befestigt werden können als auf einem gewöhnlichen Fahrbildanzeiger. Durch diese Kontakte wird dann der Fahrschalter mit Hilfe des vorerwähnten kleinen Hilfsmotors in die jeweils entsprechende Stellung gebracht.

Bei der automatischen Steuerung kann aber jederzeit auch auf Handsteuerung übergegangen werden.

Auch die *Fernsteuerung* von den Wagen aus ist in jüngster Zeit schon wiederholt angewandt worden, wobei der Steuerstromkreis ebenso wie der für die nachfolgend besprochenen Sicherheitseinrichtungen benötigte Sicherheitsstromkreis der Strecke über das isoliert gelagerte Zugseil geführt wird.

Die *Sicherheitseinrichtungen* haben die Aufgabe, vor Fehlbedienungen, strommäßiger Überlastung der Bahnmotoren, Überschreitung der zulässigen Fahrgeschwindigkeit und verspäteter oder unzureichender Verzögerung vor Beendigung einer Fahrt zu schützen. Außerdem müssen Tasten vorhanden sein, durch welche die Bahn in Not- und Gefahrfällen von den Stationen (Bahnsteigen) und von den Wagen aus stillgesetzt werden kann. Die Kontakte der einzelnen Sicherheitseinrichtungen und Tasten der Antriebsstation sind in einen als Ruhestromkreis ausgebildeten *Sicherheitsstromkreis* geschaltet, so daß bei Unterbrechung dieses Stromkreises durch einen der genannten Kontakte und Tasten die Stromzufuhr zu den Bahnmotoren unterbrochen und mindestens die elektrische Vorgelegebremsen zum Einfallen gebracht werden. Die Sicherheitseinrichtungen der Gegenstation, der Strecke und der Wagen liegen in einem *zweiten* Sicherheitsstromkreis, der in den ersten eingebunden ist. Den Strom für die Sicherheitsstromkreise liefert die Erregermaschine des Ward-Leonard-Aggregates. Die einzelnen Sicherheitseinrichtungen umfassen:

1. *Nullstellungszwang des Fahrschalters* bei Übergang vom Hauptantrieb auf einen Hilfs- oder Notantrieb, solange die etwa dazu vorgesehenen mechanischen Kupplungen nicht in der richtigen Stellung sind und ferner, wenn die Notbremse auf der Antriebsscheibe nicht gelüftet ist.

2. *Fliehkraftschalter* gegen Überschreitung der zulässigen Fahrgeschwindigkeit um 15 bzw. 20%. Bei 20%iger Geschwindigkeitsüberschreitung fällt auch die Notbremse auf der Antriebsscheibe ein.

3. *Fliehkraftschalter*, welche die rechtzeitige und ausreichende Herabsetzung der Fahrgeschwindigkeit durch den Fahrmaschinisten oder im Falle automatischer Fahrtsteuerung durch das Kopierwerk bei der Einfahrt der Wagen in die Stationen kontrollieren. Für diese Schalter sind entweder Kontakte am Fahrbildanzeiger erforderlich oder ein weiteres Kopierwerk, wenn auch die Geschwindigkeitsermäßigungen an schwierigen Bahnstellen kontrolliert werden sollen.

4. *Betriebsendschalter* an den Tragseilen bei den Bahnsteigen der Antriebsstation.

5. *Not- und Gefahrtasten* an den früher genannten Stellen. Bei Betätigung der letzteren fällt auch die Notbremse auf der Antriebsscheibe ein.

6. *Windmesser*, welche die Bahn bei betriebsgefährdendem Wind abstellen.

7. Mit *Endschaltern* verbundene *Anzeigevorrichtungen für die Spanngewichtsbewegung*, um ein Anstoßen der Spanngewichte in ihren oberen und unteren Endstellungen zu vermeiden.

8. *Kontakte* an den *Fangvorrichtungen der Wagen*, die bei deren Einfallen betätigt werden, und

9. *Schalter an den Klappbrücken von Zwischenhaltestellen* auf Stützen.

Neuerdings werden auch strahlungsaktive Isotope, die sich in einer Kapsel befinden, an Stelle der Hanfseele in das Zugseil eingelegt, die bei dessen Lauf auf Schalter einwirken, welche die rechtzeitige Geschwindigkeitsverminderng und Stillsetzung der Bahn bei Einlauf der Wagen in die Station besorgen.

2. Umlaufbetrieb

Die *Steuerung* der hier angewandten Drehstromantriebe geschieht im Hinblick auf das dauernd mit geringer Geschwindigkeit umlaufende Zugseil in der üblichen Art von Hand aus.

Die *Sicherheitsstromkreise* sind die gleichen wie im Falle des Pendelbetriebes. Die dort unter 1., 2. und 5. bis 7. genannten Sicherheitseinrichtungen, aber ohne Anschluß der Wagen, gelangen auch hier zur Anwendung; darüber hinaus sind noch folgende Einrichtungen erforderlich:

1. Im Hinblick darauf, daß es bei Umlaufbahnen keine Wagenbegleiter gibt, welche die Strecke beobachten können, ein sogenanntes *Stoßrelais*, welches bei plötzlichem Leistungsanstieg anspricht, wie er durch ein Fahrthemmnis auf der Strecke entstehen kann. Beim Ansprechen des Stoßrelais wird auch die Notbremse auf der Antriebsscheibe zum Einfallen gebracht.

2. *Seillagewächter* auf den im Gegensatz zu den Stützen mit einer hohen Zugseilablage ausgebildeten *Kuppengerüsten*, die bei einem Zugseilaussprung aus den Tragrollen einen Kontakt des Sicherheitsstromkreises betätigen. Ein ausgesprungenes Zugseil, das unter die Tragrollen gerät, würde für die beim Umlaufbetrieb *unbegleiteten* Wagen von großer Gefahr sein, wenn sie sich dem Kuppengerüst nähern. Bei der tiefen Zugseilablage auf den Stützen besteht bekanntlich diese Gefahr nicht (§ 45).

3. *Seillagewächter*, welche die richtige Seillage in den *Wagenklemmapparaten* beim Einkuppelvorgang kontrollieren. Diese bestehen aus Tasthebeln, die in die Wagenklemmvorrichtungen eingebaut sind. Beim Einlegen des Zugseiles in einen Klemmapparat berührt dieses den Tasthebel; er muß daher vor und nach dem Einlegen des Zugseiles eine bestimmte Stellung einnehmen. Wurde das Zugseil nicht oder nur mangelhaft eingelegt, dann stößt der Tasthebel bei der Weiterbewegung des Wagens gegen einen Hebelkontakt des Sicherheitsstromkreises in der Einkuppelstelle.

4. *Kuppelwächter*, welche den richtigen Vollzug des Ein- und Auskuppelvorganges überprüfen.

Für die Kontrolle des *Einkuppelvorganges* benutzt man eine einstellbare Schablone am Ende der Einkuppelstelle, durch welche die Rolle des Betätigungshebels der Klemmapparate bei richtiger Ankuppelung ohne anzustoßen hindurchgehen muß. Stößt die Rolle gegen die Schablone, so dreht sich diese um eine lotrechte Achse und betätigt einen Kontakt des Sicherheitsstromkreises.

Für die Kontrolle des *Auskuppelvorganges* verwendet man eine kleine, hinter der Auskuppelstelle angeordnete, aufrecht stehende Gabel, die um eine waagrechte Achse drehbar ist und zwischen deren Zinken das Zugseil hindurchläuft. Berührt und dreht das Zugseil die Gabel, weil es von einem Wagenklemmapparat des hinter der Auskuppelstelle die Seilrichtung verlassenden Wagens nicht freigegeben wurde, dann erfolgt ebenfalls eine Rückwirkung auf den Sicherheitsstromkreis, wobei auch die Notbremse auf der Antriebsscheibe einfällt.

3. Kleinseilbahnen

Diese im Pendelbetrieb ohne Wagenbegleiter verkehrenden Bahnen benötigen die unter **1.** angegebenen Sicherheitseinrichtungen, doch sind dabei einige Vereinfachungen im Hinblick auf die geringere Fahrgeschwindigkeit möglich. Notwendig ist auch hier ein Stoßrelais wie beim Umlaufbetrieb.

4. Bei Personenseilbahnen mit Pendelbetrieb wird, wie schon bemerkt, zwischen Berg- und Talstation als *Leiter für den Sicherheitsstromkreis* der Strecke das Zugseil benutzt, wozu alle Zugseilrollen sowie Antrieb, Zugseilspannvorrichtung usw. isoliert, unter Zuhilfenahme von Gummizwischenlagen, zu lagern sind.

Beim Umlaufbetrieb, bei dem eine solche isolierte Lagerung des Zugseiles schwieriger ist, verwendet man für den Sicherheitsstromkreis auf der Strecke eine besondere Leitung. Diese besteht entweder aus einem in der Bahnachse zwischen den Stützen gespannten Leiterseil oder aus einem Kabel.

c) Fernmeldeeinrichtungen

Schließlich sind alle Seilbahnen, gleichgültig, ob sie für Güter- oder Personenbeförderung dienen, mit einer die Stationen verbindenden *Signal-* und *Fernsprechanlage* versehen.

Bei den *Güterseilbahnen* wird dazu meistens eine eigene, auf den Stützen oder auf einem besonderen Gestänge verlegte Drahtleitung vorgesehen.

Bei den *Personenseilbahnen* benutzt man dazu die Leitung des Sicherheitsstromkreises auf der Strecke, also beim Pendelbetrieb das isoliert gelagerte Zugseil und beim Umlaufbetrieb die dort für den Sicherheitsstromkreis erforderliche besondere Leitung. Bei den Personenseilbahnen mit Pendelbetrieb werden auch die Wagen in die Signal- und Fernsprechanlage einbezogen. Bei den Personenseilbahnen mit Umlaufbetrieb sieht man bloß auf einzelnen Stützen Anschlüsse für tragbare Fernsprechapparate vor, wie sie im Falle von Betriebsstörungen zweckmäßig sind. Daneben werden aber die Stationsausfahrten von Umlaufbahnen und einzelne Stützen mit Schallwerfern ausgestattet, um bei Betriebsstörungen informative Nachrichten an die Fahrgäste übermitteln zu können.

Für den Fall des Versagens der Signal- und Fernsprechanlagen werden kleine Sprechfunkgeräte vorgesehen.

§ 57. Zugseilspannvorrichtungen. Diese bestehen aus einer längsverschieblich gelagerten Seilscheibe, deren Durchmesser gleich oder nur wenig kleiner als der Abstand der beiden Tragseilstränge auf der Strecke ist. Diese Seilscheibe (Abb. 162) wird auf einen stählernen Schlitten aufgesetzt, der auf einer aus Flach- oder Profileisen gebildeten Bahn gleiten kann. Die Ausbildung der Scheiben erfolgt nach den gleichen Grundsätzen wie bei den Antriebsgegenscheiben. Bei schweren Güterseilbahnen und bei Personenseilbahnen wird die Rille der Seilscheibe mit Holz oder Gummi gefüttert und der Schlitten auf Rollen gesetzt. An der

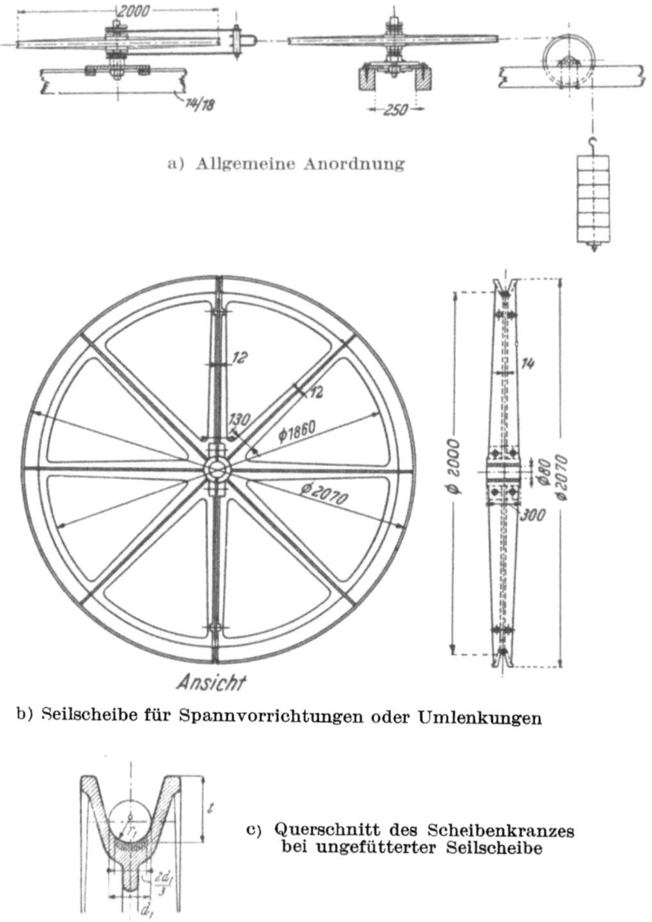

a) Allgemeine Anordnung

b) Seilscheibe für Spannvorrichtungen oder Umlenkungen

c) Querschnitt des Scheibenkranzes bei ungefütterter Seilscheibe

Abb. 162. Zugseilspannvorrichtung für Güterseilbahnen

Achse der Seilscheibe greift eine Gabel an und an dieser das Spannseil, welches das Zugseilspanngewicht trägt. Das Spannseil ist ein Litzenseil aus dünnen Drähten, das an seinen Enden Endmuffen oder Ösen besitzt. Letztere werden unter Zuhilfenahme von Kauschen entweder durch Einspleißen der Seilenden oder mit Backenzahnklammern hergestellt. Die Abmessungen der Spannseile und ihrer Ablenkrollen sind wie bei den

Tragseilspannvorrichtungen (§ 46) zu wählen. Dabei ist auch hier zwischen Umlauf- und Pendelbetrieb zu unterscheiden. Die Zugsicherheit der Spannseile hat aber im vorliegenden Fall $\mathfrak{S}_z = 6{,}0$ zu betragen. Bei Personenseilbahnen muß ferner der Spannschlittenweg durch federnde Puffer begrenzt werden. Es ist dann zweckmäßig, die Gabel nach der gegen die Strecke zugewandten Seite über die Seilscheibe hinaus zu verlängern und an beiden Enden mit Anschlagflächen zu versehen. Oft ordnet man bei Personenseilbahnen mit Pendelbetrieb, deren Wagen mit Fangbremsen versehen sind, auch eine Dämpfeinrichtung gegen plötzliche stärkere Bewegung der Spannvorrichtung an, welche im Falle einer Betätigung der Fangvorrichtungen eintreten könnte. Diese Dämpfeinrichtung besteht aus einer kleinen Kapselpumpe, die mit einer Umlenkrolle des Spannseiles verbunden ist. Als Druckflüssigkeit dient dabei Öl.

Für die Beanspruchung des Zugseiles auf der Spannscheibe gilt das gleiche wie bei jener auf der Antriebsscheibe.

Die erforderliche *Länge der Gleitbahn* hängt hauptsächlich von der Streckenlänge, von der Besetzungsdichte der Strecke mit Wagen und von den Temperatureinwirkungen ab. Durchschnittlich gilt für die Länge der Gleitbahn

$$\lambda^{\mathrm{m}} = L^{*\mathrm{km}} + (1{,}0 \text{ bis } 2{,}0)^1. \tag{202}$$

Wegen der bedeutenden bleibenden Dehnung neuer Zugseile, die ein wiederholtes Kürzen derselben erfordert, soll jedoch die Gleitbahn bei Seilbahnen mit Umlaufbetrieb stets mindestens so lang sein, daß aus der Zugseilspannvorrichtung die ganze, für einen Spleiß erforderliche Seillänge herausgeholt werden kann. Dem entspricht im Mittel eine Gleitbahnlänge von etwa 6,0 bis 8,0 m. Man braucht dann zur Kürzung des Seiles dieses bloß durchzuhacken und wieder zusammenzuspleißen.

Für eine genaue Bestimmung der erforderlichen Gleitbahnlänge gelten die Darlegungen in § 53. Die dort aufgestellten Beziehungen gestatten insbesondere auch, das Spiel einer Zugseilspannvorrichtung zufolge des Betriebes bei gleichbleibender Besetzung der Strecke mit Wagen zu berechnen. Man hat hiebei die betreffenden Gleichungen auf alle Wagen auszudehnen und die Rechnung für eine hinreichende Anzahl von Wagenstellungen zu wiederholen, wobei im Falle des Umlaufbetriebes eine Vereinfachung sich dadurch ergibt, daß nach Ablauf eines Wagenabstandes sich alles in der gleichen Art wiederholt[2].

Gelangen bei Personenseilbahnen zwei Zugseile oder ein Zugseil und ein Schleppseil zur Anwendung od. dgl., so hat jedes dieser Seile seine eigene Spannvorrichtung zu erhalten.

Das Gewicht einer einfachen Zugseilspannvorrichtung mit einer Seilscheibe von 2000 bis 2500 mm Durchmesser, Schlitten aus Blech,

---

[1] Bei Bahnen, die über Bergrücken führen, große Spannweiten, große Wagenabstände und große Wagenlasten haben (Holzförderbahnen), kann das Anderthalbfache an Schlittenbahnlänge notwendig sein.

[2] Ein anderes Verfahren hat F. Absenger in seiner Dissertation „Beitrag zur Berechnung von Zweiseilbahnen", Wien 1943, angegeben.

Schlittenführungen von 6 m Länge aus Flacheisen, Spannseil, Spannseilablenkrolle aus Gußeisen von 600 mm Durchmesser samt Verlagerung und der eisernen Armatur des in der Regel aus einzelnen Betonplatten hergestellten Zugseilspanngewichtes kann im Mittel mit ungefähr 700 bis 900 kg angenommen werden.

Vor der Zugseilspannvorrichtung sind meistens Einführungsrollen für das Zugseil notwendig. Die Durchmesser dieser Rollen sind so wie jene der Einführungsrollen zu den Antrieben (§ 55), also dem Grad der Seilablenkung entsprechend zu wählen.

§ 58. Ablenkrollen und Ablenkscheiben für das Zugseil. Die zur Einführung des Zugseiles in den Antrieb oder in die Spannvorrichtung notwendigen Ablenkrollen und Ablenkscheiben werden nach den gleichen Gesichtspunkten wie die Antriebsgegen- und Spannscheiben ausgebildet. Sie bestehen aus Gußeisen oder aus einer geschweißten Stahlblechkonstruktion und erhalten eine tiefe, gut bettende Rille, da hier das Zugseil betriebsmäßig nie herausgehoben wird. Ist d_1 der Zugseildurchmesser, dann muß die Rillentiefe $t \geq 2\,d_1$ sein und bei ungefütterten Rillen diese nach keinem größeren Halbmesser als $r_1 = 0{,}6\,d_1$ ausgerundet werden (Abb. 162). Nur so lassen sich schädliche Deformationen des Zugseiles sicher vermeiden[1]. Vielfach besteht die Gepflogenheit, diese Rollen oder Scheiben lose auf der Achse laufen zu lassen und ihre Lage auf derselben durch Stellringe zu sichern. Dadurch wird die Montage erleichtert und auch bei Formänderungen der Verlagerungskonstruktion (Holzbauten) noch ein einwandfreier Lauf gewährleistet. Rasch laufende Rollen werden dabei mit Bronzebüchsen in den Naben versehen. Bei Personenseilbahnen läßt man große stark belastete Ablenkscheiben meistens auf Rollenlagern laufen, kleinere rasch laufende und wenig belastete Rollen dagegen auf Kugellagern. Wo nötig, sind bei diesen Bahnen vor den Scheiben auch *Eiskratzer* anzubringen, die das Verstopfen der Rillen im Winter verhüten.

Je nachdem, ob bei der gewünschten Seilablenkung ein Anschmiegen des Zugseiles an die Rolle zu erwarten ist oder nicht, muß der Rollendurchmesser den in § 27 bzw. § 40, 45 und 51 angegebenen Regeln entsprechen.

Über die Gewichte der Ablenkrollen und Ablenkscheiben einschließlich Verlagerung gibt die nachstehende Tabelle Aufschluß.

Rollen- oder Scheibendurchm. mm	Gewicht einschl. Verlagerung kg	Rollen- oder Scheibendurchm. mm	Gewicht einschl. Verlagerung kg
600	60	1500	250
800	80	1700	310
1000	120	2000	390
1200	180	2200	530

[1] Bei der hiebei und auch bei gefütterten Scheiben sich ergebenden Auflagerbreite des Seiles von ungefähr $\frac{2\,d_1}{3}$ soll die Flächenpressung $\sigma = 35\ \text{kg/cm}^2$ nicht überschreiten.

Die Antriebe, Zugseilspannvorrichtungen sowie die Ablenkrollen und Ablenkscheiben werden von den Seilbahnfirmen ebenfalls so weit als möglich werkgenormt.

§ 59. Berechnung der Seilscheiben. Zufolge des biegungssteifen Anschlusses des Kranzes an die Arme und des biegesteifen Zusammenschlusses der Arme an der Nabe ist eine Seilscheibe auch bei kleiner Armanzahl ein vielfach statisch unbestimmtes Gebilde. Sowohl im Hinblick darauf als auch mit Rücksicht auf den Umstand, daß die Scheiben oft mit *hohen* Herstellungsspannungen behaftet sind, die eine genaue Berechnung problematisch erscheinen lassen, beschränken wir uns bloß auf die Wiedergabe der Ergebnisse zweier Grenzfälle.

Ist die Belastung des Kranzes je Längeneinheit $\frac{S}{r}$, worin S die Seilspannkraft und r den Scheibenhalbmesser bedeuten, so würde sich im Falle, als die einzelnen Kranzsegmente *frei aufliegende* radialgestützte Träger wären, deren Biegungsmoment aus der Beziehung

$$M = S\,r\left(\operatorname{tg}\frac{\alpha}{2}\sin\varphi - 2\sin^2\frac{\varphi}{2}\right)$$

ergeben. Darin ist α der zum Kranzsegment gehörige Zentriwinkel und φ der Zentriwinkel zwischen linkem Auflager und dem Ort des Momentes. Für die Mitte des Segmentes ergibt sich daraus

$$M_m = S\,r\,\frac{1-\cos\frac{\alpha}{2}}{\cos\frac{\alpha}{2}}.$$

Der in der Richtung der Arme wirkende Auflagerdruck der Segmente ist

$$A = 2\,S\operatorname{tg}\frac{\alpha}{2}.$$

Längskräfte im Kranz treten hiebei nicht auf.

Zerfällt hingegen der Kranz nicht in einzelne Segmente, sondern *läuft er durch* und erstreckt sich die Belastung $\frac{S}{r}$ über seinen *ganzen* Umfang, so folgt[1] mit J als Trägheitsmoment des Kranzquerschnittes, F als Querschnittsfläche des Kranzes und F_z als Querschnittsfläche eines Armes für das Biegungsmoment des Kranzes an den Anschlußstellen der Arme

$$M_0 = -\frac{S\,r}{2}\cdot\frac{\frac{J}{F}\left(\frac{2}{\alpha}-\operatorname{cotg}\frac{\alpha}{2}\right)}{\frac{J}{F_z}+\frac{r^2}{4}\left[\left(\frac{\frac{\alpha}{2}}{\sin^2\frac{\alpha}{2}}+\operatorname{cotg}\frac{\alpha}{2}\right)\left(1+\frac{J}{F\,r^2}\right)-\frac{4}{\alpha}\right]}.$$

[1] Nach Beyer, K.: Die Statik im Eisenbetonbau, 1. Bd., 2. Aufl. Berlin: Verlag Springer. 1933.

Der Druck in einem Arm beträgt

$$A^* = S \frac{\frac{J}{F}}{\frac{J}{F_z} + \frac{r^2}{4}\left[\left(\frac{\frac{\alpha}{2}}{\sin^2\frac{\alpha}{2}} + \operatorname{cotg}\frac{\alpha}{2}\right)\left(1 + \frac{J}{F r^2}\right) - \frac{4}{\alpha}\right]}$$

das Biegungsmoment des Kranzes an einer beliebigen Stelle

$$M = \frac{A^*}{2} r \sin\varphi - 2 S r \sin^2\frac{\varphi}{2} + M_0,$$

das Biegungsmoment des Kranzes in Feldmitte

$$M_m = \frac{A^*}{2} r \sin\frac{\alpha}{2} - 2 S r \sin^2\frac{\alpha}{4} + M_0$$

und die Axialkraft im Kranze

$$P = S - \frac{A^*}{2 \operatorname{tg}\frac{\alpha}{2}}.$$

Die bei den möglichen Belastungsfällen einer Seilscheibe auftretenden Beanspruchungen dürften durch diese beiden Grenzfälle eingeschlossen sein.

VI. Fahrzeuge der Seilbahnen

§ 60. Gestaltung der Güterseilbahnwagen

a) Allgemeines

Die Seilbahnwagen bestehen aus drei, fast bei allen Ausführungen wiederkehrenden Teilen. Diese sind (Abb. 163): das Laufwerk L, die Vorrichtung zur Aufnahme der Nutzlast (Wagenkasten) K und das Gehänge G, welches die Verbindung zwischen dem Laufwerk und der Einrichtung für die Lastaufnahme herstellt. Wegen der in bestimmten Abständen erforderlichen Unterstützung der Fahrbahn kann, in der Bahnachse gesehen, das Gehänge nur einseitig, und zwar auf der den Unterstützungen des Tragseiles abgewandten Seite, angeordnet werden.

Je nachdem, wo das Zugseil am Wagen befestigt ist und in welcher Höhenlage dasselbe im Vergleich zum Tragseil auf der Strecke unterstützt wird, ergeben sich drei voneinander verschiedene Bauweisen.

1. Bei der *Oberseilanordnung* ist das Zugseil am Laufwerk, und zwar etwas oberhalb des Tragseiles, befestigt. Es muß hiebei wegen seiner größeren Durchhänge gegenüber jenen des Tragseiles überdies seitlich von diesem liegen, und zwar um das Maß x, welches gewöhnlich 100 bis 200 mm beträgt. Die Zugseiltragrollen auf den Stützen befinden sich auf gleicher Höhe wie die Schuhe, welche das Tragseil hochhalten (hohe Zugseilablage, § 40).

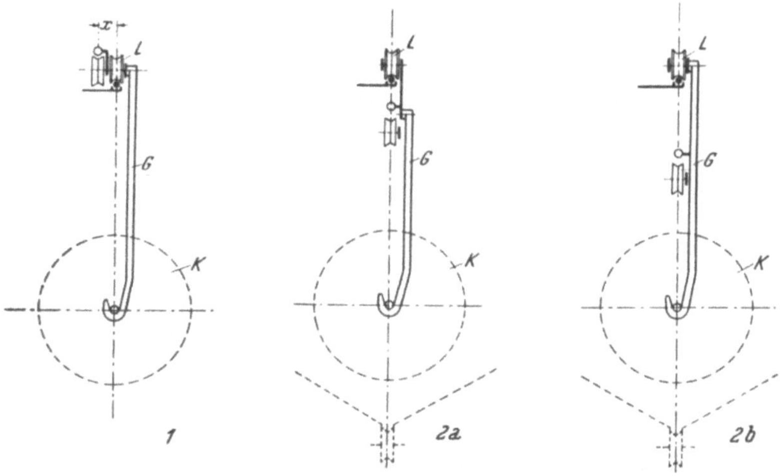

Abb. 163. Grundsätzliche Befestigungsmöglichkeiten des Zugseiles am Wagen und daraus entspringende Anordnungen des Zugseiles zum Tragseil und zum Wagen

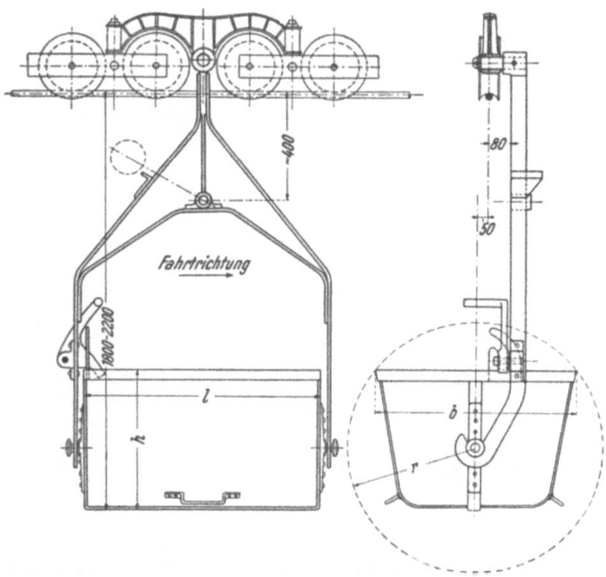

Abb. 164. Seilbahnwagen mit gewöhnlichem, kippbarem Wagenkasten. Unterseilanordnung mit Zugseilbefestigung am Gehänge (Bauart POHLIG)

2. Bei der *Unterseilanordnung* befindet sich das Zugseil unterhalb des Tragseiles und kann am Wagen entweder

a) am *Laufwerk* oder

b) am *Gehänge*

befestigt sein. Je nachdem, ob hiebei das Zugseil an den Unterstützungspunkten des Tragseiles von Tragrollen hochgehalten wird, die knapp unter den Tragseilschuhen angeordnet oder unterhalb des Wagens auf den Stützen eingebaut sind, ergibt sich hier sowohl eine *hohe* als auch eine *tiefe* Ablagemöglichkeit für dasselbe.

Die Unterseilanordnung ist verbreiteter als die Oberseilanordnung, und es gelangt bei ersterer im Falle der Güterseilbahnen mit Pendelbetrieb meistens die tiefe, bei großen Personenseilbahnen mit Pendelbetrieb hingegen die hohe Zugseilablage zur Anwendung (§ 40 und 45). Für Güter- und Personenseilbahnen mit Umlaufbetrieb und für Personenkleinseilbahnen kommt meistens nur die tiefe Zugseilablage in Frage.

Über die Vor- und Nachteile der verschiedenen Zugseilanordnungen wird in § 64 und 65 Näheres mitgeteilt.

b) Lastaufnahmeeinrichtung

1. Zur Förderung von *Massengütern* (Kohle, Erze, Steine) verwendet, man meistens einfache, oben etwas erweiterte *Blechkasten* (Abb. 164), deren Kanten durch Flach- oder Profileisen gesäumt sind. Die Blechstärke der Kasten soll mit Rücksicht auf eine hinreichende Verwendungsdauer (Verschleiß und Verbeulung) bei weicherem und feinkörnigem Fördergut wenigstens 2,5 mm, bei härterem und grobstückigem Fördergut aber mindestens 4 mm betragen. Bei grobstückigem Fördergut erhält der Kastenboden zur Schonung noch einen Holzbelag von wenigstens 25 mm Stärke.

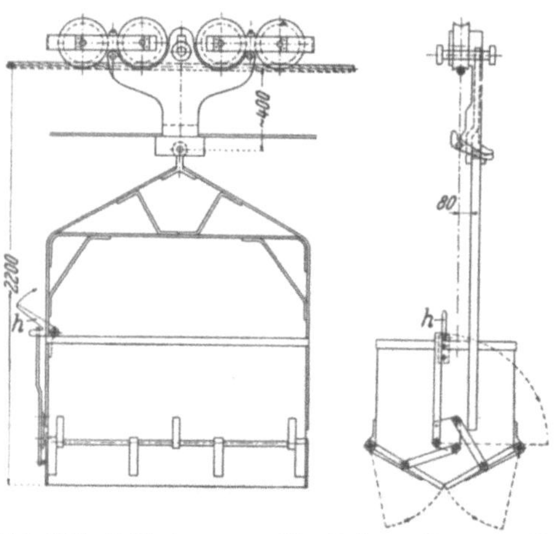

Abb. 165. Seilbahnwagen für Bodenentleerung. Unterseilanordnung mit Zugseilbefestigung am Laufwerk[1]

Der Kasten wird im Gehänge drehbar gelagert, wozu an den Kastenstirnseiten geschweißte Zapfenstücke oder solche aus Stahlguß vorhanden sind, mit denen er in den Gehängehaken ruht. Der vom Wagenkasten beim Kippen beanspruchte Raum wird durch den *Kippkreis* gekennzeichnet. Damit der gefüllte Kasten leicht gekippt und der entleerte wieder leicht aufgerichtet werden kann, müssen die Kippzapfen in einer solchen Höhe angebracht werden, daß der Schwerpunkt des gefüllten Wagenkastens etwas über dem Drehpunkt, jener des leeren Kastens aber etwas unter dem Drehpunkt liegt. Das unbeabsichtigte Kippen des Wagenkastens wird durch eine Verriegelung verhindert, welche an der rückwärtigen

[1] Dukelski, A. J.: Seilschwebebahnen, 3. Aufl. Moskau: Maschgiz. 1951.

Kastenstirnwand angebracht ist. Die Verriegelungen werden fast immer so ausgebildet, daß ihre Betätigung sowohl von Hand aus in den Stationen als auch selbsttätig während der Fahrt durch ortsfeste Anschlagvorrichtungen geschehen kann (§ 69 und 76).

Leidet das zu befördernde Gut leicht unter dem Einfluß der Witterung, so werden die Wagenkasten mit drehbaren Deckeln versehen.

Bei sehr schweren Einzellasten, wie sie auf Bahnen für Sonderzwecke vorkommen können, wählt man zur Erleichterung der Entladung statt gewöhnlicher kippbarer Kasten solche mit *Boden-* oder *Seitenentleerung*. Außerdem geraten solche Wagen beim Entleeren weniger in Schwingungen. Abb. 165 zeigt einen derartigen Wagen für Bodenentleerung. Zur Entladung braucht lediglich der Hebel h der Feststellvorrichtung für die Entleerungsklappen gehoben zu werden. Das Schließen der Klappen erfolgt händisch.

Die Beladung der Kastenwagen geschieht aus Bunkern mit Hilfe von Füllschnauzen (§ 71) oder im Wege des Absetzbetriebes (§ 69). Bei Wagen mit Seiten- oder Bodenentleerung ist jedoch nur Beladung aus Bunkern möglich, da hier die Wagenkasten mit dem Gehänge *nicht* lösbar verbunden sind.

Die wichtigsten Abmessungen gewöhnlicher kippbarer Wagenkasten und ihr Gewicht sind aus nachstehender Tabelle ersichtlich.

Kasteninhalt	l	h	b	r	Gewicht in kg bei Blechstärke	
m^3	mm	mm	mm	mm	2,5 mm	4,0 mm
0,30	900	600	800	500	100	120
0,50	1100	650	900	600	120	150
0,80	1200	750	1100	700	180	210

Das Gewicht der Kübel mit Boden- oder Seitenentleerung kann ungefähr mit dem Doppelten obiger Werte angenommen werden.

Das zur Bestimmung der Kastengröße maßgebende Schüttgewicht der Massengüter ist durch die Normen festgelegt (s. Tabelle in § 73).

2. Werden kleine *Stückgüter* (Kisten, Fässer u. dgl.) befördert, so gelangen Wagen zur Verwendung, welche anstatt Kasten hölzerne Plattformen mit niedrigen Bordwänden besitzen.

Sperrige Stückgüter, insbesondere Langholz, Schnitt- und Brennholz, werden auf besonderen Holzförderwagen verladen. Hiebei bilden immer zwei Wagen eine Fördereinheit. Langholz wird gewöhnlich in den Viertelpunkten mit Ketten umschlungen, und letztere werden an den Wagengehängen befestigt (Abb. 166). Die Stämme sind dabei gegen Rutschen in den Ketten durch Klammern zu sichern.

Bei Schnitt- und Brennholztransport sowie beim Transport von Baustoffen wird an den Gehängeketten ein hölzerner Kasten befestigt, welcher das Fördergut aufnimmt (Abb. 167).

Beladung und Entladung erfolgen bei kleinen Stückgütern von Hand aus, bei großen, sperrigen hingegen oft in der Art des Absetzbetriebes (§ 69),

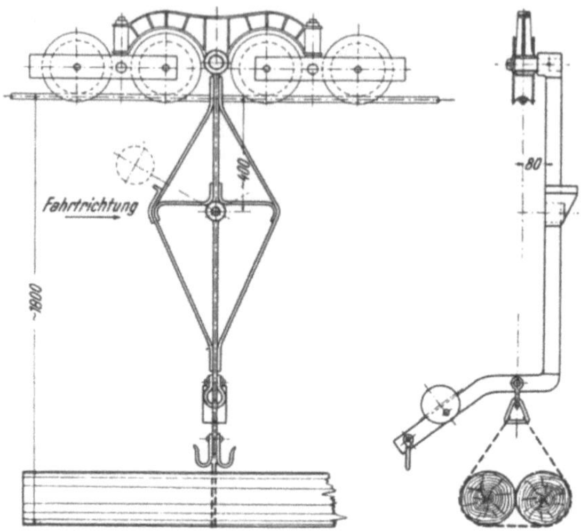

Abb. 166. Langholzwagen, Unterseilanordnung mit Zugseilbefestigung am Gehänge (Bauart POHLIG)

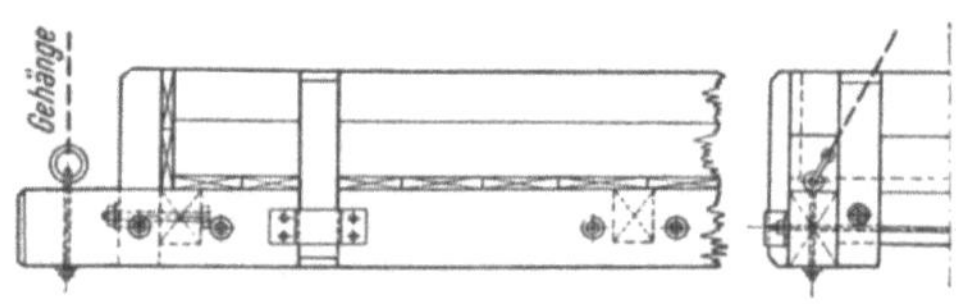

Abb. 167. Förderkasten für sperrige Güter

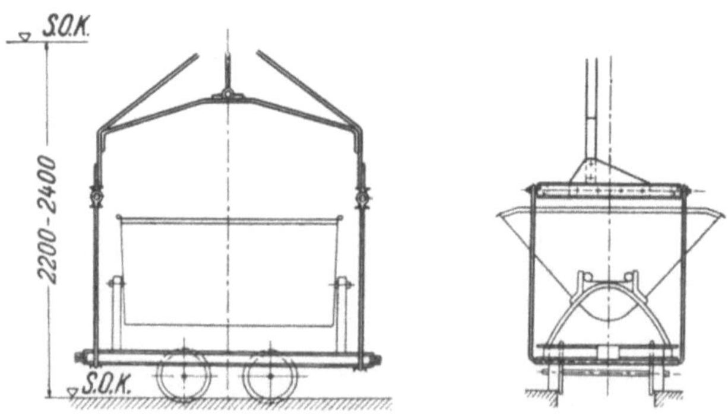

Abb. 168. Seilbahnwagen zum Transport von Grubenhunten, Unterseilanordnung mit Zugseilbefestigung am Gehänge

wobei im Falle der Langholzförderung nur die Stämme allein, bei anderen Stückgütern auch die Holzkasten an dem Absetzvorgang teilnehmen.

Schließlich seien noch die Seilbahnwagen zum Transport von *Grubenhunten* oder *Rollbahnwagen* (Muldenkipper) erwähnt. Die Gehänge erhalten hier gewöhnlich drehbare Rundeisenbügel, durch welche die genannten Fahrzeuge am Untergestell gefaßt werden, wenn sie einen drehbaren Kasten (Mulde) haben (Abb. 168). Ist der Kasten mit dem Untergestell fest verbunden, dann fassen kurze Rundeisenbügel den Hunt in der Höhe der Kastenoberkante. Das Beladen und Entladen geschieht auch hier im Wege des Absetzbetriebes.

c) Gehänge

Gewöhnlich bestehen sie aus Flacheisenrahmen, die durch Zwischenverbindungen versteift sind. Um ein Anstoßen des Gehänges an den Unterstützungsstellen der Fahrbahn zu vermeiden, muß die innere Gehängekante wenigstens 80 mm von der Fahrbahnachse entfernt sein. Die durch die Art und Größe der Last sowie durch das System der Verbindung zwischen Wagen und Zugseil jeweils bedingte besondere Form der Gehänge ist auf Grund der Abb. 164 bis 168 bekannt.

Das Gehänge ist im *Laufwerk* drehbar gelagert und erhält zu diesem Zweck einen Zapfen, der meistens mit dem Gehängekopf fest verbunden (warm eingezogen und durch einen Bolzen gesichert) wird (Abb. 164 und 166). Der Gehängezapfen ruht in einem entsprechend *lang* auszuführenden Lager des Laufwerkes. Kurze Lager führen bald zu größeren Abnutzungen und damit zu Abweichungen des Laufwerkes aus seiner lotrechten Stellung am Tragseil. Besonders zu beachten sind auch die bei unvermeidlichen waagrechten Verdrehungen von Wagenkasten und Gehänge gegenüber dem Laufwerk entstehenden Beanspruchungen im Gehängekopf. Je länger das Gehänge ist, um so weniger neigt der Seilbahnwagen zu Längs- und Querschwingungen. Der Abstand zwischen Wagenunterkante und Fahrbahnoberkante beträgt daher je nach der Wagengröße 1,80 bis 2,40 m. Bei größeren Ladungen, insbesondere aber dann, wenn die Verbindung des Wagens mit dem Zugseil im Gehänge angeordnet ist und größere Steigungen zu befahren sind, müssen die Gehänge aus Profilstahl hergestellt werden.

Über das durchschnittliche Gewicht der Gehänge gibt die nachstehende Tabelle Aufschluß.

Art der Lastaufnahme-Vorrichtung	Gehängegewicht in kg		
	Zugseilklemme im Laufwerk	Zugseilklemme im Gehänge	
		Bahnneigg. 0 bis 20 %	Bahnneigg. 20 bis 60 %
Kasteninhalt 0,30 m³	50	70	80
Kasteninhalt 0,50 m³	60	80	100
Kasteninhalt 0,80 m³	70	90	120
Langholzgehänge	50	70	80
Gehänge für Grubenhunte oder Muldenkipper mit 0,75 m³ Inhalt	150	170	200

d) Laufwerk

Aus den in § 27 angegebenen Gründen gelangt heute fast *ausschließlich* das *Vierradlaufwerk* zur Anwendung und nur bei kleinen Nutzlasten, etwa solchen unter 400 kg, und bei Bahnen, welche bloß einen vorübergehenden Bestand haben, vermag das *Zweiradlaufwerk* unter Umständen wirtschaftlich erscheinen.

Außer von der Räderanzahl ist die Form des Laufwerkes davon abhängig, ob das Zugseil an diesem oder am Gehänge befestigt wird. Die einfachste Laufwerksform ergibt sich bei Anbringung der Zugseilbefestigung im Gehänge.

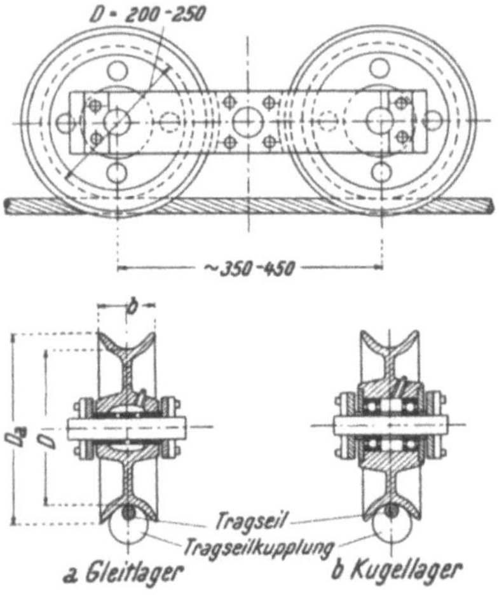

Abb. 169. Zweiradlaufwerk mit Gleit- und mit Kugellagern, bei Zugseilbefestigung am Gehänge

Zweiradlaufwerke kommen entweder als selbständige Laufwerke oder als Teile der Vierradlaufwerke zur Anwendung. Sie bestehen aus zwei Blechwangen sowie einem mit diesen verschraubten Mittelstück aus Gußeisen oder einem eingeschweißten Mittelstück zur Aufnahme des Gehängezapfens oder eines Verbindungsbolzens für den Laufwerksträger von Vierradlaufwerken (Abb. 169). Die Räder (Laufrollen) haben eine flache Rille und sind aus härterem Stahlguß oder aus einem härteren, im Gesenke geschmiedeten Stahl. Andere Baustoffe würden beim Lauf über die harten, keineswegs glatten Seile zu große Abnutzungen ergeben. Nichtsdestoweniger muß aber doch der durch die Berührung zwischen Rollen und Tragseil unvermeidbare Verschleiß hauptsächlich den Rollen überantwortet werden, weil sie der billigere und leichter zu erneuernde Teil sind. Der Laufkreisdurchmesser wird bei Raddrücken kleiner als 250 kg gewöhnlich mit $D = 200$ mm und bei größeren Raddrücken mit 250 mm angenommen, um die Flächenpressung zwischen Rollen und Tragseil in angemessenen Grenzen zu halten. Auf die Biegungsbeanspruchung des Tragseiles hat dies jedoch kaum Einfluß. Der Außendurchmesser der Rollen beträgt gewöhnlich $D_a = 1{,}30\ D$. Die Rollenbreite b ist so zu bemessen, daß die Rollen auch über Tragseilkupplungen leicht hinweglaufen, also dort mit den Spurkränzen nicht klemmen. Bei größeren Raddrücken sind daher auch breitere Rollen nötig. Gewöhnlich macht man $b = 0{,}4\ D$.

Um die Abnutzung zwischen Achsbolzen und Laufrollen klein zu halten, wird die Bohrung der letzteren mit Bronzerohren ausgebüchst. Bei langen, flachen Bahnen mit großen Wagenlasten und dichter Wagenfolge gelangen vielfach Kugellager für die Laufrollen zur Anwendung, weil bei derartigen Anlagen oft die Laufwiderstände einen überwiegenden

Anteil an der gesamten erforderlichen Umfangskraft an der Antriebsscheibe haben (§ 49). Die Schmierung der Rollen geschieht durch Starr-

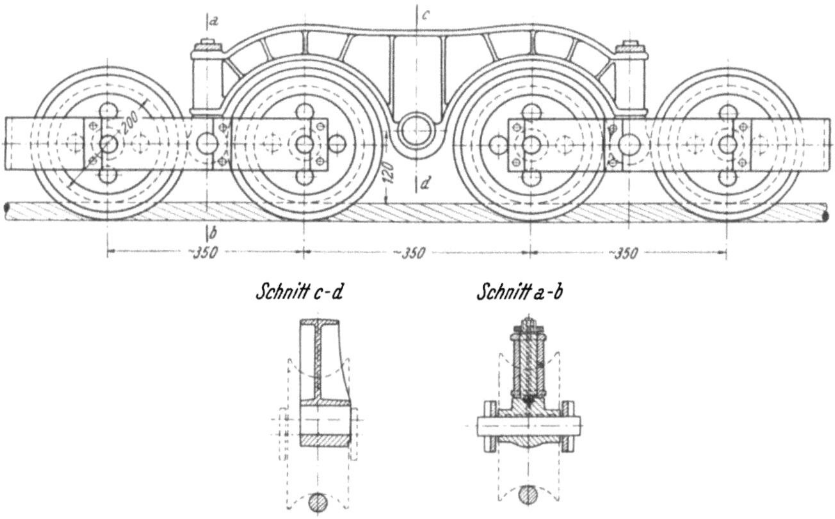

Abb. 170a. Vierradlaufwerk mit oberhalb der Einzellaufwerke angeordnetem Laufwerksträger in einwandiger Bauweise, Anbringung der Zugseilbefestigung für Unterseil am Gehänge (Bauart POHLIG)

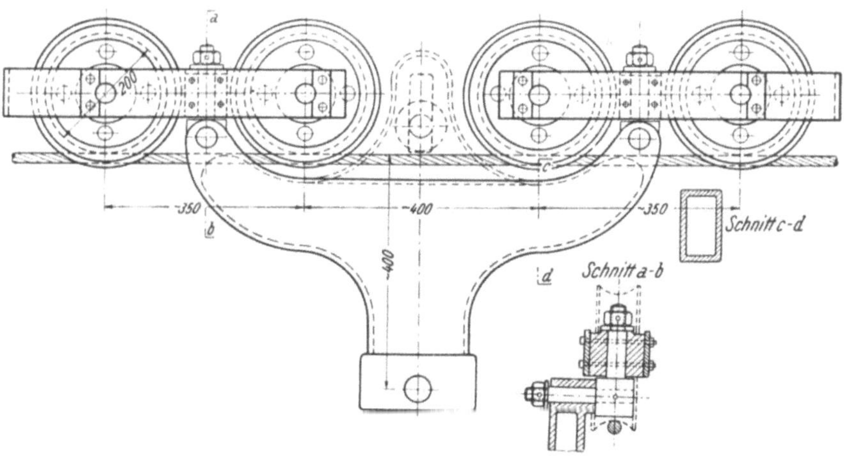

Abb. 170b. Vierradlaufwerk mit seitlich unterhalb der Einzellaufwerke angeordnetem Laufwerksträger in Kastenbauweise, Anbringung der Zugseilbefestigung für Unterseil am Laufwerk (Bauart BLEICHERT)

fett, zu welchem Zweck die Naben oder Achsen gebohrt sind und Schmiernippel tragen, an die eine Fettpresse angesetzt werden kann.

Vierradlaufwerke bestehen aus zwei Zweiradlaufwerken und einem diese verbindenden Träger, an dem das Gehänge angreift. Damit eine gleichmäßige Übertragung der Last auf alle vier Laufrollen gewährleistet wird, müssen die Einzellaufwerke um eine waagrechte Achse drehbar im Laufwerksträger gelagert sein. Bei Seilbahnen mit Umlaufbetrieb haben die Wagen auch die Hängebahnschleifen in den Stationen zu durchfahren; die Einzellaufwerke müssen dann im Laufwerksträger auch um eine lotrechte Achse drehbar sein.

Der Laufwerksträger wird häufig in der lotrechten Ebene durch die Fahrbahn über den Einzellaufwerken angeordnet (Abb. 170a), ferner seitlich neben diesen oder seitlich und unter den Einzellaufwerken (Abb. 170b). Welche Anordnung gewählt wird, hängt wenigstens teilweise von der Art und Anbringung der Zugseilbefestigung ab. Die Laufwerksträger wurden früher aus Stahlguß hergestellt. Heute werden sie entweder aus im Gesenke geschmiedetem Stahl gemacht (bei einwandiger Bauweise, Abb. 170a) oder aus Stahlblechen zusammengeschweißt (bei Kastenbauweise, Abb. 170b). Bei der Wahl des Trägerquerschnittes ist nicht nur auf eine genügende Steifigkeit im lotrechten Sinn zu achten, sondern auch auf eine hinreichende Verdrehungssteifigkeit.

Über die Gewichte der Laufwerke folgen wegen ihres Zusammenhanges mit den Zugseilbefestigungen nähere Angaben erst dort.

§ 61. Zugseilbefestigung am Wagen. Hinsichtlich der Verbindungsmittel zwischen Wagen und Zugseil sind zu unterscheiden

1. *betriebsmäßig nicht lösbare*, die nur bei Seilbahnen mit Pendelbetrieb und bei Anlagen mit kontinuierlich intermittierendem Betrieb angewendet werden können, und

2. *betriebsmäßig lösbare*, für Seilbahnen mit dem üblichen Umlaufbetrieb.

a) Betriebsmäßig nicht lösbare Verbindungen

Diese sind entweder Klemmen oder Muffenverbindungen. Im allgemeinen sind Klemmen völlig ausreichend, und Muffenverbindungen werden nur in Sonderfällen, bei sehr schweren Lasten, zur Anwendung gebracht.

1. Die Klemmenverbindungen bestehen gewöhnlich aus einem kräftigen, im Laufwerk oder Gehänge drehbar gelagerten Rundstahlzapfen (Abb. 171), der an einem Ende zu einer Platte ausgeschmiedet ist. Bei Lagerung des Zapfens im Laufwerk kann dieser gleichzeitig auch als Gehängezapfen benutzt werden. In die Platte ist eine trapezförmige Nut eingefräst, in welcher das Zugseil liegt. Über dieser Platte befindet sich die Klemmplatte, die mit einer ebensolchen Nut versehen ist und gewöhnlich durch vier Mutterschrauben mit der Grundplatte verbunden wird. Infolge der drehbaren Lagerung der Klemme kann sich diese immer gemäß der Resultierenden aus den beiden Zugseilkräften am Wagen einstellen. Außerdem rundet man die Seilrillen an den Enden, hauptsächlich in der Längsrichtung aus, wodurch schärfere Seilknicke an den Klemmen vermieden werden. Diese Verbindung hat, im Gegensatz zu der nachfolgenden, *bloß* die für den Wagen erforderliche Zugkraft zu übertragen, da das Zugseil an der Klemme nicht unterbrochen, sondern durch diese hindurchgeführt wird.

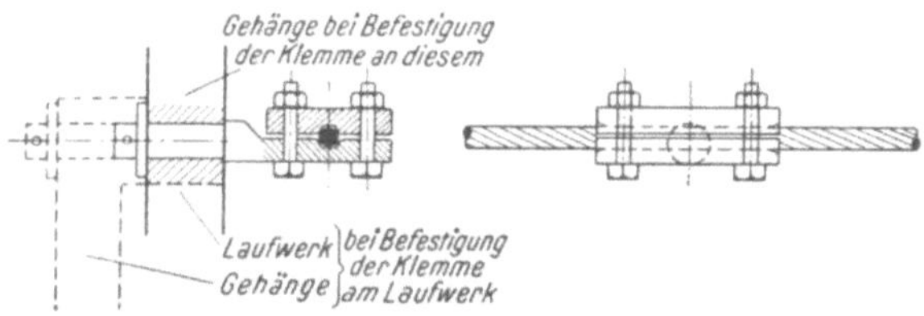

Abb. 171. Klemmenverbindung zwischen Wagen und Zugseil

2. **Muffenverbindungen** bestehen aus zwei Endmuffen, in denen die Zugseilenden in der üblichen Art (§ 14) vergossen sind. Jede Muffe besitzt im unvergossenen Teil ein Innengewinde, in das ein Rundstahlstück eingeschraubt werden kann, welches an seinem anderen Ende zu einem Bolzenauge ausgeschmiedet ist. Mit diesen Augen werden die Muffen auf einen Zapfen aufgesteckt, der, wie bei der Klemmenverbindung, im

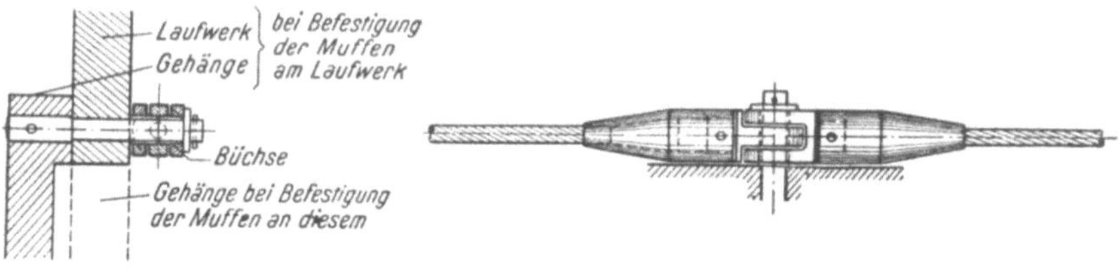

Abb. 172. Muffenverbindung zwischen Wagen und Zugseil

Laufwerk oder Gehänge befestigt sein kann (Abb. 172). Auch hier wird bei Befestigung des Zapfens im Laufwerk dieser häufig gleichzeitig als Gehängezapfen benutzt. Die Muffen sind, trotzdem sie die *ganze* Zugseilspannkraft aufzunehmen haben, sicherer als Klemmen; außerdem werden durch den gelenkigen Anschluß am Wagen Knicke des Zugseiles vermieden.

Für die Ermittlung der Kräftewirkungen und Beanspruchungen in den Klemmen und Muffenverbindungen gilt das in § 14 Angeführte.

b) Betriebsmäßig lösbare Verbindungen

Diese sind, von älteren oder primitiven Einrichtungen für vorübergehend bestehende Anlagen abgesehen, heute ausschließlich *selbsttätig* wirkende Klemmen, die bei Ausfahrt eines Wagens aus einer Station diesen an das dauernd umlaufende Zugseil anschließen und bei Einfahrt in eine Station wieder davon lösen. Die Zahl der Bauarten solcher Klemmvorrichtungen ist sehr groß; sie lassen sich aber in folgende Gruppen gliedern:

1. Die Klemmkraft wird durch eine von einem Schlaghebel gedrehte Schraube, von Federn oder dergleichen hervorgerufen.

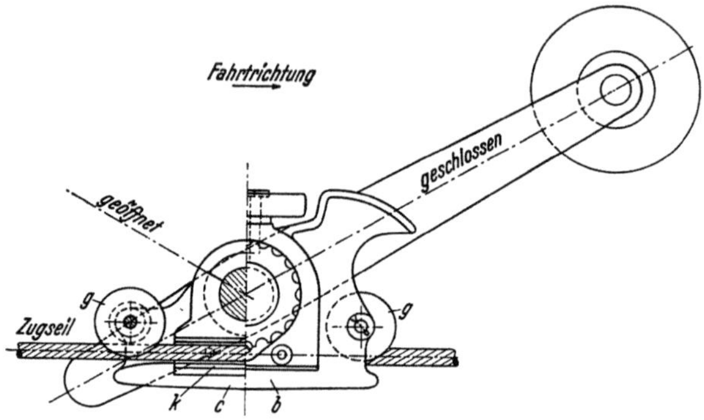

Linke Hälfte: Schnitt durch die Seilachse; rechte Hälfte: Ansicht

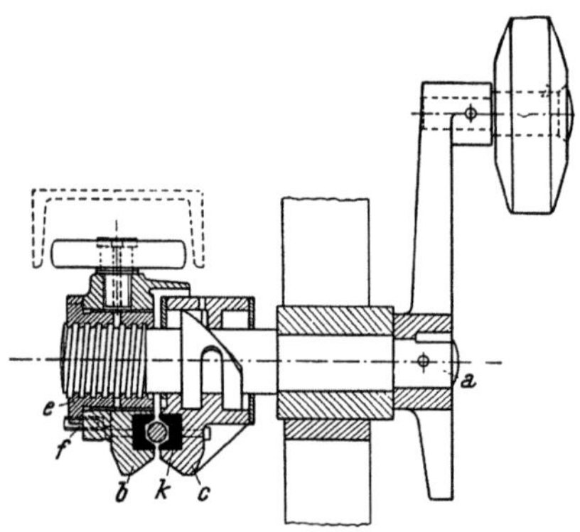

Schnitt durch die Spindel

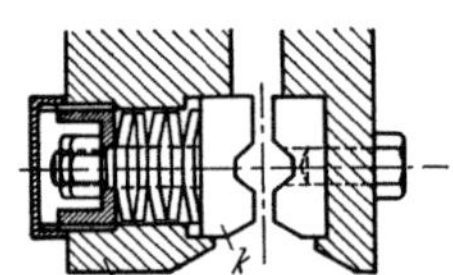

Gefederte Klemmeinlage

Abb. 173. Pohligscher Schraubklemmapparat bei Unterseilanordnung für eine im Uhrzeigersinn umlaufende Seilbahn (Linksbahn)

2. Die Klemmkraft wird vom Eigengewicht des Wagens erzeugt.

3. Die Klemmkraft wird sowohl von den unter 1. als auch unter 2. genannten Kräften gleichzeitig ausgeübt.

Von diesen drei Gruppen gelangt bei Personenseilbahnen für Umlaufbetrieb nur die erste zur Anwendung.

Die Sicherheit dieser Verbindungen gegen Rutschen soll mindestens 1,5 bis 2,0 betragen. Im Hinblick auf die große Zahl der Klemmvorrichtungen werden nur einige besonders gebräuchliche hier beschrieben.

1. Schraubklemmapparat. Sein Wesen besteht darin, daß auf einer Stahlspindel, welche mit gegenläufigen Gewinden versehen ist, zwei als Muttern ausgebildete Stahlgußklemmbacken sitzen. Wird die Spindel gedreht, so können, je nach dem Sinn der Drehung, die Klemmbacken einander genähert oder voneinander entfernt werden. Die Drehung der Spindel geschieht durch einen geschmiedeten Schlaghebel, der am Ende eine Gewichtsrolle trägt und dessen Bewegung in den Kuppelstellen der Wagen durch Führungen gesteuert wird.

Beim Pohligschen Schraubklemmapparat (Abb. 173), der auf dem Prinzip von Obach beruht, hat die Spindel *a* ein Steilgewinde und ein flachgängiges Gewinde mit entgegengesetzter Steigung. Die Spindel kann gemäß den grundsätzlichen Anordnungsmöglichkeiten der Zugseilbefestigung (Abb. 163) sowohl im Laufwerk als auch im Gehänge gelagert

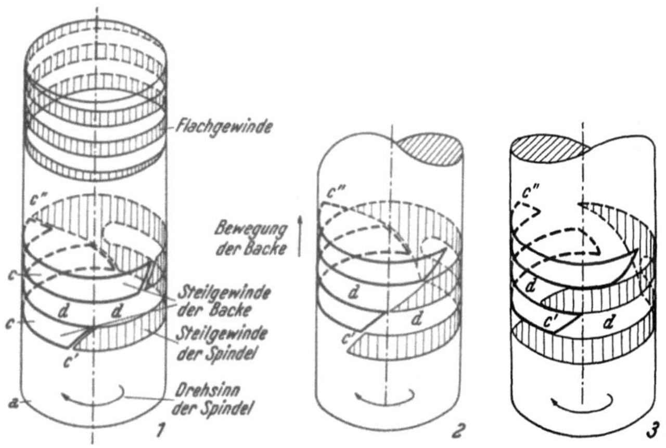

Abb. 174. Stellung der Steilgewinde von Spindel und Backe beim Schließvorgang eines Pohligschen Schraubklemmapparates für eine im Uhrzeigersinn umlaufende Seilbahn (Linksbahn)

sein, wird aber nach der Pohligschen Ausführung für Unterseil im Gehänge untergebracht. Beim Schließen der Klemmvorrichtung besorgt das Steilgewinde schon durch eine kleine Drehung des Schlaghebels eine entsprechende Annäherung der Klemmbacken *b*, *c* an das Zugseil und hernach bei weiterer Drehung des Hebels das Flachgewinde die zur Erzeugung der Klemmkraft nötige Pressung des Zugseiles. Letzteres ist aber nur möglich, wenn vorher das Steilgewinde ausgeschaltet wird. Zu diesem Zweck sind sowohl auf der Spindel als auch auf der dazugehörigen Steilgewindebacke *c* lediglich kurze Stücke c', c'' des Steilgewindes vorhanden (Abb. 174), und es gleiten daher bei der zunächst stattfindenden Annäherungsbewegung der Backen nur die entsprechenden Gewindeflächen c' von Spindel und Steilgewindebacke aneinander entlang. Bei fortgesetzter Drehung der Spindel gelangen die Steilgewindeflächen außer Berührung; es entsteht ein Totgang. Um dabei weitere, willkürliche Verschiebungen der Steilgewindebacke zu verhindern, die den Preßvorgang des Zugseiles beeinträchtigen würden, sind in den Gewindekörpern von Spindel und Backe Schlitze *d* vorgesehen, denen zufolge sie ineinander-

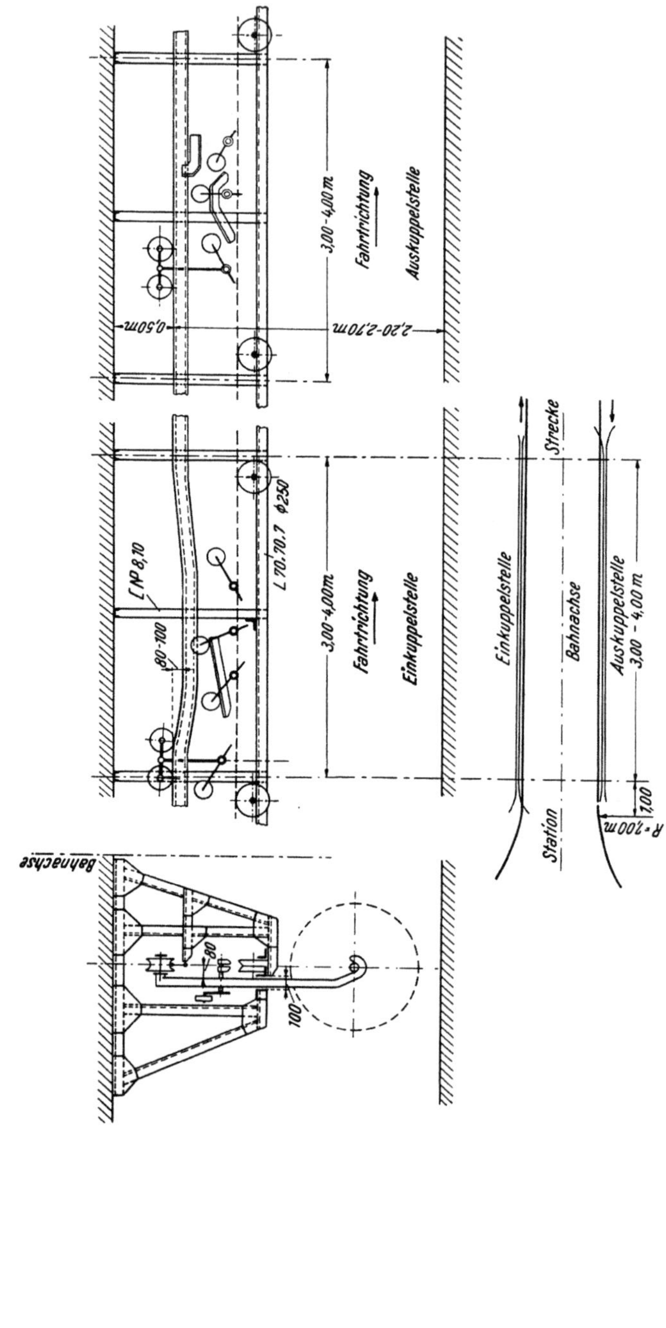

Abb. 175. Kuppelstellen für einen Pohligschen Schraubklemmapparat bei Unterseilanordnung und Umlauf der Wagen im Uhrzeigersinn (Linksbahn)

greifen. Die an den anderen Enden der Gewindekörper vorhandenen Steilgewindeflächen c'' wirken bei Öffnung des Klemmapparates.

Zur Einstellung des Klemmapparates auf eine bestimmte Zugseilstärke besitzt die Flachgewindebacke b ein in diese eingeschraubtes Einsatzstück e, welches durch eine Stiftschraube f fixiert werden kann. Weiters sind vor und hinter den Klemmbacken Führungsröllchen g angebracht, mit denen sich der Klemmapparat beim Kuppelvorgang auf das Zugseil setzt, wodurch im Verein mit seiner drehbaren Lagerung im Gehänge die richtige Lage der Klemmbacken gegenüber dem Zugseil gewährleistet wird. Die Klemmbacken erhalten auswechselbare, aus gehärtetem Stahl hergestellte, keilförmige Klemmeinlagen k, die an den Enden ausgerundet sind.

Das Flachgewinde bekommt gewöhnlich einen Steigungswinkel von 2 bis 3°, das Steilgewinde einen solchen von 45°. Der Spindeldurchmesser ist meistens 40 bis 50 mm. Die Länge des Schlaghebels von Spindelmitte bis Mitte Gewichtsrolle beträgt etwa 350 mm und die Länge des unteren Hebelfortsatzes 100 mm. Das Schlaggewicht des Hebels wird in der Regel mit 5 bis 7 kg gewählt. Die Klemmbackenlänge ist ungefähr 120 bis 150 mm.

In den an den Stationsenden angeordneten *Kuppelstellen* (Abb. 175), die gewöhnlich in Stahlkonstruktion hergestellt werden, befinden sich die Betätigungseinrichtungen für die Klemmapparate. Durch dort angebrachte Hängebahnschienen als Fahrbahn für die Wagen, seitliche Gehängeführungen und Lagerung des Zugseiles auf besonderen Führungsrollen wird ein störungsfreier Kuppelvorgang gewährleistet. Die Gehängeführungen müssen hoch genug liegen, damit sich an ihren Enden die Wagenkasten bei Längsschwingungen der Gehänge nicht verfangen können. (Lange Gehänge sind also vorteilhaft.)

An der *Einkuppelstelle* ist die Laufschiene nach unten durchgebogen und das Zugseil so geführt, daß sich der geöffnete Klemmapparat auf das Zugseil setzt; der Schlaghebel ist dabei nach rückwärts umgelegt und stützt sich auf eine Rast (Abb. 164 und 166). Bei Weiterfahrt des Wagens läuft die Gewichtsrolle des Schlaghebels auf eine Leitschiene auf, wodurch dieser in eine nahezu lotrechte Stellung kommt. In diesem Augenblick stößt die untere Fortsetzung des Hebels gegen einen Daumen, so daß die Gewichtsrolle nach vorn herumgeworfen wird und den Klemmapparat schließt.

In der *Auskuppelstelle* läuft die Gewichtsrolle des Schlaghebels zuerst ebenfalls auf einer ansteigenden Leitschiene auf. Der Hebel wird dann, wenn er wieder in eine nahezu senkrechte Stellung gekommen ist, durch eine zweite Leitschiene nach rückwärts umgelegt, wodurch der Klemmapparat sich öffnet.

Zufolge der in den Kuppelstellen jeweils notwendigen Schlaghebelstellung ergibt sich, daß bei einer Seilbahn, welche im Uhrzeigersinn umläuft (*Linksbahn*), die Klemmapparate in jeder Hinsicht das Spiegelbild von der Ausführung derselben bei Betrieb entgegengesetzt dem Uhrzeigersinn (*Rechtsbahn*) sein müssen.

Der POHLIGsche Schraubklemmapparat kann, wie Abb. 176 zeigt, auch für ein Oberseil benutzt werden. Die im Laufwerk zu lagernde Klemmapparatspindel läßt sich hiebei gleichzeitig als Gehängebolzen verwenden. Gehängeführungen in den Kuppelstellen erscheinen bei dieser Ausführung wegen des geringen Einflusses von seitlichen Pendelbewegungen des Wagens entbehrlich.

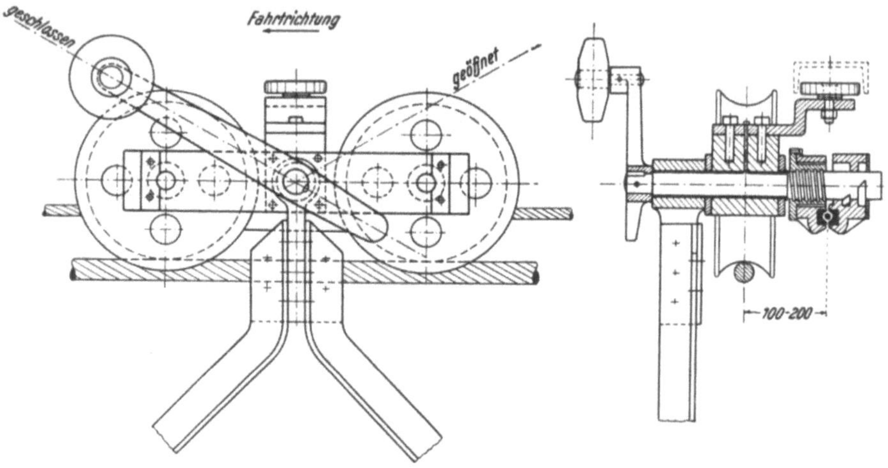

Abb. 176. POHLIGscher Schraubklemmapparat bei Oberseilanordnung für eine im Uhrzeigersinn umlaufende Seilbahn (Linksbahn)

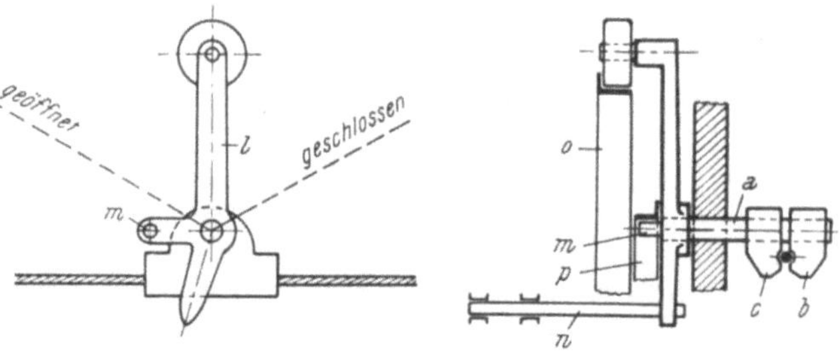

Abb. 177. POHLIGscher Schraubklemmapparat mit Einrichtung zur Befahrung der Einkuppelstelle auch entgegengesetzt zur Fahrtrichtung. Umlauf der Bahn entgegengesetzt dem Uhrzeigersinn (Rechtsbahn)

Bei langen flachen Bahnen, bei welchen Antrieb und Spannvorrichtung des Zugseiles an einem Bahnende vereinigt sind, kann es beim Ingang- oder Stillsetzen der Bahnanlage vorkommen, daß das Zugseil am anderen Bahnende eine kurze rückläufige Bewegung ausführt. Auch ist es möglich, daß bei einer Seilbahn wegen einer Betriebsstörung eine kurze Rückwärtsbewegung des Zugseiles notwendig wird. Während solcher Rückwärtsbewegungen kann sich nun ein Wagen gerade in der Einkuppelstelle befinden oder diese eben verlassen haben. Da bei Schraubklemmapparaten die übliche Einkuppelstelle eine Rückwärtsbewegung nicht ohne weiteres zuläßt, wurde von POHLIG für jene Fälle, bei denen eine Rückwärtsbewegung besonders in Betracht zu ziehen ist, folgende Abänderung des Schraubklemmapparates vorgenommen:

Wie Abb. 177 zeigt, ist der untere Fortsatz des Schlaghebels l etwas abgebogen, außerdem besitzt er einen rechtwinkelig zu ihm stehenden Ansatz mit einem Zapfen m. Beim *Einkuppelvorgang* (Abb. 178a) stößt der untere Fortsatz des Schlaghebels gegen den als nachgiebigen Federstab ausgebildeten Kuppeldaumen n, wodurch der Schlaghebel nach rechts herumgeworfen und der Klemmapparat geschlossen wird. Bewegt sich nun das Zugseil und damit

a) Einkuppelvorgang

b) Auskuppelvorgang bei unterer Grenzstellung des Schlaghebels

c) Auskuppelvorgang bei oberer Grenzstellung des Schlaghebels

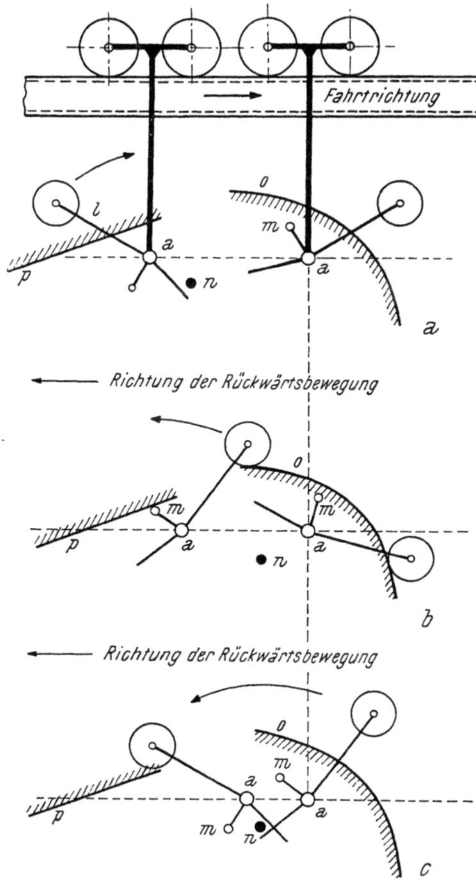

Abb. 178. Einkuppelstelle für einen POHLIGschen Schraubklemmapparat mit Einrichtung zur Befahrung der Kuppelstelle auch entgegengesetzt zur Fahrtrichtung. Umlauf der Bahn entgegengesetzt dem Uhrzeigersinn (Rechtsbahn)

der Wagen aus irgendeinem Grunde ein Stück rückwärts, dann müssen beim *Wiederöffnen* des Klemmapparates in der Einkuppelstelle zwei Grenzstellungen des Schlaghebels beachtet werden, die sich aus den kleinen Dickenunterschieden des Zugseiles ergeben.

War das Zugseil an der Stelle der Klemmung etwas *dünner* als im Mittel, dann hatte der Schlaghebel in geschlossenem Zustand eine *tiefe* Lage (Abb. 178b). Bei der Rückwärtsbewegung des Wagens läuft dann die Gewichtsrolle des Schlaghebels auf eine Leitschiene o auf, wodurch dieser soweit gehoben wird, daß bei der Weiterbewegung des Wagens der Zapfen m an die Leitschiene p zum Anliegen kommt, die im weiteren Verlaufe den Klemmapparat öffnet.

War hingegen das Zugseil an der Stelle der Klemmung etwas *dicker* als im Mittel, dann hatte der Schlaghebel in geschlossenem Zustand eine *hohe* Lage (Abb. 178c). Bewegt sich jetzt der Wagen rückwärts, dann stößt der untere Fortsatz des Schlaghebels gegen den nachgiebigen Kuppeldaumen n, der Schlaghebel wird nach links herumgeworfen und so der Klemmapparat geöffnet.

Stößt bei der Rückwärtsbewegung des Wagens der untere Hebelfortsatz mit seinem Ende gegen den Kuppeldaumen, so sorgt das spitze Ende des Hebelfortsatzes zusammen mit der elastischen Nachgiebigkeit des Kuppeldaumens dafür, daß der Klemmapparat in der einen oder anderen Art geöffnet wird.

Eine Näherungsberechnung zur Bestimmung der Klemmkraft eines Schraubklemmapparates läßt sich wie folgt durchführen.

Bedeutet:

r den mittleren Halbmesser der flachgängigen Schraube,
ε deren Steigungswinkel,
h deren Ganghöhe,
ϱ den Reibungswinkel der Schraube,
U die Umfangskraft an der Schraubenspindel und
N, N' die durch die Spindel erzeugten Preßkräfte,

so gilt mit $\operatorname{tg} \varepsilon = \frac{h}{2 r \pi}$ bei Außerachtlassung der Reibung

$$N' = \frac{U}{\operatorname{tg} \varepsilon},$$

mit Rücksicht auf diese aber $N = \frac{U}{\operatorname{tg}(\varepsilon + \varrho)}$.

Der Wirkungsgrad der Schraube ist demnach

$$\eta = \frac{N}{N'} = \frac{\operatorname{tg} \varepsilon}{\operatorname{tg}(\varepsilon + \varrho)}.$$

Erhält nun beim Ankuppelvorgang der Fortsatz des Schlaghebels durch den Daumen der Kuppelstelle einen Stoß und sind

v die Geschwindigkeit des Wagens,
v_s die Relativgeschwindigkeit der Schwungmasse (Gewichtsrolle) m,
l, o die Längen der Arme des Schlaghebels,

dann kann mit Rücksicht auf die Kleinheit der Schwungmasse im Vergleich zur Wagenmasse näherungsweise gemäß Abb. 179 geschrieben werden

$$v_s = v \frac{l}{o}.$$

Die vom Schlaghebel an die Klemmvorrichtung und mithin an das Zugseil abgebbare Energie ist demnach

$$A_N' = \frac{m v_s^2}{2},$$

bei Berücksichtigung des Wirkungsgrades der Schraube jedoch nur

$$A_N = \frac{m v_s^2}{2} \cdot \frac{\operatorname{tg} \varepsilon}{\operatorname{tg}(\varepsilon + \varrho)}.$$

Unter dem Einfluß der auf die Klemmbacken übertragenen Preßkraft N wird das Zugseil etwas zusammengedrückt. Der Zusammenhang zwischen der Zusammendrückung Δd und N kann in der Form

$$\Delta d = \alpha\, N^n$$

angenommen werden, wobei sich auf Grund von Versuchen unter Verwendung der vorbeschriebenen Klemmbackenform für $\alpha \doteq \frac{1}{10}$ und $n =$

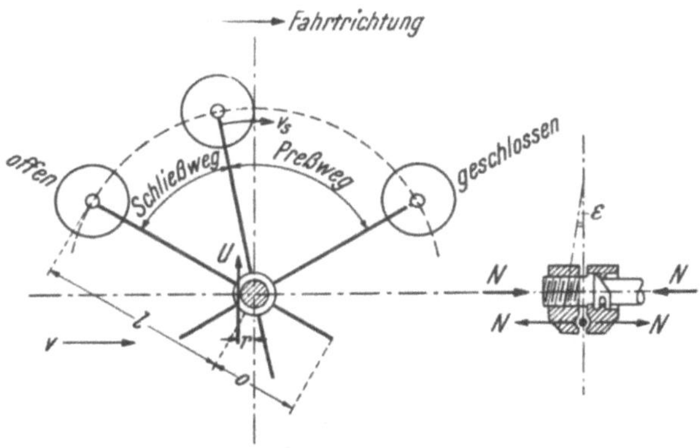

Abb. 179. Zur Berechnung der Klemmkraft eines Schraubklemmapparates

$= \frac{1}{2}$ setzen läßt, wenn man Δd in mm ausdrückt und N in kg erhalten will[1]. Mithin ist die Verformungsarbeit des Zugseiles

$$A_S = \int_0^N N\, d(\Delta d) = \int_0^N N\, \alpha\, n\, N^{n-1}\, dN = \frac{\alpha\, n}{n+1}\, N^{n+1}.$$

Aus $A_N = A_S$ folgt für die Preßkraft

$$N = \left[\frac{m\, v^2\, l^2}{2\, o^2} \cdot \frac{\operatorname{tg} \varepsilon}{\operatorname{tg}(\varepsilon + \varrho)} \cdot \frac{n+1}{\alpha\, n}\right]^{\frac{1}{n+1}}. \tag{203}$$

Im Hinblick auf den in § 14 durch Gl. (15) gegebenen Zusammenhang zwischen Preßkraft N und Klemmkraft K entsteht für die letztere

$$K = 2\, N\, \mu\, \sqrt{2}, \tag{204}$$

wenn wir in (15) $2\, n\, Z = N$ setzen.

Für den Reibwert μ zwischen Zugseil und Klemmbacken ist etwa 0,10 anzunehmen. Da $\varepsilon < \varrho$, ist die Klemmvorrichtung durch die Reibung im Flachgewinde selbsthemmend und die in keiner Weise vom Wagengewicht

---

[1] Wallmannsberger, G.: Spindelklemmvorrichtungen mit Schlaghebel für Seilbahnen. Wasserwirtschaft **1927**, H. 20.

und den Neigungsverhältnissen der Bahn abhängige Klemmkraft konstant. Auf steilen Strecken und bei großen Wagengewichten erscheint es jedoch angebracht, die Klemmkraft noch dadurch zu vergrößern, daß nach vollzogenem Schließvorgang die Gewichtsrolle unter einer Druckschiene hindurchgeführt wird, die an einem Ende drehbar gelagert und am anderen durch ein Gewicht beschwert ist. Ähnliches gilt für den Fall kleiner Fahrgeschwindigkeiten.

Um die Klemmwirkung zu verbessern, setzt man in letzter Zeit mitunter auch *Tellerfedern* zwischen der äußeren Klemmbacke b und ihrer Klemmeinlage K, wie dies ebenfalls Abb. 173 zeigt.

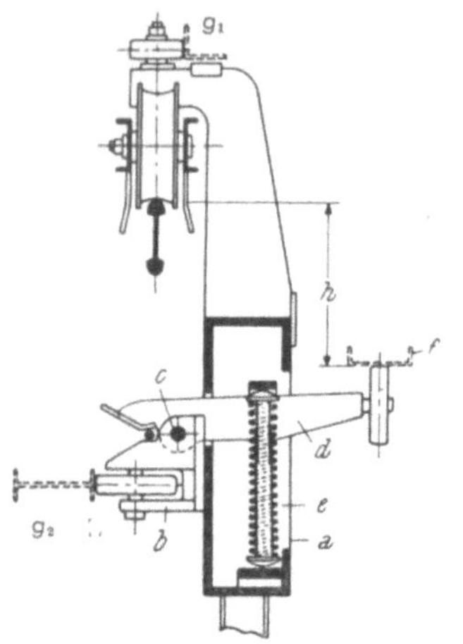

Abb. 180. Federklemmapparat von WALLMANNSBERGER

Beispiel. Gegeben: Masse der Gewichtsrolle des Schlaghebels $m = 0{,}50$ Massen-kg, Länge der Arme des Schlaghebels $l = 0{,}35$ m, $o = 0{,}10$ m,
Steigungswinkel des Flachgewindes $\varepsilon = 2° 30'$,
Reibungswinkel des Flachgewindes $\varrho = 6°$,
Geschwindigkeit des Wagens beim Ankuppeln $v = 2{,}0$ m/sek,
Reibwert zwischen Zugseil und Klemmbacken $\mu = 0{,}10$.

Mit den zuvor für α und n angegebenen Werten folgt für die Preßkraft $N = 2280$ kg und für die Klemmkraft $K = 645$ kg.

2. Federklemmapparat. Sein Prinzip wird an Hand der Federklemmvorrichtung von WALLMANNSBERGER erläutert, die nur bei Personenseilbahnen zur Anwendung kommt. An den hohlen Laufwerksträger a in Abb. 180 ist der Klemmenunterteil b mit einer Stützrolle angeschraubt. Auf dem am Klemmenunterteil befestigten Stahlbolzen c hat der Klemmhebel d seine Lagerung, dessen kürzerer Arm den Klemmenoberteil bildet. Im Innern des Laufwerksträgers sind vier Druckfedern e hintereinander angeordnet, von denen in der gezeichneten *Klemmstellung* jede mit mehr als 300 kg auf den Hebel d wirkt. Zufolge der Hebelübersetzung ergeben diese vier Federn am Zugseil eine Preßkraft von 4000 kg, die auch hier von Wagengewicht und Bahnneigung unabhängig ist.

Die *Kuppelstellen* bestehen aus Stahlkonstruktionen, welche die erforderlichen Führungsschienen und die für das Zugseil notwendigen Leitrollen tragen. Beim *Einkuppeln* rollt der Wagen zunächst in eine Gefällsstrecke, in der er jene Geschwindigkeit erlangt, die für sein stoßloses Anklemmen an das Zugseil notwendig ist. Sodann drückt, noch immer im Gefälle laufend, eine Kuppelschiene f, die einen in der Laufrichtung des Wagens zunehmenden Abstand h von der Laufschiene hat, auf den in der Stellung ‚*Klemme geschlossen*' ankommenden Hebel d und bringt diesen in die Stellung ‚*Klemme geöffnet*'. In diesem Augenblick schwenkt der Wagen auf der Laufschiene in die Seilrichtung ein, und es legt sich dabei das durch Rollen entsprechend geführte Zugseil von der Seite her zwischen die *flachen* Klemmbacken. In der Folge verkleinert sich wieder der Abstand h zwischen der Kuppelschiene f und der Laufschiene, und es *preßt* dadurch der Hebel d zufolge des Druckes der Federn e das Zugseil zwischen den Klemmenoberteil und den Klemmenunterteil. Hernach steigt auch die Laufschiene wieder an. Ein seitliches Auspendeln der Wagen in der Kuppelstelle, das unbedingt vermieden werden muß, erscheint durch die Führungsschienen g_1 und g_2 verhindert. Ein von der Strecke kommender

Wagen hat beim *Auskuppeln* dieselben Vorgänge, jedoch in umgekehrter Reihenfolge, zu durchlaufen. Rückwärtsbewegungen eines Wagens in der Einkuppelstelle bei einem kurzen Rückwärtslauf des Zugseiles im Falle von Störungen sind ohne die Gefahr von Schäden möglich. Ferner besteht keine Abhängigkeit der Konstruktion des Klemmapparates vom Umlaufsinn der Bahn.

Die Berechnung der Klemmkraft kann wegen ihrer Einfachheit entfallen.

3. Bei den Eigengewichtsklemmapparaten, die so wie die Federklemmvorrichtungen stets ins Laufwerk eingebaut werden müssen, gibt es solche, bei welchen sich die Klemmkraft mit der Bahnneigung ändert, und solche, bei denen sie konstant bleibt. Die ersteren sind durch Reibung nicht selbsthemmende, die letzteren selbsthemmende Klemmvorrichtungen.

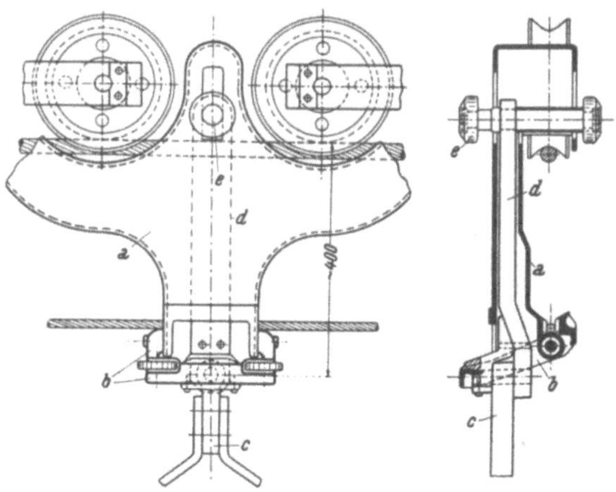

Abb. 181. Nicht selbsthemmender Eigengewichtsklemmapparat „Automat" von BLEICHERT für Unterseilanordnung in einem Doppellaufwerk

α) Als Beispiel für eine *nicht selbsthemmende* Eigengewichtsklemmvorrichtung wird der BLEICHERTsche Klemmapparat „*Automat*" näher betrachtet. Bei seiner Ausführung für Unterseilanordnung besitzt der Laufwerksträger (Abb. 181) in der Mitte einen unter das Tragseil herabreichenden Arm *a*, in dem ein Winkelhebel *b* gelagert ist. Der lotrechte Schenkel dieses Winkelhebels bildet die bewegliche Klemmbacke, während der untere Teil des vom Laufwerksträger herabreichenden Armes die feste Klemmbacke darstellt. Auf den liegenden Schenkel des Winkelhebels wirkt das Wagengehänge *c*, und dieses vermag mithin durch sein Gewicht das zwischen den beiden Klemmbacken befindliche Zugseil festzuhalten. Das Seileinlegen und Auswerfen findet von bzw. nach oben statt. Ferner ist die Klemmvorrichtung im Laufwerk nicht drehbar gelagert und kann sich daher den Zugseilneigungen in der Kuppelstelle nicht so genau anpassen wie der Schraubklemmapparat. Aus diesen Gründen werden hier die Klemmbacken ebenfalls nicht keilförmig, sondern *flach* ausgeführt. Zur Betätigung der Klemmvorrichtung ist an *c* eine lotrechte Stange *d* angelenkt, die an ihrem oberen Ende ein Querhaupt mit den Kuppelrollen *e* trägt. Dieses Querhaupt ist im Mittelteil des Laufwerkträgers in lotrechten Schlitzen verschieblich. Der Laufwerksträger und der Winkelhebel, dessen Übersetzung meistens 1 : 3 bis 1 : 5 beträgt, werden aus Stahlguß, neuerdings aber auch als Schweißkonstruktion hergestellt. Die Klemmbacken erhalten Einlagen aus gehärtetem Stahl.

Die *Kuppelstellen* an den Stationsenden bestehen auch hier in einer einfachen Stahlkonstruktion mit einer Fahrbahn aus Hängebahnschienen

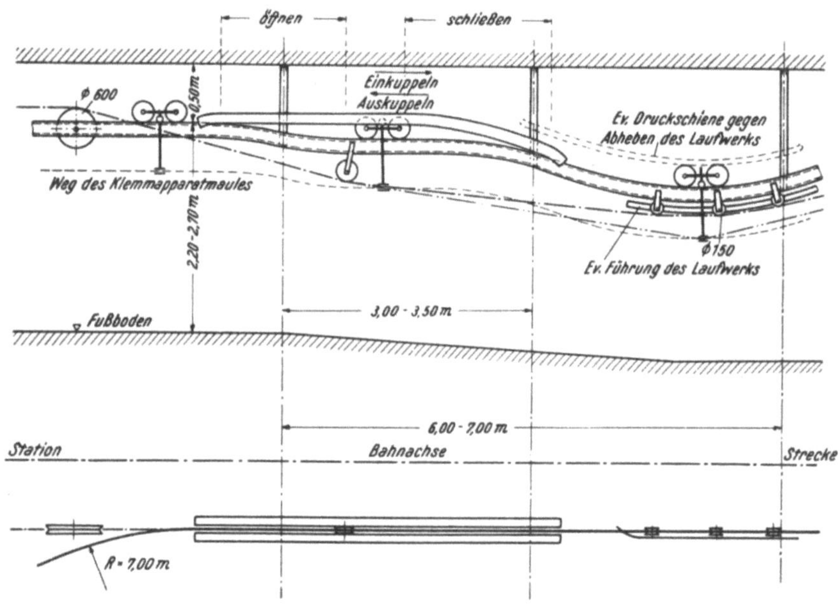

Abb. 182. Kuppelstelle für einen Eigengewichtsklemmapparat bei Unterseilanordnung

und Führungsrollen für das Zugseil. Das hier mögliche weite Maul der Klemmvorrichtung und die durch die Schienen für die Kuppelrollen des Klemmapparates wenigstens teilweise stattfindende Wagenführung machen besondere Gehängeführungen entbehrlich.

In der *Einkuppelstelle* (Abb. 182) senkt sich zunächst die Hängebahnschiene, während die Kuppelrollen des Wagens auf [-Schienen auflaufen und den Klemmapparat öffnen. Ist dies geschehen, so legt sich das Zugseil von oben her in die Klemmvorrichtung. Hierauf senken sich auch die Kuppelschienen, und zwar stärker als die Hängebahnschiene, wodurch der Klemmapparat geschlossen wird. Die zum richtigen Einlegen des Zugseiles in die Klemmvorrichtung notwendige Zugseilführung bedingt, daß sich an die eigentliche Kuppelstelle noch eine weitere Senke der Hängebahnschiene mit darauffolgender Steigung anschließt.

Die *Auskuppelstelle* ist ähnlich wie die Einkuppelstelle gestaltet, nur wird sie von den Wagen in umgekehrter Richtung durchlaufen. Ein Unterschied in der Konstruktion der Klemmvorrichtung bei verschiedenem Umlaufsinn der Bahnen besteht ebenso wie bei den Federklemmvorrichtungen auch hier nicht, und es sind eventuelle Rückwärtsbewegungen des Wagens in der Einkuppelstelle gleichfalls möglich.

Der beschriebene BLEICHERTsche Eigengewichtsapparat kann auch für eine Oberseilanordnung benutzt werden. Gewöhnlich gelangt jedoch für die Oberseilanordnung die BLEICHERTsche „*Zenith*"-Eigengewichtsklemme zur Anwendung, bei der das *ganze* Klemmapparatmaul *a* um eine zur Fahrbahn parallele Achse *b* im Laufwerk begrenzt schwenken kann (Abb. 183), während das Gehängegewicht am Gleitstück *c* angreift. Bei dieser Klemmenkonstruktion wird das Zugseil an den Stützen auch während der Vorbeifahrt eines Wagens *nicht* von den Tragrollen abgehoben (Abb. 103).

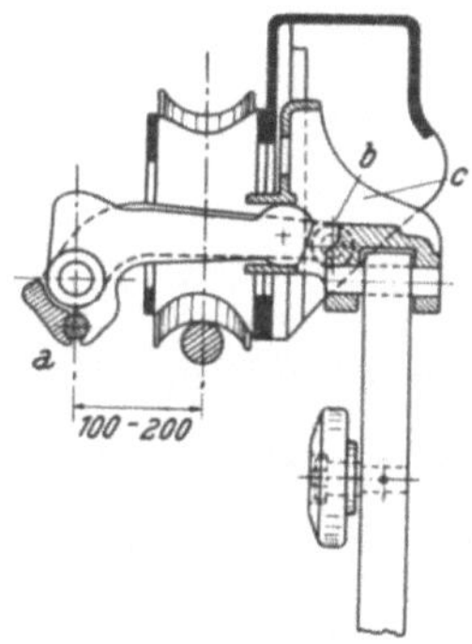

Abb. 183. „Zenith"-Oberseil-Eigengewichtsklemme von BLEICHERT

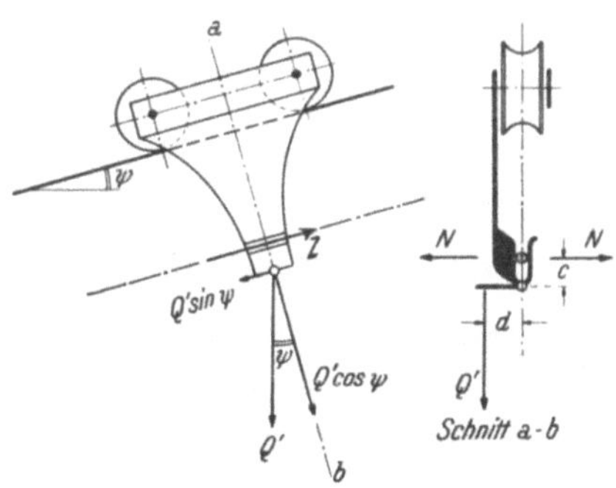

Abb. 184. Kräftespiel an einem nicht selbsthemmenden Eigengewichtsklemmapparat

Das Zugseil übt daher an den Stützen nicht nur keine Belastung auf Wagen und Tragseil aus, sondern kann auch zwischen den Stützen wirksamer zum Mittragen der Wagen herangezogen werden. Das Maß des Mittragens des Zugseiles bei einem Wagen erscheint nach § 47, Abb. 123, durch die Beziehung $\frac{V^*}{V'} = \frac{V^*}{Q \cos \psi} < 1$ festgelegt.

Bei Ermittlung der Klemmkraft der „Automat"-Eigengewichtsklemme ist zu berücksichtigen, daß auf einer unter dem Winkel ψ geneigten Bahn (Abb. 184) von dem Gewicht Q' des Gehänges samt Lastbehälter und Nutzlast nur die Komponente $Q' \cos \psi$ für die Erzeugung der Klemmkraft in Frage kommt, während die Komponente $Q' \sin \psi$ auf den Klemmapparat wirkungslos bleibt. Bezeichnet man die Länge der Hebelarme des Winkelhebels mit c und d, so ergibt sich für die Preßkraft N

$$N = \frac{d}{c} Q' \cos \psi \tag{205}$$

und für die Klemmkraft zufolge der flachen Klemmeinlagen

$$K = \frac{2\,d}{c} \mu\, Q' \cos \psi. \tag{206}$$

Die Klemmkraft nimmt also hier mit zunehmender Bahnneigung ab. Da jedoch bei nicht zu großen Bahnneigungen $\cos\psi \sim 1$, kann dieser Nachteil gegenüber dem Vorteil großer Einfachheit der Klemmvorrichtung in Kauf genommen werden.

Beispiel. Gegeben: Wagengewicht $Q = 1000$ kg,
Gewicht von Gehänge, Wagenkasten und Nutzlast $Q' = 800$ kg,
Verhältnis der Arme des Winkelhebels $d:c = 4$,
Reibwert zwischen Zugseil und Klemmbacken $\mu = 0{,}10$.

Für eine waagrechte Strecke ergibt sich daraus eine Klemmkraft von $K = 640$ kg und für eine unter $\operatorname{tg}\psi = 0{,}40$ geneigte Strecke $K' = 590$ kg. Die Klemmsicherheit auf dieser Steigung beträgt bei Vernachlässigung des Laufwiderstandes

$$\mathfrak{S} = \frac{K'}{Q \sin\psi} \doteq 1{,}58,$$

was hinreichend ist.

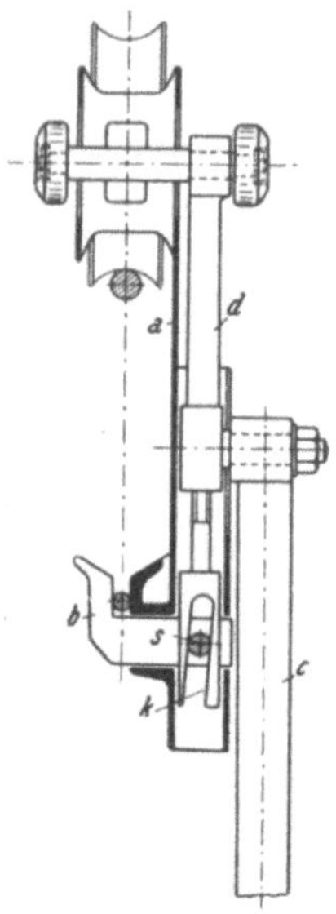

Abb. 185. Selbsthemmender Eigengewichtsklemmapparat „Ideal" von CERETTI u. TANFANI für Unterseilanordnung

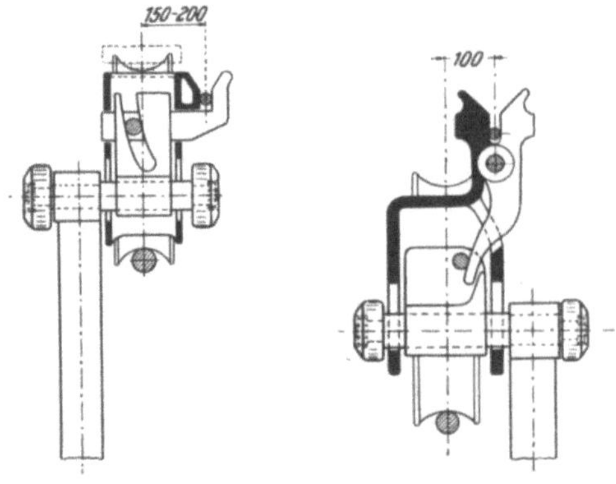

a) Für Bahnen *ohne* automatische Kurvenstationen

b) Für Bahnen *mit* automatischen Kurvenstationen

Abb. 186. Selbsthemmender Eigengewichtsklemmapparat „Ideal" von CERETTI u. TANFANI für Oberseilanordnung

β) Als Beispiel einer *selbsthemmenden Eigengewichtsklemmvorrichtung* wird die „*Ideal*"-Klemme von CERETTI u. TANFANI betrachtet. Sie ist, wie Abb. 185 für eine Unterseilanordnung zeigt, dadurch gekennzeichnet, daß die bewegliche Klemmbacke b als Gleitstück ausgebildet ist, welches eine Rolle oder einen Zapfen s trägt, der in eine Kulisse k der Betätigungsstange d eingreift. An der Betätigungsstange d ist sowohl das Gehänge c drehbar befestigt als auch das Kuppelrollenpaar. Dadurch, daß die Kulisse leicht bogenförmig ausgebildet ist, ruht der Zapfen bei geschlossenem Klemmapparat zwischen Kulissenwandungen, die nahezu senkrecht zur Bewegungsrichtung des Gleitstückes stehen. Die beim Ankuppeln erzielte Klemmkraft bleibt dadurch unabhängig von der Bahnneigung erhalten. Im übrigen ist die Ausbildung dieser Klemmvorrichtung, des Laufwerkes und der Kuppelstellen analog wie beim vorbeschriebenen nicht selbsthemmenden Eigengewichtsklemmapparat, doch wird zum sicheren Öffnen selbstsperrender Klemmvorrichtungen gewöhnlich eine Niederhaltschiene für das Laufwerk in der Auskuppelstelle vorgesehen. Selbstverständlich kann auch die selbsthemmende Klemmvorrichtung für eine Oberseilanordnung benutzt werden (Abb. 186).

Beim Schließen der Klemme sind die Kräftewirkungen zwischen deren einzelnen Teilen die in Abb. 187a dargestellten. Auf einer unter tg ψ geneigten Strecke kommt aus den gleichen Gründen wie beim nicht selbsthemmenden Klemmapparat statt Q' nur $Q' \cos\psi$ zur Wirkung. Trachtet sich hiebei der Klemmapparat zufolge der elastischen Gegenwirkung des zwischen den Klemmbacken zusammengepreßten Zugseiles etwas zu öffnen, so gilt das in Abb. 187b ersichtliche Kräftespiel. Mit den in Abb. 187 eingetragenen Bezeichnungen ergibt sich:

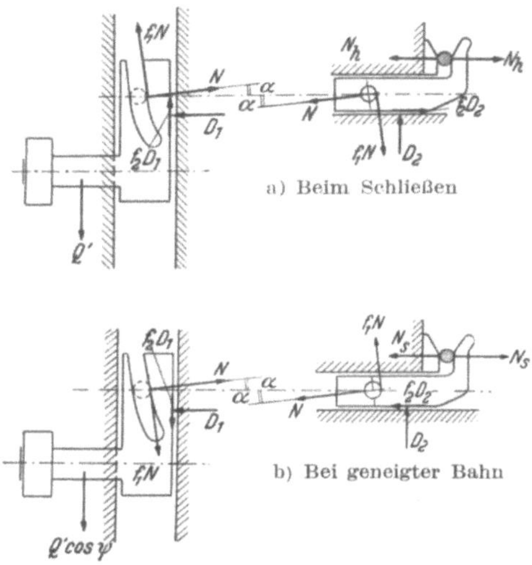

Abb. 187. Kräftewirkungen an einem selbsthemmenden Eigengewichtsklemmapparat

a) Beim *Schließen* des Klemmapparates auf annähernd waagrechter Bahn für die Preßkraft N_h des Zugseiles

$$N_h = N\cos\alpha - N f_1 \sin\alpha - f_2 D_2 \text{ und mit}$$
$$D_2 = N\sin\alpha + N f_1 \cos\alpha,$$
$$Q' = N\sin\alpha + N f_1\cos\alpha + f_2 D_1,$$
$$D_1 = N\cos\alpha - N f_1 \sin\alpha \text{ schließlich}$$

$$N_h = Q'\,\frac{\cos\alpha - f_1\sin\alpha - f_2(\sin\alpha + f_1\cos\alpha)}{\sin\alpha + f_1\cos\alpha + f_2(\cos\alpha - f_1\sin\alpha)}\,. \tag{207}$$

b) Für die zum *Öffnen* der Klemme erforderliche Kraft N_s zwischen den Backen auf einer unter tg ψ *geneigten* Bahn

$$N_s = N\cos\alpha + N f_1\sin\alpha + f_2 D_2 \text{ und mit}$$
$$D_2 = N\sin\alpha - N f_1\cos\alpha,$$
$$Q'\cos\psi = N\sin\alpha - N f_1\cos\alpha - f_2 D_1,$$
$$D_1 = N\cos\alpha + N f_1\sin\alpha \text{ schließlich}$$

$$N_s = Q'\cos\psi\,\frac{\cos\alpha + f_1\sin\alpha + f_2(\sin\alpha - f_1\cos\alpha)}{\sin\alpha - f_1\cos\alpha - f_2(\cos\alpha + f_1\sin\alpha)}\,. \tag{207a}$$

Eine Verminderung der Preßkraft tritt so lange *nicht* ein, als

$$N_h \geq N_s. \tag{208}$$

Wird der Stein in der Kulisse als Rolle ausgebildet, so kann $f_1 = 0$ gesetzt werden, wodurch sich die Gleichungen (207) und (207a) vereinfachen. Die Bedingung (208) erhält damit die Form

$$\cos\psi \geq \frac{(1+f_2^2)\sin\alpha\cos\alpha - f_2}{(1+f_2^2)\sin\alpha\cos\alpha + f_2}. \qquad (208\,\mathrm{a})$$

Nimmt man im Schließbereich $\alpha = 15°$ an und rechnet für die Reibung zwischen den einzelnen Teilen der Klemmvorrichtung und den Gehäusewandungen nur mit einem Reibwert $f_2 = 0{,}05$, so ergibt obige Gleichung schon einen Bahnneigungswinkel $\psi = 50°\,20'$. Die Klemmvorrichtung besitzt mithin bis zu dieser Neigung die beim Ankuppeln erreichte Klemmkraft. Diese beträgt

$$K = 2\,N_h\,\mu. \qquad (209)$$

Beispiel. Unter gleichen Annahmen wie beim Beispiel für die nicht selbsthemmende Klemmvorrichtung entsteht, wenn $\alpha = 15°$, $f_1 = 0$, $f_2 = 0{,}05$, als Klemmkraft $K = 480$ kg.

§ 62. Maßnahmen zur Erleichterung des Kuppelvorganges. Während der ganzen Dauer der Ein- und Auskuppelvorgänge muß die Geschwindigkeit der Wagen gleich jener des Zugseiles sein, da Relativbewegungen starke Abnutzungen und unter Umständen einen unruhigen

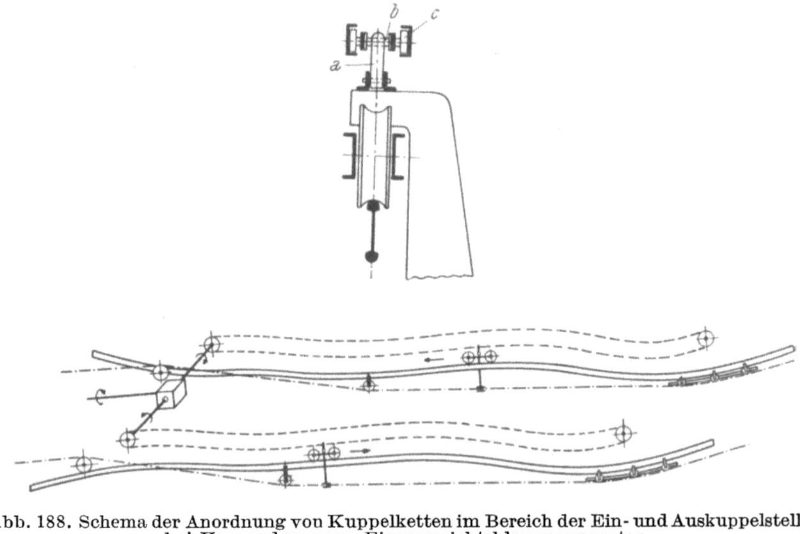

Abb. 188. Schema der Anordnung von Kuppelketten im Bereich der Ein- und Auskuppelstellen bei Verwendung von Eigengewichtsklemmapparaten

Lauf der Bahn ergeben. Die Möglichkeit und die Größe von Relativbewegungen bei den Kuppelvorgängen steigen mit der Fahrgeschwindigkeit, dem Wagengewicht und mit dem Kraftaufwand, der zur Betätigung der Klemmapparate erforderlich ist. Zur Erleichterung und Verbesserung der Kuppelvorgänge sieht man daher häufig *Gefälle in den Hängebahnschienen* vor der Einkuppelstelle vor. Nach der Auskuppelstelle ordnet man hingegen manchmal kleine *Gegensteigungen in den Hängebahnschienen* zur Verminderung der Wagengeschwindigkeit in den Stationen an.

Ist auf einer Bahn die Fahrgeschwindigkeit $v \geq 2{,}75$ m/sek, dann erscheint zur verläßlichen Hintanhaltung der genannten Relativbewegungen außerdem die Anwendung von *Ein- und Auskuppelketten* bei den Kuppelstellen notwendig.

Die Kuppelketten sind Laschenketten, die einen geschlossenen Ring bilden und über den Hängebahnschienen liegen (Abb. 188). Sie laufen dauernd um und ihr Abstand von den Hängebahnschienen ist so groß, daß dazwischen die Wagenlaufwerke hindurchgehen können. An der Oberseite jedes Laufwerksträgers ist ein in der Fahrtrichtung nach rückwärts umlegbarer Daumen *a* angebracht, welcher durch eine Feder in der lotrechten Stellung erhalten wird. Gegen diesen Daumen legen sich die Bolzen *b*, die die einzelnen Kettenglieder verbinden, wodurch der Wagen mitgenommen wird. Die Kettenbolzen besitzen seitliche Rollen *c*, welche in [-Schienen laufen und so einen konstanten Abstand der Ketten von den Hängebahnschienen gewährleisten. Der Antrieb der Ketten hat entweder vom Seilbahnantrieb oder von einer Zugseilumlenkscheibe aus zu erfolgen. Mitunter schließen an die Kuppelketten noch besondere Stationsketten an, welche gegenüber den ersteren mit verminderter Geschwindigkeit laufen.

§ 63. Gewichte der Laufwerke und Klemmvorrichtungen von Wagen für Güterseilbahnen. Unter der Voraussetzung, daß die Zugseilbefestigung im Gehänge angebracht ist, gelten für die Laufwerke und Zugseilbefestigungen im Mittel ungefähr folgende Werte:

Zweiradlaufwerk	30 bis 50 kg
Vierradlaufwerk	50 bis 70 kg
Feste Klemme für das Zugseil	10 kg
Schraubklemmvorrichtung	25 bis 30 kg

Ist hingegen die Zugseilbefestigung im Laufwerk untergebracht, so sind die durchschnittlichen Gewichte etwa folgende:

Unterseil	Zweiradlaufwerk mit Eigengewichtsklemme	90 kg
	Vierradlaufwerk mit Eigengewichtsklemme	150 kg
Oberseil	Zweiradlaufwerk mit Eigengewichtsklemme	70 kg
	Vierradlaufwerk mit Eigengewichtsklemme	150 kg
	Zweiradlaufwerk mit Schraubklemme	50 kg
	Vierradlaufwerk mit Schraubklemme	100 kg

Die Abmessungen der Laufwerke und Klemmvorrichtungen sind, ebenso wie die der ganzen Seilbahnwagen und wie die meisten anderen Teile der Güterseilbahnen, von den Erzeugerfirmen werkgenormt, und die Herstellung erfolgt in großen Serien unter Anwendung der Methoden des Austauschbaues.

§ 64. Mechanik der Seilbahnwagen. Zur Beurteilung der verschiedenen Bauarten wird nachfolgend das Kräftespiel an den Seilbahnwagen untersucht, wie es durch Anordnung des Zugseiles als Unter- oder Oberseil und durch Anbringung der Zugseilbefestigung im Gehänge oder im Laufwerk bedingt ist.

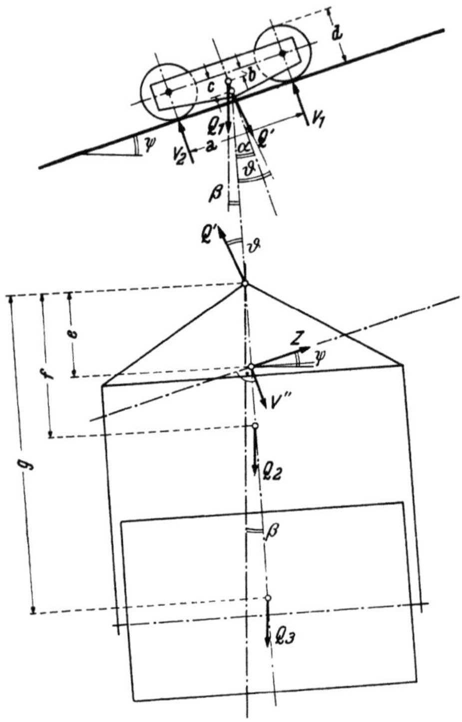

Abb. 189. Kräftewirkungen an einem Seilbahnwagen bei Unterseilanordnung und Befestigung der Klemmvorrichtung am Gehänge

a) Unterseil, Zugseilbefestigung am Gehänge

Es bezeichnet (Abb. 189):

Q_1 das Gewicht des Laufwerkes,

Q_2 das Gewicht des Gehänges samt Klemmvorrichtung,

Q_3 das Gewicht des Wagenkastens und der Nutzlast,

Z die in die Richtung der Bahnneigung fallende Komponente der am Wagen angreifenden Zugseilkräfte (Zugwirkung),

V'' die zu Z senkrechte Komponente der Zugseilkräfte (Zugseilauflast).

Denken wir uns die Verbindung zwischen Laufwerk und Gehänge gelöst, und fassen wir die auf Gehänge und Wagenkasten wirkenden Kräfte Q_2, Q_3, Z und V'' zu einer Resultierenden Q' zusammen, die durch den Gehängebefestigungspunkt im Laufwerk gehen muß, und zerlegen sodann die auf das Laufwerk wirkenden Kräfte in zwei Komponenten parallel und senkrecht zur Fahrbahn, so liefern die Gleichgewichtsbedingungen für das Laufwerk:

$$V_1 + V_2 - Q_1 \cos\psi - Q' \cos(\vartheta - \alpha) = 0,$$

$$-Q_1 \sin\psi + Q' \sin(\vartheta - \alpha) = 0,$$

$$V_2 \frac{a}{2} - V_1 \frac{a}{2} + Q_1 \sin\psi\, b - Q' \sin(\vartheta - \alpha)\, c = 0.$$

Die auf Gehänge und Wagenkasten wirkenden Kräfte zerlegen wir ebenfalls in zwei Komponenten parallel und senkrecht zur Fahrbahn. Hiefür lauten die Gleichgewichtsbedingungen:

$$-(Q_2+Q_3)\cos\psi - V'' + Q'\cos(\vartheta-\alpha) = 0,$$

$$-(Q_2+Q_3)\sin\psi + Z - Q'\sin(\vartheta-\alpha) = 0,$$

$$Q_3\, g\sin\beta + Q_2\, f\sin\beta - V''e\sin(\psi-\beta) - Z\, e\cos(\psi-\beta) = 0.$$

Führt man aus der ersten Gleichgewichtsbedingung für Gehänge und Wagenkasten den Wert von $Q'\cos(\vartheta-\alpha)$ in die erste Gleichgewichtsbedingung für das Laufwerk ein und aus der zweiten Gleichgewichtsbedingung für das Laufwerk den Wert von $Q'\sin(\vartheta-\alpha)$ in die dritte Gleichgewichtsbedingung für dasselbe, so folgt

$$V_1 + V_2 = (Q_1+Q_2+Q_3)\cos\psi + V'',$$

$$V_1 - V_2 = \frac{2\,Q_1\,(b-c)}{a}\sin\psi.$$

Daraus entsteht für die Raddrücke

$$V_{1,2} = \frac{(Q_1+Q_2+Q_3)\cos\psi + V''}{2} \pm \frac{Q_1\,(b-c)}{a}\sin\psi. \tag{210}$$

Das zweite Glied dieses Ausdruckes ist so klein, daß die dadurch entstehende Ungleichheit der Raddrücke kaum eine Rolle spielt, diese vielmehr als gleich groß gelten können.

Führt man den aus der zweiten Gleichgewichtsbedingung für das Laufwerk gewonnenen Wert von $Q'\sin(\vartheta-\alpha)$ in die zweite Gleichgewichtsbedingung für Gehänge und Wagenkasten ein, dann ergibt sich

$$Z = (Q_1+Q_2+Q_3)\sin\psi. \tag{211}$$

Schließlich entsteht aus der dritten Gleichgewichtsbedingung von Gehänge und Wagenkasten für die Neigung des Gehänges gegen die Lotrechte

$$\operatorname{tg}\beta = \frac{V''e\sin\psi + Z\,e\cos\psi}{Q_3\,g + Q_2\,f + V''e\cos\psi - Z\,e\sin\psi}$$

oder nach Einführung von Z aus Gl. (211)

$$\operatorname{tg}\beta = \frac{V''e\sin\psi + (Q_1+Q_2+Q_3)\,e\sin\psi\cos\psi}{Q_3\,g + Q_2\,f + V''e\cos\psi - (Q_1+Q_2+Q_3)\,e\sin^2\psi}. \tag{212}$$

Dies ergibt zufolge der Größe der beiden ersten Glieder des Nenners gegenüber allen übrigen Gliedern stets kleine Werte für $\operatorname{tg}\beta$, und zwar um so kleinere, je länger das Gehänge ist und je näher die Zugseilbefestigung dem Gehängezapfen liegt. Die Gehänge stellen sich dann auch bei großen Bahnneigungen nur so wenig schräg, daß dies ohne weiteres in Kauf genommen werden kann. Ein Vorteil der Anordnung der Zugseilbefestigung am Gehänge ist, daß Längspendelungen desselben nahezu ausgeschlossen sind.

b) Unterseil, Zugseilbefestigung am Laufwerk

Mit den gleichen Bezeichnungen wie vorhin lauten die Gleichgewichtsbedingungen für das Laufwerk (Abb. 190):

$$V_1 + V_2 - (Q_1 + Q_2 + Q_3) \cos\psi - V'' = 0, \quad Z - (Q_1 + Q_2 + Q_3) \sin\psi = 0,$$

$$V_2 \frac{a}{2} - V_1 \frac{a}{2} + Q_1 \sin\psi\, b + (Q_2 + Q_3) \sin\psi\, c - Z\, e = 0.$$

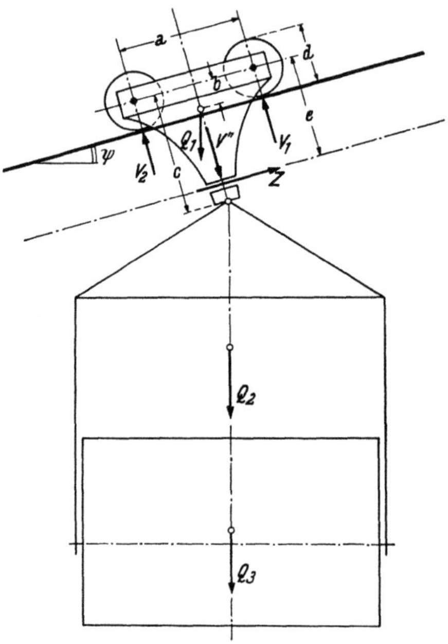

Abb. 190. Kräftewirkungen an einem Seilbahnwagen bei Unterseilanordnung und Befestigung der Klemmvorrichtung am Laufwerk

Aus der zweiten Gleichgewichtsbedingung folgt

$$Z = (Q_1 + Q_2 + Q_3) \sin\psi.$$

Setzt man dies in die dritte ein, so entsteht

$$V_1 - V_2 = \\ = \frac{2 \sin\psi}{a} [Q_1 b + (Q_2 + Q_3) c - \\ - (Q_1 + Q_2 + Q_3) e].$$

Aus dieser Beziehung und der ersten Gleichgewichtsbedingung folgt schließlich

$$V_{1,2} = \\ = \frac{(Q_1 + Q_2 + Q_3) \cos\psi + V''}{2} \pm \\ \pm [Q_1 b + (Q_2 + Q_3) c - \\ - (Q_1 + Q_2 + Q_3) e] \frac{\sin\psi}{a}. \quad (213)$$

Die Raddrücke können hier also unter Umständen größere Verschiedenheiten aufweisen, und zwar um so mehr, je größer der Abstand zwischen Gehängebefestigungspunkt und Klemme ist. Aus diesem Grunde wird der Gehängebefestigungspunkt stets in die Nähe der Klemme gelegt (Abb. 165 und 181). Es ist dann $c \doteq e$, so daß

$$V_{1,2} = \frac{(Q_1 + Q_2 + Q_3) \cos\psi + V''}{2} \pm \frac{Q_1 (b - c)}{a} \sin\psi,$$

was sich mit (210) für die Raddrücke bei Zugseilbefestigung am Gehänge deckt. Die dabei verbleibende Ungleichheit der Raddrücke ist bekanntlich praktisch belanglos. Bei einer solchen Lage der Befestigungsstelle des Gehänges wird dieses aber kurz. Es neigt dann sowohl aus diesem Grunde als auch mangels eines Haltes durch das Zugseil stärker zu Längspendelungen. Ein Schrägstellen des Gehänges zur Lotrechten findet dagegen hier nicht statt.

c) Oberseil

Die Gleichgewichtsbedingungen des Laufwerkes für seine Projektion auf eine durch die Fahrbahn gehende lotrechte Ebene lauten, wenn die kleine Schiefstellung des Wagens gegenüber dieser Ebene vernachlässigt wird (Abb. 191):

$$V_1 + V_2 - V'' - (Q_1 + Q_2 + Q_3)\cos\psi = 0,$$

$$Z - (Q_1 + Q_2 + Q_3)\sin\psi = 0,$$

$$V_2 \frac{a}{2} - V_1 \frac{a}{2} + Q_1 \sin\psi\, b + (Q_2 + Q_3)\sin\psi\, c + Z\, e = 0.$$

Aus der zweiten Gleichgewichtsbedingung folgt, wie vorhin,

$$Z = (Q_1 + Q_2 + Q_3)\sin\psi.$$

Ferner ergibt sich aus dieser Beziehung und der dritten Gleichgewichtsbedingung

$$V_1 - V_2 = \frac{2\sin\psi}{a}\,[Q_1 b + (Q_2 + Q_3)\, c + (Q_1 + Q_2 + Q_3)\, e],$$

wodurch in Verbindung mit der ersten Gleichgewichtsbedingung schließlich entsteht

$$V_{1,2} = \frac{(Q_1 + Q_2 + Q_3)\cos\psi + V''}{2} \pm$$

$$\pm\, [Q_1 b + (Q_2 + Q_3)\, c + (Q_1 + Q_2 + Q_3)\, e]\,\frac{\sin\psi}{a}. \tag{214}$$

Es weisen also auch hier die Raddrücke stärkere Ungleichheiten auf.

Außerdem stellen sich Laufwerk und Gehänge zufolge der seitlichen Exzentrizität x des Zugseiles in eine durch die Fahrbahn gehende Ebene ein, welche gegenüber der lotrechten Ebene durch die Fahrbahn um den Winkel γ geneigt ist. Bildet man für die Projektion des Wagens auf eine Ebene senkrecht zur Fahrbahn die Gleichgewichtsbedingung der Momente, so ergibt sich (Abb. 191)

$$Q_1 \cos\psi\left(\frac{d}{2} - b\right)\sin\gamma + V''\left[\left(\frac{d}{2} + e\right)\sin\gamma + x\cos\gamma\right] -$$

$$- Q_2 \cos\psi\left[\left(f\cos\psi + c - \frac{d}{2}\right)\sin\gamma + (y + z)\cos\gamma\right] -$$

$$- Q_3 \cos\psi\left[\left(g\cos\psi + c - \frac{d}{2}\right)\sin\gamma + y\cos\gamma\right] = 0,$$

woraus

$$\operatorname{tg}\gamma = \frac{V''\dfrac{x}{\cos\psi} - Q_2 (y + z) - Q_3\, y}{Q_2\left(f\cos\psi + c - \dfrac{d}{2}\right) + Q_3\left(g\cos\psi + c - \dfrac{d}{2}\right) - Q_1\left(\dfrac{d}{2} - b\right) - V''\dfrac{\dfrac{d}{2} + e}{\cos\psi}} \tag{215}$$

Durch geeignete Wahl von x, y und z läßt sich γ innerhalb enger Grenzen halten. Dabei ist jedoch zu beachten, daß wegen der Unterbringungsmöglichkeit der Zugseiltragrollen neben den Tragseilschuhen x einen gewissen Kleinstwert (§ 60) nicht unterschreiten darf. Auch ein

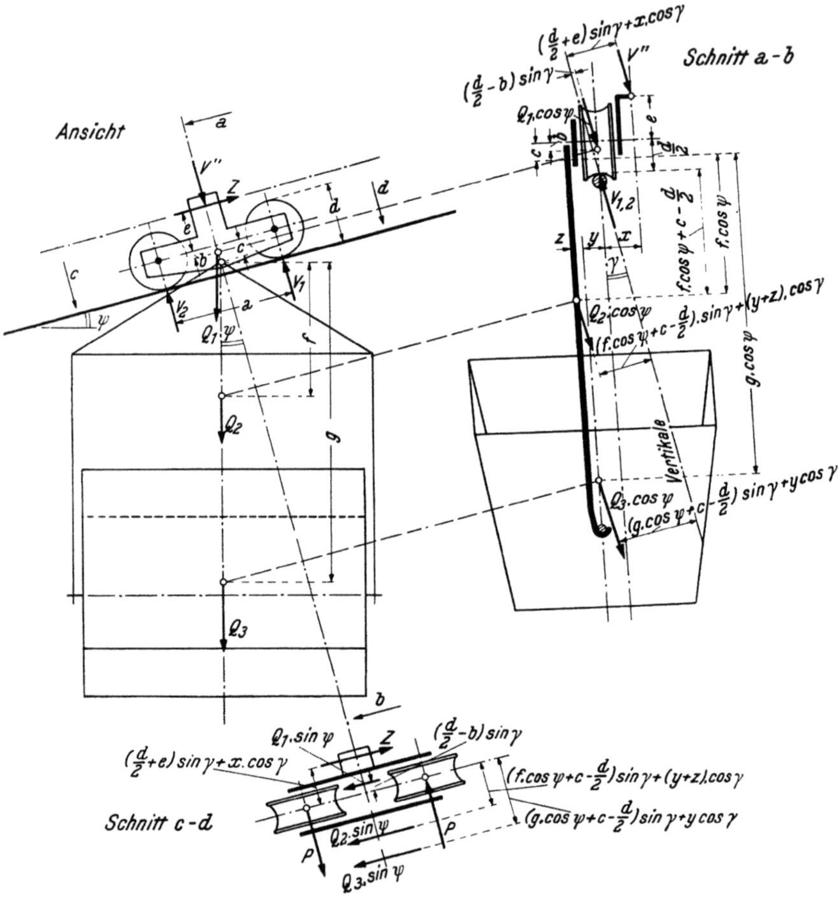

Abb. 191. Kräftewirkungen an einem Seilbahnwagen bei Oberseilanordnung (genähert)

langes Gehänge wirkt auf die Kleinhaltung von γ günstig und kann hier ohne Schwierigkeiten ausgeführt werden.

Schließlich hat der exzentrische Zugseilangriff auch waagrechte Raddrücke P und dadurch eine kleine Schrägstellung der Laufwerksachse gegenüber der Fahrbahnachse zur Folge. Stellt man für die Projektion des Seilbahnwagens auf eine unter dem gleichen Winkel wie die

Fahrbahn geneigte Ebene die Gleichgewichtsbedingungen der Momente auf, so entsteht

$$Q_2 \sin\psi \left[\left(f \cos\psi + c - \frac{d}{2}\right) \sin\gamma + (y+z) \cos\gamma\right] +$$
$$+ Q_3 \sin\psi \left[\left(g \cos\psi + c - \frac{d}{2}\right) \sin\gamma + y \cos\gamma\right] - Q_1 \sin\psi \left(\frac{d}{2} - b\right) \sin\gamma +$$
$$+ Z \left[\left(\frac{d}{2} + e\right) \sin\gamma + x \cos\gamma\right] - P a = 0. \tag{216}$$

Daraus können die waagrechten Raddrücke P leicht bestimmt werden. Da das untere Rad eine Entlastung erfährt, besteht durch das Hinzutreten des waagrechten Druckes P eine gewisse Entgleisungsgefahr bei der Talfahrt, die um so größer ist, je größer die Bahnneigung wird.

Bezüglich der bei den Festigkeitsberechnungen anzunehmenden Sicherheiten siehe § 54, Abs. h.

§ 65. Vergleich der verschiedenen Anordnungen der Zugseilbefestigung am Wagen und der verschiedenen Klemmvorrichtungen

a) Raddrücke und Gehängestellung auf Steigungen

1. Unterseilanordnung. α) Die *Schraubklemmvorrichtung* wird gewöhnlich im Gehänge befestigt. Dadurch sind die Raddrücke des Wagens praktisch einander gleich und Schwingungen des Wagens, namentlich in der Längsrichtung, nicht möglich. Auf steileren Strecken aber stellt sich das Gehänge mit dem Wagenkasten in der Längsrichtung etwas schräg zur Lotrechten.

β) Die *Eigengewichtsklemmen* werden in der Regel an einem vom Laufwerk herabreichenden Arm angebracht. Die Raddrücke ergeben sich dabei immer etwas ungleich, doch verbleiben Gehänge und Wagenkasten auch bei den größten Bahnneigungen lotrecht, neigen aber in der Längsrichtung zum Pendeln. Dasselbe gilt auch für die Anordnung der *Federklemmvorrichtungen*.

2. Oberseilanordnung. Gleichgültig, ob Schraub- oder Eigengewichtsklemmen zur Anwendung kommen, müssen diese immer im Laufwerk angeordnet werden. Die Raddrücke weisen demzufolge oft erhebliche Ungleichheiten auf. Wegen der notwendigen seitlichen Anbringung der Zugseilbefestigung am Laufwerk sucht sich dieses am Tragseil im Grundriß schräg zu stellen, was bei größeren Bahnneigungen eine Entgleisungsgefahr bewirken kann. Unter der Einwirkung des exzentrischen Zugseildruckes oder auftriebes (Zenith-System) am Wagen stellt sich dieser auch in der Querrichtung etwas schief zur Lotrechten. In der Längsrichtung verhalten sich Gehänge und Wagenkasten wie bei Pkt. **1**β.

b) Zugseilablage auf den Stützen

Die Zugseilablage ist konstruktiv nur dann einfach, wenn eine Unterseilanordnung vorliegt und die Ablage tief — unter den Wagen — angebracht werden kann. Tiefe Zugseilablage ergibt aber hohe Zugseildrücke am Wagen in der Nähe der Stützen, weshalb im Falle starker lotrechter Richtungsänderungen auf diesen (Kuppengerüsten) auch bei Unterseilanordnung eine hohe Zugseilablage ausgeführt wird.

c) Möglichkeit einer waagrechten Richtungsänderung (Kurvenfahrt) ohne Lösung des Zugseiles

Hierüber enthält Näheres § 75.

d) Eigenschaften der Klemmvorrichtungen

1. Klemmkraft. α) Die *Schraubklemme* greift im allgemeinen immer mit der gleichen Klemmkraft an. Gleiches gilt auch von *Federklemmvorrichtungen.* Eine Abhängigkeit von der Wagenlast oder der Bahnneigung besteht nicht.

β) Bei nicht durch Reibung selbstsperrenden *Eigengewichtsklemmen* verringert sich die Klemmkraft mit abnehmender Wagenlast und zunehmender Bahnneigung. Die Abhängigkeit der Klemmkraft von der Last ist allerdings für die Haltbarkeit des Zugseiles günstig. Bei durch Reibung selbstsperrenden Eigengewichtsklemmen bleibt die beim Ankuppeln erzielte, von der Last abhängige Klemmkraft erhalten, ist also von der Bahnneigung unabhängig.

2. Ausbildung der Klemmbacken. α) Die Klemmbacken der sich von oben her auf das Seil setzenden *Schraubklemmvorrichtungen* sind trapezförmig; das Seil bleibt dadurch in seiner Form erhalten.

β) *Bei den Eigengewichtsklemmapparaten* sind die Klemmbacken flach und quetschen daher das Zugseil etwas breit. Da das Seil hier von oben her eingelegt, beim Entkuppeln also nach oben losgelassen wird, bestünde im Falle trapezförmiger Klemmbacken die Gefahr, daß es an diesen hängen bliebe. Die flache Backenform ist ferner darin begründet, daß die Eigengewichtsklemmen im Gegensatz zu Schraubklemmapparaten nicht drehbar gelagert werden und sich daher auch nicht den Zugseilrichtungen am Wagen entsprechend einstellen können. Gegen ein Klemmapparatmaul, das sich, wie beim Schraubklemmapparat, von oben her auf das Seil legt, bestehen Bedenken wegen der mit der Last, der Bahnneigung und bei Stößen veränderlichen Klemmkraft. Diese Umstände könnten mitunter zu einem Herausfallen des Seiles aus der Klemme führen. In ähnlicher Weise wie bei Eigengewichtsklemmapparaten sind auch die Backen von *Federklemmapparaten* ausgebildet, wenn das Zugseil von der Seite her in das Klemmapparatmaul eingelegt wird.

3. Verschiedene Zugseildurchmesser. α) *Schraubklemmapparate.* Da die Backe mit dem Feingewinde, welche die Pressung des Seiles liefert, beim Schließen des Klemmapparates nur eine geringe Verschiebung auf der Schraubspindel erleidet, ist eine sorgfältige Einstellung des Apparates auf den Seildurchmesser notwendig. Seile verschiedener Durchmesser können daher von ein und demselben Klemmapparat *nicht* erfaßt werden. Da sich neue Litzenseile anfänglich stärker bleibend dehnen, wobei der Durchmesser abnimmt, ist überdies ein zeitweises Nachstellen dieser

Klemmvorrichtungen nötig. *Federklemmvorrichtungen* sind in dieser Beziehung auch empfindlich.

β) *Eigengewichtsklemmapparate* brauchen dagegen keine Einstellung, und sie greifen Seile, deren Stärke etwas verschieden ist, gleich gut. Dies ermöglicht auf den einzelnen Teilstrecken längerer Bahnen die Anwendung verschieden starker Zugseile. Demgegenüber kann man bei solchen Bahnen im Fall der Verwendung von Schraubklemmapparaten bloß die Werkstoffestigkeit des Zugseiles auf den einzelnen Teilstrecken verschieden wählen.

Kleinere Seildurchmesser als 12 mm sollten wegen der verläßlichen Wirkung der Klemmen nicht angewendet werden.

4. Die Biegungsbeanspruchung des Zugseiles zufolge der Seilablenkung an den Klemmapparaten bleibt in mäßigen Grenzen, wenn die Klemmbacken an den Enden ausgerundet sind und vor und hinter den Klemmbacken gerundete Auflagerflächen für das Zugseil (vgl. z. B. Abb. 173) vorgesehen werden.

e) Zusammenfassung

Wagen mit Unterseilklemmvorrichtungen eignen sich vornehmlich für längere Bahnen bei beliebigen Geländeverhältnissen, wobei keines der behandelten Klemmensysteme gegenüber den anderen besonderen Vorzug verdient, während Wagen mit Oberseilklemmapparaten hauptsächlich für flache oder kürzere Bahnen mit waagrechten Richtungsänderungen auf der Strecke (selbsttätige Kurvenstationen) in Betracht kommen (§ 76).

Verbesserungen im Seilbahnbau sollten auch darauf abzielen, die Klemmvorrichtungen so zu gestalten, daß sowohl die Fahrt durch enge Kurven als auch die Überwindung größerer Steigungen gleich gut möglich sind. Gleichzeitig wäre die Kleinhaltung der Zugseilauflast auf den Wagen anzustreben.

Bezüglich der besonderen Verhältnisse bei Personenseilbahnen siehe § 66.

§ 66. Seilbahnwagen für Personenbeförderung. Der Aufbau ist grundsätzlich derselbe wie bei den Wagen für Güterseilbahnen.

a) Wagen für Bahnen mit Pendelbetrieb

1. Große Wagen

Die Wagen der *großen Personenseilbahnen* haben gewöhnlich *achtrollige* Laufwerke mit einem Rollendurchmesser von 250 mm, wobei durch waagebalkenartige Ausbildung der Laufwerkskonstruktion für eine gleichmäßige Verteilung des Wagengewichtes auf die Laufrollen gesorgt wird. Die große Rollenanzahl ermöglicht es, mit einem vergleichsweise schwachen Tragseil das Auslangen zu finden (§ 27). Durch Fütterung der Laufrollen mit Gummiringen, die zwischen den Blechschilden der Rollen eingespannt sind, wird auch die Flächenpressung zwischen Tragseil und Rollen und damit die Abnutzung des Tragseiles gering gehalten. Weiters erhalten die Laufwerke immer *Entgleisungsschutzvorrichtungen*, welche in Form einer Gabel von oben her über das Tragseil reichen. Schließlich werden die Laufwerke mit *Fangvorrichtungen* ausgerüstet (§ 50). Die Fangvorrichtungen treten bei Sinken der Zugseilspannkräfte am Wagen (Zugseilriß) von selbst in Tätigkeit und halten den Wagen gewöhnlich am Tragseil fest. Es ist aber auch möglich, die Fangvorrichtungen von den Wagenkabinen aus durch einen Handgriff zur Wirkung zu bringen, wenn die Fortsetzung der Fahrt aus irgendwelchen Gründen nicht rätlich erscheint und andere Mittel zur Stillsetzung der Bahn versagen. Zur sonstigen Ausrüstung der Laufwerke gehören *Scheinwerfer* an deren Stirnseiten, die eine Beobachtung der Fahrbahn während der Dunkelheit ermöglichen, und ein *Revisionssitz* für Tragseiluntersuchungen. Abb. 192

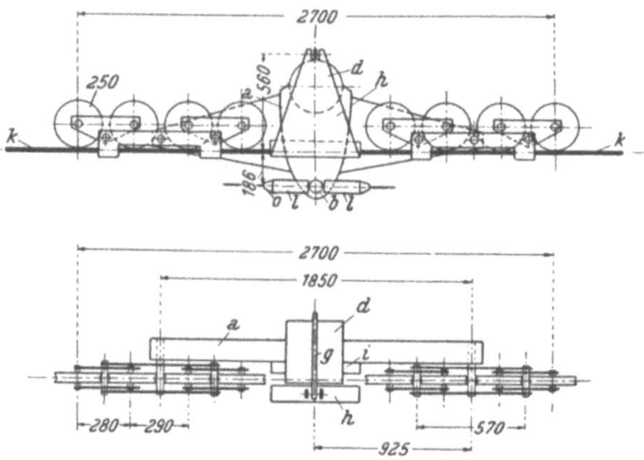

Abb. 192. Laufwerk eines Wagens für eine große Personenseilbahn mit Pendelbetrieb (Bauart BLEICHERT-ZUEGG)

zeigt ein solches Laufwerk mit einer Tragseilfangvorrichtung in der Mitte des Laufwerkskörpers. Knapp unter dem Tragseil ist der Gehängezapfen b in den Laufwerksträger a eingesetzt, an welchem auch die Zugseilbefestigung l angreift. Das Laufwerk wird gewöhnlich aus Leichtmetallblechen zusammengenietet. Die obengenannten Laufrollen sind mit Kugellagern ausgerüstet.

Wie der Querschnitt des Laufwerkes (Abb. 193) erkennen läßt, wirkt bei der am häufigsten angewandten Bauart BLEICHERT-ZUEGG die *Fangvorrichtung* durch *Federkraft*. Im Falle einer Auslösung der Bremsfeder e umklammern zwei mit Bronzefutter versehene Backen h, i das Tragseil k. Da die Bremsfeder e einstellbar ist und sich eine Dämpfvorrichtung in Gestalt eines Luftpuffers leicht anbringen läßt, kann man die Klemmkraft der Fangvorrichtung so regeln, daß das Abbremsen des Wagens am Tragseil langsam, auf einem hinreichend großen Bremsweg geschieht, was wegen der bei Pendelbetrieb angewandten großen Fahrgeschwindigkeiten unbedingt erwünscht erscheint.

Die Zugseilenden werden am Wagen in Muffen *m* eingegossen, die ihrerseits wieder unter Zwischenschaltung von Druckfedern *n* in Hülsen *l* unverdrehbar stecken, welche am Gehängebolzen gelenkig befestigt sind. Sinkt in einem der beiden Zugseilstücke *o* die Spannkraft, so schiebt die Druckfeder *n* die Muffe *m* gegen das rückwärtige Hülsenende, wodurch die Auslösebolzen *p* das Gestänge *q*, *r*, *s* in Tätigkeit setzen und der Sperrklinke *f* die Unterstützung entzogen wird. Hiedurch wird die Bremsfeder *e* frei und die Fangvorrichtung fällt ein. Mit Hilfe des Bowdenzuges *t* kann

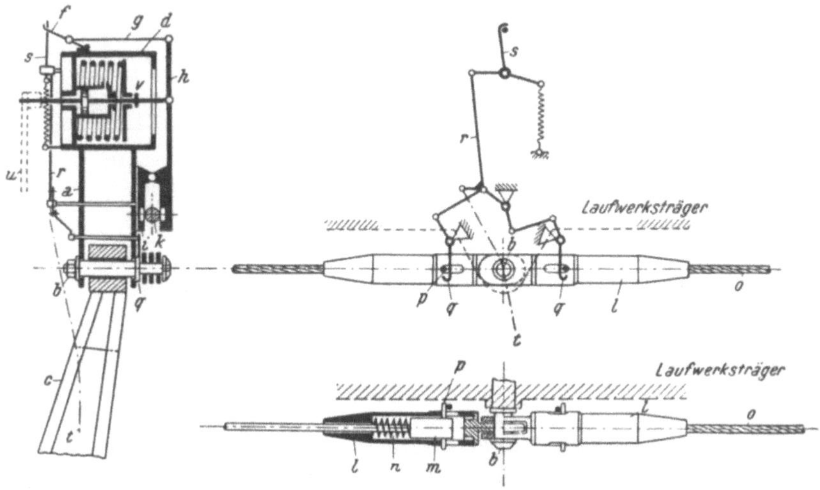

a Laufwerksträger
b Gehängebolzen
c Gehänge
d Federkasten der Fangvorrichtung und Dämpfungszylinder (Luftpuffer)
e Bremsfeder
f Sperrklinke
g Zugstange
h bewegliche Bremsbacke
i feste Bremsbacke
k Tragseil
l äußere Hülse der Zugseilbefestigung
m Vergußmuffe des Zugseiles
n Druckfeder
o Zugseil
p Auslösebolzen
q, *r*, *s* Auslösegestänge
t Bowdenzug für Handauslösung
u Ratsche zur Federrückstellung
v Federspindel

Abb. 193. Laufwerksquerschnitt und Fangvorrichtung (Bauart BLEICHERT-ZUEGG)

die Fangvorrichtung auch von der Wagenkabine aus händisch betätigt werden. Zur Ermöglichung des Rückstellens der Fangvorrichtung ist die Federspindel *v* hinten mit einem Gewinde versehen, das eine Ratsche *u* aufzusetzen gestattet. Beim Drehen der Ratsche stützt sich diese gegen das Federgehäuse, wodurch die Feder so lange gespannt werden kann, bis es möglich ist, das Betätigungsgestänge wieder in seine ursprüngliche Lage zu bringen.

Bei sehr großen Wagen und sehr hohen Fahrgeschwindigkeiten muß jedoch die Bremskraft der Fangeinrichtung der jeweiligen Wagenbelastung angepaßt werden, weil sonst die für den vollbesetzten Wagen bemessene Bremskraft (§ 50) den schwach besetzten zu einem brüsken Anhalten bringen könnte. Auch ist bei einer durch den Wagenführer wegen eines Fahrthindernisses eingeleiteten Notbremsung die volle Bremskraft der

Fangeinrichtung weder erwünscht noch notwendig. Meistens reicht bei solchen Anlageverhältnissen schon eine zweistufige Fangeinrichtung aus, welche am einfachsten durch die Anwendung von zwei gleichen Fangvorrichtungen der beschriebenen Art gebildet wird. Beide zusammen liefern die für den vollbesetzten Wagen im Falle eines Zugseilrisses notwendige Bremskraft, wobei die bergseitige Fangvorrichtung etwas früher einzu-

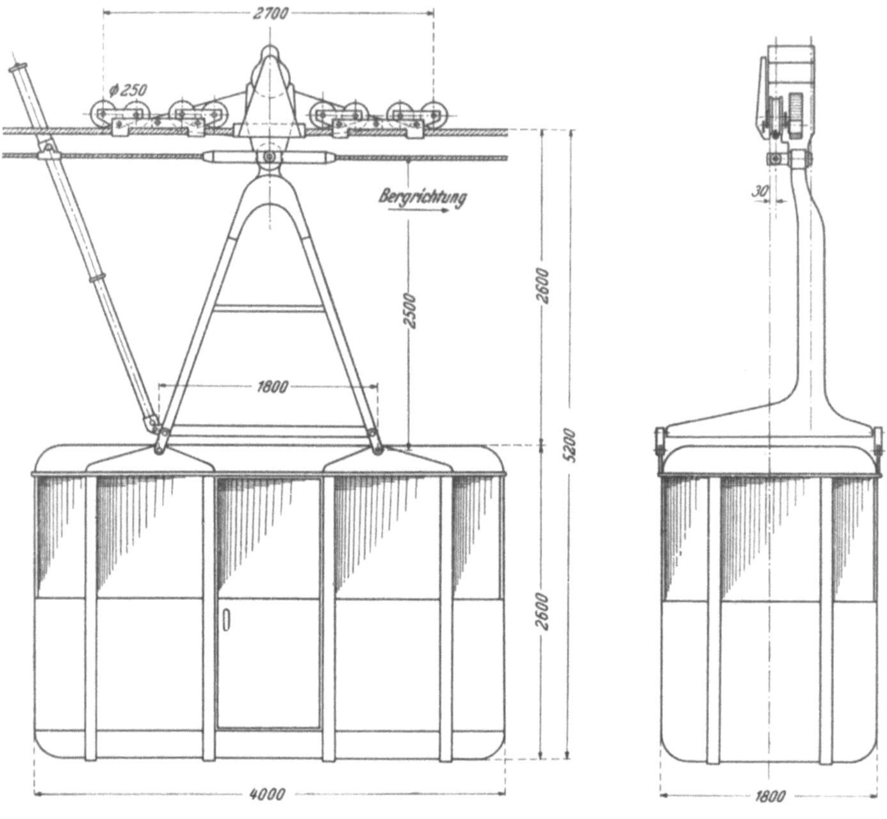

Abb. 194. Wagen für eine große Personenseilbahn mit Pendelbetrieb. Fassungsraum etwa 28 Personen (Bauart BLEICHERT-ZUEGG)

fallen hat. Bei schwach besetztem Wagen oder bei einer durch den Wagenführer veranlaßten Notbremsung kommt hingegen nur die bergseitige Fangvorrichtung allein zur Wirkung. Macht man das Gehänge gegenüber dem Gehängekopf in einer Führung etwas lotrecht verschieblich und stützt das Gehänge auf den Gehängekopf mit einer Druckfeder ab, so könnte man die Zusammendrückung der Feder zufolge der Wagenbelastung dazu benutzen, daß erst von einer bestimmten Wagenbesetzung an beide Fangvorrichtungen wirken.

Das übliche *Gehänge* zeigt Abb. 194; es muß so lang sein, daß der Wagen auch in steilen Streckenteilen um 30% in der Längsrichtung der Bahn ausschwingen kann, ohne daß dabei das Wagendach auf der Talseite die Schuhträger der Stützen od. dgl. berührt. Gewöhnlich besteht das Gehänge aus einer leichten genieteten Blechkonstruktion aus Stahl oder Leichtmetall.

Der *Wagenkasten* erhält die Form eines rechtwinkeligen Prismas mit stark gerundeten Kanten und ist mit kurzen Laschen am Gehänge befestigt. Damit Schwingungen des Wagenkastens, insbesondere in der Längsrichtung, herabgesetzt werden, macht man nicht nur das Gehänge möglichst lang, sondern sieht auch eine Dämpfvorrichtung entweder zwischen Wagenkasten und Gegenseil in Gestalt eines Luftpuffers oder zwischen Gehängekopf und Laufwerk in der Art einer Reibungskupplung vor.

Zur möglichsten Herabsetzung des Eigengewichtes besteht der Wagenkasten meistens aus einer Leichtmetallkonstruktion mit tragenden Wänden und besitzt in seinem Innern gewöhnlich nur Stehplätze, was wegen der kurzen Fahrtdauer ohne weiteres zulässig ist. Der Wagenkasten wird allseitig mit herablaßbaren, bruchsicher verglasten Fenstern und an den beiden Langseiten mit Schiebetüren versehen. Es ist zweckmäßig, den Wagenkasten so hoch zu machen, daß im Winter die Fahrgäste die Skier ins Wageninnere mitnehmen können. Die Beleuchtung erfolgt durch eine Akkumulatorenbatterie. Der Fassungsraum beträgt 13 bis 60 Personen, dabei ist je Fahrgast eine Fußbodenfläche von 0,20 m^2 und ein Nutzgewicht von 80 kg anzunehmen. Das Eigengewicht des ganzen Wagens beträgt ungefähr 30 bis 40 kg je Fahrgast. Steht bei der Bergstation kein Wasser zur Verfügung, so sind unter dem Wagenkasten noch flache blecherne Wasserbehälter vorzusehen, mit denen der Bergstation das notwendige Wasser zugeführt werden kann. Zur gelegentlichen Beförderung schwerer Stückgüter wird der Wagenkasten gegen eine offene Plattform ausgewechselt, wozu in der Talstation eine einfache Absetzeinrichtung erforderlich ist.

Die Wagen der großen Personenseilbahnen mit Pendelbetrieb werden mit einem *Begleiter* bemannt, dem außer der Aufrechterhaltung der Ordnung im Wagen die Beobachtung der Strecke während der Fahrt obliegt. Er hat die Möglichkeit, sich durch die über Trag- und Zugseil führende Signal- und Fernsprechanlage mit den Stationen in Verbindung zu setzen. Ferner kann er im Gefahrfall mit Hilfe einer Taste den gleichfalls über Trag- und Zugseil geführten Sicherheitsstromkreis unterbrechen und dadurch die Bahn zum Stillstand bringen (§ 56). Er vermag aber auch, wie bereits bemerkt, mit dem Bremshandgriff die Fangvorrichtung auszulösen, wobei ebenfalls der Sicherheitsstromkreis unterbrochen und die Bahn stillgesetzt wird.

Um bei *Betriebsstörungen*, bei welchen die Wagen von der Strecke nicht in eine Station zurückgezogen werden können, die Fahrgäste zu bergen, ist jeder Wagen mit einer *Abseilvorrichtung* ausgerüstet, die aus einer Abseilwinde und einem Rettungssack mit Leine besteht. Der Rettungssack kann durch eine Öffnung im Fußboden der Kabine auf das Gelände herabgelassen werden; die Winde wird dabei an der Decke des Wagenkastens befestigt. Wo die Höhe der Bahn über dem Gelände so groß ist, daß Abseilvorrichtungen nicht verwendet werden können, sieht man zur Bergung der Fahrgäste *Hilfswagen* vor, die sich von der Bergstation aus mit einem Hilfsseil zu den Personenwagen heranführen lassen (§ 50).

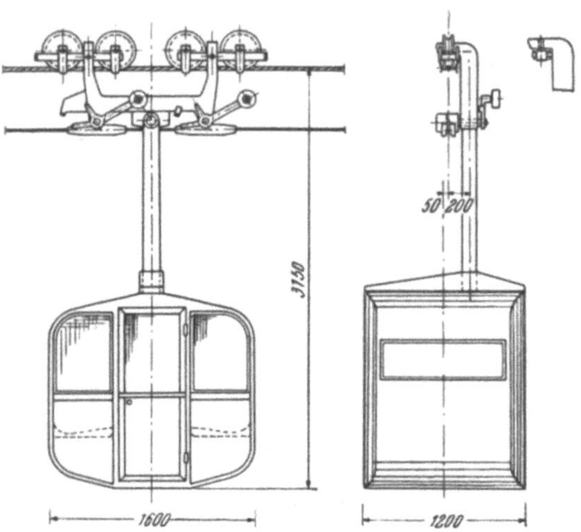

Abb. 195. Wagen für Personenseilbahnen mit Umlaufbetrieb. Fassungsraum 4 Personen (Bauart POHLIG)

2. Kleine Wagen

Bei den Wagen für *Kleinseilbahnen* erscheinen einige Vereinfachungen möglich. So brauchen Wagen mit einem Fassungsraum bis 12 Personen meistens keinen Wagenbegleiter und Wagen mit einem Fassungsraum bis 6 Personen auch keine Fangvorrichtung zu erhalten (§ 50). Ferner genügt häufig ein vierrädriges Laufwerk. Schließlich dürfen auch Gehänge und Wagenkasten einfacher gestaltet werden.

b) Wagen für Bahnen mit Umlaufbetrieb

In Abb. 195 ist ein solcher Wagen mit einem vierrolligen *Laufwerk* dargestellt, dessen Rollen auch mitunter eine Gummifütterung erhalten. Für das hier vorgesehene einzige Zugseil müssen aus Sicherheitsgründen *zwei Klemmvorrichtungen* angeordnet werden. Diese sitzen vorteilhaft im Laufwerk unterhalb des Tragseiles und können sowohl Schraubklemmen als auch Federklemmen sein. Jeder Klemmapparat muß wenigstens eine 2,0fache Sicherheit gegen Rutschen gewährleisten. Über die notwendige Überprüfung des Ein- und Auskuppelvorganges siehe § 56. Fangvorrichtungen od. dgl. werden nicht vorgesehen (§ 50).

Gehänge und *Wagenkasten* bilden gewöhnlich ein Stück. Die Wagenkasten haben einen Fassungsraum von 4 Personen, und es sind im Hinblick auf die erwünschte geringe Bauhöhe für alle Fahrgäste Sitze vorhanden. Von den allseitig angeordneten Fenstern, die auch hier bruchsicher verglast sein müssen, ist gewöhnlich nur das Türfenster herablaßbar. Die Tür ist als Dreh- oder Falttür ausgebildet. Die Beförderung von Skiern erfolgt in Bügeln oder Behältern, die außen am Wagenkasten angebracht sind. Auf eine Beleuchtung kann meistens verzichtet werden.

Der Baustoff ist stets hochwertiger Stahl oder Leichtmetall und das Gewicht eines Wagens je Fahrgast etwa 80 kg. Zur eventuellen Versorgung der Bergstation mit Wasser und zur Beförderung von Gütern dienen besondere Wagen, die sich von jenen für Güterseilbahnen kaum unterscheiden.

Zu den sonstigen Einrichtungen dieser Wagen gehören eine Leine und ein Rettungshaken an der Kabinendecke. Sind die Wagen auf der Strecke zufolge einer Betriebsstörung steckengeblieben, so können mit der durch die Fahrgäste auf das Gelände abgelassenen Leine unter Zuhilfenahme einer leicht transportablen Winde vom Gelände aus ein Rettungsseil und dann ein Rettungsmann aufgezogen werden, der die Fahrgäste und schließlich sich selbst in Rettungssäcken durch eine Öffnung im Fußboden der Kabine abseilt. Wegen der bei Seilbahnen mit Umlaufbetrieb im Zusammenhang mit den geschilderten Bergeeinrichtungen und einer erträglichen Bergungsdauer angebrachten Begrenzung des Bodenabstandes siehe § 50.

c) Bezüglich des *Kräftespieles* an einem Seilbahnwagen für Personenbeförderung gilt § 64 sinngemäß und hinsichtlich der bei den Festigkeitsberechnungen einzuhaltenden Sicherheiten das in § 54, Abs. h Gesagte.

VII. Stationsanlagen

§ 67. Allgemeines über die Stationen für Güterseilbahnen

a) Einteilung

Während bei der mechanischen Einrichtung und den Streckenbauten der Seilbahnen meistens eine gewisse Unabhängigkeit von den örtlichen Verhältnissen besteht, welche eine Normung ermöglicht, ist dies bei den Stationsanlagen (mit Ausnahme einzelner Teile) nicht der Fall. Die Stationen müssen vielmehr jeweils besonderen Bedingungen angepaßt werden, stellen also Einzelausführungen dar. Es gibt aber eine Anzahl öfter wiederkehrender sogenannter Regelfälle, die nachfolgend behandelt werden sollen.

Je nach dem Zweck, der Lage, der Bauart und der in einer Station untergebrachten mechanischen Einrichtung unterscheidet man

Be- und Entladestationen,
End- und Zwischenstationen,
Tal- und Bergstationen,
ebenerdige und Hochstationen sowie
Antriebs- und Spannstationen.

Für die Gestaltung der Stationen sind hauptsächlich die Be- und Entladeverhältnisse maßgebend, weshalb die Stationen hier nach diesen Gesichtspunkten behandelt werden.

b) Hauptbestandteile der Stationen

Wie schon bekannt, besitzen bei *Umlaufbetrieb* die Stationen an dem gegen die Strecke zugewandten Ende die *Kuppelstellen* für die Wagen, an welche sich die *Hängebahnschleife* mit den *Be- und Entladeeinrichtungen* für die Wagen und eventuell ein Abstellgleis anschließen, während die Trag- und Zugseile von den Kuppelstellen zu den *Verankerungen*, *Spannvorrichtungen* oder zum *Antrieb* geführt sind. Bei *Pendelbetrieb* entfallen Kuppelstellen und Hängebahnschleife.

c) Arten der Wagenbeladung

Die *Beladung* der Seilbahnwagen geschieht fast stets in *ebenerdigen* Stationen, wobei im Falle von *Massen- oder Schüttgutförderung* (Kohle, Erze) das Fördergut aus *Bunkern* oder *Rutschen* durch Schnauzen in die Wagen abgezogen wird.

Handelt es sich um Massengut, welches nicht gebunkert werden kann, weil es entweder zu grobstückig ist (Steine) oder weil es zusammenbackt (Lehm) oder durch Bunkerung leidet (leicht zerfallende Braunkohle), so sieht man in den Stationen *Absetzeinrichtungen* für die Wagenkasten vor. Im Absetzbetrieb geschieht häufig auch die Beladung bei *Stückgutförderung* (Langholz, Baumaterial).

d) Arten der Entladung

Bei der *Entladung* kommt der Vorteil zur Geltung, daß das Fördergut an der Entladestelle durch die Seilbahn auf jede gewünschte Höhe gebracht werden kann, ohne andere Fördermittel zwischenschalten zu müssen. Bei *Schüttgutförderung* geschieht die Entladung meistens in *Bunker* oder *Rutschen*, gleichgültig, ob das Gut an der Entladestelle weiterverarbeitet wird oder bloß in ein anderes Verkehrsmittel (Lastkraftwagen, Eisenbahn, Schiffe) unter Zuhilfenahme von Schurren oder Luttenrohren umzuladen ist. Die Entladestationen sind daher bei Massengutförderung in der Regel *Hochstationen*.

Bei nicht bunkerfähigen Massengütern und bei *Stückgut* werden die Entladestationen, unabhängig davon, ob dort eine Lagerung, weitere Verarbeitung oder Umladung erfolgt, nur *wenig erhöht* über dem umliegenden Gelände angeordnet, und das Fördergut wird über *breite, niedrige Rutschen* entladen (Bruchstein, Langholz). Gelangen aber in den Entladestationen *Absetzeinrichtungen* zur Anwendung, so sind auch diese Stationen *ebenerdig* auszuführen.

e) Anforderungen an die Stationen

Die wichtigsten an die Stationsanlagen zu stellenden *Forderungen* sind demnach:

1. Beladestation immer an der tiefsten Stelle jenes Bereiches, wo die Beladung erfolgen soll. Entladestelle meistens hoch über jenem Bereich, wo die Entladung beabsichtigt ist.

2. Gedrängte Anordnung, aber keine beschränkten Raumverhältnisse.

3. Die Wegstrecken der Seilbahnwagen zwischen Stationsein- und -auslauf und den Be- und Entladestellen, auf welchen die Bewegung meistens von Hand aus oder durch Anordnung eines Gefälles geschieht, sollen kurz sein, damit der Stationsdienst einfach und wirtschaftlich ist.

f) Baustoff der Stationen

Der *Baustoff* der Stationen ist gewöhnlich Holz oder Stahl, seltener Stahlbeton oder Mauerwerk. Bei Anlagen für vorübergehende Zwecke gelangt fast ausschließlich Holz zur Verwendung. Das System des Stationstragwerkes ist bei Ausbildung in Holz oder Stahl grundsätzlich gleich, weshalb in der Folge bei Behandlung der Stationsbauten im einzelnen einmal der eine, dann wieder der andere Baustoff angenommen ist.

g) Lagerung der mechanischen Einrichtung

Es erweist sich bei Stationsbauten aus Holz oder Stahl wirtschaftlich, wenn alle jene Teile der mechanischen Einrichtung, welche große Kräfte übertragen oder erhebliche dynamische Wirkungen ausüben, unabhängig vom eigentlichen Stationstragwerk gelagert werden. Dies gilt vor allem für die Tragseilverankerung, die Tragseilspannvorrichtung und für den Antrieb.

§ 68. Die Hängebahnanlagen der Seilbahnstationen

a) Hängebahnschienen

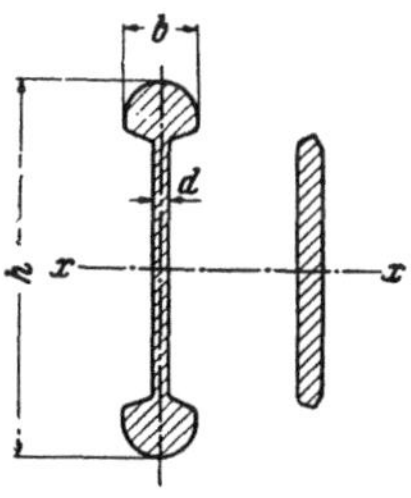

Abb. 196. Hängebahnschiene

In den Stationen besteht die Fahrbahn für die Seilbahnwagen aus *Hängebahnschienen.* Dies sind Doppelkopfschienen aus Siemens-Martinstahl, deren wichtigste Formen samt Abmessungen und statischen Zahlenwerten aus Abb. 196 und aus der nachstehenden Zahlentafel zu entnehmen sind. Die kleinere Schiene gelangt gewöhnlich auf jenen Strängen zur Verlegung, wo nur leere Wagen verkehren, während auf den Strecken, wo die beladenen Wagen laufen, meistens die schwerere Schiene vorgesehen wird. Zur Verbindung der in Längen von 6,0 bis 8,0 m gelieferten Schienen dienen Flachlaschen. Diese werden an jedem Schienenende durch je zwei Schrauben von $^3/_4''$ Durchmesser in derselben Art wie bei gewöhnlichen Eisenbahnschienen in die Laschenkammern gepreßt.

Schienenform h/b	d mm	Gewicht kg/m	Laschenlänge mm	Gewicht m. Laschen kg/m	Trägheitsmoment J_y cm⁴	Trägheitsmoment J_d cm⁴	W_x cm³
130/30	6	15,00	300	17,00	8,7	14,2	58
200/40	7	24,00	400	28,00	20,6	33,3	150

b) Übergang vom Tragseil auf die Hängebahnschiene

Zum stoßfreien Übergang der Wagen vom Tragseil auf die Hängebahnschiene wird am ersten Stationsbinder (Einlaufbinder) ein meistens aus Gußeisen bestehender oder geschweißter *Ablenkschuh* für das Tragseil angebracht, an welchem einerseits der Hängebahnstrang, andererseits die sogenannte *Überlaufzunge* anschließt (Abb. 197). Die Überlaufzungen sind entweder aus Stahlguß oder aus Flacheisen hergestellt und am Ablenkschuh um einen waagrechten Bolzen drehbar gelagert. Ihre Länge beträgt 1,20 bis 1,50 m. Stahlgußzungen besitzen am Vorderende eine löffelartige Verbreiterung, die sich über das Tragseil legt. Flacheisenzungen sind zweiteilig und umfassen das Tragseil. Durch die Lagerungsart der Zungen erscheinen sowohl Längsverschiebungen des Tragseiles als auch Änderungen seines Einlaufwinkels infolge der Wagenbewegung ohne Einfluß auf den Wagenübergang. Hinter dem Ablenkschuh ist das Tragseil nach unten und gleichzeitig nach innen — gegen die Bahnachse — geführt, um es aus dem Bereich des für die Wagen erforderlichen Lichtraumes zu bringen. Die Halbmesser der Ablenkschuhe betragen wie jene der Stützenschuhe (§ 40) $r = 2{,}5$ bis 4,5 m. Die Schuhe gestatten in lot-

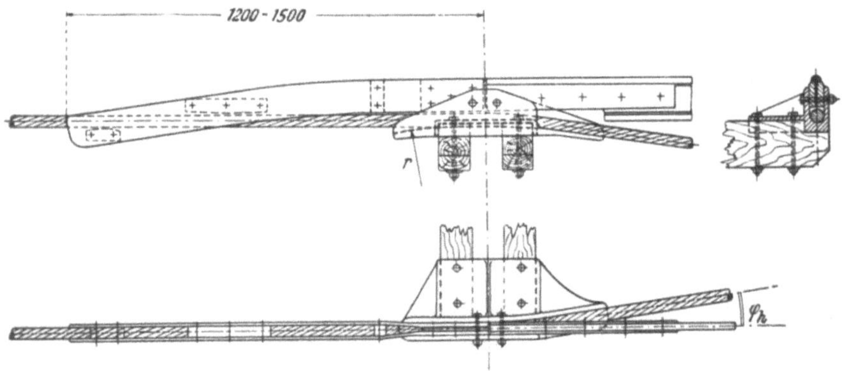

Abb. 197. Tragseilablenkschuh mit Überlaufzunge beim Stationseinlauf

rechter Richtung gewöhnlich eine Gesamtablenkung bis $\operatorname{tg} \varphi^* = 0{,}25$, in waagrechter Richtung aber nur eine solche bis $\operatorname{tg} \varphi_h = 0{,}15$. Dem entsprechen Schuhlängen von $\lambda = 0{,}6$ bis 1,0 m. Das durchschnittliche Gewicht eines Ablenkschuhes beträgt 40 bis 60 kg und das einer Überlaufzunge 15 bis 20 kg.

c) Befestigung der Hängebahnschienen

Die *Befestigung* der *Hängebahnschienen* kann mit Rücksicht auf die Bauart der Seilbahnwagen nur einseitig geschehen, und zwar entweder mit Hilfe sogenannter Hängeschuhe an den Deckenträgern oder mit Auflagerschuhen an Konsolen der Stiele des Stationsbaues, mitunter aber auch an Konsolen besonderer Gerüste für die mechanische Einrichtung der Station (Abb. 198 und 199). Das Gewicht der Hängeschuhe beträgt, je nach der Schienenform, 25 bis 35 kg und jenes der Auflagerschuhe 7 bis 12 kg. Für die Bestimmung des Abstandes der Unterstützungspunkte ist die Biegungsbeanspruchung der Schienen zufolge der Verkehrslast maßgebend. Unter Berücksichtigung der Möglichkeit des Wirkens von Stößen, Seitenkräften und eines Kippens der Schienen läßt man für die Biegungsspannung nicht mehr als 800 kg/cm² zu[1]. Bei den gewöhnlich vorkommenden Wagenlasten und unter der Voraussetzung, daß die Wagen dicht aneinandergereiht sein können, ergeben sich auf diese Art für die Unterstützungen Abstände von 2,5 bis 4,0 m. Womöglich trachtet man, die Binderausteilung des Stationsbaues oder des Gerüstes für die mechanische Einrichtung diesen Abständen entsprechend zu wählen. Wo dies wegen eines zu kleinen Abstandes der Schienenaufhängungen nicht möglich ist, sind besondere Schienenträger vorzusehen, die entweder parallel oder rechtwinkelig zu den Hängebahnschienen liegen.

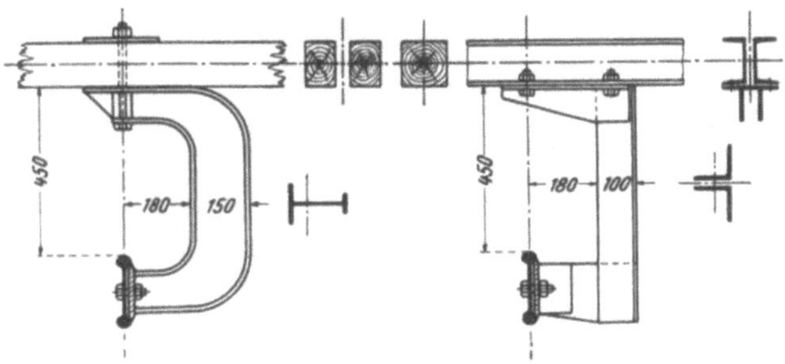

Abb. 198. Gußeiserner und geschweißter Hängeschuh

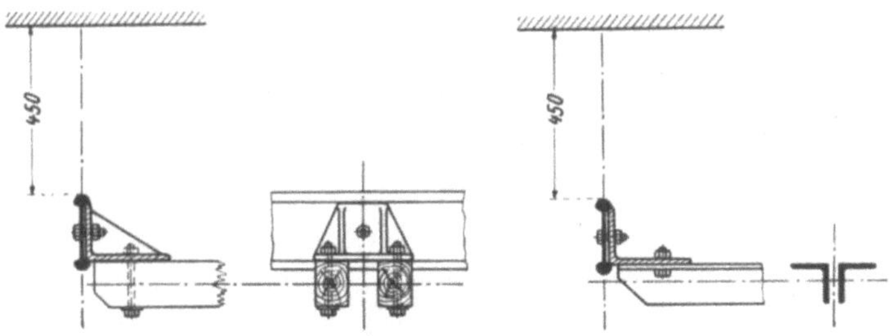

Abb. 199. Gußeiserner und aus einem Winkeleisen gebildeter Auflagerschuh

Um den Seilbahnwagen einen genügenden *Lichtraum* zu gewährleisten, soll der Abstand von Schienenoberkante bis zur Unterkante der Deckenkonstruktion 0,45 m nicht unterschreiten, während jener von der Schienenoberkante bis zum Fußboden meistens 2,20 bis 2,80 m beträgt und mindestens so groß zu bemessen ist, daß zwischen Kippkreis und Fußboden

[1] Die Sicherheit gegen Kippen errechnet sich nach HANFFSTENGEL, G.: Förderung von Massengütern. 3. Aufl., II. Bd., 1. Teil, Berlin: Springer-Verlag. 1926, zu

$$\mathfrak{S} = \frac{21\,500\,000}{Q\,l^2} \cdot \sqrt{J_y\,J_d}\,,$$

wenn Q eine in der Mitte zwischen zwei Befestigungsstellen befindliche Verkehrslast, l den Abstand der Befestigungsstellen bedeutet und alle Größen in kg und cm eingesetzt werden. Die Kippsicherheit soll wenigstens 3,0 betragen.

auch bei Längsschwingungen des Wagens noch ein Raum von 0,10 m verbleibt.

Für den waagrechten Abstand der Hängebahnschienen von festen Bauwerksteilen (Säulen, Wänden) ist ebenfalls der Kippkreis, und zwar unter Berücksichtigung möglicher Pendelungen des Wagens in Bogenstrecken, maßgebend. Der kleinste seitliche Abstand zwischen Kippkreis und Bauwerksteil soll dabei 0,40 m nicht unterschreiten. Als Kleinstwert für den seitlichen Abstand zwischen Hängebahnschiene und Bauwerksteil kann dann etwa 1,0 m gelten.

Die Hängebahnschienen liegen im allgemeinen waagrecht. Da auf den Hängebahngleisen der Verkehr fast stets nur in einer Richtung stattfindet, gibt man aber bei größeren Wagenlasten den Schienen oft auf ihre ganze Länge in der Fahrtrichtung ein *Gefälle* von 5 bis $10^0/_{00}$, um die händische Bewegung der Wagen in den Stationen zu erleichtern oder entbehrlich zu machen. Geschieht dies nicht, so soll wenigstens vor der Einkuppelstelle der Wagen ein Gefälle vorhanden sein (§ 62).

Kurven im Anschluß an die Stationsein- und -ausläufe erhalten wegen der dort größeren, der Bewegung des Zugseiles entsprechenden Wagengeschwindigkeit einen Halbmesser von wenigstens 7,0 m. Alle übrigen Bogen können gewöhnlich mit einem Halbmesser von 5,0 m ausgeführt werden. Der kleinste, mit Rücksicht auf die Konstruktion der Wagenlaufwerke zulässige Bogenhalbmesser beträgt etwa 2,0 bis 2,50 m. Bei solchen Bogen ist der Krümmungswiderstand allerdings schon beträchtlich. Im Bogen sind wegen der dort auftretenden Balkonträgerwirkung die Hängebahnschienen in kleineren Abständen als auf der geraden Strecke zu unterstützen.

d) Hängebahnweichen

Abzweigungen werden fast immer nur durch Weichen gebildet.

1. Man unterscheidet folgende *Bauarten*:

1. Drehweichen mit waagrecht sich bewegenden Zungen und
2. Klappweichen mit lotrecht sich bewegenden Zungen.

Beide Bauarten können mit einer oder mit zwei Zungen ausgerüstet sein. Ist der Verkehr nur auf dem einen der beiden Hängebahnstränge einer Weiche bedeutend, so genügt eine Zunge, während zweizungige Weichen hauptsächlich dort in Frage kommen, wo der Verkehr auf beiden Strängen stark ist.

2. Bei allen Weichenbauarten müssen die *Zungen* so lang sein und so weit aufschlagen, daß beim Befahren der Weiche auf dem einen Strang keine Behinderung durch den anderen Strang entsteht. Da der von einem Wagengehänge beanspruchte Raum einschließlich eines Sicherheitszuschlages etwa 200 bis 250 mm beträgt, ergibt sich bei Anwendung eines Bogenhalbmessers von 2,00 bis 2,50 m in der Weiche eine Zungenlänge von wenigstens 1,30 bis 1,80 m.

Bei *einzungigen* Weichen (Abb. 200a, 201a) werden die Zungen mit einem löffelartig ausgebildeten Vorderende versehen, das sich bei geschlossener Weiche über die durchlaufende Schiene legt. Die Zungen solcher Weichen werden daher entweder aus Stahlguß hergestellt oder aus Flacheisen geschweißt. Die Zungen sind stets in den weniger befahrenen Strang zu legen, wodurch vermieden wird, daß in der Hauptverkehrsrichtung die Wagen über den an das löffelartige Vorderende anschließenden Zungenwulst klettern müssen. Die Höhe dieses Wulstes ergibt sich aus der Bedingung, daß bei Befahrung der Zunge die Spurkränze der Wagenlaufräder stoßfrei über die durchlaufende Schiene hinweggehen müssen. Dagegen werden bei *zweizungigen* Weichen (Abb. 200b, 201b) die Zungen aus Hängebahnschienen gebildet. Das Klettern der Wagen über einen Zungenwulst entfällt hier.

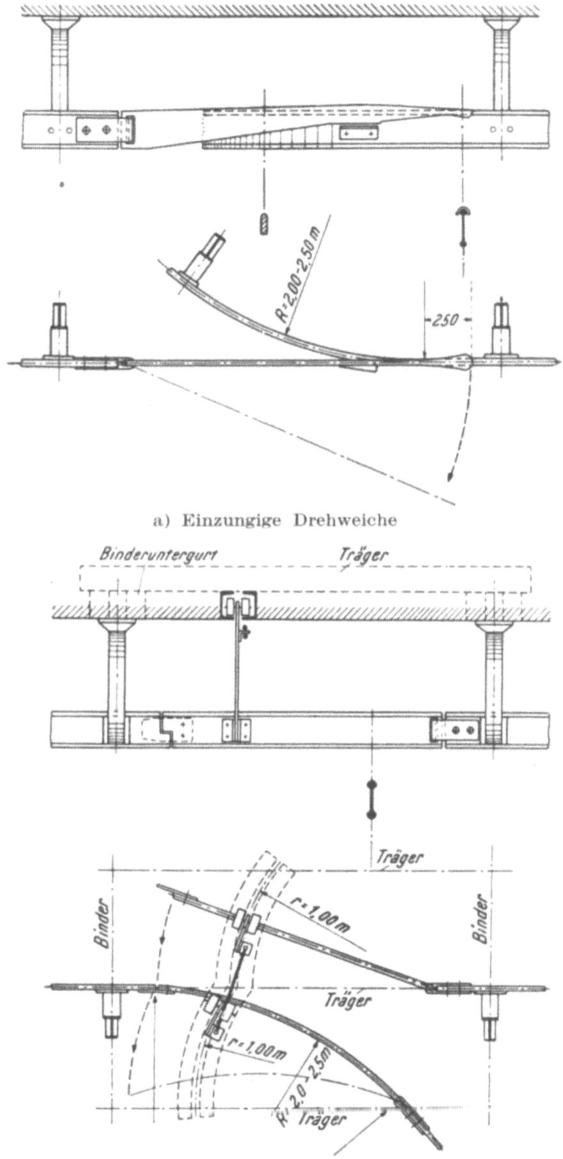

a) Einzungige Drehweiche

b) Zweizungige Drehweiche

Abb. 200. Hängebahndrehweichen

Bei den *Drehweichen* ist dafür zu sorgen, daß sich die offene Weichenzunge auf eine Rast auflegen kann (Abb. 200a), wenn das vordere Zungenende nicht durch einen Bügel nach Art der Hängestützen dauernd hochgehalten wird (Abb. 200b). Dieser Bügel muß dann die Bewegung der Zunge mitmachen und sich daher an

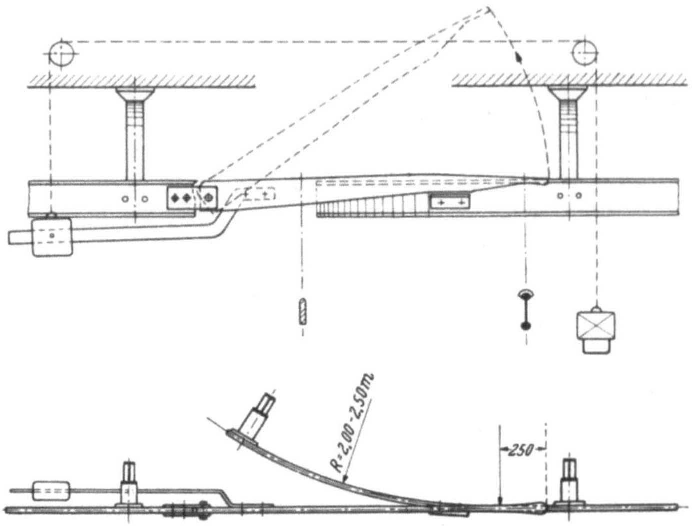

a) Einzungige Klappweiche

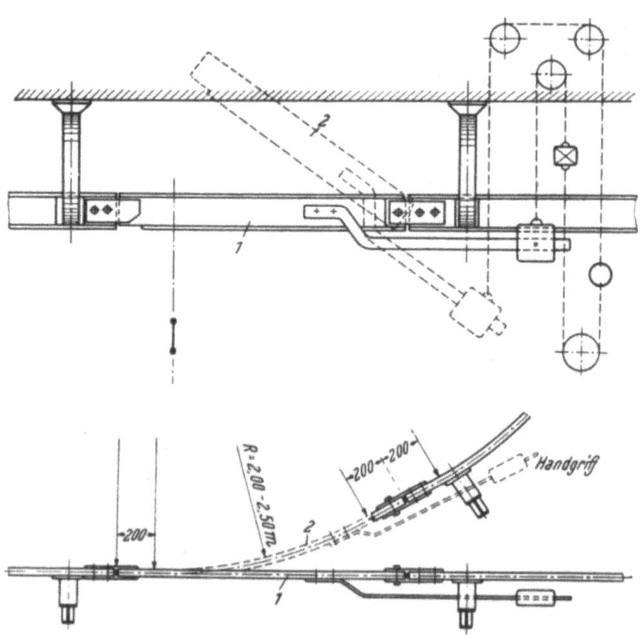

b) Zweizungige Klappweiche

Abb. 201. Hängebahnklappweichen

seinem oberen Ende mit Rollen auf eine kurze Verschubbahn stützen. Bei den *Klappweichen* (Abb. 201) wird das hintere Zungenende stets mit einem sogenannten Schwanz versehen, der ein Gegengewicht trägt. Zufolge dieses Gegengewichtes ist die Grundstellung der Zungen einzungiger Klappweichen meistens die offene.

3. *Das Stellen der Weichen* geschieht entweder von Hand aus oder durch die darüberfahrenden Wagen. Die Drehweichen werden meistens unmittelbar von Hand gestellt, während für die Handbedienung von Klappweichen in der Regel Seilzüge dienen. Die Steuerung der Weichen durch die darüberfahrenden Wagen wird nur bei Klappweichen angewendet. Hiebei sind in der Nähe der Weichen an den Hängebahnschienen Anschlagvorrichtungen für die Wagenlaufwerke angebracht, und es stellt ein von diesen Anschlägen ausgehendes Betätigungsgestänge die Weichenzungen in die gewünschte Lage. Nach Vorüberfahrt des Wagens kehrt die Weichenzunge wieder in ihre Grundstellung zurück. Bei Verwendung von Drehweichen ist es im Falle sehr starken Verkehrs auf den Hängebahngleisen notwendig, durch Anordnung von *Sperren* dafür zu sorgen, daß von dem jeweils unterbrochenen Schienenstrang kein Wagen abstürzen kann. Diese Sperren bestehen häufig aus kurzen Balken, welche sich nahe der Weichenzungen quer über die bei den einzelnen Weichenstellungen unterbrochenen Schienenstränge legen. Die Sperren werden gemeinsam mit den Weichenzungen gestellt.

4. Von den einzelnen Weichenbauarten haben ein- und zweizungige *Klappweichen* die *größte Verbreitung*, während einzungige Drehweichen meistens nur für untergeordnete Zwecke in Frage kommen. Zweizungige Drehweichen erscheinen bloß für besonders schwere Lasten notwendig, bei denen die Hängebahngleise oft nicht mehr aus den gewöhnlichen Hängebahnschienen gebildet werden können.

Das *Gewicht* einzungiger Drehweichen kann mit ~ 50 kg und das einzungiger Klappweichen mit ~ 120 kg angenommen werden; jenes der zweizungigen Weichen beträgt etwa das Doppelte.

e) Sonstige Gleisverbindungen

Neben den Weichen sind auch *Kreuzungen* von Hängebahngleisen zu erwähnen, welche in der gleichen Art wie doppelzungige Klappweichen ausgebildet werden, ferner *Hängebahndrehscheiben* — Drehglocken genannt — und *Hängebahnaufzüge* oder *Niederlaßvorrichtungen*, welche die Überwindung größerer Höhenunterschiede innerhalb einer Hängebahnanlage ermöglichen.

Die einzelnen Teile der Hängebahnanlagen für Seilbahnstationen sind ebenfalls werkgenormt.

§ 69. Gestaltung der Stationen für Güterseilbahnen mit Umlaufbetrieb

a) Beladestationen

1. Eine einfache Beladestation in Holzkonstruktion für eine Bahn zur Förderung von *Massengütern* bei Ausrüstung der Wagen mit Schraubklemmapparaten zeigt Abb. 202. An mechanischer Einrichtung enthält

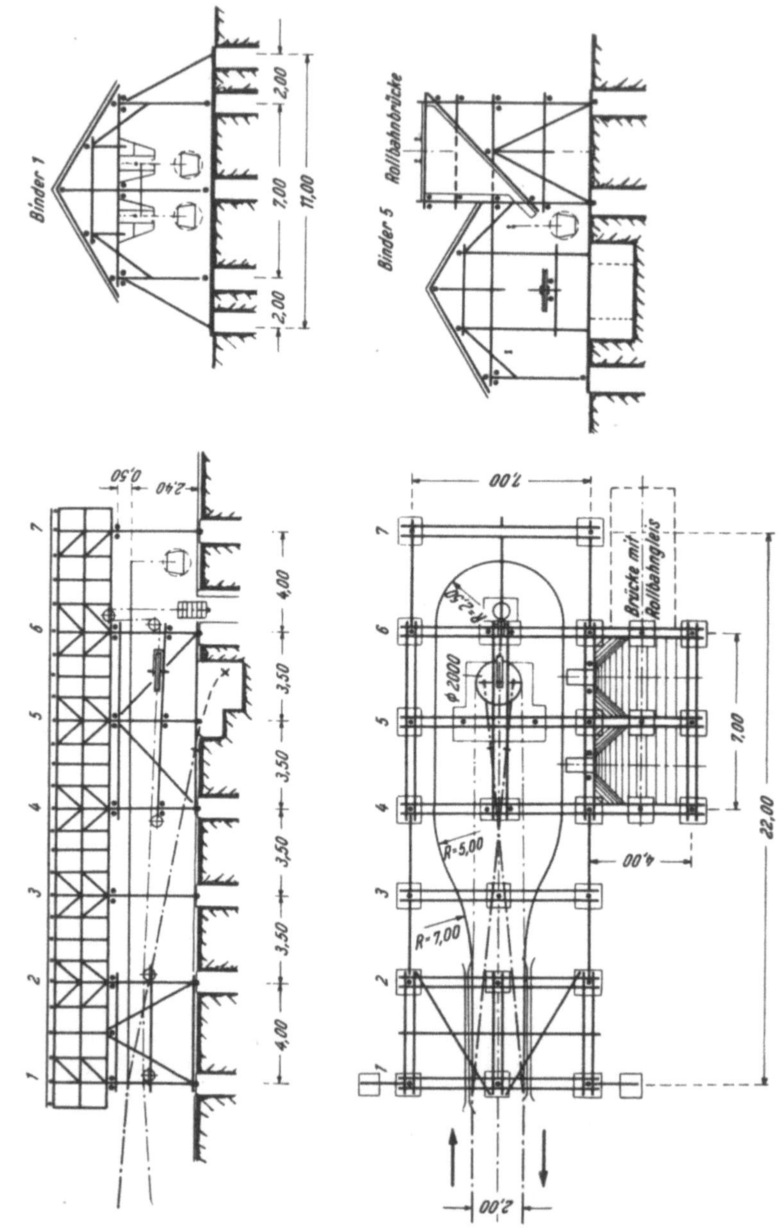

Abb. 202. Beladestation für Schüttgutförderung in Holzkonstruktion mit Tragseilverankerung und Zugseilspannvorrichtung sowie kurzer Kuppelstelle für Wagen mit Schraubklemmvorrichtungen

sie eine Tragseilverankerung und eine Zugseilspannvorrichtung. Die einzelnen Binder, die in Abständen von 3,0 bis 4,0 m angeordnet werden, sind gewöhnlich zimmermannsmäßige Sprengwerkrahmen, die mit ihren

Stielen auf Betonsockeln ruhen. Eine kräftige Verbindung der beiden ersten Binder, welche die Kuppelstellen tragen, sorgt dafür, daß die beim Kuppelvorgang der Wagen entstehenden Stöße ohne Schädigung des Bauwerkes aufgenommen werden können. Außerdem ist der Einlaufbinder auch noch nach außen abgestrebt, um ihn zur Aufnahme des Winddruckes auf die Seilbahn und der Kräfte zu befähigen, die sich dort aus der seitlichen Tragseilablenkung ergeben. Von der mechanischen Einrichtung ist bloß die Zugseilspannvorrichtung im Hinblick auf die fast stets geringen Kräfte, welche von ihr ausgeübt werden, am Stationstragwerk befestigt. Dagegen laufen die Tragseile von den Ablenkschuhen am Einlaufbinder unmittelbar zu einem Verankerungsblock (§ 14), der wohl immer aus Beton hergestellt wird.

Die mit der Station verbundene Beladebunkeranlage besitzt kräftige Holzböcke, welche die Sparren der meistens unter 40 bis 45° geneigten Bodenfläche tragen, während das Gerüst der Bunkerwände aus Eck- und eventuellen Zwischenstielen gebildet wird, zwischen denen waagrechte Riegel eingelegt sind. Gewöhnlich enthält die Bunkeranlage mehrere Zellen, deren Länge dem Binderabstand entspricht. Die Beschickung der Bunker kann über eine Rollbahnbrücke oder bei Fehlen des nötigen Höhenunterschiedes zwischen Rollbahn und Seilbahn durch Förderbänder oder Becherwerke geschehen. Die Bunkeranlage kann schließlich auch Bestandteil eines Werksobjektes sein, in dem das Fördergut erzeugt wird.

2. Handelt es sich um Förderung von Massengut, welches *nicht* gebunkert werden kann, so wendet man in den Stationen *Absetzeinrichtungen* für die Kasten der Seilbahnwagen an. Eine derartige Station in Stahlkonstruktion bei Benutzung von Wagen mit Eigengewichtsklemmapparaten ist in Abb. 203 dargestellt. Sie enthält außer einer Tragseilspannvorrichtung noch den Antrieb für das Zugseil. Das Tragwerksystem erscheint dem der hölzernen Stationen analog gestaltet. Sowohl Tragseilspannvorrichtung wie auch Antrieb sind unabhängig vom Stationsbauwerk angeordnet. Die Tragseilspannvorrichtung ist dabei in einem Schacht untergebracht, und es unterscheiden sich ihre Einzelteile nicht von jenen der Streckenspannvorrichtungen (§ 46). Wenn die Herstellung eines Schachtes für die Spanngewichte mit großen Kosten verbunden wäre (Felsboden) oder wenn die Gefahr der Ansammlung von Grundwasser in diesem bestünde, dann müssen die Tragseile durch die Station hindurchgeführt und hinter derselben auf einem Spannbock die Spanngewichte angeordnet werden.

Das *Wesen des Absetzbetriebes* (Abb. 204) besteht darin, daß die in der Station ankommenden leeren Seilbahnwagen ihren Wagenkasten auf ein Rollbahnwagenuntergestell absetzen und dieses dann den Wagenkasten auf dem einen Rollbahngleis zur Beladestelle weiterbefördert. Die kastenlosen Gehänge umfahren hernach die Hängebahnschleife und nehmen die am anderen Rollbahngleis beladen auf den Rollbahnwagenuntergestellen zurückkehrenden Seilbahnkasten wieder auf, um mit diesen die Fahrt über die Seilbahn anzutreten. Die leeren Rollbahnwagenuntergestelle gelangen hingegen über die in der Station angeordnete Gleisschleife wieder auf das erste Gleis, um dort neuerlich leere Seilbahnkübel in Empfang zu nehmen.

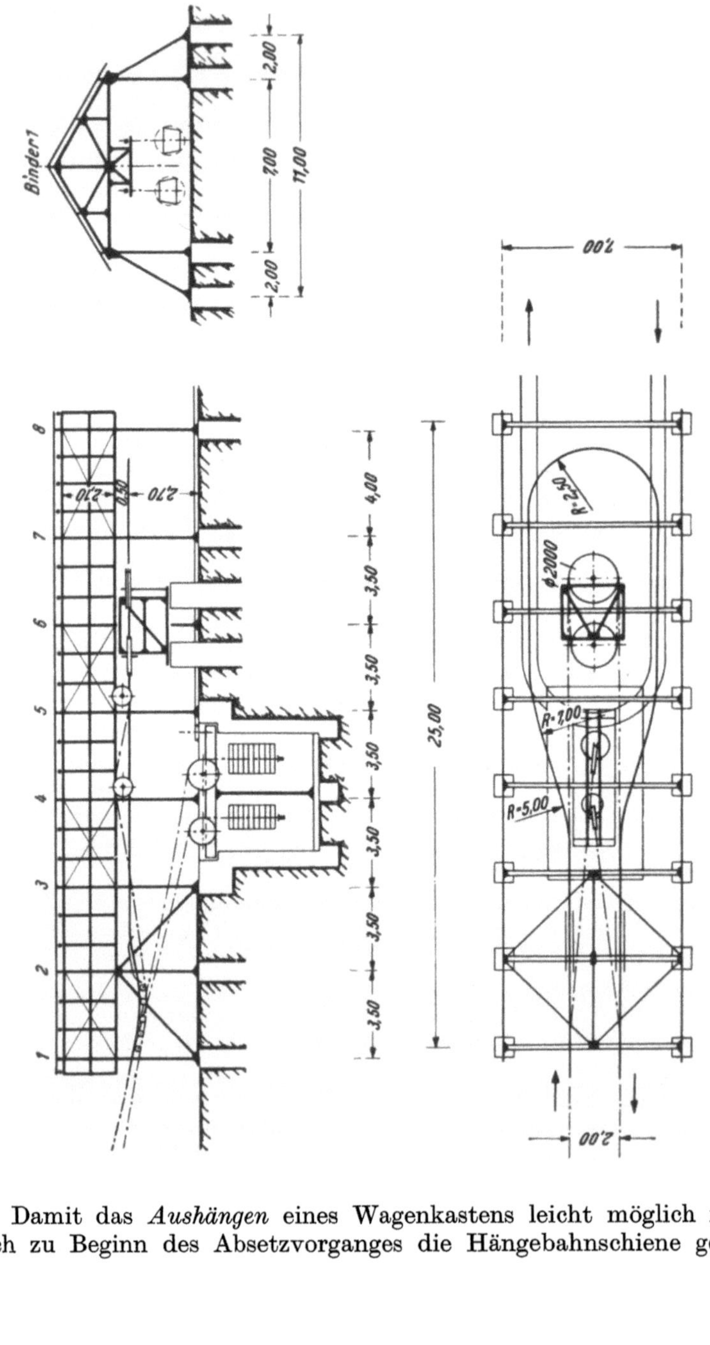

Abb. 203. Belade- oder Entladestation für Absetzbetrieb in Stahlkonstruktion mit Tragseilspannvorrichtung, Antrieb und längerer Kuppelstelle für Wagen mit Eigengewichtsklemmapparaten

Damit das *Aushängen* eines Wagenkastens leicht möglich ist, muß sich zu Beginn des Absetzvorganges die Hängebahnschiene gegenüber dem Rollbahngleis so weit senken, daß sich der Lastbehälter auf das Rollbahnwagenuntergestell aufsetzt und seine Drehzapfen nicht mehr von den Gehängehaken festgehalten werden. Hierauf schwenkt man das Gehänge von Hand seitlich aus (Abb. 205). Bei der Weiterfahrt von Seilbahn- und Rollbahnwagen muß dann durch Senkung des Rollbahngleises gegenüber der Hängebahnschiene wieder der ursprüngliche Höhenunterschied zwischen diesen beiden Gleisen hergestellt werden, um die völlige Trennung von Gehänge und Wagenkasten zu vollziehen.

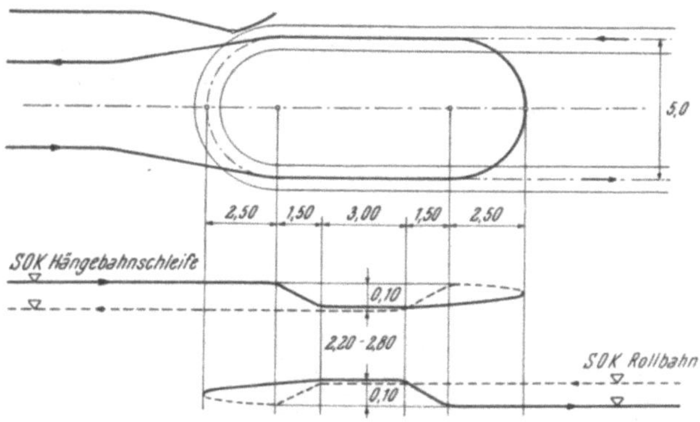

Abb. 204. Anordnung von Hänge- und Rollbahngleisen bei Absetzbetrieb

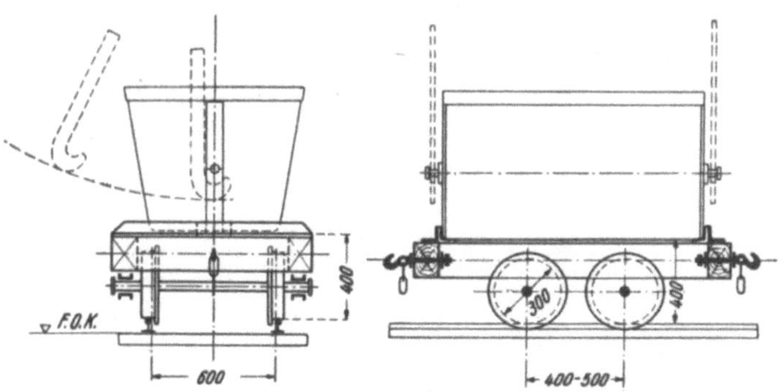

Abb. 205. Rollbahnwagenuntergestell für Absetzbetrieb

Beim *Wiedereinhängen* eines Seilbahnkübels hat sich zunächst ebenfalls die Hängebahnschiene zu senken, damit nach seitlichem Ausschwenken des Gehänges dessen Haken die Drehzapfen des Wagenkastens umgreifen können, und es senkt sich bei Weiterfahrt von Seilbahn- und Rollbahnwagen wieder das Rollbahngleis, damit der Seilbahnkübel vom Gehänge aufgenommen werden kann. Bei den gewöhnlich gewählten Abmessungen der Gehängehaken betragen die jeweiligen Gleissenkungen etwa 100 mm. Sie werden überdies so angeordnet, daß weder beim Aushängen noch beim Wiedereinhängen der Wagenkasten vom Seilbahnwagen und vom Rollbahnwagen stärkere Steigungen in den Schleifen zu befahren sind. Als Gleislänge für den eigentlichen Absetzvorgang sind etwa 3,0 m erforderlich.

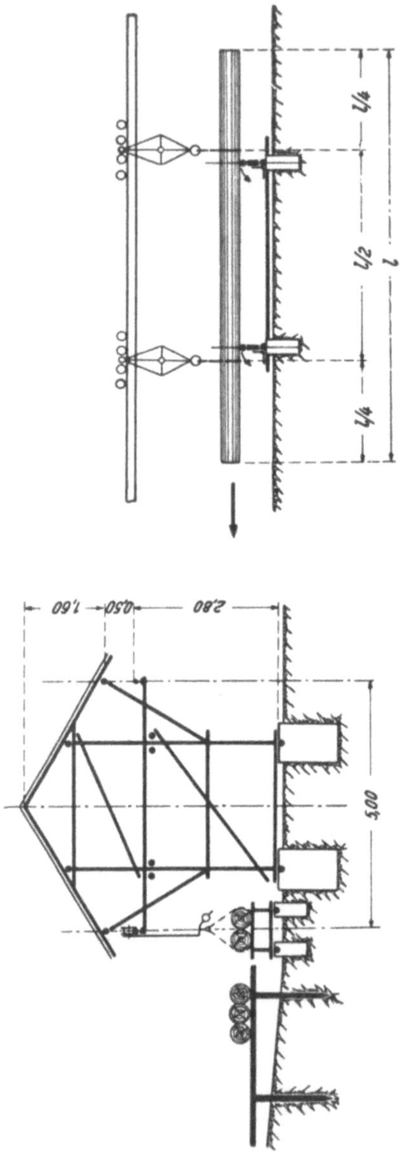

Abb. 206. Verladung von Langholz mit Ladeböcken

Die zur Verwendung kommenden *Rollbahnwagenuntergestelle* (Abb. 205) bestehen gewöhnlich aus Holz, mitunter auch aus Stahl, und sind an den Enden mit Führungsleisten aus Winkeleisen zur Festhaltung der Seilbahnkübel versehen. Da die Spurweite für die Rollbahnwagenuntergestelle in Übereinstimmung mit den übrigen Rollbahnanlagen meistens 600 mm beträgt, erscheint zur leichteren Befahrung der Gleisschleife in der Seilbahnstation, welche bloß einen Halbmesser von 2,50 m erhalten kann, ein kleiner Achsstand unerläßlich. Dieser wird in der Regel mit 400 bis 500 mm gewählt, während der Raddurchmesser meistens 300 mm ist. Die Bauhöhe der Untergestelle beträgt etwa 400 mm. Das Gewicht der eisernen Bestandteile eines hölzernen Rollbahnwagenuntergestelles kann mit ungefähr 80 kg und das Gesamtgewicht mit 150 kg angenommen werden.

Der Absetzbetrieb bei Förderung von kompletten Muldenkippern auf einer Seilbahn (§ 60) vollzieht sich in ganz ähnlicher Art.

3. Hat eine Seilbahn *Stückgüter* zu befördern, so geschieht die Beladung der Wagen bei *kleinen Lasten* von Hand aus, bei *großen* (Langholz) aber bekanntlich ebenfalls im Absetzbetrieb (§ 60). Die betreffenden Stationen unterscheiden sich daher nicht von der zuvor behandelten. Beim Langholztransport sollen jedoch die mit der Last auf den Hängebahngleisen zu durchfahrenden Kurven einen möglichst großen Halbmesser besitzen (nicht unter 8,0 m), und vor der Einkuppelstelle der Beladestation hat ein so langes gerades Hängebahnstück eingeschaltet zu sein, daß bei Stellung des vorderen Laufwerks eines Doppelgehänges in der Kuppelstelle sich auch das andere bereits in der Geraden befindet. Die Stationen der Langholzförderbahnen werden dadurch etwas länger als andere.

Bei Langholzverladung gelangen statt Absetzeinrichtungen mitunter auch umlegbare *Ladeböcke* (Abb. 206) zur Anwendung, was aber nur dann möglich ist, wenn die zu verladenden Stämme unmittelbar seitlich neben der Beladestation lagern, also nicht von einem ausgedehnten Lagerplatz herangebracht werden müssen. Die Stämme werden hiebei auf die an ihrem unteren Ende scharnierten Böcke gerollt und an den Schlingketten der Seilbahnwagen befestigt. Setzt man hierauf die Wagen in Bewegung, so legen sich die Böcke um und die Last hängt frei in den Wagengehängen. Stationen mit derartigen Einrichtungen dürfen dort, wo die Beladung geschieht, keine Seitenwände (Wandstiele) erhalten.

b) Entladestationen

1. Eine einfache Entladestation in Holzkonstruktion bei *Massengutförderung* ist in Abb. 207 dargestellt; sie enthält eine Tragseilspannvorrichtung, einen mit der Zugseilspannvorrichtung vereinigten Antrieb sowie eine Entladebunkeranlage. Ferner ist hiebei eine Bahn vorausgesetzt, deren Wagen Schraubklemmapparate haben. Das Bauwerk besteht aus mehreren prismatischen, entsprechend ausgefachten Unterbauten, auf welchen die eigentliche Station ruht, deren Längswände teilweise als Hänge- oder Fachwerke ausgebildet sind. Die einzelnen Binder sind auch hier in Abständen von 3,0 bis 4,0 m vorgesehen, und es gelten für deren Gestaltung die gleichen Grundsätze wie bei den behandelten Beladestationen. Die Fundierung des Bauwerkes erfolgt ebenfalls auf Betonsockeln. Erwähnenswert ist noch der am vorderen Stationsende aus Sicherheitsgründen angeordnete Fangkorb sowie eine im vorderen Unterbau vorgesehene Treppe.

Die Tragseile sind von den Ablenkschuhen am Einlaufbinder zur Tragseilspannvorrichtung geführt, für die ein besonderes Bockgerüst vorhanden ist. Die beiden Zugseilstränge werden hingegen über lotrechte Ablenkscheiben zu dem im Erdgeschoß aufgestellten Antrieb und zur Zugseilspannvorrichtung geleitet, welche waagrecht im Dachraum angeordnet ist. Durch diese Lagerung kann am leichtesten ein etwa notwendiger größerer Spannweg erzielt werden.

Die Entladebunkeranlage ist in der gleichen Art wie die vorhin behandelten Beladebunker gestaltet, besteht also auch hier aus einem kräftigen Bockwerk, welches die Sparren der ebenfalls meistens unter 40 bis 45° geneigten Bodenfläche trägt. Die Wände der einzelnen Bunkerzellen werden von Eck- und Zwischenstielen gebildet, welche durch zahlreiche Riegel miteinander verbunden sind.

Aus Gründen der Deutlichkeit wurden in Abb. 207 ebensowenig wie in allen übrigen Stationsdarstellungen etwaige Wandverkleidungen eingetragen. Außer einer Verkleidung des hochgelegenen Stationsraumes

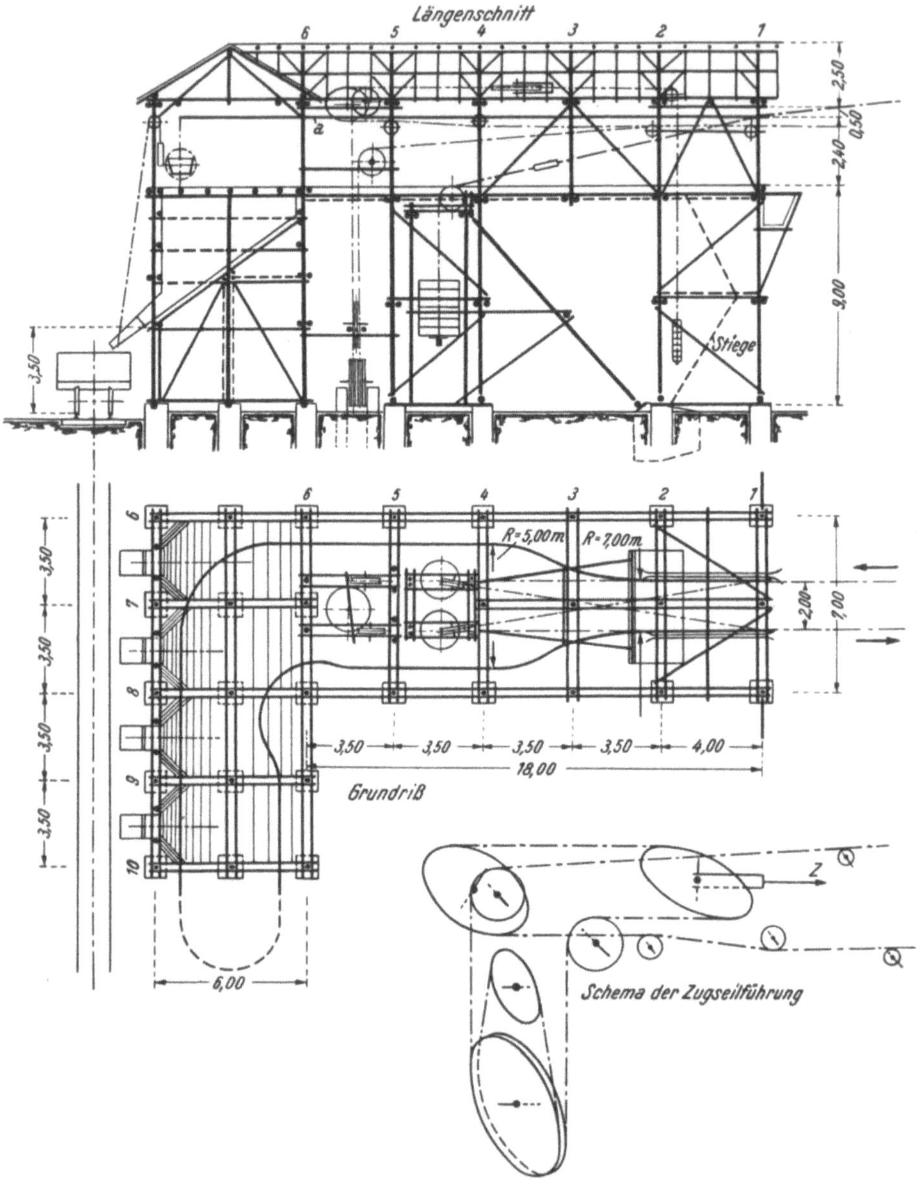

Abb. 207a. Entladestation für Schüttgutförderung in Holzkonstruktion mit Tragseilspannvorrichtung, Antrieb und Zugseilspannvorrichtung sowie kurzer Kuppelstelle für Wagen mit Schraubklemmvorrichtungen

ist in Abb. 207 auch noch eine solche des zwischen den Bindern 5 und 6 befindlichen Antriebes notwendig.

2. Bei *nicht* bunkerfähigen Massengütern oder bei *Stückgut* kann man die Entladestation bekanntlich nur wenig erhöht über dem Gelände anordnen, da das Fördergut über breite Rutschen entlang der Station (Bruchstein) oder geneigte Roste (Langholz) zur Entladung zu bringen ist. Einen Querschnitt durch eine solche Entladestation bei Förderung von Langholz zeigt Abb. 208. Bei der Langholzentladung sind jedoch zwecks einfacher Lösung der Ladungen aus den Seilbahngehängen noch feste oder fahrbare *Entladetische* notwendig. Die Einzelheiten eines fahrbaren Entladetisches

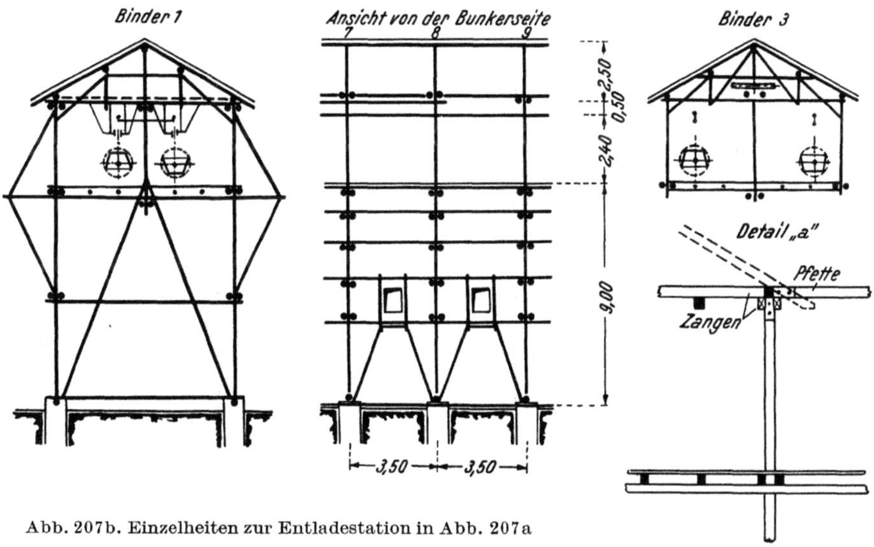

Abb. 207b. Einzelheiten zur Entladestation in Abb. 207a

sind in Abb. 209 dargestellt. Er besteht aus einem hölzernen Rollbahnwagenuntergestell, auf welchem die ebenfalls hölzerne Tischplatte mit kurzen, aus Flacheisen hergestellten Pendeln heb- und senkbar gelagert ist. Das Heben und Senken der Tischplatte geschieht mit einem langen Handhebel. Das beladene Doppelgehänge wird über zwei Entladetische gestellt und deren Platten werden angehoben, wodurch die Schlingketten, mit denen die Ladung an den Gehängen befestigt ist, schlaff werden und sich leicht lösen lassen. Hernach wird die Tischplatte mit der Ladung wieder gesenkt und letztere dann über den Schrägrost der Station abgerollt. Selbstverständlich darf auch hier der Stationsbau auf jener Seite, wo die Stämme abgerollt werden, keine Seitenwände (Wandstiele) erhalten. Ebenso ist bei Langholzförderung in den Entladestationen auf eine gestreckte Führung der Hängebahngleise Bedacht zu nehmen. Es gilt dabei hier für die Auskuppelseite dasselbe, was hinsichtlich der Einkuppelseite bei den Beladestationen derartiger Bahnen erwähnt wurde.

Wird in der Entladestation ein *Absetzbetrieb* eingerichtet, so unterscheidet sich eine solche Station, die dann ebenerdig auszuführen ist, in keiner Weise von den Beladestationen mit Absetzeinrichtung.

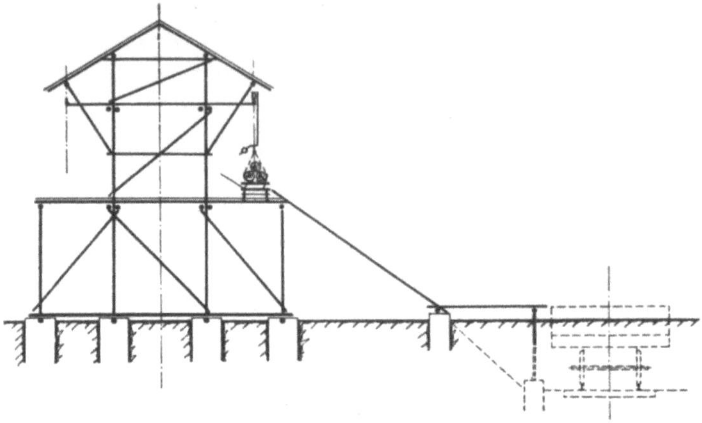

Abb. 208. Entladung von Rundholz über geneigte Roste unter Verwendung fahrbarer Entladetische

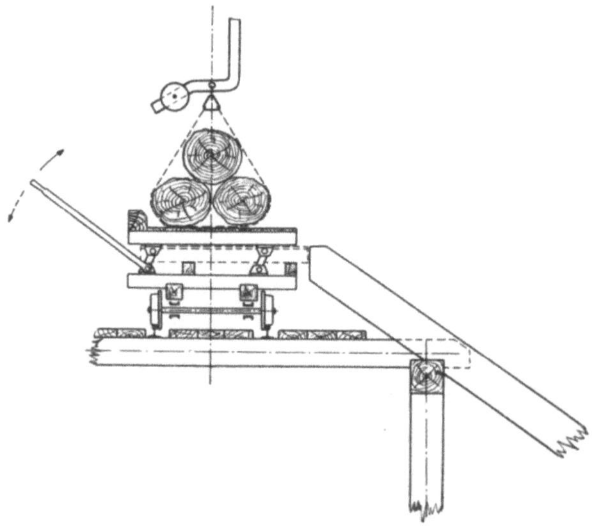

Abb. 209. Fahrbarer Entladetisch für Rundholzentladung

c) Seilbahnstationen in bestehenden Bauwerken

Namentlich bei Förderung von Massengütern (Kohle, Erze, Steine) kommt es mitunter vor, daß Be- und Entladestationen nicht als selbständige Bauten mit eigenen Bunkeranlagen ausgeführt, sondern in bestehende Bauwerke (Kohlen- oder Schottersortieranlagen) eingefügt werden müssen. Hier gilt die Regel, wenigstens die Tragseilverankerung und die Tragseilspannvorrichtung unabhängig vom Tragwerk dieser Gebäude zu errichten, wenn dieses nicht aus einer besonders schweren Stahl- oder Stahlbetonkonstruktion besteht. Man stellt, wenn in den betreffenden Gebäuden der Raum sehr beengt ist, vor denselben Böcke für die Verankerung oder Spannvorrichtung der Tragseile auf, von welchen Hängebahngleise zur eigentlichen Station im Gebäude führen.

d) Zwischen- und Zentralstationen

1. Zwischenstationen sind notwendig

1. bei *langen Bahnen*, die sich aus mehreren voneinander unabhängigen Teilstrecken zusammensetzen,

2. bei *kurzen Bahnen*, die wegen dichter Besiedlung des Geländes nicht in einer geraden Linie ausgeführt werden können, sondern Winkelpunkte aufweisen, und

3. wenn auf der Strecke Güter zugeladen oder entladen werden sollen.

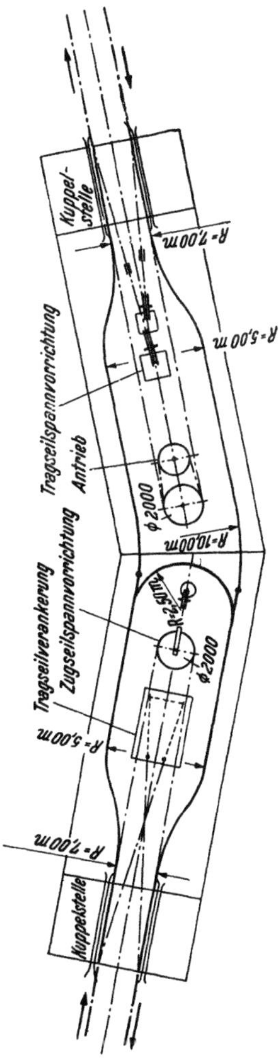

Abb. 210. Schema einer Zwischenstation für lange Seilbahnen

Sind die unter 1. und 2. genannten Zwischenstationen nur Überführungsstationen für die Seilbahnwagen, so werden sie, wenn es die Geländeverhältnisse gestatten, als ebenerdige Bauten ausgeführt; sind sie gleichzeitig Beladestationen, dann kommt *nur* die ebenerdige Bauweise in Betracht. Dagegen werden diese Zwischenstationen in verbautem Gelände oder wenn sie auch Entladestationen sind, mitunter als Hochstationen herzustellen sein.

2. Zwischen- (Winkel-) Stationen langer Bahnen, welche den Übergang der Wagen von einer Teilstrecke auf die andere vermitteln, setzen sich aus zwei mit ihren hinteren Enden aneinanderschließenden, gewöhnlichen Endstationen zusammen (Abb. 210). Jeder der beiden Stationsflügel enthält die gemäß den Anlageverhältnissen der anschließenden Teilstrecke unterzubringende mechanische Einrichtung. Die Wagen werden beim Einlauf in die Station vom Zugseil der einen Teilstrecke gelöst, laufen von Hand geschoben oder im Gefälle durch die Station und werden am anderen Stationsende an das Zugseil der folgenden Teilstrecke wieder angeklemmt. In die Hängebahngleise, welche die Verbindung herstellen, wird in Stationsmitte häufig eine Schleife eingelegt, um im Falle, als nicht alle Wagen über die ganze Bahn zu laufen haben oder bei Betriebsstörungen Umkehrmöglichkeiten zu besitzen.

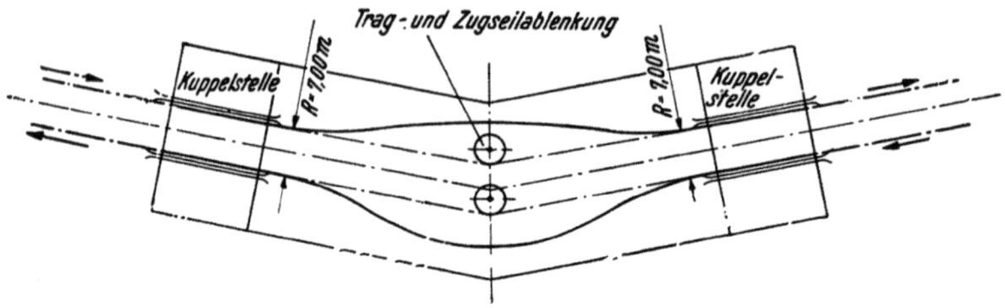

Abb. 211. Schema der Winkelstation einer kurzen Seilbahn

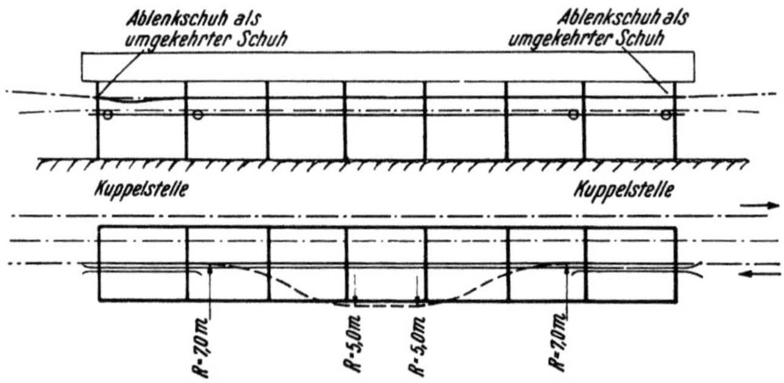

Abb. 212. Zwischenladestelle für Zuladung von Schütt- und Stückgut oder für Entladung von Stückgut eventuell mit besonderem Ladegleis

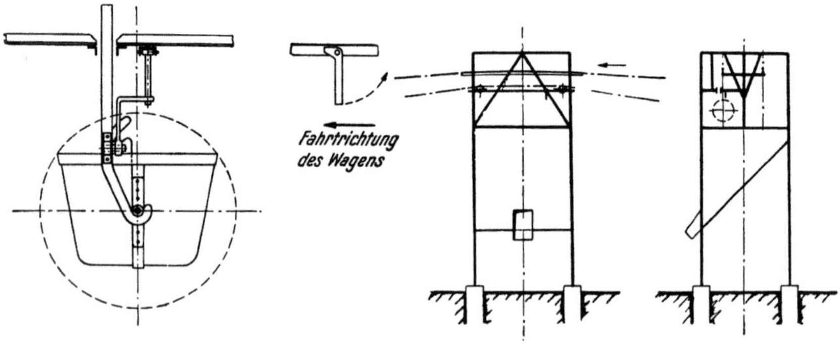

Abb. 213. Zwischenentladestelle für Schüttgüter mit Detail der Entleerungsvorrichtung für die Wagenkasten

3. Zwischen- (Winkel-) Stationen kurzer Bahnen unterscheiden sich von den vorbesprochenen bloß dadurch, daß das Zugseil und mitunter auch das Tragseil durch die Station hindurchgeführt ist (Abb. 211). In Stationsmitte werden für die Seile Ablenkscheiben angeordnet. Die für das Zugseil dienenden Ablenkscheiben kann man im Stationstragwerk lagern, während für die Tragseilablenkscheiben besondere Böcke vorzusehen sind. Von einer die beiden Stränge verbindenden Hängebahnschleife wird hier meistens abgesehen.

4. **Zwischenladestellen** im Zug einer geraden Trasse für die Zuladung von Schütt- oder Stückgut oder für die Entladung von Stückgut werden gewöhnlich *einseitig*, also nur an jenem der beiden Tragseilstränge errichtet, auf dem der Ladevorgang stattzufinden hat. Das betreffende Tragseil liegt hiebei auf der ganzen Stationslänge ohne waagrechte Richtungsänderung knapp unter der aus einer Hängebahnschiene gebildeten Fahrbahn und wird durch besondere Schuhe niedergehalten (Abb. 212). Da auch das Zugseil in einer solchen Station dauernd der Fahrbahn entlang läuft, könnte es leicht an dort stehende Wagen streifen. Um dies zu verhindern, werden Gehängeführungen auf der dem Zugseil zugewandten Seite (Innenseite) über die ganze Stationslänge angeordnet. Bei Förderung von Stückgütern empfiehlt sich ferner die Anordnung eines besonderen Ladegleises. Schließlich können die Kuppelstellen ausschaltbar gemacht werden, wenn der Ladevorgang bloß zeitweilig geschieht, um nur in diesem Fall die Station mit Bedienungsmannschaft besetzen zu müssen.

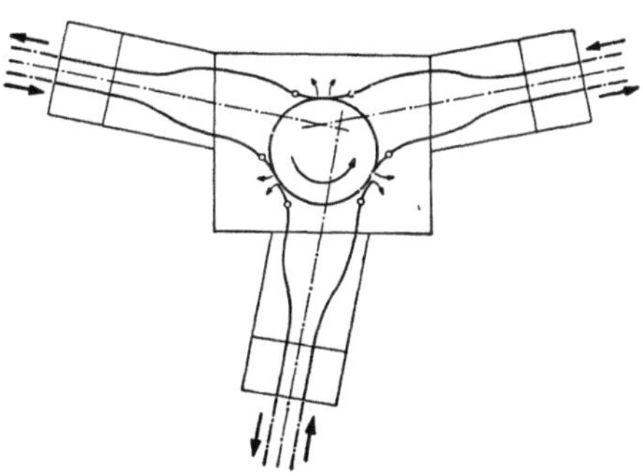

Abb. 214. Schema einer Zentralstation

Sind im Zuge einer geraden Strecke Schüttgüter zu entladen, so werden hiezu meistens keine Stationen benötigt. Man errichtet bloß Entladebunker, unterstützt auf denselben die Seilbahn in der Art von Kuppengerüsten (Abb. 213) und bringt in dieser Stützkonstruktion Anschläge für die Kipphebel der Wagenkasten an. Damit nur bestimmte Wagen ihre Kasten während der Fahrt über dem Bunker entleeren, sieht man Gehängeführungen vor und gibt den waagrechten Armen der Kipphebel verschiedene Längen. Um das Entleeren der Wagenkasten an einem beliebigen Ort genau einstellen zu können, werden die Anschläge an einer [-Eisenschiene verstellbar montiert (Abb. 213, Detail). Außerdem macht man die Anschläge um eine waagrechte Achse entgegengesetzt der Fahrtrichtung umlegbar, wodurch auch die Möglichkeit einer zeitweiligen Ausschaltung der Zwischenentladestelle besteht.

5. **Zentralstationen** werden dort angeordnet, wo mehrere Seilbahnstrecken zusammentreffen. Sie sind fast immer ebenerdig und stellen eine Anzahl von gewöhnlichen Endstationen dar, die mit ihren hinteren Enden an einen gemeinsamen Zentralbau anschließen (Abb. 214). In letzterem befindet sich ein geschlossener Hängebahnring (Verteilerring), von dem die einzelnen Stränge mit Weichen — meistens Klappweichen

— abzweigen. In jedem Stationsflügel wird die gemäß den Anlageverhältnissen für die betreffende Teilstrecke notwendige mechanische Einrichtung untergebracht. Manchmal sieht man auch innerhalb des Verteilerringes einen gemeinsamen Antrieb für einzelne oder alle Teilstrecken vor, wodurch allerdings die Zugseilführung in der Station komplizierter als sonst wird.

§ 70. Steile Stationsausläufe

a) Allgemeines

Man kann am streckenseitigen Ende der Kuppelstellen nur dann von den Hängebahngleisen unmittelbar auf die Tragseilfahrbahn übergehen, wenn der anschließende Streckenteil geringe Neigung besitzt.

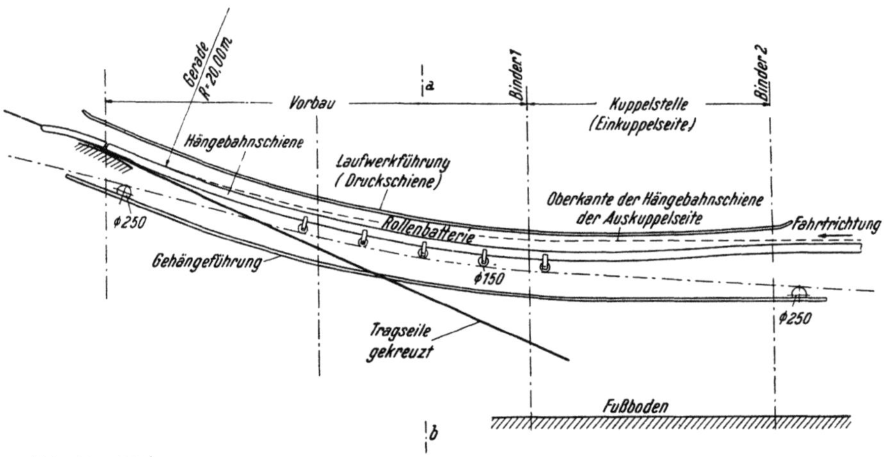

Abb. 215. Neigungsausrundung im Falle einer an die Station anschließenden Steigung bei Umlaufseilbahnen mit Schraubklemmapparaten

Überschreitet bei einer Seilbahn, deren Wagen mit Schraubklemmvorrichtungen ausgestattet sind, diese Neigung $\operatorname{tg} \alpha_l = +0{,}10$ oder unterschreitet sie $-0{,}05$ oder weicht bei Seilbahnen, deren Wagen Eigengewichtsklemmapparate besitzen, die Auslaufneigung von $\operatorname{tg} \alpha_l = +0{,}10$ nach oben oder unten ab, so muß zwischen dem Verlauf der Hängebahnschienen in den Kuppelstellen und der anschließenden Tragseilneigung eine ebenfalls durch Hängebahnschienen gebildete *Neigungsausrundung* vorgenommen werden. Die Ablenkschuhe für die Tragseile sind dann an das streckenseitige Ende der Neigungsausrundung zu setzen. Durch solche Gefällsausrundungen wird erreicht, daß

1. bei Strecken, die von der Station aus ansteigen (Abb. 215), starke Auftriebskräfte vom Zugseil auf die Wagen, welche deren Entgleisung zur Folge haben könnten, vermieden werden und die für einen einwandfreien Kuppelvorgang notwendige Lage des Zugseiles in der Kuppelstelle gewährleistet erscheint;

2. bei Strecken, die von der Station aus fallen (Abb. 216), große Drücke des Zugseiles auf die Wagen und auf die vorderen Führungsrollen des

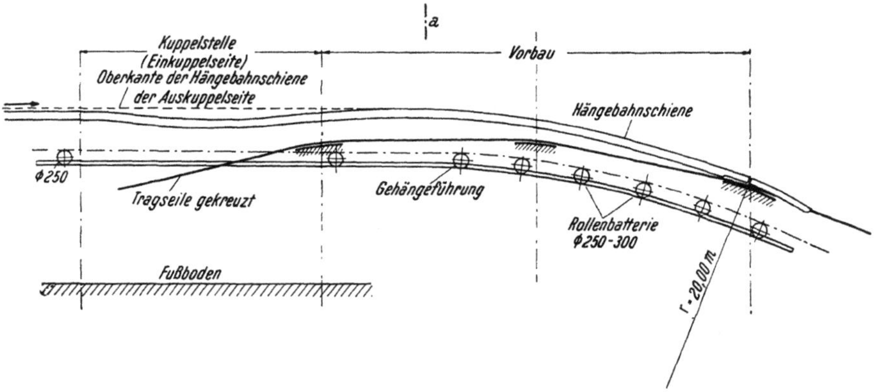

Abb. 216. Neigungsausrundung im Falle eines an die Station anschließenden Gefälles bei Umlaufseilbahnen mit Schraubklemmapparaten

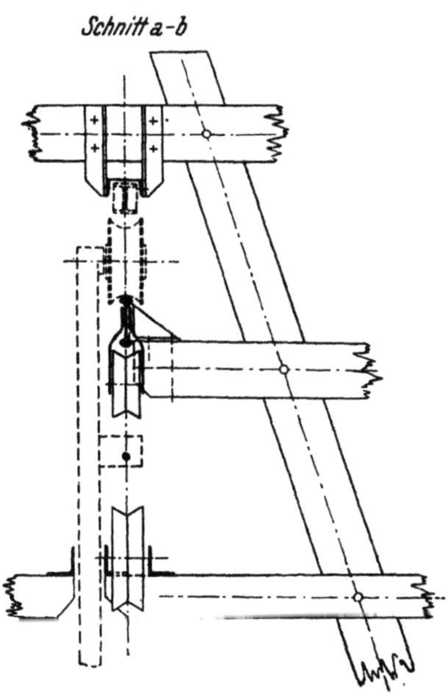

Querschnitt zu Abb. 215

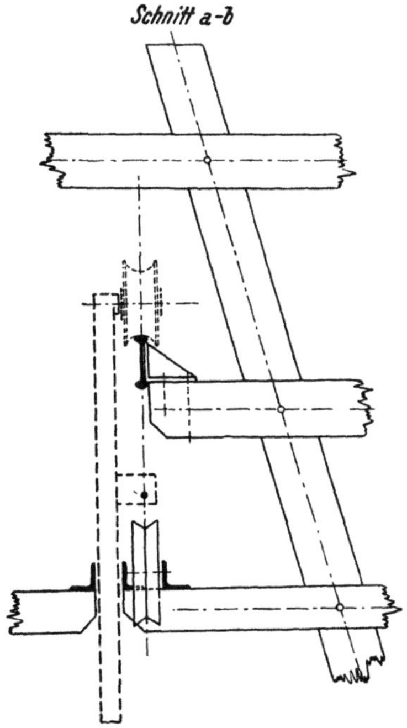

Querschnitt zu Abb. 216

Zugseiles in den Kuppelstellen verhindert werden. Weiters wird durch die mit dieser Gefällsausrundung verbundene Gegensteigung die Gefahr des Durchgehens von Wagen bei Fehlkupplungen vermindert.

b) Bauliche Einzelheiten

Der *Halbmesser der Neigungsausrundungen* wird entsprechend den Zugseilspannkräften mit $r = 20$ bis 40 m gewählt. Zur Führung des Zugseiles werden in den Neigungsausrundungen ähnlich wie auf Kuppengerüsten Rollenbatterien vorgesehen. Für die auf einer Rolle zulässige Seilablenkung gelten folgende Werte:

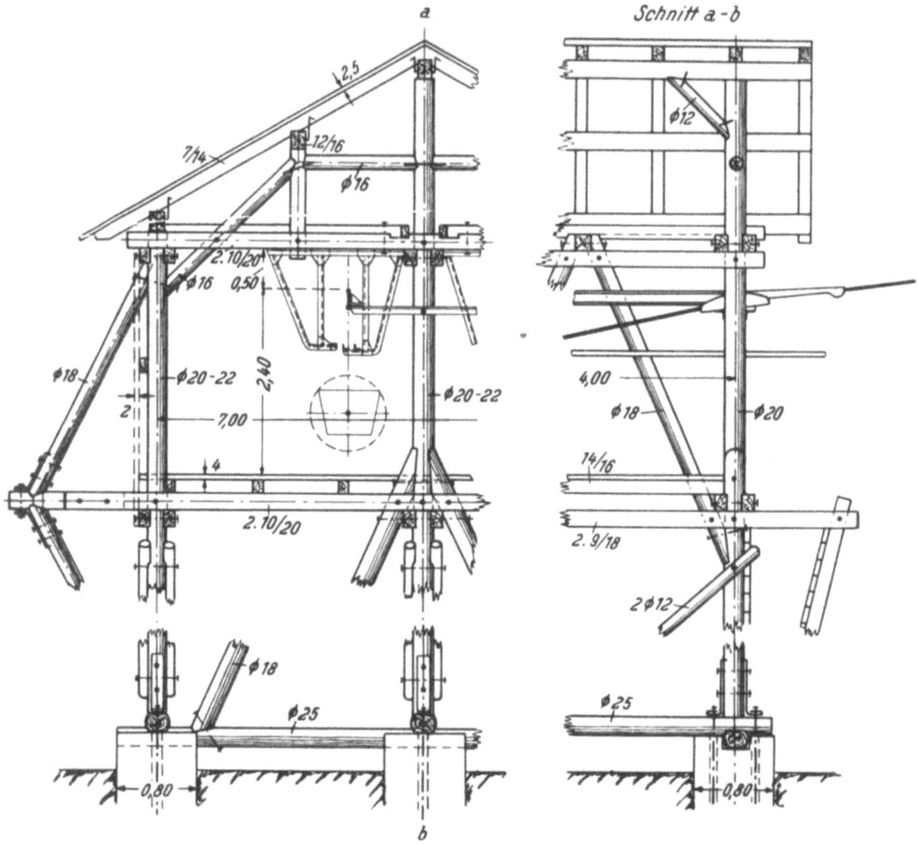

Abb. 217. Einlaufbinder einer hölzernen Seilbahnstation (Stockwerksbau) für Bahnen mit Schraubklemmapparaten

Neigungsausrundung, wenn Strecke von Station aus	Rollendurchmesser in mm	Zul. Zugseilablenkg. tg ψ_1*	Anmerkung
steigt	150[1]	0,05	[1] Kleiner Durchmesser wegen geringem unter der Hängebahnschiene zur Verfügung stehendem Raum
fällt	300	0,08	

Die Ausbildung dieser Rollen ist die gleiche wie jene der Zugseiltragrollen auf den Stützen (§ 40). Damit das Zugseil nach Vorüberfahrt eines Wagens wieder in die Rollen gelangt, sollen *Gehängeführungen* über die ganze Länge der Neigungsausrundung vorhanden sein. Um bei nach oben hohlen Neigungsausrundungen jede Gefahr des Aushebens der Wagen aus den Schienen durch den Auftrieb des Zugseiles auszuschließen, werden dort Niederhaltschienen für die Laufwerke oder bei Verwendung von Schraubklemmapparaten, die in den Gehängen der Wagen befestigt sind, häufig

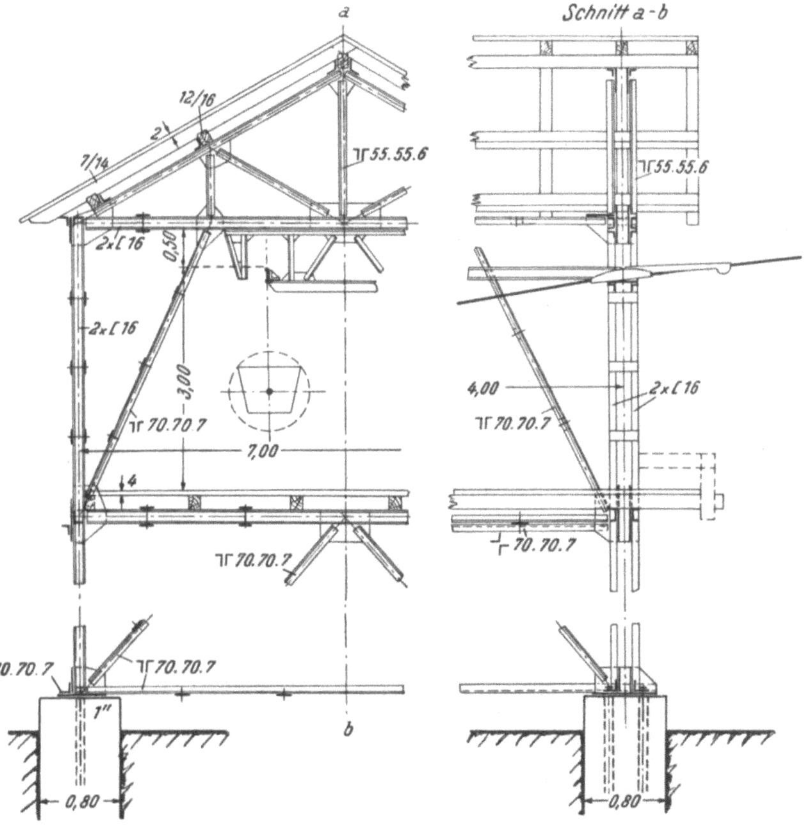

Abb. 218. Einlaufbinder einer stählernen Seilbahnstation (Stockwerksbau) für Bahnen mit Eigengewichtsklemmapparaten

auch solche für die Klemmapparate angeordnet. Die Hängebahngleise und alle anderen Führungen werden dabei so weit in die ansteigende Strecke hinein verlängert, bis keine Zugseilauftriebskräfte mehr auf den Wagen wirken.

Die Neigungsausrundungen werden in einem *Vorbau* vor der eigentlichen Seilbahnstation untergebracht, welcher nach den gleichen Grundsätzen wie die Kuppengerüste zu gestalten ist.

§ 71. Bauliche Einzelheiten und Baustoffbedarf von Stationen für Güterseilbahnen mit Umlaufbetrieb

a) Bauliche Einzelheiten

Über die wesentlichsten *baulichen Einzelheiten* und über die *Abmessungen der wichtigsten Konstruktionsglieder* geben unter der Voraussetzung mittlerer Verhältnisse die Abb. 217 bis 219 Aufschluß, welche nebst Details des Stationstragwerkes hölzerner und stählerner Seilbahn-

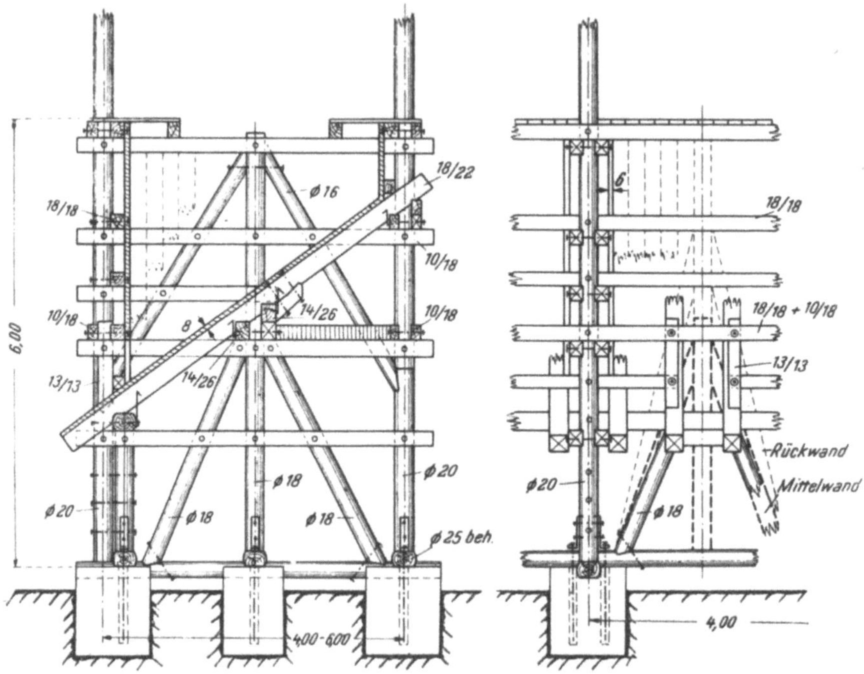

Abb. 219. Be- oder Entladebunkeranlage in Holzkonstruktion

stationen auch solche einer Bunkeranlage enthalten. Tragseilspannböcke u. dgl. wurden hiebei nicht berücksichtigt, da sie nach den gleichen Grundsätzen wie Streckenspannvorrichtungen zu gestalten sind.

Bei *hölzernen Stationsbauten* kann auch Rundholz benutzt werden, mit Ausnahme für die waagrechten Zangen, die zur Erzielung eines einwandfreien Verbandes immer aus Kantholz herzustellen sind. Wie bei den Stützen sollen hier ebenfalls keine schwächeren Hölzer als $d = 12$ cm in den von der mechanischen Einrichtung der Seilbahn beanspruchten Bauteilen verwendet werden. Die Verbindung der Hölzer geschieht entweder zimmermannsmäßig oder unter Benutzung von Krallendübeln.

Bei *stählernen Stationsbauten* sollen für die von der mechanischen Einrichtung der Seilbahn beanspruchten Bauteile keine schwächeren Profile als L 55.55.6 benutzt werden. Meistens werden nur einzelne Binderteile in der Werkstätte vernietet oder verschweißt und alles übrige bei der Montage an der Baustelle verschraubt.

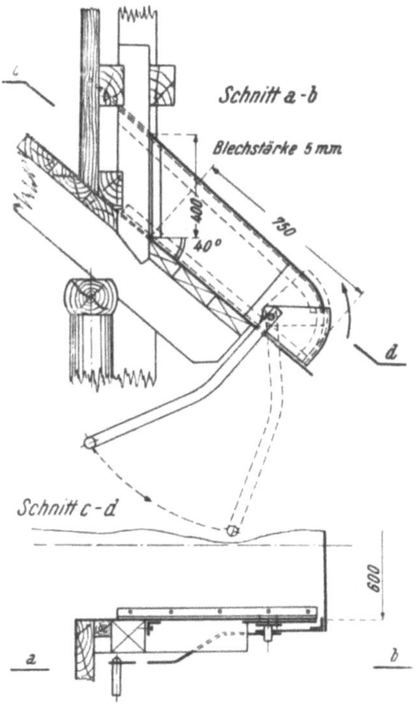

Abb. 220. Füllschnauze mit Sektorverschluß bei Beladebunkern für Seilbahnwagen

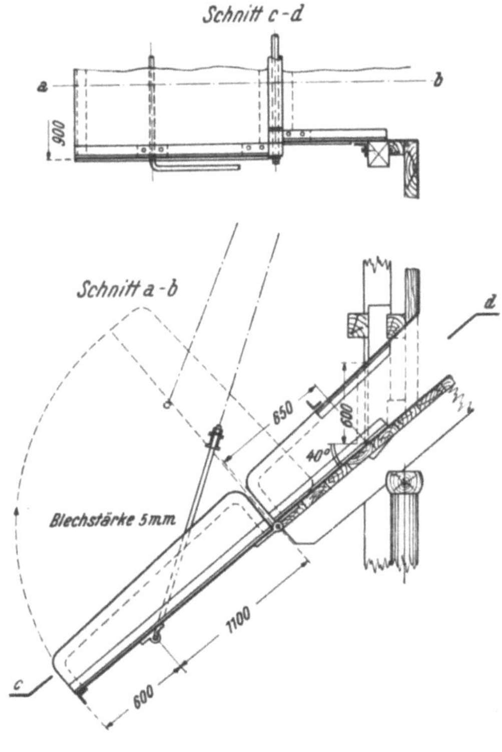

Abb. 221. Aufklappbare Schurre bei Entladebunkern

b) Bunkerverschlüsse

1. In Abb. 220 ist eine zur Füllung der Seilbahnwagen dienende *Bunkerschnauze* in Stahlkonstruktion mit Sektorverschluß dargestellt. Dieser besitzt gegenüber gewöhnlichen Schiebern den Vorteil leichterer Betätigung, da bei ihm die Verklemmungsgefahr während des Schließvorganges geringer ist. Bei grobstückigem Fördergut ist zur Erleichterung der Bewegung des Verschlußkörpers dieser häufig nicht vollwandig ausgeführt, sondern in einzelne Stäbe rechenartig aufgelöst. Günstige Ausfluß- und Füllverhältnisse ergeben sich bei einem Ausflußquerschnitt von etwa 0,25 m², entsprechend 0,40 · 0,60 m. Das Gewicht derartiger Schnauzen kann im Mittel mit 250 kg angenommen werden.

2. Die Füllung von Eisenbahnwagen und Lastkraftwagen aus den Entladebunkern geschieht im Hinblick auf das für diese Fahrzeuge freizuhaltende große Lichtraumprofil nicht mit festen Schnauzen, sondern mit *aufklappbaren Schurren* (Abb. 221). Beim Hochklappen, das von einem Bedienungssteg aus mit Hilfe einer kleinen Handseilwinde geschieht, wird der Strom des Fördergutes gehemmt und dadurch der weitere Ausfluß verhindert. Die Schurren sind also gleichzeitig Stauverschlüsse. Zur Erzielung günstiger Ausflußverhältnisse soll der Ausflußquerschnitt etwa 0,50 m², entsprechend 0,60 · 0,80 m, betragen. Das Gewicht derartiger Schurren beträgt im Mittel 350 kg.

Da bei großen Schurren zum Heben eine beträchtliche Kraft notwendig ist und während des Hochklappens das Fördergut leicht seitlich überfließt, sieht man im festen oberen Teil solcher Schurren mitunter noch einen rechenartigen, handbedienbaren Schieberverschluß vor, der den Ausfluß des Fördergutes zu unterbrechen gestattet, worauf der untere bewegliche Teil der Schurre leicht hochgeklappt werden kann.

3. Sind von einem Entladebunker Schiffe zu beladen, so muß auf den wechselnden Wasserstand Bedacht genommen werden, weil er eine veränderliche Länge der Füllvorrichtung bedingt. Man wendet dann statt Schurren sogenannte *Luttenrohre* an. Das sind weite Blechrohre, die aus mehreren Schüssen bestehen, welche teleskopartig ineinandergeschoben werden können. Die Luttenrohre sind meistens an einem Ausleger mit Hilfe von Ketten befestigt. Der Bunkerverschluß besteht dabei gewöhnlich aus einem zwischen Bunkerwand und Luttenrohranschluß angeordneten Schieber.

c) Dach, Wände und Fußboden

1. Das **Dach** der Seilbahnstationen wird fast immer mit Dachpappe auf 2,5 cm starker Holzschalung bei 1,0 m Sparrenabstand eingedeckt.

2. Die **Seitenwände** des eigentlichen Stationsraumes erhalten zweckmäßig eine 2 cm starke Holzverschalung mit einem Fenster in jedem zweiten Binderfeld.

3. Der **Fußboden** des Stationsraumes von Hochstationen wird gewöhnlich aus 4 cm starken Brettern bei 1,0 m Abstand der Fußbodenhölzer gebildet. Ebenerdige Stationen erhalten zumeist keinen Fußbodenbelag.

4. Bei **Bunkern** erhalten die Seitenwände in der Regel eine Schalung von 6 cm Stärke, der Boden aber eine solche von wenigstens 8 cm Dicke. Außerdem wird auf diese Schalungen ein Verschleißbelag aus wenigstens 5 mm starkem Stahlblech geschraubt.

d) Fundierung

Für die *Fundamentsockel* des Stationsbaues ist Beton mit einer Würfelfestigkeit von 160 kg/cm² ausreichend. Dagegen soll für Tragseilverankerungsblöcke und Antriebsfundamente ein solcher von wenigstens 225 kg/cm² Würfelfestigkeit benutzt werden.

e) Durchschnittliche Größe der Seilbahnstationen

Die *Länge einfacher Seilbahnendstationen* ohne Anbauten (Steilausläufe, Bunker, Laderampen) beträgt bei Bahnen, deren Wagen mit Schraubklemmapparaten ausgerüstet sind, wenigstens 22 m, bei solchen, deren Wagen Eigengewichtsklemmapparate besitzen, mindestens 24 bis 25 m. Die *Stationsbreite* ist im Minimum mit 7 m anzunehmen und die *Lichthöhe des Stationsraumes* mit 2,80 bis 3,30 m. Bei ebenerdigen Stationen soll der Fußboden wenigstens 0,30 m über dem Gelände liegen. Die kleinste Höhe des Fußbodens einer Hochstation mit Entladebunkern über dem Verladegleis einer Vollbahn ist etwa 10 m.

Die *Länge von Zwischenstationen*, die zwei voneinander unabhängige Teilstrecken verbinden, kann mit ungefähr 1,80 und jene von Zwischenstationen (Winkelstationen) mit durchgehendem Zugseil zu etwa 1,60 der Länge einfacher Endstationen angenommen werden.

f) Größe der Seilbahnbunker und der Lagerplätze

Die Bunker haben außer der Ermöglichung von Be- und Entladung auch die Aufgabe, einen Ausgleich im Falle von Betriebsstockungen an der Gewinnungsstelle des Fördergutes, bei solchen in der Weiterverarbeitung oder bei der Umladung auf andere Verkehrsmittel zu bilden. Je nachdem, mit welcher Zeitdauer derartige Stockungen verbunden sein können, richtet sich die *Bunkergröße*. Häufig wird den Beladebunkern bloß der 1 bis 2 Stundenleistungen entsprechende Inhalt, den Entladebunkern aber ein solcher von einer Tagesleistung gegeben. Nach ungefähr den gleichen Grundsätzen richtet sich auch die *Größe der Lagerplätze und Laderampen* bei nicht bunkerfähigem Massengut und bei Stückgut.

g) Baustoffbedarf der Seilbahnstationen

Der *Baustoffbedarf* von Seilbahnstationen läßt sich im Hinblick auf deren verschiedenartige Gestaltung nur überschlägig und bezogen auf den umbauten Raum und die verbaute Fläche angeben. Mittlere Verhältnisse vorausgesetzt, gilt bei *hölzernen Stationsbauten*, wenn V der umbaute Raum in m³ und F die verbaute Fläche in m² ist:

Bezeichnung des Bauwerkes	Bedarf an Rund- und Kantholz m³	Bedarf an eisernen Verbindungsmitteln kg/m³ Holz	Bedarf an Fundamentbeton[1] m³	Anmerkung
Ebenerdige Stationen mit Ausschluß der Bunker	0,04 V	25	0,30 F	[1] Je m Sockelhöhe
Hochstationen mit Ausschluß der Bunker...........	0,035 V	35	0,30 F	
Bunkeranlagen	0,06 V	45	0,25 F	

Das Konstruktionsgewicht *stählerner Stationsbauten* läßt sich leicht aus dem Umstand bestimmen, daß es mit jenem der hölzernen Stationsbauten fast übereinstimmt. Man braucht daher bloß die in der ersten Spalte vorstehender Tabelle angegebenen Werte mit dem spezifischen Gewicht des Holzes, welches im Mittel mit 0,600 t/m³ anzunehmen ist, zu multiplizieren[1].

h) Betriebsausrüstung der Seilbahnstationen

Die Betriebsausrüstung der Seilbahnstationen umfaßt

1. *Fernsprecheinrichtungen* mit *Läutewerken*, welche bereits im § 56 erwähnt wurden,

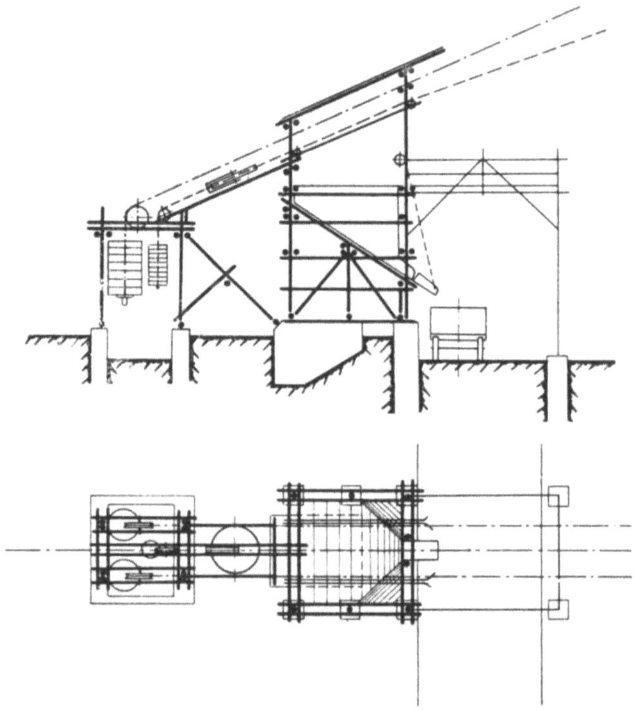

Abb. 222. Tal- und Entladestation einer Pendelseilbahn für Schüttgutförderung

2. *Wagenabstandsregler*, worüber Näheres § 86, Abs. h, enthält,

3. *Hängebahnwaagen* oder *Wagenzählvorrichtungen*,

4. Einrichtungen zur *Untersuchung* und *Reparatur von Wagen* (Schmierstände, Reparaturgleise) sowie

5. eventuelle Aufenthaltsräume für das Stationspersonal und Magazine.

[1] Diese Übereinstimmung des Konstruktionsgewichtes folgt aus der Tatsache, daß gewöhnlicher Baustahl wohl zwölfmal schwerer als Holz ist, aber auch etwa zwölfmal höher beansprucht werden kann als letzteres.

§ 72. Stationen für Güterseilbahnen mit Pendelbetrieb. Da bei Pendelseilbahnen die beiden Wagen mit dem Zugseil dauernd fest verbunden sind und jeder immer den gleichen Tragseilstrang befährt, entfallen in den Stationen die Kuppelstellen und Hängebahnschleifen. Die Ladestellen können daher in der jeweiligen Bahnneigung liegen. Die obere oder *Bergstation* enthält gewöhnlich nur die Tragseilverankerung,

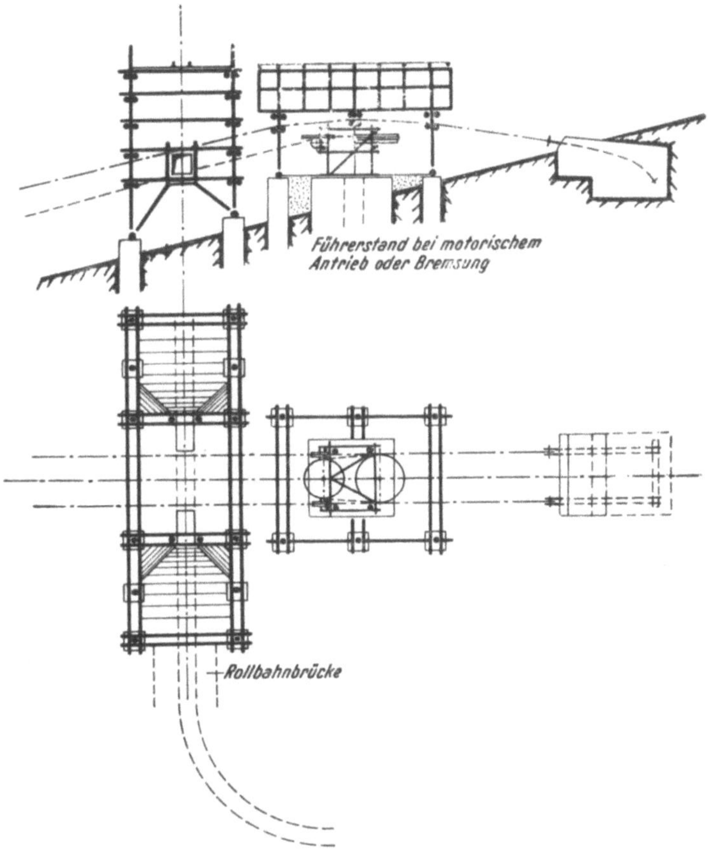

Abb. 223. Berg- und Beladestation einer Pendelseilbahn für Schüttgutförderung

eventuell in Form einer Trommelverankerung nach § 74, und den Antrieb oder das Bremswerk und die untere oder *Talstation* die Tragseil- und Zugseilspannvorrichtung. Bei ganz kurzen Strecken entfallen manchmal die letzteren. Das Tragseil wird dann in der Talstation mit einer Schraubenspindel nachspannbar verankert (§ 14) und das Zugseil mit seinen beiden Enden an einem der beiden Wagen in einer doppelrilligen Klemme so befestigt, daß man es dort leicht nachspannen kann. Für die Be- und

Entladung gelten die gleichen Grundsätze wie bei Umlaufbahnen, doch ist der Absetzbetrieb hier meistens nicht mehr in so einfacher Art wie dort ausführbar, sondern erfordert heb- und senkbare Bühnen für die Rollbahnwagenuntergestelle, wenn die Fahrbahn in der Station gegen die Strecke zu fällt (Bergstation).

Massengut oder Langholz werden auf diesen Bahnen gewöhnlich talwärts gefördert, weshalb die Abb. 222 bis 225 die allgemeine Anordnung

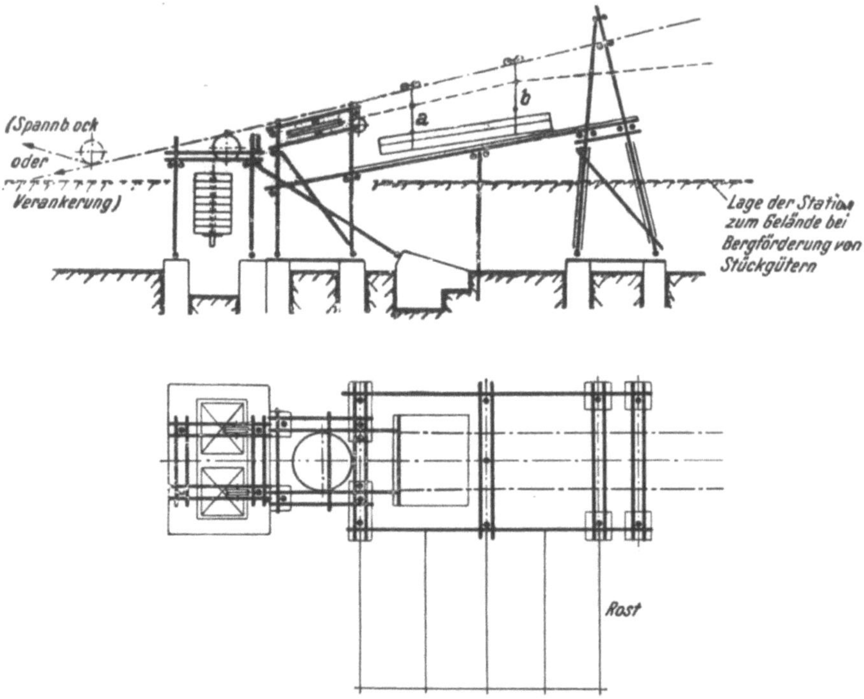

Abb. 224. Tal- und Entladestation einer Pendelseilbahn für Langholzförderung

von Berg- und Talstationen für diese Fördergüter unter Voraussetzung einer *Talförderung* zeigen. Soll hiebei die Bahn selbsttätig (im Gravitationsbetrieb) laufen, so dürfen nirgends, auch nicht in den Stationen, die Seilneigungen kleiner als tg $\alpha_l = 0{,}18$ sein.

Bei *Schüttgutförderung* sind im Gegensatz zum Umlaufbetrieb für jeden Tragseilstrang gesonderte Beladebunker anzuordnen (Abb. 223), während in der Talstation ein gemeinsamer Entladebunker für beide Tragseilstränge ausreicht (Abb. 222).

Bei *Langholzförderung* hängt man die Stämme am talseitigen Gehänge kürzer als am bergseitigen, wählt also nach Abb. 224 und 225 $a < b$ und läßt in der Talstation die Hölzer mit dem bergseitigen Ende auf der Entladebühne auflaufen, wodurch bei der Entladung von besonderen

Vorrichtungen Abstand genommen werden kann. Zur Beladung bedient man sich umlegbarer Ladeböcke (§ 69).

Handelt es sich um eine Pendelseilbahn zum *Bergtransport* von Stückgütern (Baumaterial), so sind die Stationen in ganz ähnlicher Art wie bei talwärtiger Langholzförderung zu gestalten, doch ist die Höhenlage der Talstation über dem Gelände gemäß der in Abb. 224 strichliert eingetragenen Geländelinie zu wählen. Auf Be- und Entladevorrichtungen wird hier meistens verzichtet und nur in Sonderfällen der Absetzbetrieb angewendet.

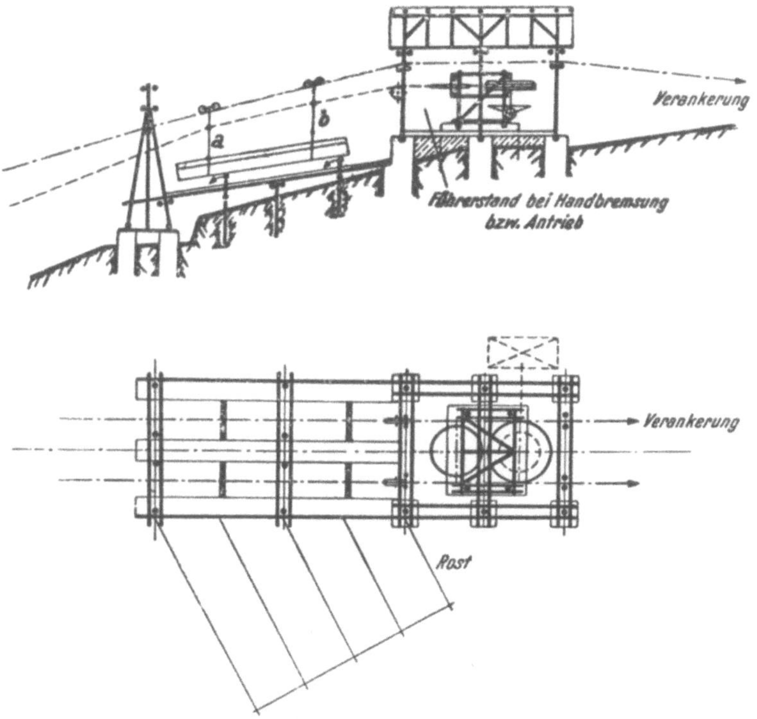

Abb. 225. Berg- und Beladestation einer Pendelseilbahn für Langholzförderung

Wichtig ist bei den Stationen von Pendelseilbahnen ein geeigneter Maschinistenstand. Da hier im Gegensatz zu Bahnen mit Umlaufbetrieb bei jedem Fahrtspiel die Anlage anzulassen und stillzusetzen ist, hat der Maschinist dauernd beim Antrieb anwesend zu sein, und es muß sich von seinem Stand aus, auf dem alle Betätigungseinrichtungen für den Antrieb anzuordnen sind, ein guter Überblick über die Strecke, namentlich aber über die Bergstation ergeben (Stehenbleiben der Wagen an der richtigen Stelle).

Für die baulichen Einzelheiten und den Baustoffbedarf der Stationen von Seilbahnen mit Pendelbetrieb gelten die gleichen Überlegungen wie bei jenen für Bahnen mit Umlaufbetrieb.

§ 73. Berechnung der Stationen von Güterseilbahnen

a) Belastungen

Die Belastung der Seilbahnstationen besteht aus

1. den Kräften zufolge der Ablenkung der Tragseile in den Stationen einschließlich der Schuhreibung und jenen zufolge der Verankerung oder Gewichtsspannung derselben,
2. den Kräften zufolge der Ablenkung des Zugseiles und zufolge seines Antriebes oder seiner Spannvorrichtung,
3. der Wirkung der Verkehrslast,
4. der Nutzlast auf dem Fußboden von Hochstationen,
5. dem Wand- und Bodendruck des Fördergutes in den Bunkerzellen,
6. dem Winddruck auf Seile und Wagen sowie auf die Stationskonstruktion,
7. dem Schneedruck auf das Stationsdach und
8. dem Eigengewicht der Bauteile.

1. Wirkung der Tragseilablenkung einschließlich der Schuhreibung, Kräftewirkungen an einer Verankerung oder Gewichtsspannvorrichtung der Tragseile. Die betreffenden Kräfte sind in der gleichen Art wie bei den Stützen oder Streckenspannvorrichtungen zu ermitteln (§ 33 und § 46).

2. Wirkung der Ablenkungen des Zugseiles, seines Antriebes oder seiner Spannvorrichtung. Die Kräftewirkungen aus den Ablenkungen des Zugseiles sind ebenfalls so wie die Belastungen der Stützen durch die Tragseile zu bestimmen. Die Kräftewirkungen von Antrieb und Zugseilspannvorrichtung auf den Stationsbau sind so einfach, daß sich Angaben erübrigen. Die Seilspannkräfte sind dabei stets unter Berücksichtigung eines Beiwertes für dynamische Wirkungen in Rechnung zu stellen (§ 48).

3. Wirkungen der Verkehrslast. Darunter faßt man die Hängebahnanlagen einschließlich der Wagen zusammen. Es ist stets zu überlegen, ob die Hängebahngleise auch *dicht* mit vollen oder leeren Wagen besetzt sein können. Der Stoßbeiwert für die Wagen ist mit 1,20 anzunehmen.

4. Nutzlast auf dem Fußboden von Hochstationen. Diese ist bei Stationen, in denen kein Absetzbetrieb und keine Lagerung von Gütern auf dem Fußboden stattfindet, im Hinblick auf etwaige Montagelasten mit wenigstens 300 kg/m^2 anzunehmen. Bei Absetzbetrieb sind die Nutzlasten entsprechend größer zu wählen. Stoßwirkungen sind dabei auch hier mit einem Beiwert von 1,20, bei der Entladung von Stückgütern aber mit einem solchen von 1,40 in Rechnung zu stellen.

5. Wand- und Bodendruck des Fördergutes in Bunkern. Das Schüttgewicht γ von Massengütern kann durchschnittlich mit nachstehenden Werten angenommen werden.

Bezeichnung des Gutes	Schüttgewicht γ t/m³	Winkel der inneren Reibung φ	Winkel der Wandreibung δ
Kohle	0,85	30°	15°
Eisenerze	3,00	45°	
Schotter	1,80	30°	

Da es sich bei den Seilbahnbunkern meistens um großräumige Bunker handelt, wird die Berechnung der *Wanddrücke* nach der COULOMBschen Erddrucktheorie durchgeführt. In Abb. 226 ist ein lotrechter Schnitt durch Stirn- und Bodenfläche eines Seilbahnbunkers dargestellt. Betrachtet man in der Richtung senkrecht auf die Schnittebene einen Streifen von der Länge 1 des in dieser Richtung zunächst unbegrenzt lang angenommenen Bunkers und kann das oben waagrecht begrenzt gedachte Füllgut zum Ausfluß gelangen, so wird sich eine Gleitfläche $\overline{AC}$ einstellen, die sich genähert als eben annehmen läßt. Mithin muß unmittelbar vor Eintritt der Bewegung das Füllgutprisma ABC vom Gewicht G' im Gleichgewicht stehen mit dem Wanddruck E und dem Druck P auf das darunter liegende Füllgutprisma $ACDF$ vom Gewicht G'', dessen Druck auf die niedrige Wand DF vernachlässigbar sei. Bezeichnet δ den Winkel der Wandreibung, φ den Winkel der inneren Reibung des Füllgutes und ist λ die angenommene Neigung der Gleitfläche, so ergibt sich aus dem Krafteck in Abb. 226

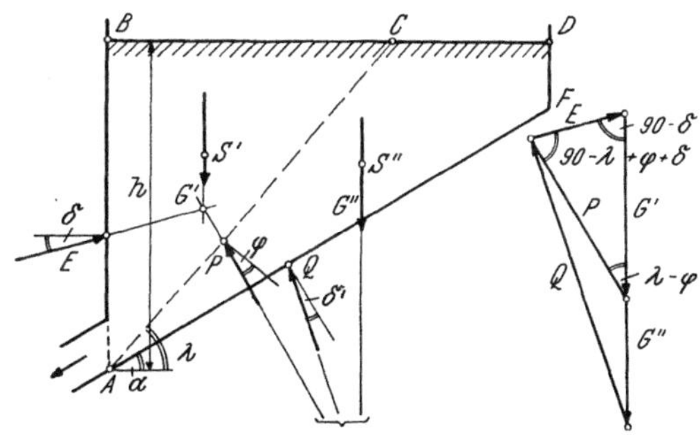

Abb. 226. Druck des Füllgutes auf Bodenfläche und Wände eines Großraumbunkers

$$E = G' \frac{\sin(\lambda - \varphi)}{\cos(\lambda - \varphi - \delta)}.$$

Darin ist
$$G' = \frac{h^2 \gamma}{2 \operatorname{tg} \lambda},$$

wenn h die Höhe des Füllgutes an der Stirnwand darstellt. G' in E eingesetzt, liefert

$$E = \frac{h^2 \gamma}{2} \cdot \frac{\sin(\lambda - \varphi)}{\operatorname{tg} \lambda \cos(\lambda - \varphi - \delta)} = \frac{h^2 \gamma}{2} k, \tag{217}$$

worin
$$k = \frac{\sin(\lambda - \varphi)}{\operatorname{tg} \lambda \cos(\lambda - \varphi - \delta)}. \tag{217a}$$

E wird zu einem Maximum, wenn $\frac{dE}{d\lambda} = 0$, wodurch k den Wert

$$k_0 = \frac{\cos^2 \varphi}{\cos \delta \left[1 + \sqrt{\frac{\sin(\varphi + \delta)\sin\varphi}{\cos\delta}}\right]^2} \tag{218}$$

annimmt, oder bei $\delta = 0$ (glatte Wand)

$$k_0 = \operatorname{tg}^2\left(45^\circ - \frac{\varphi}{2}\right). \tag{218a}$$

Mit diesen Werten für k_0 läßt sich einerseits E durch Einsetzen in (217) und andererseits λ durch Einsetzen in (217a) berechnen, wodurch auch G' festgelegt erscheint. Ferner erhält man mit E und G' aus dem Krafteck in Abb. 226 auch P sowie schließlich nach Bestimmung von G'' den unter δ' zur Bodenfläche geneigten Bodendruck Q.

Ist der Bunker im Querschnitt schmal und erreicht dadurch das Füllgut auch auf der Rückwand DF eine erhebliche Höhe, so muß die Untersuchung noch um die Bestimmung des auf diese Wand wirkenden Druckes E' erweitert werden. Gewöhnlich fällt dabei der Schnittpunkt der beiden jetzt von A und F ausgehenden Gleitlinien außerhalb der Oberfläche des Füllgutes oder knapp unterhalb derselben, wodurch die Bestimmung der Drücke E und E' unabhängig voneinander erfolgen kann.

Die *Verteilung der Drücke* E und Q wird stets linear angenommen, und es ist hiebei folgendes zu beachten. Der verteilte Druck e muß an der Oberfläche des Füllgutes Null sein; seine Resultierende E hat daher durch den unteren Drittelpunkt der Stirnwand zu gehen (Abb. 226). Da die Lage von G' und G'' ebenfalls bekannt ist, erscheint damit auch jene von Q und seine daraus folgende Verteilung auf die Bodenfläche bestimmt. Bezüglich der Verteilung eines eventuell zu berücksichtigenden Druckes E' gilt das gleiche wie für E.

Bei zusammenhanglosem Füllgut müßte die völlige *Entleerung* des Bunkers noch möglich sein, wenn der Neigungswinkel der Bodenfläche $\alpha = \delta'$ ist. Bei allen praktisch vorkommenden Füllstoffen können aber beträchtlichere Kräfte zwischen den einzelnen Teilchen wirken, die ihren Ausfluß verzögern oder gar verhindern (Zwängungen bei kantigen, grobstückigen Stoffen und Kohäsion bei feuchtem, feinkörnigen Material, wodurch Gewölbebildung über den Bunkerausläufen möglich ist). Aus diesem Grunde wird, abgesehen von entsprechend großen Ausflußöffnungen (§ 71), stets $\alpha \doteq \varphi$, aber nicht unter 40 bis 45° gewählt. Eine bedeutende Vergrößerung von α über diesen Wert bringt oft keinen sonderlichen Gewinn, bewirkt vielmehr bloß eine unwirtschaftliche Vergrößerung der Bunkerhöhe, weshalb man bei Gefahr von Ausflußstörungen lieber Schüröffnungen oberhalb der Bunkerausläufe vorsieht. Die von WETTICH durchgeführten Versuche zeigen, daß zunächst die unmittelbar über der Ausflußöffnung gelegene Füllgutsäule zum Ausfluß gelangt, die in grober Näherung dem Gleitprisma ABC entspricht. In der Folge stürzen vom Bunkerinhalt die an dessen Oberfläche gelegenen Teile unter dem Böschungswinkel φ in den von der vorgenannten Materialsäule allmählich freigegebenen Raum nach und kommen zum Ausfluß. Dagegen bleiben die an den schrägen Bodenflächen und unmittelbar um den Auslauf gelegenen Teile bis zum Schluß liegen[1].

Ist der Bunker in mehrere *Zellen* abgeteilt, so werden die Drücke auf Stirnwand und Bodenfläche durch jene auf die Zwischenwände verringert. Aus Sicherheitsgründen und weil eine genauere Untersuchung schwierig ist, wird jedoch auf diesen Umstand meistens nicht Rücksicht genommen. Die Drücke auf die Zwischenwände werden nur genähert, und zwar nach dem gleichen Verfahren wie die Stirnwanddrücke, jedoch mit Vernachlässigung der Wandreibung, ermittelt[2].

Die Berücksichtigung von *Stößen* kann bei der Ermittlung der Bunkerbelastungen unterbleiben. Solche spielen nur bei Schüttung des Fördergutes in einen leeren Bunker eine Rolle, dabei ergeben sich aber geringere Beanspruchungen als durch das ruhende Füllgut in einem vollen Bunker.

6. Winddruck. Der Winddruck auf die Seile und die in der Nähe einer Station befindlichen Seilbahnwagen ist ebenso wie die betreffenden Winddrücke bei den Seilbahnstützen anzunehmen (§ 41). Das gleiche gilt auch für den Winddruck auf das Stationsbauwerk selbst. Aus Sicherheitsgründen sollte dabei der eigentliche Stationsraum stets verschalt angenommen werden.

7. Schneedruck auf Stationsdächer usw. Dieser ist nach den geltenden Normen anzunehmen, wobei beachtet werden muß, daß bei Seilbahnstationen im Hochgebirge der Schneedruck ein Mehrfaches von dem im Flachland zu berücksichtigenden ausmachen kann.

8. Eigengewicht der Seilbahnstationen. Dieses ist nach den in § 71 gemachten Angaben zu bestimmen und im allgemeinen bloß in den Binderstielen wirkend anzunehmen.

b) Berechnung des Stationstragwerkes

Die Berechnung des Stationstragwerkes besteht hauptsächlich aus einem Nachweis der Beanspruchungen in den einzelnen Bindern (besonders im Einlaufbinder), bei Hochstationen auch im brückenartigen Tragwerk zwischen den prismatischen Unterbauten an den Stationsenden, ferner in den Tragseilverankerungen, Tragseilspannvorrichtungen und im Antriebsbock.

1. Einlaufbinder. Hier ist ebenso wie bei der Stützenberechnung (§ 41) die Benutzung von Einflußgrößen von Vorteil. Durch Vervielfachung der von diesen Einflußkräften erzeugten Stabkräfte und Biegungsmomente mit den tatsächlichen Belastungen und nachfolgender Summierung der Teilwirkungen erhält man in bekannter Weise auch hier die in den einzelnen Konstruktionsgliedern wirkenden größten Stab-

[1] Hanffstengel, G.: Förderung von Massengütern. I. Bd. 3. Aufl. Berlin: Springer-Verlag. 1921.

[2] Da die beiden Zwischenwanddrücke einer Bunkerzelle entgegengesetzt gerichtet sind, kann man bei der Berechnung des Bunkergerüstes häufig annehmen, daß das Gewicht der Bunkerfüllung allein durch Stirnwand- und Bodendruck auf die Bunkerkonstruktion übertragen wird.

kräfte und Biegungsmomente. Bezüglich der Berücksichtigung von dynamischen Wirkungen in jenen Binderteilen, welche die von den Seilen ausgeübten Belastungen unmittelbar zu übernehmen haben, siehe gleichfalls die Stützenberechnung.

Für einen *hölzernen* Einlaufbinder (Abb. 227) gilt folgendes.

α) Die Kraft $V = 1$ am linken Tragseilauflager beansprucht den Holm 1 auf Biegung und liefert auf die Strebe 2 und den Mittelstiel 3 lotrechte Auflagerdrücke. Der Auflagerdruck auf 3 wird durch die Streben 4 ins Fundament abgeleitet. Der Auflagerdruck auf 2 erzeugt in der Zange 5 eine waagrechte Kraft, welche über die Eckstiele 6 und die Eckstreben 7 in die Fundamente gelangt, während die am Fußpunkt von 2 auf den Mittelstiel 3 ausgeübte Kraft ebenfalls über die Streben 4 ins Fundament abgeleitet wird.

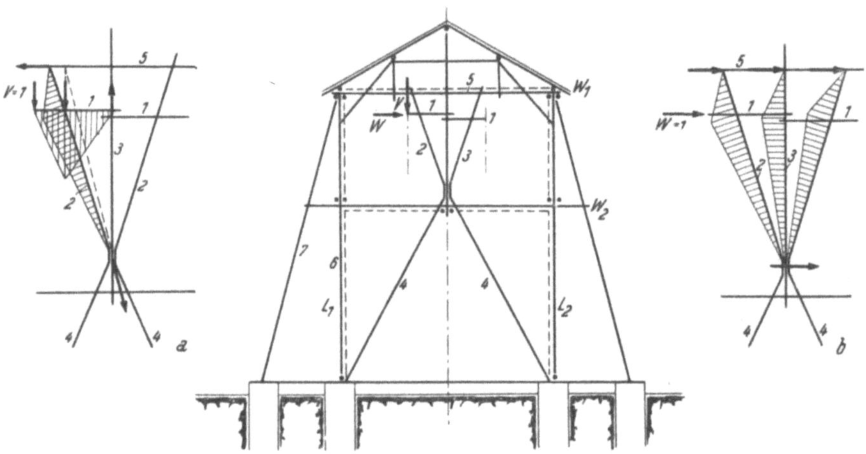

Abb. 227. Kräftewirkungen am Einlaufbinder einer Seilbahnstation zufolge der Einflußkräfte $V = 1$ und $W = 1$

Fehlen bei einem Einlaufbinder wegen der Kuppelstellen die Streben 2, so muß die Kraft $V = 1$ von den Zangen 5 aufgenommen werden, welche dann entsprechend kräftig auszubilden und als Durchlaufträger über zwei Felder zu berechnen sind. Von einer Mitwirkung der Dachkonstruktion sieht man dabei gewöhnlich ab.

β) Die Kraft $W = 1$ am linken Tragseilauflager beansprucht die Streben 2 und den Mittelstiel 3 entsprechend deren Trägheitsmomenten auf Biegung, wobei waagrechte Drücke in 5 und an den Fußpunkten von 2 hervorgerufen werden. Diese Auflagerkräfte gelangen einerseits über die Eckstiele 6 und die Eckstreben 7 und andererseits über die Streben 4 in die Fundamente.

γ) *Durch eine waagrechte, senkrecht zur Binderebene wirkende Kraft* $H = 1$ werden, ähnlich wie bei den hölzernen Seilbahnstützen, der Holm 1 und die Streben 2 sowie der Mittelstiel 3 auf Biegung beansprucht. Die waagrechten, senkrecht zur Binderebene wirkenden Auflagerdrücke von 2 und 3 werden über die beiden Windverbände W_1 und W_2 in die Längsverbände L_1 und L_2 (Abb. 227) und von dort in die Fundamente geleitet.

δ) *Die Wirkungen von Fußbodenlasten und von Wind- und Schneedrücken auf den Stationsbau* können durch einfache Kräftezerlegungen leicht gefunden werden, wie sie im Hochbau gebräuchlich sind.

Bei *stählernen* Bindern ist die Untersuchung ähnlich, doch wird man hier entsprechend der anderen Gestaltung solcher Binder auch die Mitwirkung des Dachtragwerkes beim Angriff der Kraft $V = 1$ berücksichtigen.

2. Zwischenbinder. Wenn die Streben der Dachkonstruktion nicht tief genug an den Eckstielen angesetzt werden können, haben die Zwischenbinder eine nur geringe seitliche Steifigkeit. Es werden dann einige Binder jeder Station, welche zwecks Befestigung von Teilen der mechanischen Einrichtung zwei oder mehrere Mittelstiele erhalten müssen, durch lotrechte Verbände zwischen den Mittelstielen seitlich steif gemacht und an diese Binder die übrigen durch Windverbände angeschlossen.

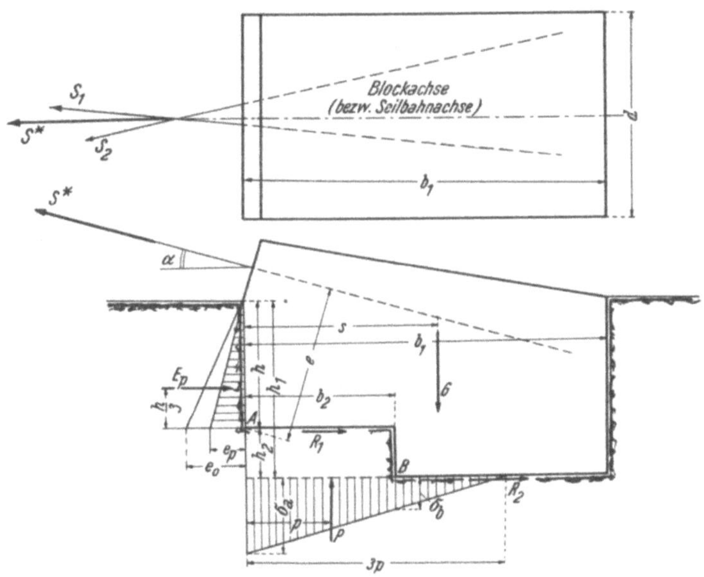

Abb. 228. Kräftewirkungen an einem Tragseilverankerungsblock

3. Hochstationen. Bei diesen werden die brückenartigen Tragwerke über den prismatischen Unterbauten (Abb. 207) zusammen mit letzteren näherungsweise als statisch bestimmte Konstruktionen berechnet.

4. Tragseilspannböcke ähneln in ihrer Gestaltung gewöhnlich den Streckenspannvorrichtungen und sind daher ebenso wie diese zu berechnen (§ 46).

5. Tragseilverankerungen. Auf den in Abb. 228 dargestellten Verankerungsblock wirken das Eigengewicht G und die beiden Tragseilspannkräfte S_1 und S_2 gemäß § 14, Abs. b, die aber um 20% vermehrt zu denken sind. Im Falle $S_1 \neq S_2$ kann es zweckmäßig sein, den Block so zu stellen, daß im Grundriß seine Symmetrieachse mit der Richtung der Resultierenden S^* von S_1 und S_2 zusammenfällt. Als Reaktionen dieser Kräfte treten der Bodendruck P, die Reibungskräfte $R_{1,2}$ an der Sohle sowie ein eventueller passiver Erddruck E_p an der Stirnwand des Fundamentes auf. Der passive Erddruck darf nur dann in Rechnung gestellt werden, wenn das Fundament an der Stirnseite satt am gewachsenen tragfähigen Boden anliegt, wofür stets Sorge getragen werden soll.

Bezeichnet μ den Reibwert zwischen Verankerungsblock und Untergrund, welcher, je nach der Bodenart, zwischen 0,20 und 0,80 schwanken kann, so gilt zunächst

$$R_1 + R_2 = \mu P. \tag{219}$$

Ferner müssen die Gleichgewichtsbedingungen erfüllt sein

$$\left.\begin{aligned} &-S^* \sin\alpha + G - P = 0 \\ &-S^* \cos\alpha + E_p + \mu P = 0 \\ &-S^* e - P p + G s - R_2 h_2 + E_p \frac{h}{3} = 0 \end{aligned}\right\}. \tag{220}$$

Aus der ersten der Gl. (220) kann P, aus der zweiten das Maß der Inanspruchnahme E_p des passiven Erddruckes, wobei $E_p < E_{p0} = \frac{d h^2 \gamma}{2} \operatorname{tg}^2\left(45^\circ + \frac{\varphi}{2}\right)$ zu sein hat, und aus der dritten die Lage p von P bestimmt werden. Im vorliegenden Fall wurde angenommen, daß P außerhalb des Kernes der Sohlenfläche angreift, mithin der Bodendruck sich bloß auf eine Breite $3p$ verteilt und demnach die *Randpressung*

$$\sigma_a = \frac{2P}{3pd} \tag{221}$$

beträgt. Dementsprechend muß auch in der Momentengleichung R_2 durch P und p ausgedrückt werden[1].

Außer den *Bodenpressungen* ist bei Ankerblöcken die Sicherheit gegen *Verschieben* und die *Kippsicherheit* nachzuweisen. Statt E_p ist dabei E_{p0} zu setzen und als Kippkante näherungsweise die durch den Punkt A gehende anzunehmen. Beide Sicherheiten haben wenigstens 1,50 zu betragen.

6. Antriebsbock. Die auf einen höheren hölzernen oder stählernen Antriebsbock (Abb. 229) wirkenden Zugseilspannkräfte S_V und S_L, wobei $S_V > S_L$ sei, liefern ein Moment $\frac{S_V - S_L}{2} D$, welchem vom Moment $U \frac{D}{2}$ der Antriebsmaschine das Gleichgewicht gehalten wird. Denken wir uns letzteres durch ein an der Antriebsscheibe wirkendes Kräftepaar mit den Kräften $\frac{S_V - S_L}{2}$ ersetzt, so sind die Auflagerdrücke der Antriebswelle auf den Antriebsbock bei Hinzunahme der Zwischenspannkraft S_S ungünstigstenfalls

$$D_a = \frac{S_V + S_L}{2} + S_S$$

und die Achsdrücke der Vorlegescheibe $D_v = S_S$.

---

[1] $R_2 = \frac{\sigma_b (3p - b_2) d}{2} \mu$, $\sigma_b = \frac{3p - b_2}{3p} \sigma_a$.

Die Übertragung dieser Kräfte durch den Antriebsbock auf die Fundamente (wobei in den Ecksäulen allerdings Biegungsmomente entstehen) ist so einfach, daß sich weitere Erläuterungen erübrigen.

c) Berechnung von Bunkeranlagen

Auch diese soll für einen *hölzernen* Bunker (Abb. 230) gezeigt werden. Die Bodendrücke beanspruchen mit ihren senkrecht zur Bodenfläche gerichteten Komponenten die Sparren 1 auf Biegung. Die Lagerung der Sparren ist so, daß sie auf die Unterzüge 2 und 4 nur lotrechte Kräfte ausüben, während auf die Unterzüge 3 die Übertragung beliebig gerichteter Kräfte möglich erscheint (Abb. 219). Die Auflagerkräfte auf 2 und 4 werden durch die Sprengwerke L_1 und L_3 in den Längswänden auf die Fundamente abgeleitet. Die Auflagerkräfte auf 3 lassen sich in lotrechte und waagrechte Komponenten zerlegen. Die ersteren gelangen durch das Sprengwerk L_2 der Mittelwand direkt in die Fundamente, während die letzteren über das waagrechte Sprengwerk W in die Zangen 5 und erst von diesen über das Strebenwerk 6, 6 in die Fundamente geleitet werden.

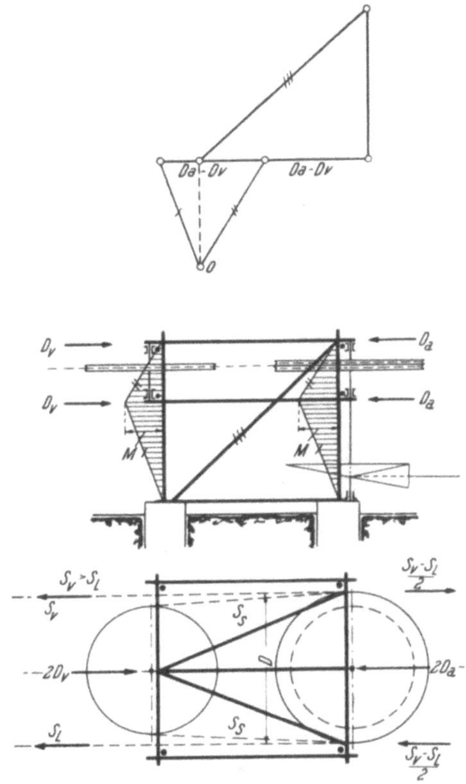

Abb. 229. Kräftewirkungen an einem Antriebsbock

Die Stirn- und Rückwanddrücke werden zunächst von den in den betreffenden Wänden gelegenen Riegeln 10 aufgenommen und unter Vermittlung der in den Binderebenen angeordneten Zangen 12 sowie der Zwischenriegel 9 auf die Stiele 8, 7, 8 entsprechend deren Trägheitsmomenten verteilt und diese dadurch auf Biegung beansprucht. Gemäß dem in den Binderebenen angeordneten Strebenwerk 6, 6 und 11, 11 sind dabei die Stiele in *a*, *b* und *c* gestützt anzusehen, und es besorgt das genannte Strebenwerk die Ableitung der von den Stirn- und Rückwanddrücken herrührenden waagrechten Auflagerkräfte der Stiele in die Fundamente.

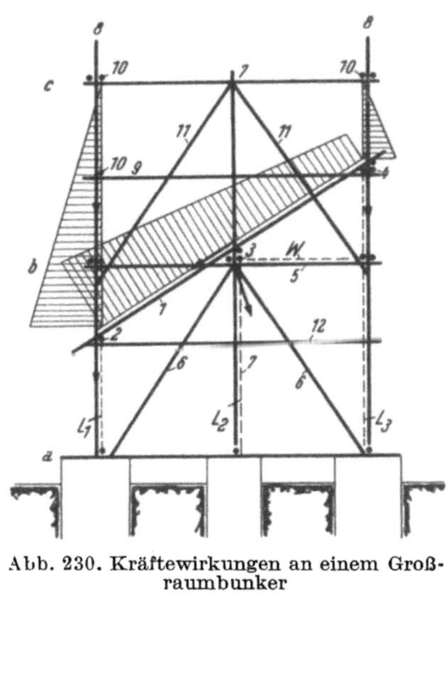

Abb. 230. Kräftewirkungen an einem Großraumbunker

Auf die Berechnung *stählerner* Bunker wird, da sie ähnlich gestaltet werden, nicht näher eingegangen.

d) Zulässige Spannungen in den einzelnen Baugliedern

Hiefür sind die Baunormen maßgebend.

§ 74. Stationen der Personenseilbahnen

a) Stationen für Bahnen mit Pendelbetrieb

1. Große Bahnen. Entsprechend dem Zweck dieser Bahnen unterscheidet man zwischen Berg- und Talstationen. Der allgemeine Aufbau dieser Stationen ist der gleiche wie bei Pendelseilbahnen für Güterverkehr. Gemäß den Erläuterungen über den zweckmäßigsten Aufstellungsort der einzelnen Teile der mechanischen Einrichtung enthält die Bergstation gewöhnlich Tragseilverankerung und Antrieb und die Talstation Tragseil- und Zugseilspannvorrichtung. Mitunter werden aber in der Talstation Antrieb und Zugseilspannvorrichtung vereinigt. Auf die möglichen Nachteile dieser Anordnung wurde in § 49 hingewiesen. Zu den Erfordernissen für die mechanische Einrichtung treten noch jene für die Fahrgäste, das Personal usw., welche aus den Bahnsteighallen, den Warte-, Dienst-, Kassen- und Nebenräumen bestehen.

Für die Ausführung der Stationen gelten mit Bezug auf Abb. 231 folgende Grundsätze:

1. *Massiv umschlossen* müssen bloß der Maschinenraum und jene Räume sein, in denen die Seilverankerung und die Spannvorrichtungen der Seile untergebracht werden. Alles andere kann, wenn es die klimatischen Verhältnisse gestatten, in einer *Leichtbauweise* ausgeführt werden.

2. *Zu vermeiden sind nicht unbedingt notwendige Räume*, insbesondere ist nicht immer die Verbindung der Stationen mit größeren Gaststätten erforderlich. Dagegen sollen die Warteräume stets reichlich bemessen sein. Werden in den Stationen keine Wohnräume für das Personal vorgesehen, so sind wenigstens in der Bergstation Nächtigungsräume für dasselbe zu schaffen.

3. *Abfahrende und ankommende Fahrgäste* dürfen sich gegenseitig nicht behindern, daher sind getrennte Wege für diese vorzusehen.

4. In den *Bahnsteighallen* ist ein Stirnbahnsteig vorzusehen, an den ein Zungenbahnsteig und womöglich noch zwei Seitenbahnsteige anschließen. In der Bergstation werden diese Bahnsteige waagrecht angelegt, da hier die Wagen immer an der gleichen Stelle halten. In der Talstation sind jedoch der Zungenbahnsteig und die Seitenbahnsteige als Treppen auszubilden, weil dort der jeweilige Halteort der Wagen von den Längenänderungen des Zugseiles und seinen wechselnden Durchhängen abhängt. Man kann für die mögliche Verschiebung dieses Haltepunktes im Hinblick auf die vorgesehenen federnden Endpuffer (vgl. Pkt. 5) bloß die aus der Temperaturänderung allein sich ergebende Längenänderung eines Zugseilstranges annehmen. Die Breite des Zungenbahnsteiges muß bei großen Bahnen wenigstens 2,0 m betragen, während man sich bei Kleinseilbahnen mit 1,2 m

Talstation mit Trag- und Zugseilspannvorrichtung

Bergstation mit Tragseilverankerung und Antrieb

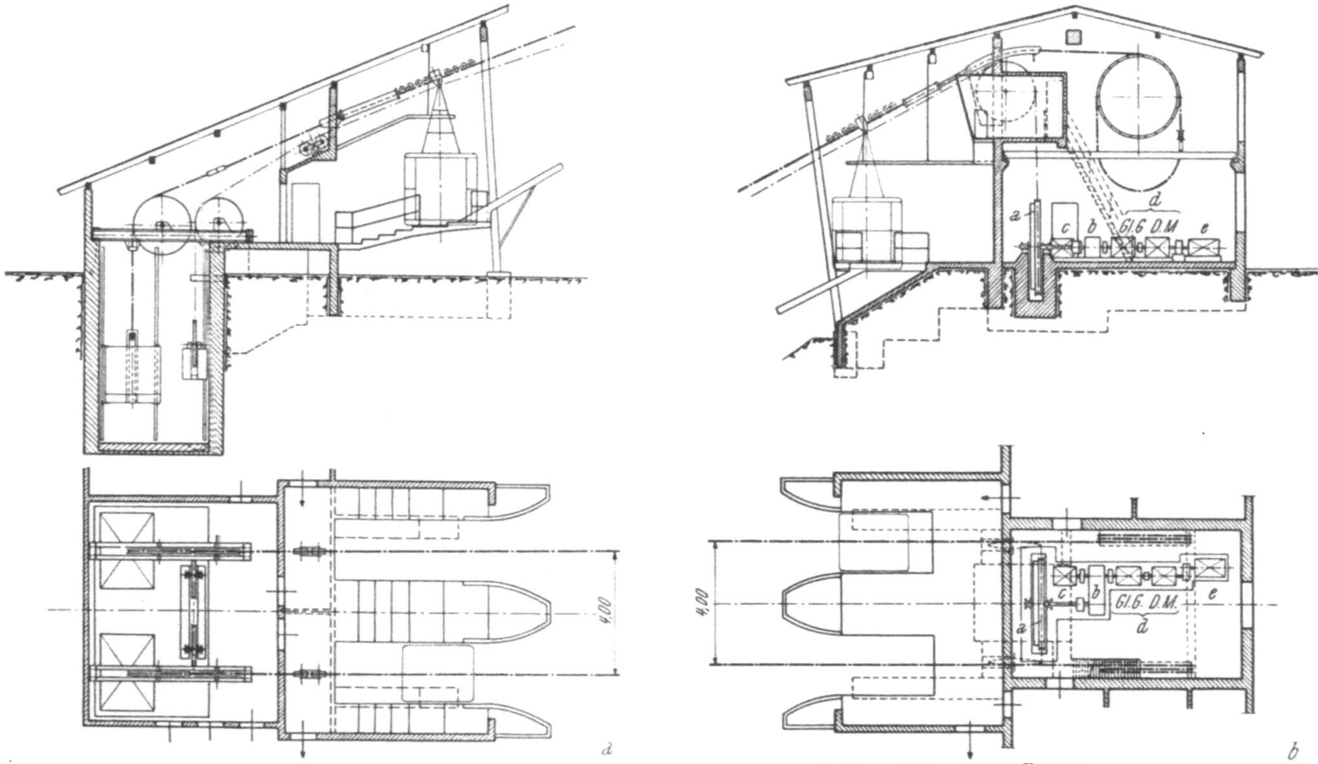

Abb. 231. Stationen für große Personenseilbahnen mit Pendelbetrieb, Bauart BLEICHERT-ZUEGG

a Antriebsscheibe mit Zahn- und Bremskranz
b Gekapseltes Getriebe
c Gleichstrom-Bahnmotor
d WARD-LEONARD-Aggregat (Drehstrommotor und Gleichstromgenerator)
c Dieselmotor (Notantrieb)

begnügen kann. Alle Bahnsteige sind wegen der tiefen Wagengruben allseitig mit Geländern zu umschließen, die nur dort, wo die Wagen halten, geöffnet werden können (Schlagbäume). Zur sicheren Einfahrt der Wagen in die Stationen sind an den streckenseitigen Enden der Bahnsteige hörnerartige, mit Holz verkleidete Kabinenführungen vorzusehen.

5. Von *Einlaufbindern*, die am vorderen Ende der Bahnsteighallen Trag- und Zugseil unterstützen, kann meistens abgesehen werden. In der Regel genügt es, die Seile auf oder nahe der Wand zu unterstützen, welche die Bahnsteighalle von dem anschließenden Antriebs- oder Spannraum trennt. Die unmittelbar vor dem Stirnbahnsteig der Stationen vorzusehenden federnden *Endpuffer* bestehen meistens aus einer Batterie hintereinander geschalteter Schraubenfedern, die auf das Tragseil gesteckt sind. Der streckenseitige Federteller ist dabei als Pufferplatte ausgebildet, gegen die das Laufwerk der Wagen stoßen kann. Der Federteller am hinteren Ende der Federbatterie stützt sich hingegen auf das Tragseilauflager an der Stirnwand der Bahnsteighalle. Es wird gewöhnlich ein Federweg von $\sim 1{,}00$ m ermöglicht.

6. Die *Tragseilverankerung* wird zweckmäßig in Form einer Stahlbetontrommel mit einem Holzbelag ausgeführt (§ 14). Liegende Trommeln stellt man dabei zusammen mit der Maschinenraumdecke, stehende zusammen mit den Maschinenraumlängswänden her, und es werden von dort die Seilspannkräfte in die gleichzeitig als Verankerungsfundamente dienenden Stahlbetonlängswände des Maschinenraumes abgeleitet (Abb. 231). Der Durchmesser dieser Trommeln muß je nach der durch die Machart des Tragseiles bedingten Biegsamkeit 65 bis 80 d bzw. 800 δ betragen. Die in die Station einlaufenden Tragseile werden einige Male um die Trommeln geschlungen, und es nehmen letztere dabei durch die Seilreibung fast die ganzen Seilspannkräfte auf. Nach Ablauf von den Trommeln werden die Tragseile an I-Trägern mit Klemmen befestigt, hinter denen noch Sicherheitsklemmen sitzen. Die Seilenden werden als Reserveseil entweder am Fußboden des Verankerungsraumes oder durch Rückführung auf die vorerwähnten Trommeln entsprechend gelagert. Mitunter, und zwar hauptsächlich dann, wenn die Bergstation knapp oberhalb eines steilen Abhanges steht, werden die Tragseile auch durch die Station hindurchgeführt und auf einem dahinter liegenden Betonblock verankert, dem eine Verankerungstrommel aufgesetzt ist. Bei der Berechnung der Verankerungen sind wie in § 73 angegeben die Tragseilspannkräfte um 20% vermehrt anzunehmen.

Durch die Verankerung mit Hilfe von Trommeln ist es möglich, die kostspieligen Tragseile der Personenseilbahnen in der Bergstation von Zeit zu Zeit nachzulassen, und zwar unter gleichzeitiger Kürzung in der Talstation. Hiedurch werden immer andere Teile der Tragseile auf den Stützenschuhen zur Auflage gebracht, was wegen der ungünstigeren Gesamtbeanspruchung im Stützenbereich (§ 33, 47 und 86) sehr zur Erhöhung der Verwendungsdauer beiträgt.

7. Die Gestaltung der *Trag- und Zugseilspannvorrichtungen* geschieht nach den in § 46 und 57 gemachten Angaben. Bezüglich des bei den Trag-

seilspannvorrichtungen notwendigen Überganges vom Tragseil auf das Spannseil siehe § 10 und 14.

8. Der *Antrieb* soll wegen der von ihm hervorgerufenen Erschütterungen wenn möglich nicht am Stationstragwerk gelagert, sondern direkt fundiert sein. Sowohl in dieser Hinsicht als auch in bezug auf eine konstruktiv einwandfreie und einfache Gestaltung verdient ein Antrieb mit liegender Antriebswelle den Vorzug gegenüber anderen Anordnungen (§ 55). Die dabei notwendige Ablenkung des Zugseiles aus der Bahnneigung in die Lotrechte kann gegenüber den genannten Vorzügen leicht in Kauf genommen werden. Die Beanspruchung des Zugseiles auf den zahlreichen Tragrollen der Stützen ist oft von maßgeblicherem Einfluß auf dessen Lebensdauer als die Beanspruchung auf den stets wenigen Seilscheiben (§ 51).

9. Vom *Maschinistenstand* muß ein guter Überblick über die Bahnsteige der Bergstation, einen möglichst großen Teil der Strecke und über den Antrieb vorhanden sein. Er wird jetzt meistens als allseitig verglaste, in die Bahnsteighalle vorkragende Kanzel ausgebildet.

2. **Personenkleinseilbahnen.** Bei Personenkleinseilbahnen können mit Ausnahme der Bahnsteighallen Räume für die Fahrgäste entfallen. Derartige Stationen unterscheiden sich dann oft nicht sehr von den Stationen für stabile Pendelseilbahnen zum Transport von Stückgütern (§ 72, Abb. 224 und 225).

b) Stationen für Bahnen mit Umlaufbetrieb

Diese gleichen in ihrer grundsätzlichen Gestaltung (Abb. 232) den ebenerdigen Stationen für Güterseilbahnen mit Umlaufbetrieb, doch ist der waagrechte Abstand der Hängebahnschienen von Bauwerksteilen, die Höhenlage der Hängebahnschienen über dem Stationsfußboden usw. gegenüber den in § 68 angegebenen Größtwerten um 20% zu erhöhen. Dazu treten noch dieselben Einrichtungen für die Fahrgäste und das Personal wie bei den großen Seilbahnen mit Pendelbetrieb. Von erhöhten Bahnsteigen kann jedoch stets abgesehen werden. Der Höhenunterschied zwischen Wagen- und Stationsfußboden beträgt daher hier etwa 0,20 m.

Die *gesamte* seilbahntechnische Einrichtung jeder Station wird unabhängig vom Stationsbauwerk auf stählernen Rahmengerüsten befestigt. Der Antrieb wird stets oben und wegen Platzersparnis mit lotrecht stehender Antriebswelle (§ 55) innerhalb der Hängebahnschleife angeordnet, und es befindet sich davor ein verglaster Bedienungsstand.

Um zu verhindern, daß ein aus irgendwelchen Gründen nicht an das Zugseil gekuppelter Wagen auf die Strecke gelangen kann, muß auch von der Bergstation aus die Bahn zunächst leicht ansteigen. Dies wird durch die Anordnung eines *Kuppengerüstes* (§ 44) vor der Bergstation erreicht, wobei die Spannweite zwischen Station und Kuppengerüst 20 m und ihre Sehnenneigung tg $\gamma = 0{,}10$ nicht unterschreiten sollen.

Schließlich darf nach der Auskuppelstelle die Hängebahnschiene aus der Zugseilrichtung auf die Länge des Notbremsweges nur wenig ausgeschwenkt sein, damit zufolge der Nichtauskupplung eines Wagens keine Schäden an der Bahnanlage entstehen, vgl. dazu § 56.

Talstation mit Trag- und Zugseilspannvorrichtung

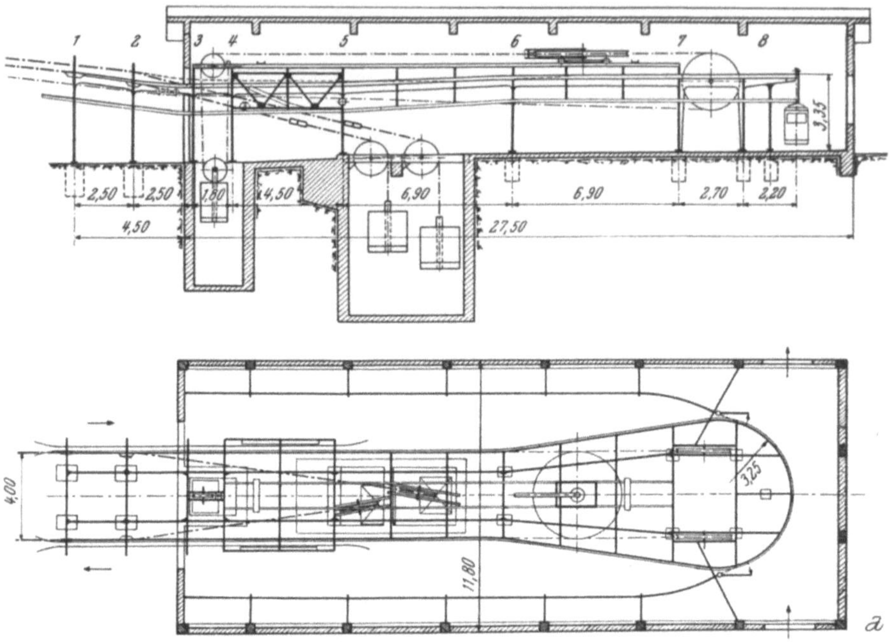

Bergstation mit Tragseilverankerung und Antrieb

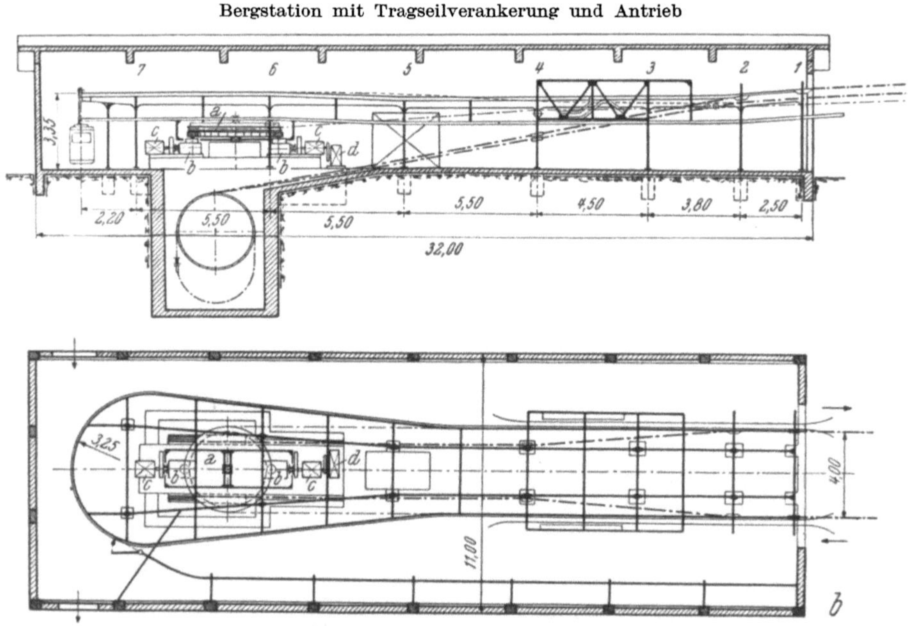

Abb. 232. Stationen für Personenseilbahnen mit Umlaufbetrieb (Bauart GIRAK)

a Antriebsscheibe mit Zahn- und Bremskranz
b Gekapselte Kegelradgetriebe
c Drehstrom-Bahnmotoren
d Dieselmotor (Notantrieb)

c) Bezüglich der *Betriebsausrüstung* gilt § 71 Abs. h sinngemäß.

d) Baustoffbedarf

Der Baustoffbedarf für Stationen von Personenseilbahnen ist schwer allgemein angebbar, da Gestaltung und Größe dieser Bauwerke zufolge ihrer Abhängigkeit von den örtlichen Verhältnissen stark wechseln. Aus dem gleichen Grunde werden auch keine näheren Angaben über die statische Berechnung gemacht, für die auch hier die Baunormen maßgebend sind. Allgemeine Anhaltspunkte für die statische Berechnung lassen sich jedoch aus den Ausführungen über die Berechnung der Stationen von Güterseilbahnen (§ 73) gewinnen.

§ 75. Einrichtungen zur Kurvenfahrt ohne Lösung der Wagen vom Zugseil. Soll auf einer Güterseilbahn eine waagrechte Richtungsänderung ohne Lösung der Verbindung zwischen Wagen und Zugseil, also ohne Winkelstation geschehen, so kann man eine sogenannte *Kurvenstation* zur Ausführung bringen, bei deren Durchfahrung die Wagen an das Zugseil angeschlossen bleiben. Auch *automatische Endstationen* gehören hierher, die den Wagen die Rückkehr zur Anfangsstation ohne Lösung vom Zugseil gestatten.

a) Einrichtungen für automatische Kurvenfahrt

Für die automatische Kurvenfahrt sind zwei verschiedene Einrichtungen möglich.

1. Die Wagen umfahren auf einer Hängebahnschiene eine waagrechte oder schräg in der Bahnneigung liegende *Ablenkscheibe* für das Zugseil von 3,50 bis 6,0 m Durchmesser, an die sich dabei die Klemmvorrichtungen legen, welche zu diesem Zweck oft mit Auflagenasen versehen werden. Die Zugseilgeschwindigkeit muß dem Scheibendurchmesser entsprechend geringer als bei Bahnen ohne Kurvenstationen, und zwar mit $v = 1{,}50$ bis 2,20 m/sek, gewählt werden. Die Wagen versuchen sonst, bei der Fahrt um die Scheibe seitlich stark auszupendeln, was eine Veranlassung zu Betriebsstörungen geben könnte.

2. Die Wagen fahren auf einer Hängebahnschiene entlang einer *Reihe* waagrecht hintereinander liegender, im Bogen mit dem Halbmesser von 5,0 bis 50 m angeordneter *Ablenkrollen* für das Zugseil. Diese Rollen haben einen Durchmesser von 600 bis 1000 mm, und er muß um so größer sein, je größer der Ablenkwinkel des Zugseiles auf einer Rolle, je größer die Seilspannkraft und je größer die Seilgeschwindigkeit ist. Der Ablenkwinkel je Rolle schwankt meistens zwischen $\operatorname{tg} \varphi_1{}^* = 0{,}10$ und 0,20. Für die Zugseilbeanspruchung auf diesen Rollen gelten ähnliche Überlegungen wie für die Beanspruchung auf den Tragrollen von Stützen (§ 40). Da ein Anlegen der Wagenklemmvorrichtungen an die *kleinen* Ablenkrollen mit Stößen verbunden wäre, muß mit Hilfe geeigneter Wagenführungen ein seitliches Abziehen des Zugseiles von den Ablenkrollen durch die Klemmapparate erfolgen. Diese Führungen sollen die vom Zugseil auf die Wagen ausgeübten Seitenkräfte möglichst unmittelbar aufnehmen, weshalb man sie als Klemmenführungen ausbildet und dazu die Klemmvorrichtungen mit waagrechten Führungsrollen versieht. Eine Ermäßigung der Zugseilgeschwindigkeit ist bloß bei kleineren Krümmungshalbmessern notwendig; dagegen werden derartig ausgebildete Kurvenstationen länger als im ersten Fall.

3. Die Anordnung mit einer *Ablenkscheibe* eignet sich vornehmlich für kurze Bahnen, bei denen also die Nachteile einer geringen Zugseilgeschwindigkeit (größere Wagenanzahl) keine besondere Rolle spielen, aber häufig beengte bauliche Verhältnisse für die Kurvenstationen vorliegen. Es sind dies:

1. *Schienenhängebahnen* mit Seilzug, welche oft im Anschluß an längere Seilbahnstrecken in Industriebetrieben errichtet werden, um von verschiedenen Stellen Fördergüter zu sammeln oder an solche zu verteilen, und

2. *Haldenseilbahnen* mit automatischer Umkehrstation an dem einen Streckenende. Letztere haben gewöhnlich die Aufgabe, Abraum, Abfallprodukte, Asche, Schlacke und dergleichen von den Gewinnungs- oder Erzeugungsstätten weg auf eine Halde zu schaffen.

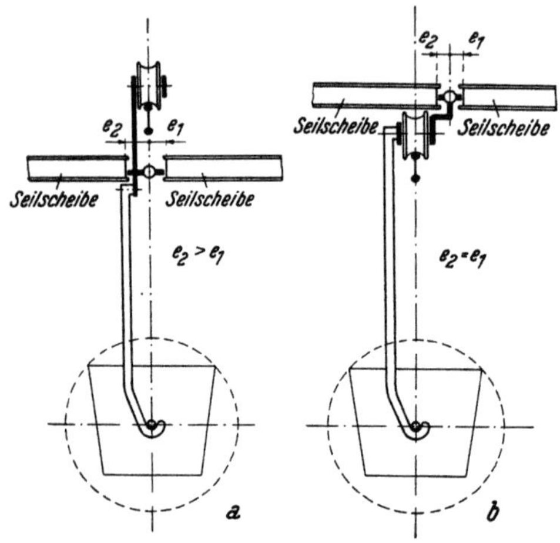

a) bei Unterseil b) bei Oberseil

Abb. 233. Anordnungen der Klemmvorrichtungen im Laufwerk, wenn Fahrt durch beliebige Kurven möglich sein soll

Die Anordnung mit *mehreren Ablenkrollen* kommt dagegen in Frage, wenn eine längere, aber nur *eine* Zugseilschleife besitzende Seilbahn im Grundriß nicht geradlinig angelegt werden kann.

b) Günstigste Lage der Zugseilklemme am Wagen bei automatischer Kurvenfahrt

Die Durchfahrung von automatischen Kurvenstationen ist grundsätzlich bei allen drei behandelten Lagen der Zugseilklemme am Wagen möglich (§ 60), doch eignen sie sich dazu nicht in gleicher Weise.

1. Kurven mit dem Mittelpunkt auf der dem Gehänge abgewandten Seite stellen an die Lage und Bauart der Klemmvorrichtung, gleichgültig, ob das Zugseil durch eine große Scheibe oder mehrere kleinere Rollen abgelenkt wird, keine besonderen Bedingungen. Das Zugseil wird dabei von den Rillen der Scheibe oder der Rollen um etwa 40 bis 80 mm seitlich abgezogen.

2. Kurven mit dem Mittelpunkt auf der Gehängeseite können von Wagen, deren Zugseilklemme im *Gehänge* angeordnet ist (Schraubklemme), nur durchfahren werden, wenn der Krümmungshalbmesser sehr groß ist

($r_{min} = 20$ m), wobei die Zugseilablenkung stets durch eine größere Anzahl von Rollen geschehen muß. Ähnliches würde zunächst wohl auch bei der Lage der Klemme im Laufwerk (gleichgültig, ob unter oder über der Fahrbahn) der Fall sein. Dies liegt daran, daß bei solchen Kurven das Zugseil um ein beträchtliches Maß, etwa um 300 mm, seitlich von den Ablenkrollen abgezogen werden muß, um zwischen ihm und den Ablenkrollen dem Gehänge oder Teilen der Laufwerkskonstruktion den klaglosen Durchgang zu ermöglichen. Dieser ist dann gewährleistet, wenn keine Berührung zwischen dem in der Klemme waagrecht abgelenkten Zugseil und den

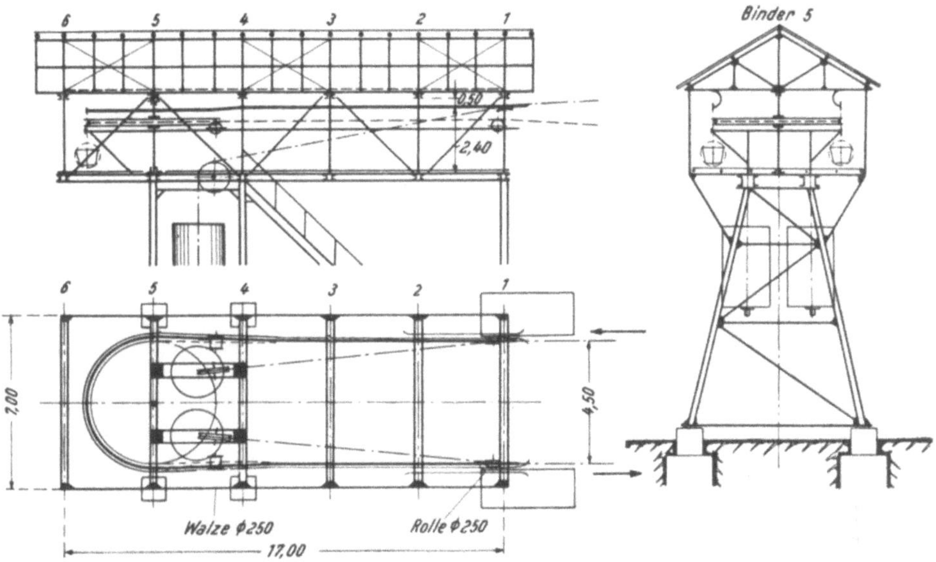

Abb. 234. Automatische Umkehrstation in Stahlkonstruktion für eine Haldenseilbahn mit Unterseilanordnung

Gehängeenden oder den Enden der Laufwerkskonstruktion stattfindet. Durch einfache Maßnahmen kann aber bei der Anordnung der Klemme im *Laufwerk* das Maß dieses seitlichen Abziehens beträchtlich verkleinert und dann auch durch scharfe Bogen gefahren werden, bei denen die Zugseilablenkung von einer Scheibe bewirkt wird.

Diese Maßnahmen bestehen bei *Unterseilanordnung* in der Anbringung der Klemmvorrichtung über dem Gehängebefestigungspunkt und bei *Oberseilanordnung* in der Anbringung oberhalb des Laufwerkskörpers. Außerdem sind die Klemmvorrichtungen so zu gestalten, daß ihre Breite im Bereich des Maules möglichst gering wird, was namentlich bei Eigengewichtsklemmvorrichtungen leicht ausführbar erscheint (Abb. 233). Am günstigsten ist dabei eine Oberseilanordnung.

Im Hinblick auf diesen Umstand werden die Wagen von Bahnen mit Unterseil (Gebirgsbahnen) manchmal auch noch mit *Aufsteckgabeln* am Laufwerk für ein Oberseil versehen, wenn in den Stationen Schienenhängebahnen mit Seilzug anschließen. Es sind die gleichen Gabeln, die auch bei Seilförderungen mit Rollbahnwagen verwendet werden und Bahnneigungen bis zu tg $\psi = \pm\ 0{,}10$ gestatten.

c) Ausbildung der automatischen Kurvenstationen

1. Automatische Umkehrstation mit Umlenkscheibe für Haldenbahnen. Die betriebssichere Zugseilführung erfordert, daß im Grundriß (Abb. 234) die Hängebahnschienen innerhalb des Scheibenbereiches um das Maß für das notwendige seitliche Abziehen des Zugseiles (bei Anliegen der Klemmvorrichtung an der Seilscheibe) ausgeschwenkt werden. Außerdem ist im Aufriß eine kleine Senkung der Hängebahnschienen im Bereich der Scheiben notwendig, weil die Wagenklemmvorrichtungen einerseits über die als Walzen auszubildenden Einführungsrollen des Zugseiles hinweggehen müssen, andererseits aber *in* der Rille der Umkehrscheibe anzuliegen haben. Bei Unterseilanordnung sind an den Ein- und Ausläufen der Station doppelte Gehängeführungen vorzusehen, während in den übrigen Stationsteilen einfache innere Gehängeführungen hinreichend erscheinen. Die *Umführungsscheiben* für das Zugseil werden in genieteter oder geschweißter Stahlkonstruktion mit einem aus einem [-Eisen № 12 bis 16 gebildeten Kranz hergestellt, wobei das [-Eisen gleichzeitig auch die Rille bildet. Es ist vorteilhaft, diese Rille mit einem durch versenkte Schrauben befestigten Blechring zu füttern. Der Rillengrund der Scheiben muß breit und zylindrisch sein, damit die kleinen lotrechten Hebungen des Zugseiles, welche sich bei der Vorbeifahrt eines Wagens ergeben, keine die Sicherheit der Seilführung beeinträchtigenden lotrechten Seilablenkungen auf diesen Scheiben hervorrufen. Die Scheiben sind auf einer Achse aufgekeilt, die oben und unten auf den Deckenträgern gelagert ist. Das Gewicht solcher Scheiben samt Verlagerung beträgt durchschnittlich:

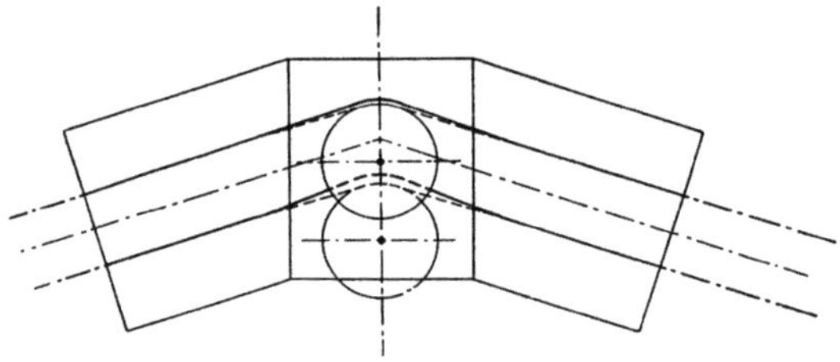

Abb. 235. Schema einer automatischen Kurvenstation für Schienenhängebahnen mit Oberseilanordnung

Scheibendurchmesser m	Gewicht einschl. Verlagerung kg
3,50	1200
4,50	1400
6,00	1800

Außerdem erhalten derartige, gewöhnlich als Stockwerkbauten ausgeführte Umkehrstationen die *Tragseilspannvorrichtung* der Bahn. Wenn das *Stationsgerüst*, wie in Abb. 234, aus einer Stahlkonstruktion besteht, kann man den Tragseilspannbock gleichzeitig als Unterbau für das Stationstragwerk benutzen. Bei Herstellung der Station in Holzkonstruktion empfiehlt es sich jedoch, auch hier die übliche Trennung zwischen Stationstragwerk und Tragseilspannbock vorzunehmen. Wenngleich ein ständiger Aufenthalt von Betriebspersonal in den Umkehrstationen nicht notwendig ist, soll aus Erhaltungsgründen dennoch eine Bedachung ausgeführt werden.

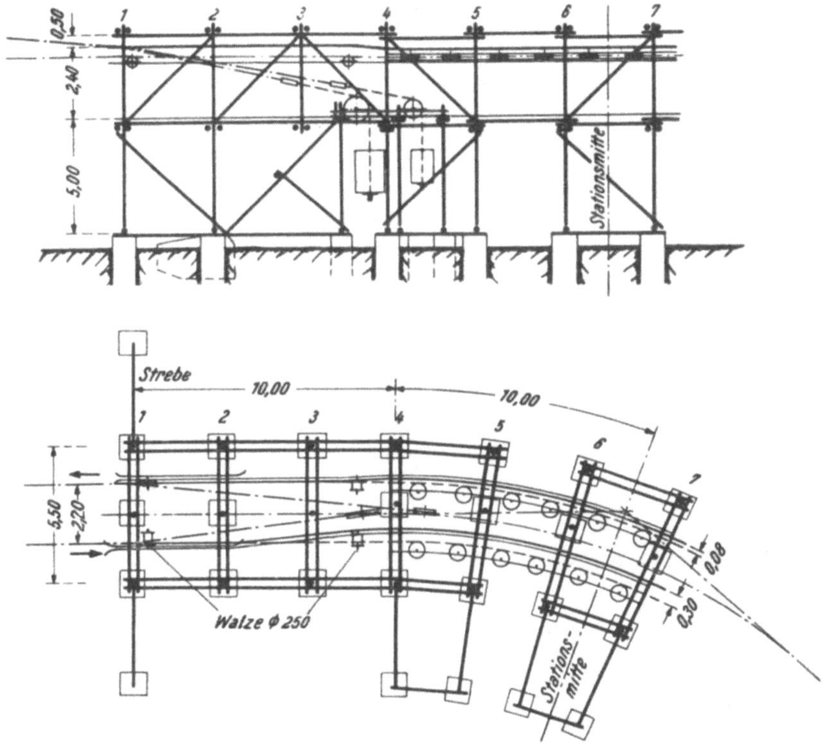

Abb. 236. Automatische Kurvenstation in Holzkonstruktion für eine Seilbahn mit Unterseilanordnung

2. Automatische Kurvenstationen mit Ablenkscheiben für Schienenhängebahnen. Diese sind, wie Abb. 235 zeigt, den automatischen Umkehrstationen analog gestaltet und gleichsam als eine Verdopplung jener anzusehen. Das hier beispielsweise angenommene Oberseil läßt Gehängeführungen entbehrlich erscheinen. Zu beachten ist, daß bei dem meistens üblichen kleinen Abstand der beiden Schienenstränge deren Ablenkscheiben sich im Grundriß übergreifen. Dies bedingt eine tiefere Lage der inneren Ablenkscheibe und des inneren Schienenstranges im Bereich der Kurvenstation.

3. Automatische Kurvenstationen mit Ablenkrollenbatterien. Derartige Stationen entstehen aus den vorbesprochenen, wenn die Ablenkscheiben durch Rollenbatterien ersetzt werden. Abb. 236 stellt eine solche Station bei Verwendung eines Unterseiles dar. Da bei dieser Zugseilanordnung auf dem Innenstrang ein starkes seitliches Abziehen des Zugseiles notwendig sein kann, muß der Abstand zwischen Einlaufbinder und Beginn

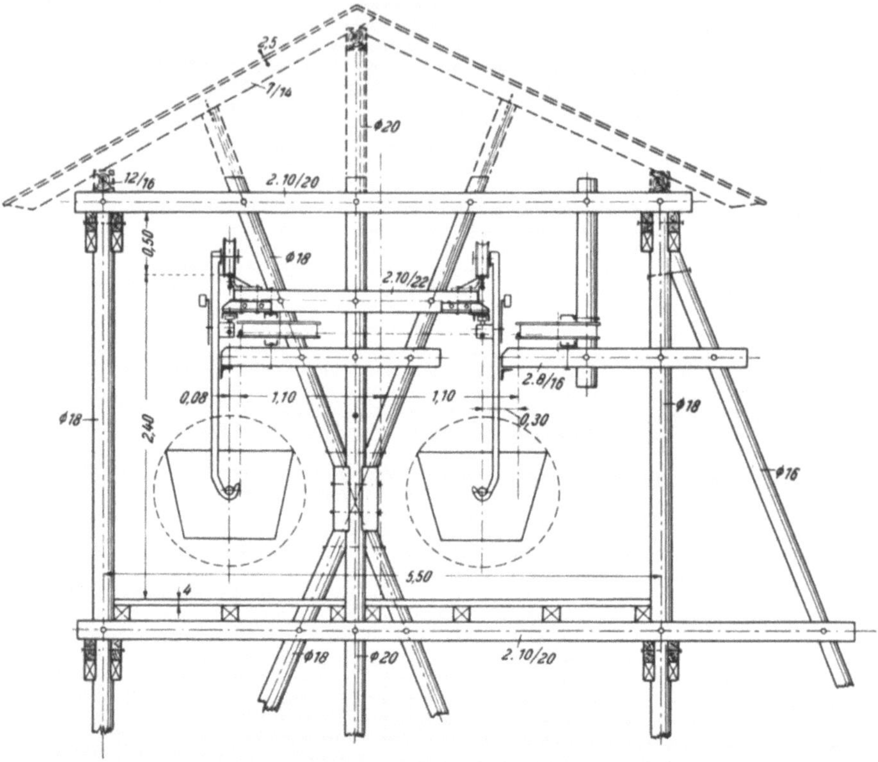

Abb. 237. Anordnung der Zugseilablenkrollen und der Führungen für die Wagen in einer automatischen Kurvenstation bei einer Seilbahn mit Unterseilanordnung (einer der Mittelbinder von Abb. 236)

der Ablenkung oft groß gemacht werden. Ansonst gilt für die Anordnung der Hängebahnschienen in Grund- und Aufriß Ähnliches wie bei den Umkehrstationen; ebenso verhält es sich hinsichtlich der Gehängeführungen. Außerdem ist aber noch eine Klemmapparatführung vorzusehen, weil sich die Klemmvorrichtungen an die Ablenkrollen für das Zugseil nicht anlegen dürfen. Die Klemmapparate werden zu diesem Zweck mit kleinen, waagrecht liegenden Führungsrollen versehen (siehe Abb. 173, 176, 181 und 186). Abb. 237 zeigt im Detail die Anordnung der einzelnen Führungen, wenn die Klemmvorrichtungen im Gehänge befestigt sind, was den ungünstigsten Fall darstellt.

Die *Ablenkrollen* (Abb. 238) sind entweder in einem Stück aus Stahlguß hergestellt oder sie bestehen aus zwei Blechschilden mit einem gußeisernen Laufring (vgl. § 40). Die Rollen haben meistens eine lichte Rillenbreite von 100 mm (vgl. Pkt. 1). Die Borde stehen in der Regel 60 mm über den Laufkranz vor. Die Rollen werden gewöhnlich mit festen Achsen auf durchlaufenden ⊏-Eisen gelagert und sind für Fettschmierung eingerichtet. Mitunter wird auch Kugellagerung angewandt. Das Rollengewicht einschließlich Verlagerung ist aus nachstehender Tabelle ersichtlich.

Rollendurchmesser mm	Gewicht einschl. Verlagerung kg
600	70
800	100
1000	120

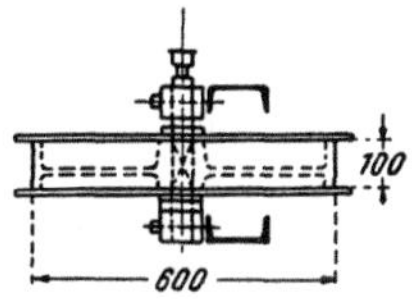

Abb. 238. Ausbildung und Verlagerung einer Ablenkrolle für automatische Kurvenstationen

Die Tragseile werden in den Stationen meistens unterbrochen und zu Verankerungen oder Tragseilspannvorrichtungen geführt, welche unabhängig von der Stationskonstruktion sind. Um den Querverkehr unter der Seilbahn nicht zu behindern und die Spannvorrichtungen unterbringen zu können, werden automatische Kurvenstationen im Zuge

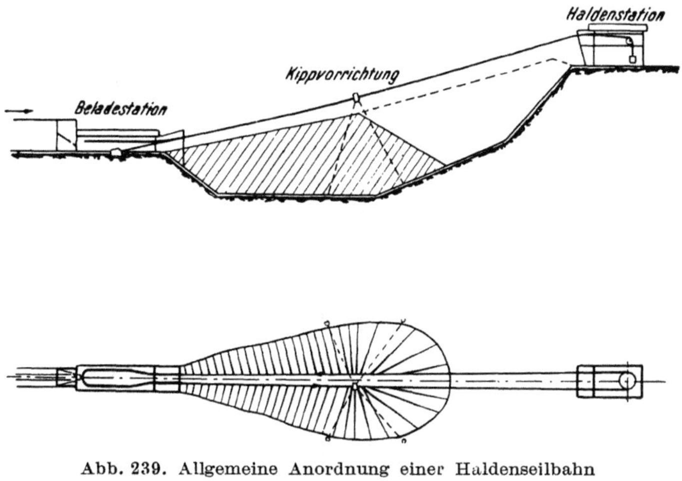

Abb. 239. Allgemeine Anordnung einer Haldenseilbahn

einer Seilbahnlinie gewöhnlich als Stockwerkbauten mit etwa 8 bis 10 m Fahrbahnhöhe über dem Gelände ausgeführt. Die Stationsbinder im Bereiche der Ablenkrollenbatterien erhalten oft seitliche Abstrebungen. In Abb. 236 ist die Station in Holzkonstruktion ausgeführt angenommen worden, und sie soll aus den schon unter Pkt. 1 angegebenen Gründen auch überdacht sein. Bei der Ausführung in Stahlkonstruktion geschieht die Gestaltung in gleicher Art.

d) Berechnung und Baustoffbedarf

In *statischer Hinsicht* unterscheiden sich die automatischen Umkehr- und Kurvenstationen nur wenig von den gewöhnlichen Seilbahnstationen, so daß die dort angegebenen Leitsätze hier sinngemäß angewandt werden können. Auch für den Baustoffbedarf gelten die gleichen Regeln wie dort.

§ 76. Anwendung der Einrichtungen für selbsttätige Kurvenfahrt auf Verladeanlagen. Die wichtigsten hierher gehörigen Bauweisen, bei denen stets Umlaufbetrieb angewandt wird, sind Haldenseilbahnen mit Entleerung der Wagen vom Tragseil aus, Hängebahnen auf Haldenschrägbrücken, Hängebahnen mit fahrbaren Verladebrücken u. dgl.

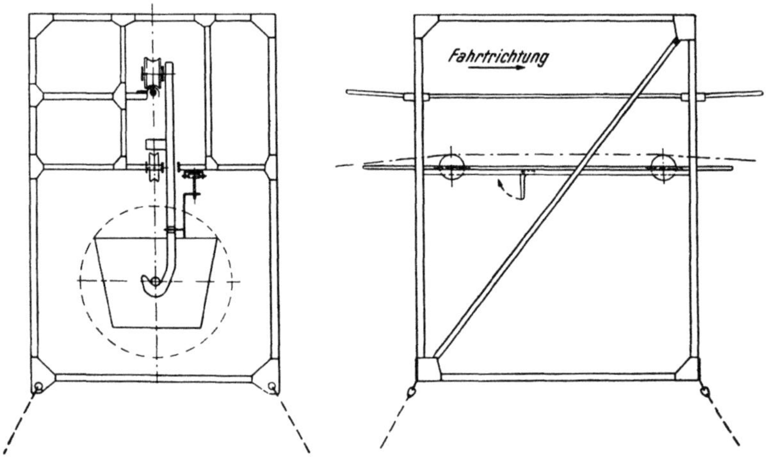

Abb. 240. Automatische Streckenkippvorrichtung

a) Haldenseilbahnen

Die grundsätzliche Anordnung einer derartigen Bahnanlage ist aus Abb. 239 zu ersehen. Die Trasse muß dabei so gewählt werden, daß sich unter der Seilbahn ein genügend großer Raum zur Schüttung des Fördergutes ergibt. Der Abstand der beiden Tragseilfahrbahnen vergrößert sich von der Beladestation weg allmählich auf das in der Haldenstation wegen der Umkehrscheibe erforderliche Maß. Die automatische Haldenstation bedingt, daß Antrieb und Spannvorrichtung des Zugseiles in der Beladestation unterzubringen sind. Die Kasten der Wagen werden auf der Strecke durch *automatische Kippvorrichtungen* entleert. Diese Kippvorrichtungen bestehen aus leichten Stahlkonstruktionen — häufig in Käfigform —, die mit Stahlblechbügeln am Tragseil verschiebbar aufgehängt und gegen den Boden hin mit Seillitzen abgespannt sind (Abb. 240). In diesem Käfig ist ein mitunter ausschaltbarer Kippdaumen für die Kipphebel der Wagenkasten angebracht, während Gehängeführungen stärkeres seitliches Auspendeln der Fahrzeuge verhindern und damit für eine störungsfreie Funktion der Einrichtung sorgen[1]. Die Abspannlitzen, welche am Boden an Pfählen befestigt werden, haben nicht nur die Stellung der Kippvorrichtung zu sichern, sondern auch ein Emporschnellen des Tragseiles nach der Entleerung eines Wagens zu verhüten, das sonst zu Wagenentgleisungen führen könnte.

Befindet sich bei der Entleerungsstelle im Abstand x vom linken Auflager einer Spannweite l gerade ein Wagen, so gilt zufolge der aus § 17 bekannten Beziehung (32b) für den Durchhang an dieser Stelle unmittelbar vor der Entleerung

$$f = \frac{\frac{2Q}{l} + q' + q_1'}{H^*} \cdot \frac{x(l-x)}{2}, \quad H^* = H + H_1,$$

wobei die Vereinfachungen am Schluß des § 20, Abs. a), auch hier angewandt werden. Das Wagengewicht Q setzt sich aus dem Eigengewicht W und der zu entleerenden Nutzlast P zusammen. Schnellen nach einer plötzlich vorgenommenen Entleerung des Seilbahnwagens die Seile mit diesem empor, so wirkt in einer beliebigen Zwischenlage Δf auf die Masse des schwingenden Systems, welche wir uns näherungsweise im Wagenort konzentriert denken, folgende resultierende Kraft (Abb. 241)

$$H(\operatorname{tg}\alpha^I + \operatorname{tg}\alpha^{II}) + H_1(\operatorname{tg}\beta^I + \operatorname{tg}\beta^{II}) - W.$$

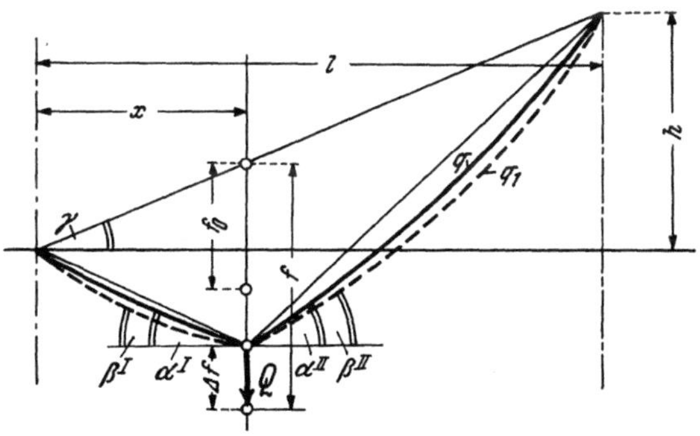

Abb. 241. Zum Schwingungsvorgang bei plötzlicher Entleerung eines Seilbahnwagens in einer Spannweite

Sämtliche Winkel sind dabei in der gezeichneten Art als *positiv* vorausgesetzt. Die Masse des schwingenden Systems besteht aus der Masse des leeren Wagens und ungefähr der halben Seilmasse des betrachteten Seilfeldes, weil die lotrechte Bewegung der Seile gegen die Auflager hin Null wird. Die Bewegungsgleichung lautet mithin

$$H(\operatorname{tg}\alpha^I + \operatorname{tg}\alpha^{II}) + H_1(\operatorname{tg}\beta^I + \operatorname{tg}\beta^{II}) - W = \frac{W + (q' + q_1')\frac{l}{2}}{g} \cdot \frac{d^2\Delta f}{dt^2}.$$

Schreiben wir darin für die Winkelfunktionen unter Voraussetzung einer hohen Zugseilablage und Beachtung der Vorzeichen die bekannten Ausdrücke

$$\operatorname{tg}\alpha^I = \frac{f-\Delta f}{x} - \frac{h}{l} - \frac{q' x}{2H}, \qquad \operatorname{tg}\alpha^{II} = \frac{f-\Delta f}{l-x} + \frac{h}{l} - \frac{q'(l-x)}{2H},$$

$$\operatorname{tg}\beta^I = \frac{f-\Delta f}{x} - \frac{h}{l} - \frac{q_1' x}{2H_1}, \qquad \operatorname{tg}\beta^{II} = \frac{f-\Delta f}{l-x} + \frac{h}{l} - \frac{q_1'(l-x)}{2H_1},$$

[1] Immerhin empfiehlt sich bei größeren Wagennutzlasten die Verwendung von Kasten mit Boden- oder Seitenentleerung, die beim Entleerungsvorgang seitlich nicht auspendeln.

so nimmt die Bewegungsgleichung, wenn wir für f noch den vorstehenden Ausdruck einsetzen, die Form an

$$\frac{d^2\Delta f}{dt^2} + \frac{2\,(H + H_1)\,g}{\left(\frac{2\,W}{l} + q' + q_1'\right) x\,(l - x)}\,\Delta f - \frac{2\,P\,g}{2\,W + (q' + q_1')\,l} = 0.$$

Ändern sich während des Schwingungsvorganges die Seilspannkräfte nur wenig, so daß wir sie näherungsweise als konstant betrachten dürfen, dann läßt sich obige Differentialgleichung auch in der Form

$$\frac{d^2\Delta f}{dt^2} + a\,\Delta f - b = 0,$$

$$a = \frac{2\,H^*\,g}{\left(\frac{2\,W}{l} + q' + q_1'\right)\,x\,(l - x)}, \qquad b = \frac{2\,P\,g}{2\,W + (q' + q_1')\,l}$$

anschreiben. Ihr allgemeines Integral lautet

$$\Delta f = C_1 \sin(\sqrt{a}\,t) + C_2 \cos(\sqrt{a}\,t) + \frac{b}{a}.$$

Die Konstanten C_1 und C_2 bestimmen sich aus den Anfangsbedingungen

$$t = 0: \quad \Delta f = 0, \quad v = \frac{d\Delta f}{dt} = 0.$$

Man erhält hiedurch

$$\Delta f = \frac{b}{a}\,[1 - \cos(\sqrt{a}\,t)], \quad v = \frac{d\Delta f}{dt} = \frac{b}{\sqrt{a}} \sin(\sqrt{a}\,t), \quad p = \frac{d^2\Delta f}{dt^2} = b\cos(\sqrt{a}\,t).$$

Der Schwingungsvorgang ist also ein harmonischer um die durch

$$\Delta f_0 = \frac{b}{a} \text{ bzw. } f_0 = f - \Delta f_0 = \frac{\frac{2\,W}{l} + q' + q_1'}{H^*} \cdot \frac{x\,(l - x)}{2}$$

gekennzeichnete Gleichgewichtslage. Die Geschwindigkeit v wird 0 wenn $\sqrt{a}\,t = n\,\pi$, $n = 1, 2, \ldots$, was für $n = 2$ die Schwingungsdauer

$$T = \frac{2\,\pi}{\sqrt{a}} = 2\,\pi \sqrt{\frac{\frac{2\,W}{l} + q' + q_1'}{H^*\,g} \cdot \frac{x\,(l - x)}{2}}$$

liefert. Bei $\sqrt{a}\,t = n\,\pi$ entsteht auch die größte Beschleunigung $p = \pm\, b$, welche in Vergleich zu g gesetzt ein annäherndes Urteil über die Entgleisungsgefahr (Auswerfen des Wagens aus dem Tragseil nach seiner plötzlichen Entleerung) ermöglicht[1].

[1] Vgl. auch SCHLEICHER, F.: Taschenbuch für Bauingenieure. Bd. 1, 2. Aufl. S. 176, Berlin: Springer-Verlag. 1955, und HORT, W.: Techn. Schwingungslehre. 2. Aufl.. Berlin: Springer-Verlag. 1922.

b) Haldenschrägbrücken

Bei sehr großen von Haldenbahnen geforderten Leistungen ersetzt man die Tragseile durch Hängebahnschienen und befestigt diese in Hängebahnschrägbrücken, die auf dem Haldenkegel unter Zwischenschaltung von Schwellen aufruhen (Abb. 242). Die Brücken steigen daher ungefähr unter dem natürlichen Böschungswinkel φ des Haldenmaterials an. Am oberen Ende einer solchen Brücke, das etwas über die Halde auskragt, ist die von den Hängebahnschienen gebildete Umkehrschleife mit einer Umkehrscheibe für das Zugseil eingebaut. Das Zugseil wird ebenso wie bei den vorbeschriebenen Haldenbahnen in der Beladestation angetrieben und gespannt.

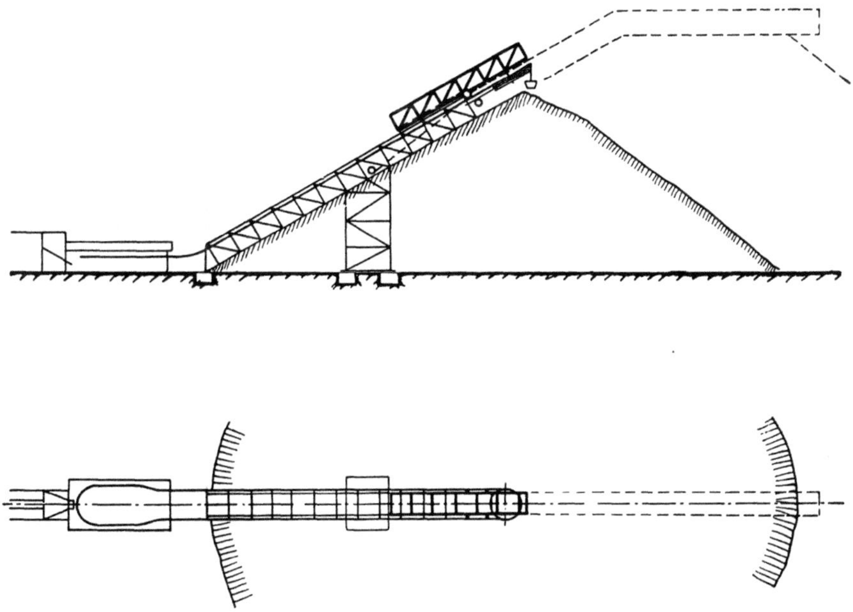

Abb. 242. Schematische Darstellung einer Haldenschrägbrücke

Wenn die Wagen am höchsten Punkt der Schrägbrücke, bei der Umkehrscheibe, angelangt sind, entleeren sie zufolge eines dort eingebauten Kippdaumens ihren Inhalt und kehren leer zurück. Der allmählich wachsende Haldenkegel gewährt nach einiger Zeit auch den auskragenden Teilen der Brücke eine Unterstützung, worauf diese um einige Felder verlängert wird, also abermals einen auskragenden Teil erhält. Dementsprechend sind auch die Umkehrschleife und die Umkehrscheibe zu versetzen. Damit hiedurch keine längere Betriebsunterbrechung entsteht, werden Umkehrschleife und Umkehrscheibe auf einem Schlitten montiert. Der Schlitten kann unter Zuhilfenahme einer Seilwinde auf einer an den oberen Riegeln der Brückenquerrahmen befestigten Fahrbahn bewegt werden. Der Anschluß der Umkehrschleife an die Hängebahnschienen geschieht dabei mit Überlaufzungen. Der Einbau neuer ansteigender

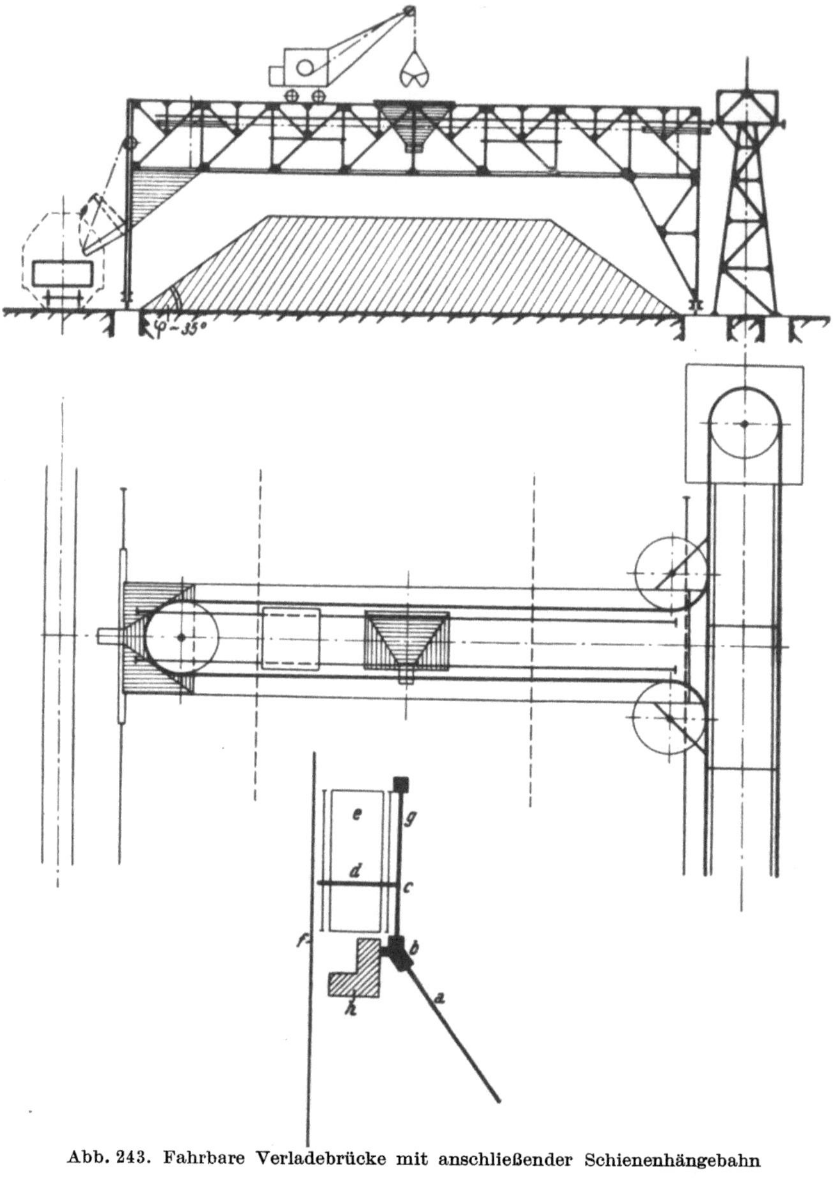

Abb. 243. Fahrbare Verladebrücke mit anschließender Schienenhängebahn

Brückenglieder kann so lange fortgesetzt werden, bis die Basis des Schüttkegels die Breite des vorgesehenen Schüttgeländes erreicht hat. Hernach ist ein Weiterbauen nur in waagrechter Richtung möglich. Mit derartigen Haldenschrägbrücken lassen sich sehr große Materialmengen zur Ablagerung bringen, wie die nachstehende Tabelle[1] zeigt, der ein natürlicher Böschungswinkel von $\varphi = 35°$ und eine Tagesleistung von $M = 200\ m^3$ zugrunde liegt.

Höhe m	Basisdurchmesser m	Aufgeschüttete Menge m^3	Zum Aufschütten erforderliche Zeit Tage
40	115	140000	700
60	172	465000	2350
80	229	1100000	5500
100	286	2150000	10800

c) Verladebrücken

Diese benutzt man, um mit einer Seilbahn oder auch mit der Eisenbahn oder mit dem Schiff in einem Industriebetrieb ankommende Massengüter (Kohle, Erze) auf einen Lagerplatz zu schaffen, von wo sie später der Verwendung zugeführt werden. In Abb. 243 ist eine solche Verladebrücke dargestellt. Gemäß der beigefügten Situationsskizze kann das mit der Seilbahn *a* einlangende Fördergut in der Entladestation *b* in Entladetrichter gestürzt werden, um es im Werk *h* zu verarbeiten. Es ist aber auch möglich, in dieser Station die beladenen Wagen auf die *Schienenhängebahn c* überzuleiten, welche eine von der Seilbahn gesonderte und von *b* aus mit geringerer Geschwindigkeit angetriebene Zugseilschleife besitzt. Diese Hängebahn, deren Schienen auf leichten Fachwerksträgern befestigt sind, die etwa in 20 m Abstand Unterstützungen haben, führt entlang eines Lagerplatzes *e* und endigt bei *g* mit einer automatischen Umkehrstation. Über dem Lagerplatz ist eine fahrbare Verladebrücke *d* errichtet, welche ebenfalls mit Hängebahngleisen versehen ist. Die Hängebahngleise der Brücke schließen an den benachbarten Strang der Hängebahn *c* mit Überlaufzungen an. Das Zugseil der Hängebahn läuft nun nicht unmittelbar von *b* über *c* nach *g*, sondern über dem Umweg entlang der Schienenstränge auf der Brücke, wozu mit der Brückenkonstruktion besondere Ablenkscheiben verbunden sind. Mithin fahren von *b* kommende Seilbahnwagen zunächst über die Brücke *d*, werfen dort während der Fahrt unter Zuhilfenahme von Kippvorrichtungen (Kippdaumen) für die Wagenkasten ihre Ladung auf den Lagerplatz *e* ab, umfahren dann die Umkehrstation *g* und kehren wieder nach *b* und auf die Strecke *a* zurück. Soll das auf *e* gelagerte Gut der Verwendung in *h* zugeführt werden, so wird es zunächst mit einem auf der Brücke *d* fahrbaren Greiferkran gehoben und in Fülltrichter für die Hängebahn gebracht, die in Brückenmitte montiert sind. Vor und hinter den Fülltrichtern sind ausschaltbare Kuppelstellen für die Zugseilklemmen der Wagen vorgesehen, um bei der Rückverladung des Fördergutes ein Anhalten der Seilbahnwagen auf der Brücke zu ermög-

[1] Nach STEPHAN, P.: Die Drahtseilbahnen. 4. Aufl. Berlin: Springer-Verlag. 1926.

lichen. Ferner kann mit der Eisenbahn einlangendes Fördergut durch den Greiferkran entweder auf den Lagerplatz oder in die Fülltrichter der Hängebahn und damit direkt ins Werk *h* gebracht werden. Schließlich ist es möglich, auf *e* lagerndes Gut mit dem Greiferkran in die Eisenbahn zurück zu verladen und durch Einbau eines Entladetrichters an dem der Eisenbahn zugewandten Brückenende auch mit der Seil- bzw. Hängebahn herangebrachtes Fördergut in die Eisenbahnwagen zu schaffen.

d) Sonstige Verladeeinrichtungen mit Benutzung von Seilbahnen

Die behandelten Einrichtungen sind nur die am häufigsten wiederkehrenden. Die fördertechnisch oft recht komplizierten, namentlich auch durch Raummangel beengten Verhältnisse (besonders wenn Hängebahnanlagen in bestehenden Gebäuden herzustellen sind) führen mitunter zu sehr interessanten Sonderlösungen, bei denen neben den besprochenen Einrichtungen auch fahrbare Kuppelstellen, Aufzüge für Hängebahnwagen und Kombinationen von Hängebahnanlagen mit anderen Fördermitteln, wie Becherwerken, Förderbändern usw., zur Anwendung kommen[1].

VIII. Schutzbauten

Es sind zu unterscheiden

1. Bauten, die dem Schutz einer Seilbahn dienen und

2. Bauten, welche die von einer Seilbahn gekreuzten Verkehrswege gegen herabfallende Ladungsteile usw. zu schützen haben. Hierher gehören auch die Vorkehrungen bei Kreuzungen mit Schwach- und Starkstromleitungen.

§ 77. Bauten zum Schutz einer Seilbahn. Bei *Seilbahnen im Hochgebirge* wird es mitunter notwendig, einen Schutz gegen Lawinengefahr vorzusehen. Dieser besteht in der Führung der Bahn in einer größeren Höhe über dem betreffenden Gebiet und, wenn die Vermeidung von Stützen dort nicht möglich ist, in der Anordnung hoher, kräftiger Stützenfundamente mit Lawinenabweisern (Montblanc-Bahn).

Desgleichen hat man bei Seilbahnen mit *Stützen in fließenden Gewässern* Abweiser vor diesen Stützen zum Schutz gegen treibendes Eis, Baumstämme usw. anzuordnen.

Ferner kann bei Seilbahnen, die mit großen Spannweiten hoch über dem Boden führen, die Gefahr bestehen, daß sie von Flugzeugen nicht wahrgenommen werden. Man spannt dann in der Bahnachse über den Tragseilen ein dünnes Seil, das in Abständen von 100 m gut wahrnehmbare *Signalkugeln* trägt. Dies sind gelbgefärbte Hohlkugeln aus Kunststoff von 600 mm Durchmesser.

Zu den Einrichtungen für den Schutz einer Seilbahn gehören auch die *Blitzschutzmaßnahmen* (Erdung der Seile, maschinellen Einrichtungen, Stützen usw.) und *Umzäunungen* dort, wo die Bahn knapp über dem Gelände führt.

[1] Zahlreiche Ausführungsbeispiele dieser Art enthält das Buch von STEPHAN, P.: Die Drahtseilbahnen. 4. Aufl. Berlin: Springer-Verlag. 1926.

§ 78. Bauten zum Schutz gekreuzter Verkehrswege

a) Zu schützende Objekte

Zu schützen sind alle gekreuzten öffentlichen Straßen und Eisenbahnstrecken, aber auch Werkshöfe; letztere allerdings nur dann, wenn sie unter der Seilbahn stärkeren Verkehr aufweisen. Die Überquerung von Gebäuden durch eine Seilbahn erscheint wohl nur bei Werksanlagen zulässig, erfordert aber dann meistens ebenfalls Schutzmaßnahmen für die betreffenden Objekte. Dagegen ist ein besonderer Schutz bei Kreuzung mit untergeordneten Verkehrswegen und mit wenig begangenen Teilen von Werkshöfen nicht notwendig; hier genügen Warnungstafeln.

b) Grundsätze für die Anlage von Schutzbauten

1. Allgemeines und Umfang des Schutzes. Die Schutzbauten gliedern sich in *Schutzbrücken* und *Schutznetze.* Hinsichtlich der Anlage dieser Bauwerke gilt folgendes.

α) *Güterseilbahnen.* Es genügt gewöhnlich, daß durch das Schutzbauwerk der unterhalb der Seilbahn liegende Verkehrsweg (Objekt) gegen etwa herabfallende Ladungsteile aus überladenen Wagen gesichert wird. Ein Schutz gegen gerissene Seile oder herabstürzende Wagen wird meistens nicht beansprucht und ist auch insofern nicht notwendig, als bei einer einwandfrei errichteten und gut erhaltenen Güterseilbahn derartige Ereignisse ausgeschlossen sind.

Dagegen wird bei *Überquerung von Hauptstraßen und Eisenbahnstrecken* in der Regel ein weitgehender Schutz, nämlich auch gegen ein möglicherweise reißendes Tragseil oder einen abstürzenden Seilbahnwagen verlangt, mit der Begründung, daß es bei Güterseilbahnen eine ständige strenge Überwachung durch die Behörden im Gegensatz zu den Personenseilbahnen nicht gibt.

β) *Personenseilbahnen.* Bei diesen Bahnen, die einem strengen Genehmigungsverfahren bei der Errichtung und einer ebensolchen Überwachung im Betrieb unterliegen, gilt ein Tragseilbruch als ausgeschlossen. Auch eine Entgleisung der Wagen erscheint wegen der an den Wagenlaufwerken angebrachten Entgleisungsschutzvorrichtungen kaum möglich. Schutzbauten an den Kreuzungsstellen mit öffentlichen Straßen und Eisenbahnen können daher aus einfachen Dächern bestehen. Diese haben bloß einen Schutz gegen herabtropfendes Öl, aus einem Wagen gefallene Gegenstände und gegen einen allerdings auch kaum zu befürchtenden Zugseilriß zu besorgen sowie Seilmontagen zu erleichtern.

2. Lage und Ausbildung der Schutzflächen. Die Schutzbauten können um so leichter gehalten werden, je *näher* sich die Schutzfläche unter der Seilbahn befindet, weil dann auch die kinetische Energie etwa herabstürzender Lasten beim Auftreffen auf der Schutzfläche kleiner ist. Bei leichter Ausführung der schützenden Flächen sind außerdem durch deren größeres Federungsvermögen die dynamischen Wirkungen herabfallender Körper geringer als bei schwerer, starrer Ausführung. Aus diesem Grunde gibt man insbesondere den von einem Absturz unmittelbar berührten Teilen der schützenden Fläche entweder größere freie Biegungslängen oder ordnet sogenannte Kissen (Reisigbündel) an.

3. Breite der Schutzbauten. Auch die Breite der Schutzbauten kann um so kleiner sein, je geringer der lotrechte Abstand der Schutzfläche von der Seilbahn ist. Die Breite bestimmt sich aus dem Abstand der beiden Tragseilstränge sowie aus den seitlichen Ausbiegungen der Trag- und Zugseile, den Auslenkungen der Wagen und jenen etwa herabfallender Lasten durch die Windwirkung. Bei den üblichen kleinen Abständen der Tragseilstränge von Güterseilbahnen und bei einer Auslenkung der Wagen um ungefähr 15% durch den *Betriebswinddruck* reicht gewöhnlich eine Breite der schützenden Fläche von 4,50 bis 5,50 m aus, wenn diese knapp unter der Seilbahn angebracht wird. Mit wachsendem Abstand der Schutzfläche von der Seilbahn nimmt jedoch die Breite erheblich zu.

Dagegen erscheint es meistens nicht notwendig, jene großen seitlichen Ausbiegungen der Seile und Auslenkungen der Wagen zu berücksichtigen, die sich beim größten für die Bauwerke maßgebenden Winddruck ergeben. Bei diesem Winddruck ist ja weder ein Verkehr auf der gekreuzten Straße oder Eisenbahn noch ein Seilbahnbetrieb möglich. Bei stillstehender Seilbahn erscheint aber die Gefahr eines Wagenabsturzes oder eines Seilrisses stark vermindert.

§ 79. Schutzbrücken

a) Anwendungsbereich

Schutzbrücken werden angeordnet, wenn

1. *schmälere Verkehrswege* ungefähr rechtwinkelig gekreuzt werden, und zwar

α) in *großer Höhe*, falls der Absturz eines Seilbahnwagens *nicht* berücksichtigt zu werden braucht,

β) in *geringer Höhe*, gleichgültig, ob der Absturz eines Seilbahnwagens in Betracht zu ziehen ist oder nicht;

2. *breitere Verkehrswege* ungefähr rechtwinkelig oder Werkshöfe in *geringer Höhe* gekreuzt werden und Zwischenunterstützungen statthaft sind, gleichgültig, ob auch hier der Absturz eines Seilbahnwagens berücksichtigt werden muß oder nicht.

b) Bauart der Schutzbrücken

Im Falle 1 α) genügt zum Schutz des Verkehrsweges gegen etwa herabfallende Ladungsteile der Seilbahnwagen ein einfaches *Fachwerksgerüst*, das unabhängig von der Seilbahn ist, wie es Abb. 244 in Holzkonstruktion darstellt. Bei größerer Brückenbreite wird noch eine Mitteltragwand notwendig. Schiefe Brücken sind womöglich zu vermeiden. Eine Ausführung in Stahlkonstruktion weist gegenüber der in Holz keine wesentlichen Unterschiede in der Gestaltung auf. Der bei Straßen von Konstruktionsteilen frei zu haltende Lichtraum muß so breit wie das Straßenplanum sein und mindestens 4,50 m Höhe haben.

Bei Eisenbahnen ist deren Lichtraumprofil maßgebend, welches für Vollbahnen eine Breite je Gleis von 4,00 m und eine Höhe über Schienenoberkante von 4,80 m bei Dampfbetrieb und 5,50 bis 6,20 m bei elektrischem Betrieb besitzt. Über den Querträgern der Brückenkonstruktion befindet sich ein waagrechter hölzerner Längsbelag von wenigstens 6 cm Stärke und an den Längsseiten außerdem eine 1,0 m hohe Wandschalung,

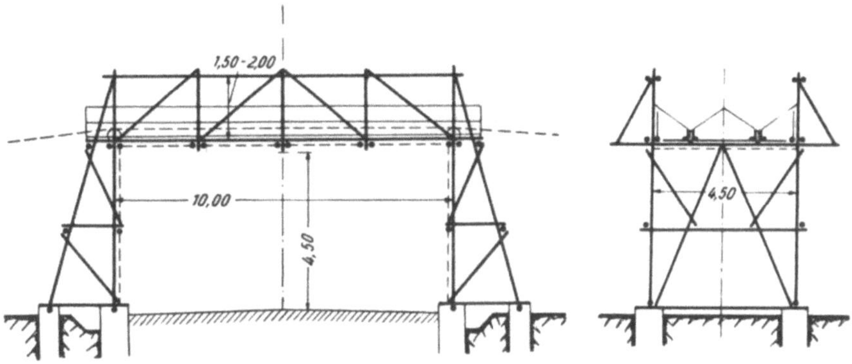

Abb. 244. Hölzerne Schutzbrücke über eine Straße mit Längsbelag und ohne Zusammenhang mit der Seilbahn

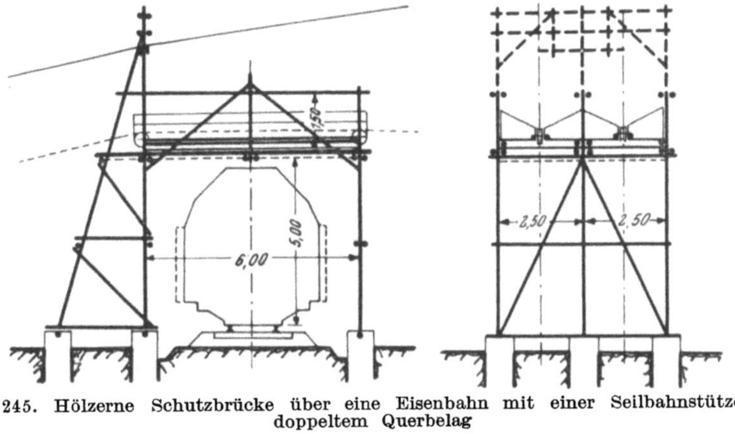

Abb. 245. Hölzerne Schutzbrücke über eine Eisenbahn mit einer Seilbahnstütze und doppeltem Querbelag

wodurch die schützende Fläche die Form eines Troges erhält. An den Brückenenden werden Zugseiltragrollen mit Fangbügeln angeordnet.

Bei sehr geringer Breite des zu schützenden Verkehrsweges gelangen auch *Schutzbauten in Form eines Satteldaches* zur Ausführung, die den Vorteil besitzen, daß herabfallende Gegenstände nicht auf dem Belag liegenbleiben.

Im Falle 1 β) wird die ähnlich wie zuvor zu gestaltende *Schutzbrücke mit einer Seilbahnstütze* verbunden, wie Abb. 245, und zwar ebenfalls für eine Ausführung in Holzkonstruktion, zeigt. Als Brückenbreite reicht hier immer die Lichtweite gewöhnlicher Rahmenstützen hin. Hat die Brücke auch einem herabfallenden Seilbahnwagen standzuhalten, so wird außer den seitlichen Tragwänden noch eine Mitteltragwand und ein doppelter Belag aus Querbohlen mit etwa 20 cm Zwischenraum zwischen den beiden Belägen vorgesehen. Der obere Belag darf dabei durch die abstürzende Last zerstört werden, die dann auf dem unteren liegenbleibt. Dadurch wird die Brücke leichter, als wenn nur ein einziger Belag Widerstand leisten müßte. Obgleich die Schutzfläche so knapp als möglich unter der Wagenunterkante (Kippkreis) liegen soll, wird aus Gründen der Betriebssicherheit der Seilbahnanlage (Schnee, auf der Schutzbrücke liegende Ladungsteile) doch eine Lichthöhe von wenigstens 0,50 m an

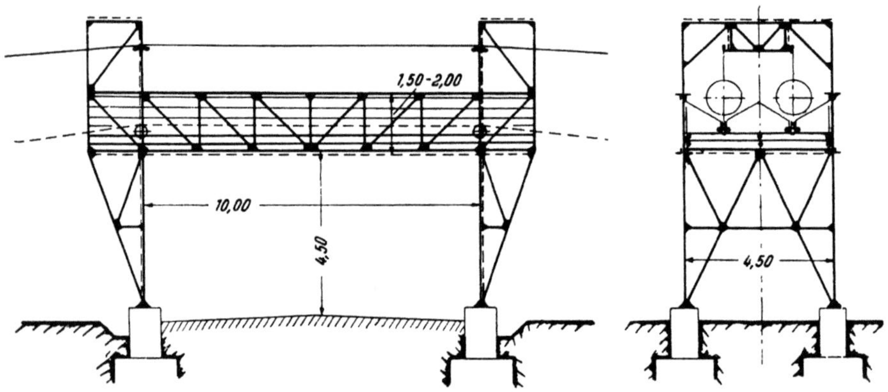

Abb. 246. Stählerne Schutzbrücke über eine Straße mit zwei Seilunterstützungen und doppeltem Querbelag

der ungünstigsten Stelle einzuhalten sein. Eine Ausführung in Stahlkonstruktion, bei welcher stets zwei Tragwände ausreichen, zeigt Abb. 246. Wegen des niedrigen Verlaufes der Seillinie über dem Gelände ist diese Schutzbrücke mit zwei Tragseilunterstützungen versehen.

Im Falle 2 empfiehlt es sich, das Schutzbauwerk als *unversteifte Hängebrücke* auszuführen, wenn dieses auf der freien Strecke liegt. Die Pylonen können dabei gleichzeitig auch als Seilbahnstützen dienen. Ist hingegen der zu schützende Bereich in unmittelbarer Nähe einer Seilbahnstation gelegen (Werkhöfe), so erscheint es zweckmäßig, die Tragseile schon vor der zu schützenden Stelle endigen zu lassen und die Strecke bis in die Seilbahnstation als *Schienenhängebahn auf einer Brücke* herzustellen.

Die Brücken für Schienenhängebahnen, deren grundsätzliche Anordnung Abb. 247 für eine Ausführung in Stahlkonstruktion zeigt, brauchen mit Rücksicht auf die feste, entgleisungssichere Fahrbahn nicht für einen abstürzenden Seilbahnwagen berechnet zu werden. Die Ausführung erfolgt als durchlaufende Fachwerkskonstruktion mit unten liegendem Fußboden und pendelnden Zwischenstützen. Die Brückenbreite und die Trägerhöhe werden gewöhnlich so wie die Durchfahrtsprofile von Rahmenstützen gewählt. Die zweckmäßigsten Stützweiten liegen zwischen 20 und 30 m. Die Zwischenstützen umgreifen häufig rahmenartig das Brückentragwerk, weil letzteres gewöhnlich keine steifen Querrahmen erhält. Die Hängebahnschienen werden in der Regel mit Auflagerschuhen an Konsolen befestigt, die von den oberen Querriegeln des Brückentragwerkes herabreichen. Als Fußboden dient ein wenigstens 6 cm starker Holzbohlenbelag. Er trägt in Abständen, die ungefähr den Stützweiten entsprechen, Tragrollen für das Zugseil, wenn keine hohe Zugseilablage vorgesehen ist. Wird eine Schienenhängebahnbrücke in Holz ausgeführt, so gelten im allgemeinen die gleichen Konstruktionsgrundsätze, nur werden dann oft die Zwischenstützen mit dem Brückentragwerk steif verbunden.

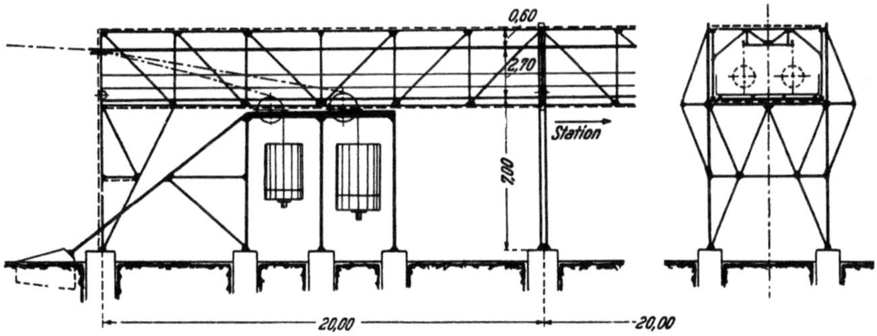

Abb. 247. Schienenhängebahnbrücke

c) Baustoffbedarf

Der Baustoffbedarf der Schutz- und Schienenhängebahnbrücken kann durchschnittlich wie folgt angenommen werden:

Ausführung in Holzkonstruktion: 1 m³ Holz je laufenden m Brücke, 30 kg eiserne Verbindungsmittel je m³ Holz.

Ausführung in Stahlkonstruktion: 400 bis 600 kg Stahl je laufenden m Brücke.

Bei beiden Ausführungsarten kommt dazu noch der Fußbodenbelag.

§ 80. Berechnung der Schutzbrücken

a) Belastungen

Eigengewicht, *Schneelast* auf die schützende Fläche und *Winddruck* auf die Brückenkonstruktion sind bei Kreuzung öffentlicher Verkehrswege gemäß den Belastungsnormen des Brückenbaues anzunehmen, sonst aber entsprechend jenen des Hochbaues. Ist die Schutzbrücke mit einer Seilbahnstütze verbunden, so kommt dazu die *von der Seilbahn herrührende Belastung*, welche so wie für gewöhnliche Seilbahnstützen zu ermitteln ist. Die *zufällige Belastung* der schützenden Fläche ist, wenn der Absturz eines Seilbahnwagens oder größerer Ladungsteile nicht berücksichtigt zu werden braucht, mit etwa 100 kg/m² anzunehmen.

Wird die *Berücksichtigung eines abstürzenden Wagens* gefordert, so kann folgende Überlegung gelten. Während des Falles üben die einzelnen Teile des Wagens *keine* Kräfte aufeinander aus. Laufwerk und Gehänge fallen daher noch weiter *frei*, wenn der Kasten durch die schützende Fläche bereits aufgehalten wird, und schlagen erst dann auf, wenn die erste Stoßperiode des Wagenkastens bereits abgelaufen ist. Als *fallender Körper* ist daher bloß der Wagenkasten samt Ladung in Rechnung zu stellen. Als *getroffener Körper* ist der unmittelbar in Mitleidenschaft gezogene Belagsteil (einige Bohlen) anzusehen sowie ein kleiner Teil des ihn unterstützenden Tragwerkes. Mit Rücksicht auf die Form der Biegelinie des getroffenen Belagsteiles darf jedoch dessen Gewicht auch nicht voll, sondern bloß mit etwa $^1/_2$ eingeführt werden[1]. Der beim Auftreffen des Wagens auf der Schutzbrücke entstehende Stoß ist ein *unelastischer*, weil er stets mit bedeutenden bleibenden Formänderungen am Auftreffpunkt — Verbeulung des Kastens, Eindrücke in den Schutzbelag der Brücke — verbunden ist, so daß ein nennenswerter *Rückprall nicht* stattfindet.

Bezeichnet nun:

G_1 das Gewicht des Wagenkastens samt Ladung,

G_2 das reduzierte Gewicht des getroffenen Belagsteiles einschließlich eines kleinen Zuschlages für das Tragwerk,

h^* die freie Fallhöhe (Abstand zwischen Kastenunterkante und Belagoberkante),

f die Durchbiegung des getroffenen Belagsteiles unter dem auffallenden Wagenkasten und

$\eta = 1 - \frac{G_2}{G_1 + G_2}$ den Wirkungsgrad des Stoßes, der aus dem Gesetz für den unelastischen zentrischen Stoß

$$\frac{G_1}{g} v_1 = \frac{G_1 + G_2}{g} v_2$$

und der Differenz der kinetischen Energien vor und nach dem Stoß folgt,

so gilt für die auf die Schutzbrücke übertragene Fallarbeit

$$A = G_1 (h^* \eta + f). \tag{222}$$

1. Denken wir uns die Durchbiegung f als eine *elastische* und durch eine ruhende Last $P = n\,G_1$ erzeugt, wobei $n > 1$, so ergibt sich, wenn der Wagen in der Mitte der Stützweite des Belages auftrifft,

$$f = \frac{P\,l^3}{48\,E J}, \tag{223}$$

und für die vom getroffenen Belagsteil zu leistende Formänderungsarbeit entsteht

[1] Timoshenko, S.: Schwingungsprobleme der Technik. Berlin: Springer-Verlag. 1932.

$$A = \frac{1}{2} P f. \tag{224}$$

Aus der Gleichheit der beiden Arbeiten folgt

$$h^* \eta + f = \frac{1}{2} n f. \tag{225}$$

Setzt man in (225) den Ausdruck für f ein, so kann daraus leicht der dynamische Faktor n und damit der für die Beanspruchung maßgebende *statische Belastungsgleichwert* $P = n\, G_1$ gefunden werden.

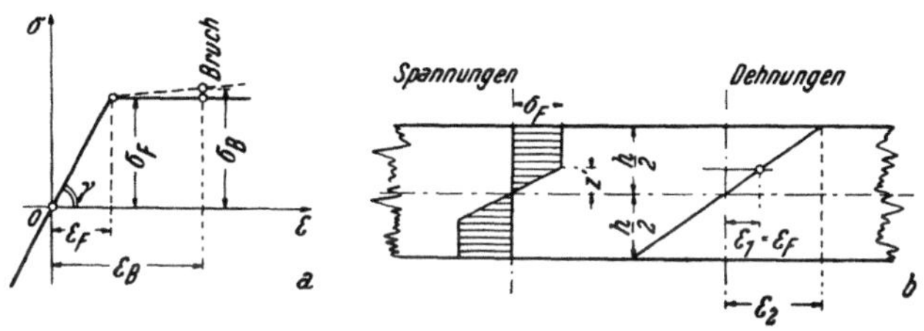

Abb. 248. Spannungen und Dehnungen sowie Spannungs-Dehnungsdiagramm des Belages einer Schutzbrücke bei bleibender Verformung desselben

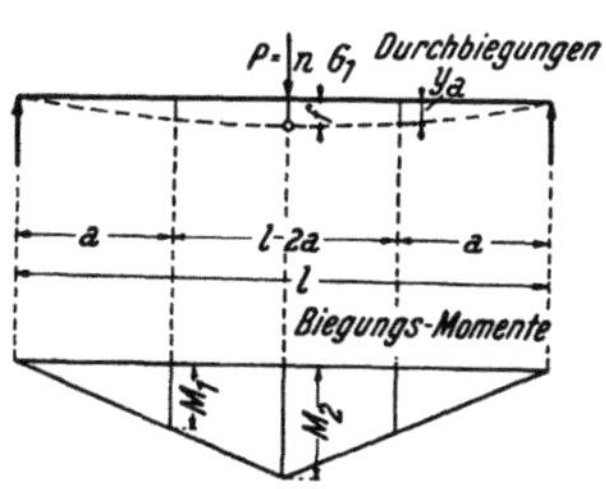

Abb. 249 a. Momente und Durchbiegungen eines Schutzbrückenbelages bei bleibender Verformung desselben

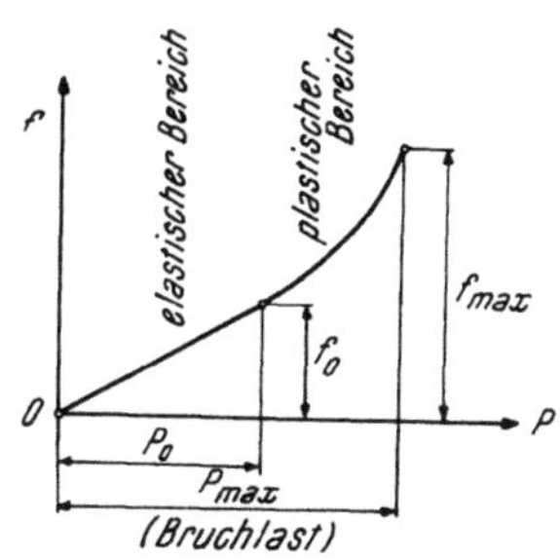

Abb. 249 b. Zusammenhang zwischen der Belastung $P = n\, G_1$ und der Durchbiegung f

2. Ist die Durchbiegung f teilweise eine *bleibende* (was meistens zutrifft), so läßt sie sich in nachstehender Art ermitteln, wenn der Belag als ideal plastisch (Abb. 248a) angenommen werden darf. Hiebei gilt $E = \frac{\sigma_F}{\varepsilon_F}$.

Für feuchtes Föhrenholz ergab sich nach Versuchen von STEPHAN[1] $\sigma_F = 390\,\text{kg/cm}^2$, $\sigma_B = 405\,\text{kg/cm}^2$, $\varepsilon_F = 0{,}006$, $\varepsilon_B = 0{,}023$, $E = 63\,000\,\text{kg/cm}^2$. Der Umstand, daß $\sigma_F \doteq \sigma_B$ und $\varepsilon_F \ll \varepsilon_B$, rechtfertigt mithin unter gewissen Umständen tatsächlich die obige Annahme.

Die Biegung des Belages unter der Wirkung der Last $P = n\, G_1$ erfolgt dann, wie aus Abb. 249a hervorgeht, in den Abschnitten a elastisch und im Teil $l - 2\,a$ plastisch. Demgemäß gelten folgende Beziehungen.

[1] STEPHAN, P.: Die Drahtseilbahnen. 4. Aufl. Berlin: Springer-Verlag. 1926.

Elastischer Bereich: $0 \leq x \leq a$.

Biegungsmoment $$M = \frac{P x}{2} = \sigma \frac{2 J}{h},$$

Differentialgleichung der Biegelinie $y_1'' = -\frac{2 \sigma}{E h}$

oder mit Berücksichtigung der Momentenbeziehung

$$E J y_1'' = -\frac{P x}{2},$$

woraus $$E J y_1 = -\frac{P x^3}{12} + C_1 x + C_2. \tag{226}$$

Plastischer Bereich: $a \leq x \leq \frac{l}{2}$.

Biegungsmoment[1] $$M = \frac{P x}{2} = \sigma_F \frac{b (3 h^2 - 4 z'^2)}{12},$$

Differentialgleichung der Biegelinie $y_2'' = -\frac{\sigma_F}{E z'}$.

Führt man darin aus der Momentenbeziehung für den Abstand z' (Abb. 248b) den Ausdruck

$$z' = \frac{1}{2} \sqrt{3 h^2 - \frac{6 P x}{b \sigma_F}} \tag{227}$$

ein, so entsteht

$$y_2'' = -\frac{2 \sigma_F}{E \sqrt{3 h^2 - \frac{6 P x}{b \sigma_F}}}$$

und schließlich

$$y_2 = -\frac{2 b^2 \sigma_F^3}{27 E P^2} \sqrt{\left(3 h^2 - \frac{6 P x}{b \sigma_F}\right)^3} + C_3 x + C_4. \tag{228}$$

Die Grenze a zwischen elastischem und plastischem Bereich bestimmt sich aus der Gleichung

$$M_1 = \frac{P a}{2} = \sigma_F \frac{2 J}{h} \text{ zu } a = \frac{4 \sigma_F J}{P h} \tag{229}$$

und die Konstanten C_1 bis C_4 aus den Bedingungen

$x = 0$	$y_1 = 0$	$x = a$	$y_1' = y_2'$
$x = a$	$y_1 = y_2$	$x = \frac{l}{2}$	$y_2' = 0.$

Hernach liefert (228) für $x = \frac{l}{2}$ die gesuchte Durchbiegung

$$f = \frac{P a^3}{6 E J} + \frac{2 b^2 \sigma_F^3}{27 E P^2} \left[\sqrt{\left(3 h^2 - \frac{6 P a}{b \sigma_F}\right)^3} - \sqrt{\left(3 h^2 - \frac{3 P l}{4 b \sigma_F}\right)^3} \right] + \\ + \frac{2 b \sigma_F^2}{3 E P} \left[a \sqrt{3 h^2 - \frac{6 P a}{b \sigma_F}} - \frac{l}{2} \sqrt{3 h^2 - \frac{3 P l}{4 b \sigma_F}} \right]. \tag{228a}$$

[1] Nur für Rechteckquerschnitte $b \cdot h$ gültig.

Um in diesem Fall zur Formänderungsarbeit des getroffenen Belagsteiles zu gelangen, geht man näherungsweise am einfachsten wie folgt vor. Man weiß aus der üblichen Art der Berechnung der Biegespannungen, daß bei einer Last

$$P_0 = \frac{8\,J\,\sigma_F}{l\,h}$$

gerade die plastischen Formänderungen beginnen. Die zugehörige Durchbiegung ist auf Grund von (223)

$$f_0 = \frac{P_0\,l^3}{48\,E\,J}\,.$$

Berechnet man nun für verschiedene entsprechend groß gewählte Werte $P_1 > P_0$ und $P_2 > P_1$ mit Hilfe von (228a) und (229) die diesen Werten entsprechenden Durchbiegungen f_1 und f_2, so kann man für den plastischen Bereich auf Grund der Wertepaare $(P_i,\ f_i)$, $i = 0,\ 1,\ 2$ eine Kurve (Abb. 249b) zeichnen und diese durch eine einfache Näherungsbeziehung von der Form

$$f = u + v\,P + w\,P^2$$

ersetzen. Mit Benutzung derselben ergibt sich jetzt die Formänderungsarbeit zu

$$A = \int_0^{f_0} P\,df + \int_{f_0}^{f} P\,df = \frac{P_0^2\,l^3}{96\,E\,J} + \frac{v}{2}\,(P^2 - P_0^2) + \frac{2\,w}{3}\,(P^3 - P_0^3). \qquad (230)$$

Aus der Gleichheit der durch (222) und (230) ausgedrückten Arbeiten folgt auch hier der statische Belastungsgleichwert $P = n\,G_1$.

b) Spannungsnachweis für den Belag

Falls der Absturz eines Wagens in Betracht zu ziehen ist, lassen sich die Spannungen im *Belag* leicht in der bekannten Art angeben, wenn zufolge des dabei geltenden statischen Belastungsgleichwertes der elastische Spannungsbereich noch nicht überschritten wird. Treten bleibende Formänderungen auf, so gilt für den Abstand z' von der Nullinie, in dem σ_F erreicht wird, Gl. (227), worin zur Bestimmung der Verhältnisse am Lastort $x = \frac{l}{2}$ zu setzen ist. Zufolge Abb. 248b ist am Lastort beim Bruch des Belages $z'_{\min} = \frac{\varepsilon_F\,h}{2\,\varepsilon_B}$ und das Bruchbiegemoment $M_{2\,\max}$ bzw. die Bruchlast $P_{\max}$ bestimmt durch

$$M_{2\,\max} = \sigma_F\,\frac{b\,(3\,h^2 - 4\,z'^2_{\min})}{12} = \frac{P_{\max}\,l}{4}\,. \qquad (231)$$

Für einen Querbelag wie in Abb. 245 und 246 werden in der Mitte der Stützweite des Belages angenommene Aufschlagstellen meistens zutreffend sein. Es bestehen dann über die ganze Brückenlänge die gleichen Stoßverhältnisse und bei konstanter Fallhöhe für die ganze Brücke auch ein ebensolcher Belastungsgleichwert.

Bei einem Querbelag der angegebenen Art erhalten die *Querträger* durch die lotrechten Lasten der Brücke unter Umständen keine Beanspruchungen.

c) Berechnung der Hauptträger

Die Berechnung der Hauptträger wird am zweckmäßigsten graphisch durchgeführt. Zur Ermittlung der ungünstigsten Beanspruchungen in den einzelnen Konstruktionsteilen sind folgende Kräftepläne zu zeichnen:

1. Für *Eigengewicht* und *Schneelast* auf der ganzen Brücke.

2. Wenn der Absturz eines Seilbahnwagens nicht berücksichtigt werden muß, für die *zufällige* gleichmäßig verteilte Last über die ganze und über die halbe Stützweite der Brücke, oder

3. wenn der *Absturz eines Seilbahnwagens* in Rechnung zu stellen ist, für Auftreffen desselben in Brückenmitte, in den Viertelpunkten der Stützweite und an den Brückenenden.

4. Für die *Windwirkung* auf die Brücke.

Steht die Brücke mit einer *Seilbahnstütze* in Verbindung, so kommen dazu noch jene Kräfteermittlungen, die sich aus der *Seilbelastung* ergeben und in gleicher Art wie bei Berechnung gewöhnlicher Seilbahnstützen (§ 42) durchzuführen sind.

Durch *Zusammenfassung* der aus den einzelnen Belastungen sich für jedes Konstruktionsglied ergebenden Teilkräfte werden in bekannter Weise dessen ungünstigste Beanspruchungen gefunden.

Wenn der Absturz eines Wagens in Betracht zu ziehen ist, genügt in den einzelnen Teilen der Schutzbrücke eine *Sicherheit* von 2,0 bis 2,5. Ohne Berücksichtigung des Absturzes eines Seilbahnwagens müssen die nach den Baunormen bzw. bei Überquerung von öffentlichen Verkehrswegen die im Brückenbau zulässigen Spannungswerte eingehalten werden.

§ 81. Schutznetze

a) Anwendungsbereich

Schutznetze werden verwendet, wenn:

1. der *lotrechte Abstand* zwischen der zu schützenden Stelle und der Seilbahn *groß* ist und Schutz gegen einen abstürzenden Seilbahnwagen verlangt wird,

2. der zu *schützende Bereich ausgedehnt* ist und Zwischenunterstützungen vermieden werden sollen, wie dies insbesondere bei schrägen Kreuzungen einer Seilbahn mit anderen Verkehrswegen zutrifft. Hiebei darf aber der lotrechte Abstand zwischen der zu schützenden Stelle und der Seilbahn nicht zu gering sein.

b) Bauart der Schutznetze

Die Schutznetze (Abb. 250) werden gewöhnlich von 3 oder 4 Spiralseilen getragen. An den Enden des zu schützenden Bereiches ruhen die Seile auf kräftigen, mit Kragarmen versehenen Seilbahnstützen oder auf besonderen, pendelnden Schutznetzstützen und werden dahinter in Betonfundamenten verankert. Ist der Absturz eines Seilbahnwagens zu berücksichtigen, so wird häufig statt einer der beiden Verankerungen eine *Gewichtsspannvorrichtung* vorgesehen. Diese hat den Vorteil, daß durch Temperaturwirkungen, Wind- oder Schneebelastung des Netzes

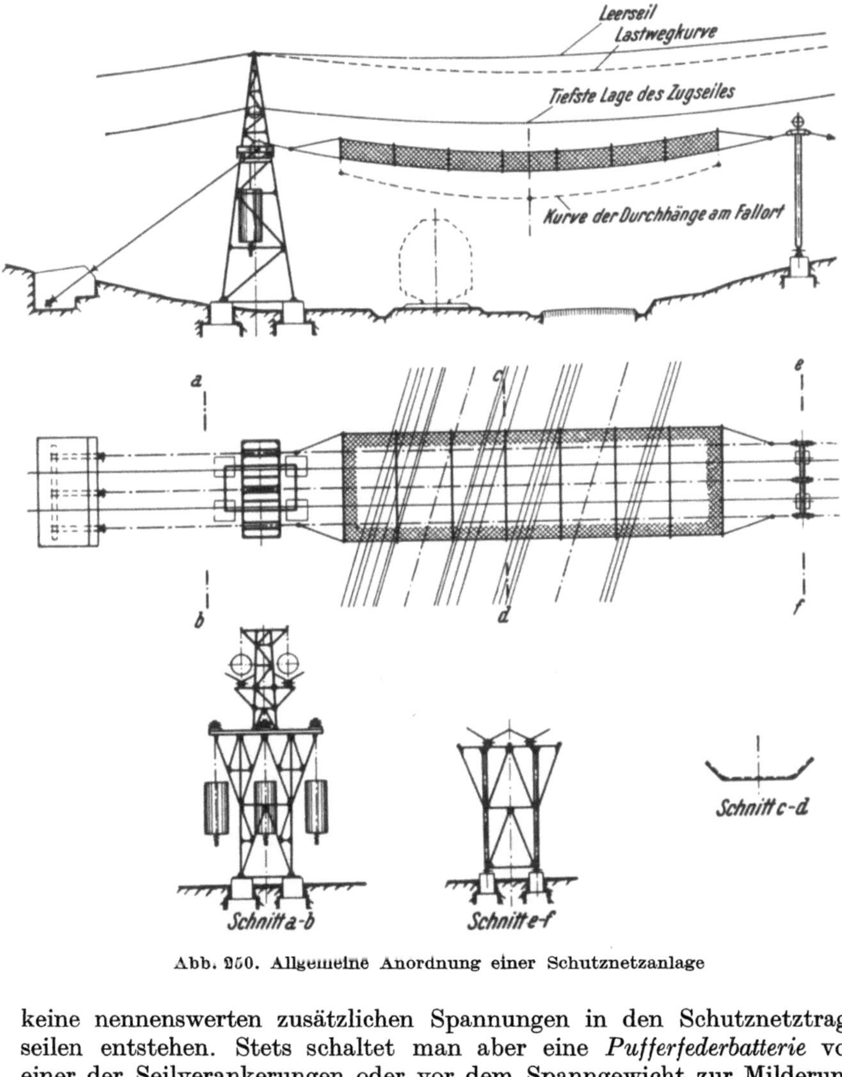

Abb. 250. Allgemeine Anordnung einer Schutznetzanlage

keine nennenswerten zusätzlichen Spannungen in den Schutznetztragseilen entstehen. Stets schaltet man aber eine *Pufferfederbatterie* vor einer der Seilverankerungen oder vor dem Spanngewicht zur Milderung der Spannungserhöhungen beim Auftreffen einer Last ein. Ungefähr alle 3,0 bis 4,0 m verbindet man die Schutznetztragseile durch steife Querstege aus L- oder T-Eisen unter Zuhilfenahme von Bügelschrauben

(Abb. 251). Auf dem so erhaltenen Gerippe wird zunächst ein *grobmaschiges Netz* von etwa 3 cm Maschenweite und wenigstens 3 mm Drahtstärke und darüber ein *feinmaschiges Netz* von 1 cm Maschenweite und 1 mm Drahtstärke verlegt und mit kräftigem Bindedraht an den Tragseilen und Querstegen befestigt. Um ein seitliches Abrollen von auf das Netz gefallenen Lasten zu verhüten, biegt man die Querstege an ihren

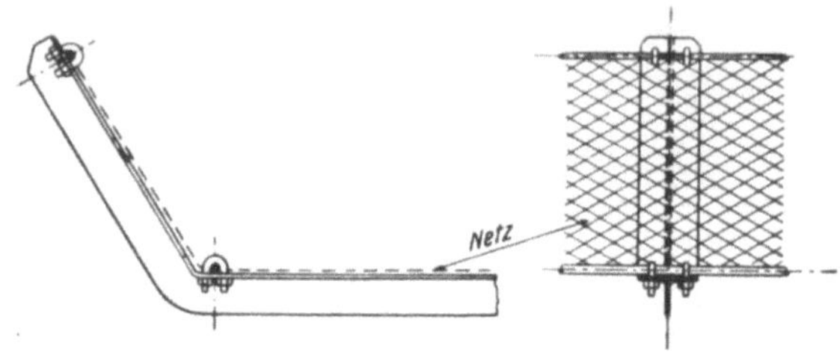

Abb. 251. Verbindung der Schutznetztragseile mit den Querstegen

Enden unter einem Winkel von 60° auf eine schräge Länge von 1,0 m nach oben, verbindet die aufgebogenen Enden durch ein schwaches Geländerseil und netzt diesen Bereich wenigstens grobmaschig ein. Wegen möglicher Durchhangsschwankungen der Seilbahntragseile und

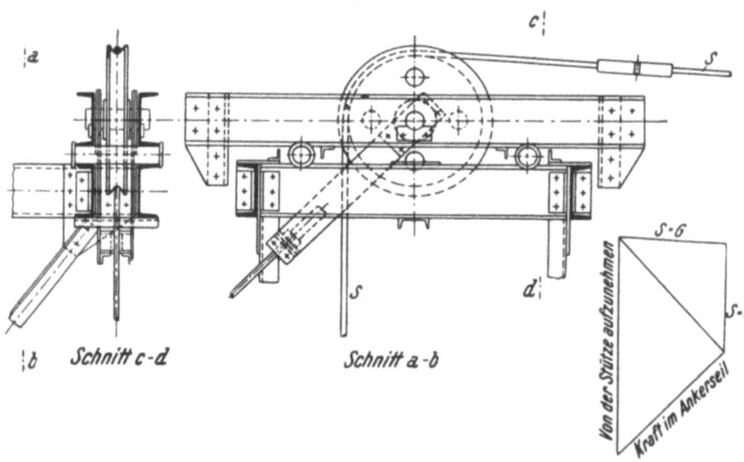

Abb. 252. Verlagerung der Ablenkscheiben für die Gewichtsspannvorrichtungen von Schutznetztragseilen

der Schutznetztragseile wählt man den kleinsten Abstand des Schutznetzes unter der Unterkante der Seilbahnwagen (Kippkreis) je nach der Größe der Spannweiten mit 1,0 bis 2,0 m. Die Netzbreite ist nach den in § 78 angegebenen Grundsätzen zu bestimmen. Der *Durchhang* des Schutznetzes in unbelastetem Zustand wird gewöhnlich mit 5 bis 6% der Spannweite gewählt.

c) Schutznetzstützen

Die Schutznetzstützen werden wegen der erforderlichen besonderen Formgebung (Abb. 250) und der hohen Beanspruchung fast stets in Stahlkonstruktion hergestellt. Wenn sie *Pfeilerform* haben, kann durch eine außermittige Belastung des Netzes beim Absturz eines Wagens eine sehr ungünstige Verdrehungsbeanspruchung der Stützenkonstruktion entstehen. Um diese Verdrehungsbeanspruchung zu vermeiden, kann man die Seilschuhe der Schutznetztragseile durch Einschaltung von Walzen auf der Stützenkonstruktion längsbeweglich machen. Man muß aber dann die Seile auf den Schuhen festklemmen. Trägt die Stütze statt Schuhen die Ablenkscheiben für die Gewichtsspannvorrichtungen der Schutznetztragseile, so kann man die Scheiben in Rahmen lagern, die auf Walzen längsbeweglich sind. An den Rahmen angreifende Anker-

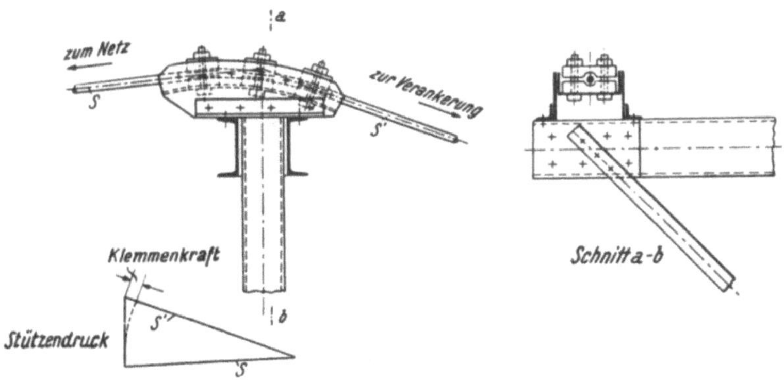

Abb. 253. Seilschuh mit Klemmen für eine Schutznetzpendelstütze

seile haben dabei unzulässige Bewegungen derselben zu verhindern (Abb. 252). Auf diese Art gelangen vom Schutznetz in die Stützen immer nur lotrechte Kräfte.

Werden die Schutznetzstützen als *Pendelstützen* ausgeführt, so sind die Schutznetztragseile in den Seilschuhen dieser Stützen ebenfalls festzuklemmen, wie Abb. 253 im Detail zeigt. Die kleinen Verwindungen, welche in Pendelstützen auftreten, wenn sich bei einer außermittigen Belastung des Schutznetzes die Schutznetztragseile zwischen einer solchen Stütze und den Seilverankerungen ungleich dehnen, dürfen unberücksichtigt bleiben. Verankerungen der Schutznetztragseile unter Zwischenschaltung von Federn darf man an Netzenden, wo Pendelstützen stehen, jedoch nicht ausführen, weil sonst die erwähnten Verwindungen zu große Werte annehmen könnten.

Die Durchmesser der Ablenkscheiben und Halbmesser der Seilschuhe brauchen für Schutznetztragseile bloß mit $^2/_3$ der Werte für die Seilbahntragseile angenommen zu werden, weil die Schutznetztragseile darin fast stets in unveränderlicher Lage verharren.

d) Federverankerung

Das Detail einer Federverankerung ist in Abb. 254 dargestellt. Zur Erreichung der notwendigen Spannkraft *und* eines entsprechend großen Dehnungsweges werden gewöhnlich mehrere Kegelfedern (Waggonpufferfedern) nebeneinander und hintereinander unter Benutzung von Federtellern in einer Batterie vereinigt.

e) Baustoffbedarf

Angaben über die Gewichte von Schutznetzen und Schutznetzstützen sind allgemein nicht möglich, da diese Gewichte mehr mit den Anlageverhältnissen (Spannweiten, Netzbreiten, Fallhöhen) als bei Schutzbrücken schwanken.

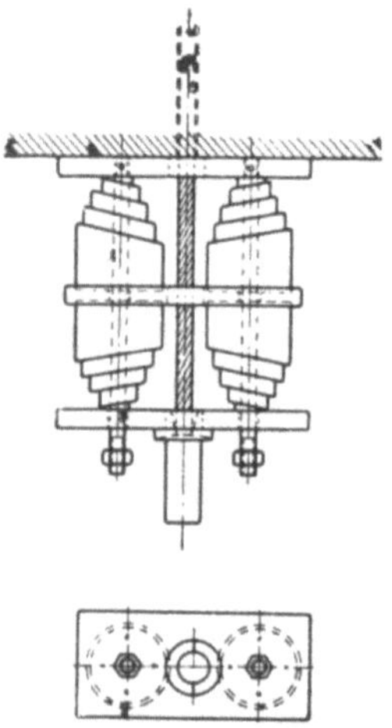

Abb. 254. Detail einer federnden Verankerung für Schutznetztragseile

§ 82. Berechnung der Schutznetze

a) Belastungen

Die Belastungen bestehen auch hier aus *Eigengewicht*, *Schneelast*, *Winddruck*, einer *zufälligen Belastung* des Netzes, eventuell zu berücksichtigenden *Temperaturwirkungen* und schließlich aus den von der *Seilbahn* auf die Schutznetzstützen ausgeübten Kräften, wenn diese Stützen gleichzeitig Seilbahnstützen sind. Auf folgende Besonderheiten, die sich aus der Eigenart der Schutznetze ergeben, sei jedoch hingewiesen.

Die *Schneelast* darf im Hinblick darauf, daß ein Teil des Schnees durch die Maschen des Netzes fällt, bloß mit $^1/_2$ des Wertes für volle waagrechte Flächen angenommen werden. Desgleichen braucht man beim *Winddruck* (der auch hier stets waagrecht anzunehmen ist) die Wirkung auf die aufgebogenen Teile des Netzes nur mit etwa $^2/_3$ des Wertes für eine volle Fläche in Rechnung zu stellen. Schließlich reichen als *zufällige Belastung*, wenn der Absturz eines Seilbahnwagens *nicht* in Betracht zu ziehen ist, 50 kg/m^2 der eingenetzten Bodenfläche im Hinblick darauf aus, daß sich feine Ladungsteile am Netz nicht ansammeln und die Stoßwirkungen auf ein Netz geringer sind als auf den Belag einer Schutzbrücke.

Wird die Berücksichtigung der *Stoßwirkung eines abstürzenden Seilbahnwagens* gefordert, so gelten dafür ganz ähnliche Überlegungen wie bei Schutzbrücken. Als fallender *Körper* G_1 ist mithin der Wagenkasten samt Ladung anzunehmen. Beim Auftreffen desselben ändert das ganze Netz seine Form (Abb. 255). Wir setzen dabei zunächst voraus, daß die Verformung jedes der beiden Netzabschnitte a und $l-a$, für *sich allein* betrachtet, vernachlässigt werden kann und in der Querrichtung zugeordnete Teile des Netzes die gleiche Durchhangsänderung erleiden. Es folgt dann näherungsweise für das Gewicht des *getroffenen Körpers*

$$G_2 \doteq \frac{q^* a}{2} + \frac{q^* (l-a)}{2} = \frac{q^* l}{2}, \tag{232}$$

worin q^* das Gewicht der *gesamten* Schutznetzkonstruktion je Längeneinheit bedeutet. Da die Querstege im Vergleich zu den Schutznetztragseilen als starr gelten können, ergibt sich für in der Querrichtung zugeordnete Teile des Schutznetzes die gleiche Durchhangsänderung nur dann, wenn das Auftreffen des Wagens in der Längssymmetrieachse des Netzes erfolgt. Geschieht das Auftreffen im Abstand z von der Längssymmetrieachse (Abb. 256), so nehmen in der Querrichtung zugeordnete Teile des Schutznetzes nicht in gleichem Maß an der Verformung teil. In diesem Fall gilt näherungsweise für die maßgebende, auf die Stoßrichtung reduzierte Masse des getroffenen Körpers

$$\frac{G_2^*}{g} = \frac{G_2}{g} \cdot \frac{i^2}{i^2 + z^2}, \tag{232a}$$

worin i dessen Trägheitsradius bedeutet. Der Wirkungsgrad des Stoßes ist

$$\eta = 1 - \frac{G_2^*}{G_1 + G_2^*}.$$

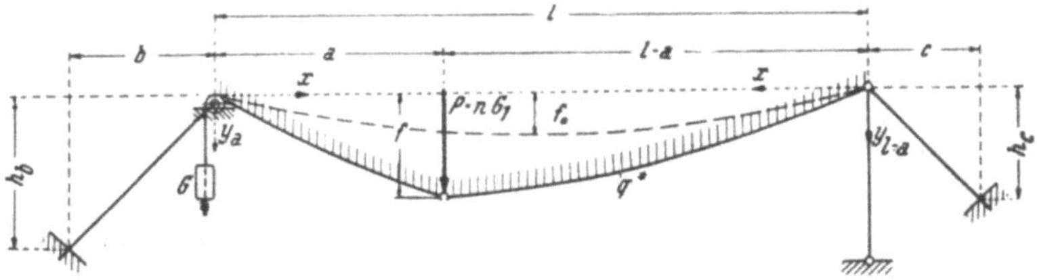

Abb. 255. Durchhangsverhältnisse eines Schutznetzes beim Absturz eines Seilbahnwagens

Zur Ermittlung des *statischen Belastungsgleichwertes* $P = n\, G_1$ dient auch hier die in § 80 für Schutzbrücken angeschriebene Beziehung (222), doch kann P nicht mehr unabhängig von der Berechnung der ganzen Schutznetzkonstruktion gefunden werden.

Sind die Schutznetztragseile nicht durch Gewichte gespannt, so tritt noch eine weitere Beanspruchung durch *Temperaturwirkungen* auf.

b) Berechnung der Schutznetzkonstruktion

1. Zur Vereinfachung der **Berechnung der Schutznetztragseile** nimmt man stets an, daß die Verbindung derselben durch starre Querstege nicht in einzelnen Punkten, sondern stetig erfolge.

An einem *beliebigen Quersteg* (Abb. 256) wirken dann, wenn ihm die Schutznetzlänge 1 zugeordnet ist, von oben q^* und von unten die Reaktionen der Schutznetztragseile $H_i\, y_i''$, $i = 1, 2, 3$, worin H_i die Horizontalkomponenten der Tragseilspannkräfte und y_i die Durchhangsordinaten der Tragseillinien an der betrachteten Stelle bedeuten. Die Gleichgewichtsbedingungen für den Quersteg liefern, wenn die Koordinatensysteme nach Abb. 255 gewählt werden,

$$H_1\, y_1'' + H_2\, y_2'' + H_3\, y_3'' = -q^* \text{ und } H_1\, y_1'' = H_3\, y_3''.$$

Außerdem besteht die Beziehung $y_2 = \dfrac{y_1 + y_3}{2}$.

Aus diesen drei Gleichungen lassen sich durch Substitution die folgenden Differentialgleichungen der Seilkurven der Schutznetztragseile gewinnen.

$$\left.\begin{aligned} \left[2\, H_1 + \frac{H_2\,(H_1 + H_3)}{2\, H_3}\right] y_1'' &= -q^* \\ \left[H_2 + \frac{4\, H_1\, H_3}{H_1 + H_3}\right] y_2'' &= -q^* \\ \left[2\, H_3 + \frac{H_2\,(H_1 + H_3)}{2\, H_1}\right] y_3'' &= -q^* \end{aligned}\right\}. \tag{233}$$

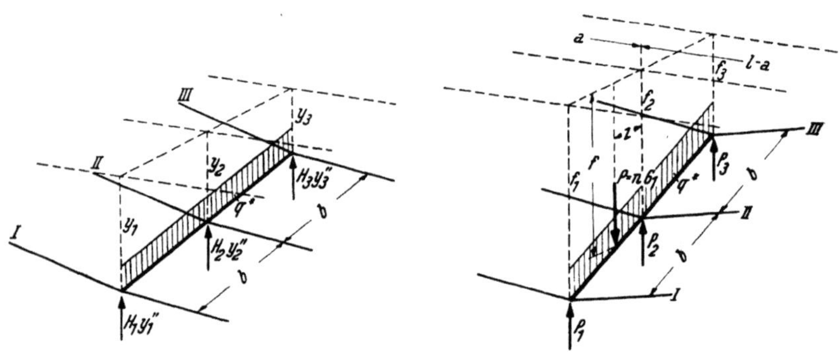

Abb. 256. Kräftewirkungen an einem beliebigen Quersteg eines Schutznetzes und am Quersteg des Lastortes

Durch Vergleich jeder dieser Beziehungen mit der allgemeinen Differentialgleichung einer Seilkurve $H_i\, y_i'' = -q_i$, $i = 1, 2, 3$, findet man die Belastung der einzelnen Schutznetztragseile je Längeneinheit zu

$$\left.\begin{aligned} q_1 &= \frac{2\, H_1\, H_3}{4\, H_1\, H_3 + H_2\,(H_1 + H_3)}\, q^* \\ q_2 &= \frac{H_2\,(H_1 + H_3)}{4\, H_1\, H_3 + H_2\,(H_1 + H_3)}\, q^* \\ q_3 &= \frac{2\, H_1\, H_3}{4\, H_1\, H_3 + H_2\,(H_1 + H_3)}\, q^* \end{aligned}\right\}. \tag{234}$$

Man überzeugt sich leicht, daß diese Gleichungen die Bedingung $\Sigma q_i = q^*$ erfüllen. Bei Integration der Differentialgleichungen (233) für die Schutznetztragseile bestimmen sich die Integrationskonstanten für die Kurvenäste a aus den Bedingungen $x = 0$, $y_i = 0$; $x = a$, $y_i = f_i$ und für die Kurvenäste $l - a$ aus $x = 0$, $y_i = 0$; $x = l - a$, $y_i = f_i$.

Am *Quersteg des Lastortes* (Abb. 256) wirken von oben P und von unten als Reaktionen der Schutznetztragseile

$$P_i = H_i\, y_i'\Big|_{x=a} + H_i\, y_i'\Big|_{x=l-a}, \quad i = 1, 2, 3.$$

Wir setzen darin für die $y_i'{}_{x=a}$ und $y_i'{}_{x=l-a}$ die entsprechenden Werte ein, welche aus den durch Integration von (233) gewonnenen Gleichungen der Seilkurven bestimmbar sind und erhalten so

$$f_i = \frac{\left(\frac{2\,P_i}{l} + q_i\right) a\,(l-a)}{2\,H_i}\,,\quad i = 1,\ 2,\ 3. \tag{235}$$

Die Gleichgewichtsbedingungen für den Quersteg am Lastort lauten

$$P_1 + P_2 + P_3 = P \quad \text{und} \quad P\,(z+b) = P_1 \cdot 2\,b + P_2\,b.$$

Außerdem besteht die Beziehung

$$f_2 = \frac{f_1 + f_3}{2}\,.$$

Aus diesen drei Gleichungen und (235) entsteht schließlich durch schrittweise Elimination

$$\left.\begin{aligned} P_1 &= \frac{P\left(2\,\frac{z+b}{b\,H_2} + \frac{z}{b\,H_3}\right) + \frac{q_2\,l}{H_2} - \frac{q_1\,l}{2\,H_1} - \frac{q_3\,l}{2\,H_3}}{\frac{4}{H_2} + \frac{1}{H_1} + \frac{1}{H_3}} \\ P_2 &= P\,\frac{z+b}{b} - 2\,P_1 \\ P_3 &= -P\,\frac{z}{b} + P_1 \end{aligned}\right\}. \tag{236}$$

Im Zusammenhang damit sei bemerkt, daß für $H_1 = H_2 = H_3 = H$ die Gl. (234) $q_1 = q_2 = q_3 = \frac{q^*}{3}$ und wenn überdies $z = 0$ die Gl. (236) $P_1 = P_2 = P_3 = \frac{P}{3}$ liefern.

2. Beim **Absturz eines Seilbahnwagens** auf das in Abb. 255 dargestellte Schutznetz weichen während des Stoßvorganges die Seilspannkräfte S_i von der Größe G der Spanngewichte erheblich ab. Die Spanngewichte können zufolge ihres Beharrungsvermögens dem raschen Ablauf des Stoßvorganges kaum folgen, werden also nur wenig gehoben. Für den Stoß sind mithin die Schutznetztragseile als beiderseits fest verankert zu betrachten. Bei den größten durch den Stoß hervorgerufenen Durchhängen ergeben sich dann die Seilspannkräfte aus der Bedingung, daß die diesem Zustand entsprechenden Seillängen gleich sein müssen den Seillängen vor dem Stoß, vermehrt um die elastische Dehnung der Seile und um das Maß der Zusammendrückung der Pufferfedern beim Spanngewicht. Wir wollen dabei die Längenänderungen der kurzen Ankerseilstücke b und c vernachlässigen und überdies $S_i \doteq H_i$ sowie $G \doteq H_0$ setzen. Die Länge der Seile vor dem Stoß beträgt

$$L_0 \doteq l + \frac{8}{3}\,\frac{f_0^2}{l}\,,\quad \text{worin} \quad f_0 = \frac{\frac{q^*}{3}\,l^2}{8\,H_0} = \frac{q^*\,l^2}{24\,G}\,;$$

die Seillängen beim größten Durchhang zufolge des Stoßes betragen

$$L_i \doteq l + \frac{8}{3} \cdot \frac{\varphi_i^{I2}}{a} + \frac{8}{3} \cdot \frac{\varphi_i^{II2}}{l-a} + \frac{f_i^2}{2a} + \frac{f_i^2}{2(l-a)}, \quad i = 1, 2, 3,$$

worin

$$\varphi_i^I = \frac{q_i a^2}{8 H_i}, \quad \varphi_i^{II} = \frac{q_i (l-a)^2}{8 H_i}$$

und die f_i nach den Gl. (235) einzusetzen sind. Der Zusammenhang zwischen den Seillängen lautet

$$L_0 \doteq L_i - \frac{(H_i - G)\, l}{E_s F_s} - k\,(H_i - G), \quad i = 1, 2, 3. \tag{237}$$

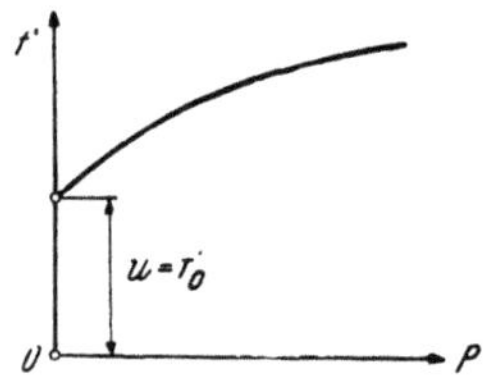

Abb. 257. Zusammenhang zwischen der Belastung $P = n\,G_1$ und dem Durchhang f

Darin bedeutet:

E_s den Elastizitätsmodul der Schutznetztragseile

F_s den metallischen Querschnitt jedes Seiles und

k die Federungskonstante der Pufferfederbatterie bei den Spanngewichten, wobei auf die Schaltung der Federn in derselben zu achten ist.

In den Gl. (237) sind die H_i und P die Unbekannten, wenn die darin vorkommenden q_i und P_i durch (234) und (236) ausgedrückt werden. Um zur Formänderungsarbeit zu gelangen, löst man jetzt das so umgestaltete Gleichungssystem (237) für zwei verschiedene, entsprechend groß gewählte P, die wir mit P^* und P^{**} bezeichnen wollen, nach den H_i durch Probieren auf. Wir erhalten auf diese Art die H_i^* und H_i^{**} und damit in weiterer Folge die f_i^* und f_i^{**}. Berücksichtigt man nun noch, daß gemäß Abb. 256 der Zusammenhang

$$f = f_1 + (f_3 - f_1)\,\frac{b - z}{2b} \tag{238}$$

besteht, dann können wir auch f^* und f^{**} leicht finden. Dies ermöglicht, die Beziehung zwischen f und P zeichnerisch darzustellen (Abb. 257). Ersetzt man die so erhaltene Kurve durch die Näherungsbeziehung $f = u + v\,P + w\,P^2$, dann ergibt sich die vom Schutznetz zu leistende Formänderungsarbeit

$$A = \int_0^P P\, df = \frac{v}{2}\, P^2 + \frac{2w}{3}\, P^3. \tag{239}$$

Aus der Gleichheit der Ausdrücke (222) und (239) folgt schließlich hier ebenfalls der statische Belastungsgleichwert $P = n\,G_1$. Die Untersuchung sollte für den Absturz auf die Mitte und die Enden des eingenetzten Bereiches beim Auftreffen des Wagens in der Nähe eines Randtragseiles geführt werden. Zur Vereinfachung der Berechnung wird jedoch meistens ein Auftreffen des Wagens in der Längsachse des Netzes $(z = 0)$ angenommen, wobei dann alle Schutznetztragseile die gleiche Beanspruchung erhalten. Bei der größten auftretenden Seilspannkraft

$S_{i\,\max} \doteq H_{i\,\max}$ soll noch eine 2,0- bis 2,5fache Sicherheit auf Zug vorhanden sein. Der Umstand, daß bei Gewichtsspannung der Schutznetztragseile in diesen keine nennenswerten zusätzlichen Spannungen durch Temperaturwirkungen, Wind- und Schneebelastung entstehen, kann bei notwendiger Berücksichtigung des Absturzes eines Wagens beachtliche Vorteile bringen. Braucht der Absturz eines Seilbahnwagens nicht berücksichtigt zu werden, dann ist für die Schutznetztragseile eine 3,0fache Sicherheit auf Zug zu wählen.

3. Die **Einnetzung** selbst wird einer rechnerischen Untersuchung der Beanspruchung gewöhnlich nicht unterzogen. Nach unseren bisherigen Erkenntnissen wäre dies auch mit einigen Schwierigkeiten verbunden[1]. Dagegen bietet die Ermittlung der Biegungsmomente und der betreffenden Spannungen in den *Querstegen* auf Grund der gefundenen Lastverteilung auf die Schutznetztragseile keinerlei Schwierigkeiten.

4. Die statische Berechnung der Schutznetzstützen erscheint bei Lagerung der Schutznetztragseile nach der in § 81 angegebenen Art recht einfach, so daß darauf nicht näher eingegangen wird. Lagert man auf diesen Stützen auch die Seilbahntragseile, so gelten dafür die über die Beanspruchung von Seilbahnstützen gemachten Angaben. Für die zulässigen Spannungen in den Stützen sind die Baunormen maßgebend bzw. bei Kreuzungen mit öffentlichen Verkehrswegen die Bestimmungen für Brücken.

§ 83. Kreuzungen mit elektrischen Fernleitungen

a) Hochspannungsfreileitungen

Kreuzt eine *Güterseilbahn* eine Hochspannungsleitung, so soll letztere *überführt* werden. Der freie Raum oberhalb des zur Seilbahn gehörigen obersten Seiles muß bei dessen höchster betriebsmäßiger Lage dann mindestens 3 m zuzüglich 0,05 der Entfernung der Kreuzungsstelle von der nächsten Seilbahnstütze betragen. Für die Hochspannungsleitung ist dabei die tiefstmögliche Lage des untersten Leiters maßgebend. An der Kreuzungsstelle ist überdies oberhalb der höchsten betriebsmäßigen Lage des obersten Seilbahnseiles, und zwar in einem freien lotrechten Abstand von 1,50 m zuzüglich 0,05 der Entfernung der Kreuzungsstelle von der nächsten Seilbahnstütze, ein einfaches *Schutzgerüst* oder *Schutznetz* zu errichten, das gegenseitige Berührungen zu verhindern hat. Schließlich müssen alle leitenden Teile der Seilbahn *verläßlich geerdet* sein.

Unterführungen sollen vermieden werden. Sind sie nicht zu umgehen, dann muß zwischen der betriebsmäßig tiefsten Lage der Seilbahn und der höchstmöglichen Lage des obersten Leiters ebenfalls ein freier Raum von 3 m zuzüglich 0,05 der Entfernung der Kreuzungsstelle von der nächsten Seilbahnstütze vorhanden sein. Ein einfaches Schutzgerüst oder Schutznetz zwischen Seilbahn und Hochspannungsleitung ist auch in diesem Falle notwendig. Das gleiche wie zuvor gilt auch für die Erdung aller leitenden Seilbahnteile.

---

[1] Anhaltspunkte für eine Berechnung der Netze liefert das Buch von MARKUS, H.: Theorie elastischer Gewebe. Berlin: Springer-Verlag. 1924.

Für die *Isolation* und für die *Bruchsicherheit* der Hochspannungsfreileitungen gelten besondere Vorschriften.

Bei *Personenseilbahnen* gilt noch zusätzlich, daß bei Spannungen über 110 kV der lotrechte Mindestabstand zwischen Seilbahn und Hochspannungsleitung um 1 cm je kV zu vergrößern ist. Ferner darf der waagrechte Abstand zwischen Bauteilen von Leitungsmasten und Seilbahnseilen nicht kleiner als 12,0 m sein. Mitunter sind auch *Verkabelungen* zur Ausführung gelangt.

b) Mittel- und Niederspannungsfreileitungen

Diese Leitungen sind bei der Kreuzung mit einer Seilbahn zu verkabeln.

c) Fernmeldeleitungen

Kreuzungen haben im allgemeinen durch *Verkabelung* der Fernmeldeleitungen zu geschehen. Es ist jedoch auch möglich, die Fernmeldeleitung durch eine Seilbahnstütze hindurch oder auf einer Seilbahnstütze über die Seilbahn hinwegzuführen.

d) Entlangführungen

Bei Annäherungen oder Entlangführungen zwischen elektrischen Freileitungen und Seilbahnen müssen jene Teile der Leitung, die beim Umstürzen in Richtung der Seilbahn weniger als 1 m an diese heranreichen, mit erhöhter Sicherheit ausgeführt werden.

IX. Bauausführung, Betrieb, Kosten und behördliche Bestimmungen

§ 84. Bauausführung

a) Vorarbeiten

Über die Wahl und Absteckung der Linie und der Stationsplätze ist das Wichtigste in § 29 bis 31 mitgeteilt worden. Hat das daraufhin gewöhnlich von einer Seilbahnfirma verfaßte *Bauprojekt* die Zustimmung des Bauwerbers und die Genehmigung der zuständigen Behörde erhalten, so erfolgt seitens der Behörde die Bewilligung zur Ausführung (vgl. § 89).

Dabei ist zu beachten, daß nicht auf die ganze Länge der Bahn die Erwerbung eines Grundstreifens notwendig ist, sondern bloß der *Grund für die Stationen und Stützen* erworben werden muß, während für die übrigen von der Seilbahn gekreuzten Grundstücke ein *Servitut* ausreicht, welches das Betreten dieser Flächen beim Bau und später bei Streckenbegehungen und Reparaturen gestattet.

Die Erteilung des *Auftrages zur Herstellung der Bahnanlage* geschieht gewöhnlich nicht an einen Generalunternehmer, sondern erfolgt zur Lieferung und Montage der gesamten mechanischen und elektrischen Einrichtung sowie der Stahlkonstruktionen an eine *Seilbahnfirma* und zur Ausführung der Bau- und Nebenarbeiten an eine meistens *örtliche Bauunternehmung*. Die *Verfassung der Ausführungspläne* hat dabei entweder die Seilbahnfirma allein oder, wie vielfach bei Stahlbetonbauten, die Seilbahnfirma im Zusammenwirken mit der Bauunternehmung zu besorgen.

b) Bauarbeiten

Zu Beginn des Baues ist vorerst die Trasse, insbesondere in Waldgebieten, auf die *erforderliche Breite freizulegen.* Diese beträgt, wenn die Seillinien in geringerer Höhe über dem Gelände liegen, bei Güterseilbahnen mindestens 6,0 m, bei großen Personenseilbahnen mit ihrem bedeutenden Abstand der Tragseilstränge voneinander aber etwa 15,0 bis 20,0 m[1]. Liegen bei letzteren die Seillinien in größerer Höhe über den Bäumen, dann genügt es, unter jeder der beiden Seilachsen einen Streifen von 2,0 m Breite freizulegen. Sodann ist ein *Steig entlang der Trasse* herzustellen oder die Stellen, an welchen Streckenbauwerke (Stützen usw.) zur Errichtung gelangen, durch Steige von den bestehenden Wegen aus zugänglich zu machen. Zum Bau großer Personenseilbahnen wird häufig entlang der Trasse eine vorübergehende, im Pendelbetrieb arbeitende *Hilfsseilbahn* errichtet.

Hierauf beginnen die *Erd- und Felsarbeiten,* die im Aushub der Fundamentgruben für die Stützen und Stationen bestehen, sowie in der Herstellung etwaiger Einschnitte bei scharfen Bergübergängen. Während dieser Zeit geschieht auch die Anlieferung der Baustoffe für die *Fundamentsockel,* so daß diese nach Fertigstellung der Fundamentgruben sofort ausgeführt werden können.

Werden die *Bauwerke in Holz* hergestellt, so hat gleichzeitig mit der Ausführung der Fundamentarbeiten die Beschaffung des Bauholzes nach den an Hand der Baupläne aufgestellten Materiallisten zu geschehen. Als Bauholz kommt fast ausschließlich Fichten- oder Tannenrund- und -kantholz in Betracht. Das Abbinden der Hölzer erfolgt meistens an Ort und Stelle, doch erweist es sich bei den Stützen, welche immer zuerst in Angriff genommen werden sollen, als vorteilhaft, für mehrere aufeinanderfolgende einen gemeinsamen Abbindeplatz vorzusehen, falls das Gelände nicht zu schwierig ist.

Bei der Herstellung der *Bauwerke in Stahlkonstruktion* wird diese in der Regel in einzelne Teile zerlegt angeliefert. Die Verbindung der Einzelteile bei der Aufstellung an Ort und Stelle geschieht durch Verschraubung. Bei den Personenseilbahnen müssen hiezu hochfeste Schrauben verwendet werden (vgl. § 45).

Auch auf die Notwendigkeit von *Schutzanstrichen* der Bauwerke sei hingewiesen.

c) Montage der mechanischen Einrichtung

Während der Errichtung der Bauwerke werden auch die *Seile* und die *mechanische Einrichtung der Seilbahn* angeliefert. Die Seile werden bei kleineren Durchmessern und geringeren Stücklängen gewöhnlich in Ringen,

[1] Hiebei besteht jedoch *keine Sicherung* der Bahn gegenüber *Windwurf* von Bäumen, wenn die Seile nicht hoch genug über den Baumkronen liegen. Da die Sicherheit gegen Windwürfe sehr breite Trassenaushiebe erfordern kann, wurde vorgeschlagen, die *Randbäume* schmaler Trassenaushiebe zu *sichern.* Dies könnte durch alte, entlang der Randbäume gespannte und an diesen befestigte Drahtseile geschehen.

bei größeren Durchmessern und beträchtlicheren Stücklängen aber auf Trommeln aufgewickelt mit gut abgebundenen Enden an den Verwendungsort versendet. Sie sind in diesem Zustand bis zu ihrer Montage vor Feuchtigkeit geschützt zu lagern.

Die *Montage der mechanischen Einrichtung* beginnt mit jener der Schuhe und der Zugseiltragrollen auf den Stützen. Sobald die Stationsbauten weit genug fertiggestellt sind, hat auch dort die Montage der mechanischen Einrichtung einzusetzen. Nach beendeter Streckenmontage, bei welcher auf die Ausrichtung der Stützen und die richtige Neigung der *festen* Tragseilschuhe besonders zu achten ist, werden die

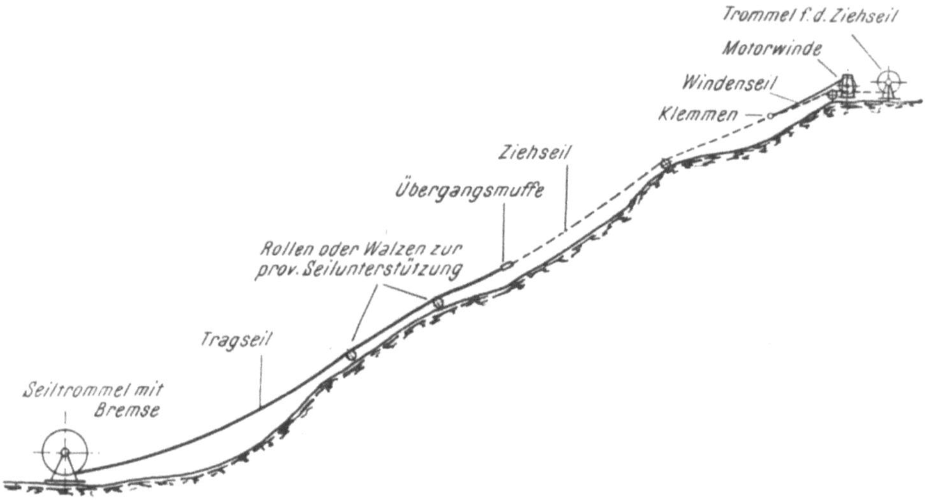

Abb. 258. Auslegen des Tragseiles einer Personenseilbahn

Fundamentanker der Stützen vergossen. Anschließend kann die *Seilmontage* beginnen, wobei zuerst die Tragseile und hernach das Zugseil ausgelegt und gespannt werden.

d) Seilmontage

Bei Güterseilbahnen geschieht das *Auslegen* der meistens aus mehreren Stücken bestehenden Seile fast immer durch Menschenkraft. Eine Arbeiterkolonne nimmt das vom Bund oder der Trommel mit einem Haspel abgewickelte Seilstück auf die Schultern und trägt es an Ort und Stelle. Bei den langen, in einem Stück hergestellten und schweren Seilen der Personenseilbahnen erfolgt hingegen das Auslegen mit Hilfe einer Motorwinde am oberen Bahnende. Das auszulegende Seil wird dabei, wie Abb. 258 zeigt, durch eine Muffe mit dem Ziehseil verbunden und dieses wieder durch Klemmen mit dem kurzen Windenseil. Beim Auslegen wird somit das aufzuziehende Seilbahnseil von seiner Trommel am unteren Bahnende allmählich abgespult und das Ziehseil am oberen Bahnende aufgewickelt. Bei dem wiederholt notwendigen Umklemmen des Windenseiles muß selbstverständlich jedesmal das Ziehseil in der Nähe der Winde mit Hilfe von Klemmen, an deren Haken Seilschlingen angreifen, verankert werden. Für die Auflagerung des auszulegenden Seilbahnseiles und des Ziehseiles auf der Strecke sind einfache Rollen oder Walzen vorzusehen. Zur Vermeidung von Schlingenbildungen im aufzuziehenden Seilbahnseil ist dieses dauernd unter einer gewissen Spannung zu halten und aus diesem Grunde die Seiltrommel am unteren Bahnende zu bremsen. Ferner sind auf der Strecke nach Bedarf Beobachtungsposten aufzustellen. Dort, wo Rahmenstützen vorhanden sind, müssen die Seile gleich durch diese hindurchgezogen werden.

An das Auslegen der Seile schließt sich, wenn sie aus mehreren Stücken bestehen, die Verbindung derselben, und zwar bei den Tragseilen durch Zwischenmuffen und beim Zugseil durch Spleißung. In der Nähe der Stützen dürfen keine Zwischenmuffen liegen, weil sie beim Spannen der Tragseile und später bei Verschiebungen derselben zufolge von Spanngewichtsbewegungen hinderlich wären. Die Austeilung der einzelnen Seilstücke ist daher schon bei der Planverfassung im Seilbahnlängenschnitt festzulegen.

Die nächste Arbeit besteht im *Einheben der Tragseile* in die Stützenschuhe. Dies hat kurz nach dem Auslegen zu geschehen, weil ein längeres Liegen der Seile auf dem Boden diese durch Korrosion infolge von Verschmutzung schwer schädigen kann. Beim Einheben sollten stärkere Tragseile zur Schonung stets durch einen langen, an den Enden mit Seilrollen versehenen Einhebeträger am Boden gefaßt und dann unter Zuhilfenahme von Flaschenzügen oder Winden in die vorher gut geschmierten Schuhe eingelegt werden. Durch die auf Pfeilerstützen vorgesehenen (häufig abnehmbaren) Ausleger über den Schuhen wird das Seileinheben wesentlich erleichtert. Bei Rahmenstützen sind solche Ausleger nicht notwendig, da die Einhebevorrichtung an den Kopfriegeln der Stützenkonstruktion befestigt werden kann.

Zum nachfolgenden *Spannen der Tragseile* werden zunächst bei der Gewichtsspannvorrichtung die Grundplatten der Spanngewichte oder die Spanngewichtskästen auf einem niedrigen Bockgerüst hergestellt und daran die Tragseile unter Zwischenschaltung der Spannseile befestigt. Sodann belastet man die Grundplatten oder Kästen durch Formsteine (Beton) bzw. Füllmaterial bis ungefähr zur Hälfte des vorgesehenen Gewichtes.

Das Spannen der Tragseile geschieht meistens von der Fixverankerung aus. Hiebei werden die Seile in einem hinreichenden Abstand von der Fixverankerung mit kräftigen, Haken tragenden Spannklemmen *a* gefaßt (Abb. 259). An diese wird mit Stangen oder Drahtseilschlingen *b* der eine Kloben eines schweren, meistens viersträngigen Drahtseilflaschenzuges *c* angeschlossen, während der andere Kloben an der Fixverankerungskonstruktion hängt. Letztere erhält zu diesem Zweck häufig einen besonderen Spannbügel *d*. Beim Spannvorgang wird das Flaschenzugseil gewöhnlich von einer schweren, handbedienten Bauwinde *e* aufgewickelt. Auch das Spannen ist zeitraubend, weil die Spannklemme nach Einholung des

Flaschenzugseiles umgesetzt, der Flaschenzug wieder auseinandergezogen und sein Seil neuerdings eingeholt werden muß, so lange, bis das Spanngewicht am anderen Tragseilende angehoben wird. Während des Umsetzens der Spannklemme haben mit einer Klemme verbundene Hilfsseilschlingen *f* die Tragseile an der Fixverankerungskonstruktion festzuhalten. Der geschilderte Spannvorgang erfordert, daß für das ungespannte Seil etwa 15 bis 20 m Längenzuschlag je km Leerseillinie gemacht werden.

Hat bei diesem Vorgang das Spanngewicht schließlich seine obere Endlage erreicht, so wird das Tragseil an der Fixverankerungsstelle in endgültiger Weise befestigt und die weitere Anspannung durch Erhöhung der Last des Spanngewichtes auf ihren vollen Betrag bewirkt. Bei Bahnen mit sehr großen Spannweiten und dichter Wagenfolge muß mitunter der Hubraum der Spanngewichte aus wirtschaftlichen Gründen

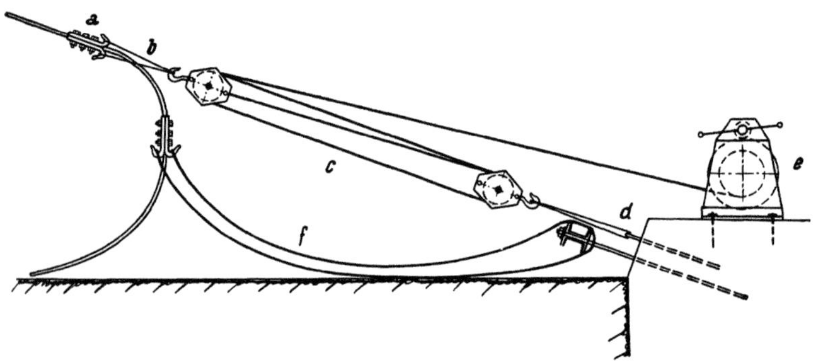

Abb. 259. Spannen eines Tragseiles

beschränkt werden. Man belastet dann die Spanngewichte schon anfänglich stärker als mit dem halben Wert, bricht aber das Seilspannen mit dem geschilderten Spannwerkzeug vor dem Anheben der Spanngewichte ab. Die volle Seilspannkraft und das notwendige Spiel der Spanngewichte wird hiebei erst während der Besetzung der Strecke mit Wagen erreicht. Werden die Tragseile beiderseits fest verankert, so ist bis zur Erreichung der sogenannten Grundspannung, welche vorhanden sein muß, wenn keine Wagen auf der Strecke sind (§ 20), anzuspannen.

Geschieht hingegen das Spannen des Tragseiles von der Stelle aus, wo sich das Spanngewicht befindet, dann muß mit dem Spannwerkzeug die volle Tragseilspannkraft hergestellt werden. Hernach hebt man das gleich mit der vollen Last auszuführende Spanngewicht an und verbindet es durch das Spannseil mit dem entsprechend abzuschneidenden Tragseil.

In ähnlicher, aber wegen der geringeren Kräfte einfacherer Art vollzieht sich auch das *Einheben und Spannen des Zugseiles.* Nach beendetem Spannvorgang soll das Zugseilspanngewicht bis nahe seiner oberen Endlage angehoben sein, worauf im Schutze des Spannflaschenzuges zwischen den spannungslosen Enden der Schlußspleiß hergestellt wird, der das Zugseil zu einem endlosen Ring macht.

Schließlich sind an mehreren Stellen die *Durchhänge oder die Neigungswinkel an den Feldenden* zu messen und auf diese oder eine andere Art die *Seilspannkräfte* zu überprüfen, was besonders wichtig bei beiderseitiger fester Verankerung des Tragseiles ist. Die Überprüfung der Durchhänge geschieht gewöhnlich mit Visiermarken auf den Stützen, während die Nachprüfung der Neigungswinkel mit einer Neigungswaage erfolgt[1]. Ein besonders einfaches Verfahren zur Bestimmung der Seilspannkräfte besteht in *Schwingungsmessungen.*

Führt man zu diesem Zweck mit einem Holzknüppel in der *Nähe* eines Seilauflagers einen schwachen Schlag gegen das Seil, so wird hiedurch eine kleine Störung der Gleichgewichtsfigur desselben in unmittelbarer Umgebung der Schlagstelle bewirkt. Es läuft daher von dieser Stelle eine Störungswelle durch das ganze Seilfeld bis zur anderen Stütze, wird dort reflektiert, kehrt wieder zurück, wird auf der Stütze, in deren Nähe der Schlag geführt wurde, abermals reflektiert usw. Die Theorie der Seilschwingungen[2] zeigt nun, daß die Zahl der Hin- *und* Herläufe der Störungswelle in der Zeiteinheit — die Frequenz ν — durch die Beziehung

$$\nu = \frac{1}{2\,l}\sqrt{\frac{H}{m'}}$$

bestimmt ist, woraus für die *Horizontal*komponente der Seilspannkraft

$$H = 4\,m'\,l^2\,\nu^2 \tag{240}$$

folgt. In dieser Beziehung bedeutet

$m' = \dfrac{q'}{g}$ die auf die Stützensehne bezogene Seilmasse je Längeneinheit,

l die waagrecht gemessene Länge der Spannweite.

Mithin hat man nach Führung des Schlages gegen das Seil bloß die Hand auf die Schlagstelle zu legen und mit Hilfe einer Taschenuhr die Anzahl der Erschütterungen zu messen, welche die Schlagstelle innerhalb eines beliebigen Zeitabschnittes erleidet. Die Dispersion und Dämpfung, welche die Störungswelle bei ihren Hin- und Herläufen erfährt, ist nicht so groß, als daß man die Welle nicht durch einige Zeit beobachten könnte. Wichtig ist aber, daß die Messung nicht in einer zu kleinen Spannweite geschieht, weil dann die Hin- und Herläufe so rasch aufeinanderfolgen, daß man sie nicht mehr zählen kann. Kleine Fehler sind durch Wiederholung des Versuches zu berichtigen.

Beispiel. Gegeben $q' = 5{,}0$ kg/m, $l = 100$ m; gemessen 66 Erschütterungen der Schlagstelle in der Minute, daher $\nu = \dfrac{66}{60} = 1{,}10$ und mithin

$$H = 4\,\frac{5{,}0}{9{,}81}\,100^2 \cdot 1{,}10^2 = 24\,600 \text{ kg}.$$

e) Zusammenbau der Wagen

Die letzte Arbeit im Zuge der Montage einer Seilbahn besteht im Zusammenbau der Seilbahnwagen, welche bei Pendelseilbahnen auch gleich am Zugseil zu befestigen sind.

[1] Engel, E.: Über die Messung der Seilspannkraft. Verbesserung der Parabelgleichung. Int. Seilbahn-Rundschau **1960,** H. 3.

[2] Czitary, E.: Spannkraftermittlung an Seilen durch Schwingungsmessung. Wasserwirtschaft **1931,** H. 15/16, und Zweifel, O.: Zugkraftmessung in Drahtseilen mit Transversalwellen. Schweiz. Bauz. **79** (1961), H. 21.

f) Inbetriebsetzung

Dieser hat eine genaue *Kontrolle* der Bahnanlage voranzugehen, wobei insbesondere auf eine den Seilrichtungen entsprechende Stellung der Stützenschuhe, der Zugseilrollen und der Seilscheiben zu achten ist. Bei hölzernen Bauwerken muß überdies ein nochmaliges Anziehen der Holzverbindungsschrauben stattfinden.

Hierauf läßt man bei *Güterseilbahnen mit Umlaufbetrieb* das Zugseil zunächst einige Male allein umlaufen und kuppelt erst dann Wagen an dasselbe. Der Wagenabstand soll vorerst nicht kleiner als der vierfache Regelabstand sein. Nur allmählich dürfen die Wagenabstände verringert werden, wobei durch Begehen und Beobachten der Bahnstrecke festzustellen ist, ob nirgends Mängel vorhanden sind und keine störenden Zugseilschwankungen (§ 36 und 49) auftreten. Würde man gleich bei Inbetriebsetzung auf den Regelabstand der Wagen übergehen, so könnten Schäden durch Anfangsmängel entstehen und der Antriebsmotor zufolge der anfänglich größeren Bewegungswiderstände und einseitigen Behängung der Bahn stark überlastet werden. Die schließlich erreichte endgültige Behängung der Strecke bleibt bei diesen Bahnen im allgemeinen *dauernd* aufrecht, um nach Betriebsstillständen jederzeit leicht anfahren zu können. Bei *Güterseilbahnen mit Pendelbetrieb* ist die Inbetriebsetzung sehr einfach und bedarf keiner Erörterung.

Bei den *Personenseilbahnen* geschieht im Zuge der Inbetriebsetzung, die in ähnlicher Weise wie bei den Güterseilbahnen erfolgt, auch die richtige Einstellung der Sicherheitseinrichtungen und deren Erprobung (Brems- und Fangversuche).

Die Erprobung der Fangvorrichtungen an den Wagen durch Nachahmung der Verhältnisse bei einem Zugseilriß verursacht oft erhebliche Schwierigkeiten, weil dabei leicht Beschädigungen der Bahnanlage möglich sind. In solchen Fällen kann die Erprobung unter erleichterten Bedingungen zugelassen werden.

Sind bei der Inbetriebsetzung etwa aufgetretene kleine Mängel beseitigt, so erfolgt die *behördliche Abnahme* der Bahnanlage (vgl. § 89) und die Übergabe derselben an den Bauwerber.

§ 85. Transportable und genormte Seilbahnen. Die Vorteile der Seilbahnen zeitigten den Wunsch, auch für vorübergehende Zwecke Bahntypen mit Pendel- und Umlaufbetrieb zu schaffen, welche wie Feldbahnen beliebig oft und rasch aufgestellt werden können. Das Forstwesen und die Landesverteidigung sind in Gebirgsländern an solchen Bahnen sehr interessiert. Im Laufe der letzten Jahrzehnte wurden durch die Seilbahnfirmen hiefür geeignete Bahntypen entwickelt. Deren mechanische Einrichtung ist möglichst leicht gehalten, während die mitgelieferten Stützen und Stationen aus leichten und leicht zerlegbaren Stahlkonstruktionen bestehen. Die Stützen haben dabei meistens die Form von einfachen abgespannten Masten, welche aus einzelnen Schüssen zusammengesetzt werden und so beliebigen Geländeverhältnissen Rechnung tragen. Naturgemäß kann die Leistungsfähigkeit derartiger Bahnen nur gering sein und schwankt zwischen 5 und 25 t/h.

Ferner müssen hier auch die wohl stabilen, aber vielfach ziemlich weitgehend genormten Kleinseilbahnen im Gebirge für landwirtschaftliche Zwecke (*Seilwege*) erwähnt werden[1].

Die günstigen Ergebnisse, welche mit allen diesen Anlagen erzielt wurden, haben einzelne Seilbahnfirmen angeregt, auch Bahnen mit Umlaufbetrieb für größere Leistungen weitgehend zu normen. Über die seit langem bestehenden Regelbauarten für die mechanische Einrichtung und die Stützen hinaus wurden daher auch für die Stationen Regelbauweisen geschaffen, die aber eine Anpassung dieser Bauwerke an die jeweiligen örtlichen Verhältnisse gestatten. Letzteres wird hauptsächlich durch Auflösung des Stationsbaues in zwei voneinander unabhängige Teile erreicht, von denen der eine die mechanischen Einrichtungen enthält und genormt ist, während der andere den jeweiligen Be- oder Entladeerfordernissen entsprechend gestaltet werden kann.

§ 86. Betrieb der Seilbahnen. Zur geregelten Betriebsabwicklung werden *Betriebsvorschriften* aufgestellt, wozu bei den Personenseilbahnen noch *Fahrpläne* treten.

a) Betriebsorganisation

Das zum Bahnbetrieb erforderliche *Personal* gliedert sich in:

1. *Stationswärter*, die bei Bahnen mit Umlaufbetrieb hauptsächlich die Bewegung der Wagen in den Stationen und den Kuppelvorgang derselben zu besorgen oder zu überwachen haben, bei Bahnen mit Pendelbetrieb aber die Wagenabfertigung durchführen müssen, wenn diese nicht wie bei Personenseilbahnen mit Pendelbetrieb durch

2. *Schaffner* geschieht,

3. *Maschinisten*, denen die Bedienung und Wartung der Antriebsmaschine obliegt,

4. *Wagenschmierer und -untersucher* zur Instandhaltung des Wagenparkes größerer Personen- oder Güterseilbahnen mit Umlaufbetrieb,

5. *Streckengeher*, die bei längeren Bahnen die Schmierung und Aufsicht auf der Strecke sowie die Instandhaltung der Streckenbauten zu besorgen haben.

Hiezu kommt noch

6. das erforderliche *Ladepersonal* bei Güterseilbahnen und, wenn die Seilbahn ein selbständiges Unternehmen ist, auch

7. das notwendige *Verwaltungspersonal.*

---

[1] KOBER, R.: Der Seilwegebau. Wien: Verlag Gerold. 1938, und PESTAL, E.: Seilbahnen und Seilkrane für Holz- und Materialtransport. Wien: Verlag Fromme. 1960.

Das gesamte Personal ist einem verantwortlichen *Betriebsleiter* unterstellt. Es darf nur fachlich geeignetes, entsprechend geschultes und verläßliches Personal verwendet werden. Die erste Einschulung geschieht durch das Montagepersonal der Seilbahnfirma.

b) Betriebssignale

Die Betriebssignale werden bei Güterseilbahnen durch die Stationswärter mit den Glocken der *Betriebsfernsprecher* gegeben. Bei Personenseilbahnen mit Pendelbetrieb geben diese Signale die Schaffner und bei Personenseilbahnen mit Umlaufbetrieb jedoch wieder die Stationswärter, und zwar mit besonderen *Läutewerken*[1]. Es bedeutet meistens

. . Anfahren[2],
. . . Sprechen,
——— Halt (bis zum Stillstand zu geben).

Hiezu kommen bei Bahnen mit Umlaufbetrieb die vom *Wagenabstandsregler* gegebenen Zeichen zum Einschieben eines Wagens in die Kuppelstelle. Die Wagenabstandsregler sind gewöhnlich von einer Seilscheibe[3] angetrieben, und sie geben bei Güterseilbahnen Glockenschläge, bei Personenseilbahnen aber Lichtsignale, die im Zusammenhang mit einer Abfahrtsverriegelung und deren Aufhebung stehen.

c) Ankuppeln der Wagen an das Zugseil bei Umlaufbahnen

Die Wagen müssen in der Kuppelstelle mit der gleichen Geschwindigkeit wie das Zugseil bewegt werden (§ 62). Nur so findet das *Ankuppeln stoßfrei* und ohne nachheriges Pendeln der Gehänge statt. Besondere Achtsamkeit ist ferner auf die genaue *Einhaltung der vorgeschriebenen Wagenabstände* zu legen. Ist jedoch bei einer Seilbahn eine Veränderung der Wagenabstände innerhalb gewisser Grenzen zugelassen, dann soll beim Übergang von einem Besetzungszustand zum anderen darauf Bedacht genommen werden, daß stets auf jedem der beiden Stränge annähernd gleich viele Wagen sind.

d) Instandhaltung der Fahrzeuge

Sie ist eine der wichtigsten Voraussetzungen für einen klaglosen Betrieb, und es soll daher wenigstens einmal wöchentlich eine Reinigung und genaue Untersuchung erfolgen. Dabei ist, wenn es sich um Bahnen mit Umlaufbetrieb handelt, insbesondere auch die richtige *Einstellung der Klemmapparate* zu überprüfen, die sich im Laufe der Zeit durch unvermeidliche Abnutzungen ändert. Bei Eintritt tieferer Temperaturen, bei welchen die gewöhnlichen Schmieröle erstarren, ist rechtzeitig zur Schmierung der Klemmvorrichtungen mit entsprechend dünnflüssigeren Ölen überzugehen, was namentlich bei Verwendung von Schraubklemmapparaten sehr wichtig erscheint. Bei Pendelseilbahnen ist die Zugseil-

---

[1] Unter Benutzung des Sicherheitsstromkreises auf der Strecke.

[2] Welches Signal zu quittieren ist.

[3] Diese soll groß sein, damit die Rillenabnutzung klein bleibt und so keinen nennenswerten Fehler im Wagenabstand bewirkt.

befestigung an den Wagen ebenfalls regelmäßig zu untersuchen. Schließlich sind abgenutzte Laufrollen oder Laufringe dieser Rollen rechtzeitig auszutauschen, weil sonst das Tragseil geschädigt wird.

e) Tragseile

Neue Seile dehnen sich anfangs ziemlich stark bleibend; man hat daher darauf zu achten, daß die Spanngewichte stets genügend spielen können und muß erforderlichenfalls *Seilkürzungen* vornehmen. Bei beiderseits verankerten Tragseilen ist zumindest zweimal jährlich nachzuspannen, und zwar muß im Frühjahr etwas Seil eingeholt und im Herbst nachgelassen werden, um die Spannungsschwankungen zufolge der Temperaturunterschiede (§ 20, Pkt. a, 2 u. 3) erträglich zu halten.

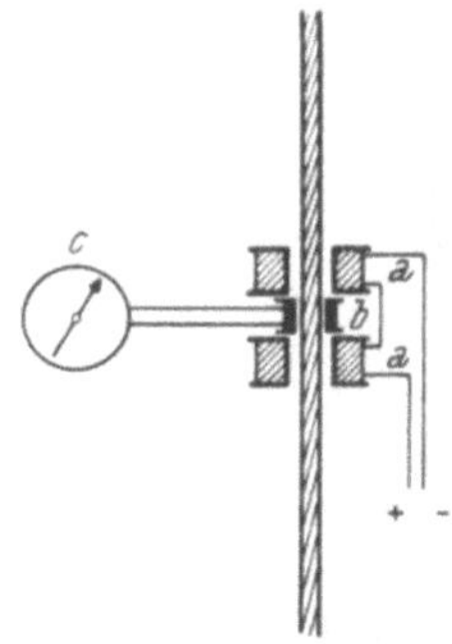

Abb. 260. Prinzip der elektromagnetischen Seilprüfung

Die Tragseile sind wenigstens einmal monatlich äußerlich durch *langsames* Befahren der Strecke genau auf Drahtbrüche, Veränderungen an den Muffen, Auflagerverhältnissen usw. zu untersuchen. Für die kleine zur Seiluntersuchung notwendige Geschwindigkeit von 0,30 bis 0,40 m/sek sind, bedingt durch die Antriebsart bei Güterseilbahnen, mitunter besondere Einrichtungen notwendig, während bei Personenseilbahnen zumindest der Notantrieb eine solche Geschwindigkeit ermöglicht. Die *Untersuchung* geschieht durch eine aufmerksame Besichtigung, eventuell zusammen mit einem Befühlen. Leider gewinnt man dadurch nur über den Zustand der Seiloberfläche Aufschluß. Wenngleich die Drähte an der Seiloberfläche meistens die stärkste Gesamtbeanspruchung erleiden und Drahtbrüche daher in erster Linie dort auftreten, zeigt die Erfahrung, daß oft auch im Seilinneren Drahtbrüche entstehen. Man untersucht daher bei den Personenseilbahnen insbesondere ältere Tragseile etwa alle zwei Jahre auch mit Hilfe *elektromagnetischer Prüfverfahren* auf ihren inneren Zustand. Hiebei werden nach Abb. 260 zwei Spulen a, die das Seil umgeben, diesem entlang geführt. In diesen Spulen fließt Gleichstrom aus einer Batterie und erzeugt so im Seil ein magnetisches Feld. Ist nun im Seilinneren eine Störung zufolge eines Drahtbruches oder einer Korrosionsstelle vorhanden, so ändert sich bei der Entlangführung der Spulen das magnetische Feld örtlich etwas. Es entsteht dadurch in der inneren und kurzen Spule b kurzzeitig ebenfalls ein Strom, dessen Stärke von der Größe der Störung abhängt. Aus dem Verlauf der Stärke dieses Sekundärstromes läßt sich somit auf innere Seilschäden schließen. Da aber der Sekundärstrom sehr schwach ist, bedarf es sehr empfindlicher Meßeinrichtungen, und es ist auch nicht immer leicht, die mit den Meßeinrichtungen gewonnenen Diagramme einwandfrei zu deuten. Aus diesem Grunde erscheint es wichtig, daß das Seil schon im neuen Zustand nach dem Auflegen einmal elektromagnetisch untersucht wird, um eine Vergleichsgrundlage zu haben.

Im allgemeinen treten *Drahtbrüche* erst nach einiger Zeit und dann zunächst in der Nähe der Stützen auf. Bei Stellung eines Wagens *vor* einer Stütze ist die Seilspannkraft etwas vermindert (§ 33) und die zusätzliche Belastung des Wagens durch das Zugseil meistens etwas vermehrt (§ 47) gegenüber der Wagenstellung in Feldmitte, wodurch die Biegungsbeanspruchung des Tragseiles in der Nähe der Stützen ansteigt. Man sollte daher die Tragseile in ihrer Längsrichtung zeitweise verschieben, damit immer andere Teile derselben in den Bereich der Stützen zu liegen kommen. Dies ist aber in einfacher Weise nur bei einer Trommelverankerung möglich. Bei Personenseilbahnen, die immer solche Trommelverankerungen haben, geschieht die Verschiebung der Tragseile zur Erhöhung ihrer Lebensdauer regelmäßig nach 4 bis 6 Jahren (§ 74).

Vereinzelte Drahtbrüche sind ohne Bedeutung, da ein gebrochener Draht nach wenigen Windungen wieder mitträgt. Bei Spiralseilen, bei denen sich aber ein gebrochener Draht leicht aus dem Seilverband lösen kann, sind an Drahtbruchstellen *Schellen*, die aus Stahlblech bestehen, an das Seil zu klemmen, um die Drahtenden festzuhalten.

Häufen sich bei einer Güterseilbahn an einer Stelle des Seiles Drahtbrüche, so muß das betreffende Stück herausgeschnitten und durch ein neues Seil unter Verwendung von Muffenkupplungen ersetzt werden. Die aus einem Stück bestehenden Tragseile der Personenseilbahnen müssen in einem solchen Falle zur Gänze erneuert werden.

Ein Tragseil gilt unter folgenden Umständen als *ablegereif:*

Bahnart	Zahl der Drahtbrüche auf einer Seillänge von		Anmerkung
	1 m	20 m	
Güterseilbahn	—	0,50 i	i ... Anzahl der äußerlich sichtbaren Drähte des Seiles
Personenseilbahn	0,08 i	0,40 i	

Die *Abnutzung der Seildrähte und Korrosionen* sind demgegenüber meistens von geringerer Bedeutung. Bei Personenseilbahnen muß aber ein Tragseil auch abgelegt werden, wenn bei Berücksichtigung der Abnutzung, etwaiger Korrosionen und der auf 1 m Seillänge vorhandenen äußeren und inneren Drahtbrüche die Schwächung des metallischen Seilquerschnittes 0,10 bis 0,12 übersteigt. Die *Anzahl der Lastwechsel* (Wagenübergänge) bis zur Erschöpfung der Lebensdauer eines Tragseiles beträgt einige Millionen, und sie ist bei Strecken mit konvexem Längenschnitt wegen der dort stärkeren Erhöhung der Biegungsbeanspruchung im Stützenbereich kleiner als bei Strecken mit konkavem Längenschnitt. Rechnet man die der Lebensdauer des Seiles entsprechende Anzahl der Lastwechsel in Betriebsjahre um, so ergeben sich bei ganzjährigem und täglich 8 Stunden dauernden Betrieb je nach der Dichte der Wagenfolge 5 bis 7 Jahre bis einige Jahrzehnte. Länger als 15 Jahre sollte jedoch ein Seilbahntragseil wegen der verschiedenen Alterungserscheinungen nicht verwendet werden.

Ferner sollen bei dicht befahrenen Seilbahnstrecken etwa alle 2 bis 3 Jahre, bei schwächer befahrenen in größeren Zeitabständen die *Seilmuffen neu aufgezogen* werden. Dies ist wegen der an den Muffenenden beim Wagenübergang gleichzeitig mit der Biegung entstehenden Stöße notwendig. Da bei dieser Arbeit die Seile entspannt werden müssen, ist ihnen gleichzeitig auch die Möglichkeit geboten, Unterschiede in den bleibenden Dehnungen der einzelnen Drahtlagen teilweise auszugleichen.

Zur Vermeidung von Schäden durch Witterungseinflüsse (Korrosionen) und von zu großen Abnutzungen sind die Tragseile etwa monatlich mit einem dünnflüssigen, säurefreien Öl zu *schmieren*. Bei den mit Gummilaufringen versehenen Laufwerksrollen der Personenseilbahnen darf aber die Seilschmiere diese Ringe nicht angreifen. Das Schmieren kann so geschehen, daß von dem an einem Laufwerk angebrachten Schmierbehälter Öl unter Zwischenschaltung eines Regulierhahnes auf das Tragseil tropft und dann von einer am Laufwerk befestigten Bürste verteilt wird. Daneben gibt es auch besondere *Schmierwagen*, die größere Ölmengen mitzuführen gestatten und diese mit einer von einem Laufrad angetriebenen Pumpe auf das Tragseil spritzen. Ein Eindringen der Schmiere ins Seilinnere ist jedoch kaum zu erwarten.

f) Zugseil

Neue Zugseile dehnen sich noch stärker bleibend als neue Tragseile, und zwar bis zu 0,01 ihrer Länge. Ist hiedurch das Zugseilspanngewicht bis nahe an seine untere Endlage gelangt, so wird in hinreichend großer Entfernung von vorhandenen Spleißstellen das Zugseil durchschnitten und neu zusammengespleißt. Keinesfalls soll ein guter alter Spleiß geöffnet werden.

Das Zugseil soll halbmonatlich äußerlich auf Drahtbrüche und den Zustand der Spleißstellen genau untersucht werden. Ebenso wie das Tragseil ist auch das Zugseil von Personenseilbahnen zeitweise elektromagnetisch zu prüfen.

Zugseile von längeren Umlaufbahnen mit tiefer Zugseilablage und dichter Wagenfolge, die kaum auf die Tragrollen der Stützen zu liegen kommen und von den Wagen allein hochgehalten werden, sind hauptsächlich durch die Klemmvorrichtungen der Wagen beansprucht. Die Biegung dieser Zugseile über Rollen und Scheiben hat keine größere Bedeutung. Ist das Maul der Klemmvorrichtungen im Querschnitt günstig geformt und lang genug, so wird die Lebensdauer der Zugseile solcher Bahnen eine sehr erhebliche. Dagegen wird die Verwendungsdauer um so geringer, je mehr das Zugseil auf den Tragrollen der Stützen aufliegt, dort gebogen und abgenutzt wird, wie dies besonders bei Pendelseilbahnen, gleichgültig, ob sie hohe oder tiefe Zugseilablage besitzen, der Fall ist. Außerdem hängt die Lebensdauer wie bei den Tragseilen auch von der Längenschnittsform ab.

Vereinzelte Drahtbrüche sind auch beim Zugseil unbedenklich. *Häufen* sich an einer Stelle die Drahtbrüche, so muß dort ein neues Seilstück eingespleißt werden.

Ein Zugseil gilt unter folgenden Umständen als *aufgebraucht:*

Bahnart		Zahl der Drahtbrüche auf eine Seillänge von			Anmerkung
		1 m	3 m	10 m	
Güterseilbahn ...		—	0,50 i	—	i ... Anzahl der
Personenseilb.	a	0,08 i	—	0,25 i	äußerlich sichtbaren
	b	0,11 i	—	0,35 i	Drähte des Seiles

a Wagen ohne Fangvorrichtung
b Wagen mit Fangvorrichtung

Für die Zugseile der Personenseilbahnen gilt ferner auch die gleiche Bestimmung wie für die Tragseile dieser Bahnen bezüglich der Ablage unter Bedachtnahme auf die Abnutzung und auf etwaige Korrosionen.

Die *Lebensdauer* der Zugseile beträgt unter der Voraussetzung ganzjährigen Betriebes und 8 täglicher Betriebsstunden gewöhnlich 3 bis 5 Jahre. Länger als 5 Jahre sollte jedoch kein Zugseil wegen der durch die Hanfseele leicht möglichen inneren Korrosionen benutzt werden.

Ähnliches wie für die Zugseile gilt auch für die *Spannseile* der Gewichtsspannvorrichtungen.

Zu seiner Erhaltung ist auch das Zugseil einmal monatlich zu *schmieren.* Die Schmiere soll einerseits der Feuchtigkeit das Eindringen ins Seilinnere verwehren, damit die Hanfseele nicht Wasser ansaugen kann und innere Anrostungen bewirkt; andererseits soll die Schmiere einen Schutz gegen zu starke Abnutzungen der Seiloberfläche bilden, ohne dabei die Reibung in den Seilklemmen der Wagen und auf der Antriebsscheibe zu sehr herabzusetzen. Schließlich darf auch die Zugseilschmiere die Gummilaufringe der Zugseiltragrollen und die Rillenfutter der Seilscheiben nicht angreifen. Diesen teilweise widersprechenden Bedingungen werden am ehesten von den Seilbahnfirmen gelieferte *Ölfirnisse* gerecht, die man in den Stationen mit einer Bürste auf das laufende Zugseil aufträgt. Bei größeren Anlagen verwendet man auch Schmierbehälter, in denen eine Zugseilrolle gelagert ist, welche in die Schmiere eintaucht und diese dem Zugseil zuführt. Hinter der Rolle angeordnete Bürsten sorgen auch hier für die Verteilung der Schmiere am Seil.

g) Mechanische Einrichtung

Auf den guten Zustand der Rillenfutter bei *Antriebs-* und sonstigen *Seilscheiben* ist besonders zu achten; Mängel sind ehestens zu beheben. Bei mehrrilligen Antriebsscheiben sind die Rillendurchmesser zeitweise zu kontrollieren und starke Verschiedenheiten zur Vermeidung größerer Schnürspannungen durch Abdrehen zu beseitigen.

Desgleichen ist darauf zu achten, daß sich das Zugseil nicht tief in den Rillengrund von *Führungsrollen* einfrißt, wodurch es sich vorzeitig abnutzt. Für rechtzeitigen Austausch der betreffenden Rollen oder ihrer Laufringe ist daher Sorge zu tragen.

h) Beaufsichtigung und Unterhaltung der Strecke

Eine flüchtige *Begehung* der Bahnlinie zur Feststellung etwaiger größerer, betriebsgefährlicher Mängel soll jeden Tag vor Betriebsbeginn erfolgen. Außerdem hat bei längeren Bahnen der Streckengeher die Linie einmal täglich zu begehen. Er muß dabei jeden Tag andere Stützen besteigen, sich vom einwandfreien Zustand der Tragseile, Stützenschuhe und Zugseiltragrollen überzeugen und die Schmierung auf diesen Stützen besorgen. Bei Personenseilbahnen treten meistens Revisionsfahrten an Stelle dieser Begehungen.

i) Bauwerke

Wenigstens einmal jährlich hat auch eine Überprüfung des Zustandes der Bauwerke zu geschehen. Dabei ist besonders auf etwaige Änderungen der Stützenstellungen zu achten. Wenn die Bauwerke aus Holz hergestellt sind, müssen namentlich in der ersten Betriebszeit die Holzverbindungsschrauben und Fundamentanker regelmäßig angezogen werden. Schutzanstriche müssen rechtzeitig erneuert werden.

k) Betriebszeit, Betriebsüberwachung

Die tägliche *Betriebszeit* der Seilbahnen beträgt gewöhnlich 8 bis 10 Stunden und soll womöglich nicht über 16 Stunden im Tag (zweischichtiger Betrieb) ausgedehnt werden, weil sonst die Instandhaltungsarbeiten zu sehr ansteigen.

Zur *Betriebsüberwachung* dienen Wagenzählvorrichtungen, bei Personenseilbahnen mit Pendelbetrieb auch Tachographen, ferner Betriebsbücher, in die alle wesentlichen Vorkommnisse eingetragen werden, und Seilbücher, in denen die Ergebnisse der Seilrevisionen, die Drahtbruchstellen u. dgl. festzuhalten sind.

l) Ersatzteile, Werkstätten

Von allen wesentlicheren Abnutzungen unterliegenden Teilen (namentlich von den verschiedenen Rollen, Laufringen, Rillenfuttern u. dgl.) ist eine hinreichende Anzahl auf Lager zu halten. Bei größeren Bahnanlagen und bei Personenseilbahnen ist in einer der Stationen (Antriebsstation) eine Werkstätte zur Durchführung kleinerer Reparaturen einzurichten.

§ 87. Anlagekosten der Seilbahnen. Allgemein zutreffende Angaben über die Anlagekosten von Seilbahnen sind wegen der verschiedenartigen Anlageverhältnisse nicht möglich. Immerhin lassen sich für einfache Bahnanlagen und mitteleuropäische Verhältnisse nachstehende grobe Mittelwerte der Herstellungskosten angeben.

a) Die *Kosten der Seile* sowie der *mechanischen und elektrischen Einrichtung* hängen hauptsächlich von der verlangten Leistungsfähigkeit der Bahnanlage, ihrer Länge und von dem überwundenen Höhenunterschied ab. Bedeuten:

K_1 diese Kosten in österr. Schilling,
M die verlangte Leistungsfähigkeit der Bahn in einer Richtung, welche bei Güterseilbahnen in t/h, bei Personenseilbahnen in Pers/h auszudrücken ist,
L die waagrechte Bahnlänge in m und
H den überwundenen Höhenunterschied in m,

so gilt näherungsweise

$$K_1 \doteq a\sqrt{M}\,L + b\sqrt{M}\,H \tag{241}$$

worin die Konstanten a und b gemäß nachfolgender Tabelle einzusetzen sind.

Bahnart	Betriebsart	a	b	Anmerkung
Güterseilbahn	Umlaufbetrieb	55	55	Bezogen auf die Verhältnisse von 1960
Große Personenseilbahn[1] ..	Pendelbetrieb	135	—	
	Umlaufbetrieb	120	—	

[1] $\frac{H}{L} \doteq \frac{1}{3}$ bis $\frac{1}{2}$.

b) Die Kosten für den *Transport* der Seile sowie der mechanischen und elektrischen Einrichtung von den Lieferwerken zur Baustelle und die Kosten für die *Montage* dieser Teile kann man je nach den örtlichen Verhältnissen mit

$$K_2 = (0{,}20 \text{ bis } 0{,}30)\,K_1 \tag{242}$$

annehmen.

c) Die Kosten für die *Herstellung der Bauwerke* betragen bei Güterseilbahnen, wenn die Ausführung in *Holzkonstruktion* auf Betonfundamenten geschieht,

$$K_3' \doteq 0{,}70\,K_1 \tag{243}$$

und bei Ausführung der Bauwerke in *Stahlkonstruktion* auf Betonfundamenten

$$K_3'' \doteq 1{,}70\,K_1. \tag{243a}$$

Bei den großen *Personenseilbahnen* sind im Falle des Pendelbetriebes die Kosten für die baulichen Herstellungen mit

$$K_3''' \doteq (1{,}00 \text{ bis } 1{,}60)\,K_1 \tag{244}$$

und bei Umlaufbetrieb mit

$$K_3^{IV} \doteq 1{,}00\,K_1 \tag{245}$$

anzunehmen.

Zu diesen Kosten kommen noch jene für den *Grunderwerb* und ein kleiner Betrag für *Unvorhergesehenes*.

§ 88. Betriebskosten. Diese setzen sich zusammen aus

1. den *Energiekosten,* welche auf Grund des Kraftbedarfes (§ 52), der Betriebszeit und der Kosten für die Energieeinheit leicht bestimmt werden können;

2. den Kosten für *Schmiermittel,* die bei ganzjährigem Betrieb je Station und je km Bahnlänge mit etwa 1200 Schilling jährlich, bezogen auf die Verhältnisse von 1960, anzunehmen sind;

3. den Kosten für die *laufende Instandhaltung der mechanischen Einrichtung* zuzüglich einer *Rücklage für die Erneuerung der Seile,* welche bei ganzjährigem Betrieb und 8 täglichen Betriebsstunden je nach der verlangten Leistungsfähigkeit jährlich mit ungefähr 5 bis 7% der Kosten für die Seile und die mechanische Einrichtung anzunehmen sind;

4. den Kosten für die laufende *Instandhaltung der Bauwerke,* einschließlich einer *Rücklage für die Erneuerung der Streckenbauwerke.* Bei Ausführung der Streckenbauwerke in *Holzkonstruktion* beträgt deren Lebensdauer etwa 10 bis 15 Jahre, während bei Herstellung in *Stahlkonstruktion* mit einer Lebensdauer von wenigstens 25 bis 30 Jahren gerechnet werden kann. Dementsprechend sind die Instandhaltungskosten jährlich mit etwa 8 bzw. 4% der Baukosten anzusetzen;

5. den *Personalkosten* und

6. *sonstigen Unkosten.*

§ 89. Behördliche Bestimmungen

a) Güterseilbahnen

1. Gesetzliche Bestimmungen. Die Güterseilbahnen, welche meistens *gewerbliche Anlagen* sind, unterliegen den behördlichen Bestimmungen nur insoweit, als durch diese Bahnen Rechte und Interessen anderer Rechtsinhaber oder der Allgemeinheit berührt werden. Da diese Berührung sachlicher oder persönlicher Art sein kann, ergeben sich zwei Gruppen von allgemeinen gesetzlichen Bestimmungen, welche für Güterseilbahnen maßgebend sind.

α) *Gesetzliche Bestimmungen,* nach denen *die Rechte des Bahneigentümers* an fremden Grundstücken und umgekehrt der Besitzer solcher Grundstücke gegenüber dem Bahneigentümer festzulegen sind.

β) *Gesetzliche Bestimmungen zum Schutz von Leben und Gesundheit* der mit der Seilbahn irgendwie in Berührung kommenden Personen und zum Schutz des öffentlichen Verkehrs.

Die Seilbahnen für gewerbliche Unternehmungen jeder Art mit Ausnahme der Bergbauunternehmungen sind der baubehördlichen Genehmigung und Aufsicht unterworfen und nur für Bergbauunternehmungen den Bergbehörden unterstellt.

2. Baugenehmigung. Die Genehmigung zum Bau einer Güterseilbahn für *gewerbliche Zwecke* erteilt die staatliche Verwaltungsbehörde erster Instanz auf Grund des vom Bauwerber eingereichten *Bauprojektes* und nach einer örtlichen *Bauverhandlung.* Hiebei werden Vorschriften über die betriebssichere Herstellung der Bahnanlage sowie über den Schutz gegen schädliche Einwirkungen der Bahn und ihres Betriebes (Schutzbrücken), ausgehend von den durch die Seilbahnfirma im Bauprojekt gemachten Vorschlägen, erlassen. Besondere technische Vorschriften oder Normen für Güterseilbahnen, in denen der Sicherheitsgrad der Seile, jener von Schutzbauten bei Kreuzungen mit anderen Verkehrswegen sowie gewisse Konstruktionsgrundsätze festgelegt sind, gibt es bis jetzt leider nicht in allen Staaten. Sofern Grundflächen oder Rechte öffentlicher Straßen und Eisenbahnen, dann der Post-, Wasser-, Forst- und Bergbehörden, ferner der Gemeinden und Privater berührt werden, sind diese ebenfalls am Genehmigungsverfahren beteiligt.

3. Enteignungsrecht. Ein Enteignungsrecht an fremden Grundstücken, die zur Durchführung des Baues einer Güterseilbahn benötigt werden, besteht im allgemeinen *nicht.*

4. Gewerbeaufsicht. Der Gewerbeaufsicht unterliegt die Genehmigung der Güterseilbahnen an sich nicht. Im Hinblick auf die gesetzlichen Bestimmungen der Gewerbeaufsicht wird jedoch die Gewerbeaufsichtsbehörde bei der Genehmigung von Seilbahnanlagen immer beigezogen. Die Tätigkeit der Gewerbeaufsichtsbehörde besteht dabei in Feststellungen und Vorschreibungen bezüglich der notwendigen Gefahrlosigkeit des Betriebes für das Bahnpersonal und für Arbeiter im Bereiche der Bahn.

5. Baubehördliche Abnahme. Nach Fertigstellung einer Güterseilbahn erfolgt durch die staatliche Verwaltungsbehörde erster Instanz die baubehördliche Abnahme derselben, wobei wieder die vorgenannten Beteiligten sowie die Gewerbebehörde zugezogen werden. Hiebei wird festgestellt, ob die Bahnanlage planmäßig ausgeführt worden ist und ob der Bahneigentümer die ihm bei der Baugenehmigung zur Wahrung der öffentlichen und privaten Interessen auferlegten Verpflichtungen erfüllt hat. Bei der Abnahme werden ferner die Vorschriften für den sicheren Betrieb erlassen, weshalb zu diesem Zeitpunkt vom Bahneigentümer im Einvernehmen mit der Seilbahnfirma auch der Vorschlag für eine Betriebsordnung vorzulegen ist. Schließlich hat die Bahnanlage bei der Abnahme ihre klaglose Funktion zu erweisen, worauf die *Betriebsgenehmigung* erteilt wird.

6. Güterseilbahnen für Bergbaubetriebe. Bei Güterseilbahnen für Bergbaubetriebe geschieht die Genehmigung und Abnahme der Bahnanlage wohl ähnlich wie zuvor, aber durch die *Bergbehörde* erster Instanz. Derartigen Bahnen steht gewöhnlich auch das *Enteignungsrecht* an fremden Grundstücken zu, falls deren Erwerb für den Bahnbau unerläßlich ist.

b) Personenseilbahnen

Die Personenseilbahnen sind im Gegensatz zu den Güterseilbahnen öffentliche Eisenbahnen, und zwar *Kleinbahnen.* Es gelten daher für die Bewilligung zum Bau und Betrieb einer solchen Bahn — die sogenannte

Konzession —, welche das Verkehrsministerium (Eisenbahnaufsichtsbehörde) auf Grund eines *Bauprojektes* und einer örtlichen *Bauverhandlung* erteilt, die betreffenden *Eisenbahngesetze* einschließlich des *Eisenbahnenteignungsgesetzes* und die auf Grund dieser Gesetze erlassenen *Verordnungen* usw. Zu letzteren gehören inbesondere die Vorschriften (*Bedingnisse*) für alle wichtigeren technischen Einzelheiten, wie Seilsicherheiten, bestimmte Konstruktionsgrundsätze u. dgl.

Die *behördliche Abnahme* nach Fertigstellung geschieht ebenfalls durch die Eisenbahnaufsichtsbehörde. Das Verfahren ist ähnlich, aber selbstverständlich strenger als bei Güterseilbahnen.

c) Seilbahnen für beschränkte Personenbeförderung

Diese sind Bahnanlagen, welche in Industrieunternehmungen oder Bergbaubetrieben entweder nur zur Beförderung von Werksangehörigen und eventuell eines sonstigen begrenzten Personenkreises oder auch zur gleichzeitigen Beförderung von Gütern dienen. Für diese Bahnen ist das Verkehrsministerium oder eine von diesem delegierte Unterbehörde zuständig, wenn es sich um Anlagen für Industriebetriebe handelt, oder die Bergbehörde, wenn die Anlagen zu Bergbaubetrieben gehören. Die Bedingungen für den Bau und Betrieb derartiger Seilbahnen ähneln jenen der Personenseilbahnen, doch bestehen diesen gegenüber gewisse Erleichterungen. Ein Enteignungsrecht kann nur in Anspruch genommen werden, wenn es sich um eine Bahnanlage für einen Bergbaubetrieb handelt.

d) Bahnaufsicht

Der Betrieb der Güter- und Personenseilbahnen unterliegt der Aufsicht durch die Behörden und wird bei den Personenseilbahnen entsprechend strenger gehandhabt.

Bahnart	Bahnaufsicht durch
Güterseilbahnen	Staatliche Verwaltungsbehörden 1. Instanz, Gewerbeaufsicht
Güterseilbahnen in Bergbaubetrieben	Bergbehörden 1. Instanz
Seilbahnen mit beschränkter Personenbeförderung	Verkehrsministerium (eventuell Übertragung an eine Unterbehörde)
Seilbahnen mit beschränkter Personenbeförderung in Bergbaubetrieben	Bergbehörden 1. Instanz
Öffentliche Personenseilbahnen	Verkehrsministerium

C. Sessellifte

Das den Sesselliften zugrunde liegende System wurde bereits in § 2 erörtert. In der Folge wird auf die Einzelheiten dieses Verkehrsmittels noch etwas näher eingegangen.

§ 90. Statik der Förderseile. Wie bei den Seilbahnen kann man auch bei den Sesselliften das Gewicht des Förderseiles über die Sehne des Seilfeldes gleichmäßig verteilt annehmen. Sind, wie fast immer, mehrere Sessel in einem Seilfeld an das Förderseil geklemmt, dann entstehen die in Abb. 261 dargestellten Durchhänge und Kräftewirkungen. Es bedeuten darin:

Q_i das Gewicht eines besetzten oder unbesetzten Sessels,

$q' = \frac{q}{\cos\gamma}$ das auf die Sehne des Seilfeldes bezogene Seilgewicht q je Längeneinheit und

$w' = w\cos\gamma$ den auf die Horizontale bezogenen Sesselabstand.

Bezeichnen wir ferner mit

$$Q_1{}^* = Q_1 + q'\frac{x_1 + w'}{2},$$

$$Q_2{}^* = Q_2 + q' w',$$

$$Q_3{}^* = Q_3 + q'\frac{w' + l - x_3}{2}$$

gedachte Einzellasten, die an einem im Seilfeld ausgespannten gewichtslosen Faden befestigt sind, so ergeben sich für dieses gedachte System in den einzelnen Lastorten die gleichen Durchhänge wie unter den tatsächlichen Verhältnissen, wenn die Horizontalkomponente H der Fadenspannkräfte gleich jener der Seilspannkräfte ist. Hievon kann man sich an Hand der Abb. 261 leicht überzeugen, in welcher das gedachte System strichliert eingetragen wurde. Die Anwendung der bekannten elementaren Beziehungen zwischen einem Seileck und einem Krafteck auf unser gedachtes System liefert dann folgende *Durchhänge in den Lastorten:*

$$f_1 = \frac{Q_1{}^* x_1 (l - x_1) + Q_2{}^* x_1 (l - x_2) + Q_3{}^* x_1 (l - x_3)}{l H},$$

$$f_2 = \frac{Q_1{}^* x_1 (l - x_2) + Q_2{}^* x_2 (l - x_2) + Q_3{}^* x_2 (l - x_3)}{l H},$$

$$f_3 = \frac{Q_1{}^* x_1 (l - x_3) + Q_2{}^* x_2 (l - x_3) + Q_3{}^* x_3 (l - x_3)}{l H}.$$

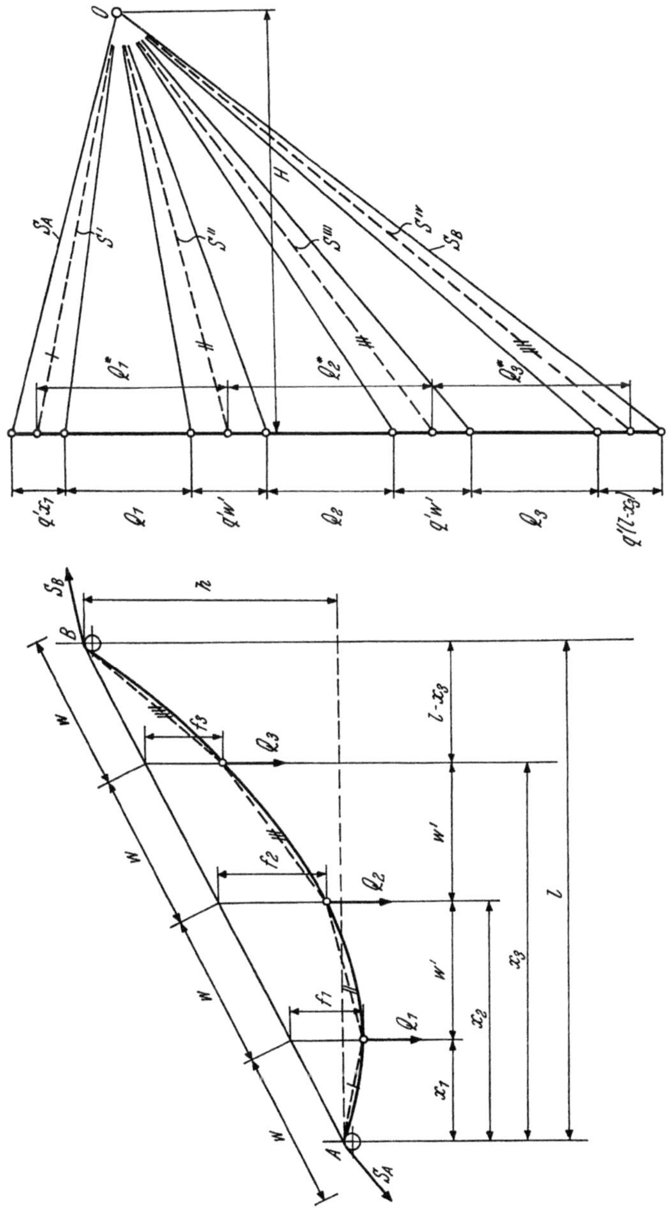

Abb. 261. Durchhänge und Kräftewirkungen in einem Seilfeld eines Sesselliftes

Setzt man hierin für Q_1^* bis Q_3^* die oben angegebenen Werte ein und schreibt für $w' = x_2 - x_1 = x_3 - x_2$, dann entsteht weiter

$$f_1 = \frac{q' x_1 (l - x_1)}{2H} + \frac{Q_1 x_1 (l - x_1) + Q_2 x_1 (l - x_2) + Q_3 x_1 (l - x_3)}{l H},$$

$$f_2 = \frac{q' x_2 (l - x_2)}{2H} + \frac{Q_1 x_1 (l - x_2) + Q_2 x_2 (l - x_2) + Q_3 x_2 (l - x_3)}{l H},$$

$$f_3 = \frac{q' x_3 (l - x_3)}{2H} + \frac{Q_1 x_1 (l - x_3) + Q_2 x_2 (l - x_3) + Q_3 x_3 (l - x_3)}{l H},$$

oder allgemein für den Durchhang unter dem $i$ten Sessel bei n Sesseln im Seilfeld

$$f_i = \frac{q' x_i (l - x_i)}{2H} + \frac{1}{H l} [Q_1 x_1 (l - x_i) + \ldots + Q_i x_i (l - x_i) + \ldots + Q_n x_i (l - x_n)], \quad i = 1, 2, \ldots n. \tag{246}$$

Haben schließlich alle Sessel das gleiche Gewicht, so ergibt sich aus (246)

$$f_i = \frac{q' x_i (l - x_i)}{2H} + \frac{Q}{H l} \left[(l - x_i) \sum_{1}^{i-1} x_k + x_i (l - x_i) + x_i \sum_{i+1}^{n} (l - x_k) \right], \quad i = 1, 2, \ldots n, \tag{247}$$

wobei $x_i = x_1 + (i - 1) w'$ und $x_k = x_1 + (k - 1) w'$.

Man überzeugt sich leicht, daß diese Beziehungen auch aus den für eine Zweiseilbahn in § 18 abgeleiteten hervorgehen, wenn man in den letzteren die auf das Zugseil bezüglichen Größen q_1' und H_1 streicht.

Gl. (246) und (247) kann man unter der Annahme zur Berechnung der *Lastwegkurve* benutzen, daß die Horizontalkomponente der Spannkraft des Förderseiles während der Bewegung in dem betrachteten Seilfeld konstant bleibt. Die Gleichungen haben in der angeschriebenen Form aber nur so lange Gültigkeit, als weder ein Sessel das Seilfeld verläßt noch ein weiterer Sessel aus einem benachbarten Seilfeld in das betrachtete eintritt. Tritt dieser Fall ein, dann müssen die Gleichungen für die um einen Sessel verminderte oder vermehrte ursprüngliche Gesamtzahl derselben neu angeschrieben werden. Die Lastwegkurve ist also ebenso wie bei den Zweiseilbahnen mehrteilig. Man legt daher auch hier am besten zunächst ihre sogenannten *Hauptpunkte* fest, das sind jene Stellen, wo die einzelnen Kurvenäste aneinanderschließen (§ 20).

Von diesen Hauptpunkten gibt es, wenn alle Sessel gleiches Gewicht haben, zwei gegengleiche Gruppen, und zwar n mit dem Durchhang f_i^* bezeichnete, die entstehen, wenn ein Sessel das Seilfeld verläßt, und n mit dem Durchhang f_i^{**} bezeichnete, wenn ein weiterer Sessel in das Seilfeld eintritt. Zufolge der erwähnten Gegengleichheit besteht die Beziehung $f_i^* = f_{n+1-i}^{**}$. Im Hinblick auf die zuvor gemachte Bemerkung können wir zur Bestimmung der Hauptpunkte die Gl. (54) aus § 20 benutzen, wenn wir darin q_1' und H_1 streichen.

Bei den *kleinen* Abständen, in denen die Sessel aufeinanderfolgen, ist es jedoch üblich, die von den Sesseln herrührenden Belastungen gleichmäßig über das Seilfeld verteilt anzunehmen und mit einer gedachten Belastung $q^* = \frac{Q}{w'} + q'$ eine genäherte Durchhangskurve zu berechnen, die dann gleichzeitig auch als Lastwegkurve gilt. Man erhält für diese

$$f_x = \frac{\left(\frac{Q}{w'} + q'\right) x (l - x)}{2H} \tag{248}$$

und in Feldmitte

$$f_m = \frac{\left(\frac{Q}{w'} + q'\right) l^2}{8H} . \tag{248a}$$

Um die Zulässigkeit dieser Näherungsmethode beurteilen zu können, greifen wir auf § 20, Gl. (57a) zurück. Diese Gleichung gibt an, um wieviel die Durchhänge in den erwähnten Hauptpunkten nach dem genauen Verfahren größer sind als nach dem obigen Näherungsverfahren. Gl. (57a) lautet

$$\Delta f_i^* = \Delta f_{n+1-i}^{**} = \frac{1}{2} (n - i) \frac{Q}{H l} (w' - r) r .$$

Darin ist $r = l - (n - 1) w' < w'$, weil ja die Spannweite l kein ganzzahliges Vielfaches der waagrechten Projektion w' des Sesselabstandes darstellt und auch nicht sein soll.

Zunächst folgt aus dieser Gleichung in dem Falle, daß die Spannweite l ein ganzzahliges Vielfaches der waagrechten Projektion w' des Sesselabstandes wäre, $\Delta f_i^* = 0$ würde. Um die größten Abweichungen zu ermitteln, differenzieren wir Δf_i^* nach r und setzen $\frac{d\Delta f_i^*}{dr} = 0$, woraus $r = \frac{w'}{2}$ folgt. Dies in Δf_i^* eingesetzt, führt zu

$$\Delta f_i^* = \frac{1}{8} (n - i) \frac{Q w'^2}{H l} . \tag{249}$$

Beispielsweise erhalten wir für $l = 190$ m, $w' = 20$ m, $n = 10$ und $\frac{Q}{H} = \frac{1}{25}$ die in der nachstehenden Tabelle angegebenen Werte für Δf_i^*.

i	Δf_i^* m
1	0,095
5	0,053
9	0,011

Diese geringen Unterschiede gegenüber dem genaueren Verfahren lassen also das Näherungsverfahren gerechtfertigt erscheinen[1].

Eine weitere Frage ist die, welche *Spannkrafterhöhungen im Förderseil durch die Sessel* hervorgerufen werden. Wir betrachten zu diesem Zweck die in Abb. 261 am Sessel Q_2 wirksamen Kräfte im Zusammenhang mit

[1] Bei den Ein- und Aussteigstellen, wo $l < w'$, müssen die Durchhänge jedoch genau ermittelt werden, und es folgt hiefür aus (246)

$$f_x = \frac{\left(\frac{2Q}{l} + q'\right) x (l - x)}{2H} .$$

den anschließenden Förderseilstücken. Führen wir beiderseits des Sessels Q_2 im halben Abstand von den anschließenden Sesseln einen Schnitt, dann herrschen an den Schnittstellen die Seilspannkräfte S'' und S'''. Diese Spannkräfte würden aber auch in der gleichen Größe entstehen und die gleiche Richtung haben, wenn die Sessellast Q_2 über die Horizontalprojektion w' des Sesselabstandes gleichmäßig verteilt wäre. In Abb. 262 sind die Verhältnisse für eine beliebige Sessellast Q nochmals dargestellt, nunmehr aber unter der Annahme einer gleichmäßigen Verteilung der Sessellast. Zeichnet man im Kräfteplan die Parallele $\overline{04}$ zur Sehne der Seillinie, die sich bei Verteilung der Sessellast ergibt, und fällt von 1 eine Senkrechte auf $\overline{04}$, so schneidet diese die Gerade $S_2 = \overline{02}$ im Punkt 3. Da in Wirklichkeit das Dreieck 012 immer sehr schlank ist, gilt $\overline{03} \sim \overline{01} = S_1$. Es ist damit der Spannkraftzuwachs im Förderseil

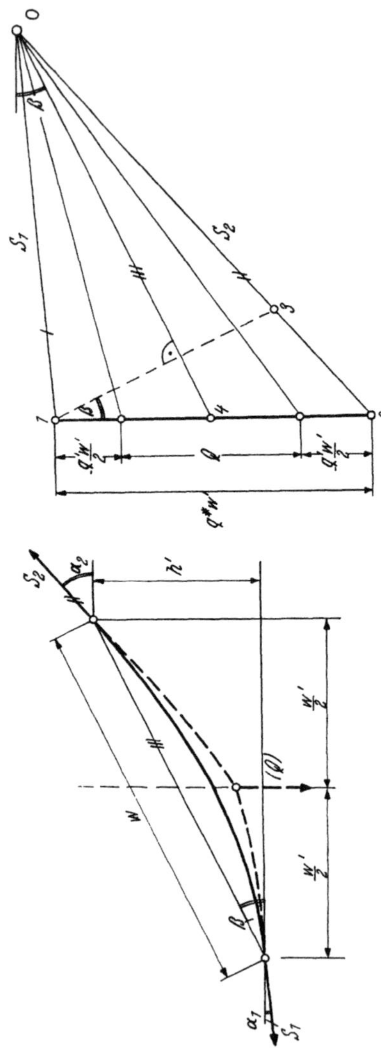

Abb. 262. Kräftewirkungen bei Annahme einer gleichmäßigen Verteilung der Sessellast

$$\Delta S = $$
$$= S_2 - S_1 \doteq \overline{23} \doteq q^* \, w' \sin\beta =$$
$$= \left(\frac{Q}{w'} + q'\right) w' \sin\beta .$$

Setzen wir $q_0^* = \frac{Q}{w} + q$, so gilt wegen $q' = \frac{q}{\cos\beta}$ und $w' = w\cos\beta$ auch

$$\Delta S = q_0^* \, w \sin\beta = q_0^* \, h' = \\ = Q \sin\beta + q\, h'. \quad (250)$$

In einem Seilfeld mit mehreren Sesseln ist β im Bereich der unteren Sessel kleiner als im Bereich der oberen. Das Mittel entspricht daher bei lauter Sesseln mit gleichem Gewicht dem Sehnenneigungswinkel γ des Seilfeldes. Herrscht also, wie in Abb. 261, am unteren Ende eines Seilfeldes die Spannkraft S_A, so folgt für jene am oberen Feldende

$$S_B = S_A + q_0^* \, h = \Sigma\, Q \sin\gamma + q\, h. \quad (251)$$

Ähnlich entsteht für die Spannkraft in Feldmitte

$$S_m = S_A + q_0^* \left(\frac{h}{2} - f_m\right), \tag{252}$$

worin für f_m der Wert aus (248a) einzuführen ist.

Schließlich ergibt sich für die Horizontalkomponente der Seilspannkräfte in einem Feld

$$H = S_m \cos\gamma = \left[S_A + q_0^* \left(\frac{h}{2} - f_m\right)\right] \cos\gamma. \tag{253}$$

Der in den Gl. (252) und (253) aufscheinende Mittendurchhang f_m braucht nur in längeren Seilfeldern mit größeren Durchhängen berücksichtigt zu werden, und es genügt, wenn dieser zunächst genähert bestimmt wird.

Zum Schluß sei noch auf den *Parameter* der genäherten Durchhangs- bzw. Lastwegkurve eingegangen. Mit Bezug auf § 20, Gl. (56) gilt

$$c = \frac{H}{q^*} = \frac{H}{\frac{Q}{w'} + q'}. \tag{254}$$

Unter Benutzung der entsprechenden Schablone aus einem Satz von Parabelschablonen mit verschiedenen Parametern kann man auf diese Weise die genäherte Durchhangs- bzw. Lastwegkurve leicht zeichnen. Sind die Seilfelder nicht sehr lang, so läßt sich diese Kurve auch durch einen Kreisbogen ersetzen. Gemäß § 19, Gl. (35a) ist dessen Halbmesser

$$r = \frac{c}{\cos^3\gamma} = \frac{H}{q^* \cos^3\gamma} = \frac{H}{q_0^* \cos^2\gamma}. \tag{255}$$

§ 91. Zur Festigkeitslehre der Förderseile. Hinsichtlich der Wirkung einer Spannkraft im Förderseil und hinsichtlich seiner Biegung über Rollen und Seilscheiben gelten die in Kap. B II gemachten allgemeinen Angaben. Ergänzend dazu ist jedoch hier noch folgendes zu bemerken.

Die *Zugsicherheit* der Förderseile wird in der Regel $\mathfrak{S}_z = 5$ gewählt. Als größtes Querdruckverhältnis $\frac{1}{\eta}$ zwischen der Last Q des besetzten Sessels und der kleinsten Spannkraft $S_{\min}$ des Förderseiles wird zur möglichsten Schonung des Seiles nicht mehr als

$$\frac{1}{\eta} = \frac{Q}{S_{\min}} = \frac{1}{15} \text{ bis } \frac{1}{20} \tag{256}$$

angenommen. Hiebei ist im allgemeinen noch kein Anschmiegen des Förderseiles an die Ausrundungen der Befestigungsklemme des Sessels zu erwarten. Über die *Biegungsbeanspruchung* vermag demnach gemäß § 24 die Gleichung

$$\sigma_b = \frac{Q}{F_s}\sqrt{\frac{E}{\sigma_{zs}}} \tag{257}$$

Aufschluß zu geben, worin

F_s der metallische Querschnitt des Förderseiles,
E der Elastizitätsmodul des Drahtmaterials und
$\sigma_z = \frac{S}{F_s}$ die Zugbeanspruchung

ist.

Als günstigste *Seilkonstruktion* erweist sich ein Litzenseil mit Hanfseele in normaler Gleichschlag- bzw. Seale-Machart mit 42 bzw. 114 Drähten. Die Werkstoffestigkeit ist zweckmäßig zwischen $k_z = 160$ und 200 kg/mm² zu wählen. Die günstigste Drahtstärke liegt zwischen $\delta = 1{,}2$ und 2,3 mm.

§ 92. Linienführung

Wir bezeichnen mit

M die Leistungsfähigkeit eines Sesselliftes in Personen je Stunde in einer Richtung,
L^* die schräge Bahnlänge,
v die Geschwindigkeit des Förderseiles,
w den Sesselabstand,
t die Folgezeit der Sessel,
P den Fassungsraum eines Sesselgehänges, das sind eine oder zwei Personen (Doppelsessel),
ν die Anzahl der in einer Stunde in einer Richtung geförderten Sessel,
n die Anzahl der Sessel auf einem Strang und
t^* die Fahrzeit auf einen Strang;

dann folgt

$$\left.\begin{aligned} \nu &= \frac{M}{P} \\ t &= \frac{3600}{\nu} \\ w &= v\,t \\ n &= \frac{L^*}{w} \end{aligned}\right\} \quad M = \frac{3600 \cdot P\,v}{w} \qquad (258)$$

und

$$t^* = \frac{L^*}{v}. \qquad (259)$$

Die kleinste *Folgezeit* der Sessel muß so bemessen sein, daß sich nach Abgang eines Sessels der Fahrgast für den nächsten Sessel ohne Hast auf der Einsteigstelle bereitstellen kann und daß bei Ankunft eines Sessels der Fahrgast des vorher angekommenen Sessels genügend Zeit hatte, die Aussteigstelle zu verlassen. Hiezu reicht im allgemeinen eine Sesselfolgezeit von 9 bis 10 sek aus. Auch bei Verwendung von Doppelsesseln erweist sich die angegebene kleinste Sesselfolgezeit noch als ausreichend.

Als *Fahrgeschwindigkeit* wird gewöhnlich $v = 1{,}50$ m/sek angenommen, um auch weniger gewandten Fahrgästen das Besteigen und Verlassen der Sessel während der Bewegung des Förderseiles zu ermöglichen. Nur bei ausgesprochenem Wintersportbetrieb kann noch eine Fahrgeschwindigkeit von $v = 2{,}50$ m/sek zugelassen werden.

Mit den angegebenen Sesselfolgezeiten ergibt sich bei Anlagen mit Sesseln für eine Person eine stündliche *Leistungsfähigkeit* von 360 bis 400 Personen, bei Sesseln für zwei Personen aber das Doppelte.

Die schräge *Streckenlänge* sollte womöglich 1500 m nicht überschreiten, wofür folgende Umstände maßgebend sind:

1. Unruhiger Lauf der Anlage bei großer Streckenlänge im Falle ungleichmäßiger Besetzung der Sessel führt zu Betriebserschwernissen.
2. Lange Fahrzeiten sind bei ungünstiger Witterung für die Fahrgäste unangenehm, da sie deren Unbilden ziemlich schutzlos ausgesetzt werden.
3. Bei großer Streckenlänge und vielen Sesseln ist die rasche Bergung der Fahrgäste im Falle einer Betriebsstörung nicht gewährleistet.

Der Bildung längerer Anlagen durch Aneinanderreihung einzelner voneinander unabhängiger Teilstrecken steht jedoch nichts entgegen. Wegen der raschen Bergung bei Betriebsstörungen ist auch die Beschränkung der *Gesamtzahl der Sessel* eines Sesselliftes auf etwa 120 erwünscht. Besteht eine Anlage aus mehreren Teilstrecken, so gilt diese Beschränkung für jede derselben, nicht aber für alle zusammen.

Jede Strecke muß im *Grundriß gerade* sein und es soll ihr Längenschnitt in bezug auf die *Neigungsverhältnisse* womöglich keine stärkeren örtlichen Neigungsänderungen aufweisen. Die *Talstation* ist möglichst nahe an den Fuß des zu erschließenden Berges zu legen und die *Bergstation* immer ein kleines Stück unterhalb des Gipfels in geschützter Lage zu errichten.

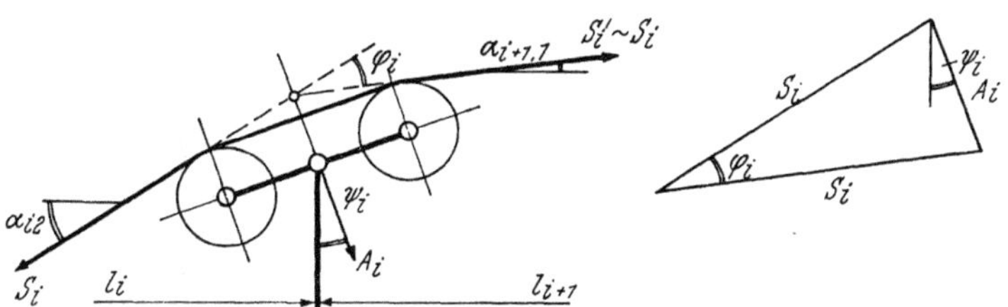

Abb. 263. Stützenknickwinkel und Stützendruck

§ 93. Stützenknickwinkel und Stützenbelastung. Unter der Annahme, daß wir die Durchhangs- bzw. Lastwegkurven gemäß Gl. (248) als Parabeln auffassen dürfen, sind die Winkel dieser Kurve gegenüber der Horizontalen

$$\left.\begin{aligned} &\text{am unteren Feldende} \quad \operatorname{tg}\alpha_1 = \operatorname{tg}\gamma - \frac{l}{2c} \\ &\text{am oberen Feldende} \quad \operatorname{tg}\alpha_2 = \operatorname{tg}\gamma + \frac{l}{2c} \end{aligned}\right\}, \tag{260}$$

worin c durch Gl. (254) festgelegt ist. Für den *Stützenknickwinkel* folgt dann gemäß Abb. 263

$$\varphi_i = \alpha_{(i)2} - \alpha_{(i+1)1}, \tag{261}$$

wofür im Falle kleinerer Winkel gesetzt werden kann

$$\operatorname{tg}\varphi_i = \operatorname{tg}\alpha_{(i)2} - \operatorname{tg}\alpha_{(i+1)1}. \tag{261a}$$

Schließlich erhalten wir für den *Stützendruck*

$$A_i = 2\,S_i \sin\frac{\varphi_i}{2} \qquad (262)$$

oder genähert

$$A_i = S_i \operatorname{tg}\varphi_i, \qquad (262\,\text{a})$$

worin S_i die Spannkraft des Förderseiles an der Stütze ist. Dazu tritt noch die Stützenreibung

$$R_i = \mu\,A_i. \qquad (262\,\text{b})$$

Der Reibwert kann dabei zwischen $\mu = 0{,}015$ und $0{,}025$ schwanken. Der Neigungswinkel von A_i gegenüber der Lotrechten beträgt

$$\psi_i = \frac{\alpha_{(i)\,2} + \alpha_{(i+1)\,1}}{2}.$$

R_i steht senkrecht auf A_i und wirkt auf die Stütze in der Bewegungsrichtung des Förderseiles.

§ 94. Verlauf der Förderseilspannkräfte auf der Strecke. Die gesamte Spannkraft an einer beliebigen Stelle des Förderseiles setzt sich aus der vom Spanngewicht ausgeübten Vorspannung, aus dem Spannungszuwachs zufolge des überwundenen Höhenunterschiedes und aus der Streckenreibung sowie aus gelegentlichen dynamischen Wirkungen zusammen.

Für die *Vorspannung* ist einerseits die Einhaltung des größten Querdruckverhältnisses (Gl. 256) und andererseits die gesicherte Aufnahme der Umfangskraft an der Antriebsscheibe maßgebend. Dagegen treten die Durchhangsverhältnisse wegen der im allgemeinen kleinen Spannweiten bei der Bestimmung der Größe der Vorspannung in den Hintergrund. Die *Höhenspannung* ist gemäß Gl. (251) zu berechnen und für die *Streckenreibung* erscheint gemäß § 48 die Summe der *Absolutbeträge* der Stützendrücke A_i maßgebend. Demnach gilt für einen bestimmten Streckenabschnitt

$$S_R = \mu\,\Sigma\,|A_i|. \qquad (263)$$

Ist an beiden Enden eines Streckenabschnittes von der waagrechten Länge L_i annähernd die gleiche Seilneigung vorhanden und wird dazwischen das Förderseil nirgends heruntergezogen, dann kann man für die Streckenreibung

$$S_R = q_0{}^*\,L_i\,\mu \qquad (263\,\text{a})$$

setzen. Derartige Verhältnisse sind aber nicht allzu häufig und daher wird S_R nach Gl. (263) oft erheblich größer sein als nach (263a)[1].

Die *dynamischen Wirkungen* kommen hauptsächlich durch Anfahrbeschleunigungen und Bremsverzögerungen zustande. Sie hängen von der bewegten Masse ab und betragen daher

$$S_D = \pm q_0{}^*\,L_i{}^*\,\frac{p}{g}, \qquad (264)$$

wobei

[1] Man kann dies durch ein $\mu' > \mu$ in (263a) berücksichtigen.

L_i^* die zu L_i gehörige schräge Länge und
p die Anfahrbeschleunigung oder Bremsverzögerung
ist. Im allgemeinen kann man auch hier $p = 0{,}20\ \text{m/sek}^2$ annehmen.

Für den *Verlauf der Spannkräfte* im Förderseil ist die Lage von Antriebswindwerk und Spannvorrichtung entscheidend. Aus den gleichen wie in § 49 angeführten Gründen sollte der Antrieb stets am Bergende der Anlage stehen und die Spannvorrichtung am Talende untergebracht werden. Zwecks Verringerung der Anlagekosten und Erleichterung der Betriebsabwicklung wird aber oft das Antriebswindwerk mit der Spannvorrichtung am unteren Ende der Anlage vereinigt.

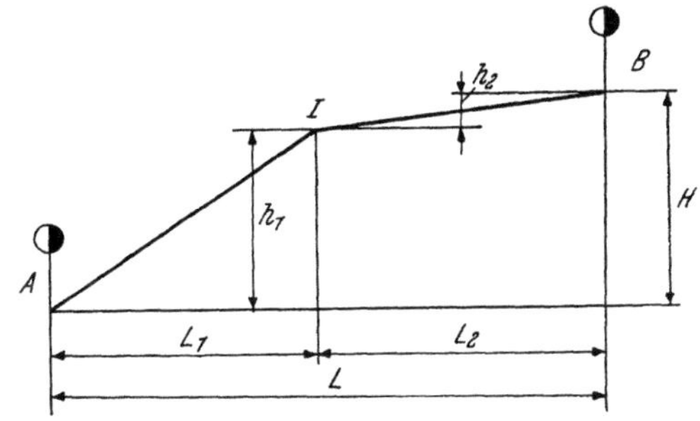

Abb. 264. Schematischer Längenschnitt eines Sesselliftes zwecks Beurteilung des Verlaufes der Spannkräfte im Förderseil

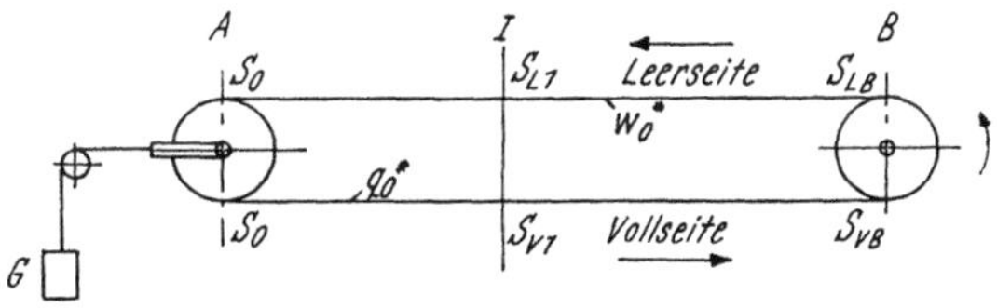

Abb. 265. Seilführungsschema bei Bergförderung, Antrieb oben, Spannvorrichtung unten

Denken wir uns einen Bahnlängenschnitt von der in Abb. 264 schematisch dargestellten Form, bei welchem bloß eine Zerlegung in die hinsichtlich der Neigungsverhältnisse charakteristischen Abschnitte erfolgt ist, so ergibt sich in bezug auf den Spannkraftverlauf folgendes.

1. Bergförderung. Antrieb oben, Spannvorrichtung unten.

Wir bezeichnen mit:

Q das Gewicht eines besetzten Sessels und mit $q_0^* = \frac{Q}{w} + q$, ferner mit

W das Gewicht eines leeren Sessels und mit $w_0^* = \frac{W}{w} + q$.

Das zugehörige Seilführungsschema zeigt Abb. 265 und die dort eingeschriebenen Seilspannkräfte betragen:

Auf der Vollseite in

$$\left.\begin{aligned}
A:&\quad S_{VA} = S_0 = \frac{G}{2}\\
I:&\quad S_{V1} = S_0 + q_0^* h_1 + q_0^* L_1 \mu' \pm q_0^* L_1^* \frac{p}{g}\\
&\qquad = S_0 + q_0^* \left(h_1 + L_1 \mu' \pm L_1^* \frac{p}{g}\right)\\
B:&\quad S_{VB} = S_{V1} + q_0^* \left(h_2 + L_2 \mu' \pm L_2^* \frac{p}{g}\right)\\
&\qquad = S_0 + q_0^* \left(H + L \mu' \pm L^* \frac{p}{g}\right)
\end{aligned}\right\}, \qquad (265)$$

auf der Leerseite in

$$\left.\begin{aligned} A:\quad & S_{LA} = S_0 = \frac{G}{2} \\ I:\quad & S_{L1} = S_0 + w_0{}^* \left(h_1 - L_1\,\mu' \mp L_1{}^* \frac{p}{g}\right) \\ B:\quad & S_{LB} = S_0 + w_0{}^* \left(H - L\,\mu' \mp L^* \frac{p}{g}\right) \end{aligned}\right\}. \qquad (265\text{a})$$

Daraus entsteht für die Umfangskraft am Antrieb

$$U = S_{VB} - S_{LB} = (q_0{}^* - w_0{}^*)\,H + (q_0{}^* + w_0{}^*)\left(L\,\mu' \pm L^* \frac{p}{g}\right), \qquad (266)$$

wobei im letzten Glied das obere Vorzeichen für Anfahren und das untere für Bremsen gilt.

2. Talförderung. Antrieb oben, Spannvorrichtung unten.

$$\left.\begin{aligned} S_{VB} &= S_0 + q_0{}^* \left(H - L\,\mu' \mp L^* \frac{p}{g}\right) \\ S_{LB} &= S_0 + w_0{}^* \left(H + L\,\mu' \pm L^* \frac{p}{g}\right) \end{aligned}\right\}, \qquad (267)$$

$$U = S_{LB} - S_{VB} = (w_0{}^* - q_0{}^*)\,H + (q_0{}^* + w_0{}^*)\left(L\,\mu' \pm L^* \frac{p}{g}\right). \qquad (268)$$

Für die Vorzeichen des letzten Gliedes gilt dasselbe wie zuvor.

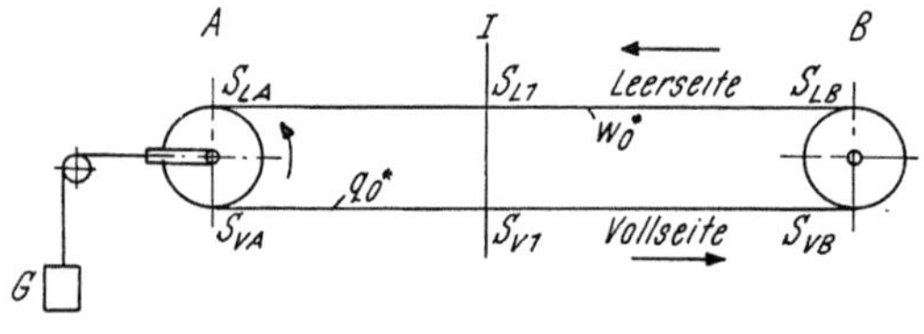

Abb. 266. Seilführungsschema bei Bergförderung, Antrieb und Spannvorrichtung unten

3. Bergförderung. Antrieb und Spannvorrichtung unten.

Das hiezu gehörige Seilführungsschema ist in Abb. 266 dargestellt, und es entsteht für die dort eingetragenen Seilspannkräfte:

Auf der Vollseite in

$$\left.\begin{aligned} A:\quad & S_{VA} \\ B:\quad & S_{VB} = S_{VA} + q_0{}^* \left(H + L\,\mu' \pm L^* \frac{p}{g}\right) \end{aligned}\right\}, \qquad (269)$$

auf der Leerseite in

$$\left.\begin{aligned} B:\quad & S_{LB} = S_{VB} \\ A:\quad & S_{LA} = S_{LB} - w_0{}^* \left(H - L\,\mu' \mp L^* \frac{p}{g}\right) \\ & \quad = S_{VA} + (q_0{}^* - w_0{}^*)\,H + (q_0{}^* + w_0{}^*)\left(L\,\mu' \pm L^* \frac{p}{g}\right) \end{aligned}\right\}. \qquad (269\text{a})$$

Die Umfangskraft am Antrieb ist

$$U = S_{LA} - S_{VA} = (q_0^* - w_0^*)\,H + (q_0^* + w_0^*)\left(L\,\mu' \pm L^* \frac{p}{g}\right). \qquad (270)$$

Berücksichtigen wir nun, daß

$$G = S_{LA} + S_{VA},$$

so ergibt sich weiter

$$S_{LA} = \frac{G+U}{2} \text{ und } S_{VA} = \frac{G-U}{2}. \qquad (271)$$

4. Talförderung. Antrieb und Spannvorrichtung unten.

$$\left.\begin{aligned} S_{VB} &= S_{VA} + q_0^*\left(H - L\,\mu' \mp L^* \frac{p}{g}\right) \\ S_{LB} &= S_{VB} \\ S_{LA} &= S_{VA} + (q_0^* - w_0^*)\,H - (q_0^* + w_0^*)\left(L\mu' \pm L^* \frac{p}{g}\right) \end{aligned}\right\}, \qquad (272)$$

$$U = S_{VA} - S_{LA} = (w_0^* - q_0^*)\,H + (q_0^* + w_0^*)\left(L\mu' \pm L^* \frac{p}{g}\right), \qquad (273)$$

$$S_{LA} = \frac{G-U}{2} \text{ und } S_{VA} = \frac{G+U}{2}. \qquad (274)$$

§ 95. Bemessung des Förderseiles und Bestimmung der Antriebsleistung

Zunächst wird auf Grund des größten zulässigen Querdruckverhältnisses (Gl. 256) die kleinste Seilspannkraft bestimmt. Befindet sich der Antrieb oben und die Spannvorrichtung unten, so ist diese Spannkraft gleich dem halben Spanngewicht. Wird hingegen Antrieb und Spannvorrichtung unten angeordnet, dann ist die kleinste Seilspannkraft der sich für S_{VA} im Falle der Bergförderung ergebende Wert.

Schätzt man das Seilgewicht q je Längeneinheit, so lassen sich mit Hilfe der Gl. (265) bis (274) alle Größen und somit auch die größte Seilspannkraft S_{VB} berechnen, wofür stets die Bergförderung maßgebend ist. Die Multiplikation von S_{VB} mit dem gemäß § 91 $\mathfrak{S}_z = 5$ betragenden Zugsicherheitsgrad liefert die *erforderliche Bruchlast* des Seiles und damit die Möglichkeit von dessen Auswahl aus den Seiltabellen. Wurde das Seilgewicht nicht genügend genau geschätzt, so ist die Rechnung zu wiederholen.

Für die notwendige *Antriebsleistung* gelten dieselben Beziehungen wie bei den Seilbahnen [§ 52, Gl. (179)].

§ 96. Austeilung der Stützen. Diese wird in der Regel in einem unverzerrten Geländelängenschnitt im Maßstab 1:500 oder 1:1000 durchgeführt. Im Vergleich zu den Seilbahnen sind jedoch hier der Stützenverteilung enge Grenzen gezogen, die sich dadurch ergeben, daß sich aus Sicherheitsgründen die Seilführung ziemlich knapp an das Gelände anschmiegen muß. Dieser Umstand macht es mitunter auch notwendig, das Förderseil an einzelnen Stützen niederzuhalten. Die Bedingungen, unter denen die Stützenausteilung durchzuführen ist, sind folgende:

1. Der *größte Abstand* der Vorderkante der Sitzfläche der Sessel vom Gelände darf 8,0 m nicht überschreiten. Hiebei sind alle Sessel in dem jeweils betrachteten Seilfeld als unbesetzt anzunehmen, und die größtmögliche Seilspannkraft ist in Rechnung zu stellen. In einem kurzen Bereich, etwa bei der Überquerung eines Grabens, darf jedoch der genannte Abstand bis zu 15,0 m betragen.

2. Der *kleinste Abstand* der Unterkante des Sesselgehänges vom Gelände, einschließlich etwa vorhandener Fußrasten, darf 2,50 m nicht unterschreiten, wobei eine etwaige Schneelage mit zu berücksichtigen ist. Hiebei sind in dem jeweils betrachteten Seilfeld alle Sessel vollbelastet anzunehmen, und die kleinstmögliche Seilspannkraft ist in Rechnung zu stellen.

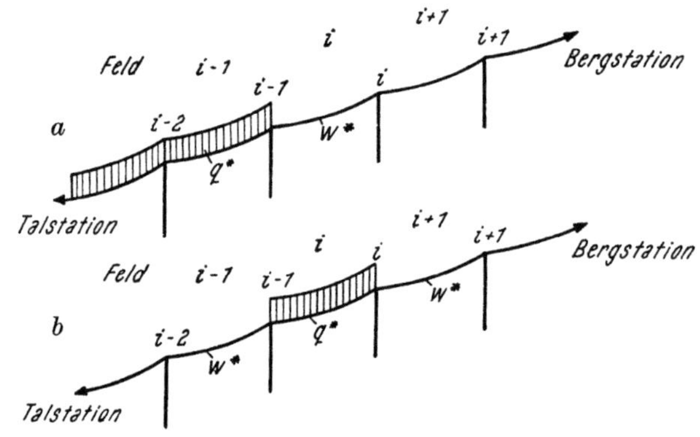

Abb. 267. Maßgebende Belastung eines Seilstranges für
a) den kleinsten Durchhang im Feld *i*,
b) den größten Durchhang im Feld *i*

3. Auf einer Stütze muß die *Anzahl der Tragrollen* für einen Seilstrang mindestens 2 betragen, und es ist für eine gleichmäßige Übertragung des Seildruckes auf alle Rollen zu sorgen. Der *kleinste Druck* von oben auf eine Tragrolle darf nicht weniger als 50 kg sein und der kleinste Druck von unten (Auftrieb) auf eine solche nicht weniger als 90 kg. Als *größte Seilablenkung* auf einer Rolle ist $\operatorname{tg} \varphi_1 = 0{,}08$ anzunehmen. Dies ergibt bei Einsessellifiten gewöhnlich größte Rollendrücke von ungefähr 300 kg, wobei der Rollendurchmesser mindestens 350 mm zu betragen hat, und bei Doppelsesselliften größte Rollendrücke von etwa 500 kg bei einem Rollendurchmesser von mindestens 500 mm.

4. Unter der Annahme, daß sich bei einem Sessellift der Antrieb am oberen und die Spannvorrichtung am unteren Streckenende befindet, gelten für die *Extremwerte des Durchhanges* in einem Seilfeld *i* die vorstehend in Abb. 267 a und b angeführten Belastungsfälle eines Seilstranges.

Dagegen sind bei einer Stütze *i* mit Druck des Förderseiles von *oben* für die *Extremwerte der Stützendrücke* meistens die in Abb. 268 a und b dargestellten Belastungsfälle maßgebend. Für Stützen, an denen das Seil *niedergehalten* werden muß, können die für die Stützendrücke maßgebenden

Feldbelastungen ebenfalls leicht gefunden werden. Stützen, auf die das Förderseil einmal von oben drückt und dann wieder niedergehalten werden muß, sind unstatthaft.

Bei der *Austeilung der Stützen* geht man nun zweckmäßig so vor, daß man zuerst die den kleinsten und größten Durchhängen entsprechenden Seilparameter für den ganzen Streckenverlauf näherungsweise auf Grund der geschätzten Bahnneigungen und den sich daraus ergebenden Seilspannkräften mit Gl. (254) berechnet und in einem Graphikon darstellt. Man ist dadurch in der Lage, aus einem Satz von Parabelschablonen (§ 90) die für die Seilkurven an einer beliebigen Stelle des Längenschnittes gültigen auszuwählen. Von einer bereits festgelegten Stütze gelangt man dann zur nächsten, indem man unter Einhaltung der früher angegebenen Grenzwerte für die Bodenabstände mit den Schablonen die Seilkurven für den kleinsten und größten Durchhang zeichnet. Im Schnitt der beiden Linien ergibt sich auf diese Weise die nächste Stütze. Da die Seilfelder im allgemeinen nicht lang sind — durchschnittlich um 100 m —, kann man die Seilkurven auch als Kreisbogen darstellen (§ 90), ohne einen größeren Fehler zu begehen. Deren Radien hat man in der gleichen Art wie oben für den ganzen Streckenverlauf mit Gl. (255) zu berechnen.

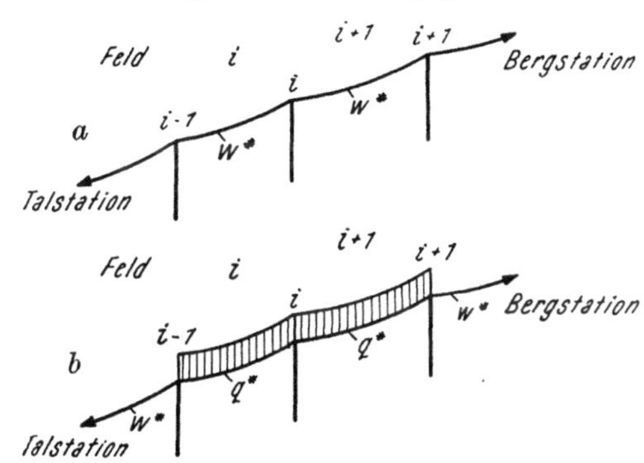

Abb. 268. Maßgebende Belastung eines Seilstranges für *a)* den kleinsten Druck auf der Stütze *i*, *b)* den größten Druck auf der Stütze *i*

Im Zuge der Stützenausteilung sind auch *gleich* die kleinsten und größten Stützenknickwinkel bzw. Stützendrücke auf Grund der zuvor dafür angegebenen Belastungsfälle zeichnerisch nachzuprüfen.

Dort wo starke lotrechte Richtungsänderungen unvermeidlich sind — in der Regel vor der Bergstation —, werden *Kuppengerüste* errichtet.

Nach der Stützenausteilung hat man eine *Längenschnittsberechnung* in ähnlicher Art wie bei den Seilbahnen (§ 38) durchzuführen und darnach eventuelle Korrekturen vorzunehmen.

§ 97. Stützen der Sessellifte. Die Stützen für das Förderseil erhalten stets *Mastform* mit einem Querhaupt am oberen Ende für die Befestigung der Tragrollen (Abb. 269). Der Schaft besteht in der Regel aus einem geschweißten kastenförmigen Blechkörper von 7 bis 10 mm Wandstärke, während das Querhaupt aus zwei [-Eisen mit oberen und unteren Decklamellen zusammengesetzt ist. Die Befestigung des Querhauptes auf dem Schaft geschieht durch Verschraubung, wobei Langlöcher im Querhaupt kleine seitliche Verschiebungen desselben gegenüber dem Mast gestatten, um die Tragrollen genau in der Bahnrichtung einstellen zu können. Die Stützen müssen so ausgebildet sein, daß die um 15% aus ihrer lotrechten Stellung ausgeschwungenen Sessel noch

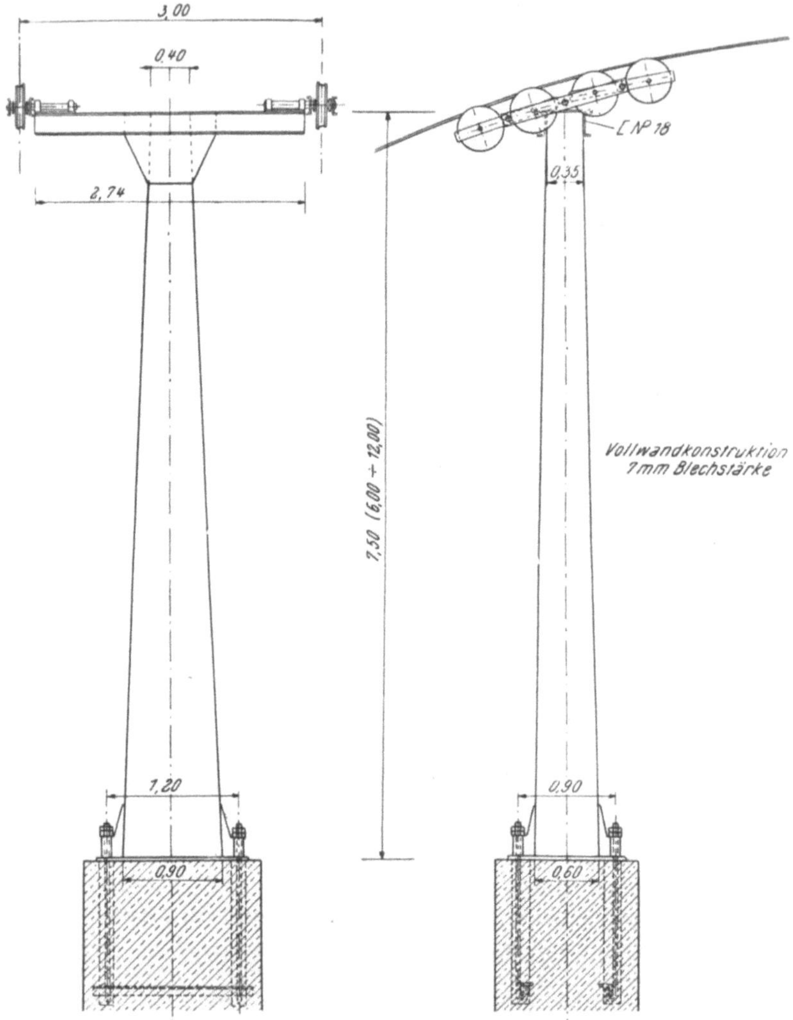

Abb. 269. Stütze für Sessellifte

einen Abstand von 0,50 m vom Stützenschaft haben. Bei Einsesselliften reicht dazu ein Abstand der beiden Stränge des Förderseiles — *Spur* — von 3,0 m aus. Bei Doppelsesselliften ist eine Vergrößerung des Abstandes auf 3,60 m notwendig. Bei den üblichen Spannweiten (§ 96) erscheinen

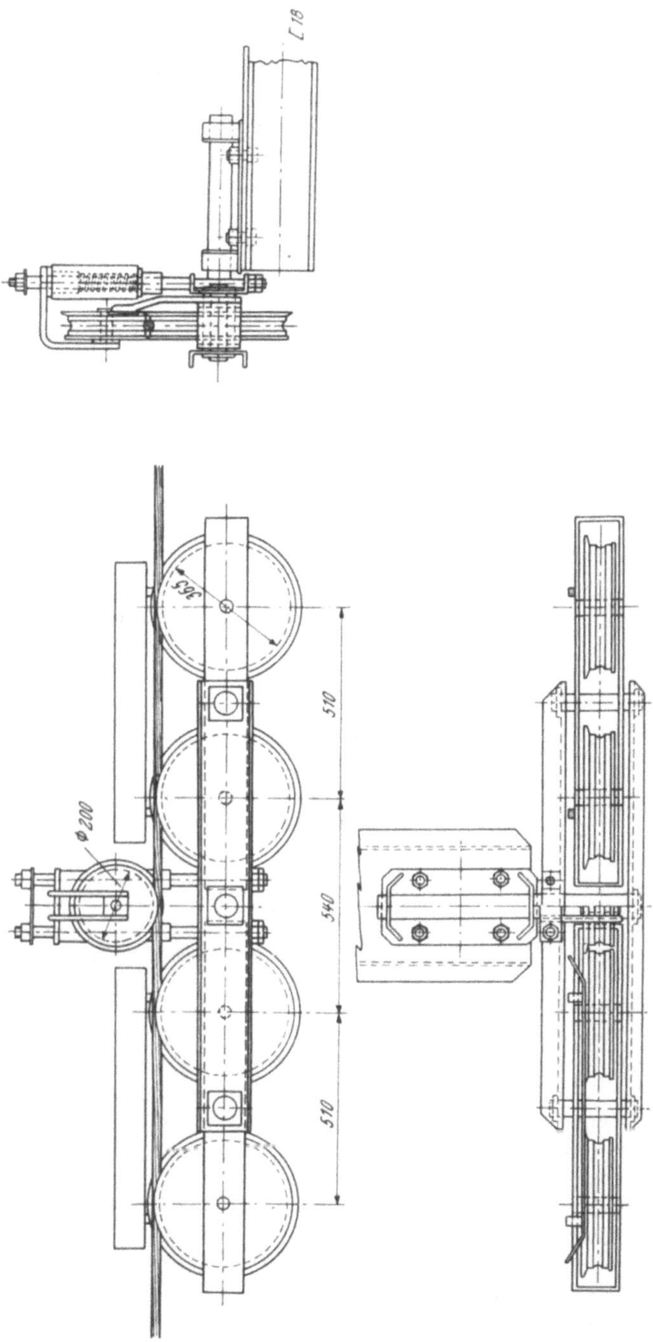

Abb. 270. Rollenwiege für die Stützen bei Seildruck von oben

diese Spuren auch innerhalb der Seilfelder im Hinblick auf die Wirkung des Seitenwindes ausreichend. Die Stützenhöhe beträgt durchschnittlich 6,0 bis 8,0 m, höhere Stützen als 12,0 m kommen kaum vor. Das stets aus Beton bestehende *Stützenfundament* muß an der Sohle eine entsprechende Breite senkrecht zur Bahnachse besitzen, um durch gute Druckverteilung auf den Untergrund einseitige Setzungen möglichst auszuschließen, die eine Schiefstellung der Stütze zur Folge hätten. Die Verbindung der Stützenkonstruktion mit dem Fundamentsockel erfolgt mit Rundstahlankern in den Basisecken des Stützenschaftes.

An den Enden des Querhauptes befinden sich die Lager für die Achsen der *Rollenwiegen*, Abb. 270. Diese bestehen aus Waagebalkenanordnungen für 2 bis 8 Tragrollen, um eine gleichmäßige Druckübertragung auf alle

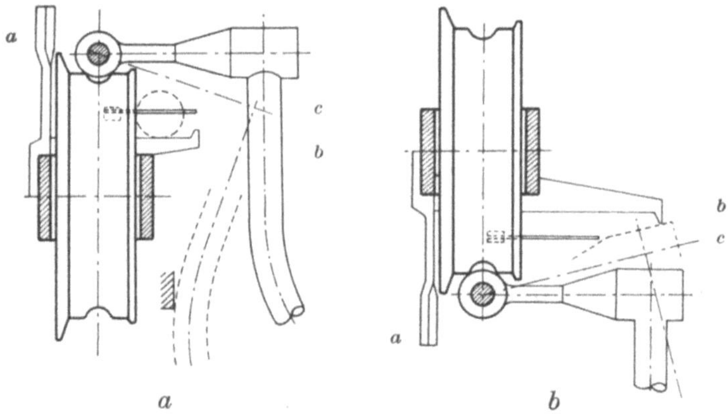

Abb. 271. Anordnung von Seilabweisern, Seilfängern usw.
a) bei einer Stütze mit Seildruck von oben,
b) bei einer Stütze mit Seilniederhaltung

Rollen zu gewährleisten. Die Rollen, über deren Durchmesser und Belastung das Wichtigste in § 96 gesagt wurde, besitzen zwischen Blechschilden eingespannte Gummilaufringe und haben Kugellager. Die Rollenbreite beträgt im Mittel 90 mm. Um zu verhindern, daß die Seilklemmen seitlich ausgeschwungener Sessel gegen die äußeren Rollenborde stoßen, müssen diese niedriger als die inneren sein. Damit bei einer Stütze mit Seildruck von oben (Abb. 270 und 271a) das Förderseil nicht aus den Rollen ausspringt bzw. bei einem Seilaussprung ein Unfall vermieden wird, bringt man an der Innenseite der Wiegen Seilabweiser *a* an, während an ihrer Außenseite, wo Seilabweiser nicht möglich sind, Seilfänger *b* angeordnet werden. Außerdem wird auf der Außenseite der Wiege in der Nähe des *Seilauflaufes* ein Sicherheitsschalter *c* vorgesehen, der in einem Ruhestromkreis liegt und bei einem Aussprung des Förderseiles nach außen eine selbsttätige Stillsetzung des Antriebes bewirkt. Schließlich sollen für die einzelnen Waagebalken der Wiegen auch Hubbegrenzungen vorgesehen werden. Abb. 271b zeigt noch die beschriebenen Sicherheitsanordnungen an den Wiegen von Stützen, bei welchen das Förderseil niedergehalten wird. Stützen für einen Seildruck von oben, bei denen aber der Knickwinkel zwischen den Sehnen der benachbarten Seilfelder negativ ist, erhalten über den Tragrollen oft noch eine Gegenrolle für den Fall eines unvorhergesehen großen Anstieges der Förderseilspannkraft. Umgekehrt wird bei Stützen, an welchen eine Niederhaltung des Förderseiles erfolgt, für den Fall eines unvorhergesehen starken Absinkens der Förderseilspannkraft (und auch für Montagezwecke) häufig noch eine untere Gegenrolle angeordnet.

Für die *Belastung der Stützen* ist außer dem Seildruck und der Reibung (§ 93) noch der Winddruck zufolge Seitenwind auf Seile, Sessel und Stützenkonstruktion und das Eigengewicht der Stütze maßgebend. Als Winddruck auf die Anlage mit unbesetzten Sesseln sind 250 kg/m² und auf die Anlage mit besetzten Sesseln 125 kg/m² anzunehmen. Die Windangriffsfläche eines unbesetzten Sessels beträgt etwa 0,20 m² und eines besetzten ungefähr 0,40 m². Für Doppelsessel sind diese Werte mit 1,20 zu vervielfachen. Das Eigengewicht der stählernen Stützenkonstruktion ergibt sich durchschnittlich mit 160 kg/m Stützenhöhe. Über die Gewichte der Wiegen samt Tragrollen gibt die nachstehende Tabelle Aufschluß. Die ungünstigsten Belastungsverhältnisse sind auf Grund der gleichen Überlegungen wie bei den Seilbahnen zu bestimmen (§ 41). Für die *zulässigen Beanspruchungen* sind die Bestimmungen für Eisenbahnbrücken maßgebend. Die Standsicherheit hat mindestens 1,5 zu betragen. Die Stützenkonstruktionen und ihre mechanische Ausrüstung sind in der Regel werkgenormt.

Gewicht einer Wiege samt Tragrollen

Anzahl der Tragrollen	Einsessellifte Rollendurchm. 350 mm kg	Doppelsessellifte Rollendurchm. 500 mm kg
2	95	120
4	210	250

§ 98. Antriebswindwerk. Die Antriebe der Sessellifte sind in ähnlicher Art wie jene der Personenseilbahnen für Umlaufbetrieb (§ 55) gestaltet. Wir unterscheiden auch hier die Antriebsscheibe, das Vorgelege, den Antriebsmotor und die Bremsen.

Die *Antriebsscheibe* ist stets einrillig und wird vom Förderseil zur Hälfte umschlungen. Die Seilrille erhält meistens eine Gummifütterung, und ihrer Ausbildung (Abb. 272) ist besondere Sorgfalt zu widmen. Dies hängt damit zusammen, daß sich die Sesselklemmen in die Seilrille legen und dabei das Förderseil etwas von dieser abziehen. Dabei darf im Falle des seitlichen Ausschwingens eines Sessels dessen Klemme nicht hart gegen die Scheibenborde stoßen oder gar der Sessel irgendwo hängenbleiben. Aus diesem Grunde wird die Antriebsscheibe häufig mit einem an ihr befestigten leichten Führungskranz für die Sesselgehänge versehen. Unmittelbar vor der Antriebsscheibe sind ferner Einführungsrollen für das Förderseil anzubringen, die für eine genaue und sichere Seileinführung in die Rille der Antriebsscheibe sorgen. Die Antriebsscheiben, deren Durchmesser stets gleich der Spur ist, bestehen meistens aus einer geschweißten Stahlkonstruktion und erhalten sowohl einen Zahnkranz als auch einen (oft innen liegenden) Bremskranz.

Das *Vorgelege* setzt sich meistens aus einem gekapselten, rasch laufenden Winkelgetriebe und einem an diesem angebrachten Ritzel zusammen, das in den Zahnkranz der Antriebsscheibe eingreift.

Als *Antriebsmotor* kann sowohl ein Drehstrom-Asynchronmotor dienen als auch ein Gleichstrommotor, der seinen Strom von einem Ward-Leonard-Aggregat empfängt. Letztere Anordnung gestattet in bequemer Weise Geschwindigkeitsänderungen, was gerade bei Sesselliften, bei denen das Auf- und Absteigen während der Bewegung der Sessel geschieht, sehr zu beachten ist. Außerdem wird stets noch ein Benzinmotor als Notantrieb vorgesehen.

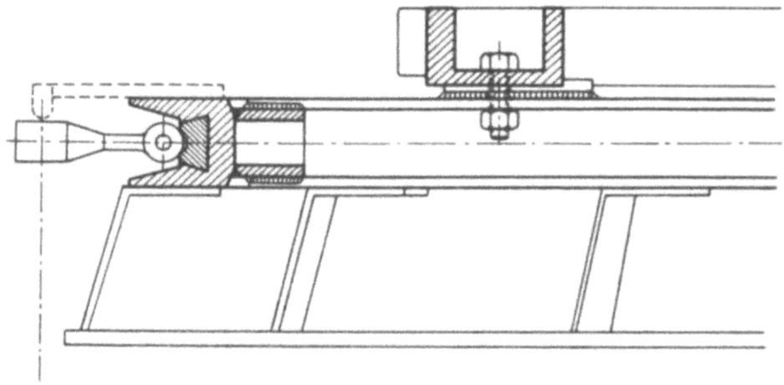

Abb. 272. Ausbildung des Kranzquerschnittes der Antriebsscheibe

An *Bremseinrichtungen* ist eine auf die Antriebsscheibe wirkende Notbremse vorzusehen und eine auf die verlängerte Motorwelle wirkende elektrische Lüftungsbremse. Die Notbremse fällt bei einer Geschwindigkeitsüberschreitung um 20% automatisch ein, wobei die Bremskraft von einer Feder ausgeübt wird; sie kann aber auch von Hand aus ausgelöst bzw. betätigt werden.

Bezüglich der Einzelheiten der Antriebsteile und der einzuhaltenden Sicherheiten sei auf die betreffenden Darlegungen hinsichtlich der Personenseilbahnen (§ 54) hingewiesen.

Über eine gebräuchliche Gesamtanordnung der Antriebe von Sesselliften, bei denen es wegen der Fahrt der Sessel um die Antriebsscheiben auf eine möglichst gedrängte Bauweise ankommt, gibt die Abb. 273 Aufschluß. Diese Anordnung kommt bei fester Aufstellung des Antriebes in der Bergstation zur Anwendung. Die bewegliche Lagerung des Antriebes wird notwendig, wenn dieser in der Talstation mit der Spannvorrichtung des Förderseiles zu vereinigen ist. Während im ersten Fall der Antrieb mit seinem kräftigen Rahmen unmittelbar auf den Längswänden des Antriebsraumes ruht, muß er im zweiten mit Rollen längsbeweglich auf diesen Wänden gelagert werden.

§ 99. Spannvorrichtung. Eine Spannvorrichtung, wie sie bei der Aufstellung des Antriebes in der Bergstation als Regelbauweise in der Talstation angeordnet wird, zeigt Abb. 284. Die Seilscheibe ist dabei fliegend auf einem Spannwagen gelagert und es greift an diesem das Spannseil an. Die Seilscheibe wird in der gleichen Art wie die Antriebsscheibe ausgeführt; die sonstigen Einzelheiten der Spannvorrichtung unterscheiden sich nicht von jenen der Seilbahnen (§ 57). Als notwendige Bahnlänge für den Spannwagen hat man aus den gleichen Gründen wie dort hier etwa 8,0 m anzunehmen.

Wird der Antrieb mit der Spannvorrichtung in der Talstation vereinigt, dann ordnet man in der Bergstation bloß eine feste, auf einem stählernen Bock oder auf einem Betonsockel gelagerte *Umkehrscheibe* an.

Auch die Spann- und Umkehrscheiben müssen Einführungsrollen erhalten, und sie sollen wie die Antriebsscheiben mit einem Führungskranz für die Sesselgehänge versehen sein. Ferner empfiehlt es sich, bei allen Seilumlenkungen *äußere Gehängeführungen* anzuordnen, um ein stärkeres seitliches Ausschwingen der Sesselgehänge zu verhindern (§ 104).

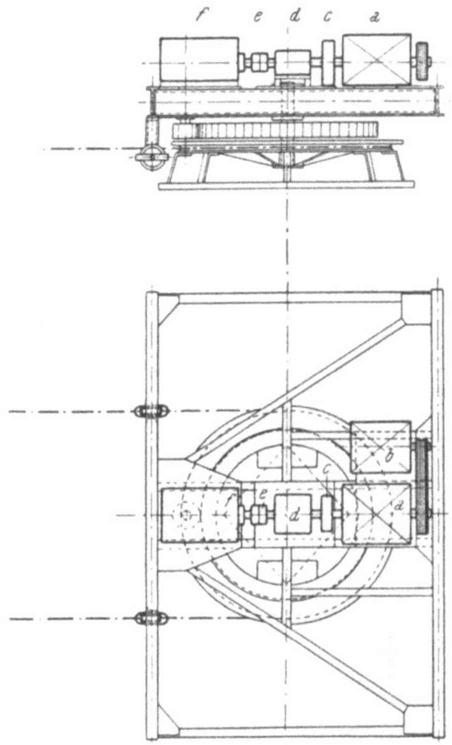

Abb. 273. Feste Anordnung eines Sesselliftantriebes bei Aufstellung in der Bergstation

a Drehstrom-Antriebsmotor
b Benzinmotor mit Keilriemenübertragung (Notantrieb)
c Elektrische Lüftungsbremse, zusammengebaut mit elastischer Motorkupplung
d Wechselgetriebe für zwei Geschwindigkeiten
e Feste Kupplung
f Gekapseltes Winkelgetriebe
g Antriebsscheibe mit Zahnkranz und innerem Bremskranz für die Notbremse

§ 100. Elektrische Sicherheits- und Fernmeldeeinrichtungen. Die *elektrischen Sicherheitseinrichtungen* bestehen aus

1. *Fliehkraftschaltern*, die bei Überschreitung der Regelgeschwindigkeit um 15% die elektrische Lüftungsbremse auf der verlängerten Motorwelle und bei einer Geschwindigkeitsüberschreitung um 20% auch die auf die Antriebsscheibe wirkende Notbremse zum Einfallen bringen,

2. *Not- und Gefahrtasten* (Druckknöpfe) bei den Ein- und Aussteigstellen sowie an Orten, wo dies sonst noch erforderlich erscheint. Durch diese Tasten wird die Anlage mit der elektrischen Lüftungsbremse bzw. mit dieser und der Notbremse abgestellt,

3. *Sicherheitsschaltern auf den Stützen* (Seillagewächtern, § 97), die bei einem Aussprung des Förderseiles aus den Rollen nach außen eine selbsttätige Stillsetzung der Anlage mit der elektrischen Lüftungsbremse und der Notbremse bewirken.

Alle diese Sicherheitseinrichtungen werden ebenso wie jene bei den Seilbahnen (§ 56) in einen *Ruhestromkreis* geschaltet.

Außerdem sind noch vorhanden

ein *Stromstoßrelais*, das die Anlage bei einer plötzlichen starken Änderung der Umfangskraft an der Antriebsscheibe und damit der Stromaufnahme des Antriebsmotors zufolge einer Betriebsstörung abstellt,

Endschalter an der Spannvorrichtung des Förderseiles, welche die Erreichung der Endstellungen des Spannwagens anzeigen, und

Windmesser, die auf einen für den Betrieb unzulässig starken Wind aufmerksam machen.

Jede Sesselliftanlage wird ferner mit einer *Signal- und Betriebsfernsprecheinrichtung* ausgestattet, zu welchem Zweck in der Bahnachse auf den Stützen ein Telephonseil verlegt wird. Dieses Telephonseil dient gleichzeitig auch als Leiter für den früher genannten Ruhestromkreis der elektrischen Sicherheitseinrichtungen.

Bei längeren Anlagen werden auch *Schallwerfer* auf einzelnen Stützen vorgesehen, die im Falle von Betriebsstörungen Mitteilungen an die auf der Strecke in den Sesseln befindlichen Fahrgäste ermöglichen.

§ 101. Die Sesselgehänge. Die *Sesselgehänge* der Einsessellifte (Abb. 274) werden fast stets einarmig aus nahtlosen Stahlrohren ausgeführt, die eine Wandstärke von wenigstens 2,5 mm, einen Außendurchmesser von 45 bis 50 mm und eine Werkstoffestigkeit von höchstens 50 kg/mm^2 besitzen. In das obere Ende des Rohres ist der aus Stahl im Gesenk hergestellte *Gehängekopf* eingenietet. Im Auge des Gehängekopfes ist die Seilklemme mit ihrem Schaft drehbar gelagert, wodurch es dem Gehänge ermöglicht wird, auch in der Seilrichtung auszuschwingen. Für eine möglichst lange Lagerfläche des Klemmenschaftes ist dabei unbedingt zu sorgen, weil sonst bald Abnützungen eintreten, denen zufolge sich die Klemme schief stellt. Bei einer Auslenkung des Gehänges aus der Lotrechten in talwärtiger Richtung um 30% darf der kleinste lotrechte Abstand zwischen der Vorderkante der Sitzfläche des Sessels und der Stützenkonstruktion (den Rollen) 1,30 m nicht unterschreiten. Dies ergibt je nach den Neigungsverhältnissen einer Sesselliftanlage Gehängelängen von 2,20 bis 2,80 m.

Die *Sitze* werden mit ihrem aus leichten Stahlrohren gebildeten Gerippe an das Gehängerohr, das unten rechtwinkelig umgebogen ist, meistens mit Schellen angeschraubt. Die Sitze sind Lattensitze mit Rückenlehnen und Armstützen und haben eine lichte Breite von 0,50 bis 0,60 m. Die Sitzfläche wird zum Schutz gegen Regen, Schnee usw. fast immer aufklappbar gemacht. Um den Fahrgästen das Gefühl entsprechender Sicherheit zu geben, erhalten die Sessel meistens einen vom Fahrgast durch leichten seitlichen

Druck mit der Hand schließbaren und ebenso wegklappbaren *Sicherheitsbügel*. Dieser Bügel steht zweckmäßig mit einer gleichfalls zur Seite klappbaren *Fußrast* in Verbindung (Abb. 274). Sicherheitsbügel und Fußrast

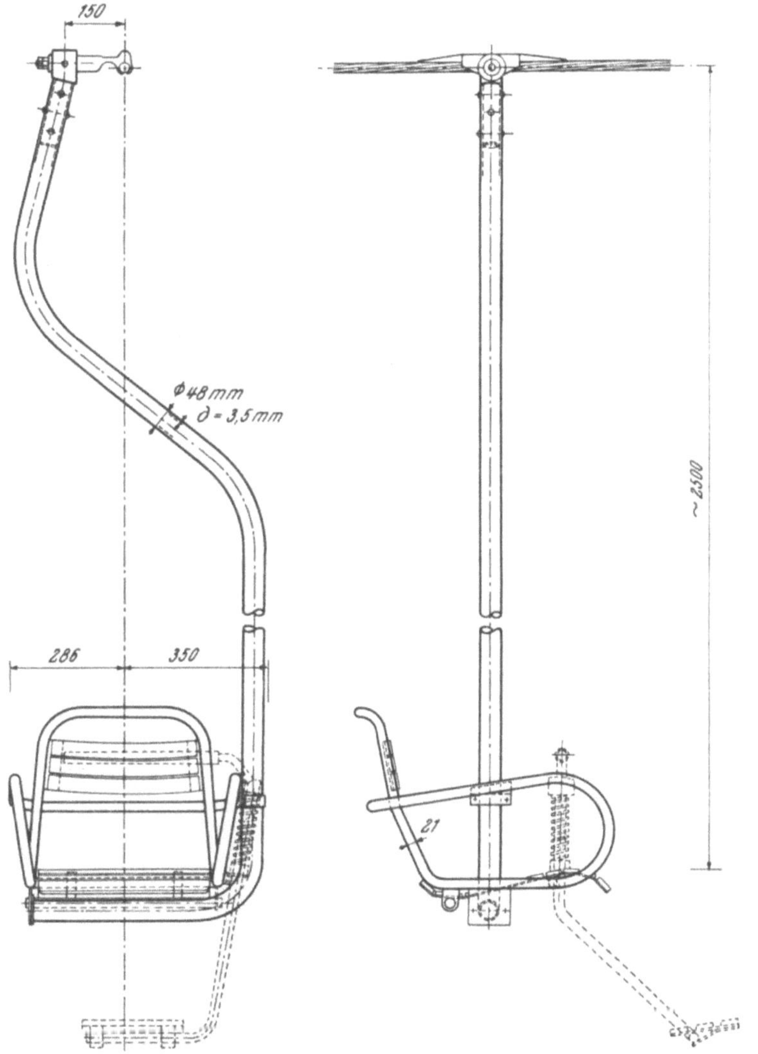

Abb. 274. Einsesselgehänge

dürfen in geöffnetem Zustand aber nicht aus dem Umgrenzungsprofil des Sesselgehänges herausragen. Für Rucksäcke, die bei der Fahrt stets abzunehmen sind, ist am Gehänge oft ein Haken angebracht, während die Skier von den Fahrgästen gewöhnlich nicht abgeschnallt werden. Mitunter erhalten die Sessel auch ein leichtes Schutzdach aus Zeltstoff od. dgl.

Ein gleichfalls einarmiges Gehänge für einen Doppelsessellift zeigt Abb. 275.

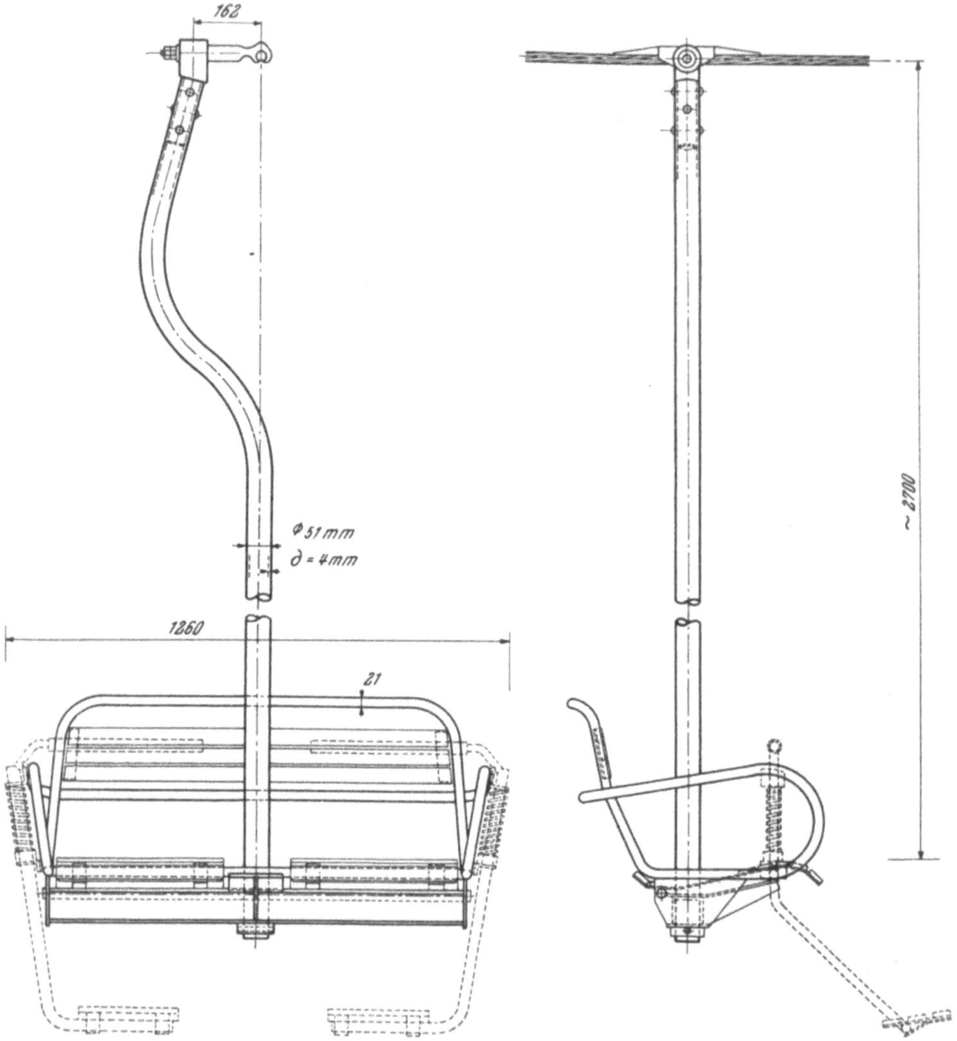

Abb. 275. Doppelsesselgehänge

Das Eigengewicht eines Gehänges samt Seilklemme für einen Einsessellift kann mit 40 kg angenommen werden. Das Gewicht eines kompletten Gehänges für einen Doppelsessellift beträgt etwa 70 kg. Für einen Fahrgast einschließlich Gepäck (Skier) sind 80 kg in Rechnung zu stellen.

Bei der durch das Eigengewicht und die Nutzlast entstehenden Beanspruchung des Sesselgehänges muß wenigstens eine 5,0fache Sicherheit gegen Bruch vorhanden sein und bei Berücksichtigung aller Nebenwirkungen (Klemmenstoß, Verdrehung des Gehänges, Wind usw.) mindestens noch eine 3,50fache. Außerdem muß ein Sesselgehänge bei der Dauerprüfung in der Versuchsanstalt unter der Annahme der größten Belastung als Grundlast und des Klemmenstoßes als Schwellast (§ 103) wenigstens $5 \cdot 10^6$ Lastwechsel ertragen.

§ 102. Die Sesselklemmen. Sowohl bei den Ein- als auch bei den Doppelsesselliften wird zur Befestigung der Gehänge am Förderseil eine betriebsmäßig nicht lösbare Klemme benutzt. Von den Klemmen muß verlangt werden, daß sie

1. das Gehänge am Förderseil verläßlich festhalten, auch wenn der Seildurchmesser im Laufe der Zeit durch die bleibende Längung des Seiles etwas abnehmen sollte,
2. das Förderseil nicht schädigen,
3. die Kontrolle des Seilzustandes innerhalb der Klemme gestatten bzw. leicht versetzbar sind und
4. beim Übergang über die Tragrollen der Stützen trotz der wulstförmigen Gestalt nur geringe Stöße erzeugen.

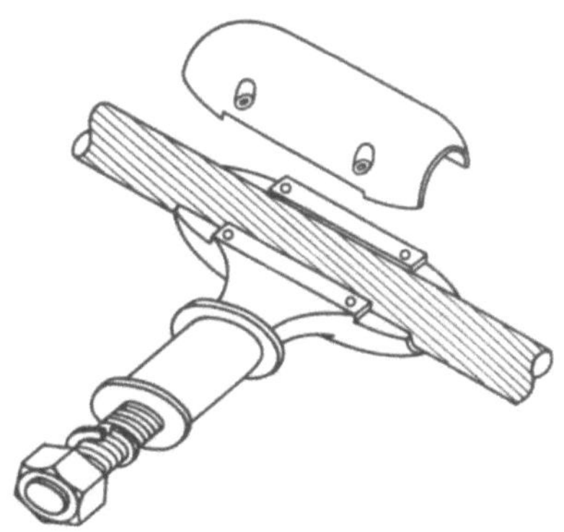

Abb. 276. Seilklemme mit Rippen, ein Tei des Klemmkörpers ist gleichzeitig Klemmenschaft

Allen diesen Bedingungen Rechnung zu tragen ist nicht leicht, und so sind im Laufe der Zeit zahlreiche Klemmenkonstruktionen entstanden, von denen sich die heute am meisten benutzten in verschiedenen Gruppen einteilen lassen.

1. Klemmen, bei denen *Nasen* oder *Rippen* zwischen die Litzen des Förderseiles eingreifen. Hiebei bestehen die Klemmkörper aus zwei Teilen, die durch Schrauben oder Bolzen miteinander verbunden werden. Mitunter werden die vorgenannten Rippen nicht an den beiden Teilen des Klemmkörpers angeordnet, sondern an besonderen Bronzeeinlagen desselben vorgesehen. Es kann nun

a) der eine Teil des Klemmkörpers gleichzeitig auch den Klemmenschaft bilden (Abb. 276) oder

b) ein besonderer Klemmenschaft vorhanden sein, der

α) beiderseits des Klemmkörpers das Förderseil umgreift,

β) in der Mitte zwischen zwei Klemmkörpern das Förderseil umschließt (Abb. 277).

Die letztere Bauweise wird hauptsächlich in den Vereinigten Staaten von Amerika bei Doppelsesselliften angewandt und ist noch besonders durch die beiderseits der Klemmen auf das Förderseil aufvulkanisierten Gummistulpen gekennzeichnet, die zur Milderung des Klemmenstoßes dienen.

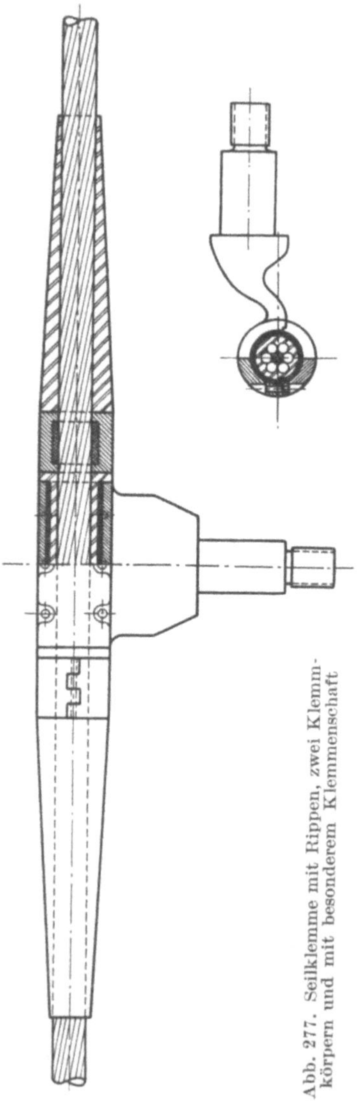

Abb. 277. Seilklemme mit Rippen, zwei Klemmkörpern und mit besonderem Klemmenschaft

Die in dieser Gruppe angeführten Bauweisen machen die Kontrolle des Seilzustandes innerhalb der Klemmen und ein zeitweises Versetzen derselben zeitraubend. Ebenso ist das Nachstellen schwierig, meistens aber nicht notwendig. Ferner kann der Übergang über die Stützenrollen nur bei der amerikanischen Klemme als sanft bezeichnet werden. Schließlich spielt der bei den Klemmen mit einem vom Klemmkörper unabhängigen Klemmenschaft mögliche Drallausgleich des Förderseiles nur bei kurzen Sesselgehängen, die sich sonst schief stellen könnten, eine Rolle (vgl. § 22).

2. Klemmen, bei denen ein *Metallknoten* an Stelle der Hanfseele in das Förderseil eingelegt wird. Für die Ausbildung dieser Klemmen im allgemeinen und für ihre Eigenschaften gilt dasselbe wie bei der **1.** Gruppe. Ein Beispiel für diese Gruppe zeigt Abb. 278.

3. Klemmen, bei welchen im Klemmkörper das *Förderseil s-förmig verbogen* wird. Auch für die Gestaltung und die Eigenschaften der Klemmen dieser Gruppe ist das bei der **1.** Gruppe Gesagte gültig. Ein Beispiel aus der in Rede stehenden Gruppe ist in Abb. 279 veranschaulicht.

4. Klemmen mit *Backen, ähnlich den Klemmvorrichtungen der Seilbahnen,* wobei die Backen durch Federn gegen das Förderseil gepreßt werden. Die Federn sind entweder Schrauben- oder Tellerfedern, die auf Druck beansprucht werden. Die Einstellung der Federn geschieht mit Hilfe von Schrauben. Zufolge der Pressung durch die Klemmbacken wird auch hier, ähnlich wie bei der vorhergehenden Gruppe, das Förderseil s-förmig verbogen. Abb. 280 zeigt eine in Italien übliche Bauweise und Abb. 281 eine in Österreich gebräuchliche. Die Klemmen dieser Gruppe erfüllen recht weitgehend die eingangs genannten Bedingungen. Nur wenn die Klemmen unter Niederhaltrollen hindurchgehen müssen, entsteht ein erheblicher Klemmenstoß, weshalb für diesen Fall an den Klemmen gelenkig befestigte Auflaufzungen angebracht sind, die den Stoß mildern.

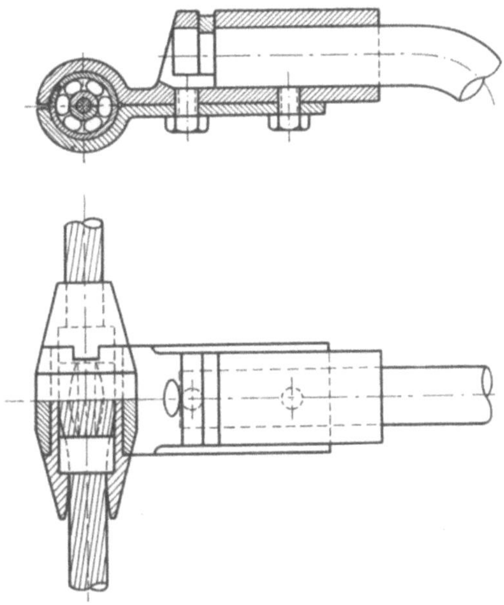

Abb. 278. Seilklemme mit eingelegtem Metallknoten

Die Klemmen werden entweder aus Stahl im Gesenk geschmiedet oder auch aus Stahlguß angefertigt. Dort, wo das Förderseil aus den Klemmkörpern, den Klemmbacken usw. austritt, sind diese sorgfältig auszurunden. Bezüglich der Beanspruchung der Klemmenkonstruktion gelten die bei den Sesselgehängen in § 101 gemachten Angaben. Das Gewicht der Klemmen schwankt zwischen 3 und 5 kg.

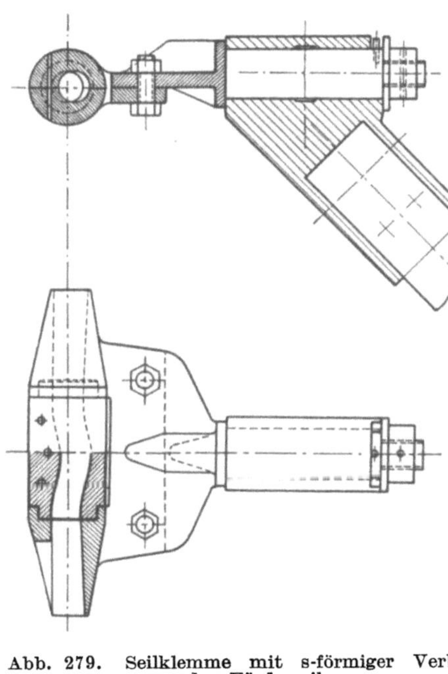

Abb. 279. Seilklemme mit s-förmiger Verbiegung des Förderseiles

§ 103. Klemmkraft und Klemmenstoß. Die *Klemmkraft K* ist die von der Klemme auf das Seil übertragbare Kraft; sie wird stets durch Versuche bestimmt. Theoretische Überlegungen wie bei den Klemmen der Seilbahnen würden hier keine genügend stichhaltigen Ergebnisse hinsichtlich der Größe der Klemmkraft zeitigen, da sich der Einfluß der Nasen, Rippen, Knoten oder s-förmigen Seilverbiegungen nur schwer rechnerisch erfassen läßt. Die von einem Sesselgehänge auf das Förderseil in der Richtung der Seilachse zu übertragende *größte* Kraft ist mit Bezug auf Abb. 282

$$\Delta S^* = Q \sin \alpha_{\max} + \Delta P_s, \tag{275}$$

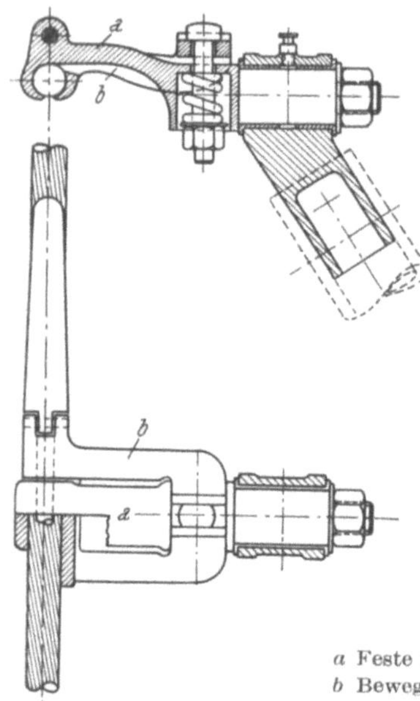

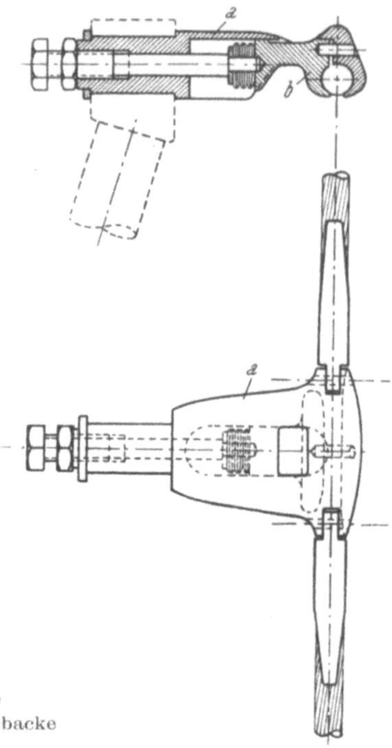

a Feste Klemmbacke
b Bewegliche Klemmbacke

Abb. 280. Federklemme italienischer Bauart

Abb. 281. Federklemme österreichischer Bauart

worin

Q das Gewicht des belasteten Sessels,
$\alpha_{\max}$ der größte bei einer Sesselliftanlage an einer Stütze auftretende Winkel zwischen dem Förderseil und der Waagrechten gemäß Gl. (260) und
ΔP_s die in die Seilrichtung zufolge des Klemmenstoßes fallende Kraft nach Gl. (281)

ist. Die *Rutschsicherheit* der Klemme muß dann

$$\mathfrak{S} = \frac{K}{\Delta S^*} \geq 3{,}0 \tag{276}$$

sein.

Läuft eine Sesselklemme über eine Rolle, so ergibt sich dadurch, daß sie gegenüber dem Förderseil eine mehr oder weniger wulstförmige Verdickung darstellt, eine Erhöhung des Druckes auf die Rolle im Vergleich zum statischen Rollendruck. Diese Druckerhöhung wird als *Klemmenstoß* bezeichnet. Wenngleich ein genauer Aufschluß über den Klemmenstoß nur auf Grund von Versuchen möglich ist, so gestattet eine theoretische Betrachtung immerhin quantitative Abschätzungen.

Abb. 283 stellt vereinfacht den Übergang einer Klemme über eine Rolle mit einer Gummifütterung dar. Die Rolle sei in einer Wiege zusammen mit anderen Rollen gelagert, wie dies in § 97 dargelegt wurde. Die Klemme bewege sich in der Richtung der durch sie gehenden Seilachse und die

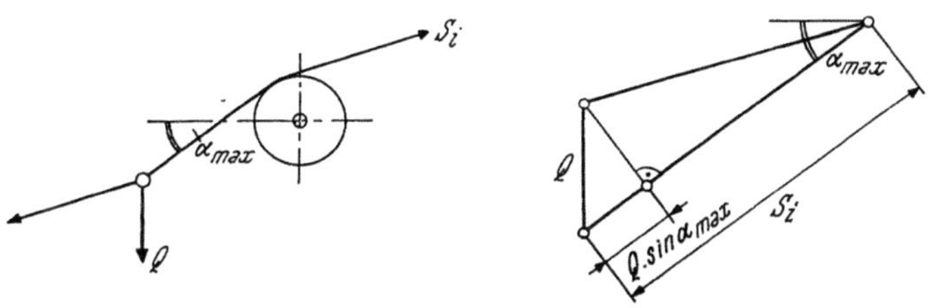

Abb. 282. Größte von einem Sesselgehänge auf das Förderseil in der Richtung der Seilachse zu übertragende Kraft

Rolle zufolge der Art ihrer Lagerung senkrecht dazu. Wir beziehen zunächst die mit der Rolle in Berührung kommende Umrißlinie der Klemme auf ein mit dieser festes Koordinatensystem. Die Gleichung der Umrißlinie sei $y = f(x)$. Denken wir uns die Fahrgeschwindigkeit $v =$ konst.,

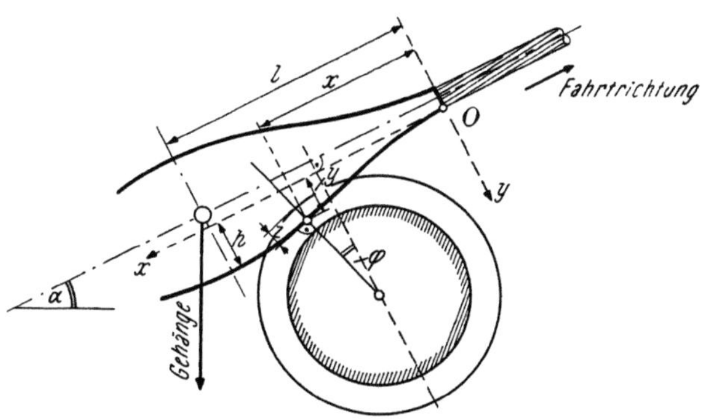

Abb. 283. Übergang einer Klemme über eine Stützenrolle

so kann wegen $x = v\,t$ die vorige Gleichung auch in der Form $y = f(v\,t)$ geschrieben werden. In dem zu einer beliebigen Zeit t geltenden theoretischen Berührungspunkt wird zwischen Klemme und Rolle ein Druck P übertragen, der sich zusammensetzt aus dem während des Klemmenüberganges annähernd konstant bleibenden statischen Druck P_0 und der durch die Klemmenform bedingten veränderlichen Druckerhöhung ΔP. P geht durch den Rollenmittelpunkt und steht senkrecht auf die Tangente an die Umrißlinie der Klemme im theoretischen Berührungspunkt. Diese Tangente sei unter dem kleinen Winkel φ gegen die Abszissenachse geneigt. Zufolge P drückt sich das Gummifutter der Rolle um den Betrag z zusammen, demnach zufolge ΔP um Δz. Unter der näherungsweise zutreffenden Annahme eines linearen Zusammenhanges kann man schreiben

$$\Delta P = k\,\Delta z, \tag{277}$$

worin k ein aus Versuchen zu bestimmender Faktor ist. Hat sich seit dem Beginn des Auflaufes der Klemme mit dem Punkt O auf die Rolle die letztere um den Betrag u gesenkt, so ist gegenüber dem Anfangszustand die gesamte Hebung der Klemme und damit des Sesselgehänges sowie des anteiligen Förderseiles

$$y - \Delta z \cos\varphi - u.$$

Bezeichnet:

Q das Gewicht des Sesselgehänges samt Nutzlast und

$\xi > 1$ einen Faktor, der das Gewicht des anteiligen Förderseiles berücksichtigt,

dann läßt sich für das Sesselgehänge folgende Bewegungsgleichung anschreiben

$$\xi \frac{Q}{g} \frac{d^2}{dt^2} (y - \Delta z \cos\varphi - u) = \Delta P \cos\varphi. \tag{278}$$

Stellt ferner:

G das Gewicht der Rolle und

$\zeta > 1$ einen Faktor dar, durch den das anteilige Gewicht der Rollenwiege Berücksichtigung findet,

so erhält man für die Bewegungsgleichung der Rolle

$$\zeta \frac{G}{g} \frac{d^2 u}{dt^2} = \Delta P \cos\varphi. \tag{279}$$

Aus den Gl. (277) bis (279) folgt, wenn man $\cos\varphi \doteq 1$ setzt,

$$\frac{d^2 \Delta z}{dt^2} + k\,g\left(\frac{1}{\xi Q} + \frac{1}{\zeta G}\right)\Delta z = \frac{d^2 y}{dt^2}, \tag{280}$$

worin $\frac{d^2 y}{dt^2}$ eine durch die Form der Klemmen gegebene Funktion von t darstellt.

Die Integration dieser Gleichung hat unter den Anfangsbedingungen $t = 0: \Delta z = 0,\ \frac{d\,\Delta z}{dt} = 0$ zu geschehen. Ist so der Verlauf von Δz während des Klemmenüberganges über die Rolle gefunden, so kann mit Hilfe von (277) auch der Verlauf der ΔP angegeben werden. Als Klemmenstoß gilt der Größtwert

$$\Delta P_{\max} = k\,\Delta z_{\max}, \tag{277a}$$

und er steht annähernd senkrecht auf die durch die Klemme gehende Seilachse. Bewegt sich das Sesselgehänge dabei gerade unter dem Neigungswinkel α gegen die Waagrechte, so entfällt auf dieses

$$\Delta P_{V\max} = \Delta P_{\max} \frac{Q}{\xi Q} \cos\alpha = \Delta P_{\max} \frac{\cos\alpha}{\xi}. \tag{277b}$$

Während des Überganges der Klemme über die Rolle ändert sich im theoretischen Berührungspunkt (Abb. 283) der Winkel φ und damit die Richtung von P. Die Komponente, die dabei in die Richtung der durch die Klemme gehenden Seilachse fällt, beträgt

$$\Delta P_s = P \operatorname{tg} \varphi = (P_0 + \Delta P) \frac{dy}{dx} \tag{281}$$

und ist von der Klemme aufzunehmen, wobei auch hier nur der Größtwert von Interesse ist, der aber mit $\Delta P_{\max}$ nicht zusammenfällt.

Es ist nicht leicht, die Umrißlinie der Klemme in eine zweckmäßige analytische Form zu kleiden. Wir nehmen als einfachsten Fall eine Sinuslinie für die Umrißlinie der Klemme an. Deren Gleichung lautet mit Bezug auf Abb. 283

$$y = \frac{h}{2}\left(1 - \cos \frac{\pi x}{l}\right) = \frac{h}{2}\left(1 - \cos \frac{\pi v}{l} t\right),$$

worin

h die größte Dicke der Klemmenkonstruktion auf der gegen die Rolle zugewandten Seite und

l die halbe Länge der Klemme

ist. Die Integration der Gl. (280) liefert dann

$$\Delta z = \frac{h}{2}\left[\frac{1}{\frac{\pi^2 v^2}{l^2} - \varkappa^2}\left(\cos \frac{\pi v}{l} t - \cos \varkappa t\right) + \frac{1}{\varkappa^2}(1 - \cos \varkappa t)\right],$$

wobei

$$\varkappa^2 = k g \left(\frac{1}{\xi Q} + \frac{1}{\zeta G}\right).$$

Δz erreicht seinen größten Wert für $t = \frac{\pi}{2\varkappa}$, womit

$$\Delta z_{\max} = \frac{h}{2}\left[\frac{1}{\frac{\pi^2 v^2}{l^2} - \varkappa^2} \cos \frac{\pi^2 v}{2 \varkappa l} + \frac{1}{\varkappa^2}\right].$$

Für die Beiwerte zur Berücksichtigung der am Klemmenstoß beteiligten Körper gilt folgendes:

$\xi \sim 1{,}25$, wenn es sich um eine Endrolle einer Rollenwiege handelt,
$\xi \sim 1{,}0$, falls eine Zwischenrolle einer Rollenwiege vorliegt,
$\zeta = \infty$, wenn die Rolle unnachgiebig gelagert ist,
$\zeta = 4{,}0$ für eine Rolle einer Wiege mit zwei Rollen.

Beispiel

Es liege eine feste Rolle vor und sie befinde sich zwischen zwei kurzen Spannweiten. Ferner sei

$Q = 120$ kg	$k = 1000$ kg/cm
$h = 1$ cm	$v = 2{,}00$ m/sek
$l = 10$ cm	

Damit folgt mit $\xi = 1{,}25$ und $\zeta = \infty$ für $\Delta z_{\max} = 0{,}19$ cm und $\Delta P_{\max} = 190$ kg.

§ 104. Stationen der Sessellifte. Die Stationen enthalten den Antrieb bzw. die Spannvorrichtung oder nur eine Umkehrscheibe und die Ein- und Aussteigstelle für die Fahrgäste. Während die Ein- und Aussteigstellen stets unüberdacht bleiben und nur eine leichte Befestigung des Bodens erhalten, werden Antrieb und Spannvorrichtung

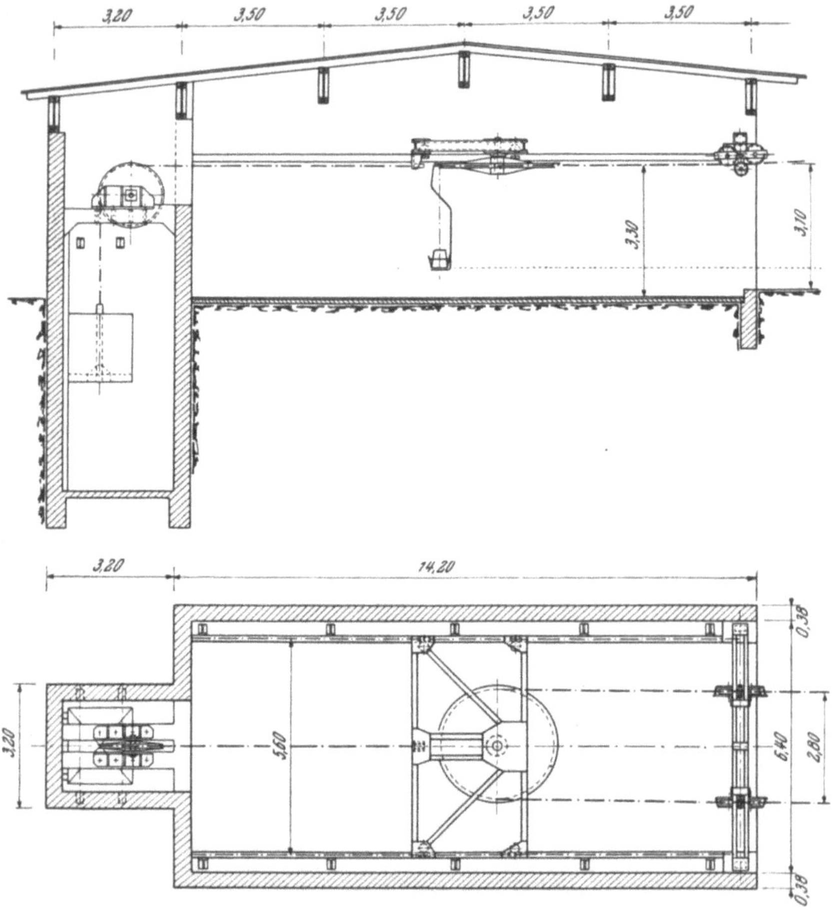

Abb. 284. Talstation eines Sesselliftes, wenn sich die Spannvorrichtung des Förderseiles in dieser befindet. Die rechts an die Station anschließende Ein- und Aussteigstelle ist nicht dargestellt

immer in einfachen, massiven Gebäuden untergebracht. Um den Fahrgästen das Auf- und Absteigen möglichst mühelos zu machen, ist eine sehr genaue, von den jeweiligen Belastungsverhältnissen unabhängige Seilführung im Stationsbereich notwendig. Zu diesem Zweck wird am streckenseitigen Ende der Ein- und Aussteigstellen eine *Einlaufstütze* angeordnet. Die Länge der *Ein- und Aussteigstellen* soll größer als 10 m, jedoch kleiner als der Sesselabstand w sein. Die Gehflächen derselben dürfen in der Fahrtrichtung keine größere Steigung als 10% oder kein größeres Gefälle als 3% aufweisen. Behalten die Fahrgäste während der Fahrt die Skier angeschnallt, dann sind Steigungen in den Gehflächen der Aussteigstellen unzulässig. Das Förderseil soll mit der Gehfläche eine Neigung von $\pm$ (3 bis 8)% einschließen, wobei in der Fahrtrichtung gesehen das positive Vorzeichen für die Einsteigstelle, das negative für die Aussteigstelle gilt. Dort, wo das Besteigen bzw. Verlassen der Sessel geschieht, hat der Abstand der Vorderkante der Sesselsitzfläche von der Gehfläche 60 cm zu betragen. Eine kleine Verminderung dieses Abstandes zufolge der bei Belastung des Sessels sich ergebenden Vergrößerung des Seildurchhanges kann in Kauf genommen werden. Der eben genannte Abstand muß auch bei den Seilumführungen vorhanden sein, um eine Gefährdung von Fahrgästen zu vermeiden, die das rechtzeitige Absteigen versäumt haben. Aus diesem Grunde hat auch dort der seitliche Abstand des geführten Sessels von Bauteilen jeglicher Art mindestens 0,50 m zu betragen. Schließlich hat die Länge der Sesselgehänge (§ 101) dafür Gewähr zu bieten, daß die Bewegung der Fahr-

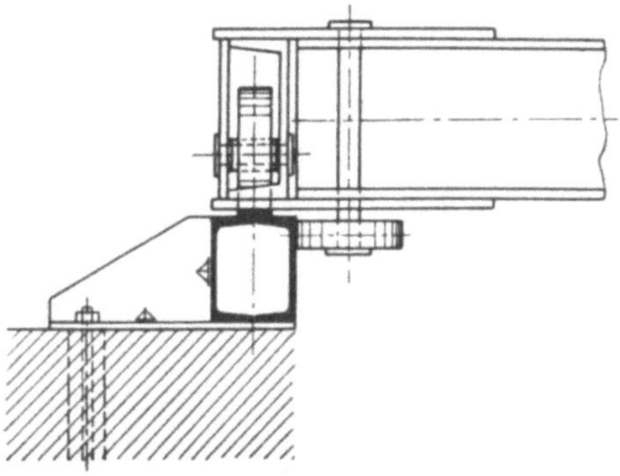

Zu Abb. 284. Detail des Spannwagens der Spannvorrichtung für das Förderseil

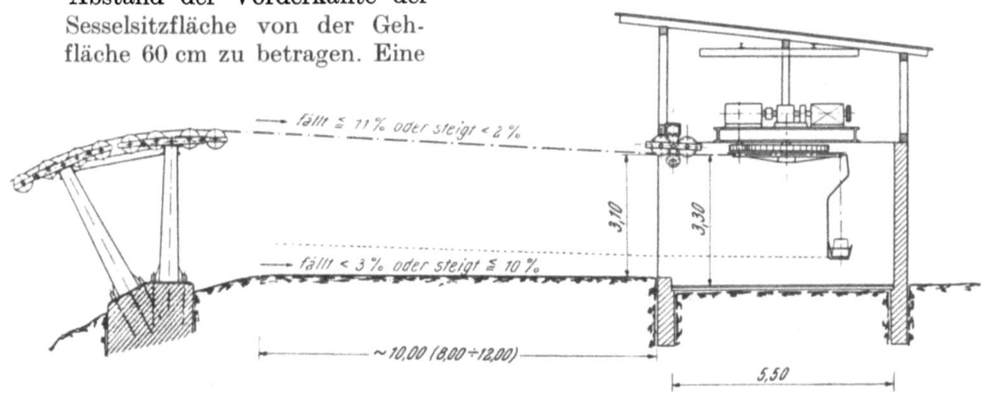

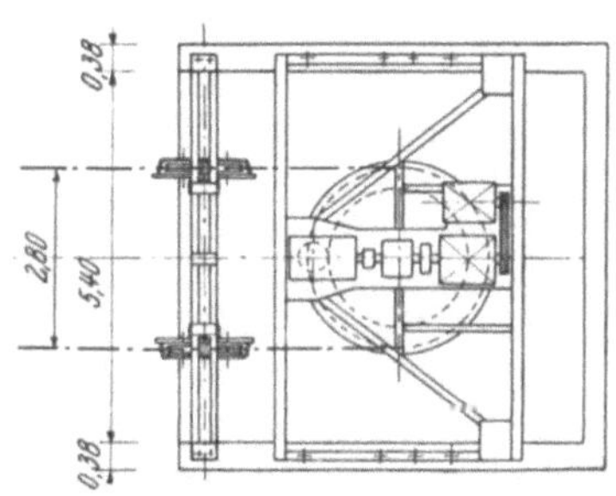

Abb. 285. Bergstation eines Sesselliftes, wenn der Antrieb in dieser angeordnet wird

gäste auf den Gehflächen der Ein- und Aussteigstellen nicht durch das Förderseil behindert wird. Durch Geländer entlang der Ein- und Aussteigstellen ist dafür zu sorgen, daß diese nicht von Unberufenen betreten werden. Einfache Anordnungen einer Tal- und Bergstation zeigen die Abb. 284 und 285. Die daraus entnehmbare waagrechte Anordnung von Antrieb und Spannvorrichtung soll immer angestrebt werden. Schließt dabei wie in Abb. 285 an die Bergstation ein größeres Gefälle an, dann ist die dortige Einlaufstütze als Kuppengerüst auszubilden.

§ 105. Bauausführung, Betrieb und Anlagekosten. Die *Bauausführung* der Sessellifte unterscheidet sich so wenig von jener der Seilbahnen (§ 84), daß hierauf nicht näher eingegangen zu werden braucht.

Die *Anlagekosten* eines Einsesselliftes von 1200 bis 1400 m waagrechter Länge, mit einem überwundenen Höhenunterschied von 400 m und einer stündlichen Leistungsfähigkeit von 400 Personen in jeder Richtung liegen bei 1,6 bis 1,7 Millionen österr. Schilling für die mechanische und elektrische Einrichtung einschließlich der Stützenkonstruktionen und bei 2,0 Millionen österr. Schilling für die Bauarbeiten einschließlich Grunderwerb, Montage usw. Bei einem Doppelsessellift mit den gleichen Anlageverhältnissen wie zuvor, aber mit einer stündlichen Leistungsfähigkeit von 800 Personen in jeder Richtung betragen die Kosten für die mechanische und elektrische Einrichtung einschließlich der Stützenkonstruktionen etwa 2,4 bis 2,6 Millionen österr. Schilling und für die Bauarbeiten einschließlich Grunderwerb, Montage usw. ungefähr 2,5 Millionen österr. Schilling.

Auch über die höchst einfache *Betriebsabwicklung* erübrigen sich nähere Ausführungen. Es sei nur nochmals auf die Vorteile eines Ward-Leonard-Antriebes (§ 98) hingewiesen, welcher in einfacher Weise auch kurzzeitiges Langsamfahren gestattet, um körperbehinderten Fahrgästen das Auf- und Absteigen zu erleichtern.

Wichtig ist ferner eine regelmäßige Kontrolle der Seilklemmen und das zeitweilige Versetzen derselben. Letzteres ist notwendig, damit nicht immer die gleichen Stellen des Förderseiles den ungünstigen Beanspruchungen beim Eintritt in die Klemme und beim Austritt aus derselben ausgesetzt sind. Die Untersuchung des Förderseiles soll monatlich geschehen und das Versetzen der Klemmen womöglich ebenfalls alle Monate. Hinsichtlich der Anzahl der Drahtbrüche, bei deren Erreichung das Förderseil abgelegt werden muß, gelten die gleichen Bestimmungen wie für die Zugseile der Personenseilbahnen (§ 86). Die mittlere Verwendungsdauer der Förderseile beträgt etwa 3 bis 5 Jahre.

Von besonderer Bedeutung sind schließlich die *Bergeeinrichtungen* für die Fahrgäste im Falle von Betriebsstörungen, da durch die Verteilung der Sessel über die ganze Strecke die Anzahl der Bergungsorte groß ist und die Bergung von einem offenen Sessel mitunter nicht ohne Gefahr erscheint. Man benutzt als Bergungsgeräte meistens leichte Schiebeleitern, die in die

Sessel eingehängt werden und gibt den Fahrgästen bei ihrem Abstieg über die Leitern Sicherheitsgürtel, deren Leine über das Sesselgehänge geschlungen und am Boden durch Rettungsmänner gehalten wird.

Was endlich die *rechtliche Stellung* der Sessellifte betrifft, so gelten sie in einer ganzen Reihe von Ländern als Eisenbahnen (Kleinbahnen) samt den sich daraus ergebenden Rechten und Pflichten[1], in anderen Ländern aber als gewerbliche Anlagen.

Anhang

Beispiel für den Entwurf einer Güterseilbahn mit Umlaufbetrieb zur Förderung von Schotter

1. Aufgabe. Von der Gewinnungsstelle bei B (Abb. 286) wird Schotter mittels einer Rollbahn zu den Rutschen der am tiefsten Punkt des Steinbruches befindlichen Seilbahnbeladestation gebracht. In der an einer Vollbahnstrecke bei A gelegenen Entladestation wird der Schotter in Bunker entleert und von der Eisenbahn weiterbefördert.

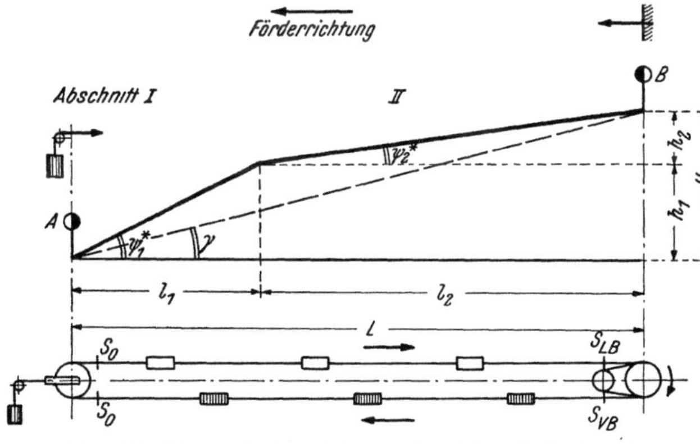

Abb. 286. Schematischer Längenschnitt der Seilbahnanlage

Die geforderte Leistungsfähigkeit der Anlage beträgt $M = 30$ t/h.

Die waagrechte Bahnlänge beträgt $L = 1856$ m und der überwundene Höhenunterschied (Gefälle) $H = 379$ m.

2. Grundlegende Annahmen

Fahrgeschwindigkeit . . . . $v = 2{,}50$ m/sek
Nutzlast je Seilbahnwagen . . . . $P = 600$ kg
Eigengewicht eines Seilbahnwagens . . . $W = 280$ kg

Daraus folgt:

Anzahl der je Stunde zu fördernden Wagen

$$\nu = \frac{M}{P} = \frac{30\,000}{600} = 50,$$

Wagenfolgezeit $$t = \frac{3600}{\nu} = \frac{3600}{50} = 72 \text{ sek},$$

Wagenabstand $$w = v\,t = 2{,}5 \cdot 72 = 180 \text{ m}.$$

[1] Obwohl die Sessellifte definitionsgemäß (Kap. A I) keine Eisenbahnen sind.

3. Längenschnitt. Die charakteristischen Neigungsverhältnisse der Bahnanlage sind aus Abb. 286 und Tab. 1 zu entnehmen.

Tabelle 1. *Hauptdaten des Längenschnittes*

Bezeichnung	Abschnitt I	Abschnitt II	Insgesamt
Horizontale Länge m	$l_1 = 635{,}00$	$l_2 = 1221{,}00$	$L = 1856{,}00$
Überwundener Höhenunterschied (Gefälle) m	$h_1 = 184{,}00$	$h_2 = 195{,}00$	$H = 379{,}00$
Mittlere Neigungswinkel	$\operatorname{tg} \psi_1^* = 0{,}290$	$\operatorname{tg} \psi_2^* = 0{,}160$	$\operatorname{tg} \gamma = 0{,}204$
	$\sin \psi_1^* = 0{,}278$	$\sin \psi_2^* = 0{,}158$	$\sin \gamma = 0{,}200$
	$\cos \psi_1^* = 0{,}961$	$\cos \psi_2^* = 0{,}987$	$\cos \gamma = 0{,}980$
Schräge Länge m	$l_1^* = 661{,}00$	$l_2^* = 1238{,}00$	$L^* = 1899{,}00$
Anzahl der Wagen je Strang	$n_1 = 3-4$	$n_2 = 6-7$	$n = 10-11$

4. Tragseil der Vollseite

a) Raddruck

Nutzlast . . . . $P = 600$ kg
Eigengewicht . . . . $W = 280$ kg
Gesamtgewicht . . . . $Q = 880$ kg

Zugseilgewicht $q_1 = 1{,}10$ kg/m geschätzt.
Auf den Wagen entfallendes Zugseilgewicht

$$q_1\, w = 1{,}10 \cdot 180 = 200 \text{ kg}$$

Vom Wagen auf das Tragseil übertragene Kraft,

$$\text{wenn } \frac{H}{H^*} \doteq 1: \qquad V^* \doteq Q + q_1\, w = 1080 \text{ kg}.$$

Bei Verwendung von vierrädrigen Laufwerken ergibt sich als Raddruck

$$V \doteq \frac{V^*}{4} = \frac{1080}{4} = 270 \text{ kg}.$$

b) Mittlere Seilspannkraft

Das mittlere Raddruckverhältnis wird mit $\frac{1}{\eta} = \frac{1}{65}$ angenommen. Somit ist

$$S_m = \eta\, V = 65 \cdot 270 = 17\,500 \text{ kg}.$$

c) Erforderliche Bruchlast des Seiles

Bei Annahme einer 3,7fachen mittleren Zugsicherheit ist

$$B_{\text{erf}} = \mathfrak{S}_m\, S_m = 3{,}7 \cdot 17\,500 = 64\,000 \text{ kg}.$$

d) Wahl des Tragseiles

Spiralseil der Bauart $(1 + 6 + 12 + 18)_{40}$

Seildaten:

Seildurchmesser . . . . $d = 28$ mm
Drahtdurchmesser . . . . $\delta = 4{,}0$ mm
Anzahl der Drähte . . . . $i = 37$
Seilgewicht . . . . $q = 3{,}95$ kg/m
Materialfestigkeit . . . . $K_z = 145$ kg/mm²
Rechnerische Bruchlast . . . . $B = 67\,400$ kg

5. Tragseil der Leerseite

a) Raddruck

Etwaige Nutzlast (Gegenlast)	$P = 100$ kg
Eigengewicht	$W = 280$ kg
Gesamtgewicht	$Q = 380$ kg
Auf den Wagen entfallendes Zugseilgewicht . . .	200 kg

Vom Wagen auf das Tragseil übertragene Kraft,

$$\text{wenn } \frac{H}{H^*} \doteq 1: \qquad V^* \doteq 580 \text{ kg}$$

$$\text{Raddruck } V \doteq \frac{V^*}{4} = \frac{580}{4} = 145 \text{ kg.}$$

b) Mittlere Seilspannkraft

$$S_m = \eta\, V = 65 \cdot 145 = 9400 \text{ kg.}$$

c) Erforderliche Bruchlast des Seiles

$$B_{\text{erf}} = \mathfrak{S}_m\, S_m = 3{,}7 \cdot 9400 = 34\,800 \text{ kg.}$$

d) Wahl des Tragseiles

Spiralseil der Bauart $(1 + 6 + 12)_{40}$

Seildaten:

Seildurchmesser	$d = 20$ mm
Drahtdurchmesser	$\delta = 4{,}0$ mm
Anzahl der Drähte	$i = 19$
Seilgewicht	$q = 2{,}03$ kg/m
Materialfestigkeit	$K_z = 145$ kg/mm²
Rechnerische Bruchlast	$B = 34\,600$ kg

6. Größe des Tragseilspanngewichtes der Vollseite

a) Schuhreibung

Aus Gl. (140) entsteht mit einigen Vernachlässigungen

$$R = \mu\, A^* = \mu\, [q\, L + n\, V^* + S_m\, (\operatorname{tg} \alpha_{(1)\,1} - \operatorname{tg} \alpha_{(n)\,2})].$$

Mit

$\operatorname{tg} \alpha_{(1)\,1} \doteq \operatorname{tg} \psi_1^* = 0{,}290$ Tragseilneigung bei A,

$\operatorname{tg} \alpha_{(n)\,2} \doteq 0{,}00$ Tragseilneigung bei B (horizontaler Einlauf angenommen)

wird

$$R = 0{,}10\, [3{,}95 \cdot 1856 + 11 \cdot 1080 + 17\,500 \cdot 0{,}290] = 2430 \text{ kg.}$$

b) Größte Seilspannkraft bei der Verankerung in B

Bei vollkommener Ausnutzung der zulässigen 3,5fachen Zugsicherheit ergibt sich die größte Seilspannkraft

$$S_{\max} = \frac{B}{\mathfrak{S}_z} = \frac{67\,400}{3{,}5} = 19\,300 \text{ kg}$$

c) Größe des Spanngewichtes in A

Aus Gl. (138)

$$S_{\max} = G + q\, H + R$$

folgt

$$19\,300 = G + 3{,}95 \cdot 379 + 2430$$

$$G \doteq 15\,400 \text{ kg.}$$

7. Größe des Tragseilspanngewichtes der Leerseite

a) Schuhreibung

$$R = 0{,}10\,[2{,}03 \cdot 1856 + 11 \cdot 580 + 9400 \cdot 0{,}290] = 1290\ \text{kg}.$$

b) Größte Seilspannkraft bei der Verankerung in B

$$S_{\max} = \frac{34\,600}{3{,}5} = 9900\ \text{kg}.$$

c) Größe des Spanngewichtes in A

$$9900 = G + 2{,}03 \cdot 379 + 1290,$$
$$G \doteq 7830\ \text{kg}.$$

8. Spannungsnachweis für das Tragseil der Vollseite

a) Bei der Verankerung in B

Größte Seilspannkraft $S_{\max} = 19\,300$ kg.

Metallischer Querschnitt $F_s = \dfrac{B}{K_z} = \dfrac{67\,400}{14\,500} = 4{,}66\ \text{cm}^2$.

Zugspannung $\sigma_{zs} = \dfrac{S_{\max}}{F_s} = \dfrac{19\,300}{4{,}66} = 4140\ \text{kg/cm}^2$.

Sicherheit auf Zug $\mathfrak{S}_z = \dfrac{K_z}{\sigma_{zs}} = \dfrac{14\,500}{4140} = 3{,}5$.

Raddruckverhältnis $\dfrac{1}{\eta} = \dfrac{V}{S_{\max}} = \dfrac{270}{19\,300} = \dfrac{1}{71{,}5}$.

Dagegen ist der nachstehend angeführte Nachweis der Biege- und Gesamtspannung sowie der Gesamtsicherheit nicht erforderlich und soll nur Vergleichszwecken dienen.

Mit $E = 2\,000\,000\ \text{kg/cm}^2$ ist die

Biegespannung $\sigma_b = \dfrac{V}{F_s}\sqrt{\dfrac{E}{\sigma_{zs}}} = \dfrac{270}{4{,}66}\sqrt{\dfrac{2\,000\,000}{4140}} = 1275\ \text{kg/cm}^2$.

Gesamtspannung $\sigma = \sigma_{zs} + \sigma_b = 4140 + 1275 = 5415\ \text{kg/cm}^2$.

Sicherheit auf Zug und Biegung $\mathfrak{S} = \dfrac{K_z}{\sigma} = \dfrac{14\,500}{5415} = 2{,}68$.

b) Beim Spanngewicht in A

$$G = 15\,400\ \text{kg},$$
$$\sigma_{zs} = \frac{15\,400}{4{,}66} = 3300\ \text{kg/cm}^2,$$
$$\mathfrak{S}_z = \frac{14\,500}{3300} = 4{,}4,$$
$$\frac{1}{\eta} = \frac{V}{G} = \frac{270}{15\,400} = \frac{1}{57},$$
$$\left(\sigma_b = \frac{270}{4{,}66}\sqrt{\frac{2\,000\,000}{3300}} = 1430\ \text{kg/cm}^2,\right.$$
$$\sigma = \sigma_{zs} + \sigma_b = 3300 + 1430 = 4730\ \text{kg/cm}^2,$$
$$\left.\mathfrak{S} = \frac{K_z}{\sigma} = \frac{14\,500}{4730} = 3{,}07\right).$$

Tabelle 2. *Längenschnittsberechnung*

Stütze	Längen-kote m	Höhen-kote m	l_i m	h_i m	$\mathrm{tg}\,\gamma_i = \frac{h_i}{l_i}$	$\cos\gamma_i$	$\sum_1^{i-1} h_j + \frac{h_i}{2} = \Sigma h_i$ m	$S_i^* = G + q \cdot \Sigma h_i$, $q = 3{,}95$ kg/m, $G = 15400$ kg; kg	$H_i = S_i^* \cdot \cos\gamma_i$ kg	$c_i = \frac{H_i}{q'}$ m	$\frac{l_i}{2c_i}$	$\mathrm{tg}\,\gamma_i - \frac{l_i}{2c_i}$ / $\mathrm{tg}\,\gamma_i + \frac{l_i}{2c_i}$	tg φ %	Stützen-höhe m	Funda-ment-kote m	Stütze
A	7,00	365,00														A
			50,00	12,85	0,257	0,968	6,43	15425	14900	3650	0,007	0,250 0,264				
1	57,00	377,85											2,4	9,00	368,85	1
			125,00	32,15	0,257	0,968	28,93	15515	15000	3670	0,017	0,240 0,274				
2	182,00	410,00											2,4	10,50	399,50	2
			130,00	34,80	0,268	0,966	62,40	15650	15100	3690	0,018	0,250 0,286				
3	312,00	444,80											1,3	14,00	430,80	3
			316,00	99,70	0,316	0,954	129,65	15910	15200	3660	0,043	0,273 0,359				
4	628,00	544,50											7,7	12,00	532,50	4
			20,00	5,70	0,285	0,962	182,35	16120	15500	3770	0,003	0,282 0,288				
5	648,00	550,20											8,1	6,00	544,20	5
			20,00	4,20	0,210	0,979	187,30	16140	15800	3920	0,003	0,207 0,213				
6	668,00	554,40											8,0	8,00	546,40	6
			20,00	2,70	0,135	0,991	190,75	16150	16000	4010	0,002	0,133 0,137				
7	688,00	557,10											5,3	11,50	545,60	7
			130,00	13,00	0,100	0,995	198,60	16185	16100	4060	0,016	0,084 0,116				
8	818,00	570,10														8

usw.

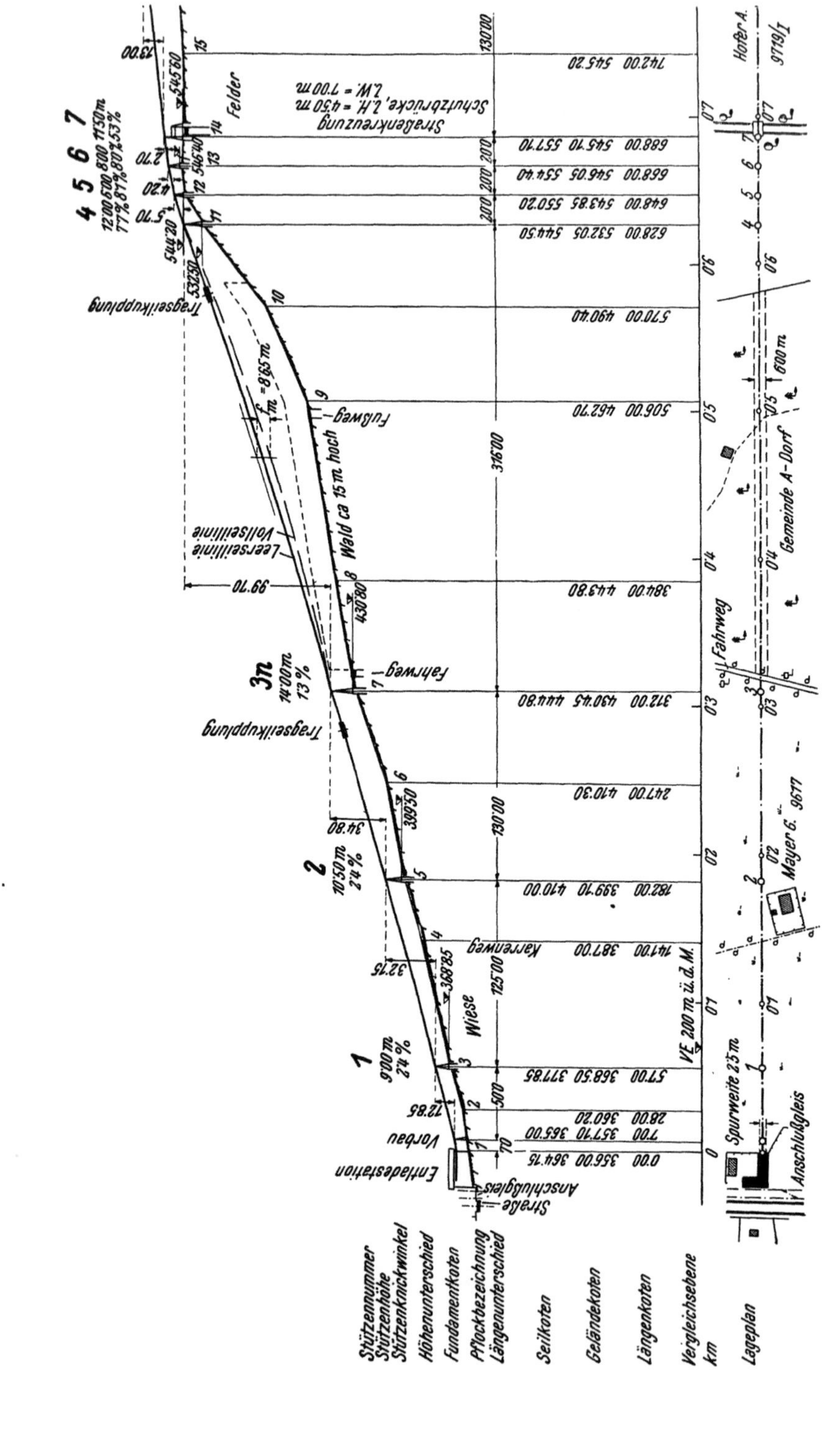

Abb. 287. Baulängenschnitt (Stützenverteilung) und Lageplan

9. Spannungsnachweis für das Tragseil der Leerseite. Derselbe ist in gleicher Art wie für das Tragseil der Vollseite zu führen.

10. Stützenverteilung und Längenschnittsberechnung. Die Längenschnittsberechnung (Tab. 2) wird auf Grund der zeichnerisch vorgenommenen Stützenverteilung (Abb. 287) durchgeführt.

11. Spannkräfte im Zugseil

a) Annahmen

Zugseilgewicht . . . . $q_1 = 1{,}10$ kg/m
Vorspannung . . . . $S_0 = 700\, q_1$
Streckenreibung . . . . $\mu_1 = 0{,}02$
Anfahrbeschleunigung und Bremsverzögerung. $p = 0{,}20$ m/sek²

b) Teilspannkräfte

Vorspannung . . . . $S_0 = 700 \cdot 1{,}10 = 770$ kg
Höhenspannung . . . . $S_h = q_1 H = 1{,}10 \cdot 379 = 417$ kg

Zugwirkung eines vollen Wagens
im Abschnitt I . . . . $Q \sin \psi_1^* = 880 \cdot 0{,}278 = 245$ kg
im Abschnitt II . . . . $Q \sin \psi_2^* = 880 \cdot 0{,}158 = 139$ kg

Zugwirkung eines leeren Wagens
im Abschnitt I . . . . $W \sin \psi_1^* = 280 \cdot 0{,}278 = 78$ kg
im Abschnitt II . . . . $W \sin \psi_2^* = 280 \cdot 0{,}158 = 44$ kg

Reibung auf der Vollseite

$$(n\, Q \cos \gamma + q_1 L)\, \mu_1 = (11 \cdot 880 \cdot 0{,}980 + 1{,}10 \cdot 1856)\; 0{,}02 = 230 \text{ kg}$$

Reibung auf der Leerseite

$$(n\, W \cos \gamma + q_1 L)\, \mu_1 = (11 \cdot 280 \cdot 0{,}980 + 1{,}10 \cdot 1856)\; 0{,}02 = 101 \text{ kg}$$

Dynamische Wirkungen auf der Vollseite

$$(n\, Q + q_1 L^*) \frac{p}{g} = (11 \cdot 880 + 1{,}10 \cdot 1899) \frac{0{,}20}{9{,}81} = 240 \text{ kg}$$

Dynamische Wirkungen auf der Leerseite

$$(n\, W + q_1 L^*) \frac{p}{g} = (11 \cdot 280 + 1{,}10 \cdot 1899) \frac{0{,}20}{9{,}81} = 105 \text{ kg}$$

c) Maßgebende Laststellungen (Tab. 3)

Tabelle 3. *Maßgebende Laststellungen*

Grenzwert der Umfangskraft	Strang	Wagenanzahl n_1 in Abschnitt I	Wagenanzahl n_2 in Abschnitt II
$-U_{max}$	Vollseite	4	7
	Leerseite	3	7
$-U_{min}$	Vollseite	3	7
	Leerseite	4	7

d) Seilspannkräfte für $-U_{\max}$, Abbremsen der Bahnanlage vorausgesetzt

Vollseite:

$$S_{VB} = S_0 + q_1 H + n_1 Q \sin \psi_1^* + n_2 Q \sin \psi_2^* - (n Q \cos \gamma + q_1 L) \mu_1 + + (n Q + q_1 L^*) \frac{p}{g} = 770 + 417 + 4 \cdot 245 + 7 \cdot 139 - 230 + 240 = = 3150 \text{ kg}.$$

Leerseite:

$$S_{LB} = S_0 + q_1 H + n_1 W \sin \psi_1^* + n_2 W \sin \psi_2^* + (n W \cos \gamma + q_1 L) \mu_1 - - (n W + q_1 L^*) \frac{p}{g} = 770 + 417 + 3 \cdot 78 + 7 \cdot 44 + 101 - 105 = = 1725 \text{ kg}.$$

e) Seilspannkräfte für $-U_{\min}$, Anlaufen der Bahnanlage vorausgesetzt

Vollseite:

$$S_{VB} = 770 + 417 + 3 \cdot 245 + 7 \cdot 139 - 230 - 240 = 2425 \text{ kg}.$$

Leerseite:

$$S_{LB} = 770 + 417 + 4 \cdot 78 + 7 \cdot 44 + 101 + 105 = 2013 \text{ kg}.$$

12. Wahl des Zugseiles.

a) Größte auftretende Seilspannkraft

$$S_{VB} = 3150 \text{ kg}$$

$$S_{\max} \doteq 1{,}1\, S_{VB} = 3465 \text{ kg}$$

b) Erforderliche Bruchlast des Seiles

Bei Annahme einer 5,5fachen Zugsicherheit ist

$$B_{\text{erf}} = \mathfrak{S}_z\, S_{\max} = 5{,}5 \cdot 3465 = 19\,100 \text{ kg}.$$

c) Wahl des Zugseiles

Litzenseil der Bauart $h + 6\,(1 + 6)_{19}$

Seildaten:

Seildurchmesser	d	$= 18$ mm
Drahtdurchmesser	δ	$= 1{,}9$ mm
Zahl der Drähte	i	$= 42$
Seilgewicht	q_1	$= 1{,}07$ kg/m
Materialfestigkeit	K_z	$= 160$ kg/mm²
Rechnerische Bruchlast	B	$= 19\,100$ kg

13. Spannungsnachweis für das Zugseil. Größte auftretende Seilspannkraft

$$S_{\max} = 3465 \text{ kg}.$$

Metallischer Querschnitt

$$F_s = \frac{B}{K_z} = \frac{19\,100}{16\,000} = 1{,}192 \text{ cm}^2,$$

Zugspannung

$$\sigma_{zs} = \frac{S_{\max}}{F_s} = \frac{3465}{1{,}192} = 2910 \text{ kg/cm}^2,$$

Sicherheit auf Zug

$$\mathfrak{S}_z = \frac{K_z}{\sigma_{zs}} = \frac{16\,000}{2910} = 5{,}5.$$

Bei einem Seilscheibendurchmesser von $D = 2500$ mm ist

$$\frac{\delta}{D} = \frac{1{,}9}{2500} = \frac{1}{1315} \text{ und } \frac{d}{D} = \frac{18}{2500} = \frac{1}{139}.$$

Der nachfolgende Nachweis der Biege- und Gesamtspannung sowie der Gesamtsicherheit ist auch hier nicht erforderlich und dient ebenfalls bloß Vergleichszwecken.

Biegespannung

$$\sigma_b = E\frac{\delta}{D} = 2000000\frac{1,9}{2500} = 1520 \text{ kg/cm}^2,$$

Gesamtspannung

$$\sigma = \sigma_{zs} + \sigma_b = 2910 + 1520 = 4430 \text{ kg/cm}^2,$$

Sicherheit auf Zug und Biegung

$$\mathfrak{S} = \frac{K_z}{\sigma} = \frac{16000}{4430} = 3,6.$$

14. Umfangskraft an der Antriebsscheibe. $U = S_{LB} - S_{VB}$.

$$U_{\max} = 1725 - 3150 = -1425 \text{ kg},$$

$$U_{\min} = 2013 - 2425 = -412 \text{ kg}.$$

15. Nachweis der gesicherten Aufnahme der Umfangskraft an der Antriebsscheibe.

Unter Annahme einer ledergefütterten Antriebsscheibe (Reibwert $\mu = 0,16$) und eines Umschlingungswinkels von $\alpha = 2\pi$ ist

$$e^{\mu\alpha} = e^{0,16\cdot 2\pi} = 2,74,$$

$$\mathfrak{S} = \frac{S_L\,(e^{\mu\alpha} - 1)}{U} = \frac{1725\cdot 1,74}{1425} = 2,1.$$

16. Antriebsleistung

a) Die Umfangskraft schwankt, wenn man von der Wirkung des Anlaufens und Stillsetzens absieht, zwischen

$$U_{\max} = 1830 - 2910 = -1080 \text{ kg},$$

$$U_{\min} = 1908 - 2665 = -757 \text{ kg}.$$

b) Abzubremsender Kraftüberschuß

Antriebswirkungsgrad $\eta = 0,80$

$$N_{\max} = \frac{U v \eta}{75} = \frac{-1080\cdot 2,5}{90} = -30 \text{ PS},$$

$$N_{\min} = \frac{-757\cdot 2,5}{90} = -21 \text{ PS}.$$

17. Stützendruckberechnung für Stütze 2

a) Tragseilwirkung

Die Berechnung wird hier nur für den belasteten Strang (Vollseite) durchgeführt.

Die Reibung des Tragseiles auf den zwischen der Stütze 2 und dem Spanngewicht befindlichen Stützpunkten wird nachfolgend nur näherungsweise berücksichtigt. Für die gesamte Reibung ergab sich in **6** a) $R = 2430$ kg.

Damit ändern sich die in der Längenschnittsberechnung (Tab. 2) für die Feldmitten ausgewiesenen Seilspannkräfte wie folgt:

$$S_i \doteq S_i^* + R\frac{\Sigma h_i}{H} \text{ und } H_i = S_i \cos\gamma_i.$$

Für das Feld 2 liefert dies

$$S_2 = 15515 + 2430 \frac{28{,}93}{379} = 15515 + 185 = 15700 \text{ kg},$$

$$H_2 = 15700 \cdot 0{,}968 = 15200 \text{ kg}$$

und für das Feld 3

$$S_3 = 15650 + 2430 \frac{62{,}40}{379} = 15650 + 400 = 16050 \text{ kg},$$

$$H_3 = 16050 \cdot 0{,}966 = 15500 \text{ kg}.$$

b) Zugseilwirkung

Genäherte Zugseilspannkraft in der Mitte der Seilfelder

$$S_{(i)1} \doteq S_0 + (S_{VB} - S_0) \frac{\Sigma h_i}{H} \text{ und } H_{(i)1} = S_{(i)1} \cos \gamma_i.$$

Für das Feld 2 ergibt dies

$$S_{(2)1} \doteq 770 + \frac{2910 - 770}{379} \cdot 28{,}93 = 933 \text{ kg},$$

$$H_{(2)1} = 933 \cdot 0{,}968 = 905 \text{ kg}$$

und für das Feld 3

$$S_{(3)1} \doteq 770 + \frac{2140}{379} \cdot 62{,}40 = 1122 \text{ kg},$$

$$H_{(3)1} = 1122 \cdot 0{,}966 = 1085 \text{ kg}.$$

c) Knickwinkel des belasteten Tragseiles an der Stütze

Die ungünstigsten Verhältnisse entstehen, wenn sich ein Wagen knapp talseits der Stütze befindet. Der Auflaufwinkel des Tragseiles auf die Stütze wird dann bei tiefer Zugseilablage gemäß § 32

$$\operatorname{tg} \alpha^v_{(2)2} = \operatorname{tg} \gamma_2 + \frac{Q + A + \frac{1}{2}(q' + q_1') l_2}{H_2{}^*},$$

worin

$$A = \frac{q_1' l_3}{2} + t \left(\frac{H_{(2)1}}{l_2} + \frac{H_{(3)1}}{l_3} \right) + H_{(3)1} (\operatorname{tg} \alpha^v_{(2)2} - \operatorname{tg} \gamma_3).$$

Nimmt man den Betrag, um den das Zugseil an der Stütze vom Wagen abgehoben wird, mit $t = 3{,}00$ m an, schätzt zunächst $\operatorname{tg}^v_{(2)2} = 0{,}34$ und setzt $q' \doteq q$ und $q_1' \doteq q_1$, so folgt

$$A = \frac{1{,}1 \cdot 130}{2} + 3{,}0 \left(\frac{905}{125} + \frac{1085}{130} \right) + 1085 (0{,}34 - 0{,}268) = 71{,}5 + 46{,}7 + \\ + 78{,}0 = 196{,}2 \text{ kg}$$

und damit

$$\operatorname{tg} \alpha^v_{(2)2} = 0{,}257 + \frac{880 + 196{,}2 + \frac{1}{2}(3{,}95 + 1{,}1) 125}{15200 + 905} = 0{,}343.$$

Oft wird es jedoch genügen, A zu schätzen. Ferner entnimmt man aus der Längenschnittsberechnung (Tab. 2)

$$\operatorname{tg} \alpha^l_{(2)2} = 0{,}274, \cos \alpha^l_{(2)2} = 0{,}965$$

und

$$\operatorname{tg} \alpha^l_{(3)1} = 0{,}250.$$

d) Stützendruck

Aus Gl. (137) ergibt sich:

Waagrechte Komponente $\Sigma H = H_3 - H_2^{II}$.

Lotrechte Komponente $\Sigma V = H_2^{II} \operatorname{tg} \alpha_{(2)2}^{v} - H_3 \operatorname{tg} \alpha_{(3)1}^{l}$.

Ferner gilt

$$H_2^{I} = H_2 \text{ und } H_2^{II} = \frac{\cos \alpha_{(2)2}^{v}}{\cos \alpha_{(2)2}^{l}} H_2.$$

Es folgt mithin

$$\Sigma H = H_3 - H_2 \frac{\cos \alpha_{(2)2}^{v}}{\cos \alpha_{(2)2}^{l}} = 15\,500 - 15\,200 \frac{0{,}946}{0{,}965} = 600 \text{ kg},$$

$$\Sigma V = H_2^{II} \operatorname{tg} \alpha_{(2)2}^{v} - H_3 \operatorname{tg} \alpha_{(3)1}^{l} = 14\,900 \cdot 0{,}343 - 15\,500 \cdot 0{,}250 = 1230 \text{ kg}.$$

Aus der Zusammensetzung beider Komponenten ergibt sich

$$A_2 = \sqrt{H^2 + V^2} = \sqrt{600^2 + 1230^2} = 1370 \text{ kg}.$$

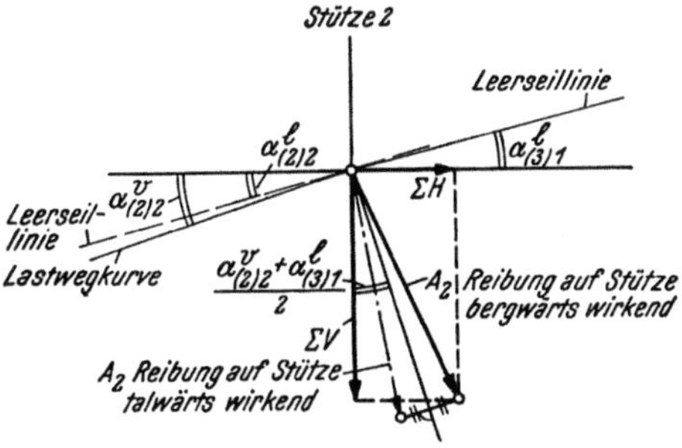

Abb. 288. Lage und Größe des Druckes auf Stütze 2

Eine dem Reibwert von 0,10 entsprechende Schuhreibung, die auf die Stütze bergwärts wirkt, ist in der Rechnung bereits enthalten. Man kann jedoch, wie Abb. 288 zeigt, aus den Ergebnissen der Rechnung auch den Einfluß einer umgekehrt wirkenden Reibung leicht ableiten.

Literaturverzeichnis[1]

ABT, R. und S.: Lokomotivsteil- und Seilbahnen. Handbuch der Ingenieurwissenschaften, V. Teil, Bd. 8. Leipzig 1906.
ISAACHSEN, I.: Die Beanspruchung von Drahtseilen. Z. V. D. I. **1907.**
—, Der Wetterhornaufzug. 1. Sektion. Schweiz. Bauztg. **1908.**
TIZZANO: Le Ferrovie funicolari aeree. Genio Civile **1909.**
BUHLE, M.: Seilschwebebahnen für Personenbeförderung. (Dabei Beschreibung der Bahn zur Pena del Aguila.) Dt. Bauztg. **44** (1910).
ESPITALLIER: Le transbordeur funiculaire à voyageurs du mont Ulia, près de Saint-Sébastien (Espagne). Fördertechn. **1911.**
LÉVY-LAMBERT, A.: Chemins de fer funiculaires. Paris 1911.
BATICLE, M. E.: Le Calcul du Travail du Métal dans les Câbles Métalliques. Ann. Ponts Chauss. **1912.**
DALIMIER: Les chemins de fer du massif du Mont Blanc. Le funiculaire aérien de l'Aiguille du Midi. Génie civil **1912.**
FRANK, R.: Seilhängebahnen oder Seileisenbahnen. Z. Ö. Ing.-V. **1912.**
LÖSCHNER, S.: Die Berechnung von Tragseilen. Fördertechn. **1912.**
WETTICH, H.: Schwebebahnen oder feste Seilbahnen. Z. Ö. Ing.-V. **1912.**
—, Lana—Vigiljoch aerial cable way. Engg. **1912.**
—, A new Austrian Passenger Cableway. Engg. News **68** (1912).
—, Die neue Bergschwebebahn auf den Kohlererberg bei Bozen. Z. d. Bundes Deutscher Civil-Ingenieure **1912.**
BUHLE, M.: Seilschwebebahnen für den Fernverkehr von Personen und Gütern. Z. V. d. I. **1913;** Organ Fortschr. Eisenbahnw. **1913.**
DANTIN: Funiculaire aérien à voyageurs du Pain du Sucre à Rio de Janeiro. Génie civil **1913.**
FÜHLES: Schwebebahn Lana—Vigiljoch. Z. V. D. I. **1913.**
PIETRKOWSKI: Die Seilschwebebahn für Personenbeförderung in Rio de Janeiro. Z. V. D. I. **1913.**
SOULAVY: Die neue Personenschwebebahn auf den Kohlererberg bei Bozen. Z. Ö. Ing.-V. **1913.**
WETTICH, H.: Personenschwebebahnen auf den Kohlererberg. Dt. Bauztg. **1913.**
WOERNLE, R.: Beurteilung der Drahtseilschwebebahn für Personenbeförderung. Fördertechn. **1913.**
—, Zur Beurteilung der Drahtseilschwebebahnen für Personenbeförderung. Z. d. Verbandes Deutscher Diplomingenieure **1913.**
ARMBRUSTER, K.: Die Tiroler Bergbahnen. Wien 1914.
WETTICH, H.: Zur Kritik über Konstruktion und Verhalten von Personenseilschwebebahnen. Fördertechn. **1914.**
WOERNLE, R.: Berechnungsweise der Drahtseile. Karlsruhe 1914.
BENOIT, G.: Die Drahtseilfrage. Karlsruhe 1915.
BUHLE, M.: Kabelkran und Luftseilbahnen. Glasers Annalen **1915.**
KIEFER, A.: Über die Kettenlinie. Schweiz. Bauztg. **1915.**
MEHRTENS, W.: Über die Erfindung und Entwicklung der Seilschwebebahnen. Eisenbau **1915.**

[1] Die Literatur ist chronologisch, innerhalb der einzelnen Jahre jedoch alphabetisch nach den Verfassernamen geordnet.

Nobile, U.: La sollecitazione di flessione nei cavi portanti dei trasporti aerei. Genio Civile **1915.**
Aerial ropeway at Niagara falls. Engg. **1916.**
K. k. Eisenbahnministerium: Grundsätzliche Bestimmungen für das Entwerfen und den Bau von Seilschwebebahnen. Wien 1916.
Niagara Seilschwebebahn Z. V. D. I. **1916.**
Brunner, J.: Die Kettenlinie im Ingenieurwesen. Schweiz. Bauztg. **1919.**
Kiefer, A.: Einige Sätze über die Kettenlinie. Schweiz. Bauztg. **1919.**
Carstarphen: A simple method of computing deflections of a cable span carrying multiple loads evenly spaced. Proc. Am. Soc. Civ. Engs. **46** (1920).
Knees: Beitrag zur Berechnung von Schutzbrücken für Drahtseilschwebebahnen. Eisenbau **11** (1920).
Schröder: Wie sollen in Rücksicht auf die Lebensdauer der Seile die Seilbahnwagen beschaffen sein? Fördertechn. **1920.**
Ceretti: Etude didactique des transporteurs aériens sur câble. Génie civil **1921.**
Cretin: Les transporteurs aériens à câbles. Resistance à la marche et tracé des câbles porteurs. Génie civil **1921.**
Seilbahnen. Pract. Engg. **1921.**
Cretin: Les transporteurs aériens à câbles. Génie civil **1922.**
Gatzweiler: Drahtseilschwebebahnen zur Beförderung von Personen im Vergleich zu ebenerdigen Bergbahnen. Verkehrstechn. **1922.**
Hort: Technische Schwingungslehre. Berlin 1922.
Rubin, A.: Seilsteifigkeit (Dissertation). Karlsruhe 1922.
Findeis, R.: Rechnerische Grundlagen des Baues von Drahtseilbahnen. Wien 1923.
Landgräber, F. W.: Drahtseilbahnen und ihre Bedeutung. Fördertechn. **1924.**
Seefehlner, E. und Peter, H. H.: Elektrische Zugförderung. 2. Auflage. Berlin 1924.
Woernle, R.: Drahtseilfragen. Maschinenbau **1924.**
Balestra: Die Seilschwebebahn Meran—Hafling. BBC-Mitteilungen **1926.**
Bertolini: Die Kabelförderung für den Personentransport vom Standpunkte der Sicherheit aus. Ingegneria **1926.**
Cretin: Dispositif de sécurité dans les funiculaires aériens pour voyageurs. Génie civil **1926.**
Czitary, E.: Zur Weiterentwicklung der Seilschwebebahnen für Personenverkehr. Wasserwirtschaft **1926.**
Findeis, R.: Der Bau der Zugspitzbahn. Z. Ö. Ing.-V. **1926.**
Hanffstengel, G.: Förderung von Massengütern. Berlin 1926.
Hanker, R.: Betriebssicherheit der Seilschwebebahnen für Personenbeförderung. Verk. Woche **1926.**
Landgräber, F. W.: Schwebende Bahnen und ihre Bedeutung. Bautechn. **1926.**
Rubin, A.: Personenseilschwebebahnen, Bauart Bleichert-Zuegg, mit besonderer Berücksichtigung der Zugspitzbahn. Z. V. D. I. **1926.**
Saurau, F. X.: Österreichs Anteil an der Entwicklung der Seilschwebebahnen. Z. Ö. Ing.-V. **1926.**
Stephan, P.: Die Drahtseilbahnen. 4. Auflage. Berlin 1926.
Swift: The elasticity of wires and cables. Engg. **121** (1926).
Ziebolz: Beanspruchung von Seilen im Förderbetrieb. Fördertechn. **1926.**
Armbruster, K.: Die Mont-Blanc-Seilschwebebahn. Wasserwirtschaft **1927.**
—, Die Seilschwebebahn Trento—Sardagna—Monte Corno. Wasserwirtschaft **1927.**
Bing, E.: Die Seilschwebebahn auf die Rax. Wasserwirtschaft **1927.**
Carstarphen: Aerial Tramways. Proc. Am. Soc. Civ. Engs. **53** (1927).
Czitary, E.: Zur Weiterentwicklung der Seilschwebebahnen für Personenverkehr. Wasserwirtschaft **1927.**

CZITARY, E.: Die direkte Bemessung der Seile von Seilschwebebahnen. Wasserwirtschaft **1927.**

FINDEIS, R.: Die Seilschwebebahn auf die Zugspitze. Organ Fortschr. Eisenbahnw. **1927.**

HANKER, R.: Die neuen Seilschwebebahnen für Personenbeförderung. Z. Ö. Ing.-V. **1927.**

HOCHSTÄTTER, B.: Zur Frage der Personenseilschwebebahnen. Wasserwirtschaft **1927.**

SEITZ, O.: Einseilbahn oder leichte Zweiseilbahn bei Anlagen für geringe Förderleistung. Wasserwirtschaft **1927.**

SIEGLERSCHMIDT: Über die Biegefähigkeit von Seildrähten. Z. V. D. I. **1927.**

SIMMERT, B.: Die Personenseilschwebebahnen und deren Entwicklung in Österreich. Organ Fortschr. Eisenbahnw. **1927.**

STRAMITZER, K.: Der Spanntrieb für Seilschwebebahnen. Wasserwirtschaft **1927.**

WALLACK, F.: Die Kanzelbahn. Wasserwirtschaft **1927.**

WALLMANNSBERGER, G.: Spindelklemmvorrichtung mit Schlaghebel für Seilschwebebahnen. Wasserwirtschaft **1927.**

ANGERER, F.: Entwurf und Bau der Innsbrucker Nordkettenbahn (Hafelekarbahn). Wasserwirtschaft **1928.**

ARMBRUSTER, K.: Personenschwebebahn Gerschnialp-Trübseealp (Engelberg, Schweiz). Wasserwirtschaft **1928.**

CELIK, A.: Die Personenschwebebahn Mariazell—Bürgeralpe und das Bremsseilsystem Bauart Fabbag. Wasserwirtschaft **1928.**

CZITARY, E.: Lastwegkurven bei beiderseitiger Festverankerung eines Seilbahntragseiles an den Feldenden. Wasserwirtschaft **1928.**

ETTMAYER, F.: Seildurchhänge und Stützenknickwinkel bei Einzellasten. Wasserwirtschaft **1928.**

KRAUSE, O.: Die Personenseilschwebebahn Cortina d'Ampezzo. Wasserwirtschaft **1928.**

LÉVY-LAMBERT, A.: Le funiculaire aérien pour voyageurs de Chamonix à la montagne du Brévent. Génie civil **1928.**

—, The Chamonix Aerial Mountain Railway. The Railway Gazette 48 (1928).

LIST, F.: Die Personenseilschwebebahn Mariazell—Bürgeralpe. Z. Ö. Ing.-V. **1928.**

—, Die Seilbahn auf den Patscherkofel und die Nordkette bei Innsbruck. Bautechnik **1928.**

—, Seildurchhänge bei mehreren Einzellasten. Wasserwirtschaft **1928.**

NEVRLY, W.: Personenseilschwebebahn Johannisbad—Schwarzenberg im Riesengebirge. Wasserwirtschaft **1928.**

OHNESORGE, O.: Wie können die Tragseile von Drahtseilbahnen geschont werden? Wasserwirtschaft **1928.**

VALLECCHI und CERETTI: Il calcolo delle funivie. Rivista tecnica delle ferrovie Italiane **1928.**

WALLMANNSBERGER, G.: Graphische Ermittlung der Bremswege an Personenschwebebahnen. Wasserwirtschaft **1928.**

ARMBRUSTER, K.: Neue Bergbahnen im Werdenfelser Land. Wasserwirtschaft **1929.**

BING, E.: Die Abnützung der Tragseile. Wasserwirtschaft **1929.**

CZITARY, E.: Ein Beitrag zur Bestimmung der Zugkraft bei Seilschwebebahnen. Wasserwirtschaft **1929.**

ETTMAYER, F.: Förderung schwerster Lasten mittels Drahtseilschwebebahnen. Wasserwirtschaft **1929.**

—, Die Personenschwebebahn Fenestrelle. Wasserwirtschaft **1929.**

FINDEIS, R.: Über die Wirkung des Zugseiles bei Seilschwebebahnen. Wasserwirtschaft **1929.**

FRANK, R.: Wirtschaftlichkeit im Bau und Betrieb von Personenseilschwebebahnen. Wasserwirtschaft **1929.**

Lévy-Lambert, A.: Le funiculaire aérien pour voyageurs de l'Aiguille du Midi, près de Chamonix. Génie civil **1929.**

Nevrly, W.: Personenseilschwebebahn Johannisbad—Schwarzenberg im Riesengebirge. Prag 1929.

Schneider, M. und Zahn, A.: Personenseilschwebebahnen mit zwei Zugseilen. System „Rudolph". Wasserwirtschaft **1929.**

Stelling, L.: Neue Personenschwebebahnen Bleichert-Zuegg. Wasserwirtschaft **1929.**

Woernle, R.: Ein Beitrag zur Klärung der Drahtseilfrage. Z. V. D. I. **1929.**

—, Drahtseilforschung. Z. V. D. I. **1929.**

Zeeh, F.: Die elektrischen Antriebe von Personenseilschwebebahnen in Österreich. Wasserwirtschaft **1929.**

Absenger, F.: Über die Standberechnung von Seilbahnstützen. Wasserwirtschaft **1930.**

Ammann, O. und Gruenewaldt, C.: Bergbahnen. Handbibliothek für Bauingenieure. Berlin 1930.

Anastasi, A.: Di alcuni punti del calcolo della configurazione delle funi delle funiculari aerei. 1930.

Armbruster, K.: Die Bayerische Zugspitzbahn. Wasserwirtschaft **1930.**

Franke, W.: Seildurchhänge von Kabelkranen mit Berücksichtigung der elastischen Dehnung. Wasserwirtschaft **1930.**

Klein, L.: Über Bruchbiegezahlen von Drahtseilen. Fördertechnik und Frachtverkehr **1930.**

Wallmannsberger. G.: Der Tragseilsicherheitsschuh für Personenbahnen. Wasserwirtschaft **1930.**

Absenger, F.: Über die Lastwegkurve bei Pendelbetrieb mit Berücksichtigung der Zugseilwirkung. Wasserwirtschaft **1931.**

Ammann, O. und Gruenewaldt, C.: Die Schauinsland-Bahn. Wasserwirtschaft **1931.**

Armbruster, K.: Die Bayerische Zugspitzbahn. Wasserwirtschaft **1931.**

Bing, E.: Bestimmung und Aufzeichnung der Drahtbrüche bei den Seilen der Personenseilschwebebahnen. Wasserwirtschaft **1931.**

—, Fünf Jahre Betriebserfahrungen der österreichischen Personenseilschwebebahnen. Wasserwirtschaft **1931.**

Borowicka, H.: Das Lichtraumprofil von Personenseilschwebebahnen mit Pendelbetrieb in seiner Abhängigkeit vom Lastweg bei Winddruck. Wasserwirtschaft **1931.**

Bruckmann: Geschichtliche Entwicklung des Personenseilschwebebahnbaues. Wasserwirtschaft **1931.**

Czitary, E.: Spannkraftermittlung in Seilen durch Schwingungsmessung. Wasserwirtschaft **1931.**

Hanker, R.: Über die Spleißung von Seilen. Wasserwirtschaft **1931.**

Nevrly, W.: Stand- und Schwebeseilbahnen. Wasserwirtschaft **1931.**

Overlach, H.: Über Langspleißungen. Wasserwirtschaft **1931.**

Stelling, L.: Die Schwebebahnstrecke der Bayerischen Zugspitzbahn. Wasserwirtschaft **1931.**

Wallmannsberger, G.: Die erste Personenschwebebahn mit „Spanntriebs"-Förderart. Wasserwirtschaft **1931.**

Ettmayer, F.: Die Seilschwebebahn für den Personen- und Güterverkehr der Adamellowerke. Wasserwirtschaft **1932.**

Hanker, R.: Die Entwicklung der Drahtseilberechnung. Wasserwirtschaft **1932.**

Hug, J.: Die neuen Leichtfahrzeuge der Luftseilbahn Gerschnialp—Trübsee in Engelberg. Schweiz. Bauztg. **1932.**

Ishida, M.: Die Rokko-Personenseilschwebebahn in Japan. Wasserwirtschaft **1932.**

Plainer, K.: Hilfsmittel beim Entwurf von Güterseilbahnen. Wasserwirtschaft **1932.**

RUEGGER, U. R.: Ein Beitrag zur Berechnung der Biegungsspannungen in Kabeldrähten von Seilbahnen. Schweiz. Bauztg. **1932.**

STELLING, L.: Die Personenschwebebahn von dem Sestrieres-Paß nach dem Mont Sises. Wasserwirtschaft **1932.**

TIMOSHENKO, S.: Schwingungsprobleme der Technik. Berlin 1932.

BLEICHERT, W.: Ein neuartiger Drahtseilbahnantrieb hoher Leistung. Wasserwirtschaft **1933.**

CECH, V.: Stand- und Schwebeseilbahnen. Wasserwirtschaft **1933.**

FINDEIS, R.: Die Sicherheit der Personenseilschwebebahnen. Wasserwirtschaft **1933.**

HEUMANN, H.: Mehrseilscheibengetriebe. Fördertechnik und Frachtverkehr **1933.**

MESSERKLINGER, W.: Bemerkungen zur Lebensdauer von Personenschwebebahnzugseilen. Wasserwirtschaft **1933.**

NEVRLY, W.: Die Seilschwebebahn auf den Jeschken bei Reichenberg. Wasserwirtschaft **1933.**

OECHSLIN, O.: Über Drahtseilkonstruktionen. Wasserwirtschaft **1933.**

PLAINER, K.: Normen im Güterseilbahnbau. Wasserwirtschaft **1933.**

ERNST, H.: Ein Beitrag zur Beurteilung der behördlichen Vorschriften für die Seile von Personenseilschwebebahnen. Fördertechnik und Frachtverkehr **1933** und **1934.**

BLUME, G.: Seilschwebebahn auf den Säntis. Wasserwirtschaft und Technik 1934.

—, Eine neue Drahtseilbahn für eine Leistung von 1000 Tonnen pro Stunde. Wasserwirtschaft und Technik **1934.**

CONSTAM, E.: Die Säntis-Schwebebahn. Schweiz. Bauztg. **1934.**

DREHER, F.: Ein Beitrag zur Theorie der Drehung und Spannungsverteilung zugbelasteter Litzen und Seile. Wasserwirtschaft und Technik **1934.**

LÖSCHNER, S.: Seilparabel oder Kettenlinie. Wasserwirtschaft und Technik **1934.**

PLAINER, K.: Selbsttätige Kurvenfahrt bei Seilschwebebahnen. Wasserwirtschaft und Technik **1934.**

Jubiläumsschrift des VDI: W. A. J. Albert und die Erfindung der Drahtseile. Berlin 1934.

CECH, V.: Stand- und Schwebeseilbahnen. Wasserwirtschaft und Technik 1935.

CONSTAM, E.: Zur Eröffnung der Säntis-Schwebebahn. Schweiz. Bauztg. **1935.**

ERNST, R.: Flächenpressung und Lebensdauer von Schwebebahntragseilen. Wasserwirtschaft und Technik **1935.**

FIEDLER, K.: Von der Schauinsland-Schwebebahn. Schweiz. Bauztg. **1935.**

IBYKUS: Lebensdauer der Drahtseile bei den österreichischen Personenseilschwebebahnen. Wasserwirtschaft und Technik **1935.**

IHLENBURG, K.: Die Personenschwebebahn auf den Mont d'Arbois (französische Alpen). Wasserwirtschaft und Technik **1935.**

LUGER, S.: Die Säntis-Seilschwebebahn. Wasserwirtschaft und Technik **1935.**

STELLING, L.: Die Schwebebahn von Grenoble nach der Bastille. Wasserwirtschaft und Technik **1935.**

BING, E.: Untersuchungsergebnisse gebrauchter Seile der österreichischen Personenseilschwebebahnen. Wasserwirtschaft und Technik **1936.**

BOSCH, M. TEN: Der heutige Stand der Drahtseilforschung. Schweiz. Bauztg. **1936.**

HILSENBECK, K.: Blitzgefahr und Blitzschutz bei Personenseilschwebebahnen. Wasserwirtschaft und Technik **1936.**

ADLER, A.: Die dynamische Verformung des Tragseiles durch die rollende Last. Wasserwirtschaft und Technik **1937.**

BERTOLINI: Forschungen an einem augenförmigen Blechstück aus Avional für die Aufhängung von Seilschwebebahnkabinen. L'Allègement dans les Transports **1937.**

BING, E.: Untersuchungsergebnisse gebrauchter Seile der österreichischen Personenseilschwebebahnen. Wasserwirtschaft und Technik **1937.**

CZITARY, E.: Über die Beanspruchung der Tragseile. Wasserwirtschaft und Technik **1937.**

FESSL, F.: Die Tragseile der Personenseilschwebebahnen. Wasserwirtschaft und Technik **1937.**

HEINRICH, G.: Zur Statik der Drahtseile. Wasserwirtschaft und Technik **1937.**

HUDLER, S.: Elastizitätsmodul der Drahtseile. Wasserwirtschaft und Technik **1937.**

HUGENTOBLER, E.: Die Seilschwebebahn Stöckalp—Melchsee—Frutt. Brown-Boveri-Mitteilungen **1937.**

HUNZIKER, F.: Was heißt „Die größte Seilbahn der Welt"? Wertvergleich zwischen Schwebe- und Standseilbahnen. Wasserwirtschaft und Technik **1937.**

IHLENBURG, K.: Die Personenschwebebahn Zakopane. Wasserwirtschaft und Technik **1937.**

OEHLER, A.: Neuere schweizerische Luftseilbahnen für beschränkte Personenbeförderung. Schweiz. Bauztg. **1937.**

SIMM, H.: Über den Stand der Tragseiluntersuchung bei den reichsdeutschen Schwebebahnen. Wasserwirtschaft und Technik **1937.**

STELLING, L.: Eine Bergbahnkette in Frankreich. Wasserwirtschaft und Technik **1937.**

—, Die Tragseile der Personenseilschwebebahnen. Wasserwirtschaft und Technik **1937.**

STÜSSI, F.: Zur Theorie des Tragseils bei Militärseilbahnen. Techn. Mitteilungen f. Sappeure, Pontoniere und Mineure **1937.**

KOBER, R.: Der Seilwegebau. Wien 1938.

ERNST, H.: Untersuchungen über die Beanspruchung der Seiltrommeln von Kranen und Winden. Mitteilungen Forschungsanstalten Gutehoffnungshütte-Konzern **1938.**

FRANK, R.: Spannvorrichtungen bei Seilschwebebahnen. Fördertechnik u. Frachtverkehr **1938.**

—, Seilbahnen im Wind. Fördertechnik u. Frachtverkehr **1938.**

—, Seilschwebebahnen für Personenbeförderung und ihre Entwicklung als öffentliche Kleinbahnen. Fördertechnik u. Frachtverkehr **1939.**

BOSCH, M. TEN: Die Betriebssicherheit der Drahtseile. Schweiz. Bauztg. **1941.**

CZITARY, E.: Über Seilschwingungen. Die Bautechnik **1941.**

OECHSLIN, O., und BUCHER, H.: Neue Drahtseilkonstruktion mit Harry-Profildrähten. Schweiz. Bauztg. **1941.**

POMP, A.: Der Stahldraht. Düsseldorf 1941.

AMSTUTZ, E.: Graphische Berechnung der Seile mehrfeldriger Luftseilbahnen. Schweiz. Bauztg. **1942.**

HEINRICH, G.: Über die Verdrehung zugbelasteter Litzen. Bautechnik **1942.**

HUNZIKER, F.: Zur Sicherheit der Seilbahnseile. Schweiz. Bauztg. **1942.**

—, Die neuartige Luftseilbahn Vitznau—Wissifluh. Schweiz. Bauztg. **1942.**

ABSENGER, F.: Ein Beitrag zur Berechnung von Zweiseilbahnen (Dissertation). Wien 1943.

BOSCH, M. TEN: Ein neues Kriterium für die Berechnung von Drahtseilen. Schweiz. Bauztg. **1946.**

OEHLER, A.: Militärseilbahnen. Schweiz. Bauztg. **1946.**

CZITARY, E.: Zur Biegungsbeanspruchung der Drahtseile. Österr. Ing.-Archiv **1947.**

LEHANNEUR, L.: De quelques questions relatives au calcul des téléfériques à voyageurs. Ann. Ponts Chauss. **1947.**

OEHLER, A.: Die Militärseilbahnen der Schweizer Armee im Weltkrieg 1939—1945. Vierteljahresschrift f. Schweizer Sanitätsoffiziere **1947.**

WOLF, K.: Lehrbuch der Technischen Mechanik. Wien 1947.

BRUNNER, R.: Die Änderung der Spannung im Tragseil einer Umlaufseilbahn infolge der Befahrung (Dissertation). Wien 1948.

SCHLEICHER, F.: Die Verankerung von Drahtseilen, insbesondere in vergossenen Seilköpfen. Bauing. **1949.**

WYSS, TH.: Die Biegungsbeanspruchung an Tragseilen von Schwebebahnen im Bereich der Auflast. Schweiz. Bauztg. **1949.**

—, Einfluß der sekundären Biegung und der inneren Pressungen auf die Lebensdauer von Stahldraht-Litzenseilen mit Hanfseele. Schweiz. Bauztg. **1949.**

—, Untersuchung über die Beanspruchung und Berechnung von Stahldrahtseilen der Schwebe- und Standseilbahnen. EMPA-Bericht Nr. 166. Zürich 1949.

DONANDT, H.: Zur Dauerfestigkeit von Seildraht und Drahtseil. Archiv f. Eisenhüttenwesen **1950.**

NICOLARDI, A.: Teleferiche. Mailand 1950.

BING, E.: Die Entwicklung der österreichischen Personenseilschwebebahnen. Elektrotechnik u. Maschinenbau **1951.**

—, 25 Jahre Personenseilschwebebahnen in Österreich. Österr. Bauzeitschr. **1951.**

CZITARY, E.: Zur jüngsten Entwicklung des Seilbahnbaues in Österreich. Elektrotechnik und Maschinenbau **1951.**

DUKELSKI, A. I.: Seilschwebebahnen und Kabelkrane. 3. Auflage. Moskau-Leningrad 1951.

HANKER, R.: Über den Bau der Stubachbahn. Elektrotechnik u. Maschinenbau **1951.**

JEZEWSKY, M. SKLARSKY, L. und KAWECKI, Z.: New Improvements of magnetic wire ropes testing method. Bulletin de l'Académie Polonaise de Sciences et de Lettres. Krakau **1951.**

KOCI, A.: Österreichische Personenseilschwebebahnen. Elektrotechnik u. Maschinenbau **1951.**

LEHANNEUR, L.: Conférence sur les Téléfériques à Voyageur. École Nationale des Ponts et Chaussées 1951.

LEMMASSOU: Transporteurs aériens par cable. Technique Moderne, Paris **1951.**

SINKOVIC, M.: Viseće žične zeljeznice. Zagreb 1951.

WALLMANNSBERGER, G.: Die Gondelbahn, das neuzeitliche Seilbahnsystem. Z. Ö. Ing.-V. **1951.**

WYSS, TH., und BOSSHART, H.: Erfahrungen und Messungen an den Tragseilen der Kabelkrane und Betonierbühnen beim Bau der Staumauer Räterichsboden. Schweiz. Bauztg. **1951.**

Atti del 2° convegno nazionale dei trasporti funiviari (Bolzano 1952), promosso dal ministero dei trasporti. Roma 1954:

- ANASTASI, A.: Comportamento di campioni di funi metalliche sollecitati a flessione pura.
- DUMUR, M.: Coefficiente di slittamento di un morsetto di seggiovia su fune metallica.
- MANG, S.: Catena tenditrice per funi portanti.
- NICOLARDI, A.: Il fenomeno della fatica nella fune e nel filo.
- PAOLINI, G.: Confronti ed esami sulle prescrizioni regolamentari di varie nazioni su funi di acciaio, adoperate per trasporti a trazione funicolare.
- PERA, R.: Statistica degli impianti di funivie monofune in esercizio al 30 luglio 1952.
- ROSSETTI, U.: Prove di fatica a flessione-trazione su funi metalliche.
- ZIGNOLI, V.: Teoria e pratica dei contrappesi a sezioni per funivie.

BITTNER, K.: Entwicklung des Seilbahnwesens in den Alpenländern. Eisenbahn **1952.**

CZITARY, E., und HEINRICH, G.: Abwurfsicherheit des Tragseiles auf einem Seilschuh. Österr. Ing.-Arch. **1952.**

GULISASVILI, B. G.: Seilschwebebahnen in der Forstwirtschaft. Moskau-Leningrad **1952.**

LEHANNEUR, L.: La flexion des câbles métalliques. Ann. Ponts Chauss. **1952.**

ALTPETER, H.: Drahtseile — Konstruktion, Herstellung und Bewertung. Berlin 1953.

CARLEVARO, U.: Funivie italiane monofuni a vetturette. Wirtschaft u. Technik im Transp. **1953.**

GUDIM, A.: Seilbahn und Seilbahnbetrieb in Norwegen und Mitteleuropa. Tidsskrift f. skogbruck **1953.**

REGENSBURGER, J.: Drahtseile als Trag- und Zugorgan der Seilbahnen. Draht **1953.**

REMTA, F.: Visuté lanové dráhy. Prag 1953.

BING, E.: Die Leistungserhöhung der Raxbahn. Maschinenbau u. Wärmewirtschaft **1954.**

JOBST, K.: Entwicklung und Stand des Baues von Luftseilbahnen in der Schweiz. Eisenbahntechn. Rundsch. **1954.**

KODRIC, E.: Der Laufwiderstand bei Wagen von Seilschwebebahnen. Österr. Bauzeitschr. **1954.**

—, Seilschwebebahn für Pendelbetrieb. Fördern u. Heben **1954.**

NICOLAS, M. M.: L'équilibre des câbles de téléphérique. Ann. Ponts Chauss. **1954.**

D'ARMINI, P.: La configurazione delle funi metalliche nel caso particolare delle funivie. Trasporti Pubbl. **1955.**

BAUD, R. V. und MEYER, J.: Magnetische Prüfung von Seilen von Drahtseilbahnen, Seilbahnen u. dgl. Wirtschaft u. Technik im Transp. **1955.**

BITTNER, K.: Fortschritte auf dem Gebiet des Seilbahnbaues. Wirtschaft u. Technik im Transp. **1955.**

CZITARY, E.: Bahnen besonderer Bauart. Schleicher, Taschenbuch für Bauingenieure, 2. Aufl. Berlin 1955.

LEHANNEUR, L.: Le calcul du freinage des téléfériques. Ann. Ponts Chauss. **1955.**

NICOLAS, M. M.: Câbles de téléphérique supportant une charge. Ann. Ponts Chauss. **1955.**

AZZAROLI, G.: Il problema della stabilità sugli appoggi delle funi portanti delle funivie. Trasporti pubbl. **1956.**

CELIK, Ä.: Neue Personen-Pendelseilbahnen in Österreich. Österr. Bauzeitschr. **1956.**

CZITARY, E.: Verhalten eines Drahtseiles auf einer Rolle mit elastischem Futter. Österr. Ing.-Arch. **1956.**

Deutsche Bergbahnen. Tegernsee 1956.

FISCHER, E. BOVET, O., und PERRET, J.: Influence de l'âme en chanvre sur la corrosion des câbles métallique. Bull. techn. de la Suisse Rom. **1956** und Schweiz. Bauztg. **1956.**

FRIEDRICH: Die elektrische Ausrüstung der Großkabinen-Umlaufseilbahn auf den Mte Avila in Venezuela. Nahverkehrspraxis **1956.**

RUBIN, A.: Neuerungen beim Bau von Großkabinenbahnen. Nahverkehrspraxis **1956.**

SCHRÖDL, J.: Über die Sicherheit der Seilführung bei Sesselbahnen. Techn. Überwachung **1956.**

WYSS, TH.: Die Stahldrahtseile der Transport- und Förderanlagen, insbesondere der Standseil- und Seilschwebebahnen. Zürich 1956.

1° Congresso internationale dei trasporti a fune. Rom 1957.

ASCARI, A.: Il moto della vettura di una funivia al passaggio di un pilone.

ANGIOLETTI, A., und FELICI, K.: Metodo per la determinazione dei carichi applicabili a ruote portanti e pulegge con gola rivestita in gomma.

BAUD, R. V.: Einige Aspekte der magnetischen Drahtseilprüfung.

BELLONE, S.: Qualche considerazione sulla sicurrezza delle funi.

CZITARY, E.: Verhalten eines Drahtseiles auf einer Rolle mit elastischem Futter.

GRECO, G.: Considerazioni sulla validità della formule approssimate impiegate per la determinazione delle configurazione di una fune.

JEZEWSKY, M., SZKLARSKI, L. und KAWECKI, Z.: Polnische Verfahren zur magnetischen Prüfung der Drahtseile und Untersuchungen über die Genauigkeit dieser Methode.

NICOLAS, M. M.: Comment agit le câble tracteur d'un téléphérique.

—, Effets du vent sur un câble suspendu.

NISHIOKA, T.: Nishioka's ABCDE Method for Deducing the Breaking Force of Deteriorated Wire Rope on Service without Breaking Test.

NOBILE, U.: Esperienze relative all'azione del vento su talune parti di una funivia.

ROSSETTI, U.: Indagini sistematiche delle funi metalliche.

SAVIO, F.: Proposta per un regolamento internationale sulle monofuni.

STREBELLE, J.: Rapport sur les essais de fatigue sur fils de câbles d'extraction exécutés au moyen du vibrophore Amsler 2 tonnes.

TURRA, M., und G. SAVASTANO: La misura e la segnalazione a distanza degli sbandamenti delle vetture di funivie.

UBALDI, G.: La dinamica degli impianti a fune e le velocità critiche.

VERWILST, Y.: La détermination de la charge de rupture des câbles d'extraction; auch Annales des Mines de Belgique **1956.**

VERWILST, Y., JAQUES, G., und STREBELLE, J.: Récents progrès en matière de contrôle de la sécurité des câbles d'extraction; auch Annales des Mines de Belgique **1956.**

WALLMANNSBERGER, G.: Bericht über die Entwicklung, Vorschriften und Sicherheit, die „Gondelbahn" betreffend.

WOLFF, J.: Werkstoff und Sicherheit im Seilbahnbetrieb.

ZIGNOLI, V.: Sui rivestimenti in gomma delle gole delle ruote e pulegge per funi.

BAUD, R. V.: Der Magnetismus im Dienste des Transportwesens. Revue, Jahreshauptausgabe Schweiz. Maschinenmarkt **1957.**

BITTNER, K.: Über ein neues österreichisches kombiniertes Einseil-Zweiseilbahnsystem. Wirtschaft u. Technik im Transp. **1957.**

CZITARY E., und LEHANNEUR L.: Comportement d'un câble sur une galet pourvu d'un revêtement élastique. Ann. Ponts Chauss. **1957.**

ENGEL, E.: Biegebeanspruchung eines Seiles auf einer elastisch gefütterten Rolle. Österr. Ing.-Arch. **1957.**

—, Ein Beitrag zur Berechnung der Verdrehung von Seilen und deren Bedeutung bei Seilbahnen (Dissertation). Wien 1957.

FRITSCH, F.: Seilrutschsicherheit bei Treibscheibenantrieben. Elektrotechnik u. Maschinenbau **1957.**

HILTBRUNNER, R. H.: Magnetische Drahtseilprüfung mit dem Defektoskop Integra. Wirtschaft u. Technik im Transp. **1957.**

KURZ, H.: Antriebe und Sicherheitseinrichtungen bei Seilbahnen. Technik u. Betrieb **1957.**

LEHANNEUR, L.: La flexion des câbles métallique. Ann. Ponts Chauss. **1957.**

NICOLAS, M. M.: Géométrie de la chaînette ou hypergéométrie. Zeitschr. angew. Math. u. Physik **1957** und Ann. Ponts Chauss. **1957.**

—, Comment agit le câble tracteur d'un téléphérique. Zeitschr. angew. Math. u. Physik **1957.**

SCHNEIGERT, Z.: Koleje linowe napowietrzne. Warschau 1957.

SHITKOW, D. G. und POSPECHOW, I. T.: Drahtseile. Berlin 1957.

D'ARMINI, P.: Wirtschaftlichkeit im Seilbahnverkehr. Int. Berg- u. Seilbahnrundsch. **1958.**

AUMUND: Hebe und Förderanlagen. 2. Aufl. Berlin 1958.

BAUD, R. V.: Bemerkungen zur magnetischen Drahtseilprüfung. Int. Berg- u. Seilbahnrundsch. **1958.**

BITTNER, K.: Bericht über den Stand des Seilbahnwesens in Österreich. Int. Berg- u. Seilbahnrundsch. **1958.**

CZITARY, E.: Verkehrssicherheit von Seilschwebebahnen. Zeitschr. f. Verkehrssicherheit **1958.**

FRITSCH, F.: Zur Bemessung der Bremsen von Personenseilschwebebahnen mit Pendelbetrieb. Int. Berg- u. Seilbahnrundsch. **1958.**

ENGEL, E.: Das Drehbestreben der Seile und ihre Drehsteifigkeit. Österr. Ing.-Zeitschr. **1958.**

ERNST, H.: Die Hebezeuge. 5. Aufl. Braunschweig 1958.

ETTMAYER, F.: Die Dachsteinseilbahn und ihre Besonderheiten. Österr. Ing.-Zeitschr. **1958.**

HANKER, R.: Der Seilbahnverkehr in Österreich. Int. Berg- u. Seilbahnrundsch. **1958.**

LEHANNEUR, L : L'Approximation de Romanowicz. Int. Berg- u. Seilbahnrundsch. **1958.**

Le Télécabine de la Vallée Blanche. Génie civil **1958.**

MALOTA, F.: Abnormale Abnützungserscheinungen bei Seilrollenfütterungen und ihre Ursachen. Int. Berg- u. Seilbahnrundsch. **1958.**

—, Seilschmierung bei gummigefütterten Seilrollen. Int. Berg- u. Seilbahnrundsch. **1958.**

MUSSNIG, V.: Drahtseilprüfung. Eisenbahntechn. Rundsch. **1958.**

NICOLAS, M. M.: Comportement d'un câble porteur-tracteur. Zeitschr. angew. Math. u. Physik **1958.**

OXE, W.: Reibwerte thermoplastischer Kautex PVC Treibscheibenfutter sowie ihre Verschleiß- und sonstigen Eigenschaften. Int. Berg- u. Seilbahnrundsch. **1958.**

SCHALER, R.: Die seilbahntechnische Ausrüstung der Zettersfeldbahn. Int. Berg- u. Seilbahnrundsch. **1958.**

Seil- und Bergbahnen in Österreich. Sonderpublikation der Zeitschrift „Fremdenverkehr". Wien 1958.

STEHLIK, V.: Prve turističke žičare u Jugoslaviji. Naše Građevinarstvo **1958.**

WOLFF, J.: Gestaltfestigkeitsfragen im Seilbahnbau. Verkehr u. Technik **1958.**

BAUM, R.: Die Tragseile der Seilbahnen. Int. Berg- u. Seilbahnrundsch. **1959.**

BELLONE, S.: Funivie per trasporto persone. Trasporti Industriali **1959.**

BITTNER, K.: Die Seile der Personenseilbahnen. Int. Berg- u. Seilbahnrundsch. **1959.**

—, Wartung und Pflege von Drahtseilen. Int. Berg- u. Seilbahnrundsch. **1959** und **1960.**

Bergbahnen der Schweiz. Siebnen 1959.

CARLEVARO, U.: Seilschwebebahnen mit Umlaufbetrieb und betrieblich lösbaren Fahrbetriebsmitteln. Int. Berg- u. Seilbahnrundsch. **1959** und **1960.**

Die Kampenwandbahn bei Hohenaschau. Hochtief Nachrichten **1959.**

DRESSLER, M.: Berechnung fixverankerter Tragseile. Lesnictvi, Prag **1959.**

ENGEL, E.: Verdrehungserscheinungen an Seilen bei Seilbahnen. Österr. Ing-Zeitschr. **1959.**

—, Zur Frage der Zugseilauflast bei Zweiseilbahnen. Int. Berg- u. Seilbahnrundsch. **1959.**

FRITSCH, F.: Gestaltung der Antriebe für Seilschwebebahnen mit Pendelbetrieb. Int. Berg- u. Seilbahnrundsch. **1959.**

HAJDUK, J.: Der Reibungsschluß zwischen Drahtseil und gummigefütterter Antriebsscheibe. Int. Berg- u. Seilbahnrundsch. **1959.**

JEZEWSKY, M. und KAWECKI, Z.: Theoretisches und Experimentelles über das elektromagnetische Verfahren der Drahtseilprüfung. Glückauf **1959.**

JOBST, K.: Der Bau der Luftseilbahnen in der Schweiz. Int. Berg- u. Seilbahnrundsch. **1959.**

KARAS, K.: Belastungsdrall und Wellenbildung im Förderseil. Konstruktion **1959.**

KOCI, A.: Die Entwicklung der Personenseilbahnen in Österreich. Nahverkehrspraxis **1959.**

KOHLHASE, F.: Stahldraht für Drahtseile. Draht **1959.**

LARWIN, W.: Richtige Kostenvorausberechnungen für Seilbahnneubauten. Int. Berg- u. Seilbahnrundsch. **1959.**
LUCK, O.: Luftseilbahnen in der Schweiz. Öffentl. Verkehr **1959.**
MALOTA, F.: Kautschuk als Konstruktionselement für Seilrollenfütterung. Verkehr u. Technik **1959.**
MEEBOLD, R.: Die Drahtseile in der Praxis. 3. Aufl. Berlin 1959.
MOORTEL, D. VAN DE: Die moderne Entwicklung von Drahtseilen. Draht **1959.**
STIGLER, W.: Die Rofanbahn von Maurach am Achensee zur Erfurter Hütte, Tirol. Int. Berg- u. Seilbahnrundsch. **1959.**
WINKLER, F.: Vergleich der Sicherheits- und Ablegevorschriften verschiedener Länder für die Seile von Luftseilbahnen. Int. Berg- u. Seilbahnrundsch. **1959.**
WOLF, E.: Seilbahnen sind elektrische Bahnen. Int. Berg- u. Seilbahnrundsch. **1959.**
ZASTERA, A.: Seilkorrosion und ihre Verhütung. Stahl u. Eisen **1959.**
ZWEIFEL, O.: Näherungslösung für die Lastwegkurve einer Einzellast bei beiderseitiger Verankerung der Tragseile. Int. Berg- u. Seilbahnrundsch. **1959.**
BAUM, R.: Seile für Seilbahnen. Verkehr u. Technik **1960.**
BITTNER, K.: Sicherheit und Sicherheitseinrichtungen der Personenseilschwebebahnen in Österreich. Int. Berg- u. Seilbahnrundsch. **1960.**
ENGEL, E.: Die Berechnung beiderseits verankerter Tragseile von Seilbahnen. Int. Berg- u. Seilbahnrundsch. **1960.**
—, Über die Messung der Seilspannkraft. Int. Berg- u. Seilbahnrundsch. **1960.**
EHRENSPERGER, E.: Leichtstahlbau bei Luftseilbahnen. Schweiz. Bauztg. **1960.**
DUMUR, M.: A New Four Seater Chairlift. Int. Ropeway Review **1960.**
FÄH, J.: Entwicklung in der Gestaltung und Bemessung von Seilbahnstützen in der Schweiz. Int. Berg- u. Seilbahnrundsch. **1960.**
GOLF, K. H.: Förderleistung und Wagengröße bei Seilbahnen für Schüttgüter. Int. Berg- u. Seilbahnrundsch. **1960.**
GRECO, G.: Die magnetinduktive Prüfung von Drahtseilen. Int. Berg- u. Seilbahnrundsch. **1960.**
GRUDEN, D.: Personenseilbahnen in Jugoslawien. Int. Berg- u. Seilbahnrundsch. **1960.**
HAJDUK, J.: Die Berechnung auf Verdrehung von Raumfachwerken und insbesondere von Fachwerkstützen für Seilbahnen und Hochspannungsleitungen. Int. Berg- u. Seilbahnrundsch. **1960.**
JOOS, W.: Umbau der Tiroler Zugspitzbahn von Zwei- auf Vierwagenbetrieb. Int. Berg- und Seilbahnrundsch. **1960.**
KASTNER, J.: Über die Verlängerung der Lebensdauer von Zugseilen bei Materialseilbahnen. Int. Berg- u. Seilbahnrundsch. **1960.**
WINKLER, F. und PIEREN, E.: Die magnetinduktive Prüfung des Seiles einer Standseilbahn. Int. Berg- u. Seilbahnrundsch. **1960.**
WOLFF, J.: Das europäische Seilbahnwesen — Technische und wirtschaftliche Entwicklung. Techn. Überwachung **1960.**
—, Werkstoff und Sicherheit im Seilbahnbetrieb. Verkehr u. Technik **1960.**
ZWEIFEL, O.: Seilbahnberechnung bei beiderseitig verankerten Tragseilen. Schweiz. Bauztg. **1960.**
AIDA, T., und SATO, S.: Über die Beanspruchung des Seildrahtes. Memoirs Faculty of Engineering, Kyoto University **1961.**
CZITARY, E.: Über die Schwingungen des Zugseiles von Seilschwebebahnen. Österr. Ing.-Arch. **1961.**
ENGEL, E.: Zur Statik der Seile von Zweiseilbahnen. Int. Berg- u. Seilbahnrundsch. **1961.**
FRITSCH, F.: Die technischen Einrichtungen der Untersbergbahn. Int. Berg- u. Seilbahnrundsch. **1961.**
GLAUSER, G. L.: Ferngesteuerte und automatische Seilbahnen. Int. Berg- u. Seilbahnrundsch. **1961.**

JEZEWSKI, M., SKLARSKI, L. und KAWECKI, Z.: Grundlagen des elektromagnetischen Verfahrens zur Untersuchung der Stahldrahtseile und Ergebnisse der praktischen Anwendung. Int. Berg- und Seilbahnrundsch. **1961.**

LEHANNEUR, L.: Sur le passage des attaches de véhicules de télésiège dans les gorges de poulies. Int. Berg- u. Seilbahnrundsch. **1961.**

MANZ, O.: Automatisierung im Seilbahnbetrieb. Int. Berg- u. Seilbahnrundsch. **1961.**

PESTAL, E.: Seilbahnen und Seilkrane für Holz- und Materialtransport. Wien 1961.

REBUFFEL, A.: Les Téléphériques en France. Int. Berg- u. Seilbahnrundsch. **1961.**

ROY, R.: Quelques Contributions Françaises à la Technique des Téléphérique au Cours de la dernière Décennie. Int. Berg- u. Seilbahnrundsch. **1961.**

SCHRÖDL, J.: Berechnung von Speichenscheiben, die durch eine kontinuierliche, radialgerichtete Streckenlast beansprucht sind. Int. Berg- u. Seilbahnrundsch. **1961.**

WOLFF, J., und WESTHÄUSER, R.: Praktische Stoßmessungen an Fahrbetriebsmitteln von Seilbahnen. Int. Berg- u. Seilbahnrundsch. **1961.**

ZWEIFEL, O.: Zugkraftmessung in Drahtseilen mit Transversalwellen. Schweiz. Bauztg. **1961.**

Namen- und Sachverzeichnis

MIX
Papier aus verantwortungsvollen Quellen
Paper from responsible sources
FSC® C105338

If you have any concerns about our products,
you can contact us on
ProductSafety@springernature.com

In case Publisher is established outside the EU,
the EU authorized representative is:
Springer Nature Customer Service Center GmbH
Europaplatz 3, 69115 Heidelberg, Germany

Printed by Libri Plureos GmbH
in Hamburg, Germany